电工技术基础

主 编 欧小东 刘金英 黄佳怡 王 静

副主编 刘 粤 肖利平 雷小金 吕湘池

電子工業出版社

Publishing House of Electronics Industry

北京 · BEIJING

内容简介

本书分为主册和附册两部分。主册包括理论教学模块和实验/实训项目教学模块。理论教学模块以章、节为单元，在综合和紧扣全国多个省份职教高考大纲的基础上，按知识授新、例题解析、同步练习三个环节对知识进行分解和阐述，达到系统学习+学法指导+巩固练习三位一体的目的。实验/实训项目教学模块包含基础实验和技能实训共 11 个项目。附册为 8 套单元测试卷，方便授课教师对学生进行考核检查。

本书内容包括直流电路的基础知识、直流电路、电容器、磁与电磁、正弦交流电路、正弦交流电的相量法、三相交流电路和电动机、变压器、非正弦交流电路、过渡过程。本书配有仿真教学视频、习题参考答案等。本书主体内容为 67 个单元的知识系统学习与同步指导、近 200 道的经典例题解析示范、每章的同步练习，以及 8 套单元测试卷。

本书是为电子类专业学生对口升学考试量身打造的，集教学、教辅功能于一体的创新教材，也可作为大中专院校的电子类、机电类学生的学习指导用书和相关专业教师的教学参考用书。

图书在版编目（CIP）数据

电工技术基础 / 欧小东等主编. —北京：电子工业出版社，2024.2

ISBN 978-7-121-47336-4

Ⅰ. ①电… Ⅱ. ①欧… Ⅲ. ①电工技术—职业教育—教材 Ⅳ. ①TM

中国国家版本馆 CIP 数据核字（2024）第 043424 号

责任编辑：蒲　玥
印　　刷：三河市鑫金马印装有限公司
装　　订：三河市鑫金马印装有限公司
出版发行：电子工业出版社
　　　　　北京市海淀区万寿路 173 信箱　邮编：100036
开　　本：880×1 230　1/16　印张：27.75　字数：708 千字　插页：22
版　　次：2024 年 2 月第 1 版
印　　次：2024 年 9 月第 2 次印刷
定　　价：70.00 元

凡所购买电子工业出版社图书有缺损问题，请向购买书店调换。若书店售缺，请与本社发行部联系，联系及邮购电话：（010）88254888，88258888。

质量投诉请发邮件至 zlts@phei.com.cn，盗版侵权举报请发邮件至 dbqq@phei.com.cn。

本书咨询联系方式：（010）88254485，puyue@phei.com.cn。

前　言

随着我国从制造业大国向制造业强国转型，职教高考必将在全国各地不断升温。《国家职业教育改革实施方案》指出：提高中等职业教育发展水平，建立“职教高考”制度，推进高等职业教育高质量发展，推动具备条件的普通本科高校向应用型转变，开展本科层次职业教育试点，完善高层次应用型人才培养体系。职业教育将迎来一个发展的春天。

职业学校的广大教师和应考生在教学和学习的过程中，深感手头的教学资料非常有限，匹配的专业课程教材和复习资料更是匮乏。现有教材存在知识点分解不细、解题示范太少等缺陷，不适合职业高中层次的学生自主学习。因此，急需一套针对学生实际情况，以课程教学为表现形式，知识点全面且有层次，学法指导通俗易懂，例题选取全面，紧扣新考试大纲，集课程教学、学法指导和高考复习于一体的教学用书。

本书中标注“※”的章节，为选学内容；标注“▲”的例题或习题，为拓展内容，对初学者难度很大，建议在后期的巩固提高阶段再循序渐进地系统学习。

二十多年来，编者一直从事对口升学“电工技术基础”“电子技术基础”等考试科目的教学和考前辅导工作，拥有丰富的教学指导和辅考经验，以及系统完备的专业资料。应职教高考升学复习的需要，现将编者的“电工技术基础”课程教学资料科学、系统地整理成册，编成《电工技术基础》，奉献给同行教师和莘莘学子。

本书的特点如下。

1．适用人群定位准确

目前中职电子类专业基础课程教材还基本停滞在教育“层次”上，主要对标技能型人才的培育，立足于教育“类型”上的分层教材几乎是一片空白，已经不能满足升学与就业并重、高级技术型人才和技能型人才的培育需求。本书为电子类专业学生的职教升学考试量身编写，填补了同类书籍的空白。

2．广泛的适用性

本书真正做到了有教学理论可依，有解题经验可学。本书参考了湖南、湖北、广东、江苏、北京等十几个省份的考纲和部分考题，具有广泛的适用性。

3．学习要求明确

本书充分体现了能力本位的特色，根据教育部发布的教学大纲并综合参考了多省份考纲后提出明确的学习要求。

4．知识授新

将全书知识先化整为零，按章分成节，对每节的知识点进行指导分析和学法说明，内容选取上对教材和考纲做了前瞻性预测，在深度和广度上做了适度拓展，确保了本书内容的长效性。

5．例题解析

通过对大量典型例题进行解析，帮助学生理解和巩固基本概念，提高解题能力。精选的例题做到了翔实全面，注重理论，联系实际，书中不但阐述了解题的过程，突出了解题的思路、方法和技巧，还对学生易出错处加以点评，比较适合学生自学。

6．同步练习和单元测试卷相结合

这是一个将全书知识点化零为整、融会贯通的环节。本书选择了大量适合中等职业教育的练习题，供学生练习、巩固和提高；习题难度符合普通学生的学习，还适当地选择了一些具有相当难度的习题，进一步提高学生的解题能力，因此也适合参加职教高考学生的备考复习；书中附有单元测试卷的参考答案，以方便读者查对。

7．内容完整全面

理论教学模块和实验/实训项目教学模块系统翔实。同步练习题、单元测试卷从不同形式、不同层面帮助学生巩固知识、融合知识和运用知识，全面检查学生学习及复习情况。内容选取上围绕课程的重点、难点和考点，翔实、系统且全面。

8．教学资源系统完备

本书配置的同步学习资源有习题参考答案、教学仿真视频等，可通过扫描对应的二维码查阅。

本书由欧小东、刘金英、黄佳怡、王静担任主编，刘粤、肖利平、雷小金、吕湘池担任副主编。在编写过程中，得到了湖南师范大学工学院孙红英、杨小钨教授的悉心指导，以及郴州综合职业中专学校领导、同事的大力支持。在此，一并向他们表示诚挚的感谢。

本书既可作为电子类专业学生对口升学考试的复习指导用书，又可作为大中专院校、技工学校的电子类、机电类专业学生的学习指导用书，还可以作为相关专业教师的教学参考用书。

由于编者水平有限，书中难免有不妥之处，敬请读者批评指正。

编　者

目　　录

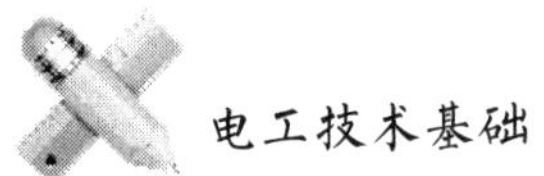

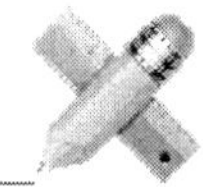

教学微课

同步练习参考答案

第1章　直流电路的基础知识

学习要求

（1）理解库仑定律及其应用。

（2）理解电场、电场强度、电力线、匀强电场、静电屏蔽的概念和物理意义。

（3）掌握电流、电流强度、电流参考方向的概念和相关计算。

（4）掌握电压、电位、电动势的物理概念，电压、电位的参考方向，电动势的方向，以及相关计算。

（5）理解电路的组成、电路的功能和电路模型的概念。

（6）掌握电阻定律、欧姆定律、焦耳定律的相关计算及应用。

（7）掌握电能、电功率的概念及相关计算，电功率正负值的物理意义。

（8）掌握电源的最大输出功率、阻抗匹配和电源效率的计算。

本章是全书的理论基础，主要讲述电子学基本物理量，介绍库仑定律、欧姆定律及电路基本工作状态。

1.1　库仑定律

知识授新

1. 摩擦生电

经过摩擦的塑料笔杆、玻璃棒能够吸引轻小的纸片等物体，是因为这些摩擦过的物体带了电荷。摩擦生电的本质是电子从一个物体转移到另一个物体，造成物体的电子过多或不足，因此对外呈现带电特性。孤立物体携带的电荷很快会达到一种相对静止状态，被称为静电。

2. 自然界中的两种电荷及相互作用力

电荷分为正电荷和负电荷两种。用丝绸摩擦过的玻璃棒带正电荷，用毛皮摩擦过的橡胶棒带负电荷。两种电荷之间存在相互作用力，同种电荷相互排斥，异种电荷相互吸引。

电荷的多少称为电荷量，常用Q（或q）表示，其单位为C（库仑）。通常，正电荷用正数表示，负电荷用负数表示。

自然界中存在的最小电荷是一个质子或一个电子所带的电荷量，称为基本电荷（或元电荷），用 e 表示。

$$e = 1.6\times10^{-19}\ \mathrm{C}$$

任何带电体所带的电荷量都是 e 的整数倍。

3. 库仑定律

库仑定律诠释了点电荷间的相互作用力的大小和方向。

1785 年，法国物理学家库仑对静止的点电荷间的相互作用力所遵循的规律进行了科学的实验研究，得出了著名的库仑定律，即在真空中两个点电荷间的相互作用力的大小与它们所带电荷量的乘积成正比，与它们之间距离的平方成反比，相互作用力的方向在它们的连线上。静止的点电荷间的这种相互作用力叫作静电力或库仑力。

“点”是相对而言的。只有当带电体的几何线度（直径）远远小于带电体间的距离时，带电体的形状和大小对静电力的影响才可以忽略不计，这样的带电体可以看作点电荷。

对于电荷量分别为 q_1、q_2 的两个点电荷，它们之间的距离为 r，F 表示它们之间的静电力，则库仑定律表示为

$$F = K\frac{q_1q_2}{r^2}$$

式中，q_1、q_2——点电荷的电荷量，单位为 C；

r——点电荷间的距离，单位为 m；

K——静电恒量，$K=9\times10^9\mathrm{N}\cdot\mathrm{m}^2/\mathrm{C}^2$；

F——静电力，单位为 N。

学习库仑定律时应注意以下两个问题。

（1）库仑定律只适用于两个点电荷间的静电力的计算，对于非点电荷，库仑定律不适用。

（2）应用库仑定律求点电荷间静电力的大小时，用绝对值表示电荷量，根据电荷的性质确定是引力还是斥力。

例题解析

【例 1】 真空中有 q_1、q_2 两个点电荷，它们相互吸引。已知引力大小为 1.8×10^{-4}N，$q_1=+4\times10^{-9}$C，两个点电荷间的距离为 10^{-3}m，求 q_2。

【解答】 $F = K\frac{q_1q_2}{r^2} \Rightarrow q_2 = \frac{Fr^2}{Kq_1} = \frac{1.8\times10^{-4}\times(10^{-3})^2}{9\times10^9\times4\times10^{-9}} = 5\times10^{-12}\mathrm{C}$，因为 q_1 与 q_2 相互吸引，故 q_2 为负电荷，即 $q_2=-5\times10^{-12}$C。

【例 2】 在空气中有两个带有异种电荷的金属小球 q_1、q_2，分别带有−4C 和+1C 的电荷量，它们之间的静电力为 F，若相碰后再放回原处，则静电力的大小变为（　　）。

A. $\frac{9}{16}F$　　B. $\frac{9}{4}F$　　C. $\frac{25}{16}F$　　D. F

【解析】异种电荷相碰后先会完全中和掉电荷量小的异性电荷，待中和过程完毕后，余下

的同种电荷在两个金属小球中平均分配；同种电荷相碰后不存在电荷中和问题，即总电荷量相加后进行平均分配。

【解答】设原来的 q_1q_2 为 1×4=4，静电力为 F 且相互吸引，那么现在的 q_1q_2 就为 1.5×1.5=2.25，静电力为 F'且相互排斥。由于 $\frac{F'}{F}=\frac{2.25}{4}=0.5625$，故选择 A。

同步练习

一、填空题

1．电荷间存在静电力，同种电荷相互________，异种电荷相互________。

2．真空中有 A、B 两个点电荷，A 的电荷量是 B 的 3 倍，若把 A、B 的电荷量都增大为原来的 3 倍，保持它们之间的距离不变，则它们之间的静电力变为原来的________倍，A 对 B 的静电力是 B 对 A 的静电力的________倍。

3．两个带电的金属小球相距 r 时，它们之间的静电力大小为 F；若 r 不变，将两球所带电荷量均匀加倍，则它们之间的静电力大小为________；若电荷量不变，将两球之间的距离加倍，则它们之间的静电力大小为________；若两球所带电荷量均加倍，同时将两球之间的距离减为原来的 $\frac{1}{2}$，则它们之间的静电力大小为________。

二、单项选择题

1．已知真空中有两个点电荷 q_1 和 q_2，它们之间的静电力大小是 F，且$|q_1|=|3q_2|$，若将它们的距离变为原来的 2 倍，则它们之间的静电力大小是（　　）。

A．$\frac{1}{4}F$　　B．$\frac{3}{4}F$　　C．$\frac{4}{3}F$　　D．$\frac{1}{2}F$

2．两个完全相同的金属小球，分别带有$+3q$ 和$-q$ 的电荷量，当它们相距 r 时，它们之间的静电力大小为 F。若把它们相碰后分开，相距$\frac{r}{3}$，则它们之间的静电力大小将变为（　　）。

A．$\frac{1}{3}F$　　B．F　　C．$3F$　　D．$9F$

三、计算题

1．已知 A、B 两个点电荷的电荷量为 $q_A=5\times10^{-10}$C，$q_B=-6\times10^{-10}$C，A、B 间的距离 r=0.3cm。求：

（1）A、B 间静电力的大小。

（2）若 A、B 之间的距离变为 0.1cm，则 A、B 之间的静电力是多少？

2．真空中两个点电荷相互吸引，其静电力大小为 5.4×10^{-6}N。若其中一个点电荷的电荷量是 6×10^{-10}C，两个点电荷间的距离为 0.01m，求另一个点电荷的电荷量。

1.2 电场及电场强度、静电感应和静电屏蔽

知识授新

1. 电场

点电荷间没有直接接触，相互之间却有力的作用，是因为电荷周围存在电场。

研究表明，电荷间的相互作用是通过一种特殊物质发生的。这种存在于电荷周围的看不见、摸不着但可测量的特殊形态的物质，称为电场。只要电荷存在，电荷的周围就存在电场。静止电荷产生的电场称为静电场。电场的基本性质是对放入其中的电荷有力的作用，这种力称为电场力。

电场具有以下两个重要特性。

（1）置身于电场中的任何带电体，都受到电场力的作用。

带电体周围存在电场，又置身于其他电场中，两个电场必然存在相互作用的电场力。

（2）带电体在电场中受到电场力的作用而移动时，电场力对电荷做功，这说明电场具有能量。

2. 电场强度

通常用检验电荷来探测、研究电场的性质。检验电荷是电荷量很小的正点电荷，由于它所带的电荷量很小，所以它的电场远远小于原电场，其影响可以忽略不计，以确保能科学、准确地研究原电场的特性。

在真空中正点电荷 Q 产生的电场中，将检验电荷 q 分别放在与 Q 相距 r_A、r_B、r_C 的各点 A、B、C 上，如图 1-2-1 所示。

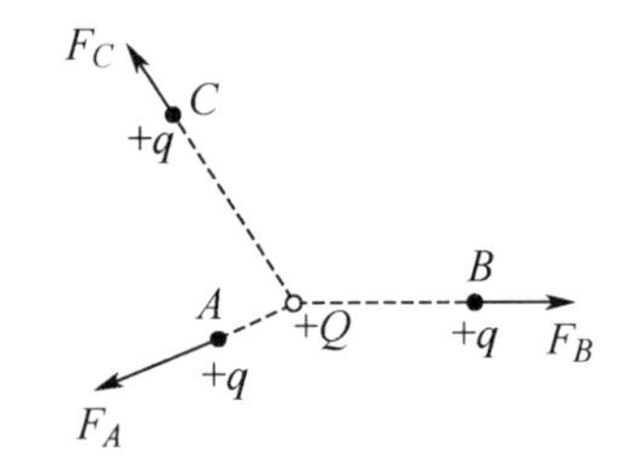

图 1-2-1　正点电荷 Q 产生的电场

由库仑定律可知，同一检验电荷在电场中的位置不同，其所受的电场力的大小和方向也不同。

但对于电场中某一确定的点（如 A 点），放置不同电荷量的检验电荷，其所受的电场力的方向一定是相同的，而力的大小与电荷量成正比，即检验电荷的电荷量增大（或减小）多少倍，电场力也将相应增大（或减小）多少倍。检验电荷所受的电场力与电荷量的比值是一个与检验电荷无关的量。这个量反映了电场本身的性质，叫作“电场强度”，简称场强，用符号 E 表示，即

$$E=\frac{F}{q}$$

式中，F——检验电荷所受的电场力；

q——检验电荷的电荷量；

E——场强，单位为 N/C（牛顿/库仑）。在电工计算中，常采用 V/m（伏特/米）作为场强单位。

【强调】场强是矢量，既有大小又有方向。电场中某点的场强方向，就是正电荷在该点所受电场力的方向。

在图 1-2-1 中，A 点的场强为

$$E_A=\frac{F_A}{q}=\frac{k\frac{q\cdot Q}{r_A^2}}{q}=k\frac{Q}{r_A^2}$$

E_A 与 F_A 方向相同，E_A 的大小只和 Q、r_A 有关，和检验电荷的电荷量 q 无关。

3. 电力线

为了形象地描述电场中各点场强的大小和方向，采用电力线（假想曲线）图示法，在电场中画出一系列从正电荷出发到负电荷终止的曲线，使曲线上每点的切线方向都和该点的场强方向相同，这些曲线叫作电力线。几种常见的电力线如图 1-2-2 所示。

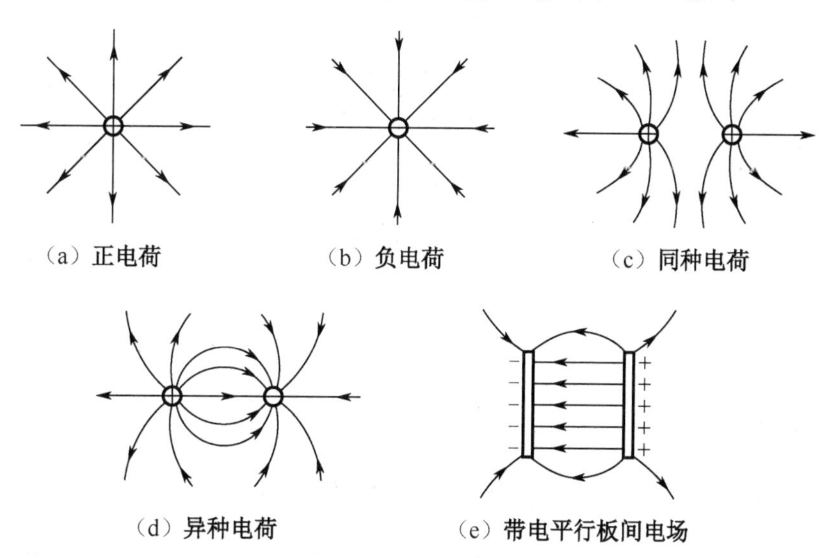

图 1-2-2　几种常见的电力线

电力线具有以下特征。

（1）起于正电荷，终于负电荷或无穷远。

（2）电力线越密的地方，场强越大，反之越小。

（3）电力线上某点的场强方向为该点电力线的切线方向，也就是在该点放置一正检验电荷时，检验电荷所受电场力的方向。

（4）任意两条电力线不会相交。

在图 1-2-2（e）所示的带电平行板间电场中，其内部电场中各点的场强大小处处相等，方向相同，这种电场叫作匀强电场。匀强电场电力线的特征是平行等距。

4. 静电感应与静电屏蔽

（1）静电感应。

把一个不带电的导体放置在静电场中，电场力将使导体中的自由电子做定向移动，从而使导体的一端带正电荷，另一端带负电荷。根据电荷守恒定律可知，在任何情况下，电荷既不能创造，又不能消灭，只能分离或中和。这种**在外加电场作用下，导体内部电荷重新分布，在两个相对表面上出现等量异种电荷的现象叫作静电感应**。由静电感应产生的电荷称为

感应电荷。

金属是最常见的导体。在金属原子中，最外层电子受原子核束缚力小，可以自由移动，故称为自由电子。如果将一块不带电的金属板放在匀强电场内（见图 1-2-3），金属板内的自由电子在电场力的作用下，将逆电场方向移动，如图 1-2-3（a）所示，使得金属板一侧的 *AD* 边上积累了许多电子，也就是出现了许多负电荷，而在另一侧的 *BC* 边上则失去了许多电子，即出现了等量的正电荷。因而在金属板内部形成了一个逐渐增强的附加电场，这个附加电场的方向与外加电场的方向相反，如图 1-2-3（b）所示（图中的实线为外加电场的方向，虚线为附加电场的方向）。随着附加电场的增强，金属板内的合成电场减弱，也就是移动自由电子的力减弱。当附加电场的场强与外加电场的场强相等时，金属板内合成电场的场强等于零，移动自由电子的力也就为零，电荷的分离停止，金属板两侧的正、负电荷不会再增加，导体处于静电平衡状态，如图 1-2-3（c）所示。

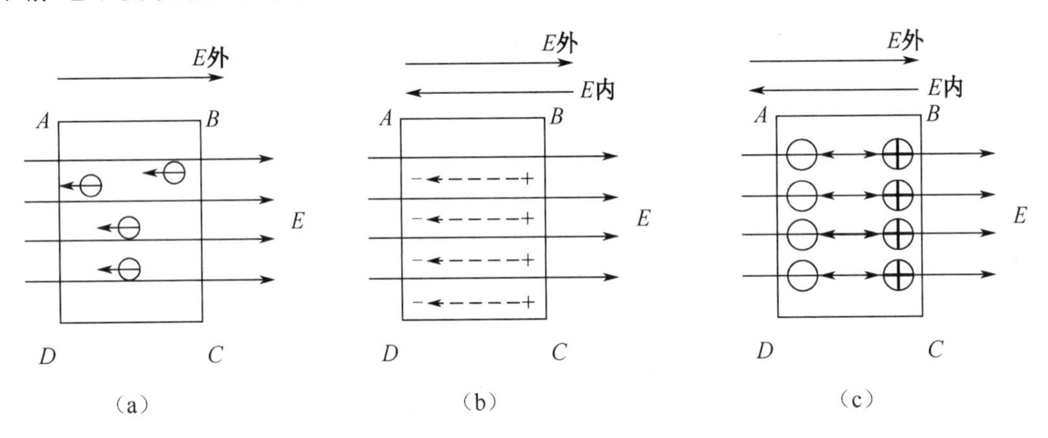

图 1-2-3　匀强电场对金属板的作用过程

由以上分析可以看出：**处于静电平衡状态的导体，其内部的场强为零，感应电荷只分布在导体表面。然而，导体表面的场强并不等于零，并且导体表面的场强方向和导体表面垂直。**

（2）静电屏蔽。

外部静电荷与一个金属腔外表面感应电荷在金属腔内部形成的场强为零，金属腔内部电荷和金属腔内表面电荷在金属腔外部形成的场强为零。因此金属腔可以屏蔽外部静电场，**任何金属腔内的物体，都不会受到外加电场的影响**；接地金属腔可以屏蔽内部静电场，**一个置于接地金属腔内的带电体，也不会影响腔外的带电体，这就是静电屏蔽的原理**，如图 1-2-4 所示。**静电屏蔽的本质是将电力线中断。**

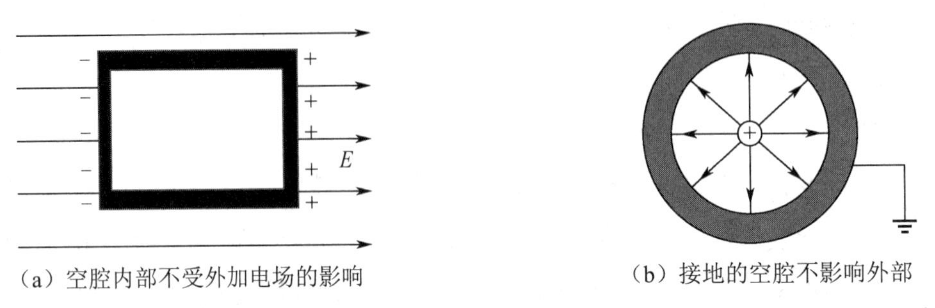

图 1-2-4　静电屏蔽的原理

有些电子器件或测量设备为了免除干扰，会实行静电屏蔽。例如，室内高压设备罩上接地的金属罩或较密的金属网罩，电子管采用金属管壳；全波整流或桥式整流的电源变压器，在初级绕组和次级绕组之间包上金属薄片或绕上一层漆包线并使之接地；在高压带电作业中，工人穿上用金属丝或导电纤维织成的均压服。

例题解析

【例 1】 检验电荷的电荷量 $q=3\times10^{-9}$C，电场中 P 点受到的电场力 $F=0.18$N。

（1）求 P 点的场强。

（2）若将检验电荷放在 P 点，电荷量 $q'=6\times10^{-9}$C，则该检验电荷所受电场力是多少？

【解答】（1）$E=\dfrac{F}{q}=\dfrac{0.18}{3\times10^{-9}}=6\times10^{7}\,\text{N/C}$。

（2）由于电场中某点的场强与检验电荷无关，所以 P 点的场强不变，该检验电荷所受电场力 F' 为

$$F'=E\,q'=6\times10^{7}\times6\times10^{-9}=0.36\text{N}$$

【例 2】 在电场中，电荷量为 5×10^{-10}C 的点电荷，在 A 点受到的电场力是 6×10^{-7}N，在 B 点受到的电场力是 8×10^{-7}N，求 A、B 两点的场强分别是多少？

【解答】 $E_A=\dfrac{F_A}{q}=\dfrac{6\times10^{-7}}{5\times10^{-10}}=1.2\times10^{3}\,\text{N/C}$；$E_B=\dfrac{F_B}{q}=\dfrac{8\times10^{-7}}{5\times10^{-10}}=1.6\times10^{3}\,\text{N/C}$。

【例 3】 信号传输线要用一层金属丝编织的网包覆，金属丝网起什么作用？

【解答】 金属丝网起静电屏蔽作用，既保障了外加电场不干扰信号传输线内的信号传输，又避免了信号传输线内信号的电场向外辐射。

【例 4】 油罐车的尾部为什么要挂一条触及地面的铁链？

【解答】 运输过程中液态油会晃动，在晃动过程中，液态油因摩擦产生静电。如果静电积聚过多，可能会引起火灾或爆炸。在油罐车尾部安装铁链，目的就是将车体内的静电引入大地，避免发生危险。

同步练习

一、填空题

1．场强是矢量，它既有________，又有________。电场中某点的场强方向与正电荷在该点所受的电场力的方向________。

2．把电荷量为 2×10^{-9}C 的检验电荷放在电场中某点，它所受的电场力为 5×10^{-7}N，则该点的场强是________；如果在该点放入一个电荷量为 6×10^{-9}C 的检验电荷，则该点的场强是________，该点检验电荷受到的电场力等于________。

3．电力线总是起于________，终于________或________，它不是闭合曲线；任意两条电力线都不会________，静电屏蔽的本质就是将电力线________。

4．处于电场中的导体，因________力的作用而使导体内的________重新分布的现象称为静电感应，因________感应而在导体上显现的电荷称为________电荷。

5．在电场中，处于________平衡状态下的导体，因内外________的强度________，方向________，其内部场强必定为________；外加电场的电力线在导体表面________，而________进入导体内部。金属空腔能使其腔内的电路不受________电场干扰的现象称为________。接地金属空腔内的________也不能对外部形成干扰。

6．电荷周围__________的物质，称为电场。电荷间的相互作用就是通过__________发生的。

7．放在电场中某点的检验电荷所受的电场力与它的________的比值，称为该点的场强，公式为 E=________。场强是矢量，________在电场中某点所受电场力的方向，就是该点的场强方向。

8．在电场中某一区域，如果各点的场强的________和________都相同，那么这个区域的电场称为________电场。

二、单项选择题

1．静电场中某点的场强（　　）。

A．与电荷在该点所受电场力的大小成正比

B．与放于该点的电荷的电荷量成反比

C．与放于该点的电荷的电荷量及所受电场力的大小无关

D．其方向与电荷在该点所受电场力的方向相同

2．在由场电荷 Q 形成的电场中的 A 点，放入 $q_1=0.5\times10^{-7}$C 的检验电荷，测得 $E_A=1.2\times10^{-4}$N/C；现改用 $q_2=0.5q_1$ 的检验电荷替换 A 点的 q_1，则 A 点的场强 E_A 应为（　　）。

A．2.4×10^{-4}N/C　　B．1.2×10^{-2}N/C

C．1.2×10^{-4}N/C　　D．0.3×10^{-2}N/C

3．在某电场中与电荷 Q 相距 1m 处，测得场强 $E=1.2\times10^{-4}$N/C，则在与电荷 Q 相距 2m 处的场强 E 应为（　　）。

A．2.4×10^{-4}N/C　　B．1.2×10^{-2}N/C

C．1.2×10^{-4}N/C　　D．0.3×10^{-4}N/C

4．场电荷 Q 的电荷量为 8.0×10^{-2}C，在其所产生的电场中的 A 点，测得场强 $E_A=1.2\times10^{-4}$N/C，现用电荷量为 1.2×10^{-1}C 的场电荷 Q'替换原场电荷 Q，则 A 点的场强 E_A 应是（　　）。

A．2.4×10^{-4}N/C　　B．1.2×10^{-4}N/C

C．1.8×10^{-4}N/C　　D．3.6×10^{-4}N/C

三、计算题

1．电场中某点的场强是 8×10^{-6}N/C，电荷量为 4×10^{-8}C 的检验电荷在该点所受的电场力

是多少？

2．在场电荷+Q 产生的电场中有一 P 点，检验电荷 $q=5\times10^{-9}$C 在 P 点所受的电场力 $F=25$N，求 P 点的场强 E；若将 $q'=-2\times10^{-9}$C 的检验电荷放在 P 点，则其所受电场力的大小和方向是多少？

阅读材料

示波器

电场对运动电荷有力的作用，在力的作用下，运动电荷发生偏转，并高速轰击荧光屏致其发光，示波器就是利用这一原理工作的。示波器是一种用来测量交流电或脉冲电流波形状的仪器，示波器外形如图 1-2-5 所示，它能把人眼看不见的电信号变换成看得见的图像，便于人们研究各种电现象的变化过程。例如，人体的脑电、心电、肌电等生物电信号，人们通过传感器技术采集这些微弱的电信号，将其放大后借助示波器显示出来，便于观察和研究。

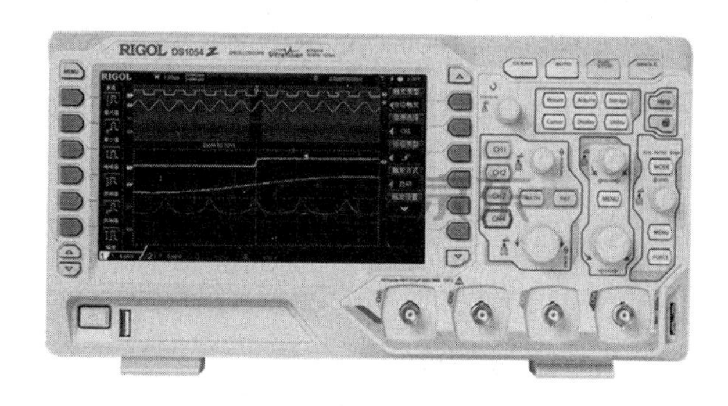

图 1-2-5　示波器外形

示波器的核心部件是示波管。示波管结构示意图如图 1-2-6 所示，由电子枪、阴极、阳极、竖直偏转电极、水平偏转电极和荧光屏组成，均被封闭在真空的玻璃管内。从阴极炽热金属丝发射出来的电子被加速，从阳极板中心的孔穿出，沿直线前进，最后打在荧光屏中心，在那里产生一个亮点。

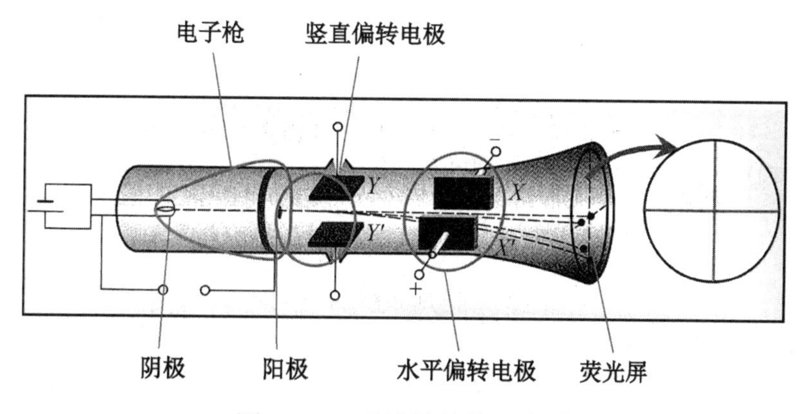

图 1-2-6　示波管结构示意图

电子枪前面的一对水平放置的偏转电极 Y、Y'称为竖直偏转电极，竖直放置的偏转电极 X、X'称为水平偏转电极。在被测信号的作用下，电子束好像一支笔的笔尖，可以在荧光屏上描绘出被测信号瞬时值的变化曲线。因此，示波器可以观察不同信号幅度随时间变化的波形，还可以测试不同的电学量，如电压、电流、频率、相位差、调幅度。

1.3 电流

知识授新

1. 电流的基本概念

电荷的定向运动形成电流。在电场力的作用下，金属导体中的自由电子，电解液中的正、负离子，半导体内的自由电子与空穴会向一定的方向运动而形成电流，所以电流是一种客观存在的物理现象。**电流的产生需要两个必要条件：第一，导体内要有可以移动的自由电荷（内因）；第二，导体内要维持一个电场（外因）。这两个条件缺一不可。**

按照电荷运动的形式，电流又分为传导电流和徙动电流。导体中的电流或电解液中的电流叫作传导电流；带电粒子在真空中运动而形成的电流（如示波管、显像管中的电流）叫作徙动电流。尽管电荷运动的形式不同，但**统一规定以正电荷定向移动的方向为电流方向。**虽然在实际中，金属导体的电流是由带负电的自由电子逆电场方向运动而形成的，但其效果与等量正电荷顺电场方向运动完全相同，所以这种规定并不影响对电路的研究及对电磁现象的解释。同时，由以上说明可知，金属导体中的电流方向与自由电子的定向运动方向相反，如图 1-3-1 所示。

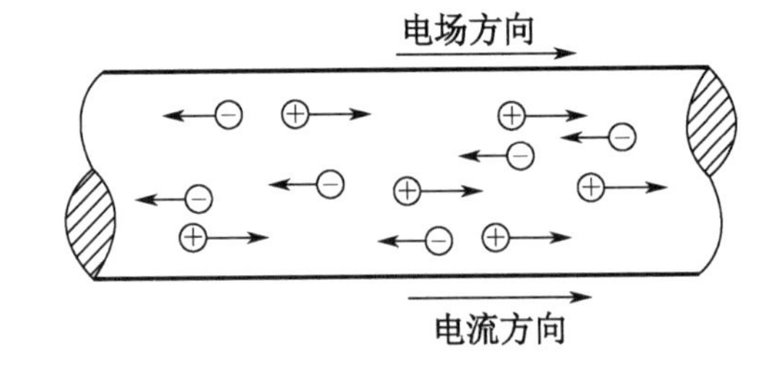

图 1-3-1　电荷的运动方向和电流方向

2. 电流强度

电流既是一种物理现象，又是一个表示带电粒子定向运动的强弱的物理量。电流在量值上等于通过导体横截面的电荷量 q 和通过这些电荷量所用时间 t 的比值。用公式表示为

$$I=\frac{q}{t}$$

式中，q——通过导体横截面的电荷量，单位为 C；

t——通过电荷量 q 所用的时间，单位为 s；

I——电流，单位为 A。

如果在 1s 内，通过导体横截面的电荷量是 1C，则导体中的电流是 1A。

在国际单位制中，电流的常用单位还有千安（kA）、毫安（mA）、微安（μA）等，它们之间的换算关系如下：

$$1\text{kA}=10^{3}\text{A}$$

$$1\text{mA}=10^{-3}\text{A}$$

$$1\mu\text{A}=10^{-3}\text{mA}=10^{-6}\text{A}$$

3. 电流密度

在实际工作中，有时需要选择导体的粗细（或截面积），就要用到电流密度这一概念。流过导体单位横截面积的电流强度，叫作电流密度，用字母 J 表示。若电流在导体横截面上均匀分布，则

$$J=\frac{I}{S}$$

常用的电流密度单位是 A/mm^2。横截面积不同的导体所允许通过的电流密度不同。例如，$1mm^2$ 的铜导线允许通过 6A 的电流；$2.5mm^2$ 的铜导线允许通过 15A 的电流；$120\ mm^2$ 的铜导线允许通过 280A 的电流。**在实际使用中，导体的电流密度应小于允许值，**否则**导体将发热，严重时甚至会烧毁。**

4. 电流参考方向

在分析或计算电路时，往往需要确定电流方向，这在简单的直流电路中容易确定，但在比较复杂的电路中，要确定某段电路的电流方向是非常困难的。这时，可先假定一个电流方向（或称为参考方向），然后列方程求解：若解出的电流为正值，则表明电流实际方向与参考方向相同；若解出的电流为负值，则表明电流实际方向与参考方向相反。如果不标明参考方向，则电流的正负无任何意义。电流参考方向可任意设定，用箭头标明，标注实例如图 1-3-2 所示。

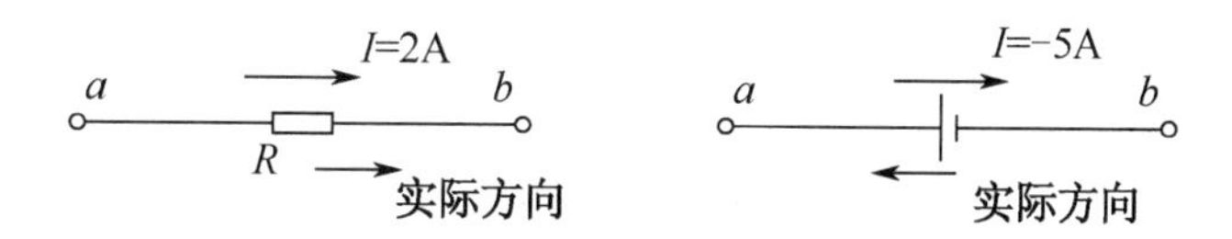

图 1-3-2　电流参考方向标注实例

可见，电流既有大小又有方向，所以电流是矢量。

5. 电流的类型

根据波形特征，电流分为直流和交流两大类。直流电流分为恒定直流电流和脉动直流电流；交流电流则分为正弦交流电流和非正弦交流电流。

（1）恒定直流电流。

如果电流的大小及方向都不随时间变化，即在单位时间内通过导体横截面的电荷量相等，则称该电流为稳恒直流电流或恒定直流电流，简称直流（Direct Current），记为“DC”，直流电流用大写字母 I 表示：

$$I=\frac{\Delta q}{\Delta t}=\frac{Q}{t}=\text{常数}$$

恒定直流电流 I 与时间 t 的关系在 I-t 坐标系中为一条与时间轴平行的直线，如图 1-3-3（a）所示。

（2）脉动直流电流。

如果电流的大小随时间变化，但方向始终不随时间变化，则称该电流为脉动直流电流，如图 1-3-3（b）所示。

（3）正弦交流电流和非正弦交流电流。

大小及方向均随时间做周期性变化的电流，称为交流电流。如果电流的大小及方向均随

时间按正弦规律做周期性变化，则称该电流为正弦交流电流，简称交流（Alternating Current），记为“AC”，如图 1-3-3（c）所示；大小及方向均不随时间按正弦规律做周期性变化的电流，称为非正弦交流电流，如图 1-3-3（d）所示。常见的非正弦交流电流有锯齿波、方波、矩形波、梯形波、钟形波、尖峰波、阶梯波等。

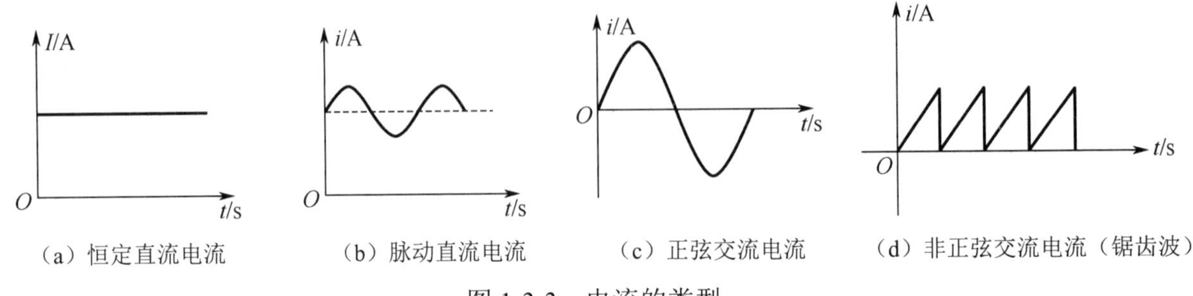

（a）恒定直流电流　（b）脉动直流电流　（c）正弦交流电流　（d）非正弦交流电流（锯齿波）

图 1-3-3　电流的类型

脉动直流电流和交流电流的大小虽然随时间变化，但可以在一个极短的时间内研究它们的大小，此时的电流称为瞬时电流强度，用 i 表示。若在 Δt 时间内，导体横截面的电荷量变化是 ΔQ，则瞬时电流强度为

$$i = \frac{\Delta Q}{\Delta t}$$

交流电流的瞬时值之所以用小写字母 i 表示，是因为它时刻都在变化。

例题解析

【例 1】电荷的________运动形成电流，若 1min 内通过某导体横截面的电荷量为 6C，则通过该导体的电流是________A，合________mA，合________μA。

【解答】定向，0.1，100，1×10^5。

【例 2】已知 4mm^2 的铜导线允许通过的电流密度为 6A/mm^2，则在 5s 内允许通过的电荷量是多少？

【解答】因为 $Q = It$，$I = JS$，所以 $Q = JSt = 6\times4\times5 = 120\text{C}$。

【例 3】请说明图 1-3-4 中电流的实际方向。

【解答】（1）图 1-3-4（a）中电流的参考方向由 a 到 b，I_1=2A>0，为正值，说明电流的实际方向和参考方向相同，即从 a 流向 b。

（2）图 1-3-4（b）中电流的参考方向由 c 到 d，I_2=−2A<0，为负值，说明电流的实际方向与参考方向相反，即从 d 流向 c。

（3）图 1-3-4（c）中不能确定电流的实际方向，因为没有给出电流的参考方向。

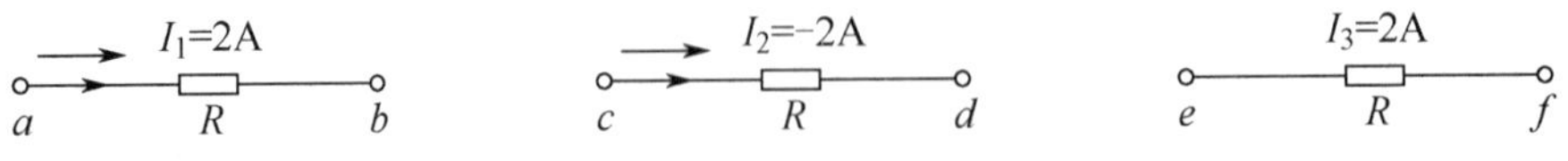

I_1=2A　a　R　b　（a）

I_2=−2A　c　R　d　（b）

I_3=2A　e　R　f　（c）

图 1-3-4　1.3 节例 3 图

同步练习

一、填空题

1．电流的实际方向与参考方向________时，电流为正值；电流的实际方向与参考方向________时，电流为负值。

2．导体中形成电流的内因是______________，外因是______________，二者缺一不可。

3．电流的单位是________，用万用表测量电流时，应把万用表________在被测电路中。

4．________为电流的方向，在金属导体中，电流方向与自由电子的定向运动方向________。

5．若 3min 内通过某导体横截面的电荷量是 1.8C，则该导体中通过的电流为________mA。

6．若某导体中通过的电流为 0.5A，则经过______min，通过该导体横截面的电荷量为 12C。

7．电流的大小及方向均随时间变化的电流称为________；电流的大小及方向都不随时间变化的电流称为________。

8．________电荷定向移动的方向为电流方向。若 3min 内通过某导体横截面的电荷量是 18C，则该导体中通过的电流是________A。

9．若某导体中的电流为 10^5μA，则在 1min 内通过该导体横截面的电荷量为________。

二、单项选择题

1．下列关于电流的叙述正确的是（　　）。

A．电荷的移动形成电流

B．电流方向与自由电子运动方向相同

C．电流方向与正电荷定向移动方向相同

D．电流做功时，只能把电能转化为热能

2．若 1min 内通过某导体横截面的电荷量为 60C，则该导体中通过的电流是（　　）A。

A．60　　B．1　　C．0.017　　D．3600

3．若某导体中通过的电流为 I=2mA，则 1h 内通过该导体横截面的电荷量为（　　）。

A．2C　　B．120C　　C．7200C　　D．7.2C

1.4　电压和电位

知识授新

1．电压

（1）电压的基本概念。

在通常情况下，导体中的电荷运动是杂乱无章的，不能形成电流，要使导体中有电流通

过，导体两端必须有电场力的作用。当置于电场中的电荷在电场力的作用下发生位移时，表示电场力对电荷做功。在图 1-4-1 所示的匀强电场中，电荷 q 在电场力的作用下，由 a 点移动到 b 点，如果电荷 q 移动的距离是 L_{ab}，那么电场力对电荷做的功为

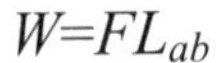

$$W=FL_{ab}$$

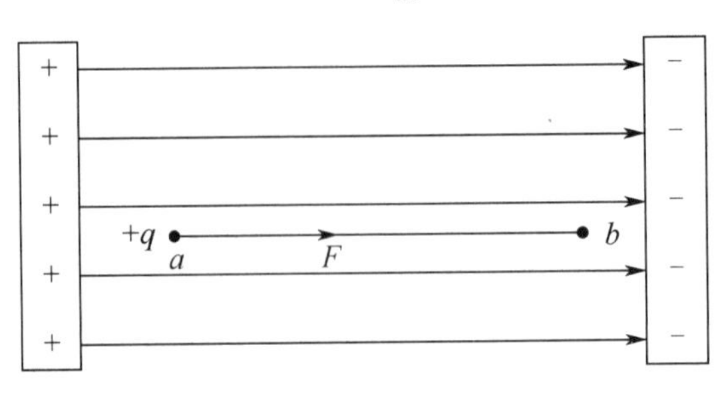

图 1-4-1　匀强电场中电场力对电荷做功

为了衡量电场力做功的能力，引入电压这个物理量。**a、b 两点间的电压 U_{ab} 等于电场力把正电荷从 a 点移动到 b 点所做的功 W_{ab} 与被移动电荷的电荷量 q 的比值。**其定义式为

$$U_{ab}=\frac{W_{ab}}{q}$$

式中，q——由 a 点移动到 b 点的电荷量，单位为 C；

W_{ab}——电场力将正电荷由 a 点移动到 b 点所做的功，单位为 J（焦耳）；

U_{ab}——a、b 两点间的电压，单位为 V。

在国际单位制中，电压的常用单位还有千伏（kV）、毫伏（mV）、微伏（μV）等，它们之间的换算关系如下：

$$1\text{kV}=10^{3}\text{V}$$

$$1\text{mV}=10^{-3}\text{V}$$

$$1\mu\text{V}=10^{-3}\text{mV}=10^{-6}\text{V}$$

（2）电压的方向。

电压不仅有大小，而且有方向。电压总是对电路中的两点而言，因而用双下标表示，其中前一个下标代表正电荷运动的起点，后一个下标代表正电荷运动的终点，电压的方向则由起点指向终点。在电路图中，电压的方向又称电压的极性，用“+”“−”两个符号表示。和电流一样，电路中任意两点之间的电压的实际方向往往不能预先确定，因此同样可以任意设定该段电路电压的参考方向，并以此为依据对电路进行分析和计算，若计算电压结果为正值，则说明电压的参考方向与实际方向一致；若计算电压结果为负值，则说明电压的参考方向与实际方向相反。

电压的参考方向有三种表示方法，如图 1-4-2 所示，这三种表示方法的意义相同，可以互相代用。

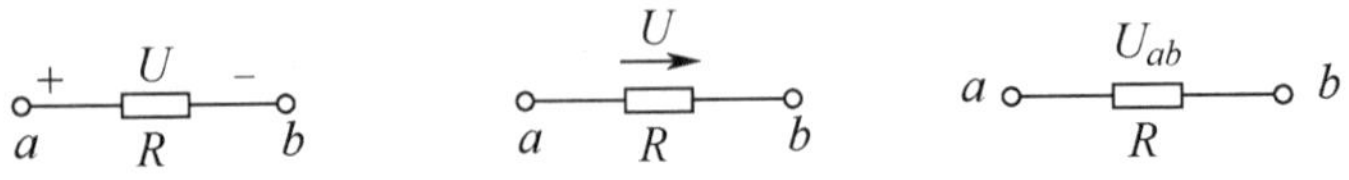

（a）极性表示法　　（b）箭头表示法　　（c）双下标表示法

图 1-4-2　电压的参考方向的表示方法

对电路进行分析和计算时，必须在电路图中标出电压的参考方向，否则电压的正负无任何意义，除了特别说明，今后在电路图中所标电压方向都是指参考方向。

电压的实际方向：**规定由高电位端指向低电位端，即电位降低的方向**。

（3）电压的类型。

电压的大小和极性可能随时间变化，也可能不随时间变化。大小和极性均随时间变化的电压称为交流电压，交流电压的瞬时值用小写字母 u 表示；大小和极性不随时间变化的电压称为恒定电压或直流电压，用大写字母 U 表示。电压的大小可通过电压表测量，测量时应使电压表的正负极和被测电压一起并联在电路两端，同时应将电压表调至适当的量程。

2. 电位

电场中不同的点具有不同的能量，正电荷在电场中某点所具有的能量 A 与电荷的电荷量 q 之比称为该点的电位。其定义式为

$$V=\frac{A}{q}$$

电位的单位为 V。

由上式可知，电压和电位的定义式、单位和符号都是一样的，它们之间是密切联系的，但在概念上是不一样的，衡量电场中任意两点的电场力的做功能力，涉及参考点，用电位；否则，用电压。

所以，在电路中任选一个参考点，电路中某点到参考点的电压就叫作该点的电位，如 a 点与参考点 O 间的电压 U_{aO} 称为 a 点的电位，记作 V_a。

参考点是计算电位的基准点，电路中各点电位都是针对这个基准点而言的。通常规定参考点的电位为零，因此参考点又称零电位点，用接地符号“⊥”表示。**在同一个电路中，参考点可任意选择，但只能选择一个，在电子线路中常选择很多元件的汇集处，而且常常是电源的一个极作为参考点；在工程技术中则选择大地、机壳等作为参考点，若把电气设备的外壳接地，则外壳的电位为零。**

由电位的定义可知，电位实际就是电压，只不过电压是指任意两点之间，而电位则是指某点和参考点之间，电路中任意两点之间的电压为此两点之间的电位差，如 a、b 两点之间的电压可记为

$$U_{ab}=V_a-V_b$$

在图 1-4-3 中，若 V_a=0（以 a 点为参考点），则 V_b＜0，V_c＜V_b，U_{bc}＞0；若 V_b=0（以 b 点为参考点），则 V_a＞0，V_c＜0，U_{ac}＞0；若 V_c=0（以 c 点为参考点），则 V_b＞0，V_a＞V_b，U_{ab}＞0。

引入电位的概念后，电压的方向可以看作电位降低的方向，因此电压也叫电位降。

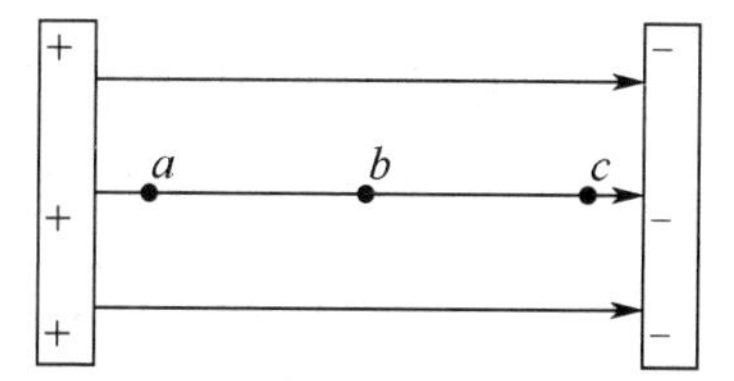

图 1-4-3　选择不同的参考点

电压与电位的辩证关系可概括为：**电位是相对的，电压是绝对的**。电路中各点的电位是相对的，与参考点的选择有关，选择不同的参考点，电路中各点电位的大小和极性也就不同，即电位的多值性；但电路中任意两点之间的电压（电位差）是唯一的，与参考点的选择无关，即电压的单一性。

例题解析

【例 1】在电路中为什么要引入电压、电流的参考方向？参考方向与实际方向有何区别和联系？何谓关联参考方向？

【解答】在分析和计算复杂电路时，由于事先很难判断电流或电压的实际方向，因而引入参考方向。

在规定的参考方向下，若计算结果为正值，则说明参考方向与实际方向相同；若计算结果为负值，则说明参考方向与实际方向相反。

若选定电流和电压的参考方向相同，则为关联参考方向；否则，为非关联参考方向。

【例 2】在图 1-4-4 中，V_A=9V，V_B=−6V，V_C=5V，V_D=0V，试求 U_{AB}、U_{BC}、U_{CD}、U_{AC}、U_{AD}、U_{BD}。

【解答】依据电压与电位的关系可得

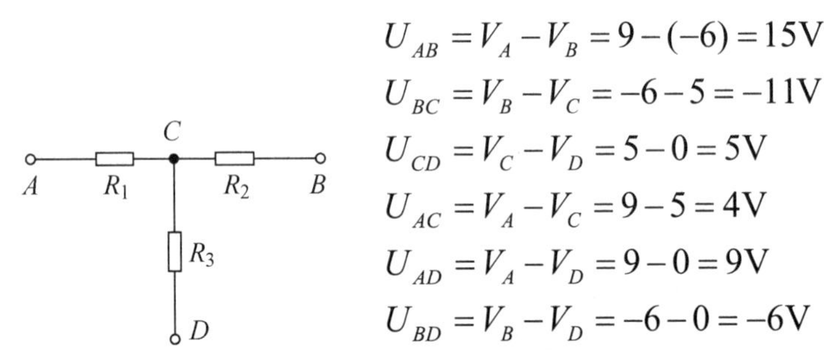

$$U_{AB}=V_A-V_B=9-(-6)=15\text{V}$$
$$U_{BC}=V_B-V_C=-6-5=-11\text{V}$$
$$U_{CD}=V_C-V_D=5-0=5\text{V}$$
$$U_{AC}=V_A-V_C=9-5=4\text{V}$$
$$U_{AD}=V_A-V_D=9-0=9\text{V}$$
$$U_{BD}=V_B-V_D=-6-0=-6\text{V}$$

图 1-4-4　1.4 节例 2 图

【例 3】在图 1-4-5 中，若以 c 点为参考点，则 V_a=________V，V_b=________V，U_{ab}=________V，U_{ac}=________V；若以 b 点为参考点，则 V_a=________V，V_c=________V，U_{ab}=________V，U_{ac}=________V。

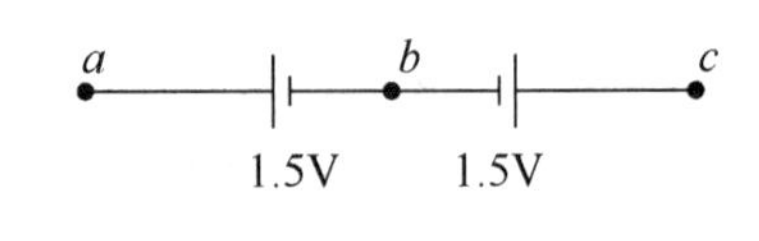

图 1-4-5　1.4 节例 3 图

【解答】0，−1.5，1.5，0；1.5，1.5，1.5，0。

同步练习

一、填空题

1．电路中 a、b 两点的电位为 V_a、V_b，a、b 两点间的电压 U_{ab}=________。

2．在一条电力线上有 A、B 两点，如图 1-4-6 所示。将电荷 q 由 A 点移动到 B 点，电场力做功，则电力线的方向是________指向________；电荷 q 分别在 A、B 两点时，在________点的电位能大，A、B 两点中________点电位高；若电荷 q 的电荷量为 2×10^{-6}C，由 A 点移动到 B 点，电场力做功为 2×10^{-4}J，则 A、B 两点间的电压 U_{AB}=________V。

A　B

图 1-4-6　1.4 节填空题 2 图

3．把电荷量为 1.5×10^{-8}C 的电荷从电场中的 A 点移动到电位 V_B=100V 的 B 点，电场力

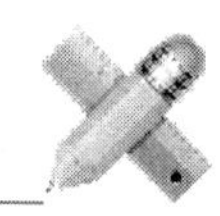

做功为-3×10^{-8}J，那么 A 点的电位 V_A=________V；若将电荷从 A 点移动到 C 点，电场力做功为 6×10^{-6}J，则 C 点的电位 V_C=________V，B、C 两点间的电压 U_{BC}=________V。

4. 电压的方向规定由________电位端指向________电位端。当电压采用双下标表示法时，电压方向从________下标指向________下标。

5. 在图 1-4-7 中，若以 c 点为参考点，则 V_a=________V，V_b=________V，V_d=________V，U_{ab}=________V，U_{ad}=________V，U_{bd}=________V；若以 a 点为参考点，则 V_b=________V，V_c=________V，V_d=________V，U_{bc}=________V，U_{bd}=________V，U_{cd}=________V。

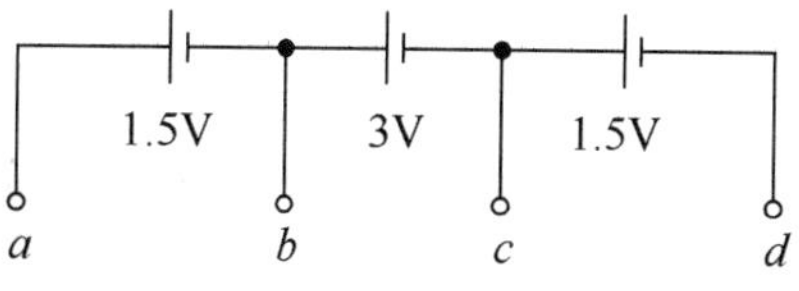

图 1-4-7　1.4 节填空题 5 图

6. 电路中有 a、b、c 三点，当以 c 点为参考点时，V_a=15V，V_b=5V；若以 b 点为参考点，则 V_a=________，V_c=________。

7. 电场中有 a、b、c 三点，设 b 点电位为零，U_{ac}=8V，a 点电位为 3V，则 c 点电位为________V，将电荷量为 2×10^{-6}C 的正电荷从 c 点移动到 a 点，电场力做功为________J。

8. 电场中有 a、b、c 三点，将电荷量为 2×10^{-6}C 的正电荷从 c 点移动到 a 点，电场力做功为 1×10^{-5}J，则 U_{ac}=________V，设 b 点电位为零，V_a=10V，则 V_c=________V。

9. 正电荷在电路中某点所具有的能量与电荷所带电荷量之比称为该点________。

10. 在电路的分析和计算中，假定的电流、电压方向称为电流、电压的________。当假定的电流、电压方向与________方向相反时，取负。

11. 当电荷量为 1×10^{-2}C 的电荷从 a 点移动到 b 点时，电场力做功为 2.2J，若 a 点电位为 110V，则 b 点电位为________V，U_{ab}=________V。

12. 在直流电路中，电压的正方向是________电位指向________电位。

二、单项选择题

1. 若电路中两点间的电压高，则说明（　　）。

A. 这两点的电位高　　B. 这两点间的电位差大

C. 这两点的电位大于零　　D. 无法判断

2. 在图 1-4-8 所示的电路中，E_1=6V，E_2=3V，则 A 点电位 V_A 为（　　）。

A. 3V　　B. −3V　　C. −6V　　D. −9V

3. 在图 1-4-9 所示的电路中，已知 U_{AO}=75V，U_{BO}=35V，U_{CO}=−25V，则 U_{CA} 为（　　），U_{BC} 为（　　）。

A. 60V　　B. −60V　　C. 100V　　D. −100V

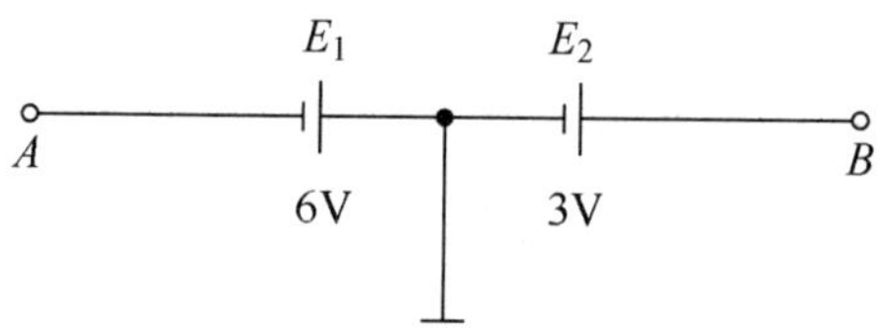

图 1-4-8　1.4 节单项选择题 2 图

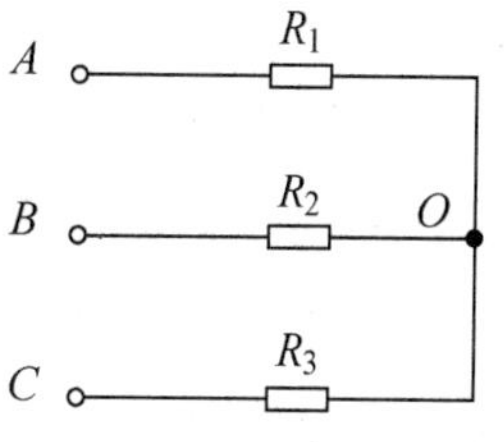

图 1-4-9　1.4 节单项选择题 3 图

4．若把电路中原电位为3V的点改选为参考点，则电路中各点电位比原来（　　）。

A．升高　　B．降低　　C．不变　　D．不确定

5．电路中任意两点间的电位差称为（　　）。

A．电压　　B．电流　　C．电动势　　D．电位

6．静电场中两点间的电压是（　　）。

A．不变的　　B．变化的

C．随参考点选择的不同而不同　　D．不确定

三、计算题

已知 a、b、c 三点，$q=5\times10^{-2}$C，$W_{ab}=2$J，$W_{bc}=3$J，以 b 点为参考点，试求 a 点和 c 点的电位。

1.5　电源和电动势

知识授新

1．电源

电源是把其他形式的能转换成电能的装置。每个电源都有正、负两个电极。电源内部的能量能维持这两个电极保持一定的电位差，并使正极电位高于负极电位，接通负载后，外电路中的电流从高电位流向低电位；在电源内部，电流则从负极流向正极。

电源种类很多，如电池和发电机：干电池或蓄电池把化学能转换成电能；光电池把太阳的光能转换成电能；发电机把机械能转换成电能；等等。

2．电源电动势

（1）电源力。

在电池和发电机这两种电源中，产生电位差的原因是不同的。例如，在电池中是由于电解液和极板之间的化学反应而产生的；而在发电机中是由机械能通过电磁感应，在发电机内部的线圈中产生的。但是，它们有一个共同点，就是能把电源内部导体中的正、负电荷分别推向两个电极，使得一个电极具有一定数量的正电荷，另一个电极具有相等数量的负电荷，于是在两极之间就出现了一定的电位差，形成了电场。

在电场力的作用下，正电荷总是由高电位经过负载移动到低电位，如图 1-5-1 所示。当正电荷由 A 极板经外电路移动到 B 极板时，与 B 极板上的负电荷中和，使 A、B 极板上聚集的正、负电荷减少，两极板间的电位差随之减小，电流随之减小，直至正、负电荷完全中和，电流中断。要保证电路中有持续不断的电流，A、B 极板间必须有一个与电场力 F_2 的方向相反的非静电力 F_1，它能把正电荷从 B 极板源源不断地移动到 A 极板，保证 A、B 极板间的电

压不变，电路中才能有持续不变的电流。这种存在于电源内部的非静电力 F_1 叫作电源力。

（2）电动势。

在电源内部，电源力不断地把正电荷从低电位移动到高电位。在这个过程中，电源力要反抗电场力做功，这个做功过程就是电源将其他形式的能转换成电能的过程。对于不同的电源，电源力做功的性质和大小不同，为此引入电动势。

在电源内部，电源力把正电荷从低电位（负极板）移动到高电位（正极板）反抗电场力所做的功与被移动电荷的电荷量之比，叫作电源的电动势。其定义式为

$$E=\frac{W}{q}$$

式中，W——电源力移动正电荷做的功，单位为 J；

q——电源力移动的电荷量，单位为 C；

E——电源电动势，单位为 V。

电源内部电源力由负极指向正极，因此电源电动势的方向规定为从电源的负极经过电源内部指向电源的正极，即与电源两端电压的方向相反。所以，电动势也是一个矢量。

在电源内部，电源力移动正电荷形成电流，电流方向从负极指向正极；在外电路中，电场力移动正电荷形成电流，电流方向从正极指向负极。

（3）电动势与电压的区别和联系。

电动势和电压的单位都是 V，但二者是有区别的。

① 电动势与电压具有不同的物理意义。电动势表示非电场力（外力）做功能力，而电压则表示电场力做功能力。

② 对于一个电源，既有电动势又有电压。但电动势仅存在于电源内部，而电压不仅存在于电源内部，而且存在于外电路。电源电动势在数值上等于电源两端的开路电压（电源两端不接负载时的电压），与外电路的性质及是否接通外电路无关，而电压在数值上与外电路的性质及是否接通外电路有关。

③ 电动势与电压的方向相反。**电动势是从低电位指向高电位，即电位上升的方向；而电压是从高电位指向低电位，即电位降低的方向**，如图 1-5-2 所示。

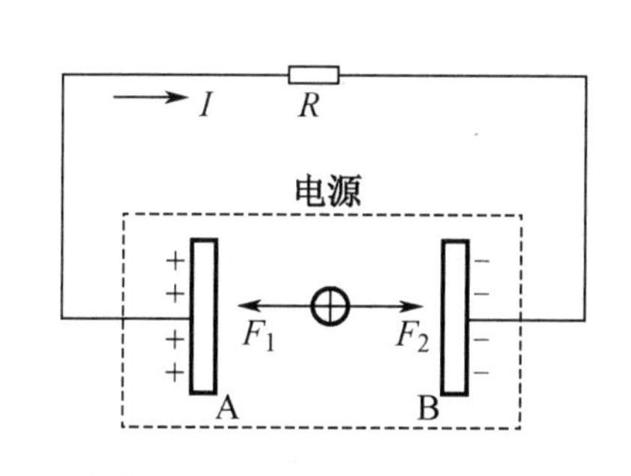

图 1-5-1　含有电源的电路

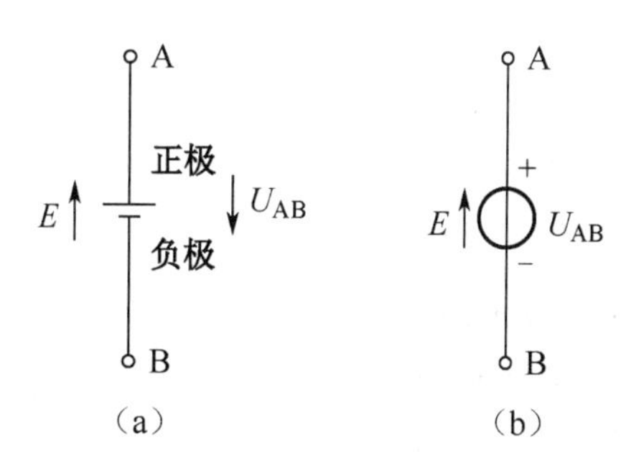

图 1-5-2　电源电动势与端电压方向

经典例题

【例 1】电压与电动势有何区别？为什么它们的单位都为 V？

【解答】电压的定义是 a、b 两点间的电压 U_{ab} 在数值上等于单位正电荷从 a 点移动到 b 点电场力所做的功。规定电压的方向就是电位降低的方向。

电动势的定义是电源电动势 E_{ba} 在数值上等于电源力把单位正电荷从电源的低电位 b 点经电源内部移动到高电位 a 点所做的功。

故二者的单位均为 V，但物理概念不同。

【例 2】某电场中 A、B 两点的电位为 V_A=800V，V_B=−800V，若有电荷量为 5C 的正电荷从 B 点移动到 A 点，则电场力做的功为多少？是正功还是负功？

【解析】对电荷而言，电位能增加是外力做正功，电场力做负功；电位能减少是电场力做正功，外力做负功。

【解答】$U_{BA}=V_B-V_A=-800-800=-1600\text{V}$（$A$ 点电位高）；

$W_{BA}=U_{BA}\times q=-1600\times 5=-8000\text{J}$，即电场力做了 8000J 负功，外力做正功。

同步练习

一、填空题

1．把________的能转换为________的设备叫作电源。在电源内部，电源力把正电荷从电源的________移动到电源的________。

2．在外电路中，电流从________流向________，是________做功；在电源内部，电流由________流向________，是电源力做功。

3．在电源内部，电源力做了 12J 的功，将电荷量为 8C 的正电荷由负极移动到正极，则电源电动势为________V；若将电荷量为 12C 的电荷由负极移动到正极，则电源力需要做________功。

4．电源和负载的本质区别是：电源是把________能转换成________能的设备；负载是把________能转换成________能的设备。

二、单项选择题

1．关于电动势的物理定义，正确的是（　　）。

A．电动势反映了不同电源的做功能力

B．电动势是标量

C．电动势的方向由正极经电源内部指向负极

D．电源内部的电源力维持电荷的定向移动

2．关于电动势的说法，正确的是（　　）。

A．电动势不仅存在于电源内部，而且存在于外电路

B．电动势就是电压

C．电动势的正方向是从正极指向负极

D．电动势的大小与外电路无关，它是由电源本身的性质决定的

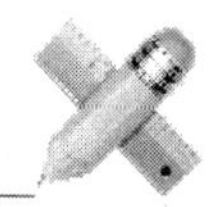

三、计算题

电场力将电荷量为 1.2C 的正电荷从 A 点移动到 B 点，电位降低了 200V，则电场力做了多少功？

1.6　电阻和电阻定律

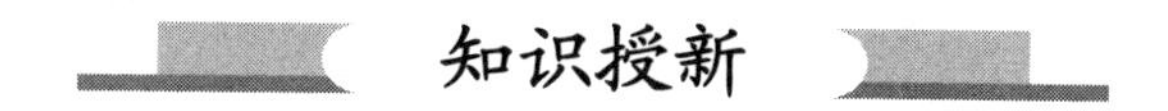

知识授新

1. 物质的分类

自然界中的各种物质，**按其导电性能来分，可分为导体、绝缘体、半导体三大类。**其中，导电性能良好的物体叫作导体，导体的原子核对外层电子吸引力很小，电子较容易挣脱原子核的束缚，形成大量的自由电子，常见的金属（如银、铜、铝等）都是电的良导体；导电性能很差，几乎不能导电的物体称为绝缘体，绝缘体中的原子核对外层电子有较大的吸引力，几乎没有自由电子，常见的绝缘体有玻璃、胶木、陶瓷、云母等；导电性能介于导体和绝缘体之间的物体叫作半导体，如硅、锗等。

就原子核最外层的电子数目与导电性能的关系而言，少于 4 个多为导体，多于 4 个多为绝缘体，等于 4 个多为半导体。

2. 电阻

导体中的自由电子在电场力的作用下定向运动，形成电流。做定向运动的自由电子，要与在平衡位置附近不断振动的原子发生碰撞，阻碍自由电子的定向运动。这种阻碍作用使自由电子定向运动的平均速度降低，自由电子的一部分动能转换成分子热运动热能。导体对电流的阻碍作用叫电阻，用字母 R 表示。任何物体都有电阻，当有电流流过时，都要消耗一定能量。

3. 电阻定律

导体电阻的大小不仅和导体的材料有关，还和导体的尺寸有关。经实验证明，**在温度不变时，一定材料制成的导体的电阻跟它的长度成正比，跟它的截面积成反比。**这个实验规律叫作电阻定律。均匀导体的电阻可用公式表示为

$$R = \rho \frac{L}{S}$$

式中，ρ——电阻率，其值由电阻材料的性质决定，单位为 Ω · m；

L——导体的长度，单位为 m；

S——导体的截面积，单位为 m^2；

R——导体的电阻，单位为 Ω。

在国际单位制中，电阻的常用单位还有千欧（kΩ）和兆欧（MΩ），它们之间的换算关系

如下：

$$1\text{k}\Omega=10^3\Omega$$

$$1\text{M}\Omega=10^3\text{k}\Omega=10^6\Omega$$

电阻率与导体材料的性质和所处温度有关，而与导体的尺寸无关。不同材料导体的电阻率是不同的；同一材料在不同温度下的电阻率也是不同的。表 1-6-1 列出了部分常见材料在20℃时的电阻率和电阻温度系数（为近似数据）。银的电阻率最小，是最好的导电材料。铜、铝次之，但由于银的价格较高，工程上普遍采用铜和铝作为制造导线的材料。在其他场合下，则需要使用电阻率较大的材料，如用钨来制作各种灯泡的灯丝，用镍铬合金来制作电炉和电烙铁的发热元件等。为了安全，电工用具上都安装有用橡胶、木头等电阻率很大的绝缘体制作的把、套。

表 1-6-1 部分常见材料在 20°C时的电阻率和电阻温度系数

材料名称		20°C时的电阻率 ρ/（Ω·m）	电阻温度系数 α/（1/°C）（0～100°C）
导电材料	银	1.65×10^{-8}	3.6×10^{-3}
	铜	1.75×10^{-8}	4.1×10^{-3}
	铝	2.83×10^{-8}	4.2×10^{-3}
	低碳钢	1.3×10^{-7}	4.2×10^{-3}
电阻材料	铂	1.06×10^{-7}	3.9×10^{-3}
	钨	5.3×10^{-8}	5×10^{-3}
	锰铜	4.4×10^{-7}	2×10^{-5}
	康铜	5.0×10^{-7}	4×10^{-5}
	镍铬铁	10^{-6}	7×10^{-5}
	碳	10^{-6}	-5×10^{-3}（负温度系数）
半导体	纯净锗	0.6	—
	纯净硅	2300	—
绝缘体	橡胶	$10^{13}\sim10^{16}$	—
	塑料	$10^{15}\sim10^{16}$	—
	玻璃	$10^{10}\sim10^{14}$	—
	陶瓷	$10^{12}\sim10^{13}$	—
	云母	$10^{11}\sim10^{15}$	—

电阻率的大小反映了导体导电性能的好坏。一般把电阻率在 $10^{-8}\sim10^{-6}\Omega\cdot\text{m}$ 的材料叫作导体，电阻率在 $10^{11}\sim10^{16}\Omega\cdot\text{m}$ 的材料叫作绝缘体。还有一种材料，它的电阻率为 $10^{-6}\sim10^{6}\Omega\cdot\text{m}$，介于导体和绝缘体之间，叫作半导体。

4. 导体电阻与温度的关系

一般情况下，绝大多数金属材料的电阻随温度升高而增大，电阻 R 与温度 t 之间存在以下近似关系：

$$R_2=R_1[1+\alpha(t_2-t_1)]$$

即

$$\alpha = \frac{R_2 - R_1}{R_1(t_2 - t_1)}$$

式中，t_1——起始温度；

t_2——实际温度；

(t_2-t_1)——导体的温升；

α——导体的电阻温度系数；

R_1——温度为 t_1 时对应的导体电阻；

R_2——温度为 t_2 时对应的导体电阻。

α 的物理意义为：导体温度升高 1℃时，电阻的变化量与原电阻的比值。

由表 1-6-1 可知，通常情况下，几乎所有金属材料的电阻率都随温度升高而增大，即 $\alpha>0$，这类材料制作的电阻称为正温度系数电阻，导体工作温度变化很大时，电阻的变化也是很显著的（如 220V/100W 的白炽灯，正常工作时的热态电阻约为 484Ω，而不通电时的冷态电阻约为 36Ω）。但有些材料（如碳、半导体材料和电解液等）在温度升高时，导体的电阻反而减小，即 $\alpha<0$，这类材料制作的电阻称为负温度系数电阻，如多数热敏电阻就具有这种特性，这在一些电气设备中可以起自动调节和补偿的作用。还有某些合金材料如锰铜、康铜的电阻温度系数很小，即 $\alpha\approx0$，称为零温度系数电阻，用它们制成的电阻基本不随温度变化，所以常用来制作标准电阻、电阻箱，以及电工仪表中的分流电阻和附加电阻。

此外，某些稀有材料及其合金在超低温下（接近绝对零度），电阻完全消失，即处于 $\rho=0$ 的导电状态，这种现象叫作超导，这个温度叫作转变温度，具有超导性质的物体叫作超导体。超导体及超导技术在电子通信、医疗卫生、交通运输等方面具有重要作用，随着对超导材料研究的不断深入，转变温度的不断提高，超导技术的应用越来越广泛。

5. 电导的概念

电阻的倒数称为电导（G），它是衡量电阻导电能力的物理量，其定义式为

$$G = \frac{1}{R}$$

式中，G——电导，单位为 S（西门子）。

例题解析

【例 1】欲输送电力至 250m 处，如果选用横截面积为 50mm^2 的铜导线，则线路的损耗电阻是多少（铜：$\rho=1.75\times10^{-8}$Ω · m）？

【解析】**电力输送形成回路需要往返两根导线，故实际需要导线长度为 500m。**

【解答】$R_{损} = \rho\frac{L}{S} = 1.75\times10^{-8}\times\frac{250\times2}{50\times10^{-6}} = 0.175\Omega$。

【例 2】欲制作一个小电炉，需要炉丝电阻 30Ω，现选用半径为 0.1mm 的镍铬丝，试计算所需镍铬丝的长度。

【解答】查表得镍铬丝的电阻率 $\rho=1.1\times10^{-6}$Ω · m。

根据公式

$$R=\rho\frac{L}{S}$$

得

$$L=\frac{RS}{\rho}=\frac{R\times\pi r^2}{\rho}=\frac{30\times3.14\times(0.1\times10^{-3})^2}{1.1\times10^{-6}}=8.56\,\mathrm{m}$$

因此，所需镍铬丝的长度为8.56m。

【例3】将一根金属导线均匀拉长，使其直径为原来的$\frac{1}{2}$，则其电阻是原电阻的（　　）。

A．2倍　　B．4倍　　C．8倍　　D．16倍

【解析】导线原电阻为$R_1=\rho\frac{L_1}{S_1}$，今直径减半，横截面积变为原来的$\frac{1}{4}$，但由于体积不变，长度将增至原来的4倍。因此$R_2=\rho\frac{4L_1}{\frac{1}{4}S_1}=16R_1$，故选择D。

同步练习

一、填空题

1．根据物体导电性能的强弱，一般将物体分为________、________和________。

2．导体对电流的_______作用叫电阻。电阻的单位是________，用符号________表示。导体的电阻取决于导体的_______、_______和_______等因素，用公式表示为________。

3．一根长度为800m，横截面积为2mm^{2}的铜导线（$\rho=1.75\times10^{-8}\Omega\cdot\mathrm{m}$），它的阻值是________Ω；若将其对折起来使用，则其电阻是原电阻的________倍。

4．将一根金属导线均匀拉长，使其直径为原来的$\frac{1}{2}$，则该导线的电阻是原电阻的________倍。

5．电导是衡量导体________的一个物理量，它与电阻的关系为________。

6．对于电阻温度系数为正的导体材料，导体的电阻随温度升高而________。

7．电阻主要用于稳定和调节电路中的________和________，它的指标有________、________、________、最高工作电压、温度特性和稳定性等。

8．识别图1-6-1所示的色环电阻，该电阻的标称阻值是______Ω，允许偏差是______。

9．图1-6-2所示为两个电阻的伏安特性，R_a比R_b________（大、小），R_a=________Ω。

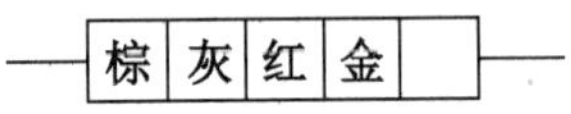

棕　灰　红　金

图1-6-1　1.6节填空题8图

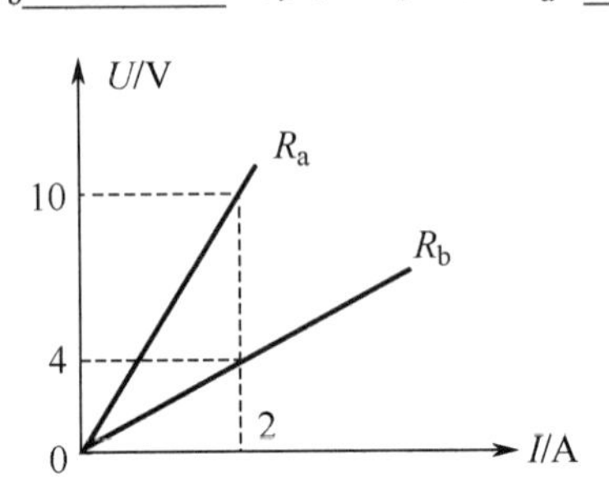

图1-6-2　1.6节填空题9图

二、选择题

1．一根粗细均匀的导线，当其两端电压为 U 时，通过的电流为 I，若将此导线均匀拉长为原来的 2 倍，要使电流仍为 I，则导线两端所加电压应为（　　）。

A．$\frac{U}{2}$　　B．U　　C．$2U$　　D．$4U$

2．一个均匀电阻经对折后，接到原电路中，在相同的时间里，该电阻所产生的热量是原来的（　　）倍。

A．$\frac{1}{2}$　　B．$\frac{1}{4}$　　C．2　　D．4

3．通常情况下，环境温度升高时，半导体的电阻会（　　），纯金属导体的电阻会（　　）。

A．增大　　B．减小　　C．不变　　D．不能确定

4．一根电阻为 R 的均匀导线，若将其直径减小一半，长度不变，则其电阻为（　　）。

A．$\frac{1}{2}R$　　B．$2R$　　C．$4R$　　D．$\frac{1}{4}R$

5．当电阻两端的电压与流过电阻的电流不成正比时，其伏安特性是（　　）。

A．直线　　B．曲线　　C．圆　　D．椭圆

6．将一根粗细均匀的圆形金属导线，均匀拉长到原来的 2 倍，此时导线的电阻是原电阻的（　　）倍。

A．$\frac{1}{4}$　　B．$\frac{1}{2}$　　C．2　　D．4

7．一根导线的电阻为 R，若将其拉长为原来的 4 倍，则其电阻为（　　）。

A．R　　B．$\frac{1}{4}R$　　C．$4R$　　D．$16R$

阅读材料

常用电阻

1．电阻的作用和分类

电阻是一种消耗电能的元件，在电路中用于控制电压、电流的大小，或者与电容器和电感器组成具有特殊功能的电路等。

为了适应不同电路和不同工作条件的需要，电阻的品种规格很多，按外形结构可分为固定式和可变式两大类，图 1-6-3（a）和图 1-6-3（b）分别为固定电阻和可变电阻的外形。固定电阻主要用于电阻不需要变动的电路；可变电阻，即电位器，主要用于电阻需要经常变动的电路；微调电位器或微调电阻，主要用于电阻有时需要变动但不必经常变动的电路。

电阻按制造材料可分为膜式（碳膜、金属膜等）和金属线绕式两类。膜式电阻的阻值范围较大，可从零点几欧到几十兆欧，但功率不大，一般为几瓦；金属线绕式电阻正好与其相反，阻值范围较小，但功率较大。

按电阻的特性，还可进一步分为高精度、高稳定性、高阻、高压、高频及各种敏感型电阻。常见的敏感型电阻有热敏电阻、压敏电阻等，其外形如图 1-6-3（c）所示。

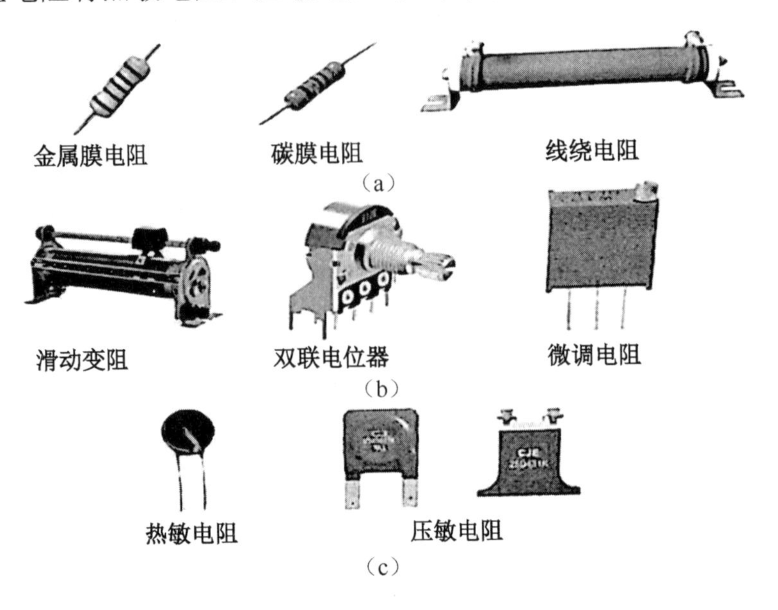

图 1-6-3　常见电阻的外形

2. 电阻的主要特性参数

电阻的主要特性参数有标称阻值、允许偏差（误差）、额定功率和最高工作电压等。

（1）标称阻值及允许偏差的表示方法。

① 直标法。直接把标称阻值和允许偏差印在电阻表面，如图 1-6-4（a）所示。在有些旧产品中，允许偏差用罗马数字表示，Ⅰ代表±5%，Ⅱ代表±10%，Ⅲ或不标出时代表±20%。例如，100ΩⅠ表示 100Ω，允许偏差为±5%；50kΩⅡ表示 50kΩ，允许偏差为±10%；2MΩ 表示 2MΩ，允许偏差为±20%。

② 文字符号法。将标称阻值和允许偏差用文字、数字符号或二者的有规律组合标志在电阻表面，如图 1-6-4（b）所示。在文字符号法中，5Ω1 表示 5.1Ω，9M1 表示 9.1MΩ，允许偏差用大写字母表示，D 代表±0.5%，F 代表±1%，G 代表±2%，J 代表±5%，K 代表±10%，M 代表±20%。

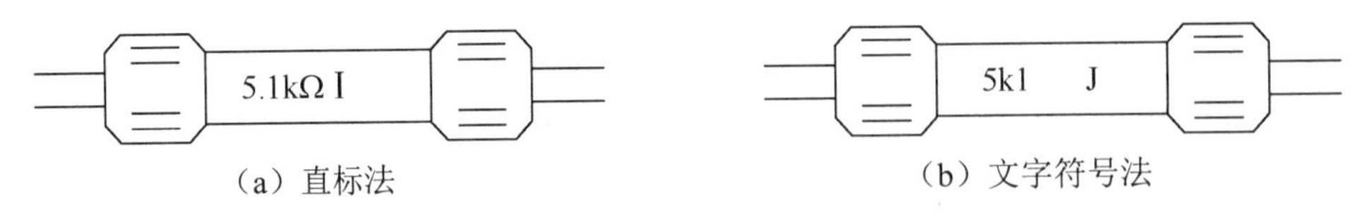

图 1-6-4　直标法与文字符号法

③ 色标法。用色“图”或“环”和色点来表示电阻的标称阻值及允许偏差，各种颜色表示的数值应符合表 1-6-2 的规定。

表 1-6-2　电阻的色环

颜色	A（第一位数）	B（第二位数）	C（倍乘数）	D（允许偏差）
黑	0	0	10^0	—
棕	1	1	10^1	±1%

续表

颜色	A（第一位数）	B（第二位数）	C（倍乘数）	D（允许偏差）
红	2	2	10^2	±2%
橙	3	3	10^3	—
黄	4	4	10^4	—
绿	5	5	10^5	±0.5%
蓝	6	6	10^6	±0.2%
紫	7	7	10^7	±0.1%
灰	8	8	10^8	—
白	9	9	10^9	—
金	—	—	10^{-1}	±5%
银	—	—	10^{-2}	±10%
无色	—	—	—	±20%

实例：在电阻的一端标以彩色环，电阻的色标由左向右排列，图 1-6-5（a）的电阻为 27kΩ±5%；

精密电阻用 5 个色环表示，第 1 至第 3 色环表示电阻的有效数字，第 4 色环表示倍乘数，第 5 色环表示允许偏差，图 1-6-5（b）的电阻为 17.5Ω±1%。

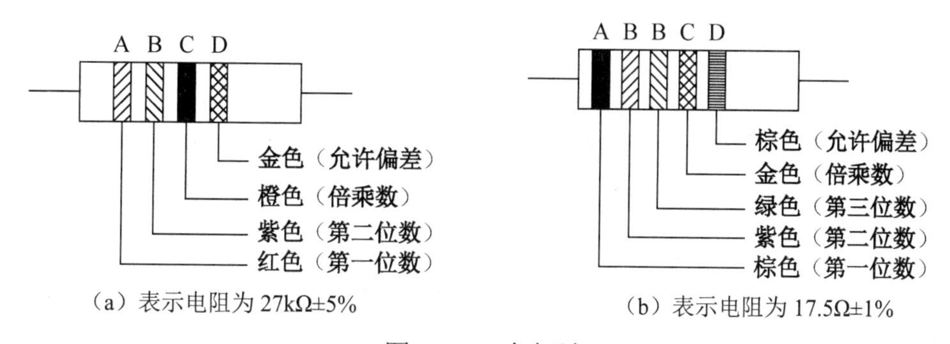

（a）表示电阻为 27kΩ±5%　　（b）表示电阻为 17.5Ω±1%

图 1-6-5　色标法

4 环电阻颜色依次为绿、棕、金、金，表示 5.1Ω±5%的电阻；棕、绿、绿、银，表示 1.5MΩ±10%的电阻。5 环电阻颜色依次为棕、黑、绿、金、红，表示 10.5Ω±2%的电阻；白、绿、橙、橙、蓝，表示 953kΩ±0.2%的电阻。

④ 特殊表示法。电阻用 3 位数字表示，第 1、2 位数字为电阻有效值，第 3 位是加 0 个数，用 R 表示小数点，电阻单位为 Ω。

例如：OR3 表示 0.3Ω；2R2 表示 2.2Ω；470 表示 47Ω；181 表示 180Ω；154 表示 150kΩ；102 表示 1000Ω（1kΩ）。

（2）额定功率。电阻的额定功率是指电阻在正常大气压和规定温度条件下，长期连续工作所允许承受的最大功率，额定功率一般用文字和符号直接标在电阻上，也有用规定符号表示的，如图 1-6-6 所示。

要根据电路或设备的实际要求选用电阻。一般根据阻值和额定功率选择适用的电阻，也就是说，阻值应和电路要求相符，电阻的额定功率要大于它在电路中实际消耗的功率，以免电阻过热而损坏。

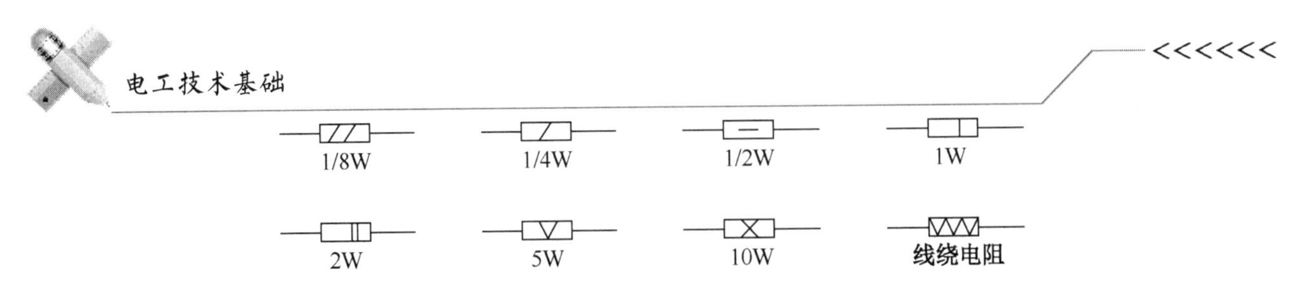

图 1-6-6　电阻额定功率的通用符号

（3）最高工作电压。指电阻长期工作不发生过热或电击穿损坏时的电压。如果电压超过规定值，电阻内部就会产生火花，引起噪声，甚至损坏。

3. 电阻的型号

国产电阻的型号，国家有统一规定，如表 1-6-3 所示。

表 1-6-3　国产电阻的型号

顺序	第一位	第二位	第三位
类别	主称	导体材料	形状及性能
名称及符号	电阻 R 电位器 R_P	碳膜 T	大小 X
		金属膜 J	精密 J
		金属氧化膜 Y	测量 L
		线绕 X	高功率 G

例如，RX 表示线绕电阻，RT 表示碳膜电阻，RJ 表示金属膜电阻，RS 表示实心电阻等。

4. 如何选用电阻和电位器

（1）按用途选用合适的型号。对于一般用途，可选择通用型电阻。对于特殊用途，应选用专用型电阻；例如，对于精密的电子设备，应选用误差小，精度高的碳膜、金属膜电阻和线绕电阻。对于湿度高的地方，应选用防潮被釉线绕电阻。

（2）正确选取阻值及精度。应按照电路的要求选取合适阻值及误差，在精度要求高的场合，应选用精密电阻。

（3）额定功率的选择。额定功率应选得比计算消耗的实际功率大，对于电位器要注意它的阻值调到最小时，其电流最大，应满足它所承受的功率不能超过额定功率。

（4）注意最高工作电压。每个电阻都有一定的耐压能力，如果超过最高工作电压，电阻就会损坏。在高压场合下使用时，阻值大的电阻的使用电压更应小于最高工作电压。

1.7　电路和欧姆定律

知识授新

1. 电路和电路的组成

把一个灯泡通过开关、导线和干电池连接起来，就组成了一个手电筒照明电路，其结构如图 1-7-1（a）所示。当合上开关时，电路中有电流通过，灯泡亮。在工厂的动力用电中，当电动机通过开关、导线和电源接通时，有电流通过，电动机转动。这种把各种电气设备和元件，按照一定的连接方式构成的电流通路称为电路。换句话讲，**电流流通的闭合路径称为电路。**

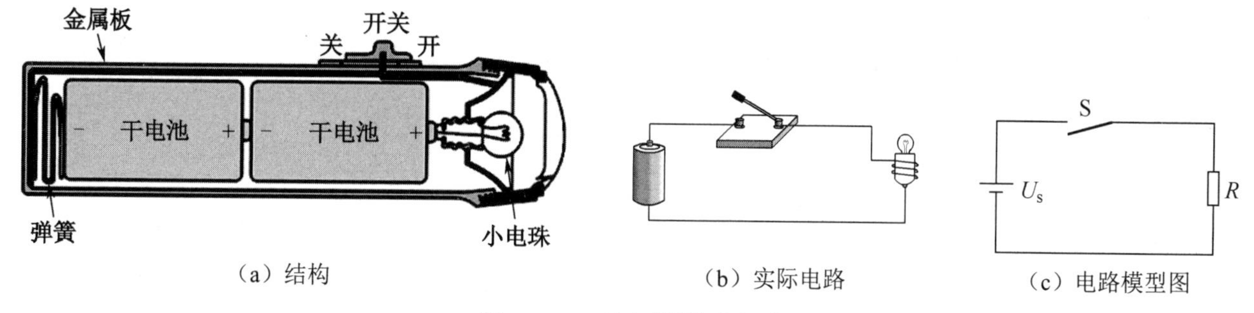

（a）结构　（b）实际电路　（c）电路模型图

图 1-7-1　手电筒照明电路

任何一个完整的实际电路，不论其结构和作用如何，通常总是由**电源、负载、连接导线、控制和保护装置组成的。**

（1）电源：向电路提供能量，将其他形式的能转换为电能。常见的电源有发电机、蓄电池、光电池等。发电机将机械能转换成电能，蓄电池将化学能转换成电能，光电池将光能转换成电能。

（2）负载：各种用电设备，其作用是将电能转换成其他形式的能。电灯泡、电炉、电动机等都是负载。电灯泡将电能转换成光能，电炉将电能转换成热能，电动机将电能转换成机械能。

（3）连接导线：将电源和负载接成闭合电路，实现电能的输送和分配。常用的导线有铜线、铝线等。

（4）控制和保护装置：用来控制电路的通断，保护电路的安全，使电路能够正常工作。如开关，过流、过压、欠压、短路、过载保护装置等。

2. 电路图

图 1-7-1（b）所示为用电气设备的实物图形表示的实际电路。它的优点是很直观，但画起来很复杂，不便于使用数学方法进行分析和研究。因此，在分析和研究电路时，总是把这些实物图形抽象成一些理想化的模型，用规定的图形符号表示，画出其电路模型图，如图 1-7-1（c）所示。这种**用统一规定的图形符号画出的电路模型图称为电路图。**电路图中常用的部分图形符号如表 1-7-1 所示。

表 1-7-1　电路图中常用的部分图形符号

名称	符号	名称	符号
电阻	○—▭—○	电压表	○—Ⓥ—○
电池	○—┤├—○	接地	⏚ 或 ⊥
电灯	○—⊗—○	熔断器	○—▭—○
开关	○— ╱—○	电容	○—┤├—○
电流表	○—Ⓐ—○	电感器	○—⌒⌒⌒—○

3. 欧姆定律

（1）部分电路欧姆定律（不含电源的电阻电路）。

德国科学家欧姆（1789—1854）从大量实验中得出结论：在一段不包括电源的电路中，电路中的电流 I 与加在这段电路两端的电压 U 成正比，与这段电路的电阻 R 成反比。这一结论叫作欧姆定律，它揭示了一段电路中电阻、电压、电流三者之间的关系。图 1-7-2 所示为一段电阻电路。

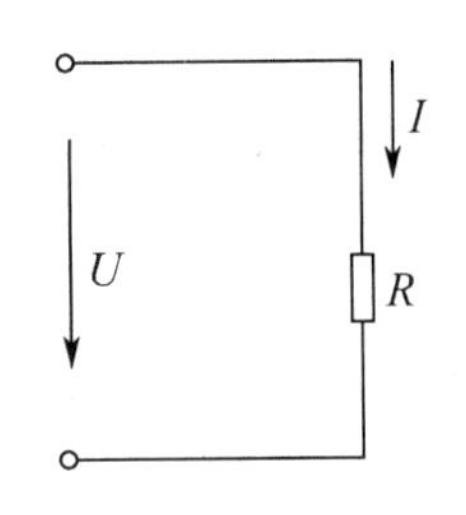

图 1-7-2　一段电阻电路

① 当电压、电流的参考方向相同，为关联参考方向时，I、U、R 三者之间满足

$$I=\frac{U}{R}$$

② 当电压、电流的参考方向相反，为非关联参考方向时，I、U、R 三者之间满足

$$I=-\frac{U}{R}$$

式中，I——电路中的电流，单位为 A；

U——电路两端的电压，单位为 V；

R——电路的电阻，单位为 Ω。

此处必须强调一点，**欧姆定律只适用于线性电路**。接下来我们对线性电阻、非线性电阻、线性电路、非线性电路这几个概念予以说明。

根据欧姆定律 $R=\frac{U}{I}$，如果已知电压 U 和电流 I，就可以求得电阻 R。

线性电阻：在一定条件下阻值是常数，不随两端的电压和通过的电流的变化而变化，这样的电阻叫作线性电阻，如金属膜电阻、绕线电阻和碳膜电阻。线性电阻的阻值只与元件本身的材料和尺寸有关。

非线性电阻：阻值随着电压或电流的变化而变化，不是常数，这样的电阻叫作非线性电阻，如半导体二极管。

除了数学解析式，电阻的电压和电流关系还可以用图形表示，在坐标系中，以电压 U 为横坐标，以电流 I 为纵坐标，画出电压和电流的关系曲线，叫作伏安特性曲线，也叫外特性曲线。线性电阻的伏安特性曲线是经过坐标原点的一条直线，如图 1-7-3（a）所示；非线性电阻的伏安特性曲线不是一条直线，半导体二极管的伏安特性曲线如图 1-7-3（b）所示，二极管的端电压和电流的比值不是一个常数，二极管的电阻随电压或电流的大小甚至方向的变化而变化。

严格地讲，绝对线性的电阻是不存在的，绝大多数金属导体的阻值都随温度的变化而变化，这样，它们的阻值便不再是常数，但这种变化是很小的（除温度特别高以外），可以忽略不计，因此，这些电阻可以被看作线性电阻。由线性电源、线性电阻组成的电路称为线性电路。含有非线性元件（非线性电源或非线性电阻）的电路叫作非线性电路，今后除特别指出外，所有电阻均指线性电阻。

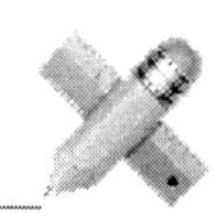

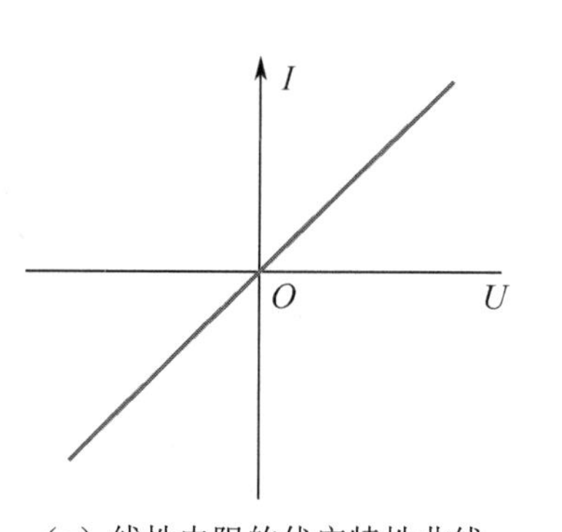

（a）线性电阻的伏安特性曲线

（b）非线性电阻的伏安特性曲线

图 1-7-3　电阻的伏安特性曲线

（2）全电路欧姆定律（含负载和电源的闭合电路）。

一个由电源和负载组成的闭合电路叫作全电路，如图 1-7-4 所示。R 为负载电阻，E 为电源电动势，r 为电源内阻。

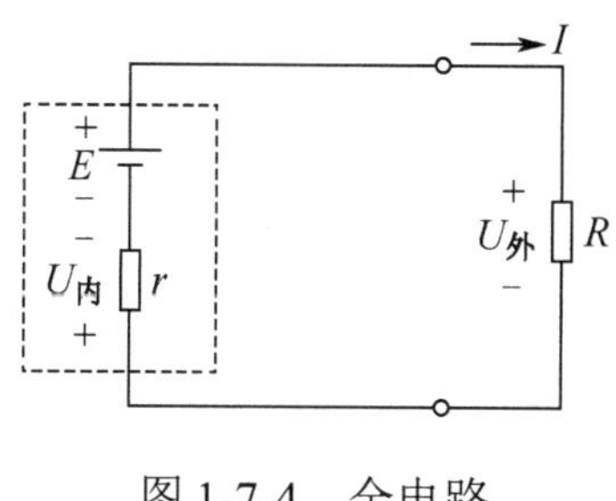

图 1-7-4　全电路

电路闭合时，电路中有电流 I 通过。电源力做功把其他形式的能转换成电能 W，根据能量转换与守恒定律，必然有一部分能量 W_1 消耗在电源内部（内电路），另一部分能量 W_2 消耗在电源外部（外电路）。所以

$$W=W_1+W_2$$

又因为

$$W=qE;\quad W_1=qU_{内};\quad W_2=qU_{外}$$

将它们代入上式，则有

$$E=U_{内}+U_{外}$$

由部分电路欧姆定律可知

$$U_{内}=IR;\quad U_{内}=Ir$$

可以得到

$$E=I(R+r)$$

即

$$I=\frac{E}{R+r}$$

式中，E——电源电动势，单位为 V；

r——电源内阻，单位为 Ω。

上式说明，**闭合电路中的电流与电源电动势成正比，与电路的总电阻（内电路电阻与外电路电阻之和）成反比，这一规律叫作全电路欧姆定律。**

（3）全电路的三种工作状态。

① **通路状态（有载状态）**：其特点是 R、r、I 均为正常值，$I=\dfrac{E}{R+r}$，$E=U_{内}+U_{外}$。

② **短路状态**：其特点是 R=0，$U_{外}$=0，$U_{内}=E$，$I=\dfrac{E}{0+r}$ 且其值很大，危害甚大，绝不允

许出现，故电路中必须设置短路保护装置。

③ **开路状态（断路状态）**：其特点是 $R=\infty$，$I=\dfrac{E}{r+\infty}\to 0$，$U_{内}=0$，$U_{外}=E$。

外电路两端电压$U_{外}$，又称路端电压或端电压，根据解析式$U_{外}=IR=E-Ir=E\dfrac{R}{R+r}$绘出的电源外特性曲线（输出电流 I 与端电压$U_{外}$的关系曲线）如图 1-7-5 所示。显然，负载电阻 R 越大，其两端电压$U_{外}$也越大。电源端电压的高低不仅和负载电阻有密切关系，而且与电源内阻的大小有关。当电源内阻为零时，也就是在理想情况下（这时电源称为理想电源），端电压不再随负载电流变化而变化，且$U_{外}=E$，如图 1-7-5 中虚线所示。

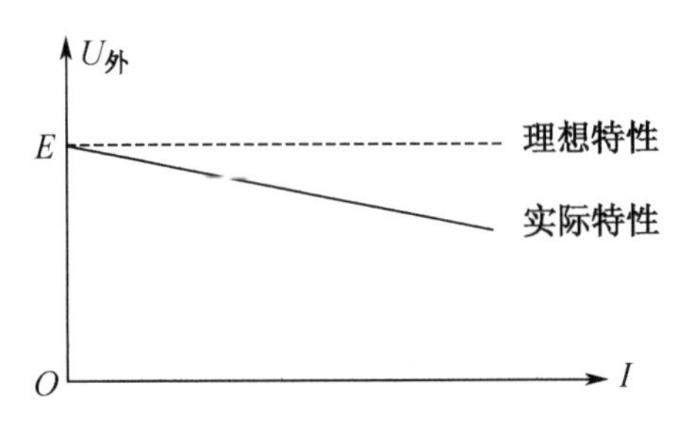

图 1-7-5　电源外特性曲线

例题解析

【例 1】 已知电阻 $R=5\Omega$，求图 1-7-6 中的电压 U_{ab}，并说明电流和电压的实际方向。

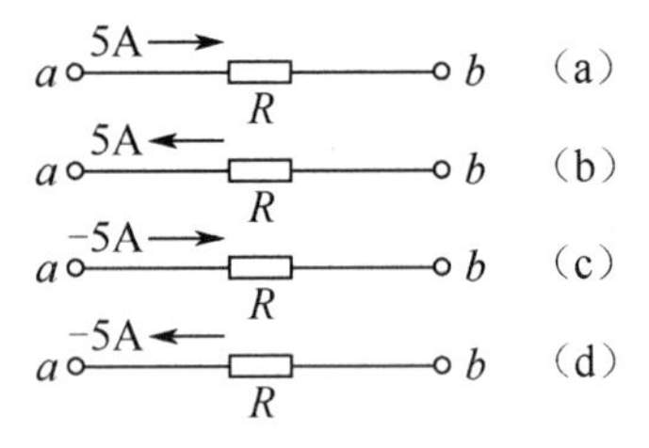

图 1-7-6　1.7 节例 1 图

【解答】 根据题中设定电流的参考方向和数值，已知 $R=5\Omega$，由欧姆定律可得

（a）$U_{ab}=5\times5=25\text{V}$，电流的实际方向与所标的参考方向相同。电压的方向是 a“+”（高电位端），b“−”（低电位端）。

（b）$U_{ab}=-IR=(-5)\times5=-25\text{V}$，电流的实际方向与所标的参考方向相同，电压的实际方向是 a“−”，b“+”。

（c）$U_{ab}=IR=(-5)\times5=-25\text{V}$，电流的实际方向与所标的参考方向相反，同（b）解答。

（d）$U_{ab}=-IR=-(-5)\times5=25\text{V}$，电流的实际方向与所标的参考方向相反，同（a）解答。

【例 2】 在图 1-7-7 所示的电路中，$R_1=14\Omega$，$R_2=29\Omega$，当开关 S 置“1”时，电路中的电流为 1A；当开关 S 置“2”时，电路中的电流为 0.5A，求电源的电动势 E 和内阻 r。

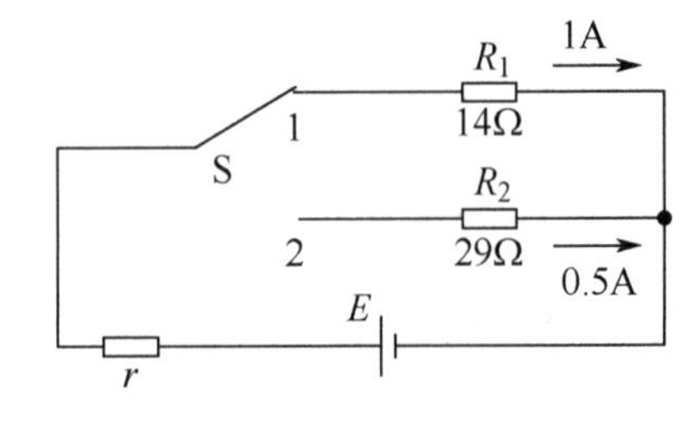

图 1-7-7　1.7 节例 2 图

【解析】 列出开关 S 置“1”和置“2”时的全电路欧姆定律方程，代入参数，联立求解，即可求出 E 和 r。

【解答】 依题意列方程组如下：

$$\begin{cases}E=I_1R_1+I_1r\\E=I_2R_2+I_2r\end{cases}\Rightarrow\begin{cases}E=14I_1+r\\E=29I_2+0.5r\end{cases}$$

解得：$E=15\text{V}$，$r=1\Omega$。

【点拨】本例题给出了一种测量直流电源电动势 E 和内阻 r 的方法，你理解了吗？

▲【例 3】在图 1-7-8 中，问：（1）当变阻器 R_3 的滑动触点左移时，图中各电表的示数如何变化？为什么？（2）滑动触点移到变阻器最左端时，各电表有示数吗？（3）将 R_1 拆去，各电表有示数吗？

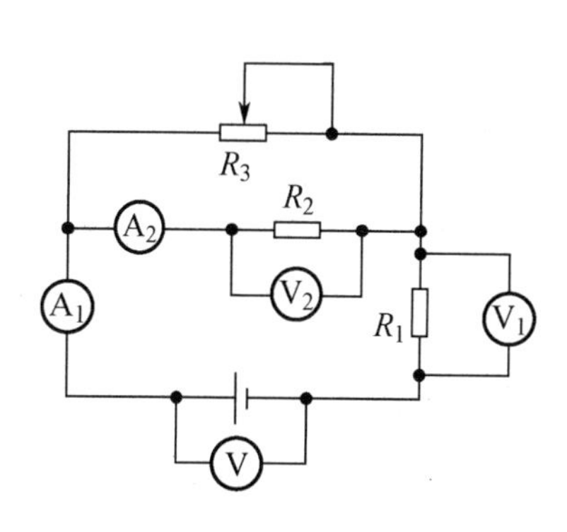

图 1-7-8　1.7 节例 3 图

【解答】（1）R_3 的滑动触点左移，R_3 减小，整个外电阻 $R_{外}$ 减小，由 $I=\dfrac{E}{R_{外}+r}$ 可知，Ⓐ$_1$示数增大；

根据 $U=E-Ir$，I 增大，内电压 Ir 增大，端电压 U 减小，即Ⓥ示数减小；

根据 $U_1=IR_1$，I 增大，R_1 不变，故Ⓥ$_1$示数增大；

根据 $U_2=U-U_1$，U 减小，U_1 增大，故Ⓥ$_2$示数减小。根据 $I_2=\dfrac{U_2}{R_2}$，U_2 减小，R_2 不变，故Ⓐ$_2$示数减小。

（2）滑动触点移到最左端时，R_3 短路，Ⓥ$_2$左右两端等电位，故示数为零；电路中的电流均从短路支路中通过，故Ⓐ$_2$示数也为零；其余各电表仍有示数。

（3）将 R_1 拆去，外电路开路，电流消失，所以Ⓐ$_1$、Ⓐ$_2$和Ⓥ$_2$示数均为零，但Ⓥ和Ⓥ$_1$测的是端电压，故仍然有示数，其大小等于电动势。

同步练习

一、填空题

1．某导体两端加上 3V 电压时，流过导体的电流为 0.6A，则导体电阻应为________Ω，其两端电压变为 6V 时，导体电阻应为________Ω。

2．电路中电流一定是从________电位流向________电位的。

3．一个焊接用电烙铁接 36V 电压，电流为 10A。当使用时，加热元件的电阻 $R=$________。

4．内阻为 0.1Ω 的 12V 蓄电池，对外电路提供 20A 电流时，其端电压为________V，外电路等效电阻为________Ω。

5．一个电动势为 2V 的电源，内阻为 0.1Ω，当外电路开路时，电路中的电流为________，端电压为________；当外电路短路时，电路中的电流为________，端电压为________。

6．一个电动势为 3V 的电源与 9Ω 的电阻接成闭合电路，电源端电压为 1.8V，则电源内阻为________Ω。

7．一个电动势为 6V 的电源与 2.6Ω 的电阻接成闭合电路，电路中的电流为 2A，则电路端电压为________V，电源内阻为________Ω。

8．在全电路中，负载中的电压、电流方向为________方向；电源中的电压、电流方向为________方向。

9．一个电池和一个电阻接成最简单的闭合电路。当负载电阻增加到原来的 3 倍时，电流

却变为原来的一半，则原来内、外电阻之比为________。

10．在闭合电路中，端电压随负载电阻的增大而________，当外电路断开时，端电压等于________。

11．一个电源分别接上8Ω和2Ω的电阻时，两个电阻消耗的功率相同，则这个电源的内阻为________Ω。

12．当一只灯使用时，流过的最大电流为2A，灯亮时灯丝的阻值为25Ω。试计算可以加在灯上的最大电压 U=________。

13．有一个电动势为250V、内阻为5Ω的电源，其负载由“220V/40W”的电灯并联而成，欲使电灯正常发光，则需要用________只电灯。

14．在焊接电路元件时需要用30W的电烙铁，今只有一个“220V/100W”的电烙铁，故应________联一个________Ω的电阻方可正常使用。

15．在全电路中，已知 E=1.65V，外电路电阻 R=5Ω，电路中的电流 I=300mA，据此推算端电压 U=________V，电源内阻 r=________Ω。

16．在图1-7-9中，开关S分别置“1”“2”“3”时，电流表的示数分别为________A、________A、________mA。

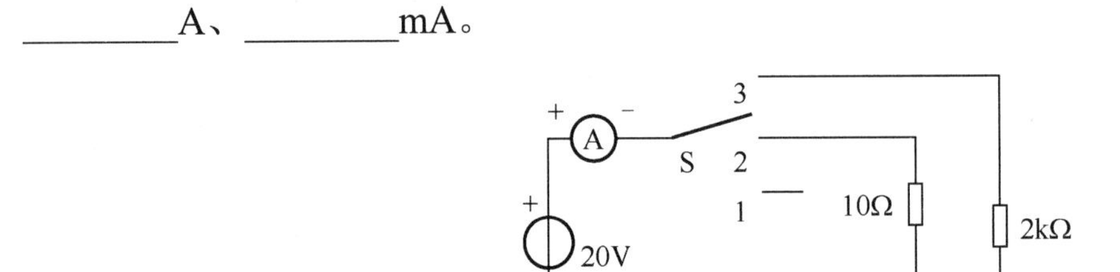

图1-7-9　1.7节填空题16图

二、单项选择题

1．对于同一个导体，$R=\dfrac{U}{I}$ 的物理意义是（　　）。

A．加在导体两端的电压越大，电阻越大

B．导体中的电流越小，电阻越大

C．导体电阻与电压成正比，与电流成反比

D．导体电阻等于导体两端的电压与通过的电流之比

2．在图1-7-10中，已知电流表示数为2A，电压表示数为10V，电源内阻 r=1Ω，则电源电动势为（　　）。

A．12V　　B．10V

C．9V　　D．8V

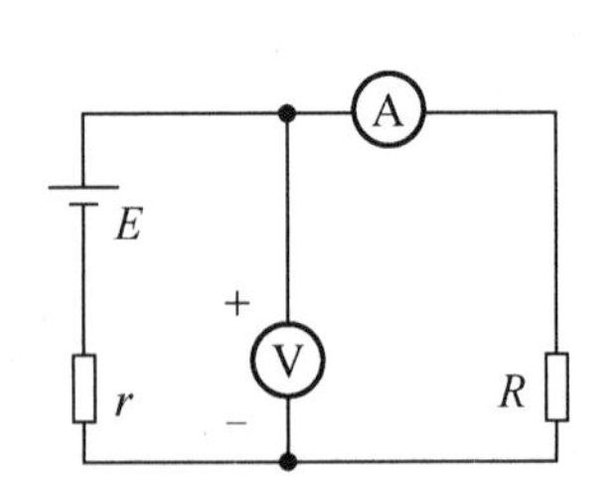

图1-7-10　1.7节单项选择题2图

3．在电路中，端电压随着负载电流的增大而（　　）。

A．减小　　B．增大　　C．不变　　D．无法判断

4．用电压表测得电路端电压为0V，这说明（　　）。

A．外电路断路　　B．外电路短路

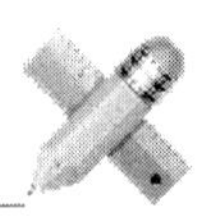

C．外电路上的电流较小　　D．电源内阻为 0

5．有一根电阻线，在其两端加 1V 电压时，测得其阻值为 0.5Ω，如果在其两端加 10V 电压，则其阻值应为（　　）。

A．0.05Ω　　B．0.5Ω　　C．5Ω　　D．20Ω

6．导体两端的电压是 4V，通过的电流是 0.8A，如果导体两端的电压增大到 6V，那么导体电阻和电流分别是（　　）。

A．5Ω，1.2A　　B．5Ω，2A

C．7.5Ω，0.8A　　D．12.5Ω，0.8A

7．一块太阳能电池板，测得它的开路电压为 800mV，短路电流为 40mA，若将该电池板与一个阻值为 20Ω 的电阻接成一个闭合电路，则它的端电压是（　　）。

A．0.1V　　B．0.2V　　C．0.3V　　D．0.4V

8．用具有一定内阻的电压表测出实际电源的端电压为 6V，则该电源的开路电压比 6V（　　）。

A．稍大　　B．稍小　　C．严格相等　　D．不能确定

9．一个电动势为 2V，内电阻为 0.1Ω 的电源，当外电路断路时，电路中的电流和端电压分别是（　　）。

A．0A，2V　　B．20A，2V　　C．20A，0V　　D．0A，0V

10．由 10V 的电源供电给负载 1A 的电流，如果电流到负载往返线路的总电阻为 1Ω，那么负载的端电压应为（　　）。

A．11V　　B．8V　　C．12V　　D．9V

11．某电源分别接 1Ω 和 4Ω 负载时，输出功率相同，此电源内阻为（　　）。

A．1Ω　　B．2Ω　　C．3Ω　　D．4Ω

12．有一闭合电路，其电源电动势 E=30V，内阻 r=5Ω，负载电阻 R=10Ω，则电流 I=（　　）A。

A．1.5　　B．2　　C．2.5　　D．3

13．在全电路中，若负载电阻增大，则端电压将（　　）。

A．增大　　B．减小　　C．不变　　D．不确定

14．在闭合电路中，若电源内阻增大，则电源端电压将（　　）。

A．增大　　B．减小

C．不变　　D．不确定

15．在图 1-7-11 中，当开关 S 闭合后，灯泡 B 的亮度变化是（　　）。

A．变亮　　B．变暗

C．不变　　D．不能确定

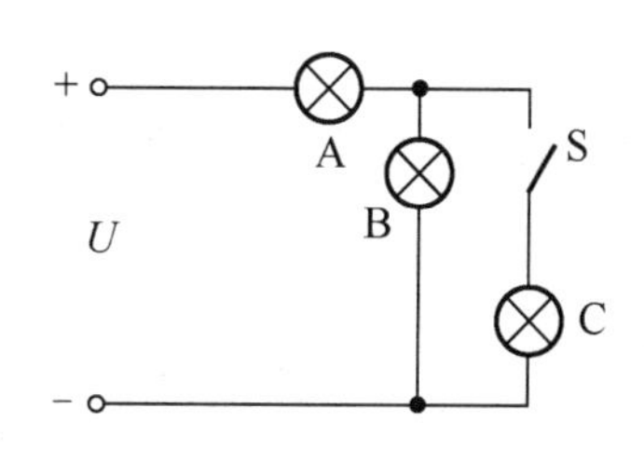

图 1-7-11　1.7 节单项选择题 15 图

16．一个电动势为 2V，内电阻为 0.1Ω 的电源，当外电路短路时，电路中的电流和端电压分别是（　　）。

A．0A，2V　　B．20A，2V

C．20A，0V　　D．0A，0V

17．当负载短路时，电源内压降（　　）。

A．等于电源电动势　　B．等于端电压

C．为零　　D．不确定

三、计算题

1．有一电池同 3Ω 的电阻连接时，端电压是 12V；同 7Ω 的电阻连接时，端电压为 14V，求电源电动势和内阻。

2．在某闭合电路中，当外电阻为 10Ω 时，通过的电流为 0.2A；当外电路短路时，通过的电流为 1.2A，求电源电动势和内阻。

3．在图 1-7-12 中，当变阻器的阻值为 R_P 时，电流表和电压表的示数分别为 0.2A 和 1.9V；改变变阻器的阻值 R_P 后，电流表和电压表的示数分别为 0.6A 和 1.7V。求电源电动势和内阻。

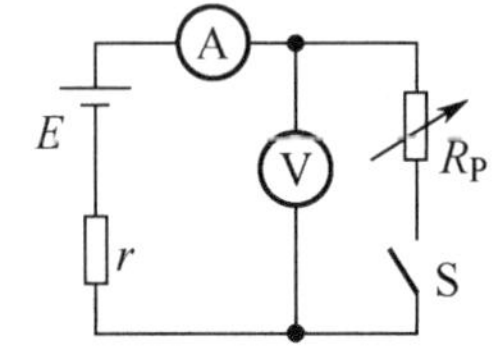

图 1-7-12　1.7 节计算题 3 图

1.8　电能和电功率

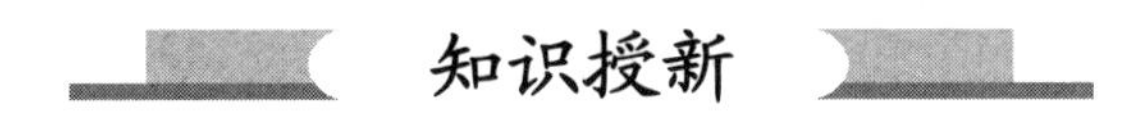

知识授新

1．电能

电流能使电灯发光，发动机转动，电炉发热……这些都是电流做功的表现。**在电场力作用下，电荷定向运动形成的电流所做的功称为电能。电流做功的过程就是将电能转换成其他形式的能的过程。**

如果加在导体两端的电压为 U，在时间 t 内通过导体横截面的电荷量为 q，则导体中的电流 $I=\dfrac{q}{t}$，根据电压的定义式

$$U=\frac{W}{q}$$

可得电流所做的功，即电能为

$$W=qU=UIt$$

式中，U——加在导体两端的电压，单位为 V；

I——导体中的电流，单位为 A；

t——通电时间，单位为 s；

W——电能，单位为 J。

上式表明，电流在一段电路上所做的功，与这段电路两端的电压、电路中的电流和通电

时间成正比。

对于纯电阻电路，电流所做的功全部产生热量，即电能全部转换成热能。根据欧姆定律，将$U=IR$和$I=\frac{U}{R}$分别代入$W=UIt$，得

$$W=UIt=I^2Rt=\frac{U^2}{R}t$$

电能的另一个单位为千瓦时（kW・h），又称“度”，1 度=1kW・h=3.6×10^6J，即功率为 1kW 的耗能元件 1h 所消耗的电能为 1 度。

需要说明的是，焦耳定律$Q=I^2Rt$与电功公式 $W=UIt$ 不适用于任何元件及发热的计算，即只有在像电热器这样的电路（纯电阻电路）中才可用$W=UIt=Q=I^2Rt=\frac{U^2}{R}t$。

2. 电功率

为描述电流做功的快慢程度，引入电功率这个物理量。**电流在单位时间内所做的功叫作电功率。**如果在时间 t 内，电流通过导体所做的功为 W，那么电功率为

$$P=\frac{W}{t}$$

式中，W——电流所做的功（电能），单位为 J；
t——完成这些功所用的时间，单位为 s；
P——电功率，单位为 W。

在国际单位制中，功率的常用单位还有千瓦（kW）、毫瓦（mW）等，它们之间的换算关系如下：

$$1\text{kW}=10^3\text{W}$$
$$1\text{mW}=10^{-3}\text{W}$$

电功率的公式还可以写成

$$P=UI=I^2R=\frac{U^2}{R}$$

需要说明的是，在串联电路中，因为通过电路的电流相等，通电时间也相等，根据$P=I^2R$可知，消耗的功率跟电阻成正比；在并联电路中，电阻两端的电压相等，通电时间也相等，根据$P=\frac{U^2}{R}$可知，消耗的功率跟电阻成反比。

吸收或发出：一个电路最终的目的是电源将一定的电功率传送给负载，负载将电能转换成工作所需的一定形式的能量。电路中存在发出功率的器件（供能元件）和吸收功率的器件（耗能元件）。

习惯上，把耗能元件或电源在充电状态下吸收的功率写成正数，把供能元件发出的功率写成负数，而储能元件（如理想电容器、电感器，其特性将在相关章节介绍）既不吸收功率又不发出功率，即$P=0$。在计算元件功率且在直流情况下：当电流与电压为关联参考方向时，$P=UI$；当电流与电压为非关联参考方向时，$P=-UI$。

在这个规定下，$P>0$ 说明电路元件在吸收（消耗）电能；反之为发出（提供）电能。

3. 电路的功率平衡

电源力做功将其他形式的能转换成电能，负载电阻和电源内阻又将电能转换成热能，即吸收电能。在一个闭合回路中，根据能量守恒和转换定律，**电源电动势发出的功率，必然等于负载电阻和电源内阻所吸收的功率之和**，即

$$P_{电源}=P_{负载}+P_{内阻}$$

也可以写成$IE=I^2R+I^2r$或$IE=U_{外}I+U_{内}I$或$IE=\frac{U^2{}_{外}}{R}+\frac{U^2{}_{内}}{r}$。

4. 电气设备的额定值

为了保证电气设备和元器件能够长期安全地正常工作，规定了额定电压、额定电流、额定功率等铭牌数据。

额定电压：指电气设备或元器件允许施加的最大电压。

额定电流：指电气设备或元器件允许通过的最大电流。

额定功率：指在额定电压和额定电流下吸收的功率，即允许吸收的最大功率。

额定工作状态：指电气设备或元器件在额定功率下的工作状态，又称满载状态。

轻载状态：指电气设备或元器件在低于额定功率下的工作状态，轻载时电气设备不能得到充分利用或根本无法正常工作。

过载（超载）状态：指电气设备或元器件在高于额定功率下的工作状态，过载时电气设备很容易被烧坏或造成严重事故。

强调说明：轻载和过载都是不正常的工作状态，一般是不允许出现的。

例题解析

【例 1】有人说：在公式$P=I^2R$中，功率和电阻成正比；在公式$P=\frac{U^2}{R}$中，功率和电阻成反比。这种说法对吗？为什么？

【解答】这种说法是错误的。对同一个电阻而言，$P=UI$、$P=I^2R$、$P=\frac{U^2}{R}$三个公式计算出来的结果一定是相同的。这只能说明公式$P=I^2R$的物理意义是在I相同（串联电路）的前提下，P与R成正比；公式$P=\frac{U^2}{R}$的物理意义是在U相同（并联电路）的前提下，P与R成反比。

【例 2】在图 1-8-1 所示的电路中，电动势E=120V，负载电阻R=119Ω，电源内阻r=1Ω。试求：负载电阻吸收的功率$P_{负}$、电源内阻吸收的功率$P_{内}$及电源发出的功率P_E。

【解答】$I=\frac{E}{R+r}=\frac{120}{119+1}=1A$；$U_{负}=IR=1\times119=119V$；$U_{内}=Ir=1\times1=1V$。则$P_{负}=I^2R=1\times119=119W$或$P_{负}=U_RI=119\times1=119W$或$P_{负}=\frac{U^2{}_{外}}{R}=\frac{14161}{119}=119W$；$P_{内}=I^2r=1\times1=1W$；$P_E=EI=120\times1=120W$；$P_E=P_{内}+P_{负}$；验证了电路中功率是平衡的。

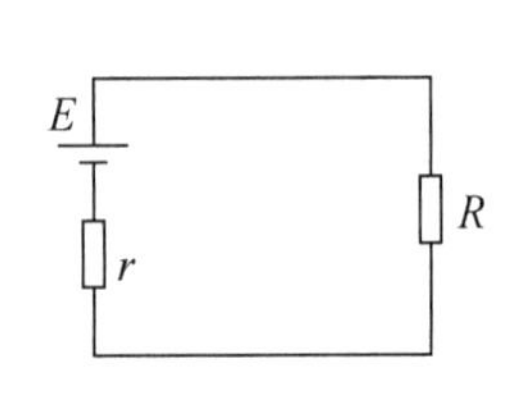

图 1-8-1　1.8 节例 2 图

【例 3】求图 1-8-2 中各元件吸收或发出的功率。

【解答】由电压、电流的参考方向可得

（a）非关联参考方向，$P=-UI=-10\times1=-10\text{W}<0$，元件为电源，发出功率；

（b）关联参考方向，$P=UI=10\times1=10\text{W}>0$，元件为电阻或电源，吸收功率；

（c）关联参考方向，$P=UI=10\times1=10\text{W}>0$，元件为电阻或电源，吸收功率。

【例 4】在图 1-8-3 中，A、B、C 为三个元件（电源或负载），电压、电流的参考方向已标出，已知 $I_1=3\text{A}$，$I_2=-3\text{A}$，$I_3=-3\text{A}$，$U_1=120\text{V}$，$U_2=10\text{V}$，$U_3=-110\text{V}$。

（1）试标出各元件电流、电压的实际方向及极性。

（2）计算各元件的功率，并从计算结果指出哪个是电源，哪个是负载。

【解答】（1）在图中已标出电流、电压的参考方向，已知 I_1、U_1、U_2 为正值，说明实际方向与参考方向相同。I_2、I_3、U_3 为负值，说明实际方向与参考方向相反。

（2）$P_A=-I_1U_1=-360\text{W}<0$，元件为电源；

$P_B=-I_2U_2=-(-3)\times10=30\text{W}>0$，元件为负载；

$P_C=I_3U_3=(-3)\times(-110)=330\text{W}>0$，元件为负载。

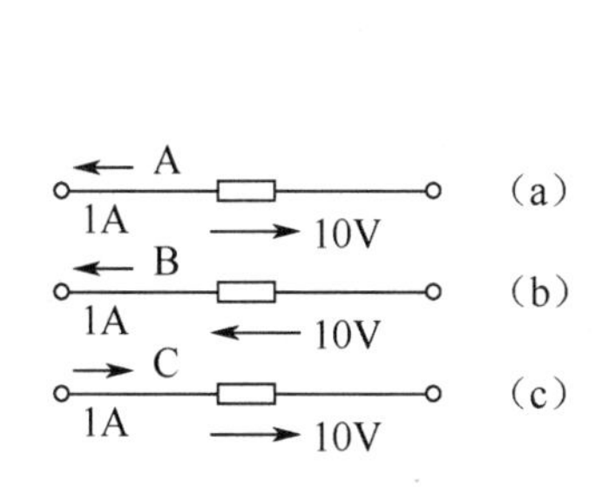

图 1-8-2　1.8 节例 3 图

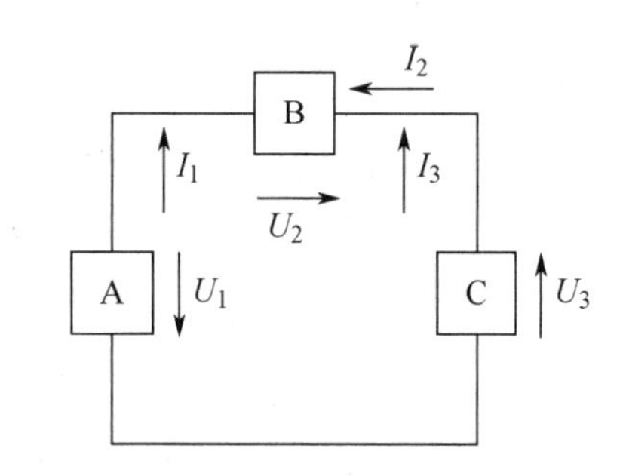

图 1-8-3　1.8 节例 4 图

【例 5】某车间原来使用 100 只“220V/100W”的白炽灯照明，现改用 100 只“220V/40W”的日光灯，若按每天用灯 8h，一年 300 天计算，每年能节约多少度电？若每度电价格为 0.6 元，则此举一年可节约多少电费？

【解答】方法一：
$$W_{原}=nP_{原}t=100\times0.1\text{kW}\times8\times300=24000\ \text{kW}\cdot\text{h};$$
$$W_{现}=nP_{现}t=100\times0.04\text{kW}\times8\times300=9600\ \text{kW}\cdot\text{h};$$

每年节约电为 $\Delta W=W_{原}-W_{现}=14400\ \text{kW}\cdot\text{h}$；每年节省的电费为 14400×0.6=8640 元。

方法二：$\Delta W=n\Delta Pt=100\times(100-40)\times10^{-3}\times8\times300=14400\ \text{kW}\cdot\text{h}$；每年节省的电费为 14400×0.6=8640 元。

▲**【例 6】**某电灯与某电源相连时，吸收功率为 100W，现在该电灯上串入一根长导线后仍接入上述电源，实测电灯吸收功率为 81W，问此时长导线吸收的功率为多少？

【解析】串联电路分析从电流入手。

【解答】$P_1=100\text{W}$，$P_2=81\text{W}$，设线路损耗功率为 P_r，设电灯的阻值基本不变，则

$$P_1=I_1^2R=100\text{W};\ P_2=I_2^2R=81\text{W}$$

可得 $\dfrac{I_2^2}{I_1^2}=\dfrac{P_2}{P_1}$，等式两边同时开根号得 $\dfrac{I_2}{I_1}=0.9$，即电流变为原来的 0.9。

但由于总电压未变，总功率 $(P_2+P_r)=UI_2=U\times0.9I_1=90\text{W}$，则 $P_r=(P_2+P_r)-P_2=90-$

81 = 9W 。

【拓展】其他条件不变，若实测电灯吸收功率为 64W，同理可得导线吸收的功率为 16W；若实测电灯吸收功率为 49W，同理可得导线吸收的功率为 21W。

同步练习

一、填空题

1．一个标有“220V/400W”的电烤箱，正常工作电流为________A，其电阻丝阻值为________Ω，电烤箱吸收的功率为________W；若连续使用 8h，则所吸收的电能是________kW·h，产生的热量是________J。

2．电气设备正常运行时所允许的________、________和________称为额定值。负载在额定条件下运行的状态叫作________，超过其额定值条件运行的状态叫作________，低于其额定值条件运行的状态叫作________。

3．“220V/60W”甲灯和“110V/40W”乙灯串联于 220V 的电源上工作时，________灯较亮；并联于 48V 的电源上时，________灯较亮。

4．一只“200Ω/2W”的电阻，使用时允许施加的最高电压是________V，允许通过的最大电流是________A。

5．一只“40W/220V”的电灯，正常工作时的电流是________A，如果不考虑温度对电阻的影响，给它施加 110V 的电压时，它的功率是________。

6．某教室有 4 只 40W 的灯，4 把 60W 的吊扇，每天工作 6h，每月（30 天）耗电______度。

7．对日常使用的电源来说，负载增大是指负载电阻________。

8．一个“400Ω/1W”的电阻，使用时允许加的最高电压为________V，允许通过的最大电流为________A=________mA。

9．把 320Ω 的电阻接到 80V 的电压上，在电阻上产生的功率是________。

10．负载大是指________，电源实际输出功率的大小取决于________。

11．一只“220V/40W”的白炽灯，接于 220V 直流电源上工作 10h 后，吸收的电能是________度。

12．两根电阻丝的横截面积相同，材料相同，其长度之比 $L_1:L_2=2:1$，若把它们串联在电路中，则它们产生的热量之比 $Q_1:Q_2=$________。

13．某电炉的电阻丝断了，去掉 $\frac{1}{4}$ 后仍接在原电压下工作，它的功率与原功率之比为________。

14．有两只白炽灯，分别为 220V/40W 和 110V/60W，则两灯的额定电流之比为________；灯丝电阻之比为________；把它们分别接到 110V 的电源上，它们的功率之比为________；通过灯丝的电流之比为________。

二、单项选择题

1．在电源电压不变的前提下，电炉要在相等的时间内增加电阻丝的发热量，下列措施可

行的是（　　）。

A．增长电阻丝　　B．剪短电阻丝

C．在电阻丝上并联电阻　　D．在电阻丝上串联电阻

2．将“12V/6W”的灯泡接入 6V 电路，通过灯丝的实际电流是（　　）。

A．1A　　B．0.5A　　C．0.25A　　D．0A

3．下列 4 个可等效为纯电阻的用电器，阻值最大的是（　　）。

A．220V/40W　　B．220V/100W

C．36V/100W　　D．110V/100W

4．将“12V/6W”的灯泡接入某电路，测得通过它的电流为 0.4A，则它的实际功率（　　）。

A．等于 6W　　B．小于 6W　　C．大于 6W　　D．无法判断

5．由于直流供电电网的电压降低，用电器的功率降低了 19%，则这时供电网上的电压比原电压降低了（　　）。

A．10%　　B．19%　　C．81%　　D．90%

6．电阻丝接在一个不计内阻的电源上使用，每秒产生的热量为 Q，现将这根电阻丝拉长 n 倍后，再接入同一电源，则每秒产生的热量为（　　）。

A．nQ　　B．n^2Q　　C．$\frac{1}{n}Q$　　D．$\frac{1}{n^2}Q$

7．一根均匀电阻丝对折后，并联到原电源上，在相同的时间内，电阻丝所产生的热量是原来的（　　）倍。

A．$\frac{1}{2}$　　B．$\frac{1}{4}$　　C．2　　D．4

8．某教学楼有 100 只电灯，每只电灯的功率为 60W，若所有的电灯都在 220V 的电压下工作 2h，则吸收（　　）电能。

A．120 度　　B．12000 度　　C．12 度　　D．60 度

9．设 60W 和 100W 的电灯在 220V 的额定电压下工作时的电阻分别为 R_1 和 R_2，则其阻值的关系为（　　）。

A．$R_1>R_2$　　B．$R_1=R_2$　　C．$R_1<R_2$　　D．不能确定

10．一个由线性电阻构成的用电器，从 220V 的电源上吸收 1000W 的功率，若将此用电器接到 110V 的电源上，则其吸收的功率为（　　）。

A．250W　　B．500W　　C．1000W　　D．2000W

11．一根电阻丝的两端加上电压 U 后，在时间 t 内放出的热量为 Q，若将这根电阻丝对折后再加上电压 U，则在同样的时间 t 内放出的热量为（　　）。

A．$2Q$　　B．$4Q$　　C．$8Q$　　D．$16Q$

12．当流过用电器的电流一定时，电功率与电阻成（　　）。

A．反比　　B．正比

C．一定关系　　D．没有关系

13．有“220V/100W”“220V/25W”的白炽灯两只，串联后接入 220V 交流电源，其亮度

情况为（　　）。

A. 100W 的灯更亮　　B. 25W 的灯更亮

C. 两只灯一样亮　　D. 无法确定

14. A 灯为“220V/40W”，B 灯为“110V/40W”，它们都在各自的额定电压下工作，以下说法正确的是（　　）。

A. A 灯比 B 灯亮　　B. B 灯比 A 灯亮

C. 两只灯一样亮　　D. A 灯和 B 灯的工作电流是一样的

15. 有一电源分别接 8Ω 和 2Ω 电阻，单位时间内放出的热量相同（导线电阻不计），则电源内阻为（　　）。

A. 1Ω　　B. 2Ω　　C. 4Ω　　D. 8Ω

16. “100Ω/4W”和“100Ω/25W”的两个电阻串联时，允许加的最大电压是（　　）。

A. 70V　　B. 40V

C. 140V　　D. 以上都不是

三、计算题

1. 有一台直流发电机，其端电压 U=237V，内阻 r=0.6Ω，输出电流 I=5A。试求：（1）发电机的电动势 E 和此时的负载电阻 R；（2）各项功率，并写出功率平衡式。

2. 在某全电路中，若将负载电阻 R_L 由原来的 2Ω 改为 6Ω，则电路中的电流减小到原来的一半，求电源的内阻是多少。

3. 一个额定电压为 6V 的继电器 J，其线圈的电阻 R_2＝200Ω。若电源电动势 E＝24V（内阻不计），则应串联多大的降压电阻 R_1 才能使这个继电器正常工作？

1.9　电源最大输出功率

1. 最大功率输出定律

在全电路中，电源电动势所发出的功率，一部分被电源内阻 r 吸收，另一部分被负载电阻 R 吸收。电源输出的功率就是负载电阻 R 所吸收的功率，即

$$P = I^2 R$$

下面讨论，R 为何值时，负载能从电源处获得最大功率。

根据全电路欧姆定律

$$I = \frac{E}{R + r}$$

将 I 代入负载电阻 R 所吸收的功率 $P = I^2 R$ 中，得

$$P=(\frac{E}{R+r})^2R=\frac{E^2R}{R^2+2Rr+r^2}$$
$$=\frac{E^2R}{R^2-2Rr+r^2+4Rr}=\frac{E^2R}{(R-r)^2+4Rr}$$
$$=\frac{E^2}{\frac{(R-r)^2}{R}+4r}$$

因为电源电动势 E、电源内阻 r 是恒量，只有当分母最小时，功率 P 才有最大值，所以，只有 $\boldsymbol{R=r}$ **时**，$\boldsymbol{P}$ 最大。使负载获得最大功率的条件叫作最大功率输出定理。

在全电路中，当负载电阻 $\boldsymbol{R}$ 和电源内阻 $\boldsymbol{r}$ 相等时（在正弦交流电路中，当负载阻抗 $\boldsymbol{Z_L}$ 与电源内阻阻抗 $\boldsymbol{Z_r}$ 为一对共轭复数时），电源的输出功率最大，同时负载获得的功率最大，即当 $R=r$ 时

$$P_{max}=\frac{E^2}{4R}\quad 或\quad P_{max}=\frac{E^2}{4r}$$

在无线电技术中，将 $R=r$ 这种状态称为负载匹配（或阻抗匹配）。当负载匹配时，$P_R=P_{max}$，但此时电源的效率却不高，仅有 50%，计算如下：

$$\eta_E=\frac{P_R}{P_E}\times100\%=\frac{R}{R+r}\times100\%=50\%$$

强调以下两点。

（1）在电信系统中，由于传输功率不大，因此效率不是主要问题，主要考虑负载如何获得最大功率，要求 $\boldsymbol{R}$ 尽可能与 $\boldsymbol{r}$ 相等。

（2）在电力输送系统中，主要考虑输电效率，要求 $\boldsymbol{R>>r}$。

2. 负载的功率曲线和电源的效率曲线

负载的功率曲线和电源的效率曲线如图 1-9-1 所示。

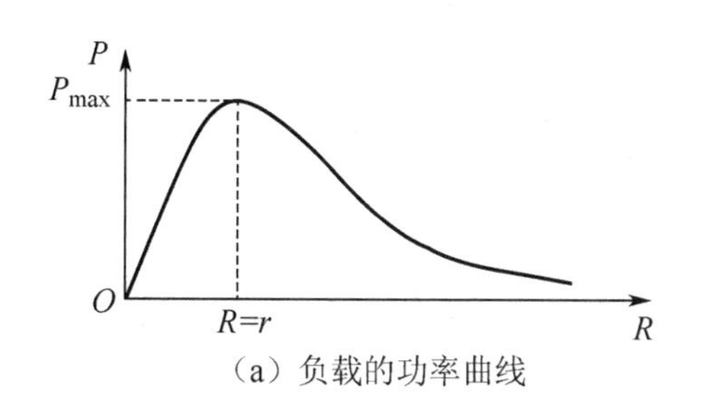

（a）负载的功率曲线

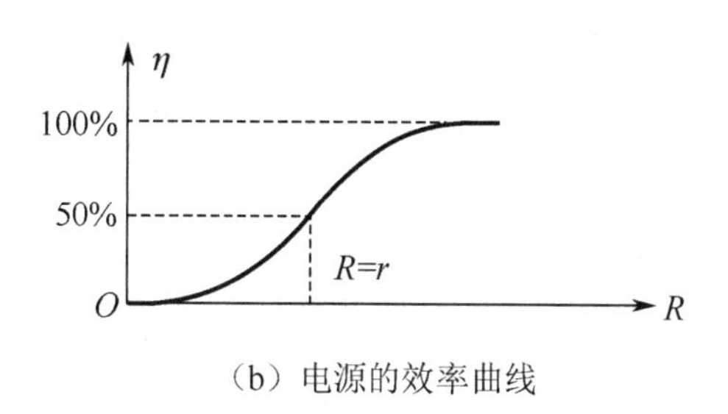

（b）电源的效率曲线

图 1-9-1　负载的功率曲线和电源的效率曲线

例题解析

【例 1】在图 1-9-2 中，$R_1=2\Omega$，电源电动势 $E=10\text{V}$，内阻 $r=0.5\Omega$，R_P 为可调电阻。问：

（1）R_P 为多大时它可获得最大功率？且最大功率为多少？

（2）R_P 为多大时 R_1 可获得最大功率？且 R_1 可获得的最大功率为多少？

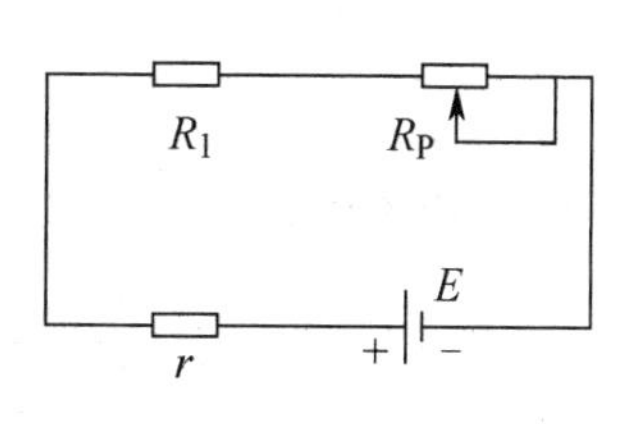

图 1-9-2　1.9 节例 1 图

【解析】（1）根据电路的等效理论，任何一个复杂的线性电路均可等效为仅含电源、电源内阻和负载三部分的全电路。其中待求元件为负载，电源和电源内阻为断开负载后，从负载两端看过去的等效电源和等效电源内阻。（2）负载是可调电阻时，获得最大功率的条件是 $R=r$；负载是固定电阻时，获得最大功率的条件是 r 最小，此时流过负载的电流最大。

【解答】（1）R_P 为负载，R_1+r 合并为电源内阻，$R_P=R_1+r=2.5\Omega$ 时，R_P 可获得最大功率，且最大功率为

$$P_{max}=\frac{E^2}{4R_P}=\frac{10^2}{4\times 2.5}=10\text{W}$$

（2）R_1 为定值电阻，电流最大时功率也最大。故 $R_P=0$ 时 R_1 可获得最大功率，且最大功率为

$$P_{max}=I_{max}^2R_1=\left(\frac{E}{R_1+r}\right)^2\times R_1=\left(\frac{10}{2+0.5}\right)^2\times 2=32\text{W}$$

【例 2】在全电路中，已知 $E=40\text{V}$，$r_0=30\Omega$，求 R 分别等于 10Ω、30Ω、770Ω 时的负载功率和电源的效率。

【解答】当 $R=10\Omega$ 时，有

$$I=\frac{E}{R+r_0}=\frac{40}{10+30}=1\text{A}；\quad P_R=I^2R=1^2\times 10=10\text{W}$$

电源效率为

$$\eta_E=\frac{R}{R+r_0}\times 100\%=\frac{10}{10+30}\times 100\%=25\%$$

当 $R=30\Omega$ 时，有

$$I=\frac{E}{R+r_0}=\frac{40}{30+30}=\frac{2}{3}\text{A}；\quad P_R=I^2R=\left(\frac{2}{3}\right)^2\times 30=13.33\text{W}$$

电源效率为

$$\eta_E=\frac{R}{R+r_0}\times 100\%=\frac{30}{30+30}\times 100\%=50\%$$

当 $R=770\Omega$ 时，有

$$I=\frac{E}{R+r_0}=\frac{40}{770+30}=0.05\text{A}；\quad P_R=I^2R=(0.05)^2\times 770=1.925\text{W}$$

电源效率为

$$\eta_E=\frac{R}{R+r_0}\times 100\%=\frac{770}{770+30}\times 100\%=96.3\%$$

同步练习

一、填空题

1．当负载电阻可变时（电源电动势为 E，内阻为 r），负载获得最大功率的条件是________，最大功率为________。

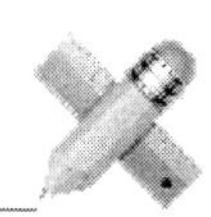

2．某电源的伏安特性曲线如图 1-9-3 所示，该电源开路电压 U_{oc}=________V，短路电流 I_{sc}=________A，电源参数 E=________V，r_0=________Ω；当外接 6Ω 负载时，端电压为________V，输出电流为________A，输出功率为________W；当外接________Ω 负载时，输出功率最大，且最大输出功率 P_{max}=________W。

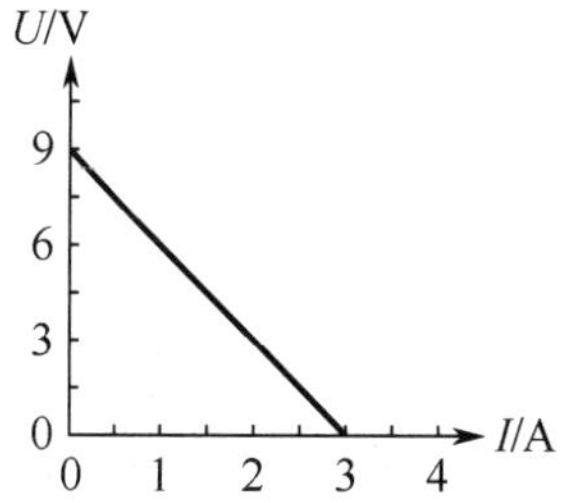

图 1-9-3　1.9 节填空题 2 图

3．电动势为 9V，内阻为 0.1Ω 的电源，当负载为________时，输出电流最大，其值为________；当负载为________时，输出功率最大，其值为________；输出功率最大时，电源的端电压为________，效率为________。

二、单项选择题

1．某电源外接 1Ω 与 4Ω 负载时输出功率相等，那么该电源内阻为（　　）。

A．1Ω　　B．2Ω　　C．2.5Ω　　D．4Ω

2．某电源的开路电压为 20V，短路电流为 10A，那么该电源的最大输出功率为（　　）。

A．400W　　B．40W　　C．50W　　D．100W

三、计算题

1．在图 1-9-4 中，R_1=14Ω，R_2=9Ω，当开关 S 置“1”时，测得电流 I_1=0.2A；当开关 S 置“2”时，测得电流 I_2=0.3A，求电源电动势和内阻。

2．在图 1-9-5 中，R_1=4Ω，R_2=12Ω，开关 S 分别置“1”“2”时的电压表示数为 8V 和 12V。（1）绘制该电源的伏安特性曲线，画出它的模型图，并求解参数 E、r；（2）求该电源的最大输出功率，在何种情况下才能实现最大功率输出？

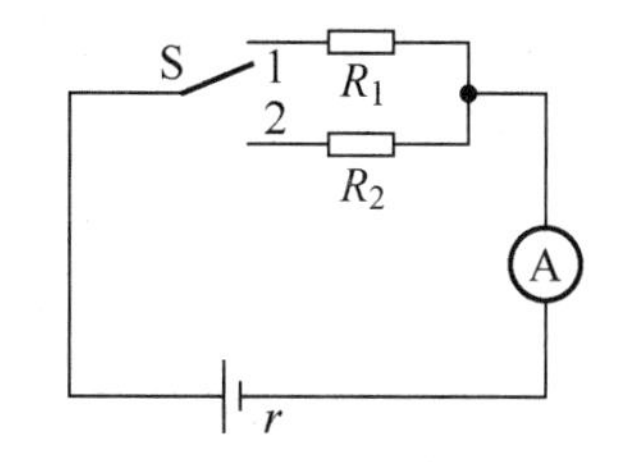

图 1-9-4　1.9 节计算题 1 图

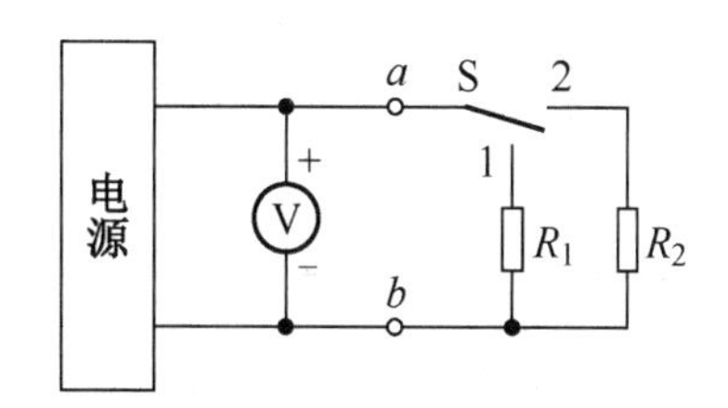

图 1-9-5　1.9 节计算题 2 图

知识探究与学以致用

1．热敏电阻的测试

试使用灯泡和普通型万用表做热敏电阻的测试。

（1）接上 220V 的灯泡，等待灯泡稍微变暖。

（2）用欧姆表的表笔连接热敏电阻，使用切换开关，使欧姆表的指针大致调整到刻度盘的中间位置。

（3）使灯泡靠近热敏电阻，观察指针偏转情况。

（4）思考、了解正温度系数热敏电阻和负温度系数热敏电阻在生产、生活中的应用。

取一只 12V 的交流小白炽灯及适当的交流电流表、电压表与交流电压源进行实验，要求改变白炽灯两端的电压，绘制电阻的伏安特性曲线，确定白炽灯的电阻是线性电阻还是非线性电阻。

2. 电能表测量电能

（1）电能表面板的认识（见图 1-9-6）。

① 计数器：用来记录电能的多少，用 5 位数字表示，从右至左分别为小数、个位、十位、百位、千位。

② 220V 5A 50Hz：表示电能表的额定电压为 220V，额定电流为 5A，额定频率为 50Hz。

③ 2500r/(kW·h)：表示用电器每消耗 1kW·h 的电能时，电能表的转盘转过 2500 转。

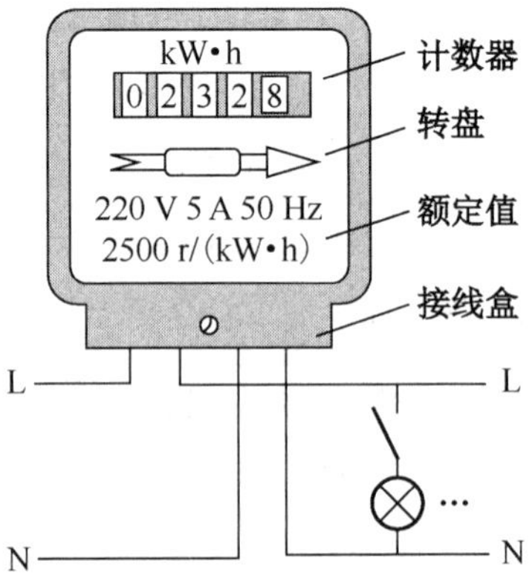

图 1-9-6　电能表面板

（2）接线。

电能表有 4 个接线孔，从左至右分别为相线进、相线出、零线进、零线出。

3. 家用电器能力的调查

家用电器所标称的“瓦数”表示家用电器正常工作用电的容量，当然，如果将瓦数乘以使用时间就是所用的电能。试根据表 1-9-1 的家用电器类型，结合具体情况调查本人家庭家用电器消耗电能情况。

表 1-9-1　家用电器消耗电能情况

家用电器类型	吸收功率/kW	日均使用时间/h	月均消耗电能/（kW·h）（每月按 30 天计算）
电冰箱			
洗衣机			
电热水器			
照明用电灯			
电磁炉			
电视机			
空调			

如果按消耗电能 0.6 元/度，大致计算你的家庭月均消耗电能支出费用。

第 2 章　直流电路

学习要求

（1）掌握串、并联电路的特点、性质，电压表、电流表的改装应用，以及混联电路的分析和计算。

（2）掌握电路中各点电位及两点间电压的分析和计算。

（3）掌握基尔霍夫定律、叠加定理、戴维南定理及适用场合。

（4）熟练运用支路电流法、弥尔曼定理和戴维南定理分析并计算复杂直流电路。

（5）理解电源的两个电路模型，掌握它们之间的等效变换条件，熟练运用电源的等效变换，分析并计算某一支路的电流、电压或功率。

（6）理解电桥的平衡条件，掌握相关应用和计算。

直流电路在实际生产中有着广泛应用。本章主要介绍简单直流电路的连接、基本特点和必要的计算，以及复杂直流电路的基本分析方法和有关定律、定理。

验证电阻串联电路的特点

2.1　电阻串联电路

知识授新

在电路中，电阻的连接形式多种多样，但概括起来只有串联、并联和混联三种。

1. 电阻的串联

（1）电阻串联电路的定义：**两个或两个以上的电阻依次连接，组成中间无分支的电路。** 由 R_1、R_2、R_3 三个电阻组成的电阻串联电路模型及等效电路如图 2-1-1 所示。

（2）电阻串联电路的实例。

电阻串联电路的实例有很多。例如，节日期间挂在道路两旁绿化树上的灯泡，能使灯忽灭忽亮，就是把灯泡一个接一个地串联起来，如图 2-1-2 所示，在其中一个灯泡内装有使用双金属片（用热膨胀系数高的金属和热膨胀系数低的金属粘在一起成为一块金属板）的自动开关。当双金属片因灯丝发热导致变形程度不同时，双金属片脱开，灯泡全部熄灭；冷却后双金属片则复原电路重新接通，灯泡就忽灭忽亮。其工作过程可概括为：$T\uparrow$ →开关断开→

灯泡熄灭；$T\downarrow$ →正常值→开关闭合→灯泡点亮。

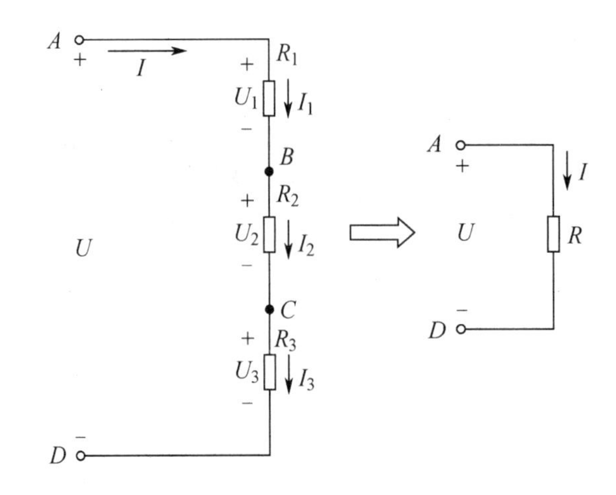

图 2-1-1　电阻串联电路模型及等效电路

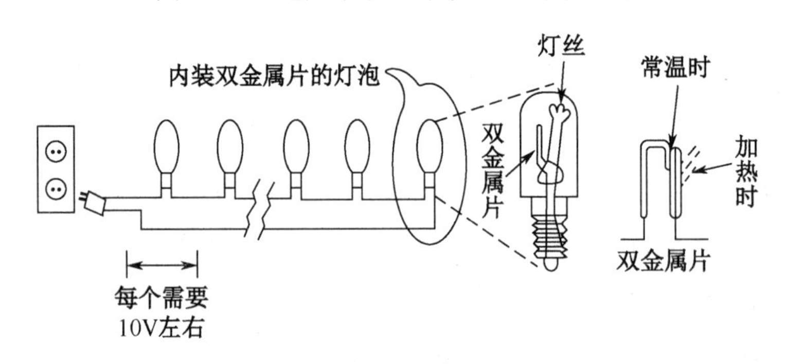

图 2-1-2　电阻串联电路实例——节庆用灯泡

（3）电阻串联电路的特点。

① **在电阻串联电路中，电流处处相等。**

当电阻串联电路接通电源后，整个闭合电路中都有电流通过，由于电阻串联电路中没有分支，电荷也不可能积累在电路中任何一个地方，所以在任何相等的时间内，通过电路任一横截面的电荷量必然相同，即电阻串联电路中电流处处相等。当 n 个电阻串联时，有

$$I=I_1=I_2=I_3=\cdots=I_n$$

② **电阻串联电路两端的总电压等于各电阻两端的分电压之和。**

在图 2-1-1 所示的电路中，由电压与电位的关系可得

$$U_1=U_{AB}=V_A-V_B;\quad U_2=U_{BC}=V_B-V_C;\quad U_3=U_{CD}=V_C-V_D$$

$$\Rightarrow\quad U_1+U_2+U_3=V_A-V_B+V_B-V_C+V_C-V_D=V_A-V_D=U_{AD}$$

$$\Rightarrow\quad U=U_1+U_2+U_3$$

上式表明，**电阻串联电路的总电压大于任何一个分电压。**用电压表测总电压及各电阻两端的分电压，可对上式进行验证。当 n 个电阻串联时，有

$$U=U_1+U_2+U_3+\cdots+U_n$$

③ **电阻串联电路的总电阻（等效电阻）等于各串联电阻之和。**

在图 2-1-1 所示的电路中，由欧姆定律可知

$$U = IR;\ U_1 = IR_1;\ U_2 = IR_2;\ U_3 = IR_3$$
$$\Rightarrow U = U_1 + U_2 + U_3 = I(R_1 + R_2 + R_3) = IR$$
$$\Rightarrow R = R_1 + R_2 + R_3$$

R 叫作 R_1、R_2、R_3 串联的等效电阻，其意义是用 R 代替 R_1、R_2、R_3 后，不影响电路的电流和电压。

当有 n 个电阻串联时，等效电阻 R 为

$$R = R_1 + R_2 + R_3 + \cdots + R_n$$

上式表明，**电阻串联电路的总电阻大于任何一个串联电阻；当有 n 个相同的电阻 R 串联时，$R_{总}=nR$。**

【补充】电路等效的概念。

所谓两个电路 A 与 B 相互等效，是指结构、元件可以完全不相同的两个电路 A 与 B，在它们相同端钮处的电压、电流完全相同，如图 2-1-3 所示。

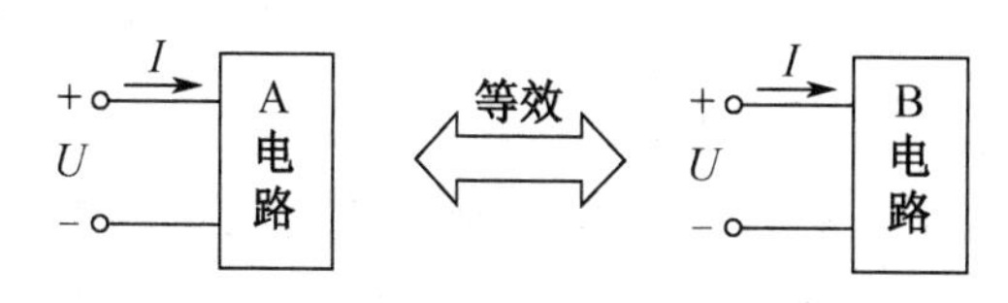

图 2-1-3　相互等效的两部分电路

相互等效的两部分在电路中可以相互代换，代换前的电路与代换后的电路对任意外电路（端钮外）中的电流、电压、功率都是等效的。等效是电路理论中很重要的概念，在分析与计算时，常用等效电路代替原电路，使计算得到简化。在图 2-1-1 中，右图就是左图的等效电路。

电阻的串联、并联和混联的等效电阻是无源二端元件的等效化简，本章还要介绍有源二端元件电压源和电流源的等效电路，理想电压的串联、并联等效化简等。

④ 电阻串联电路的电压分配关系。

根据欧姆定律

$$I = \frac{U}{R},\ I_1 = \frac{U_1}{R_1},\ I_2 = \frac{U_2}{R_2},\ I_3 = \frac{U_3}{R_3},\cdots,I_n = \frac{U_n}{R_n}$$

因为

$$I = I_1 = I_2 = I_3 = \cdots = I_n$$

所以

$$I = \frac{U}{R} = \frac{U_1}{R_1} = \frac{U_2}{R_2} = \frac{U_3}{R_3} = \cdots = \frac{U_n}{R_n}$$
$$U : U_1 : U_2 : U_3 : \cdots : U_n = R : R_1 : R_2 : R_3 : \cdots : R_n$$

可见，**电阻串联电路中各串联电阻两端的电压与自身阻值成正比**，电阻串联分压公式为

$$U_n = U\frac{R_n}{R} = U\frac{R_n}{R_1 + R_2 + R_3 + \cdots + R_n}$$

图 2-1-1 中的 R_1、R_2、R_3 三个电阻串联，则各分电压分别为

$$U_1 = U\frac{R_1}{R_1 + R_2 + R_3};\ U_2 = U\frac{R_2}{R_1 + R_2 + R_3};\ U_3 = U\frac{R_3}{R_1 + R_2 + R_3}$$

⑤ 电阻串联电路的功率分配关系。

因为

$$P = I^2R = I^2(R_1 + R_2 + R_3 + \cdots + R_n) = I^2R_1 + I^2R_2 + I^2R_3 + \cdots + I^2R_n$$

所以

$$P = P_1 + P_2 + P_3 + \cdots + P_n$$

$$I^2 = \frac{P}{R} = \frac{P_1}{R_1} = \frac{P_2}{R_2} = \frac{P_3}{R_3} = \cdots = \frac{P_n}{R_n}$$

$$P : P_1 : P_2 : P_3 : \cdots : P_n = R : R_1 : R_2 : R_3 : \cdots : R_n$$

在电阻串联电路中，总功率等于各电阻吸收的功率之和；各电阻吸收的功率与自身阻值成正比。

2. 电阻串联电路的典型应用——分压

（1）分压器。

电阻串联电路应用广泛。常用串联电阻的方法限制电路中的电流，如三相异步电动机的串联电阻降压启动、稳压电路中的限流电阻等。为了获取所需的电压，利用电阻串联电路的分压原理制成分压器，如图 2-1-4 所示。

图 2-1-4（a）所示为连续可调分压器。滑动触头 P 点将电位器 R 分为 R_1、R_2 两部分，输入电压 U_{AB} 施加于 R 两端，输出电压从两端取出，R_2 的大小由滑动触头的位置决定，触头上移，R_2 变大，触头下移，R_2 变小。因此，改变触头的位置，就可以改变 U_{PB} 的大小，从而得到从零到 U_{AB} 连续可调的输出电压。因为 $U_{PB} = U_{AB}\frac{R_2}{R}$，所以当 R_1=0 时，U_{PB}=U_{AB}；当 R_2=0 时，U_{PB}=0，因此，U_{PB} 的输出范围为 0～U_{AB}。

图 2-1-4（b）所示为固定三级分压器。根据分压公式 $U_n = U\frac{R_n}{R}$ 可知，当开关 S 置“1”时，U_{PD}=U_{AD}；当开关 S 置“2”时，$U_{PD} = U_{AD}\frac{R_2 + R_3}{R_1 + R_2 + R_3}$；当开关 S 置“3”时，$U_{PD} = U_{AD}\frac{R_3}{R_1 + R_2 + R_3}$。将开关 S 置于不同的位置，可以得到不同的输出电压。利用固定三级分压器的原理，可以制成多量程电压表。

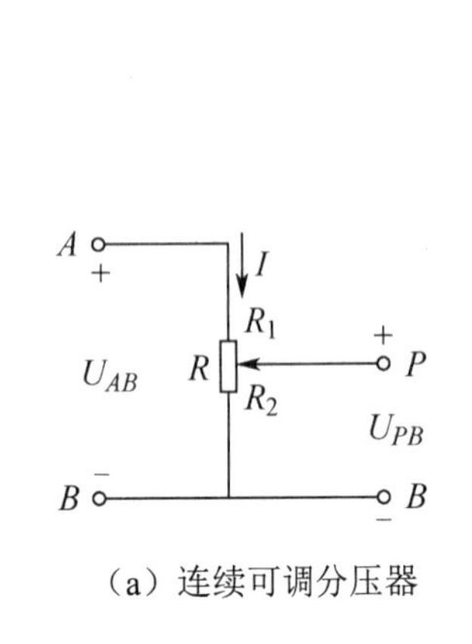

（a）连续可调分压器

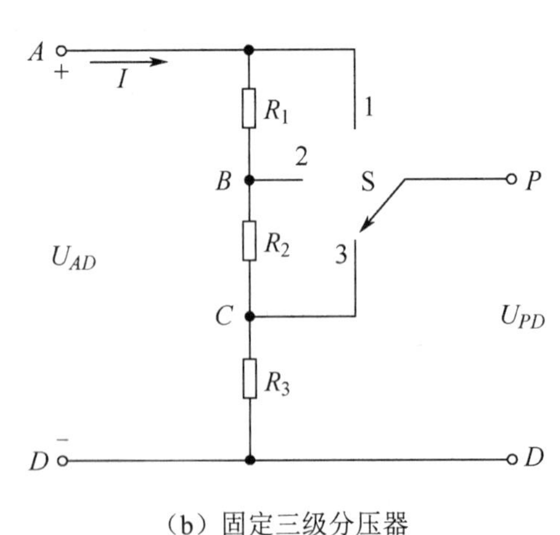

（b）固定三级分压器

图 2-1-4　分压器

（2）扩大电压表量程。

① 扩大电压表量程的原理。

串联电阻的分压原理还可以用来扩大电压表的量程，扩大电压表量程的原理可通过图 2-1-5

予以说明。电压表表头多为微安级的电流表表头，表头有表头内阻 r_g 和满偏电流 I_g 两个重要参数。当有电流 I_g 通过表头时，在内阻上产生电压降 $U_g=I_g r_g$，也就是说，可以用表头来测量电压，不过它所能直接测量的电压很小（U_g 很小），一般为毫伏级。如果要测量较大电压，通过表头的电流 I 将超过 I_g，这样会烧毁表头内的线圈。但如果合理选择一个分压电阻 R（$R>>r_g$）和表头串联后，R 将承担大部分被测电压，表头的电压即可被限制在允许的数值以内，从而达到扩大电压表量程的目的。串联电阻的阻值 R 越大，扩大的量程就越大。

分压电阻的计算公式为 $R=\dfrac{U}{I_g}-r_g$，因为 $U>>U_g$，所以电压表量程被扩大。如果要制成多量程电压表，串联不同的分压电阻即可。

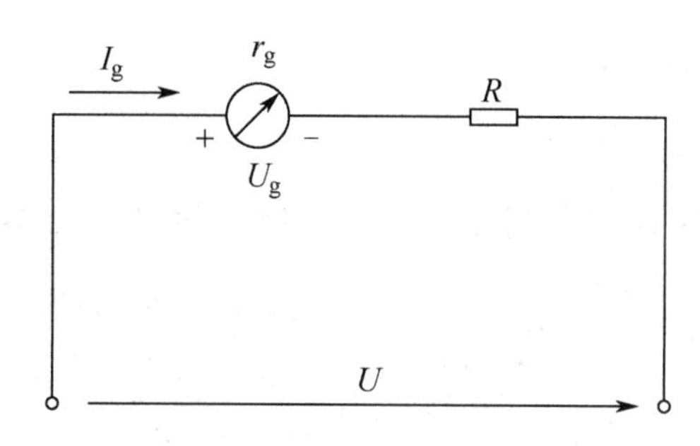

图 2-1-5 电压表扩大量程的原理

② 万用表直流电压挡电路实例。

500 型万用表直流电压挡电路如图 2-1-6 所示。要求测量直流电压挡为 2.5V、10V、50V、100V、250V、500V 六挡，则需要串联的各分压电阻的阻值分别是多少？

$$R_1=\frac{U_1}{I_g}-R_g=\frac{2.5\text{V}}{50\mu\text{A}}-3\text{k}\Omega=47\text{k}\Omega\text{；}\quad R_2=\frac{U_2-U_1}{I_g}=\frac{(10-2.5)\text{V}}{50\mu\text{A}}=150\text{k}\Omega$$

$$R_3=\frac{U_3-U_2}{I_g}=\frac{(50-10)\text{V}}{50\mu\text{A}}=800\text{k}\Omega\text{；}\quad R_4=\frac{U_4-U_3}{I_g}=\frac{(100-50)\text{V}}{50\mu\text{A}}=1\text{M}\Omega$$

$$R_5=\frac{U_5-U_4}{I_g}=\frac{(250-100)\text{V}}{50\mu\text{A}}=3\text{M}\Omega\text{；}\quad R_6=\frac{U_6-U_5}{I_g}=\frac{(500-250)\text{V}}{50\mu\text{A}}=5\text{M}\Omega$$

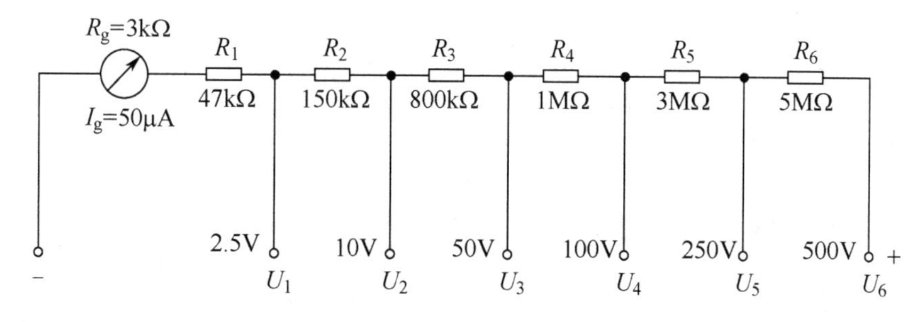

图 2-1-6 500 型万用表直流电压挡电路

例题解析

【例 1】有一只额定电压为 $U_1 = 40$ V、额定电流为 $I = 5$ A 的电灯，怎样把它接入电压 $U = 220$ V 的照明电路？

【解答】将电灯（设电阻为 R_1）与一只分压电阻 R_2 串联后，接在 $U=220$ V 的电源上，如图 2-1-7 所示。

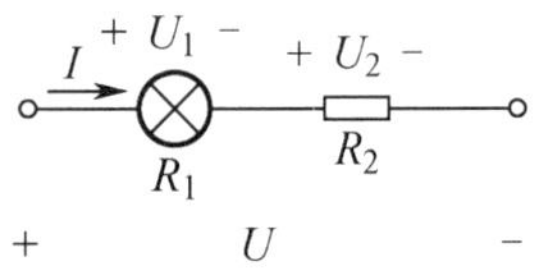

图 2-1-7　2.1 节例 1 图

解法一：分压电阻 R_2 上的电压为 $U_2=U-U_1=(220-40)\text{V}=180\text{ V}$，且 $U_2=IR_2$，则 $R_2=\frac{U_2}{I}=\frac{180\text{V}}{5\text{A}}=36\Omega$。

解法二：因为 $R_1+R_2=\frac{U}{I}=\frac{220\text{V}}{5\text{A}}44\Omega$，$R_1=\frac{U_1}{I}=\frac{40\text{V}}{5\text{A}}=8\Omega$，所以 $R_2=(R_1+R_2)-R_1=(44-8)\Omega=36\Omega$。

【例 2】已知 R_1、R_2、R_3 的阻值关系为 $R_1:R_2:R_3=1:2:3$；现将它们串联后接在 120V 的电源上，试求：

（1）R_2 吸收的功率为 30W 时的 P_1 和 P_3。

（2）各电阻两端的电压 U_1、U_2、U_3。

【解析】可利用电阻串联的功率分配关系和电压分配关系求解。

【解答】（1）$\frac{P_2}{P_1}=\frac{R_2}{R_1}\Rightarrow P_1=\frac{P_2R_1}{R_2}=\frac{30\times1}{2}=15\text{W}$，同理得

$$P_3=\frac{P_2R_3}{R_2}=\frac{30\times3}{2}=45\text{W}$$

（2）$\frac{R_1}{R_{总}}=\frac{U_1}{U_{总}}\Rightarrow U_1=\frac{R_1U_{总}}{R_{总}}=\frac{1\times120}{6}=20\text{V}$，同理得

$$U_2=\frac{R_2U_{总}}{R_{总}}=\frac{2\times120}{6}=40\text{V};\quad U_3=\frac{R_3U_{总}}{R_{总}}=\frac{3\times120}{6}=60\text{V}$$

或

$$U_1=U\frac{R_1}{R_1+R_2+R_3}=120\frac{1}{6}=20\text{V};\quad U_2=U\frac{R_2}{R_1+R_2+R_3}=120\frac{2}{6}=40\text{V}$$

$$U_3=U-(U_1+U_2)=120-(20+40)=60\text{V}$$

【例 3】在图 2-1-8 中，已知负载电阻 $R_L=50\Omega$，它的额定工作电压为 100V，欲使 R_L 工作于额定状态，求分压电阻 R 的阻值、电流和功率。

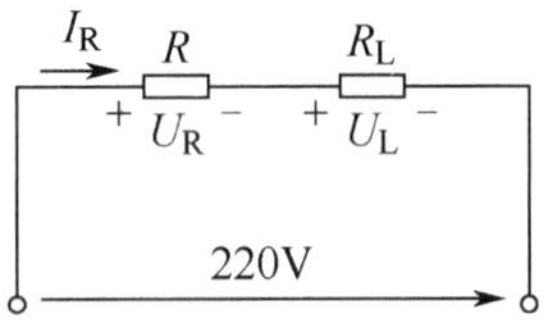

图 2-1-8　2.1 节例 3 图

【解答】（1）$\frac{R}{R_L}=\frac{U_R}{U_L}\Rightarrow R=\frac{R_LU_R}{U_L}=\frac{50\times(220-100)}{100}=60\Omega$。

（2）$I_R=\frac{U_R}{R}=\frac{220-100}{60}=2\text{A}$。

（3）$P_R=I_R^2R=2^2\times60=240\text{W}$。

【例 4】R_1 的额定值为“50V/10W”，R_2 的额定值为“40V/16W”，将它们串联起来接在 80V 的电源两端，问：

（1）R_1、R_2 能否正常工作？

（2）串联后的额定工作电压是多少？

【解析】电阻串联电路电流处处相等。当额定电流不同的元件组成电阻串联电路时，串联电阻的额定电流取决于它们之间的最小值。

【解答】（1）$R_1=\dfrac{U_1^2}{P_1}=\dfrac{50^2}{10}=250\Omega$，$R_2=\dfrac{U_2^2}{P_2}=\dfrac{40^2}{16}=100\Omega$。若接在 80V 上，则

$$U_{R1}=U\frac{R_1}{R_1+R_2}=80\times\frac{250}{350}=57.14\text{V}$$

$$U_{R2}=U-U_{R1}=80-57.14=22.86\text{V}$$

由于 R_1 的分压超过了 50V，故不能正常工作。

（2）R_1 的额定工作电流 $I_{1N}=\dfrac{P_{1N}}{U_{1N}}=\dfrac{10}{50}=0.2\text{A}$，$R_2$ 的额定工作电流 $I_{2N}=\dfrac{P_{2N}}{U_{2N}}=\dfrac{16}{40}=0.4\text{A}$，故串联后的额定工作电流 $I_N=I_{1N}=0.2\text{A}$，串联后的额定工作电压为

$$U_N=I_N(R_1+R_2)=0.2\times350=70\text{V}$$

▲**【例 5】**图 2-1-9 所示的电路是一衰减电路，共有四挡。当输入电压 U_i=16V 时，试计算各挡输出电压 U_o。

【解答】画出等效电路如图 2-1-10 所示，由等效电路可知

（1）使用 a 挡：$U_o=U_i$=16V。

（2）使用 b 挡：$R_{eb}=\{[(5+45)//5.5]+45\}//5.5=5\Omega$，$R_{ba}=45\Omega\Rightarrow U_{eb}=\dfrac{R_{eb}}{R_{ba}+R_{eb}}U_i=\dfrac{5}{45+5}\times16=1.6\text{V}$。

（3）使用 c 挡：$R_{ec}=(5+45)//5.5=5\Omega\Rightarrow U_{ec}=\dfrac{5}{45+5}U_{eb}=\dfrac{1}{10}U_{eb}=0.16\text{V}$。

（4）使用 d 挡：$U_{ed}=\dfrac{5}{45+5}U_{ec}=\dfrac{1}{10}U_{ec}=0.016\text{V}$。

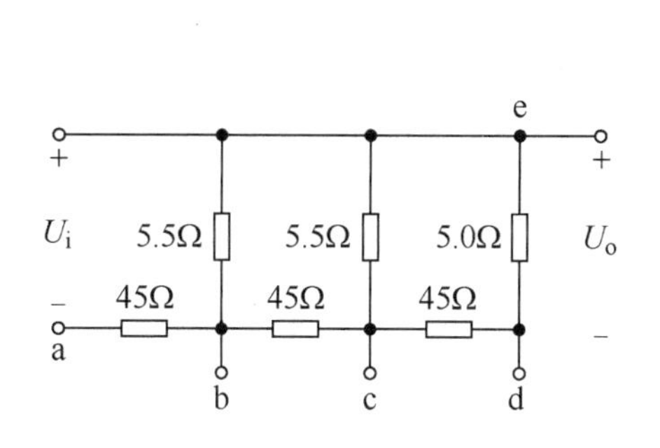

图 2-1-9　2.1 节例 5 图

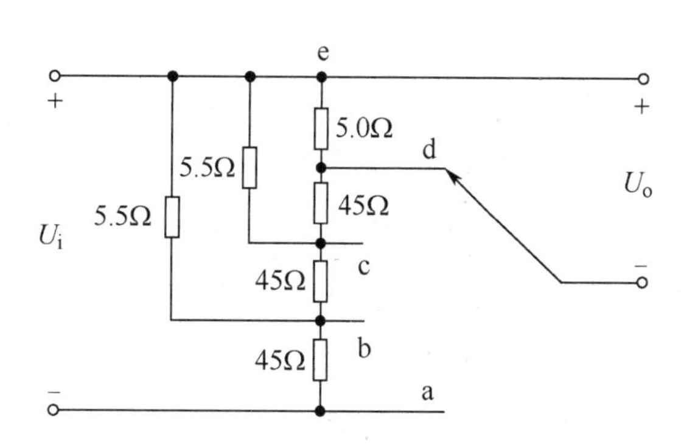

图 2-1-10　图 2-1-9 的等效电路

同步练习

一、填空题

1．有两个电阻 R_1 和 R_2，已知 $R_1:R_2$=1∶4，若它们在电路中串联，则其电压比 $U_{R1}:U_{R2}$=________；吸收的功率比 $P_{R1}:P_{R2}$=________。

2．有三个电阻 R_1、R_2、R_3 串联，其阻值分别为 50Ω、100Ω、25Ω，欲使 R_3 的功率不超过 100W，则 R_1 两端的电压至多为________。

3．在电阻串联电路中，电压关系是________；电流关系是________。

4．有一电流表的表头，允许通过的最大电流为500μA，内电阻R_g=2kΩ，若把它改装成100V的电压表，则应串联一个________Ω的电阻。

二、单项选择题

1．在已知I_g和R_g的表头上串联一个电阻R，其量程扩大（　　）倍。

A．$\dfrac{R_g}{R+R_g}$　　B．$\dfrac{R}{R+R_g}$　　C．$\dfrac{R+R_g}{R_g}$　　D．$\dfrac{R+R_g}{R}$

2．如果要扩大电压表的量程，则应在表头线圈上加入（　　）。

A．串联电阻　　B．并联电阻

C．混联电阻　　D．都不是

3．R_1和R_2为两个串联电阻，已知$R_1=4R_2$，若R_1吸收的功率为1W，则R_2吸收的功率为（　　）。

A．5W　　B．20W

C．0.25W　　D．400W

4．R_1=10Ω，R_2=20Ω，若将两个电阻串联起来，则总电阻为（　　）Ω。

A．10　　B．20

C．30　　D．40

5．在串联电路中，若两个电阻的阻值比为2∶3，则其两端的电压比为（　　）。

A．2∶3　　B．3∶2

C．1∶1　　D．5∶2

6．某电压表内阻为1800Ω，现要扩大量程为原来的10倍，则应（　　）。

A．用18000Ω的电阻与电压表串联

B．用18000Ω的电阻与电压表并联

C．用16200Ω的电阻与电压表串联

D．用16200Ω的电阻与电压表并联

7．R_1和R_2串联，若R_1∶R_2=2∶1，且R_1和R_2吸收的总功率为30W，则R_1吸收的功率为（　　）。

A．5W　　B．10W　　C．15W　　D．20W

8．将“110V/40W”和“110V/100W”的两只白炽灯串联在220V电源上使用，则（　　）。

A．两灯都能安全、正常工作

B．两灯都不能工作，灯丝都烧断

C．40W灯因电压高于110V而烧断灯丝，造成100W灯熄灭

D．100W灯因电压高于110V而烧断灯丝，造成40W灯熄灭

验证电阻并联电路的特点

2.2　电阻并联电路

知识授新

1. 电阻的并联

（1）电阻并联电路的定义：**两个或两个以上的电阻接在电路的两点之间，共同承受同一电压的电路。**由 R_1、R_2、R_3 三个电阻组成的电阻并联电路模型及等效电路如图 2-2-1 所示。

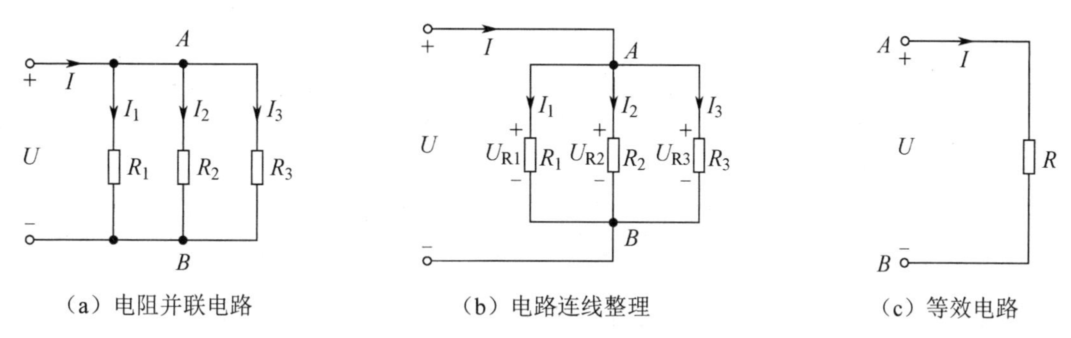

（a）电阻并联电路　（b）电路连线整理　（c）等效电路

图 2-2-1　电阻并联电路模型及等效电路

（2）电阻并联电路的实例。

电阻并联电路的实例也有很多，家用电器的连接方式均采用并联连接。图 2-2-2 所示为家用电灯泡的并联连接，即使一个灯泡断路，其他灯泡仍可正常工作。

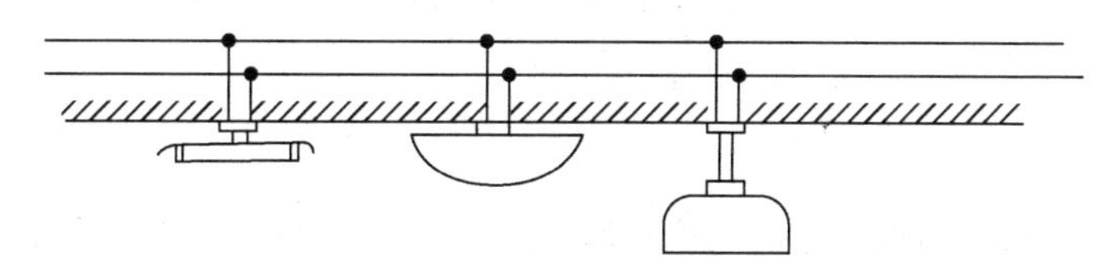

图 2-2-2　电阻并联电路实例——家用电灯泡的并联连接

（3）电阻并联电路的特点。

① **在电阻并联电路中，加在各并联电阻两端的电压相等。**

由于电阻并联电路中的各电阻都接在两点之间，如图 2-2-1（b）所示，所以每个电阻两端的电压就是 A、B 两点的电位差，即 $U=U_{R1}=U_{R2}=U_{R3}=V_A-V_B$，因此各并联电阻两端的电压相等。

若有 n 个电阻并联，则

$$U=U_{R1}=U_{R2}=U_{R3}=\cdots=U_{Rn}$$

② **电阻并联电路的总电流等于各并联电阻分电流之和。**

由于做定向运动的电荷不会停留在电路中任何一个地方，所以流入 A 点的电流，始终等于从 B 点流出的电流，即 $I=I_1+I_2+I_3$，如图 2-2-1（b）所示。

若有 n 个电阻并联，则

$$I = I_1 + I_2 + I_3 + \cdots + I_n$$

这个结论可以用电流表测量总电流和各分电流的大小予以验证，并说明电阻并联电路的总电流大于任何一个分电流。

③ **电阻并联电路的总电阻（等效电阻）*R* 的倒数等于各电阻的倒数之和，或者说总电导（等效电导）*G* 等于各电导之和。**

在图 2-2-1 所示的电路中，由欧姆定律可知

$$I = \frac{U}{R}；\quad I_1 = \frac{U}{R_1}；\quad I_2 = \frac{U}{R_2}；\quad I_3 = \frac{U}{R_3}$$

因为

$$U = U_1 = U_2 = U_3；\quad I = I_1 + I_2 + I_3$$

所以

$$\frac{U}{R} = \frac{U}{R_1} + \frac{U}{R_2} + \frac{U}{R_3} \quad \Rightarrow \quad \frac{1}{R} = \frac{1}{R_1} + \frac{1}{R_2} + \frac{1}{R_3} \quad \text{或} \quad G = G_1 + G_2 + G_3$$

当有 n 个电阻并联时，有

$$\frac{1}{R} = \frac{1}{R_1} + \frac{1}{R_2} + \frac{1}{R_3} + \cdots + \frac{1}{R_n} \quad \text{或} \quad G = G_1 + G_2 + G_3 + \cdots + G_n$$

上式说明，电阻并联电路的等效电阻比任何一个并联电阻的阻值都小。当有 n 个相同的电阻 R_0 并联时，等效电阻、电导分别为

$$R = \frac{R_0}{n}；\quad G = nG_0$$

④ 电阻并联电路的电流分配和功率分配关系。

在电阻并联电路中，由于各电阻两端的电压相等，所以

$$U = I_1R_1 = I_2R_2 = I_3R_3 = \cdots = I_nR_n$$

$$U^2 = P_1R_1 = P_2R_2 = P_3R_3 = \cdots = P_nR_n$$

即**电阻并联电路中各电阻的电流与自身阻值成反比；各支路电阻吸收的功率和阻值成反比。**

当两个电阻并联时，每个电阻的电流都可直接用分流公式计算，通过图 2-2-3 推导两个电阻并联分流公式为

$$\frac{1}{R_{12}} = \frac{1}{R_1} + \frac{1}{R_2} = \frac{R_1 + R_2}{R_1R_2} \quad \Rightarrow \quad R_{12} = \frac{R_1R_2}{R_1 + R_2}$$

可见，两个电阻并联时的等效电阻等于两个电阻之积与这两个电阻之和的比值，常称为“积比和”公式。

由此可得分流公式为

$$I_1 = I\frac{R_2}{R_1 + R_2}；\quad I_2 = I\frac{R_1}{R_1 + R_2}$$

上式说明，在电阻并联电路中，阻值小的支路通过的电流反而大；阻值大的支路通过的电流反而小。

因为

$$P = UI = U(I_1 + I_2) = UI_1 + UI_2$$

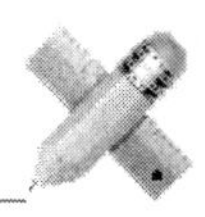

所以

$$P = P_1 + P_2$$

上式说明，电阻并联电路的总功率等于各并联电阻吸收的功率之和。

根据对偶原理，**通过每个电阻的电流与阻值成反比，与电导成正比。**在图 2-2-4 中，当 n 个电阻并联时，各并联电阻的分流公式为

$$I_1 = I\frac{G_1}{G_1 + G_2 + G_3 + \cdots + G_n}$$

$$I_2 = I\frac{G_2}{G_1 + G_2 + G_3 + \cdots + G_n}$$

$$I_3 = I\frac{G_3}{G_1 + G_2 + G_3 + \cdots + G_n}$$

$$\vdots$$

$$I_n = I\frac{G_n}{G_1 + G_2 + G_3 + \cdots + G_n}$$

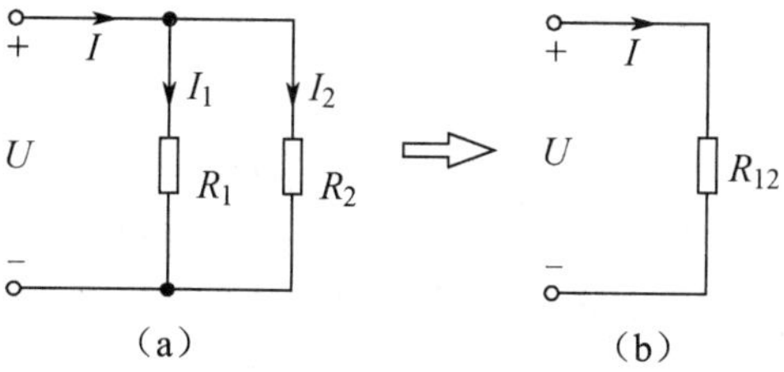

（a）　（b）

图 2-2-3　两个电阻并联分流电路

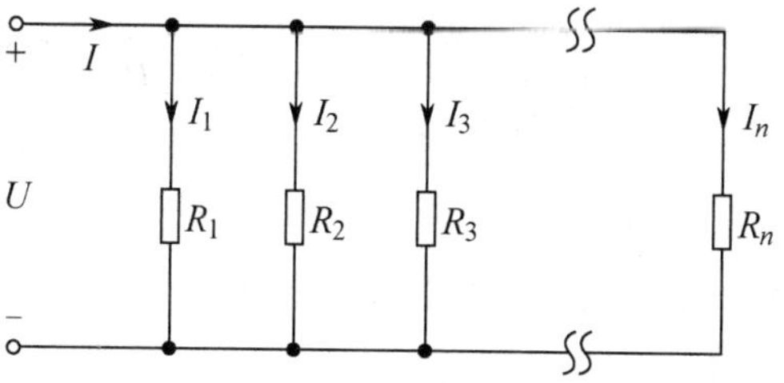

图 2-2-4　n 个电阻并联分流电路

2. 电阻并联电路的典型应用——扩大电流表量程

电阻并联电路的应用极其广泛，如照明电路及额定电压相同的负载，都是并联供电的。市电供电电压是 220V，用电器的额定电压也是 220V，只有将用电器并联到供电线路上，才能保证用电器在额定电压下正常工作。此外，只有将用电器并联使用，才能在断开或闭合某个用电器时，不会影响其他用电器的正常工作。在电工测量中，也可以**利用并联电阻的分流原理来扩大电流表量程，制成多量程电流表。**

（1）扩大电流表量程的原理。

电流表表头的满度电流很小，不能直接用来测量较大的电流。为了使它能测量较大的电流，可以合理选择一个分流电阻 R（$R \ll r_g$），与表头并联后，R 将承担大部分被测电流，通过表头的电流只是被测电流的若干分之一，从而达到扩大量程的目的。分流电阻的阻值 R 越小，扩大的量程越大。

图 2-2-5（a）所示为单量程电流表电路。如果要制成多量程电流表，并联不同的分流电阻即可。图 2-2-5（b）所示为双量程电流表（又称环形分流器）电路，图中端钮“−”为电流表的公共端，它的工作原理如下：当 I_1 和“−”与外电路相连时，表头内阻 r_g 和 R_2 串联后再与 R_1 分流，电流表的量程为 I_1，当 I_2 和“−”与外电路相连时，表头内阻 r_g 和(R_2+R_1)分流，电流表的量程为 I_2。

单量程电流表分流电阻的阻值计算如下：

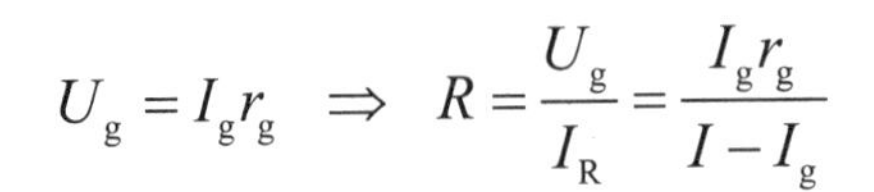

$$U_g = I_g r_g \Rightarrow R = \frac{U_g}{I_R} = \frac{I_g r_g}{I - I_g}$$

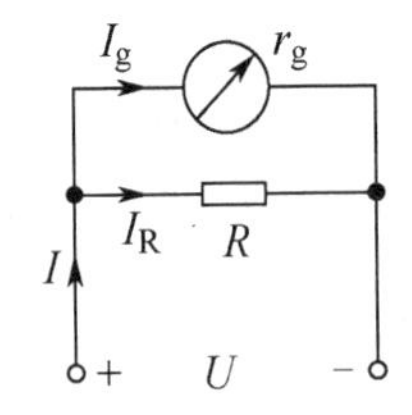

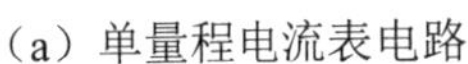
（a）单量程电流表电路

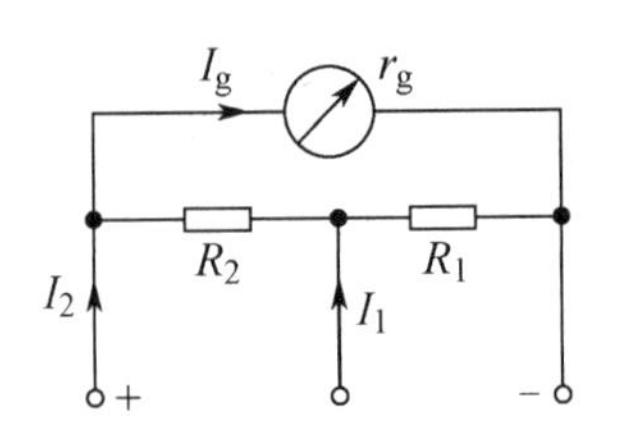

（b）双量程电流表电路

图 2-2-5　扩大电流表量程的原理

双量程电流表分流电阻的阻值计算如下。

总电阻为

$$R = R_1 + R_2 = \frac{I_g r_g}{I_2 - I_g}$$

使用 I_1 挡时，可利用分流公式，求出 R_1，即

$$I_g = I_1 \frac{R_1}{R_1 + R_2 + r_g} \quad \Rightarrow \quad R_1 = \frac{I_g(R_1 + R_2 + r_g)}{I_1} \quad \Rightarrow \quad R_2 = (R_1 + R_2) - R_1$$

（2）万用表直流电流挡电路实例。

500 型万用表直流电流挡电路如图 2-2-6 所示。要求测量直流电流挡为 100μA、1mA、10mA、100mA、1A 五挡，计算 R_1 至 R_5 各分流电阻的阻值分别为多少？

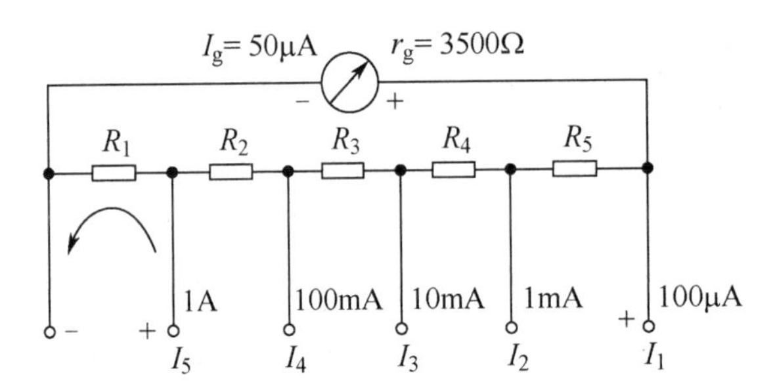

图 2-2-6　500 型万用表直流电流挡电路

【解析】求解双量程电流表分流电阻的阻值最合理的方法是先求出总电阻 *R*，然后反复利用分流公式，求出其他电阻的阻值。

$$R=R_1+R_2+R_3+R_4+R_5=\frac{I_g r_g}{I_1 - I_g}=3.5\text{k}\Omega$$

$$R_1=\frac{I_g(R + r_g)}{I_5}=0.35\Omega$$

因为 $R_1+R_2=\frac{I_g(R+r_g)}{I_4}=3.5\Omega$，所以 $R_2=(R_1+R_2)-R_1=3.15\Omega$。

因为 $R_1+R_2+R_3=\frac{I_g(R+r_g)}{I_3}=35\Omega$，所以 $R_3=(R_1+R_2+R_3)-(R_1+R_2)=31.5\Omega$。

同理，$R_4=\frac{I_g(R+r_g)}{I_2}-(R_1+R_2+R_3)=315\Omega$；$R_5=R-(R_1+R_2+R_3+R_4)=3150\Omega$。

例题解析

【例 1】在图 2-2-7 中，已知 R_1=10Ω，R_2=20Ω，R_3 最大值为 30Ω，则 AC 间的取值范围为________Ω 到________Ω。当 R_3 取 20Ω 时，在 AC 两端加 20V 电压，R_1 两端电压 U_1=________V，R_2 上的电流 I_2 与 R_1 上的电流 I_1 之比 $I_2 : I_1$=_______，R_3 吸收的功率 P_3=_______W。

【解答】当 R_3 调至最左端时，R_3=0，R_{AC}=R_1=10Ω；当 R_3 调至最右端时，R_3=30Ω，R_{AC}=R_1+(R_2 // R_3)=22Ω。利用并联分流与功率分配关系可得答案分别为 10、22、10、1∶2、5。

【例 2】在图 2-2-8 中，R_2=R_4，Ⓥ₁示数为 8V，Ⓥ₂示数为 12V，则 U_{AB} 应是（　　）。

A．6V　　B．20V　　C．24V　　D．无法确定

【解析】$U_{AB} = U_{V1} + U_{V2} - U_{R2} + U_{R4}$。

因为 R_2=R_4，所以 U_{R2}=U_{R4}，$U_{AB} = U_{V1} + U_{V2} = 20\text{V}$，故选择 B。

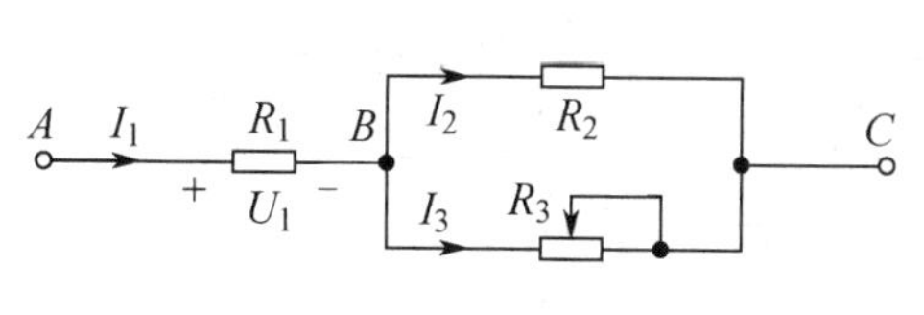

图 2-2-7　2.2 节例 1 图

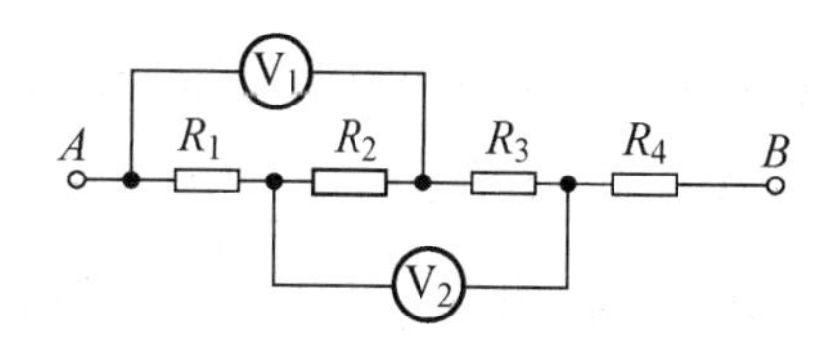

图 2-2-8　2.2 节例 2 图

【例 3】在图 2-2-9 中，电源供电电压 U=220V，每根输电导线的阻值均为 R_1=1Ω，电路中一共并联了 100 只额定电压为 220V、功率为 40W 的电灯。假设电灯正常点亮时阻值为常数。试求：

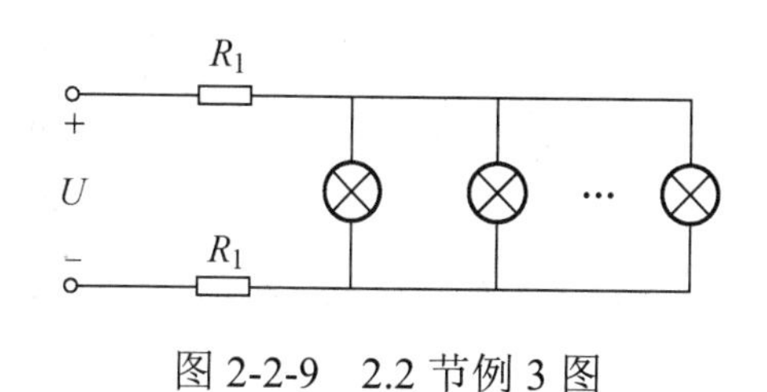

图 2-2-9　2.2 节例 3 图

（1）当只有 10 只电灯工作时，每只电灯的电压 U_L 和功率 P_L。

（2）当 100 只电灯全部工作时，每只电灯的电压 U_L 和功率 P_L。

【解析】每只电灯的阻值为 $R=\dfrac{U^2}{P}$=1210Ω，n 只电灯并联后的等效电阻为 $R_n=\dfrac{R}{n}$。根据分压公式可得，每只电灯的电压 $U_L=U\dfrac{R_n}{2R_1+R_n}$，功率 $P_L=\dfrac{U_L^2}{R}$。

【解答】（1）当只有 10 只电灯工作，即 n=10 时，$R_n=\dfrac{R}{n}=\dfrac{1210}{10}=121\Omega$，因此

$$U_L=U\frac{R_n}{2R_1+R_n}=220\frac{121}{2+121}\approx 216\text{V};\quad P_L=\frac{U_L^2}{R}=\frac{216^2}{1210}\approx 39\text{W}$$

（2）当 100 只电灯全部工作，即 n=100 时，$R_n=\dfrac{R}{n}=\dfrac{1210}{100}=12.1\Omega$，因此

$$U_L=U\frac{R_n}{2R_1+R_n}=220\frac{12.1}{2+12.1}\approx 189\text{V};\quad P_L=\frac{U_L^2}{R}=\frac{189^2}{1210}\approx 29.5\text{W}$$

【例 4】额定值分别为“36V/15W”和“220V/100W”的两只灯泡 A、B，将它们并联后接到电源上，试问：（1）电源电压不能超过多少？（2）若两只灯泡并联接在 36V 的电源上，则哪只灯泡更亮？

【解答】（1）电阻并联电路，并联电阻两端的电压相等。**当额定电压不同的元件组成电阻并联电路时，并联电阻的额定工作电压 U_N 取它们中额定电压的最小值**，故电源电压不能超过 36V。

（2）$R_1=\dfrac{U_1^2}{P}=\dfrac{36\times36}{15}=86.4\Omega$；$R_2=\dfrac{U_2^2}{P_2}=\dfrac{220\times220}{100}=484\Omega$。

因为是电阻并联电路，功率与自身阻值成反比，故灯泡 A 更亮。

同步练习

一、填空题

1．在电阻并联电路中，电压关系是________；电流关系是________。

2．串联电阻可以扩大________量程，并联电阻可以扩大________量程。

3．在电阻并联电路中，若某支路的阻值大，则该支路电流________，其吸收的功率________。

4．把某导体分成五等份再并联，则阻值为原来的________倍。

5．4 个阻值相等的电阻并联后，其等效电阻为 10kΩ，每个电阻的阻值是________。

6．已知 R_1=300Ω，R_2=R_3=600Ω，求 R_1、R_2 和 R_3 并联的等效电阻 R=________。

7．在电阻并联电路中，并联电阻两端的电压________。

8．两个导体并联时的阻值为 2.4Ω，串联时的阻值为 10Ω，则这两个导体的阻值分别是________Ω和________Ω。

9．两个电阻串联的总电阻为 9Ω，并联的总电阻为 2Ω，则两个电阻的阻值分别为________Ω和________Ω。

10．两个 8Ω，三个 18Ω，四个 48Ω 的电阻并联后的总电阻为________Ω。

11．在图 2-2-10 中，R_1 吸收的功率为 2W，则 R_2 应为________Ω。

12．在图 2-2-11 中，10V 电源的功率 P 为________W。

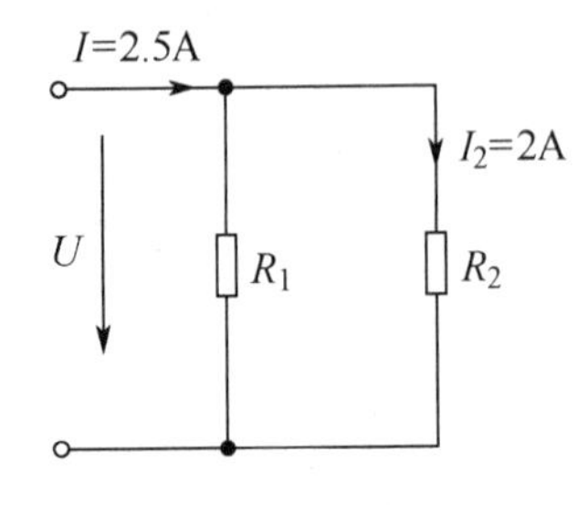

图 2-2-10　2.2 节填空题 11 图

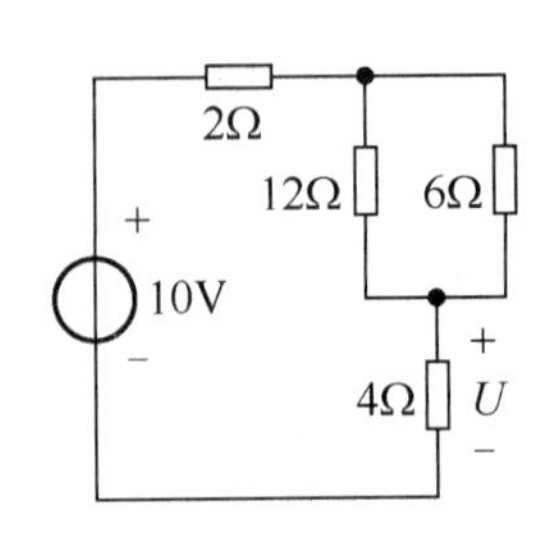

图 2-2-11　2.2 节填空题 12 图

二、单项选择题

1．有两个电阻，当它们串联时，总电阻是 10Ω，当它们并联时，总电阻是 2.5Ω，则这两个电阻的阻值分别是（　　）。

A．5Ω，5Ω　　B．2Ω，8Ω

C．2.5Ω，2.5Ω　　D．2.5Ω，10Ω

2．将 I_g=50μA，内阻 R_g=10kΩ 的灵敏电流计改装成量程为 500mA 的电流表，需要（　　）。

A．串联 1Ω 电阻　　B．串联 1kΩ 电阻

C．并联 1Ω 电阻　　D．并联 1kΩ 电阻

3．R_1 和 R_2 并联，已知 $R_1=2R_2$，若 R_2 吸收的功率为 1W，则 R_1 吸收的功率为（　　）。

A．1W　　B．2W　　C．0.5W　　D．4W

4．有一个磁电系表头，满偏电流为 500μA，内阻为 200Ω，若需要利用该表头测量 100A 的电流，则应选（　　）规格的外附分流器。

A．150A，100mV　　B．100A，100mV

C．150A，0.001Ω　　D．100A，0.001Ω

三、计算题

图 2-2-12 所示为程序测量用分压器电路，外加电压 U_{AB}=24V，欲使 U_{CD} 在开关 S_1、S_2、S_3 相继闭合时获得 $\frac{1}{2}$、$\frac{1}{3}$、$\frac{1}{4}$ 的 U_{AB} 电压，允许电阻中最大电流为 0.02A，求各电阻的阻值。

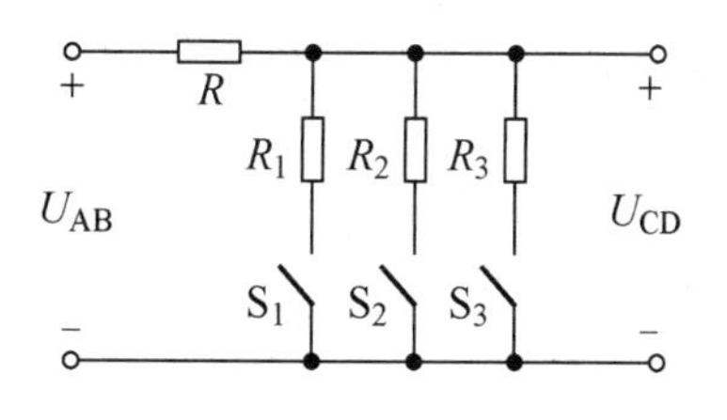

图 2-2-12　2.2 节计算题图

阅读材料

指针式万用表的基本原理与使用

万用表分为指针式和数字式两大类，此处介绍指针式万用表。

1．万用表的基本功能

万用电表又称复用电表，通常称为万用表。它是一种可以测量多种电量的多量程便携式仪表，具有测量的种类多、量程范围宽、价格低及使用和携带方便等优点，因此广泛应用于电气维修和测试，指针式万用表 MF47 的外形如图 2-2-13 所示。

一般的万用表可以测量直流电压、直流电流、电阻、交流电压等，有的万用表还可以测量音频电平、交流电流、电容、电感及晶体管的 β 值等。

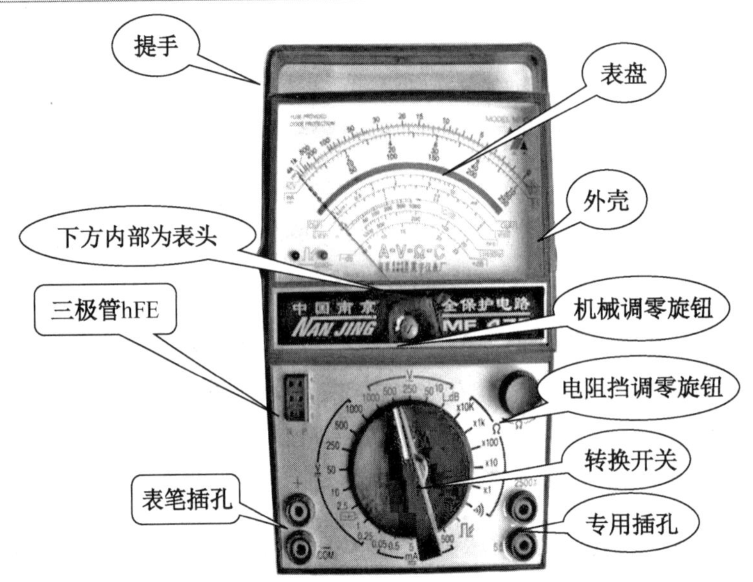

图 2-2-13　指针式万用表 MF47 的外形

2. 万用表的基本原理

万用表的基本原理建立在欧姆定律和电阻串联分压、并联分流等规律的基础之上。

万用表的表头是进行各种测量的公用部分。表头内部有一个可动的线圈（叫作动圈），它的电阻 r_g 称为表头内阻。动圈处于永久磁铁的磁场中，当动圈通电流之后会受到磁场力的作用而发生偏转。固定在动圈上的指针随着动圈一起偏转的角度，与动圈中的电流成正比。当指针指到满刻度时，动圈中的电流称为满偏电流 I_g。r_g 与 I_g 是表头的两个主要参数。

（1）直流电压的测量。

直流电压的测量原理如图 2-1-5 所示。测量时将万用表置于合适的直流电压挡，表笔并接于被测电压 U_x 的两端（红表笔接高电位端、黑表笔接低电位端），通过表头的电流与被测电压 U_x 成正比，即

$$I = \frac{U_x}{R + r_g}$$

在万用表中，用转换开关将不同数值的分压电阻与表头串联，即可得到几个不同的电压量程，如图 2-1-6 所示。

（2）直流电流的测量。

直流电流的测量原理如图 2-2-5 所示。测量时将万用表置于合适的直流电流挡，表笔串接在被测电流支路中（红表笔接电流流入端、黑表笔接电流流出端），设被测电流为 I_x，则通过表头的电流与被测电流 I_x 成正比，即

$$I = I_x \frac{R}{r_g + R}$$

实际万用表是利用转换开关将电流表制成多量程的，如图 2-2-5 所示。

（3）电阻的测量。

电阻的测量（欧姆表）原理如图 2-2-14 所示。

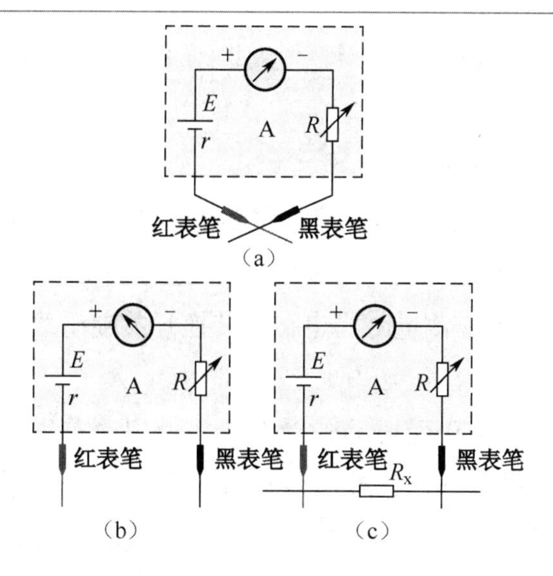

图 2-2-14　电阻的测量原理

可变电阻 R 叫作调零电阻，当红、黑表笔短接时（相当于被测电阻 R_x=0），调节 R 的阻值使指针指到表头的满刻度，即

$$I_g = \frac{E}{r_g + r + R}$$

万用表电阻挡的零点（0）在表头的满刻度处。而电阻无穷大时（红、黑表笔间开路），指针在表头的零度（∞）处。

当红、黑表笔间接被测电阻 R_x 时，通过表头的电流为

$$I = \frac{E}{r_g + r + R + R_x}$$

可见表头示数 I 与被测电阻的阻值 R_x 是一一对应的，并且成反比，因此欧姆挡刻度不是线性的。

3. 万用表的使用

（1）正确使用转换开关和表笔插孔。

万用表有红与黑两只表笔，表笔可插入万用表的“+”“-”两个插孔里。注意，一定要严格将红表笔插入“+”插孔，黑表笔插入“-”插孔。测量直流电流、电压等物理量时，必须注意正、负极性。根据测量对象，将转换开关旋至所需位置，在被测量大小不详时，应先选用量程较大的高挡位测试，如不合适再逐步改用较低的挡位，以表头指针移动到满刻度的三分之二位置附近为宜。

（2）正确读数。

万用表有数条供测量不同物理量的标尺，读数前一定要根据被测量的种类、性质和所用量程认清所对应的标尺。

（3）正确测量电阻。

在使用万用表的欧姆挡测量电阻之前，应先把红、黑表笔短接，调节指针到欧姆标尺的零位上，并正确选择电阻倍率挡。测量被测电阻 R_x 时，一定要使被测电阻断电，不与其他电路有任何接触，也不要用手接触表笔的导电部分，以免影响测量结果。当利用欧姆表内部电

池作为测试电源时（如判断二极管或三极管的引脚），要注意黑表笔接的是电源正极，红表笔接的是电源负极。

（4）测量高电压时的注意事项。

在测量高电压时务必要注意人身安全，应先将黑表笔固定接在被测电路的地电位上，然后用红表笔接触被测点处，操作者一定要站在绝缘良好的地方，并且应用单手操作，以防触电。在测量较高电压或较大电流时，不能在测量时带电转动转换开关旋钮改变量程或挡位。

（5）万用表的维护。

万用表应水平放置使用，防止受振动、受潮热，使用前首先看指针是否指在零位，如果不在，应调至零位。每次测量完毕，都要将转换开关置于空挡或最高交流电压挡上。在测量电阻时，如果将两只表笔短接后指针仍调整不到欧姆标尺的零位，则说明应更换万用表内部的电池；长期不用万用表时，应将电池取出，以防电池受腐蚀而影响表内其他元件。

2.3　电阻混联电路

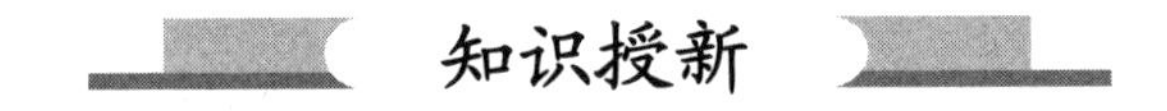

知识授新

1. 电阻的混联

（1）电阻混联电路的定义：**既有电阻串联又有电阻并联的电阻电路**。图 2-3-1 所示为两种典型的电阻混联电路。

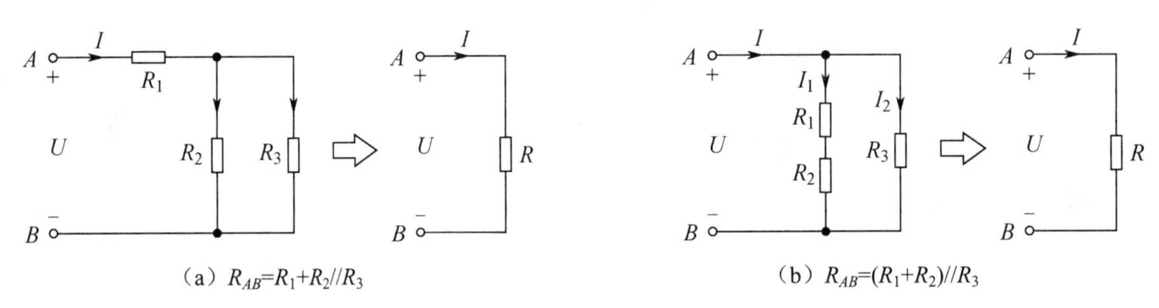

（a）$R_{AB}=R_1+R_2//R_3$　　（b）$R_{AB}=(R_1+R_2)//R_3$

图 2-3-1　电阻混联电路

电阻混联电路的形式多种多样，有的比较直观，能立刻看清各电阻之间的串、并联关系，而有的则比较复杂，不能立刻看清各电阻之间的串、并联关系，需要仔细观察分析，**电阻串联的部分具有电阻串联电路的特点，电阻并联的部分具有电阻并联电路的特点。利用电阻串、并联公式逐步化简电路，最终求出电阻混联电路的等效电路。**

图 2-3-1（a）的电路连接方式为 R_2、R_3 先并联，再与 R_1 串联，A、B 间的等效电阻 $R_{AB}=R_1+R_2//R_3$（“//”表示并联，如 R_2 并联 R_3 记为“$R_2//R_3$”）。

图 2-3-1（b）的电路连接方式为 R_1、R_2 先串联，再与 R_3 并联，A、B 间的等效电阻 $R_{AB}=(R_1+R_2)//R_3$。

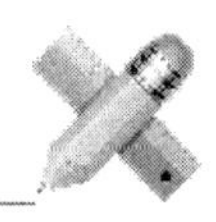

2. 电阻混联电路的分析思路和步骤

分析思路： 分清电路的结构，将不规范的串、并联电路加以规范（使所画电路的串、并联关系清晰），利用电阻的串、并联公式逐步简化电路，求出最终的等效电阻。

分析步骤：

（1）确定等电位点（导线的阻值和理想电流表的内阻可忽略不计，可以认为导线和电流表连接的两点是等电位点）。

（2）整理清楚电路中电阻的串、并联关系，必要时重新画出串、并联关系清晰的等效电路。

（3）利用电阻的串、并联公式计算出电路中总的等效电阻。

（4）利用已知条件进行计算，确定电路的端电压与总电流。

（5）根据电阻的分压关系和分流关系，逐步推算出各支路的电流或各部分的电压。

例题解析

【例 1】 在图 2-3-2 中，已知 $R_1=R_2=R_3=R_4=R=20\Omega$，求 R_{AB}。

【解答】 由图 2-3-2 可知，R_1、R_2、R_3、R_4 均接在 A、B 两点之间，$R_{AB}=R_1 /\!/ R_2 /\!/ R_3 /\!/ R_4=\dfrac{R}{4}=5\Omega$。

【例 2】 在图 2-3-3（a）中，U=24V，求 R_{ab} 和总电流 I。

【解答】 画出 a、b 间电阻的等效电路，如图 2-3-2（b）所示，由等效电路可知

$$R_{ab}=[(3 /\!/ 6)+4] /\!/ 4=2.4\Omega$$

$$I=\frac{U}{R_{ab}}=\frac{24\text{V}}{2.4\Omega}=10\text{A}$$

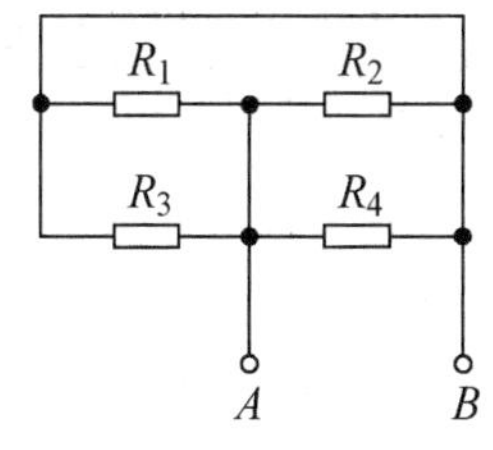

图 2-3-2　2.3 节例 1 图

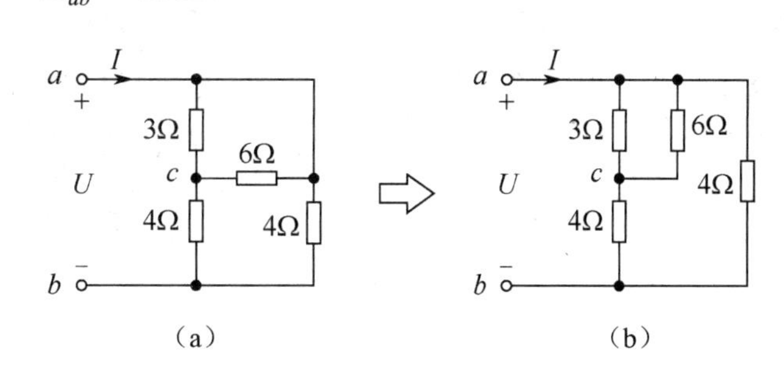

图 2-3-3　2.3 节例 2 图

【例 3】 在图 2-3-4 中，已知 R=10Ω，电源电动势 E=6V，内阻 r=0.5Ω，试求电路中的总电流 I。

【解答】 首先整理清楚电路中电阻的串、并联关系，并画出等效电路，如图 2-3-4（b）所示。

四个电阻并联的等效电阻为

$$R_{并}=\frac{R}{4}=\frac{10}{4}\Omega=2.5\Omega$$

根据全电路欧姆定律，电路中的总电流为

$$I=\frac{E}{R_{并}+r}=\frac{6}{2.5+0.5}=2\text{A}$$

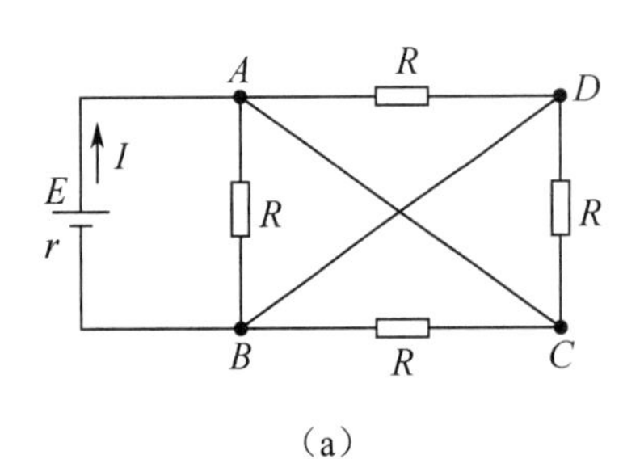

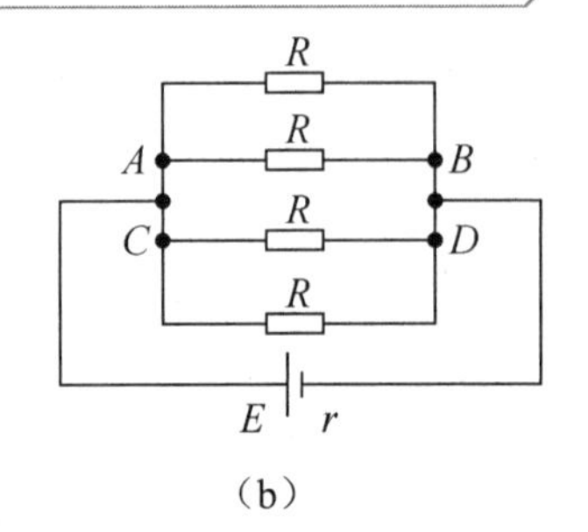

（a）　　　　　　　　　　　　（b）

图 2-3-4　2.3 节例 3 图

▲【例 4】求图 2-3-5（a）中 R_{ab}、R_{bc}、R_{bd} 等于多少。

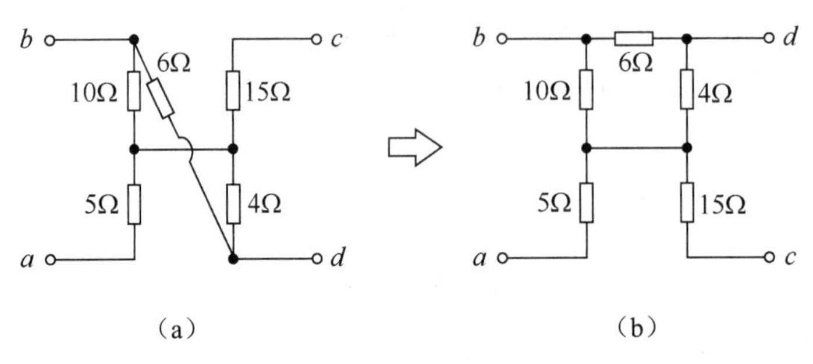

（a）　　　　　　　　　　　　（b）

图 2-3-5　2.3 节例 4 图

【解答】画出图 2-3-5（a）的等效电路，如图 2-3-5（b）所示，则

$$R_{ab}=[(4+6)//10]+5=10\Omega$$

$$R_{bc}=[10//(4+6)]+15=20\Omega$$

$$R_{bd}=6//(10+4)=4.2\Omega$$

【例 5】在图 2-3-6 中，已知 I=10A、R_1=3Ω、R_2=1Ω、R_3=4Ω、R_4=R_5=2Ω，求 R_{ab}、I_1、I_2、I_3、I_4、I_5。

【解答】

$$R_{ab}=\{[(R_4+R_5)//R_3]+R_2\}//R_1=\{[(2+2)//4]+1\}//3=1.5\Omega$$

$$U=U_{ab}=I\times R_{ab}=10\times 1.5=15\text{V}$$

$$I_1=\frac{U_{ab}}{R_1}=\frac{15}{3}=5\text{A}$$

$$I_2=I-I_1=10-5=5\text{A}$$

$$I_3=I_2\frac{(R_4+R_5)}{R_4+R_5+R_3}=5\times\frac{2+2}{2+2+4}=2.5\text{A}$$

$$I_4=I_5=I_2-I_3=5-2.5=2.5\text{A}$$

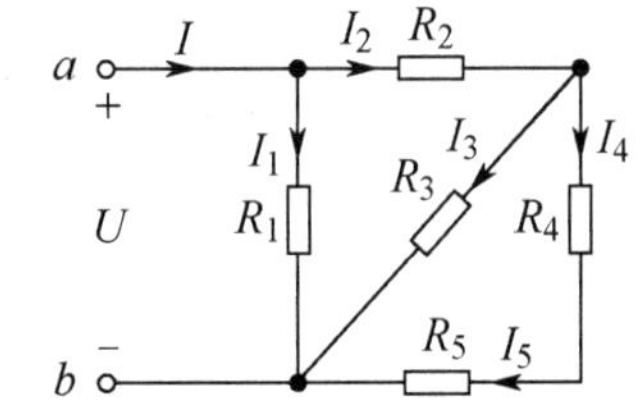

图 2-3-6　2.3 节例 5 图

【例 6】在图 2-3-7（a）中，已知 R_1=R_2=R_3=2Ω，R_4=4Ω，U 等于 6V。求开关 S 断开和闭合时分别通过电阻 R_1 的电流和 R_1 吸收的功率。

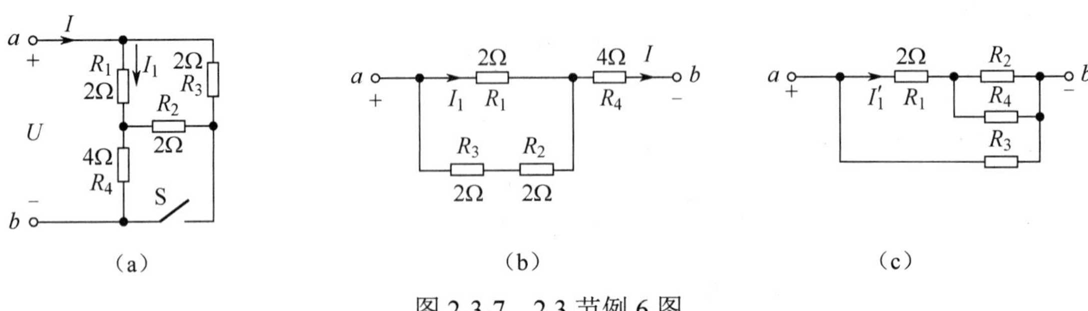

（a）　　　　　　　（b）　　　　　　　（c）

图 2-3-7　2.3 节例 6 图

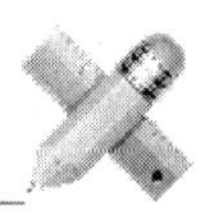

【解析】画出相应等效电路，如图 2-3-7（b）和图 2-3-7（c）所示。

【解答】（1）开关 S 断开时的等效电路如图 2-3-7（b）所示。

$$R_{ab}=[R_1//(R_2+R_3)]+R_4=[2//(2+2)]+4=\frac{16}{3}\Omega$$

$$I=\frac{U}{R_{ab}}=\frac{6}{\frac{16}{3}}=\frac{9}{8}\text{A}；\quad I_1=I\frac{R_2+R_3}{R_1+R_2+R_3}=\frac{9}{8}\times\frac{4}{6}=\frac{3}{4}\text{A}$$

$$P_{\text{R1}}=I_1^{\ 2}R_1=\left(\frac{3}{4}\right)^2\times 2=1.125\text{W}$$

（2）开关 S 闭合时的等效电路如图 2-3-7（c）所示。

$$I_1'=\frac{U}{R_1+R_2//R_4}=\frac{6}{\frac{10}{3}}=1.8\text{A}；\quad P_1'=(I_1')^2\times R_1=1.8^2\times 2=6.48\text{W}$$

同步练习

一、填空题

1．把两个 3Ω 的电阻进行组合连接（两个电阻全部用上）可以得到不同的等效电阻为________种，它们的阻值各是________和________。

2．在阻值相同的三个电阻所组成的串、并、混联三种电路中，等效电阻最小为________Ω。

3．两根材料相同的电阻丝，长度之比为 1∶5，横截面积之比为 2∶3，则它们的阻值之比为________；将它们串联后，电压之比为________，电流之比为________；将它们并联后，电压之比为________，电流之比为________。

4．在图 2-3-8 中，当电路中可变电阻 R 的阻值增大时，电流表的示数将________。

5．在图 2-3-9 中，已知 3Ω 的电阻吸收的功率为 300W，则 R=________Ω。

6．在图 2-3-10 中，AB 两端的等效电阻 R_{AB}=________Ω。

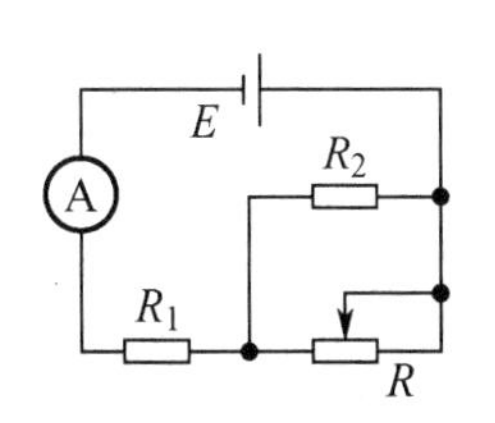

图 2-3-8　2.3 节填空题 4 图

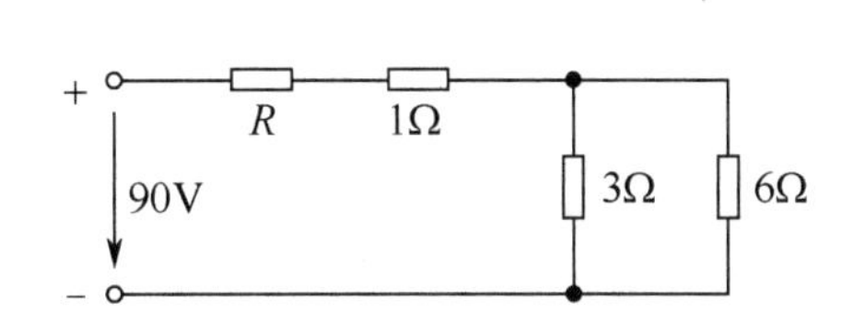

图 2-3-9　2.3 节填空题 5 图

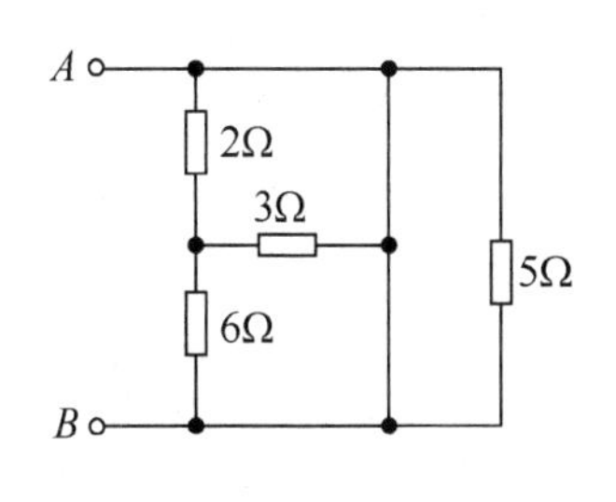

图 2-3-10　2.3 节填空题 6 图

7．在图 2-3-11 中，已知 R_1=1Ω，R_2=2Ω，R_3=3Ω，R_4=4Ω，试就下述几种情形算出它们的总电阻。

① 电流由 A 流入，由 B 流出。

② 电流由 A 流入，由 C 流出。

③ 电流由 A 流入，由 D 流出。

④ 电流由 B 流入，由 C 流出。

⑤ 电流由 B 流入，由 D 流出。

⑥ 电流由 C 流入，由 D 流出。

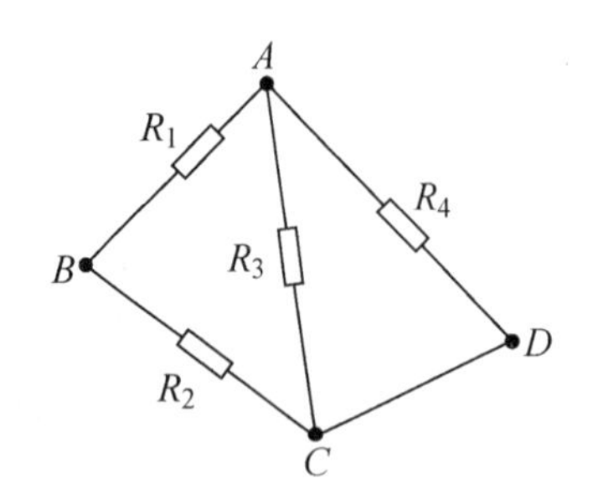

图 2-3-11　2.3 节填空题 7 图

8．在图 2-3-12 中，R_1=30Ω，R_2=20Ω，R_3=60Ω，R_4=10Ω，则电路的等效电阻 R_{ab}=________Ω。

▲9．在图 2-3-13 中，R_1=R_2=R_3=R_4=1Ω，当开关 S_2、S_3、S_4 断开，S_1、S_5 闭合时 R_{AB}=________Ω；当开关 S_4、S_5 断开，S_1、S_2、S_3 闭合时，R_{AB}=________Ω。

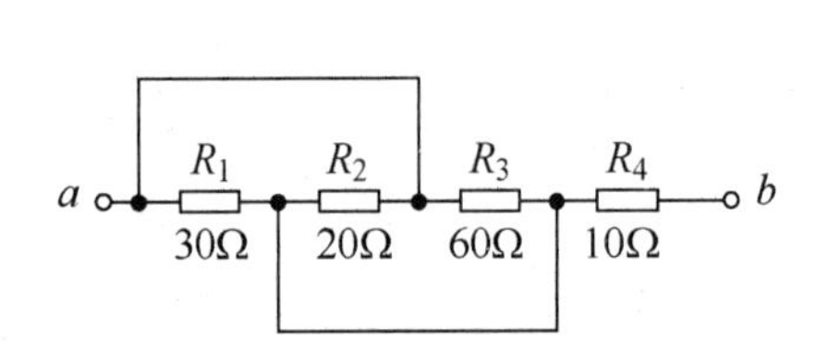

图 2-3-12　2.3 节填空题 8 图

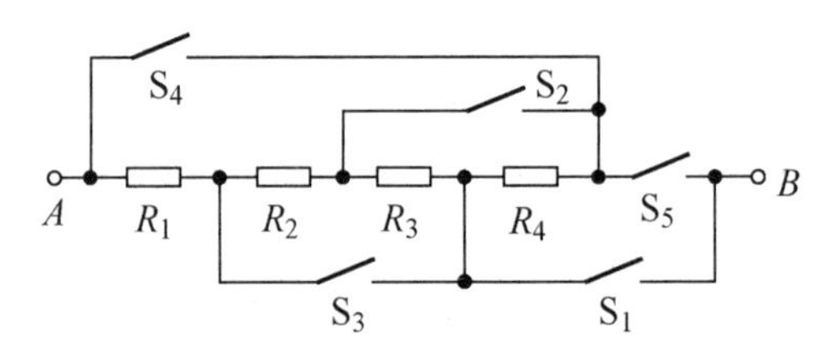

图 2-3-13　2.3 节填空题 9 图

二、单项选择题

1．在图 2-3-14 中，根据工程近似的观点，a、b 两点间的阻值约等于（　　）。

A．1kΩ　　B．101kΩ　　C．200kΩ　　D．201kΩ

2．在图 2-3-15 中，当开关 S_1、S_2 都闭合时，电压表和电流表示数分别为（　　）。

A．3V，9A　　B．1V，3A

C．3V，1A　　D．1V，1A

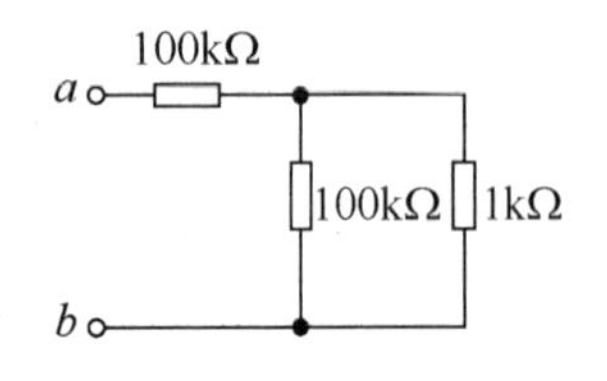

图 2-3-14　2.3 节单项选择题 1 图

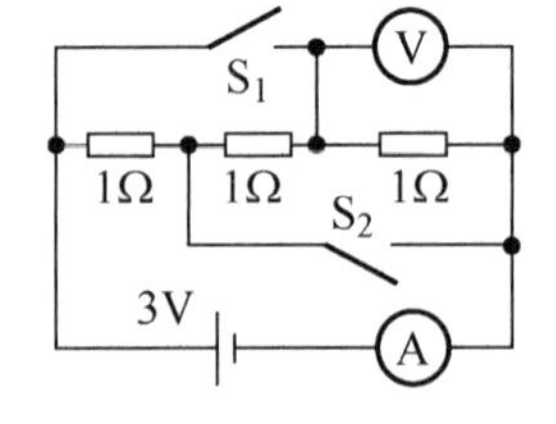

图 2-3-15　2.3 节单项选择题 2 图

3．三个阻值相同的电阻，并联后的等效电阻为 5Ω，现将其串联，则等效电阻为（　　）。

A．5Ω　　B．15Ω　　C．45Ω　　D．60Ω

4．在图 2-3-16 所示的电路中，电源电压是 12V，四只瓦数相同的白炽灯的工作电压都是 6V，要使白炽灯正常工作，接法正确的是（　　）。

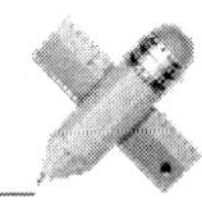

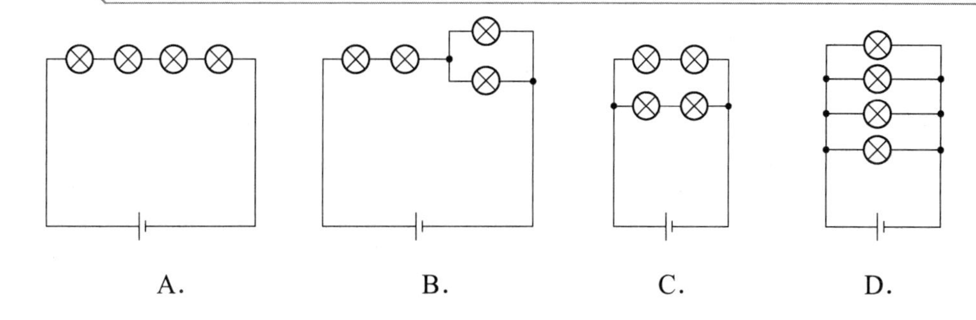

图 2-3-16　2.3 节单项选择题 4 图

5．两个完全相同的表头，分别改装成一个电流表和一个电压表，一个同学误将这两个改装完的电表串联起来接到电路中，则这两个改装表的指针可能出现的情况是（　　）。

A．两个改装表的指针都不偏转

B．两个改装表的指针偏角相等

C．改装成电流表的指针有偏转，改装成电压表的指针几乎不偏转

D．改装成电压表的指针有偏转，改装成电流表的指针几乎不偏转

6．在图 2-3-17 中，$R_1=R_2=R_3=R_4=R$，$R_5=2R$，开关 S 断开和闭合时，a、b 之间的等效电阻分别为 $R_{开}$和 $R_{合}$，则（　　）。

A．$R_{开}>R_{合}$　　B．$R_{开}<R_{合}$　　C．$R_{开}=R_{合}$　　D．不能确定

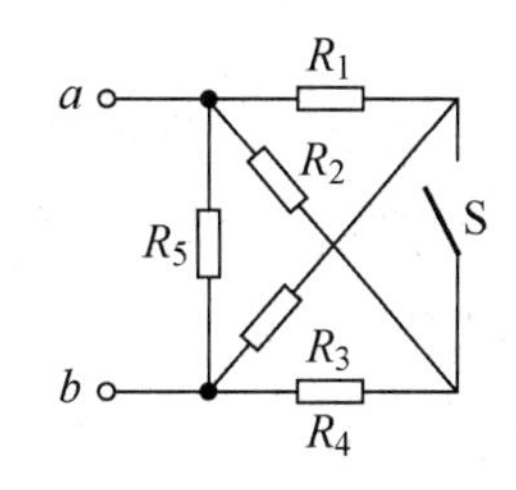

图 2-3-17　2.3 节单项选择题 6 图

三、计算题

1．求图 2-3-18 所示的电路中 A、B 间的等效电阻 R_{AB}。

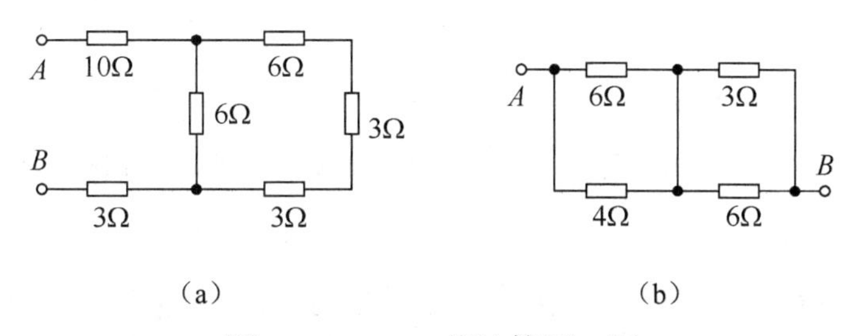

图 2-3-18　2.3 节计算题 1 图

2．有一电流为 50μA，内阻为 2.5kΩ 的表头，现需要用这只表头扩展成一个能测量电视机电压的两个挡位的电压表。一挡用来测量电视机高压 25000V，另一挡用来测量聚焦高压 6000V。

（1）请在图 2-3-19 上连接电阻，构成所需的电压表。

（2）计算出电阻的大小。

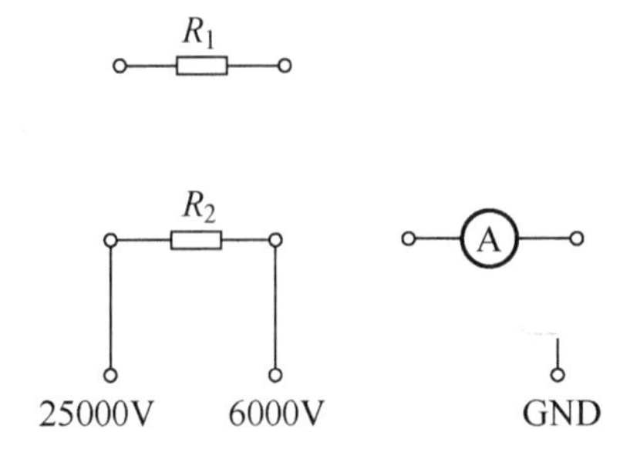

图 2-3-19　2.3 节计算题 2 图

阅读材料

电阻测量的基础知识和伏安法测电阻

1. 电阻测量的基础知识

电阻的测量在电工测量技术中占有十分重要的地位，工程中所测量的电阻，阻值范围一般为 10^{-6}～10^{12} Ω。为减小测量误差，选用适当的测量电阻方法，通常将电阻按其阻值大小分成三类，即小电阻（1Ω以下）、中等电阻（1Ω～0.1MΩ）和大电阻（0.1MΩ以上）。测量电阻的方法有很多，常用的方法分类如下。

（1）按获取测量结果方式分类。

① 直接测阻法。采用直读式仪表测量电阻，仪表的标尺是以电阻的单位（Ω、kΩ或 MΩ）刻度的，根据仪表指针在标尺上的指示位置，可以直接读取测量结果。例如，用万用表的电阻挡或兆欧表等测量电阻，就是直接测阻法。

② 比较测阻法。采用比较仪器将被测电阻与标准电阻进行比较，在比较仪器中接有检流计，当检流计指零时，可以根据已知的标准电阻的阻值，获取被测电阻的阻值。

③ 间接测阻法。通过测量与电阻有关的电量，根据相关公式计算，求出被测电阻的阻值。例如，应用广泛的、最简单的间接测阻法是电流、电压表测量电阻（伏安法）。它用电流表测出通过被测电阻的电流，用电压表测出被测电阻两端的电压，根据欧姆定律计算出被测电阻的阻值。

（2）按被测电阻的阻值大小分类。

① 小电阻的测量。测量小电阻时，一般选用毫欧表。要求测量精度比较高时，可选用双臂电桥法测量。

② 中等电阻的测量。测量中等电阻时，最方便的方法是用电阻表进行测量，它可以直接读数，但这种方法的测量误差较大。中等电阻的测量也可以选用伏安法，它能测出工作状态下的阻值，但其测量误差比较大。若需要精密测量，则可选用单臂电桥法。

③ 大电阻的测量。在测量大电阻时，可选用兆欧表法，可以直接读数，但测量误差较大。

2. 伏安法测电阻

伏安法是根据欧姆定律来测量电阻的方法。考虑到电压表和电流表的内阻对测量结果的影响，测量电路电阻可采用两种接法：电流表外接法和电流表内接法。在测量电阻时，可根据具体测量条件在两种接法中选择。**当被测电阻为大电阻时，宜采用电流表内接法；当被测电阻为小电阻时，宜采用电流表外接法，以减小由测量仪表引起的测量误差。**

图 2-3-20（a）所示为电流表内接法，这种测量方法的特点是电压表示数 U_V 包含被测电阻 R 的端电压 U_R 与电流表的端电压 U_A，所以电压表示数 U_V 与电流表示数 I_A 的比值应是被测电阻的阻值 R 与电流表内阻 r_A 之和，即 $R+r_A=\frac{U_V}{I_A}$，所以被测电阻的阻值为

$$R=\frac{U_V}{I_A}-r_A$$

如果不知道电流表内阻的准确值，可令 $R\approx\frac{U_V}{I_A}$。这种测量方法适用于 $R>>r_A$ 的情况，即**适用于测量大电阻**。

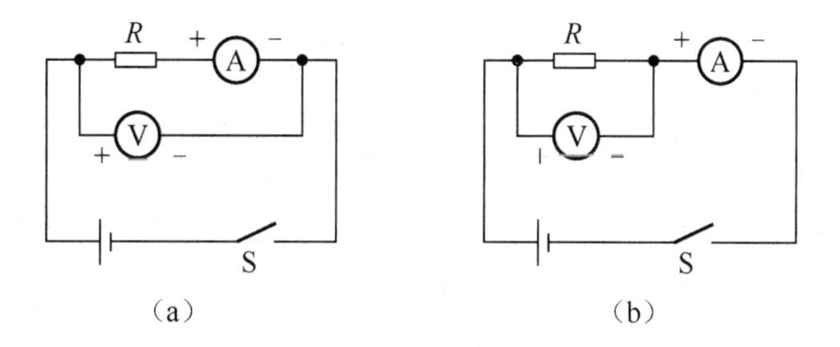

图 2-3-20　伏安法测电阻

图 2-3-20（b）所示为电流表外接法，这种测量方法的特点是电流表示数 I_A 包含被测电阻 R 中的电流 I_R 与电压表中的电流 I_V，所以电压表示数 U_V 与电流表示数 I_A 的比值是被测电阻的阻值 R 与电压表内阻 R_V 并联后的等效电阻，即$(R//R_V)=U_V/I_A$，所以被测电阻的阻值为

$$R=\frac{U_V}{I_A-\frac{U_V}{R_V}}$$

如果不知道电压表内阻 R_V 的准确值，可令 $R\approx\frac{U_V}{I_A}$。这种测量方法适用于 $R<<R_V$ 的情况，即**适用于测量小电阻**。

2.4　电源的连接

知识授新

每个电源都有一定的电动势和额定的输出电流。它所能供给的电压，不可能超过本身的电动势，所供给的电流也不允许超过额定的输出电流，否则电源就会损坏。对于要求有较高电压或较大电流的负载，需要将几个电源连接在一起使用，以满足负载对电源的要求。电池

是最常见的电源，我们以电池为例来说明电源的连接。几个电池按一定方式连接起来，叫作电池组，电池的连接方式也有串联、并联和混联三种。

1. 电池的串联

当负载所需的电流，不超过一个电池的额定电流，而所需的电压超过一个电池的电动势时，采用串联供电。串联的方法是，将一个电池的负极与另一个电池的正极相接，这个电池的负极再与另一个电池的正极相接。如此连接下去，最后一个电池的负极就是这个电池组的负极，第一个电池的正极就是这个电池组的正极。三个电池串联的电池组如图 2-4-1 所示。

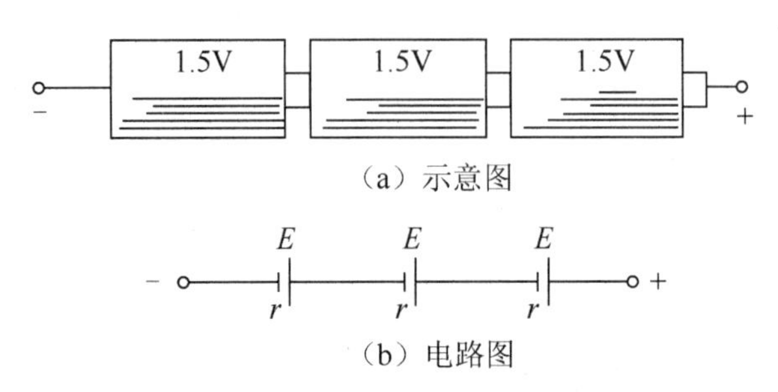

（a）示意图

（b）电路图

图 2-4-1　三个电池串联的电池组

若 n 个电动势均为 E，内阻均为 r 的电池串联，则串联后的电动势 $E_{串}=nE$，内阻 $r_{串}=nr$，当负载电阻的阻值为 R 时，串联电池组输出的总电流为

$$I=\frac{E_{串}}{R+r_{串}}=\frac{nE}{R+nr}$$

串联电池组适用于单个电池的输出电流足够，但输出电压不足的场合，使用时应注意两点：一是电池极性不能接反；二是内阻不同的电池不宜串联。

2. 电池的并联

当单个电池的电动势能够满足负载所需的电压，而它的额定电流小于负载所需的电流时，采用并联供电。并联的方法是，把所有电池的正极连接在一起，成为电池组的正极；把所有电池的负极连接在一起，成为电池组的负极。三个电池并联的电池组如图 2-4-2 所示。

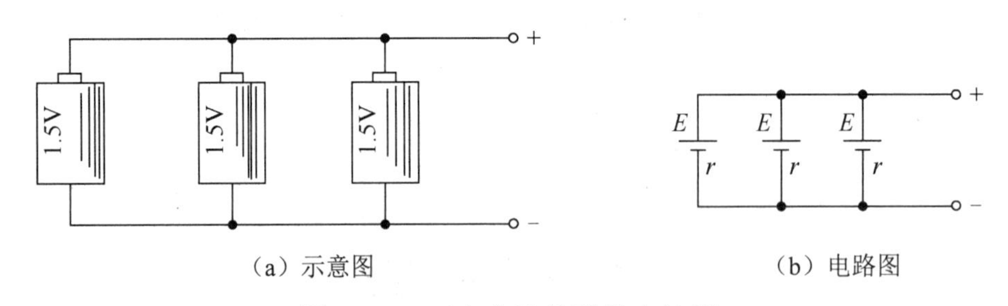

（a）示意图　　（b）电路图

图 2-4-2　三个电池并联的电池组

电池在并联时，要求各电池的电动势相等，否则电动势高的电池，将向电动势低的电池供电，即使没有接通外电路，在电池组内部也会形成一个环流。另外，并联电池的内阻应相等，不然内阻小的电池供电电流将很大。一般新旧电池不宜并联使用。

若 n 个电动势均为 E，内阻均为 r 的电池并联，则并联后的电动势 $E_{并}=E$，内阻 $r_{并}=\frac{r}{n}$，当负载电阻的阻值为 R 时，并联电池组输出的总电流为

$$I = \frac{E_{并}}{R + r_{并}} = \frac{E}{R + \frac{r}{n}}$$

使用并联电池组时的注意事项：一是电池的极性不能接反；二是电动势不同的电池绝不允许并联。

3. 电池的混联

当用电器的额定电压高于单个电池的电动势，额定电流大于单个电池的额定电流时，采用混联供电。先把几个电池串联起来满足用电器对额定电压的要求，再把这样的串联电池组并联起来，满足用电器对额定电流的要求，如图 2-4-3 所示。

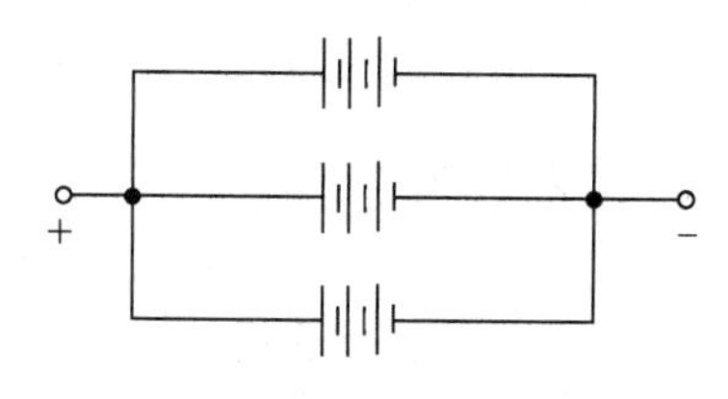

图 2-4-3　混联电池组

在图 2-4-3 所示的电池组中，每个电池的电动势和内阻分别为 E=1.5V，r=0.1Ω，外接负载电阻 R=9.9Ω，求电池组输出的电流 I。

混联电池组的电动势为

$$E_{混} = 3E = 3 \times 1.5\text{V} = 4.5\text{V}$$

混联电池组的总内阻为

$$r_{混} = \frac{3r}{3} = r = 0.1\Omega$$

混联电池组的输出电流为

$$I = \frac{E_{混}}{R + r_{混}} = \frac{4.5}{9.9 + 0.1}\text{A} = 0.45\text{A}$$

例题解析

【例 1】 当用电器的额定电压高于单个电池的电动势时，可用________联电池组供电；当用电器的额定电流比单个电池的最大允许电流大时，可采用________联电池组供电。

【解答】 串、并。

【例 2】 有 5 个相同的电池，每个电池的电动势是 1.5V，内阻是 0.1Ω，若将它们串联起来，则总电动势为________V，总内阻为________Ω；若将它们并联起来，则总电动势为________V，总内阻为________Ω。

【解答】 7.5、0.5、1.5、0.02。

【例 3】 在串联电池组中，如果误将其中一个电池的极性接反，它对总电动势和总内阻有什么影响？

【解答】 设有 n 个电池串联，若其中一个电池的极性接反，则总电动势变为 $nE-2E$，总内阻不变。

【例 4】 电动势不同的电池为什么不允许并联？

【解答】 由于内阻极小，电动势不同的电池并联将形成很大的环内电流 $I = \frac{E_1 - E_2}{r_1 + r_2}$，甚至可以在很短的时间内烧毁电池。

同步练习

一、填空题

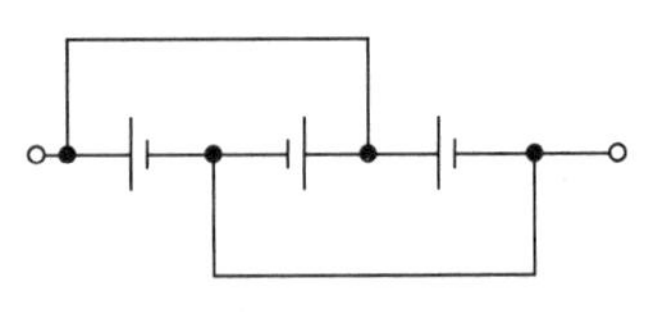
图 2-4-4　2.4 节填空题图

在图 2-4-4 中，若每个电池的电动势为 1.5V，内阻为 1.2Ω，则电池组的等效内阻为________Ω。

二、选择题

现有若干蓄电池，每个蓄电池的电动势为 2V，最大允许电流为 1.5A。若用电器的额定电压为 6V，额定电流为 2A，则应采用（　　）供电。

A. 串联　　　　B. 单个电池

C. 并联　　　　D. 混联

2.5　电路中各点电位的计算

知识授新

1. 电位分析法的意义

在直流电路中，电路中的各点电位是相对固定的，电位的变化反映了电路工作状态的变化，检测电路中各点电位是分析电路与维修电器的重要手段。要确定电路中某点电位，必须先确定零电位点（参考点），电路中的任一点对参考点的电压就是该点电位。下面通过对实例进行分析、归纳，总结出电路中各点电位的计算方法和步骤。

2. 电位的计算方法和步骤

通过具体的实例，分析和归纳电位的计算方法和步骤。

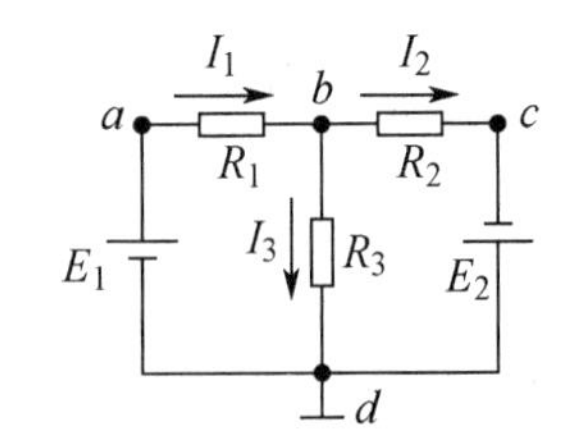

图 2-5-1　2.5 节实例图

在图 2-5-1 中，已知 V_d=0，E_1、E_2、R_1、R_2、I_1、I_2、I_3 均为已知量。试求 V_a、V_b、V_c。

解答：由于 V_d=0，U_{ad}=E_1，U_{ad}=V_a−V_d，所以

$$V_a = U_{ad} + V_d = E_1$$

$$V_b = U_{bd} = I_3R_3$$

$$V_c = U_{cd} = -E_2$$

a、b、c 三点到参考点的路径各有三条，另外两条路径的解析式为

$$V_a = I_1R_1 + I_3R_3 \quad 或 \quad V_a = I_1R_1 + I_2R_2 - E_2$$

$$V_b = -I_1R_1 + E_1 \quad 或 \quad V_b = I_2R_2 - E_2$$

$$V_c = -I_2R_2 + I_3R_3 \quad 或 \quad V_c = -I_2R_2 - I_1R_1 + E_1$$

可知，三条路径的解析式不同，但其结果完全相同。通过对上述实例进行分析，可得出

“某点电位与选择的路径无关”的结论。

可见，**电位的计算方法和步骤如下。**

（1）确定电路中的参考点，通常规定大地的电位为零。

（2）计算电路中某点 a 的电位，就是计算 a 点与参考点 p 之间的电压 U_{ap}，在 a 点与 p 点之间选择一条路径，a 点电位为**此路径上全部电压降的代数和**。

（3）列出选定路径上全部电压降代数和的方程，确定该点电位。

必须说明，电位的计算方法应用时应该注意以下两种情况。

（1）当选定的电压参考方向与电阻中的电流方向相同时，电阻上的电压为正；反之为负。

（2）当选定的电压参考方向从电源正极到负极时，电源电压为正；反之为负。

无论是电阻上的电压还是电源电压，如果绕行时电压从高到低，则电压降为正；如果电压从低到高，则电压降为负。确定电压正、负的四种情况如图 2-5-2 所示。

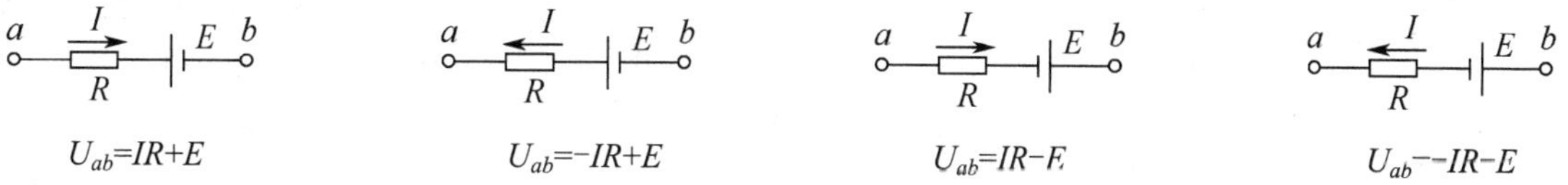

$U_{ab}=IR+E$　　$U_{ab}=-IR+E$　　$U_{ab}=IR-E$　　$U_{ab}=-IR-E$

图 2-5-2　确定电压正、负的四种情况

例题解析

【例 1】在图 2-5-3 中，已知 E_1=45V，E_2=12V，电源内阻忽略不计；R_1=5Ω，R_2=4Ω，R_3=2Ω。求 B、C、D 三点的电位 V_B、V_C、V_D。

【解答】令电路中 A 点为参考点，电流方向为顺时针方向，电流为

$$I=\frac{E_1-E_2}{R_1+R_2+R_3}=\frac{45-12}{5+4+2}=3\text{A}$$

则

$$V_B=U_{BA}=-IR_1=-15\text{V}$$

$$V_C=U_{CA}=E_1-IR_1=45-15=30\text{V}$$

$$V_D=U_{DA}=E_2+IR_2=12+12=24\text{V}$$

【例 2】求图 2-5-4（a）中 a 点的电位。

【解析】某点的电位就是该点到参考点之间的电压，将电路整理成习惯画法，如图 2-5-4（b）所示。

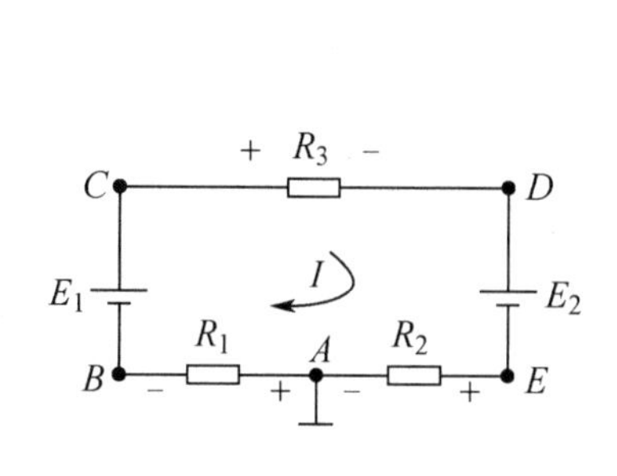

图 2-5-3　2.5 节例 1 图

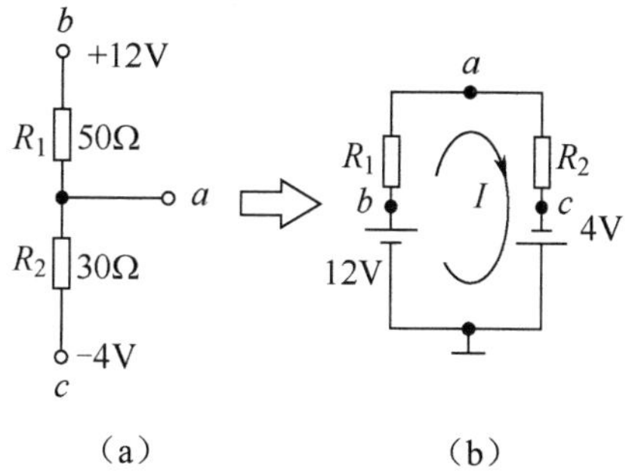

（a）　（b）

图 2-5-4　2.5 节例 2 图

【解答】$I=\dfrac{12+4}{R_1+R_2}=\dfrac{16}{80}=0.2\text{A}$，则 $V_a=IR_2-4=0.2\times30-4=2\text{V}$ 或 $V_a=-IR_1+12=-0.2\times 50+12=2\text{V}$。

【例 3】在图 2-5-5 中，已知电源电动势 E_1=18V，E_3=5V，内电阻 r_1=1Ω，r_2=1Ω，外电阻 R_1=4Ω，R_2=2Ω，R_3=6Ω，R_4=10Ω，电压表示数是 28V。求电源电动势 E_2 和 a、b、c、d 各点电位。

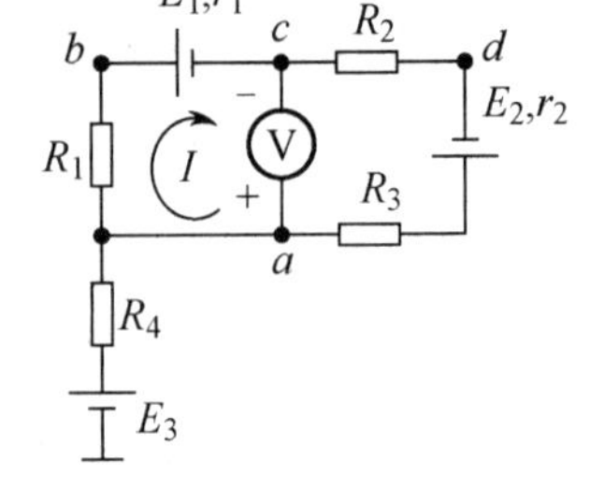

图 2-5-5　2.5 节例 3 图

【解答】设流经支路 abc 的电流为 I，沿支路 abc 计算 a、c 两点间的电压为

$$U_{ac}=R_1I+r_1I+E_1$$

则

$$I=\frac{U_{ac}-E_1}{R_1+r_1}=\frac{28-18}{4+1}=2\text{A}$$

由于电压表内阻很大，可以认为是无限大，因此电流 I 就是流经回路 $abcda$ 的电流。沿支路 adc 计算 a、c 两点间的电压为

$$U_{ac}=-(R_3+r_2+R_2)I+E_2$$

则

$$E_2=U_{ac}+(R_3+r_2+R_2)I=28+(6+1+2)\times2=46\text{V}$$

接地点为零电位，则 a、b、c、d 各点电位分别为

$$V_a=R_4I_4+E_3=10\times0+5=5\text{V}$$
$$V_b=-R_1I+V_a=-4\times2+5=-3\text{V}$$
$$V_c=-r_1I+V_b-E_1=-1\times2-3-18=-23\text{V}$$
$$V_d=-R_2I+V_c=-2\times2-23=-27\text{V}$$

也可从支路 da 取得

$$V_d=-E_2+(r_2+R_3)I+V_a=-46+(1+6)\times2+5=-27\text{V}$$

【例 4】已知 I_S=0.5A，试求图 2-5-6 电路中 a、b、c、d 各点电位及 m、n 间的电压。

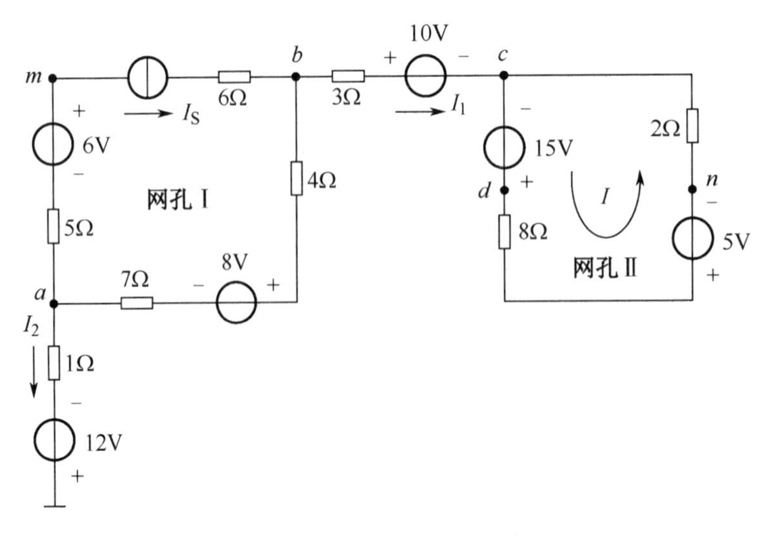

图 2-5-6　2.5 节例 4 图

【**解答**】因无电流回路，故 $I_1=I_2=0$，网孔 II 中电流 $I=\dfrac{15-5}{8+2}=1\text{A}$，网孔 I 中电流 $I_S=0.5\text{A}$，则

$$V_a=1\times 0-12=-12\text{V}$$
$$V_b=(4+7)I_S+8+V_a=1.5\text{V}$$
$$V_c=-10-3\times 0+V_b=-8.5\text{V}$$
$$V_d=15+V_c=6.5\text{V}$$
$$V_m=6-5I_S+V_a=-8.5\text{V}$$
$$V_n=2I+V_c=-6.5\text{V}$$
$$U_{mn}=V_m-V_n=-2\text{V}$$

同步练习

一、填空题

1．在图 2-5-7 中，$V_a=$________V，$V_b=$________V，$V_c=$________V，$V_d=$________V，$V_e=$________V，$V_f=$________V，$U_{ce}=$________V，$U_{df}=$________V。

2．在图 2-5-8 中，已知 $R=2\Omega$，$I=-4\text{A}$，$E=1.5\text{V}$，则 B 点电位为________V，E 的功率为________W。

3．在图 2-5-8 中，已知 $R=1\Omega$，$I=4\text{A}$，$E=1.5\text{V}$，则 B 点电位为________V，E 的功率为________W。

4．在图 2-5-9 中，已知 $R_1=2\Omega$，$R_2=3\Omega$，$E=6\text{V}$，$r=1\Omega$，若有电流 $I=0.5\text{A}$ 从 A 点流入，则 $U_{AB}=$________，$U_{AD}=$________。

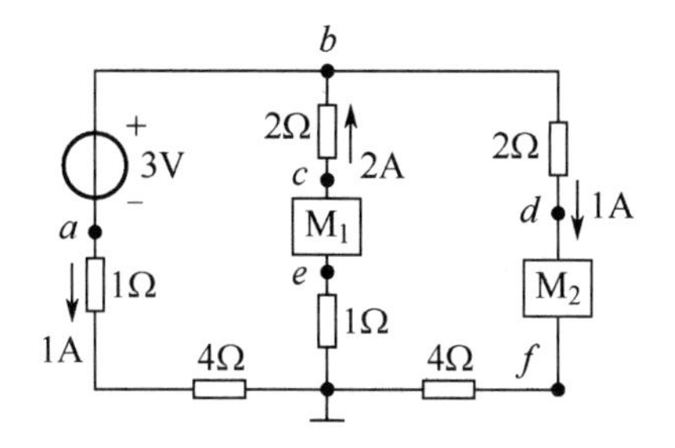

图 2-5-7　2.5 节填空题 1 图

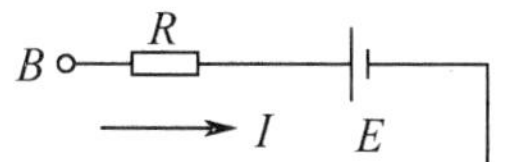

图 2-5-8　2.5 节填空题 2 图

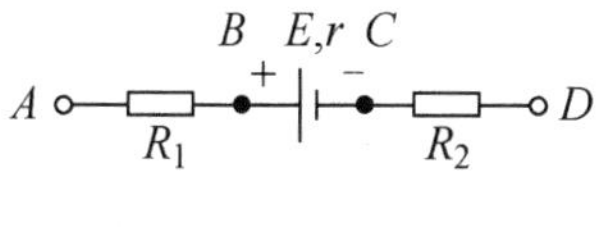

图 2-5-9　2.5 节填空题 4 图

5．在图 2-5-10 中，已知 $U_{ab}=-10\text{V}$，$I=2\text{A}$，$R=4\Omega$，则 $E=$________V。

6．在图 2-5-11 中，$U_{AB}=$________V。

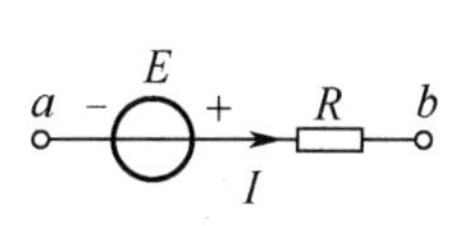

图 2-5-10　2.5 节填空题 5 图

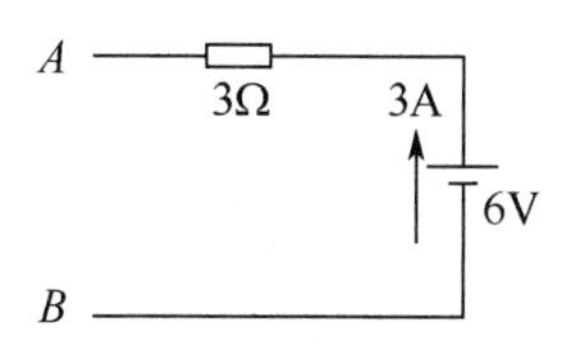

图 2-5-11　2.5 节填空题 6 图

7．在图 2-5-12 中，B 点电位为________。

8．在图 2-5-13 中，当开关 S 闭合时，V_a =________V，U_{ab} =________V；当开关 S 断开时，U_{ab} =________V。

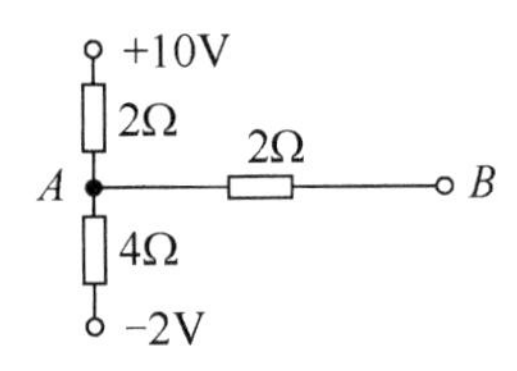

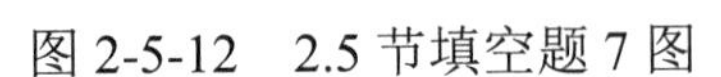
图 2-5-12　2.5 节填空题 7 图

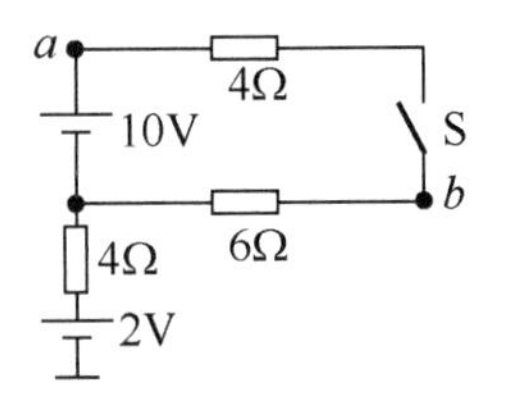

图 2-5-13　2.5 节填空题 8 图

9．在图 2-5-14 中，U_{AB}=________V。

10．在图 2-5-15 中，当开关 S 断开时，V_A=________；当开关 S 闭合时，V_A=________。

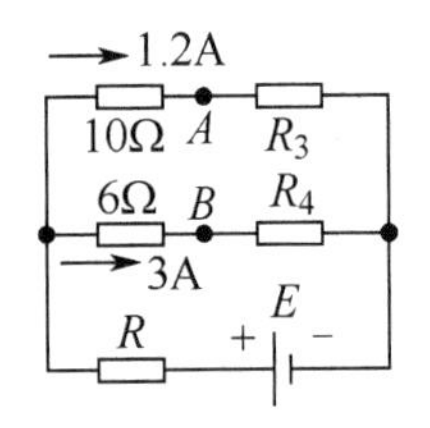

图 2-5-14　2.5 节填空题 9 图

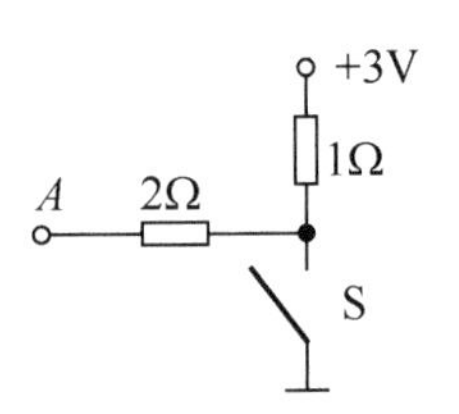

图 2-5-15　2.5 节填空题 10 图

二、单项选择题

1．在图 2-5-16 中，A、B 间电压 U=（　　）。

A．−2V　　B．−1V　　C．2V　　D．3V

2．在图 2-5-17 中，10V 电压源发出 20W 的功率，则 I、U_{ab} 应为（　　）。

A．2A、0V　　B．2A、20V　　C．−2A、0V　　D．−2A、20V

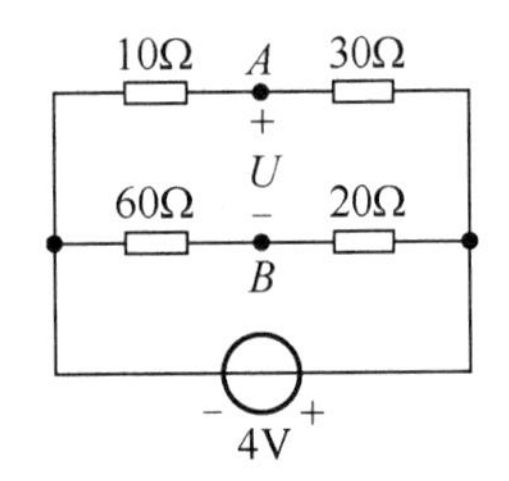

图 2-5-16　2.5 节单项选择题 1 图

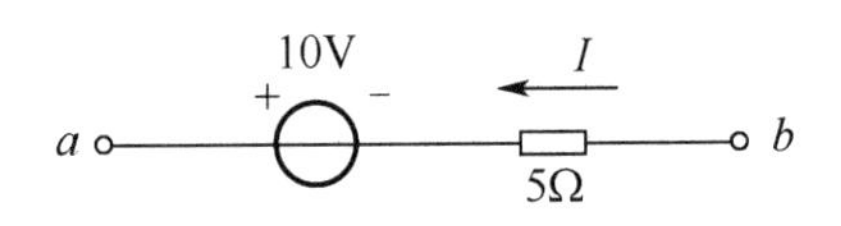

图 2-5-17　2.5 节单项选择题 2 图

3．在图 2-5-18 中，已知 E、U、R，则 I=（　　）。

A．$I=\dfrac{U-E}{R}$　　B．$I=\dfrac{E-U}{R}$　　C．$I=\dfrac{E+U}{R}$　　D．$I=-\dfrac{E+U}{R}$

4．在图 2-5-19 中，电压 U 为（　　）。

A．12 V　　B．14 V　　C．8 V　　D．6 V

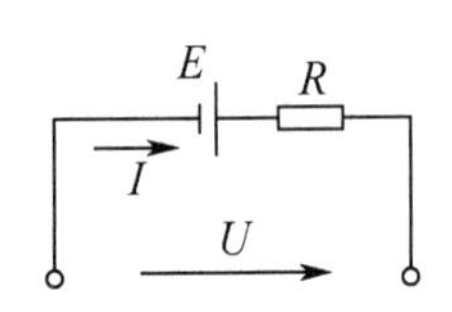

图 2-5-18　2.5 节单项选择题 3 图

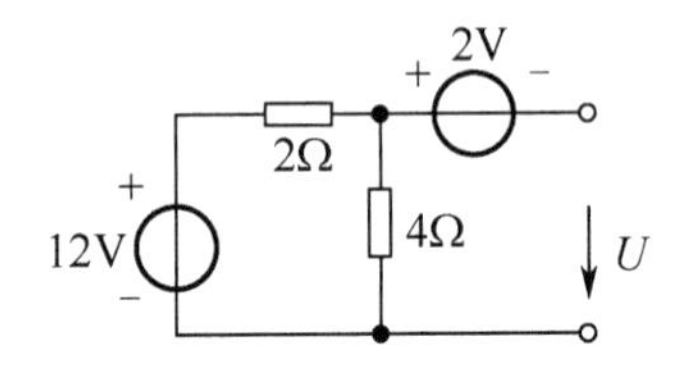

图 2-5-19　2.5 节单项选择题 4 图

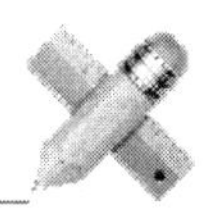

5．在图 2-5-20 中，U_{ab} 为（　　）。

A．10V　　B．2V　　C．−2V　　D．−10V

6．在图 2-5-21 中，电压 U 为（　　）。

A．−50V　　B．−10V　　C．10V　　D．50V

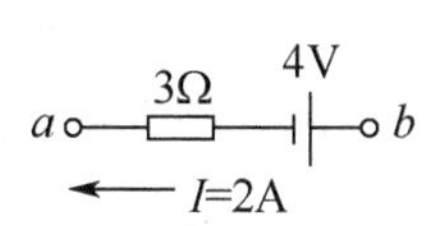

图 2-5-20　2.5 节单项选择题 5 图

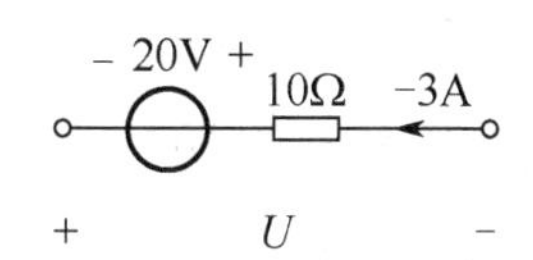

图 2-5-21　2.5 节单项选择题 6 图

三、计算题

1．在图 2-5-22 中，已知 I_S=2A，U_S=12V，R_1=R_2=4Ω，R_3=16Ω。求：

（1）开关 S 断开后的 A 点电位 V_A。

（2）开关 S 闭合后的 A 点电位 V_A。

2．在图 2-5-23 中，已知 E_1=12V，E_2=E_3=6V，内阻不计，R_1=R_2=R_3=3Ω，求 U_{ab}、U_{ac}、U_{bc}。

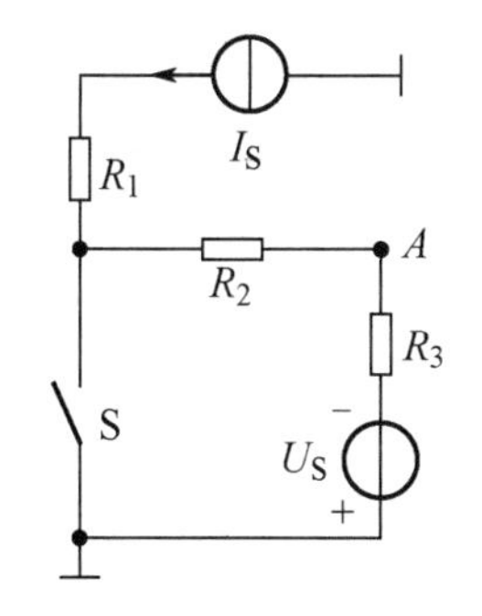

图 2-5-22　2.5 节计算题 1 图

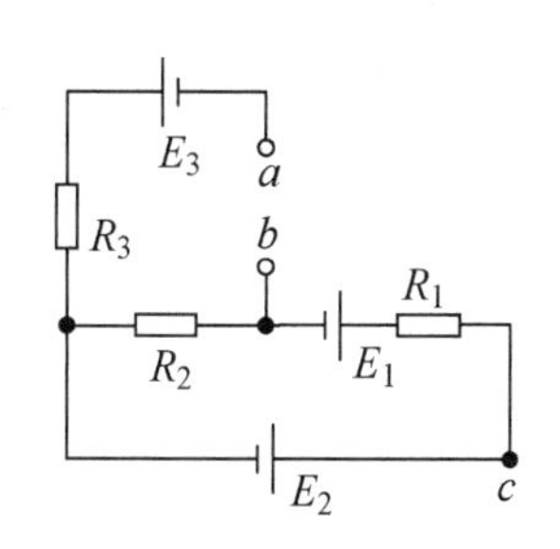

图 2-5-23　2.5 节计算题 2 图

2.6　基尔霍夫定律

验证基尔霍夫定律

知识授新

1．简单与复杂直流电路的概念

直流电路的结构形式很多，有些电路只要运用欧姆定律和电阻串、并联电路的特点及计算公式，就能对它们进行分析和计算，称为简单直流电路。然而有的直流电路（含有一个或多个直流电源）则不然，不能单纯用欧姆定律或电阻串、并联的方法化简，如图 2-6-1 所示，称为复杂直流电路。

2．复杂直流电路中的几个专业术语

（1）支路：具有两个端钮且流过同一电流的电路的每个分支。图 2-6-1 中共有 *acb*、*adb*、*aeb* 三条支路。其中，*acb*、*adb* 支路含有电源，称为有源支路；而 *aeb* 支路不含电源，称为

无源支路。

（2）节点：三条或三条以上支路的汇交点。在图 2-6-1 中，a 和 b 是节点，而 c、d、e 不是节点。

（3）回路：电路中任一闭合的路径。在图 2-6-1 中，共有 *acbda*、*acbea*、*adbea* 三条回路，只有一条回路的电路称为单回路。

（4）网孔：内部不含支路的独立回路。在图 2-6-1 中，*acbda* 和 *adbea* 回路是网孔，*acbea* 回路内含 *adb* 支路，所以不是网孔。此处必须强调，所有网孔都是回路，但回路不一定是网孔。

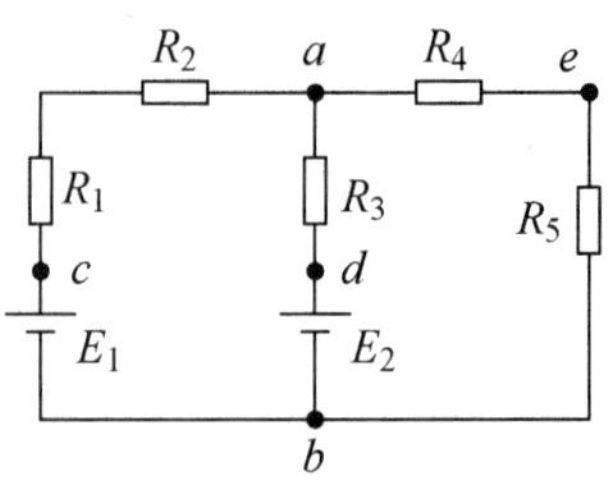

图 2-6-1　复杂直流电路

3．基尔霍夫定律分类

（1）基尔霍夫第一定律。

基尔霍夫第一定律又称节点电流定律，简称 KCL，它确定了汇集某一节点的各支路电流间的关系。其基本内容是：对电路中的任一节点，在任一时刻流入节点的电流之和恒等于该时刻流出节点的电流之和，即

$$\sum I_{入} = \sum I_{出}$$

上式称为 KCL 方程，它的根据是电流的连续性原理，也是电荷守恒的逻辑推论。

在图 2-6-2 中，任一时刻流入节点 A 的电流 I_1、I_3、I_5 之和必等于该时刻从节点 A 流出的电流 I_2、I_4 之和，即

$$I_1 + I_3 + I_5 = I_2 + I_4$$

如果规定流入节点电流为正，流出节点电流为负，则上式可改写为

$$I_1 - I_2 + I_3 - I_4 + I_5 = 0$$

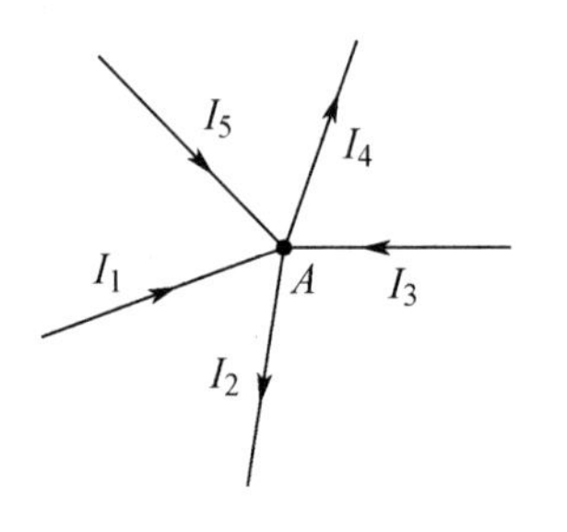

图 2-6-2　节点电流

写成一般形式为

$$\sum I = 0$$

即在任何时刻，电路中任一节点上的各支路电流代数和恒等于零，这是 KCL 的另一种表述。

KCL 应用与推广说明如下。

① KCL 规定了在电路任一节点中各支路电流必须服从的约束关系，具有普遍意义，既适用于狭义节点，又适用于广义节点。

图 2-6-3 所示为 KCL 在广义节点上的应用。

将图 2-6-3（a）中整个三极管视为一个节点（广义节点），依据 KCL，推论如下：

$$\begin{cases} \sum I_{入} = \sum I_{出} \Rightarrow I_e = I_b + I_c \\ \sum I = 0 \Rightarrow I_b + I_c - I_e = 0 \end{cases}$$

图 2-6-3（b）的两个电路（网络）之间只有一根导线相连，则这根导线中的电流 I 必然为零；一个电路中只有一处用导线接地，这根接地导线中一定没有电流。

② 应用 KCL 列写方程时，首先要设定每条支路电流的参考方向，然后依据参考方向是流入还是流出列写 KCL 方程，当某支路电流的参考方向与实际方向相同时，电流为正，否则为负。

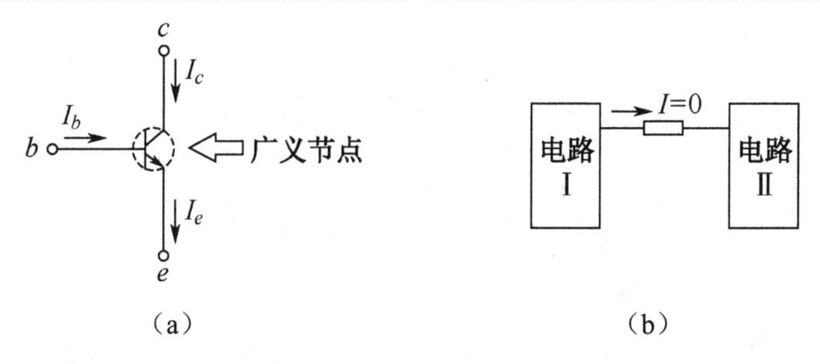

图 2-6-3　KCL 在广义节点上的应用

③ KCL 对于电路中的每个节点都适用。如果电路中有 n 个节点，则可得到 n 个方程，但只有 n–1 个方程是独立的。

（2）基尔霍夫第二定律。

基尔霍夫第二定律又称回路电压定律，简称 KVL，它反映了回路中各电压间的相互关系。其基本内容是：在任意瞬间，沿电路中任一回路绕行一周，各段电压降的代数和恒等于零，即

$$\sum U = 0$$

上式称为 KVL 方程。

KVL 规定了电路中任一回路内电压必须服从的约束关系，至于回路内是什么元件与 KVL 无关，因此，无论是线性电路还是非线性电路，无论是直流电路还是交流电路，KVL 都是适用的，在应用 KVL 列写方程时，首先要选取回路绕行方向，可按顺时针方向，也可按逆时针方向，通常选择前者；其次确定各段电压的参考方向。

图 2-6-4 所示为某复杂直流电路中的一条闭合回路，用带箭头的虚线表示绕行方向，根据 KVL，可得

$$U_{ab}+U_{bc}+U_{cd}+U_{da}=(V_a-V_b)+(V_b-V_c)+(V_c-V_d)+(V_d-V_a)=0$$

图中各段电压分别为

$$U_{ab}=E_1+I_1R_1\text{；}\ U_{bc}=I_2R_2\text{；}\ U_{cd}=-E_2-I_3R_3\text{；}\ U_{da}=-I_4R_4$$

代入 KVL 方程得

$$E_1+I_1R_1+I_2R_2-E_2-I_3R_3-I_4R_4=0$$

上式还可以写成

$$I_1R_1+I_2R_2-I_3R_3-I_4R_4=E_2-E_1 \Rightarrow \sum IR=\sum E$$

即在任一回路中，电动势的代数和恒等于各电阻上电压降的代数和，这是 KVL 的另一种表述。

列写 KVL 方程时应特别注意以下几个问题。

① 任意选定未知电流的参考方向。

② 任意选定回路的绕行方向。

③ 确定电阻上电压降的符号。当选定的绕行方向与电流参考方向相同时（电阻电压的参考方向从“+”到“−”），电阻上电压降为正；反之为负。

④ 确定电源电动势符号。当选定的绕行方向与电动势的方向相反时（从“+”到“−”），电动势为正；反之为负。

KVL 可推广用于不闭合的假想回路，将不闭合两端点间的电压列入 KVL 方程。在图 2-6-5 中，a、b 为两个端点，端电压为 U_{ab}（参考方向如图 2-6-5 所示），对假想回路沿 a、b、c、d、

a 绕行方向列写 KVL 方程：

$$U_{ab}+I_2R_2+I_3R_3+I_1R_1-E_1+E_2=0$$

经整理，可得

$$U_{ab}=-I_2R_2-I_3R_3-I_1R_1+E_1-E_2$$
$$U_{ab}=-I_1R_1-E_2+E_1-I_3R_3-I_2R_2$$

上式表明，**电路中某两点 a 与 b 之间的电压等于从 a 到 b 所经路径上全部电压降的代数和。**

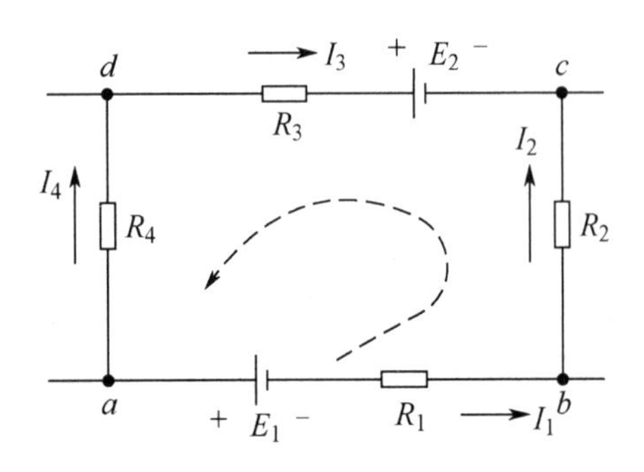

图 2-6-4　KVL

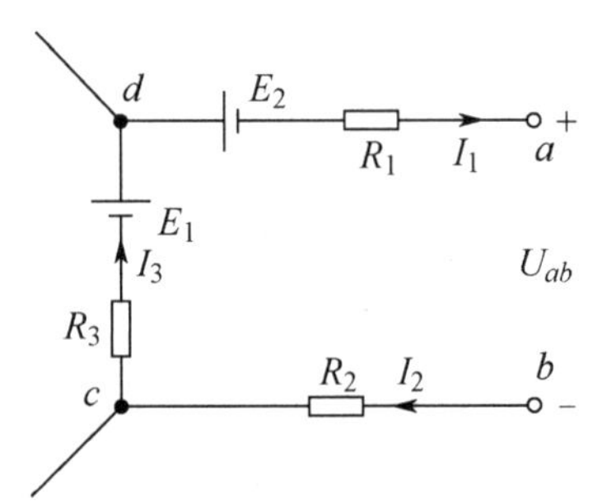

图 2-6-5　不闭合回路

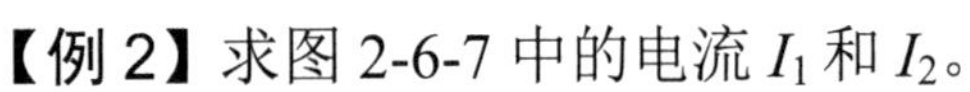

例题解析

【例 1】在图 2-6-6 中，已知 I_1=25mA，I_3=16mA，I_4=12mA，求 I_2、I_5、I_6。

【解答】对于节点 a：$I_1=I_2+I_3 \Rightarrow I_2=I_1-I_3$=9mA。对于节点 c：$I_4=I_3+I_6 \Rightarrow I_6=I_4-I_3$=−4mA。$I_6$=−4mA，说明实际电流方向为 $c \to b$。对于节点 d：$I_1=I_4+I_5 \Rightarrow I_5=I_1-I_4$=13mA。

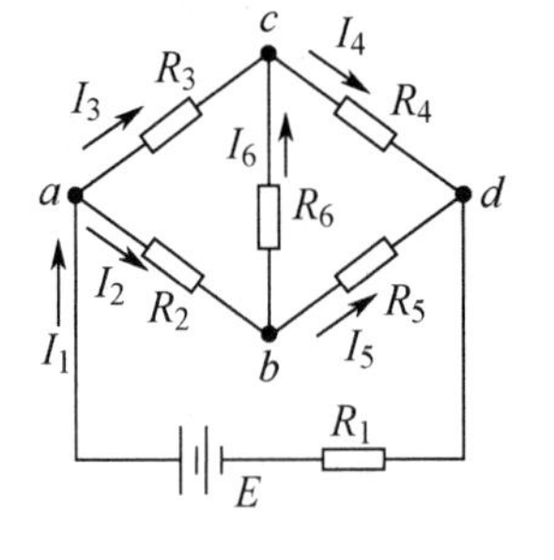

图 2-6-6　2.6 节例 1 图

【例 2】求图 2-6-7 中的电流 I_1 和 I_2。

【解答】在图 2-6-7（a）中，对于节点 a：$I_1=-3-10-5=-18\text{A}$。

对于节点 b：$I_2=5-10-2=-7\text{A}$。

在图 2-6-7（b）中，对于节点 a：$I_1=7-4=3\text{A}$。

对于节点 b：$I_2=10-I_1-(-2)=10-3-(-2)=9\text{A}$。

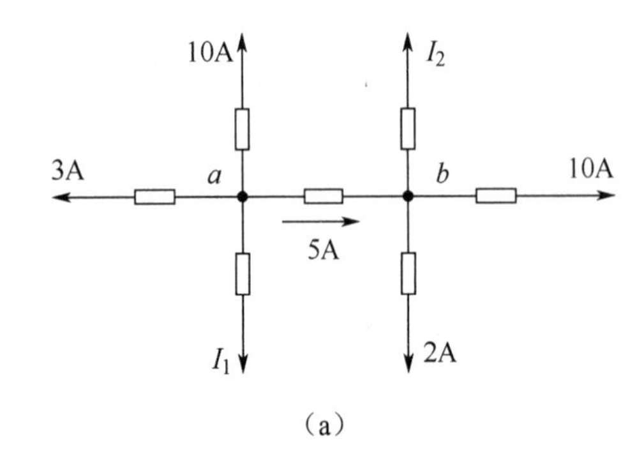

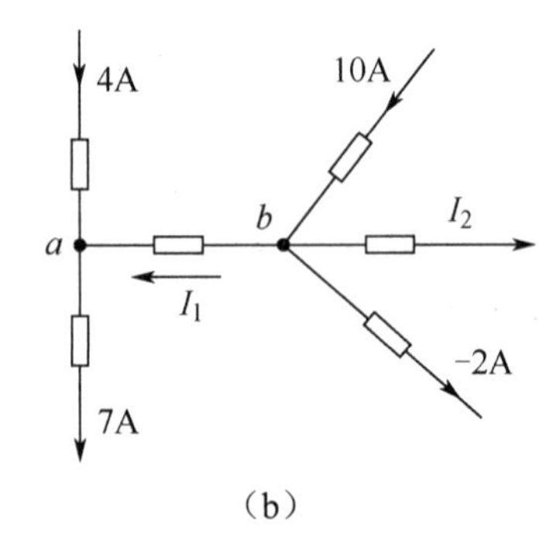

图 2-6-7　2.6 节例 2 图

【例 3】根据图 2-6-8 所示的电路，列出各网孔的 KVL 方程。

【解答】

网孔Ⅰ：$I_1R_1-I_2R_2=E_1-E_2$　　或　$I_1R_1-I_2R_2+E_2-E_1=0$。

网孔Ⅱ：$I_2R_2+U_{ab}-I_3R_3+E_3-E_2=0$　或　$I_2R_2-I_3R_3=-U_{ab}-E_3+E_2$。

网孔Ⅲ：$I_3R_3-I_4R_4+E_4-E_3=0$　　或　$I_3R_3-I_4R_4=E_3-E_4$。

【例 4】在图 2-6-9 中，已知 I=20mA，I_2=12mA，R_1=1kΩ，R_2=2kΩ，R_3=10kΩ，求电流表的示数。

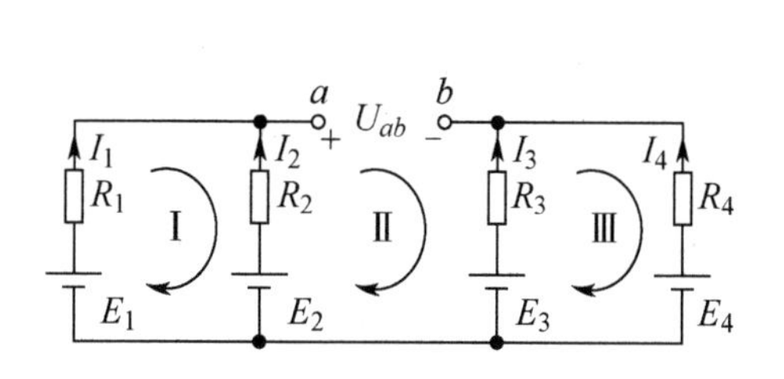

图 2-6-8　2.6 节例 3 图

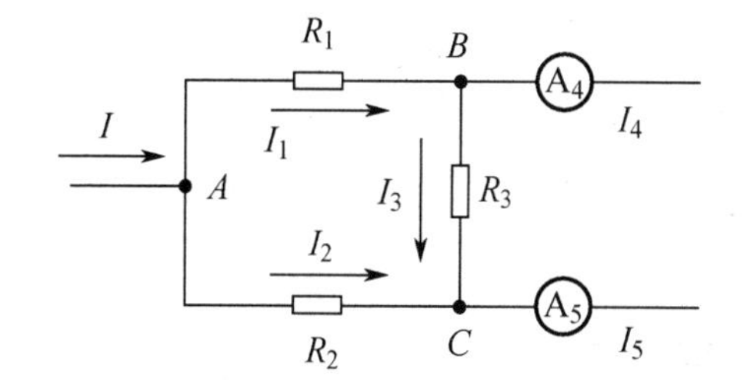

图 2-6-9　2.6 节例 4 图

【解析】列写 KCL、KVL 方程虽然也可以算出结果，但运用电压与电位的关系求解可达到事半功倍的效果。

【解答】$I_1 = I - I_2 = 20-12 = 8\text{mA}$，假设 V_A=0，则

$$V_B = V_A - I_1R_1 = 0-(8\times10^{-3}\times10^3) = -8\text{V}$$

$$V_C = V_A - I_2R_2 = 0-(12\times10^{-3}\times2\times10^3) = -24\text{V}$$

$$I_3 = \frac{U_{BC}}{R_3} = \frac{V_B - V_C}{R_3} = \frac{-8-(-24)}{10\times10^3} = 1.6\text{mA}$$

所以

$$I_4 = I_1 - I_3 = 8-1.6 = 6.4\text{mA}$$

$$I_5 = I_2 + I_3 = 12+1.6 = 13.6\text{mA}$$

▲【例 5】在图 2-6-10 中，已知 I_1=−2A，I_2=2A，I_b=−6A，I_c=1A，E_2=6V，E_4=10V，R_1=5Ω，R_2=1Ω，R_4=1Ω，求 R_3、U_{ab}、U_{bc}、U_{cd}、U_{da}。

【解答】

$$I_3 = I_2 + I_b = 2+(-6) = -4\text{A}$$

$$I_4 = I_c - I_3 = 1-(-4) = 5\text{A}$$

$$U_{ab} = E_2 + I_2R_2 = 6+2\times1 = 8\text{V}$$

$$U_{cd} = -I_4R_4 + E_4 = -(5\times1)+10 = 5\text{V}$$

$$U_{da} = -I_1R_1 = -(-2\times5) = 10\text{V}$$

$$U_{bc} = U_{R3} = -U_{ab} - U_{da} - U_{cd}$$

$$= -8-10-5 = -23\text{V}$$

$$R_3 = \frac{U_{bc}}{I_3} = \frac{-23}{-4} = 5.75\Omega$$

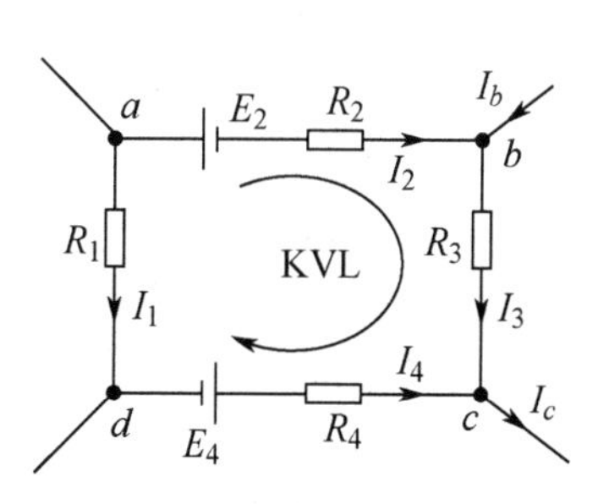

图 2-6-10　2.6 节例 5 图

同步练习

一、填空题

1．KCL 用于确定连接在同一节点上的各支路电流间的关系。由于电流的连续性，电路中任何一点（包括节点在内）均不能堆积电荷。因此，在任一瞬间，流入某节点的电流之和应该等于由该节点________的电流之和；可用方程表示为________或________。

2．KVL 用于确定回路中各段电压间的关系。如果从回路中任意一点出发，以顺时针或逆时针方向沿回路绕行一周，则在这个方向上的电位升之和应该等于电位降之和，当回到原来的出发点时，该点电位是不会发生变化的。电路中任意一点的瞬时电位具有单值性的结果，可用方程表示为________或________。

3．在图 2-6-11 中，有________条支路，________个节点，________条回路，________个网孔。

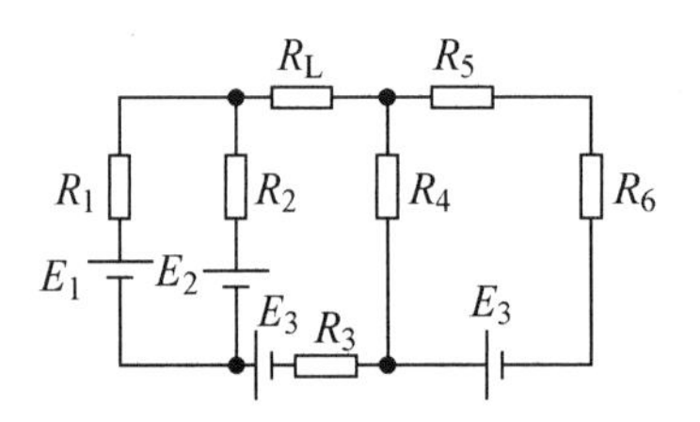

图 2-6-11　2.6 节填空题 3 图

4．在图 2-6-12 中，已知 I_1=3A，I_2=−2A，则 I_3=________A。

5．在图 2-6-13 中，I_1=________A。

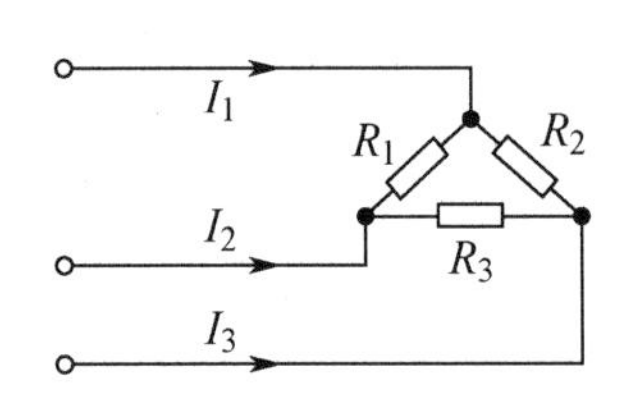

图 2-6-12　2.6 节填空题 4 图

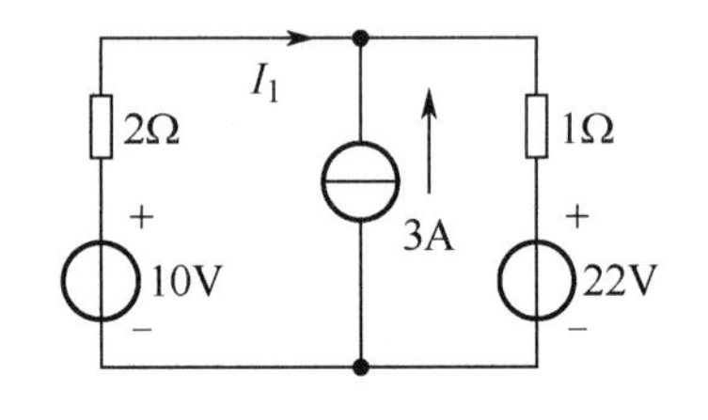

图 2-6-13　2.6 节填空题 5 图

6．在图 2-6-14 中，I_1=________A，I_2=________A。

7．在图 2-6-15 中，U_{ab}=________，U_{cd}=________，U_{an}=________。

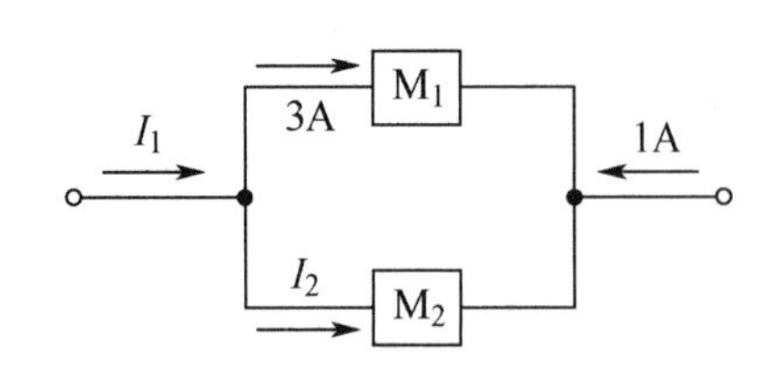

图 2-6-14　2.6 节填空题 6 图

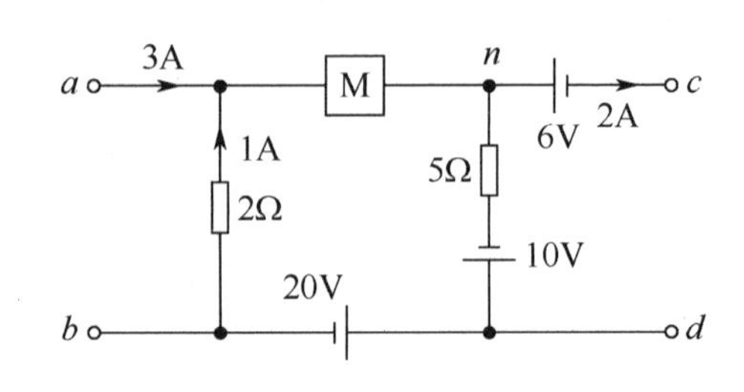

图 2-6-15　2.6 节填空题 7 图

二、单项选择题

1．在复杂直流电路中，下列说法正确的是（　　）。

A．电路中有几个节点，就可列写几个独立的 KCL 方程

B．电流总是从电源的正极流出

C．流入某封闭面的电流等于流出的电流

D．在 KVL 方程中，电阻上的电压总是为正

2．在图 2-6-16 中，Ⓐ1、Ⓐ2示数分别为 2.5mA、3.1mA，则Ⓐ3示数为（　　）。

A．5.6mA　　B．−5.6mA　　C．0.6mA　　D．−0.6mA

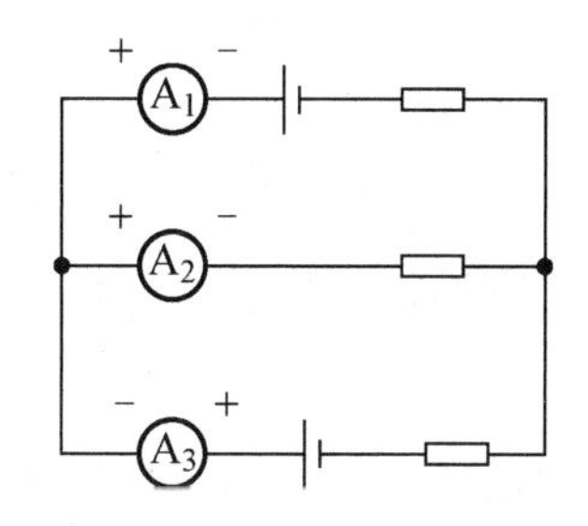

图 2-6-16　2.6 节单项选择题 2 图

三、计算题

1．图 2-6-17 所示的电路为某电路的一部分，已知 I=100mA，I_1=20mA，R_1=1kΩ，R_2=2kΩ，R_3=10kΩ，求Ⓐ1和Ⓐ2示数。

2．图 2-6-18 所示的电路是某电路的一部分，试求 I、E 和 R。

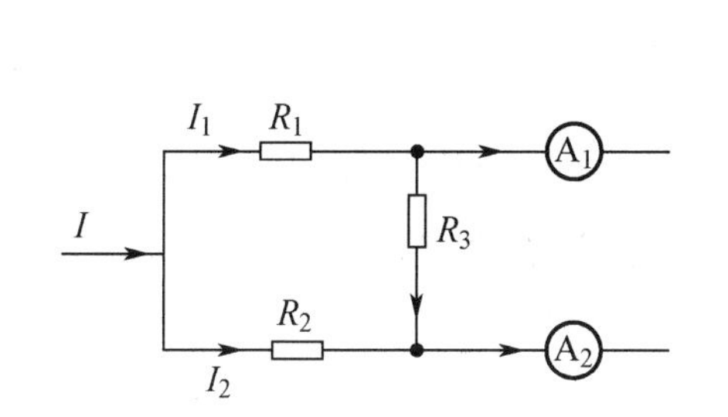

图 2-6-17　2.6 节计算题 1 图

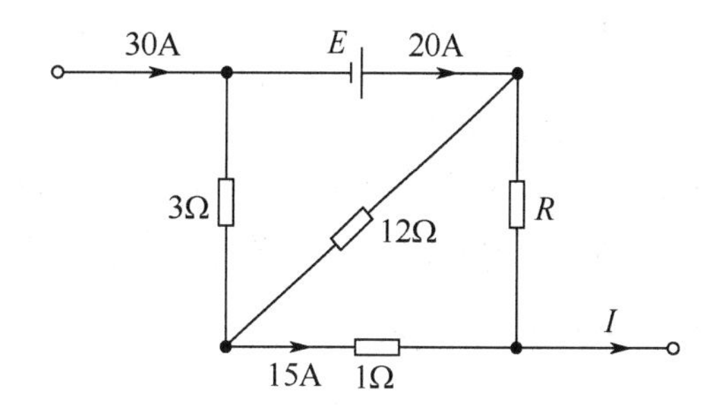

图 2-6-18　2.6 节计算题 2 图

2.7　支路电流法

知识授新

如果知道各支路的电流，那么各支路的电压、功率可以很容易地求出来，从而掌握电路的工作状态。

以支路电流为未知量，应用基尔霍夫定律列出 KCL 方程和 KVL 方程，组成方程组解出

各支路电流，从而可确定各支路（或各元件）的电压及功率，这种解决电路问题的方法叫作支路电流法，它是应用基尔霍夫定律解题的基本方法。

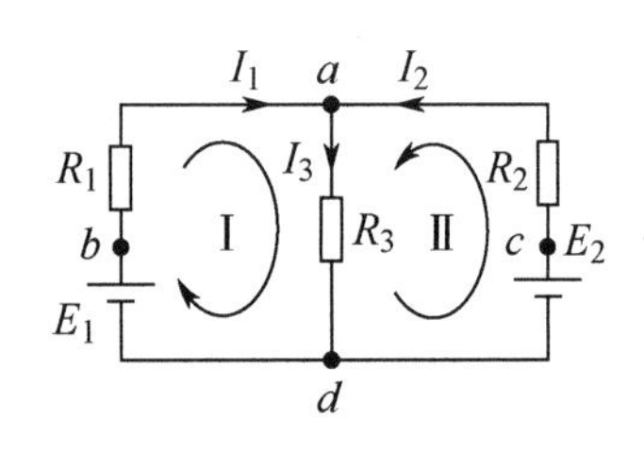

图 2-7-1　支路电流法应用实例

我们以图 2-7-1 所示的电路，说明支路电流法的具体应用。图 2-7-1 电路具有以下三个特点，即支路有 abd、aR_3d、acd 共 3 条；节点有 a、d 共 2 个；网孔有 $adba$、$adca$ 共 2 个。

（1）根据 KCL，列写 KCL 方程。

对于节点 a，其 KCL 方程为

$$I_1+I_2-I_3=0 \qquad ①$$

对于节点 b，其 KCL 方程为

$$-I_1-I_2+I_3=0 \qquad ②$$

由式①可得式②，故独立 KCL 方程只有 1 个，可选择其中的任意一个。此处必须强调的是，**独立节点数比总节点数少一个。**

（2）根据 KVL 列写独立 KVL 方程。

对于网孔Ⅰ，其独立 KVL 方程为

$$I_1R_1+I_3R_3=E_1$$

对于网孔Ⅱ，其独立 KVL 方程为

$$I_2R_2+I_3R_3=E_2$$

联立 KCL、KVL 方程组，可得

$$\begin{cases} I_1+I_2-I_3=0 \\ I_1R_1+I_3R_3=E_1 \\ I_2R_2+I_3R_3=E_2 \end{cases}$$

可以看出，三个方程组，三个未知量，运用代入消元法可求出 I_1、I_2、I_3。

【强调】对于一般电路，支路数（*b*）、网孔数（*m*）、节点数（*n*）之间的关系式为 *b*=*m*+(*n*−1)，即有 *b* 条支路，则有 *b* 个独立方程。

通过图 2-7-1 的应用实例，归纳应用支路电流法求各支路电流的步骤如下。

（1）任意标出各支路电流的参考方向和网孔的绕行方向。

（2）根据 KCL 列写独立 KCL 方程。值得注意的是，如果电路有 n 个节点，那么只有$(n-1)$个独立 KCL 方程。

（3）根据 KVL 列写独立 KVL 方程。为保证方程的独立性，一般选择网孔来列写方程（每个网孔列出的方程都包含一条新支路）。

（4）代入已知数，解联立方程组求出各支路电流。

例题解析

【例 1】在图 2-7-2 中，运用支路电流法求各支路电流。

【解答】（1）标出各支路电流的参考方向和网孔电压绕行方向，如图 2-7-2 所示。

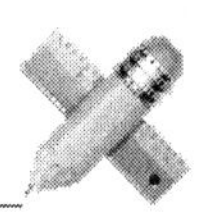

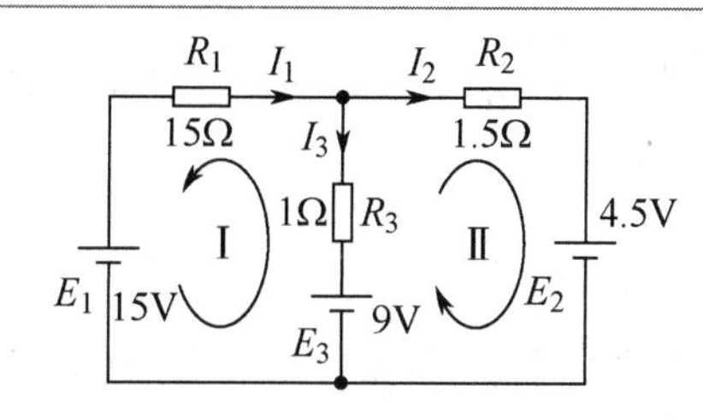

图 2-7-2　2.7 节例 1 图

（2）列写独立 KCL 方程。

$$I_1-I_2-I_3=0$$

（3）列写独立 KVL 方程。

$$-I_1R_1-I_3R_3=E_3-E_1$$

$$I_2R_2-I_3R_3=E_3-E_2$$

（4）代入数值，联立求解。

$$\begin{cases} I_1-I_2-I_3=0 \\ -I_1R_1-I_3R_3=E_3-E_1 \\ I_2R_2-I_3R_3=E_3-E_2 \end{cases} \Rightarrow \begin{cases} I_1-I_2-I_3=0 \\ -15I_1-I_3=-6 \\ 1.5I_2-I_3=4.5 \end{cases}$$

解得：I_1=0.5A；I_2=2A；I_3=−1.5A。

I_1、I_2为正，说明电流的实际方向与参考方向相同；I_3为负，说明电流的实际方向与参考方向相反。

【例 2】运用支路电流法求图 2-7-3 中的 I_1、I_2。

【解析】本电路共有 3 条支路，但未知电流仅有 2 个，所以只需要列写 2 个独立方程（①和②）和 1 个辅助方程（③）。

【解答】

$$I_1+I_2=I_3 \quad ①$$

$$-R_1I_1+R_2I_2=U_S \quad ②$$

$$I_2=3-I_1 \quad ③$$

图 2-7-3　2.7 节例 2 图

代入数值，联立求解得

$$I_1+I_2=3 \quad ①$$

$$-10I_1+30I_2=10 \quad ②$$

$$I_2=3-I_1 \quad ③$$

解得：I_1=2A；I_2=1A。

【例 3】列出图 2-7-4 中应用支路电流法求解的方程组。

【解析】本电路共有 5 条支路，但真正需要列写方程求解的未知电流只有 I_1、I_2、I_4，列写 3 个独立方程和 2 个辅助方程即可求解。

【解答】列写方程组如下，联立求解。

独立方程组$\begin{cases} I_1+I_2=I_4 \\ I_1R_1-I_2R_2=E_1-E_2 \\ I_2R_2+I_4R_4=E_2 \end{cases}$；辅助方程组$\begin{cases} I_3=\dfrac{E_2}{R_3} \\ I_5=I_2+I_3 \end{cases}$

【例 4】在图 2-7-5 中，E、R 均为已知量，各电流的参考方向均已标出，列写支路电流法所需方程。

【解析】$m=3$，$n=4$，$b=m+(n-1)=6$。

【解答】以 d 点为参考点，则独立节点为 a、b、c，列写方程组如下：

$$\begin{cases}\text{节点}a\text{：}I_1+I_5-I_2=0\\ \text{节点}b\text{：}I_2+I_3-I_4=0\\ \text{节点}c\text{：}I_4-I_5-I_6=0\\ \text{网孔 I：}I_2R_2+I_4R_4+I_5R_5=E_2\\ \text{网孔 II：}I_3R_3+I_4R_4+I_6R_6=E_3\\ \text{网孔 III：}I_1R_1-I_5R_5+I_6R_6=E_1\end{cases}\Rightarrow\begin{cases}I_1+I_5-I_2=0\\ I_2+I_3-I_4=0\\ I_4-I_5-I_6=0\\ I_2R_2+I_4R_4+I_5R_5=E_2\\ I_3R_3+I_4R_4+I_6R_6=E_3\\ I_1R_1-I_5R_5+I_6R_6=E_1\end{cases}$$

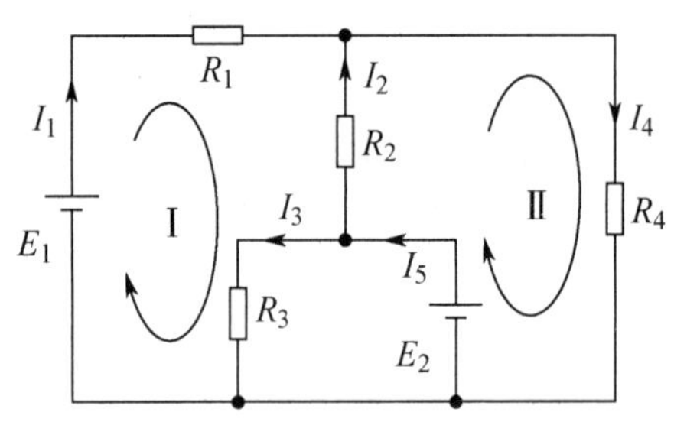

图 2-7-4　2.7 节例 3 图

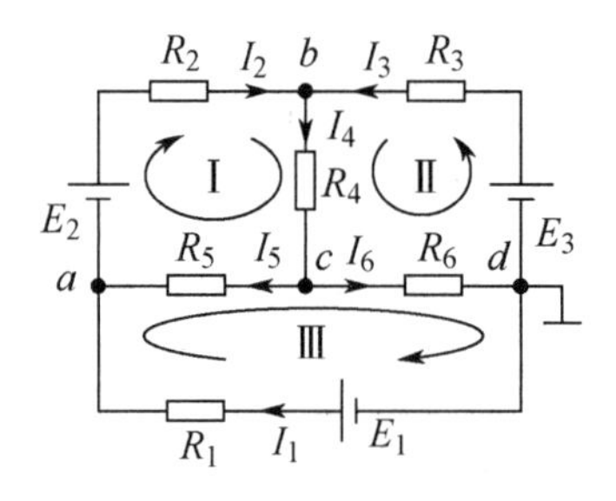

图 2-7-5　2.7 节例 4 图

同步练习

一、填空题

1．节点是指________，网孔是指________。

2．某电路有 5 条支路，3 个节点，则可列出________个独立 KCL 方程和________个独立 KVL 方程。

二、选择题

在图 2-7-6 中，采用支路电流法求解各支路电流时，应列出 KCL 方程和 KVL 方程的个数分别是（　　）。

A．1，3　　B．1，2

C．2，2　　D．2，1

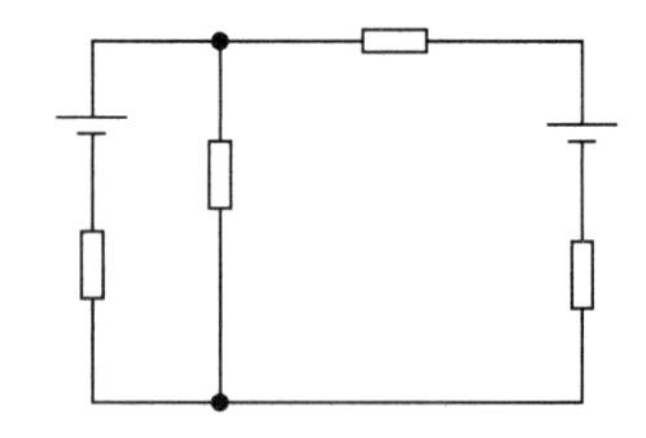

图 2-7-6　2.7 节选择题图

三、计算题

1．在图 2-7-7 中，已知 I_S=3A，E=6V，R_1=2Ω，R_2=R_3=1Ω，求 I 和 U_S 及各电源的功率。

2．在图 2-7-8 中，已知 E_1=21V，E_2=42V，R_1=3Ω，R_2=12Ω，R_3=6Ω，试用支路电流法求各支路的电流。

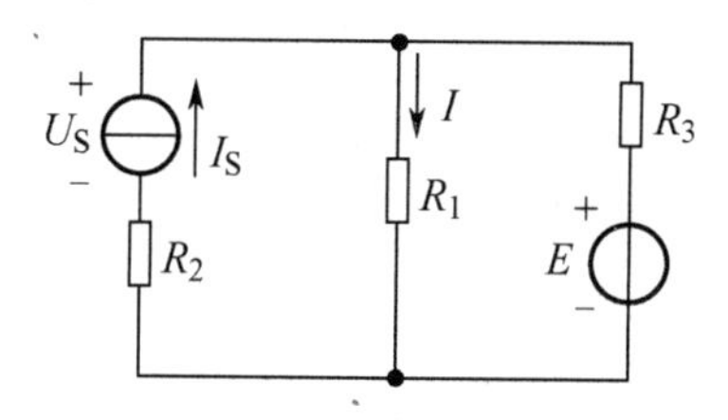

图 2-7-7　2.7 节计算题 1 图

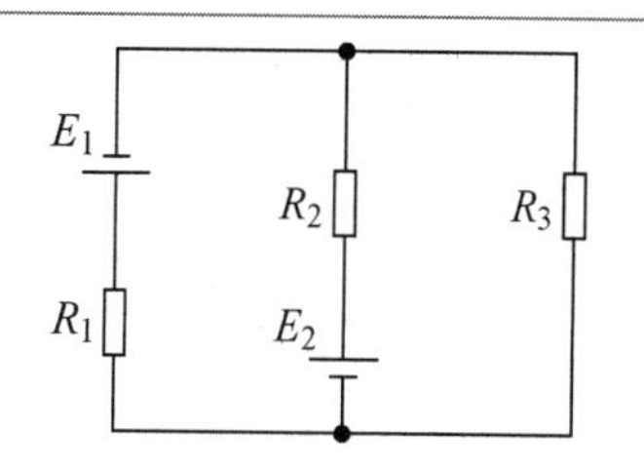

图 2-7-8　2.7 节计算题 2 图

3．在图 2-7-9 中，已知 E_1=20V，E_2=40V，电源内阻不计，R_1=4Ω，R_2=10Ω，R_3=40Ω，试用支路电流法求各支路电流。

4．在图 2-7-10 中，已知 E_1=18V，E_2=9V，R_1=R_2=1Ω，R_3=4Ω，试用支路电流法求各支路电流。

5．在图 2-7-11 中，已知 E_1=12V，R_1=6Ω，E_2=15V，R_2=3Ω，R_3=2Ω，试用支路电流法求各支路电流。

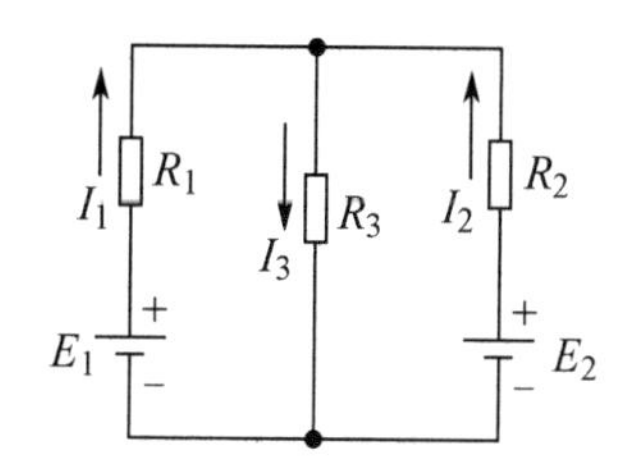

图 2-7-9　2.7 节计算题 3 图

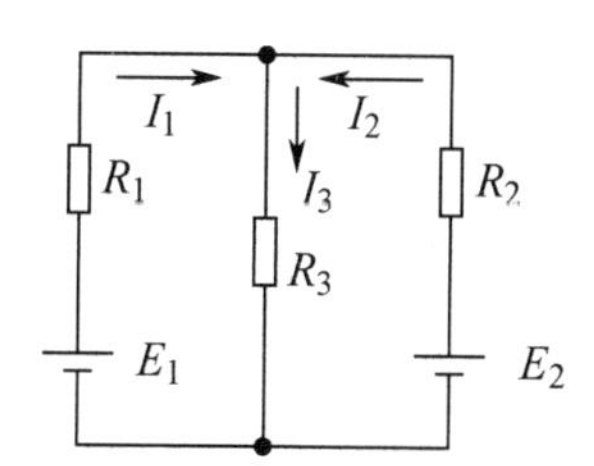

图 2-7-10　2.7 节计算题 4 图

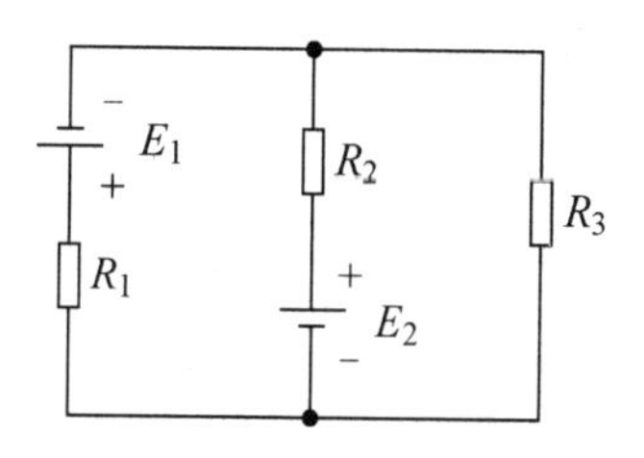

图 2-7-11　2.7 节计算题 5 图

2.8　电压源、电流源及其等效变换

验证电压源、电流源等效变换

知识授新

任何一种实际电路都必须有电源持续不断地向电路提供能量。电源有多种，如干电池、蓄电池、光电池、发电机及电子线路中的信号源等。在电路理论中，**任何一个实际电源都可以用电压源或电流源这两种电路模型来模拟，电压源与电流源等效变换是分析与计算电路各种参量的基本方法之一。**

1．电压源

任何一个实际电源，都可以用恒定电动势 E 和内阻 r 相串联的电路模型来表示，称为电压源。电压源以输出电压的形式向负载供电，其输出电压的大小为

$$U = E - Ir$$

电压源分为理想电压源和实际电压源两种。

所谓理想电压源，是指电压源的内阻 r=0，输出电压 $U = E - Ir = E$，与输出电流无关。理想电压源的外特性如图 2-8-1（a）所示。

所谓实际电压源，是指电压源的内阻 r≠0，输出电压 $U = E - Ir$，与输出电流有关。实际

电压源的外特性如图 2-8-1（b）所示。

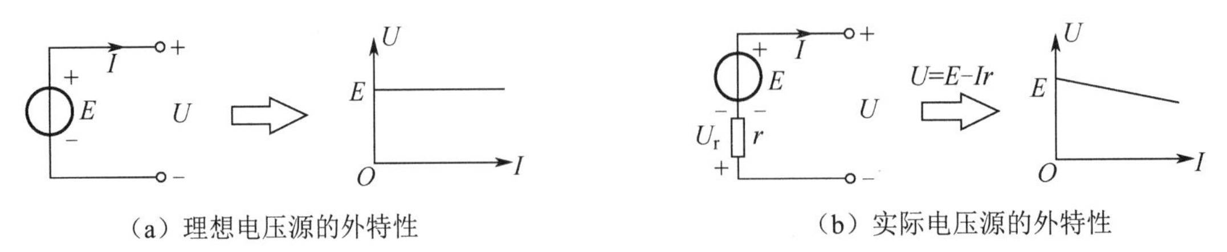

图 2-8-1　电压源的外特性

定义理想电压源是有重要理论价值和实际意义的，但理想电压源在实际中是不存在的，因为任何电源都存在内阻。实际电压源的内阻越小，就越接近理想电压源。在通常情况下，性能良好的干电池、蓄电池、直流发电机都可以看作理想电压源。当实际电压源开路时，其端电压等于理想电压源的电压，即 $U=E$；当实际电压源短路时，其端电压 $U=0$，而实际电压源的内阻一般较小，所以短路电流会很大，严重时会烧坏电源，所以实际电压源绝不能在短路状态下工作。

2. 电流源

任何一个实际电源，都可以用恒定输出电流 I_S 和内阻 r 相并联的电路模型来表示，称为电流源。电流源以输出电流的形式向负载供电，其输出电流的大小为

$$I = I_S - \frac{U}{r}$$

同电压源相对应，电流源也分为理想电流源和实际电流源两种。

所谓理想电流源，是指电流源的内阻 $r=\infty$，输出电流 $I = I_S$，与端电压无关，即不因与其相连的外电路的不同而变化。理想电流源的端电压不是固定的，其大小由与之相连的外电路决定。理想电流源的外特性如图 2-8-2（a）所示。

所谓实际电流源，是指电流源的内阻 $r\neq\infty$，输出电流与端电压和外电路有关，实际电流源的外特性如图 2-8-2（b）所示，其输出电流为

$$I = I_S - \frac{U}{r}$$

式中，I_S——电流源的定值电流；

$\frac{U}{r}$——内阻上的电流；

I——电流源的输出电流。

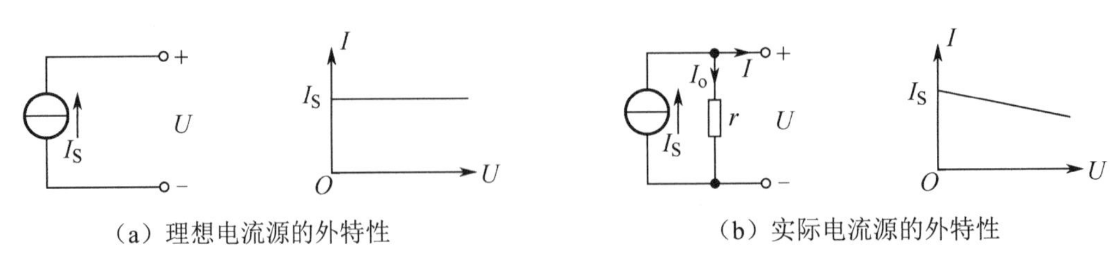

图 2-8-2　电流源的外特性（负载端未画出）

当然，理想电流源也是不存在的。但是，一些实际电流源在一定条件下，可近似用理想电流源代替。当实际电流源短路时，端电压 $U=0$，输出电流 I 最大，等于理想电流源的电流，

即 $I=I_S$；当实际电流源开路时，输出电流 $I=0$，I_S 全部通过内阻，在这种情况下，内部损耗较大，故实际电流源不能工作在开路状态。

在对电压源、电流源进行分析和应用时，必须清楚以下几点。

① 无论是理想电压源还是实际电压源，都不允许短路。

② 无论是理想电流源还是实际电流源，都不允许开路。

③ 理想电压源与理想电流源都是理想电源模型，在现实生活中并不存在。

3. 理想电源的串联与并联

对于要求有较高电压或较大电流的负载，需要将几个电源以串联或并联的形式供电，来满足负载对电源的要求。这种多个电源供电的电路，可利用等效的概念进行化简，使电路仅含一个电源，从而简化电路的分析与计算。

（1）理想电压源的串联。

多个理想电压源串联，可用一个等效电压源替代，等效电压源的端电压等于相串联理想电压源端电压的代数和，合并后电动势的方向与合并前电动势大的方向相同。

在图 2-8-3（a）中，U_1 与 U_2 方向相同，称 U_1、U_2 顺串，等效电压源的电压为

$$U=U_1+U_2 \quad 或 \quad E=E_1+E_2$$

合并后的电动势方向与 U_1、U_2 方向相同。

在图 2-8-3（b）中，U_1 与 U_2 方向相反且 $U_1>U_2$，称 U_1、U_2 反串，等效电压源的电压为

$$U=U_1-U_2 \quad 或 \quad E=E_1-E_2$$

合并后的电动势方向与 U_1 方向相同。

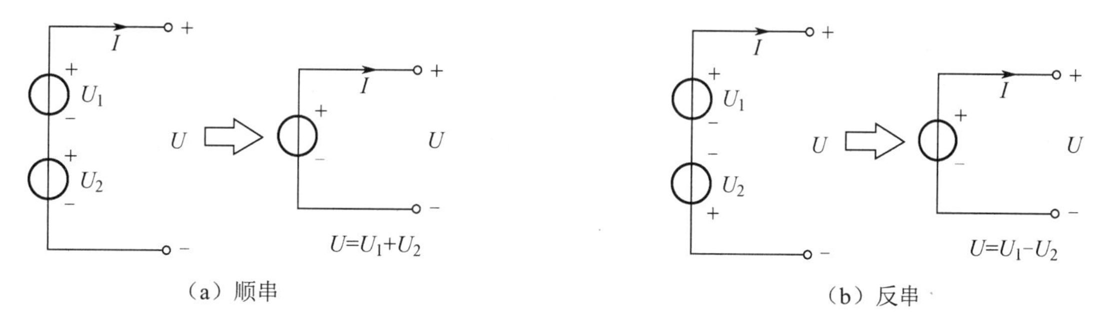

图 2-8-3　理想电压源的串联

（2）理想电压源的并联。

只有电压大小相等，方向相同的理想电压源才允许并联，并联后的等效电压源的电压等于原来一个电压源的电压。电压不同的理想电压源不能并联，否则电压源会因电流过大而烧毁。

（3）理想电流源的并联（负载端未画出）。

多个理想电流源的并联，可用一个等效电流源替代，等效电流源的电流等于相并联理想电流源电流的代数和，合并后电流的方向与合并前电流大的方向相同。

在图 2-8-4（a）中，I_{S1} 与 I_{S2} 方向相同，称 I_{S1}、I_{S2} 顺并，等效电流源的电流为

$$I_S=I_{S1}+I_{S2}$$

合并后的电流方向与 I_{S1}、I_{S2} 方向相同。

在图 2-8-4（b）中，I_{S1} 与 I_{S2} 方向相反且 $I_{S1} > I_{S2}$，称 I_{S1}、I_{S2} 反并，等效电流源的电流为

$$I_S = I_{S1} - I_{S2}$$

合并后的电流方向与 I_{S1} 方向相同。

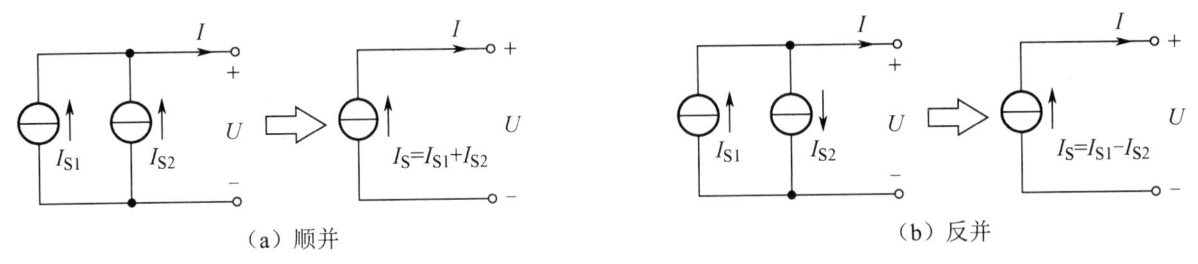

图 2-8-4　理想电流源的并联

（4）理想电流源的串联。

只有电流大小相等，方向相同的理想电流源才允许串联，串联后的等效电流源的电流等于原来一个电流源的电流。电流不同的理想电流源不能串联。

（5）任意电路元件（包括理想电流源）与理想电压源并联。

由于理想电压源输出的电压是定值，所以与理想电压源并联的电路电压将受电压源的约束。因而，整个并联电路组合对外等效仍为一个理想电压源。这样，在分析电路时可以把与理想电压源并联的任意元件或电路用开路线置换或取走，对外电路没有影响，如图 2-8-5 所示。必须强调的是，图 2-8-5（b）中电压源流出的电流 I 不等于图 2-8-5（a）中电压源流出的电流 I'。所以，等效仅对外电路而言，对内电路并不等效。

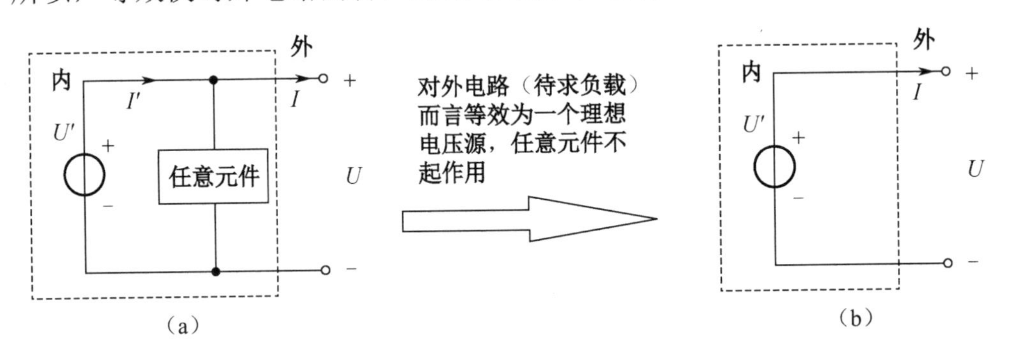

图 2-8-5　任意电路元件与理想电压源并联

（6）任意电路元件（包括理想电压源）与理想电流源串联。

由于理想电流源输出的电流是定值，所以与理想电流源串联的电路输出电流将受电流源的约束。因而，整个串联电路组合对外等效仍为一个理想电流源。这样，在分析电路时可以把与理想电流源串联的任意元件或电路用短路线置换，对外电路没有影响，如图 2-8-6 所示。必须强调的是，图 2-8-6（b）中电流源的端电压 U 不等于图 2-8-6（a）中电流源的端电压 U'。所以，等效仍对外电路而言，对内电路并不等效。

4. 电压源与电流源的等效变换

对于同一个电源，既可以用电压源表示，又可以用电流源表示，而且二者之间可以等效变换。电压源与电流源的等效只对外电路（待求负载）等效，即把它们分别接入相同的负载

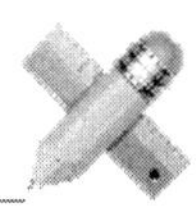

电阻电路时，两个电源的输出电压和输出电流均相等，如图 2-8-7 所示。应用两种电源的等效变换，可以简化某些电路的计算。

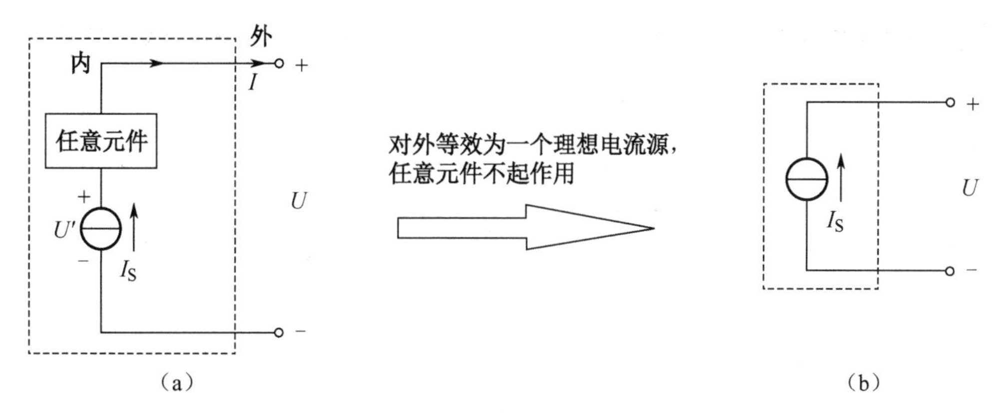

图 2-8-6　任意电路元件与理想电流源串联

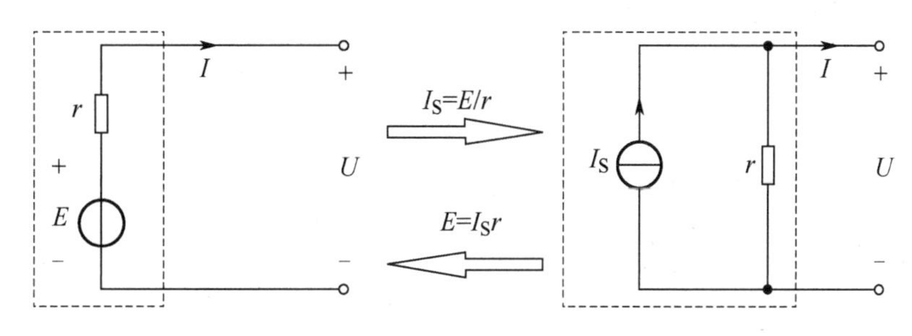

图 2-8-7　电压源与电流源的等效变换

电压源等效变换为电流源：$I_S=\dfrac{E}{r}$，r 不变，由串联改为并联；电流源等效变换为电压源：$E=I_S r$，r 不变，由并联改为串联。

电压源与电流源等效变换时必须注意以下几点。

① 电压源与电流源的等效变换只对外电路而言，对内电路不等效。

② 由于理想电压源的内阻定义为零，理想电流源的内阻定义为无穷大，因此二者之间不能进行等效变换。

③ 电源等效的方法可以推广应用，如果理想电压源与外接电阻串联，则可把外接电阻看作电源内阻，变换为电流源形式；如果理想电流源与外接电阻并联，则可把外接电阻看作电源内阻，变换为电压源形式。电源等效在推广应用中要特别注意等效端子。

④ 等效变换时，E 与 I_S 的方向相同，即电压源的正极与电流源输出电流的一端相对应。

例题解析

【例 1】利用电压源与电流源等效变换的方法对图 2-8-8 所示的电路进行等效。

【解析】方法 1：依教材所述按部就班可得图 2-8-8（a）所示的等效电路。

方法 2：应用开路电压法或短路电流法可快速求出相应等效电路。

开路电压法，在 *a*、*b* 开路时，从 *a* 点绕行到 *b* 点所经（避开电流源）路径上全部电压降的代数和为等效电压源的电压，端内所有电源置零（电压源短路，电流源开路）时的入端电阻就是等效电压源串联的内阻 *r*。

短路电流法，将 ***a***、***b*** 短路，短路电流 I_{SC} 为等效电流源的电流 I_S（方向与形成 I_{SC} 的方向相同），端内所有电源置零时的入端电阻为与等效电流源并联的内阻 ***r***。

【解答】在图 2-8-8（b）中，$I_{SC}=\dfrac{E_1}{R_1}-\dfrac{E_2}{R_2}=5-2=3\text{A}$，方向为 $a\to b$，故等效电流源 I_S=3A，方向为 $b\to a$，入端电阻 $r=R=R_1 /\!/ R_2=\dfrac{10}{7}\Omega$。

在图 2-8-8（c）中，I_{S1} 流经 R_1，形成上正下负的 9V 压降，I_{S2} 流经 R_2，形成上负下正的 10V 压降，故电压源 $U=U_{ab}=9-10=-1\text{V}$，方向为 $a\to b$，入端电阻 $r=R=R_1+R_2=5\Omega$。

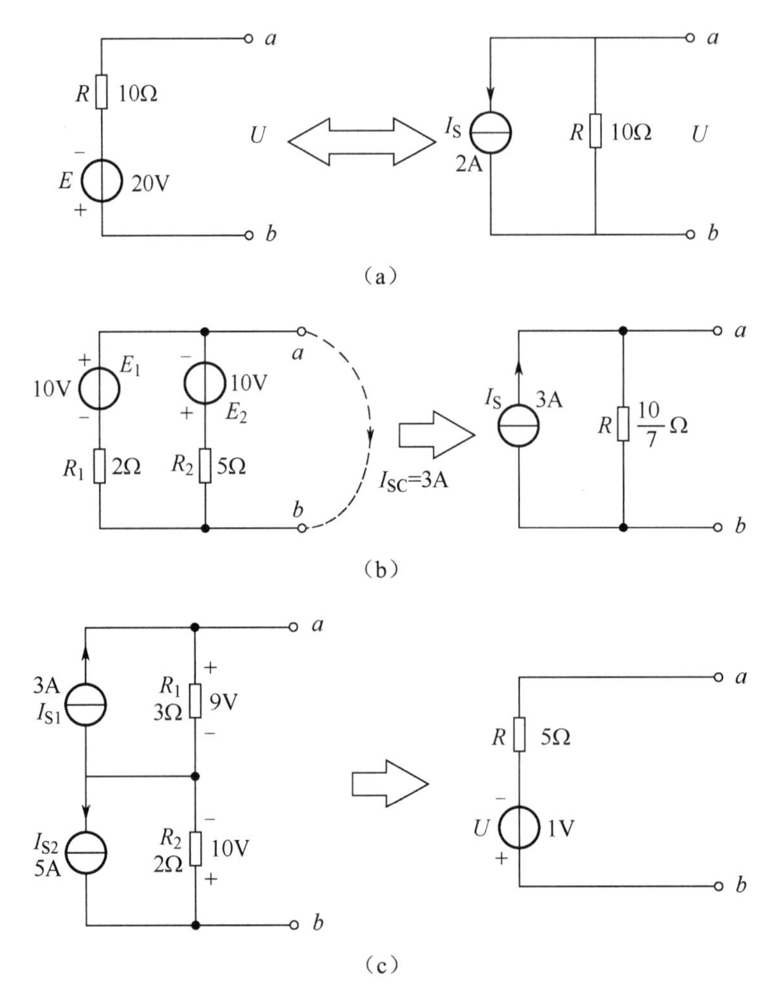

图 2-8-8　2.8 节例 1 图

【例 2】运用电压源与电流源等效变换的方法求图 2-8-9 中 a、b 两点间的等效电路。

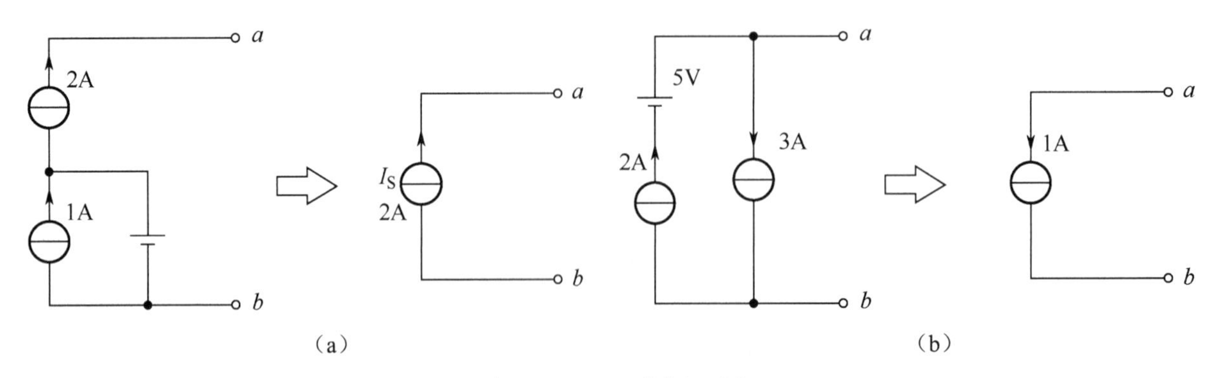

图 2-8-9　2.8 节例 2 图

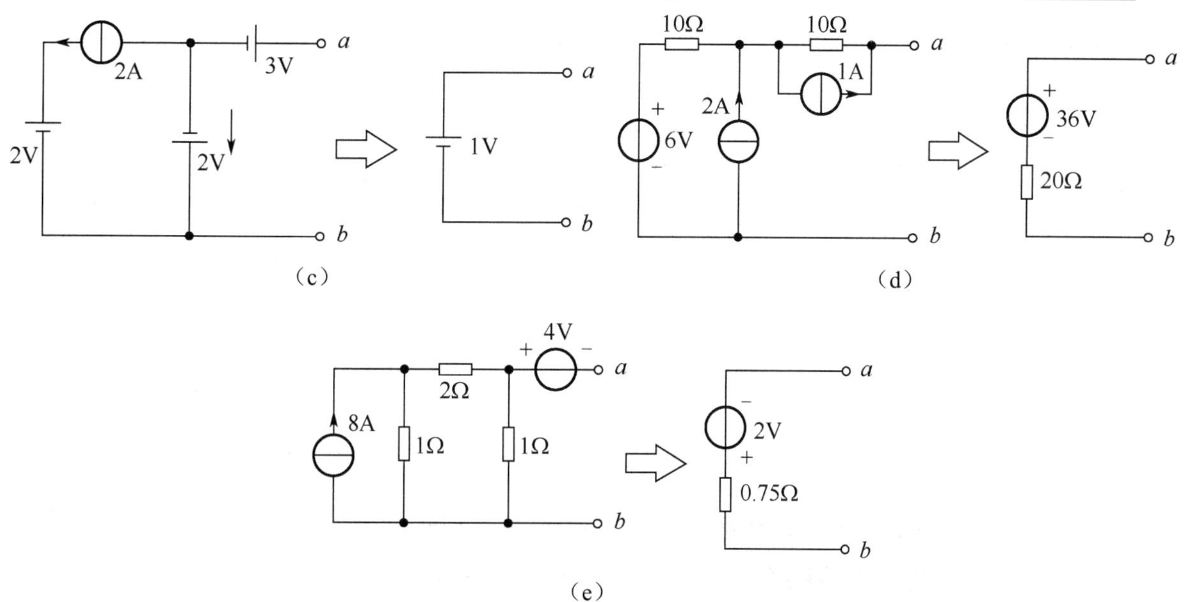

图 2-8-9　2.8 节例 2 图（续）

【解答】方法步骤同例 1，过程略。

【例 3】在图 2-8-10 中，已知电压源电压 U=6V，内阻 r=0.2Ω，当接上 R_L=5.8Ω 负载时，分别用电压源模型和电流源模型计算负载吸收的功率和内阻吸收的功率。

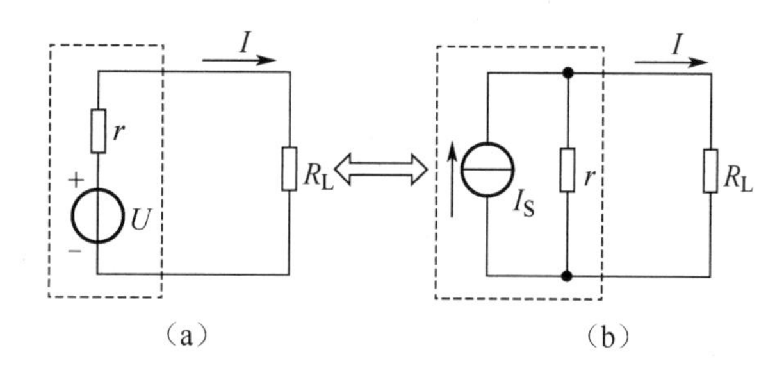

图 2-8-10　2.8 节例 3 图

【解答】（1）用电压源模型计算。

负载中的电流为

$$I=\frac{U}{r+R_L}=\frac{6}{0.2+5.8}=1\text{A}$$

负载吸收的功率 $P_L=I^2R_L=1^2\times5.8=5.8$ W，内阻吸收的功率 $P_r=I^2r=1^2\times0.2=0.2$ W。

（2）用电流源模型计算。

电流源的电流 $I_S=\frac{U}{r}=\frac{6\text{V}}{0.2\Omega}=30$ A，内阻 r=0.2Ω，则负载中的电流为

$$I=I_S\frac{r}{r+R_L}=30\frac{0.2}{0.2+5.8}=1\text{A}$$

负载吸收的功率 $P_L=I^2R_L=1^2\times5.8=5.8$ W，内阻中的电流为

$$I_r=I_S-I=30-1=29\text{A}$$

内阻吸收的功率 $P_r=I^2r=29^2\times0.2=168.2$ W。

可见，两种计算方法对负载都是等效的，对电源内部则不等效。

【例 4】在图 2-8-11（a）中，已知 E_1=12V，E_2=24V，R_1=R_2=20kΩ，R_3=50kΩ，试求流过 R_3 的电流 I_3。

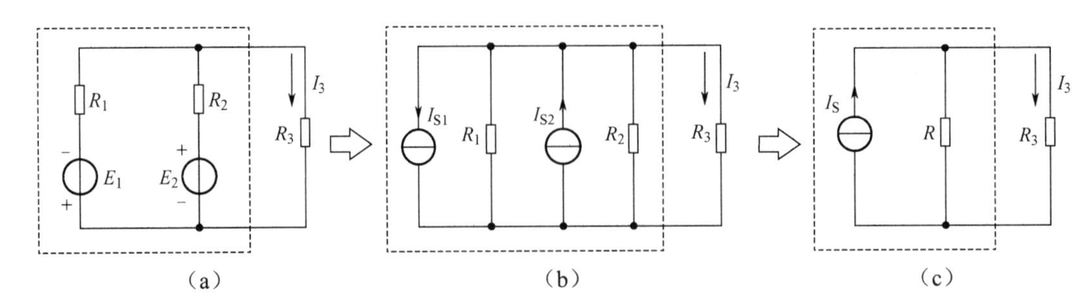

图 2-8-11　2.8 节例 4 图

【解析】待求即负载，也就是外电路，其余皆视为参与等效变换的内电路，在变换过程中，切记负载不得参与变换，必须保留至最后。过程如图 2-8-11（b）、图 2-8-11（c）所示。

【解答】

$$I_{S1}=\frac{E_1}{R_1}=\frac{12}{20}=0.6\text{mA}\text{；}\quad I_{S2}=\frac{E_2}{R_2}=\frac{24}{20}=1.2\text{mA}$$

$$I_S=I_{S2}-I_{S1}=1.2-0.6=0.6\text{mA}\text{；}\quad R=R_1//R_2=20//20=10\text{k}\Omega$$

$$I_3=I_S\frac{R}{R_3+R}=0.6\times\frac{10}{60}=0.1\text{mA}$$

同步练习

一、填空题

1．理想电压源的内阻是________，理想电流源的内阻是________。

2．通过理想电压源的电流的实际方向与其端电压的实际方向相同时，该理想电压源________功率。

3．电压源与电流源等效变换，只对________电路等效，对________电路不等效。

4．理想电压源端电压与流过电压源的电流________。

5．流过理想电流源的电流与电流源端电压________。

6．实际电压源的开路电压为 U_S，当外接负载 R_L 时，测得端口电流为 I，则其内阻为________Ω。

7．一个电源与负载相连，若电源内阻比负载电阻大得多，则这个电源可近似看作理想________。

8．通常使用的电源多为电压源，为了保证电源的安全使用，电压源不允许________，而电流源则不允许________。

二、单项选择题

1．一个电流源，其参数为 I_S、r，当它处于开路状态时，其端电压为（　　）。

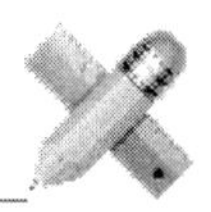

A．U　　B．$U-I_Sr$　　C．I_Sr　　D．0

2．某电源的电动势为 12V，内阻为 0.2Ω，外接 10Ω 负载电阻时，将该电源等效为一理想电流源和电阻并联的形式，则理想电流源的电流为（　　）。

A．1.2A　　B．1.18A　　C．60A　　D．61.2A

3．某有源二端网络，测得开路电压为 6V，短路电流为 2A，则等效电压源 U_S 及 R_S 为（　　）。

A．3V，3Ω　　B．6V，3Ω　　C．6V，2Ω　　D．3V，2Ω

4．理想电流源的外接电阻逐渐增大，则它的端电压（　　）。

A．逐渐升高　　B．逐渐降低

C．先升高再降低　　D．恒定不变

5．已知一电压源的电动势为 12V，内阻为 2Ω，等效为电流源时，其电流和内阻应为（　　）。

A．6A，3Ω　　B．3A，2Ω　　C．6A，2Ω　　D．3A，3Ω

6．图 2-8-12 中标示了电压源、电流源的实际方向，当 R_1 增大时，（　　）。

A．I_2 增大，I_3 减小，I_4 增大　　B．I_2 减小，I_3 增大，I_4 不变

C．I_2 不变，I_3 不变，I_4 减小　　D．I_2 不变，I_3 不变，I_4 不变

7．在图 2-8-13 中，通过电压源的电流为（　　）。

A．4A　　B．6A　　C．0A　　D．−2A

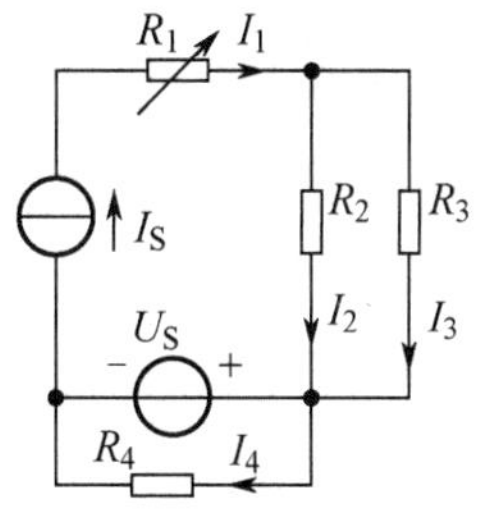

图 2-8-12　2.8 节单项选择题 6 图

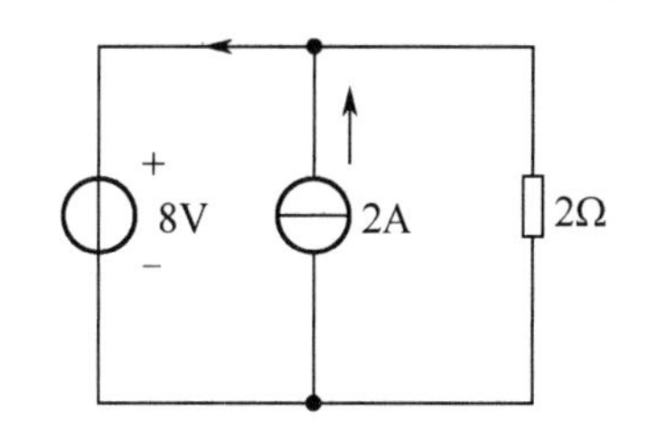

图 2-8-13　2.8 节单项选择题 7 图

8．在图 2-8-14 中，已知电压表与电流表的示数为正值，若电阻不变，只将电源 U_S 减小，则（　　）。

A．电压表与电流表的示数均减小

B．电压表示数减小，电流表示数不变

C．电压表示数不变，电流表示数减小

D．电压表与电流表示数均不变

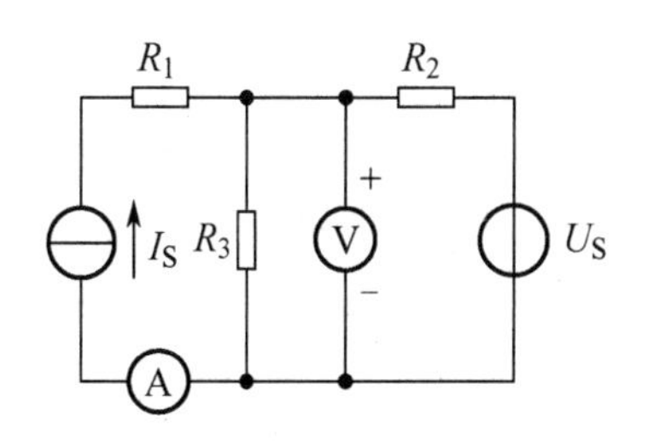

图 2-8-14　2.8 节单项选择题 8 图

三、计算题

1．在图 2-8-15 中，图（b）是图（a）的等效电路，试用电源等效变换法求 E 及 R_0。

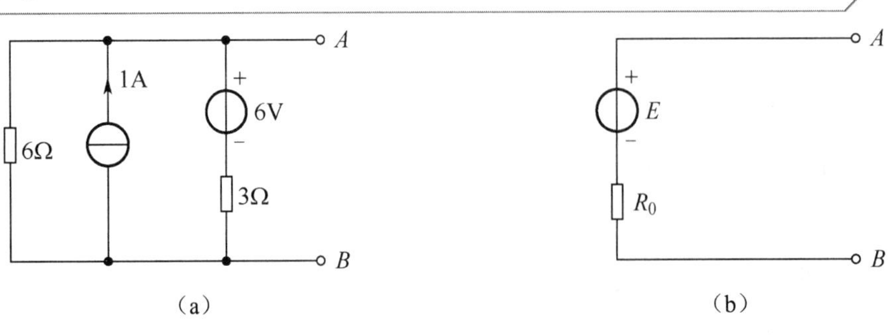

图 2-8-15　2.8 节计算题 1 图

2．将图 2-8-16 所示的电路等效变换为一个电流源电路（请画出等效电路并给出参数）。

3．在图 2-8-17 中，已知电源电动势 E_1=10V，E_2=4V，电源内阻不计，电阻 R_1= R_2=R_6=2Ω，R_3=1Ω，R_4=10Ω，R_5=8Ω。求通过 R_3 的电流。

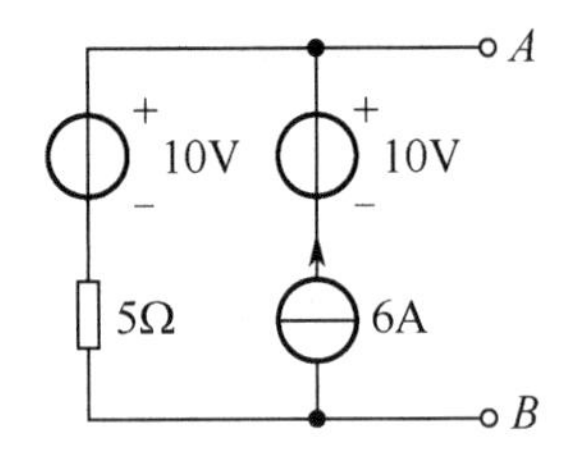

图 2-8-16　2.8 节计算题 2 图

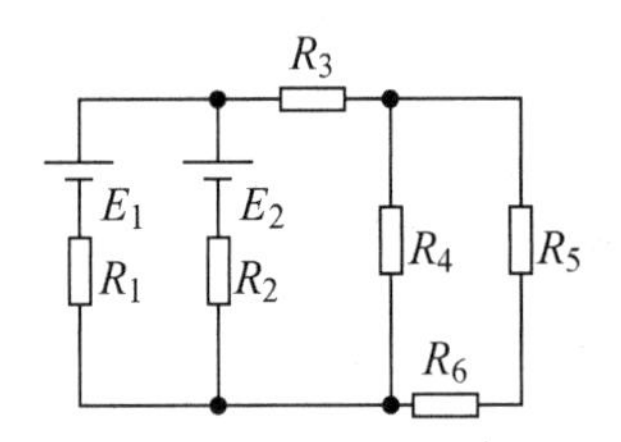

图 2-8-17　2.8 节计算题 3 图

4．求图 2-8-18 所示电路中的电压 U。

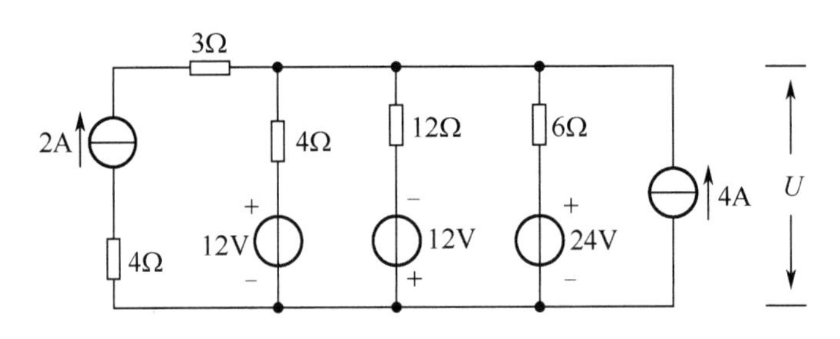

图 2-8-18　2.8 节计算题 4 图

▲5．在图 2-8-19 中，已知 R=1Ω，I_S=2A，U_{S1}=U_{S2}=3V，求 I。

6．用电源等效变换法，求图 2-8-20 所示电路中的电流 I_2。

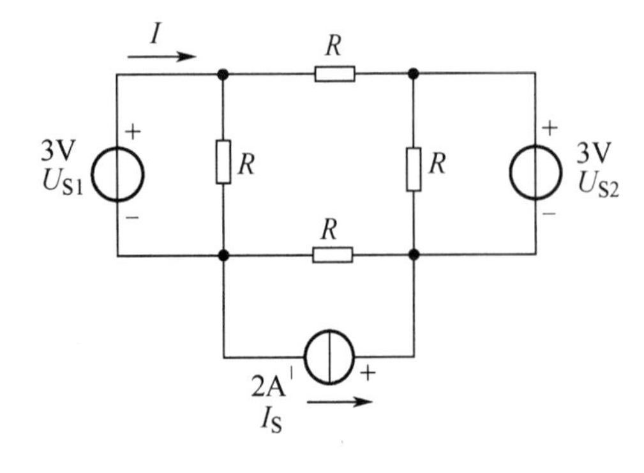

图 2-8-19　2.8 节计算题 5 图

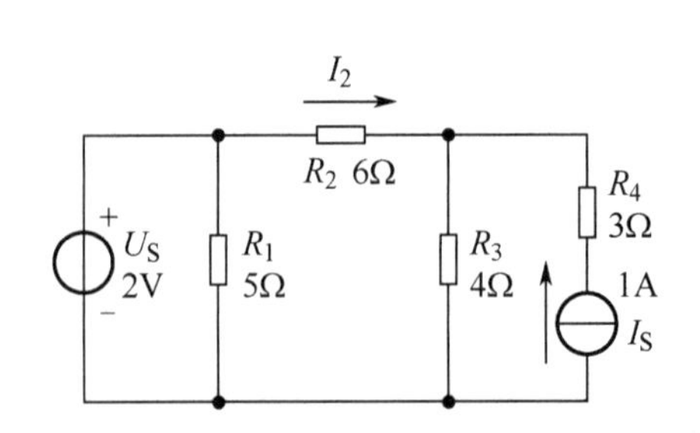

图 2-8-20　2.8 节计算题 6 图

2.9　叠加定理

验证叠加定理

知识授新

1. 叠加定理的证明

叠加定理是分析线性电路的一个重要定理，这个定理可以从 KVL 或 KCL 方程中导出。在图 2-9-1（a）中，KVL 方程为

$$I(R_1+R_2+R_3)=E_1-E_2$$

即

$$I=\frac{E_1-E_2}{R_1+R_2+R_3}$$

图 2-9-1（b）为 E_2 置零，E_1 单独作用时的分图电路，此时电路中的电流为 $I'=\dfrac{E_1}{R_1+R_2+R_3}$；图 2-9-1（c）为 E_1 置零，E_2 单独作用时的分图电路，此时电路中的电流为 $I''=\dfrac{E_2}{R_1+R_2+R_3}$。

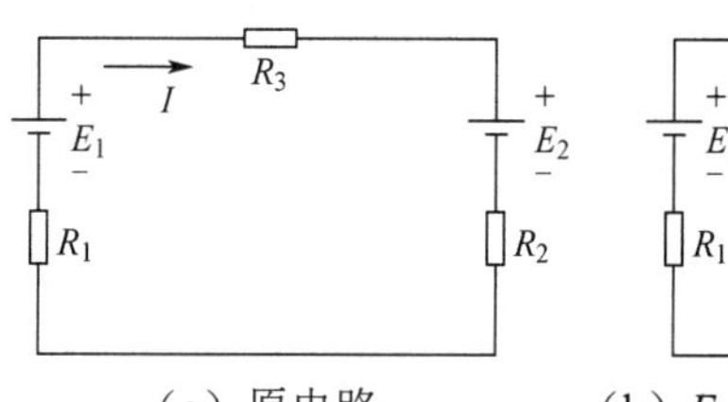

（a）原电路

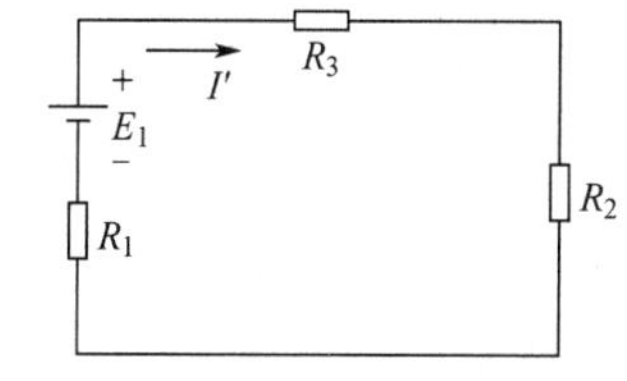

（b）E_1 单独作用时的分图电路

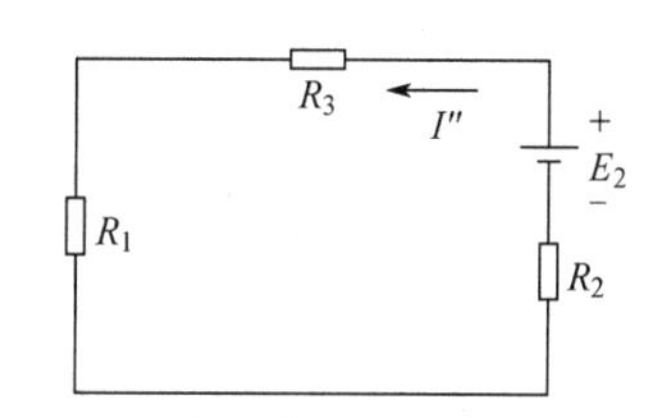

（c）E_2 单独作用时的分图电路

图 2-9-1　叠加定理实例电路

这说明图 2-9-1（a）中的电流 I，可以看作 E_1 单独作用时产生的电流 I' 与 E_2 单独作用时产生的电流 I'' 合成的结果。

推而广之，在求解复杂直流电路时，可将其分解成几个简单直流电路来研究，将计算结果叠加，即可求得原电路的电流或电压。

2. 叠加定理的内容

在多个电源的线性电路中，任一支路的电流或电压都等于该电路中各电源单独作用时（其他电源置零处理，即电压源短路，保留其内阻，电流源开路）在该支路产生的电流或电压的叠加。

3. 运用叠加定理解题的步骤

（1）在原电路中标出各支路电流或电压的参考方向。

（2）分别画出每个电源单独作用时的分图电路，而其余电源置零处理。

（3）分别计算每个分图中每条支路电流的大小和方向。

（4）求出各电源在各支路中产生的电流或电压的代数和，这就是各电源共同作用时在各支路中产生的电流或电压。

4. 应用叠加定理分析电路时要注意的问题

（1）叠加定理只适用于多个电源的线性电路的分析，不适用于非线性电路。

（2）叠加定理只能用来计算线性电路中的电压和电流，由于功率不是电流或电压的一次函数，所以不能用叠加定理来计算。

（3）在将各电源单独作用时所产生的电流或电压叠加时，必须注意参考方向。当分量的参考方向和总量的参考方向相同时，该分量为正，反之为负。

叠加定理可以用来计算复杂直流电路，化繁为简，但当电路中的电源数目较多时，则需要分别计算多个电源单独作用时的电路，仍很麻烦。因此，**叠加定理一般不直接用作解题方法。叠加定理的意义在于它表达了线性电路的基本性质。**

例题解析

【例 1】在图 2-9-2（a）中，已知 E_1=12V，E_2=6V，运用叠加定理求图 2-9-2（a）中的 I_1、I_2、I_3。

【解答】画出 E_1 单独作用时的分图电路，如图 2-9-2（b）所示。

$$I_1'=\frac{E_1}{R_1+(R_2//R_3)}=\frac{12\text{V}}{3\Omega}=4\text{A}\;;\quad I_2'=I_3'=\frac{1}{2}I_1'=2\text{A}$$

画出 E_2 单独作用时的分图电路，如图 2-9-2（c）所示。

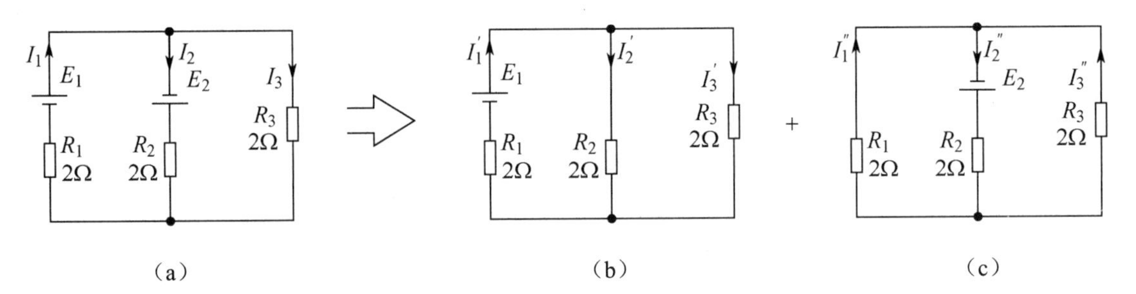

（a）（b）（c）

图 2-9-2　2.9 节例 1 图

$$I_2''=\frac{E_2}{R_2+(R_1//R_3)}=\frac{6}{3}=2\text{A}\;;\quad I_1''=I_3''=1\text{A}$$

则

$$I_1=I_1'+I_1''=4+1=5\text{A}\;;\quad I_2=I_2'+I_2''=2+2=4\text{A}$$

$$I_3=I_3'-I_3''=2-1=1\text{A}$$

【例 2】运用叠加定理求图 2-9-3（a）所示电路中的电流 I。

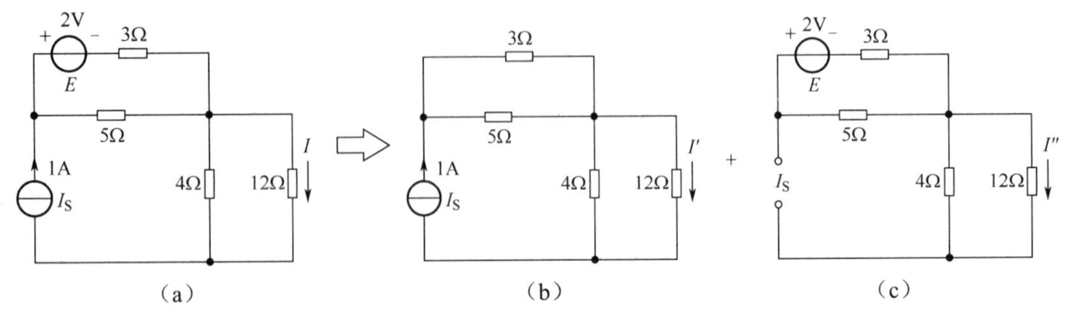

（a）（b）（c）

图 2-9-3　2.9 节例 2 图

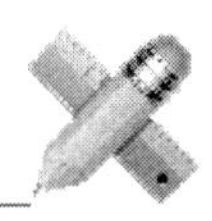

【解答】I_S 单独作用时的分图电路如图 2-9-3（b）所示，$I' = I_S \dfrac{4}{4+12} = 0.25\text{A}$；$E$ 单独作用时的分图电路如图 2-9-3（c）所示，$I'' = 0$。$I = I' + I'' = 0.25 + 0 = 0.25\text{A}$。

【例 3】运用叠加定理求图 2-9-4（a）所示电路中 6Ω 电阻的电压 U 和功率 P。

【解答】I_S 单独作用时的分图电路如图 2-9-4（b）所示，$I' = I_S \dfrac{3}{3+6} = 2\text{A}$；$E$ 单独作用时的分图电路如图 2-9-4（c）所示，$I'' = \dfrac{E}{6+3} = 1\text{A}$，则

$$I = I' - I'' = 2 - 1 = 1\text{A}$$

$$U = IR = 1 \times 6 = 6\text{V}$$

$$P = UI = 6 \times 1 = 6\text{W}$$

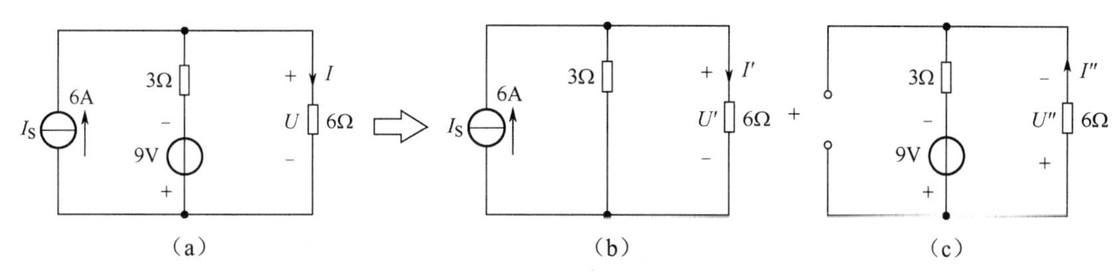

图 2-9-4　2.9 节例 3 图

同步练习

一、填空题

1．应用叠加定理分析电路，假定某电源单独作用时，应将其余的恒压源作为________处理，将恒流源作为________处理。

2．在图 2-9-5 中，当恒压源 E 单独作用时，I_1'=________；当恒流源 I_S 单独作用时，I_1''=________，当两个电源同时作用时，I_1=________。

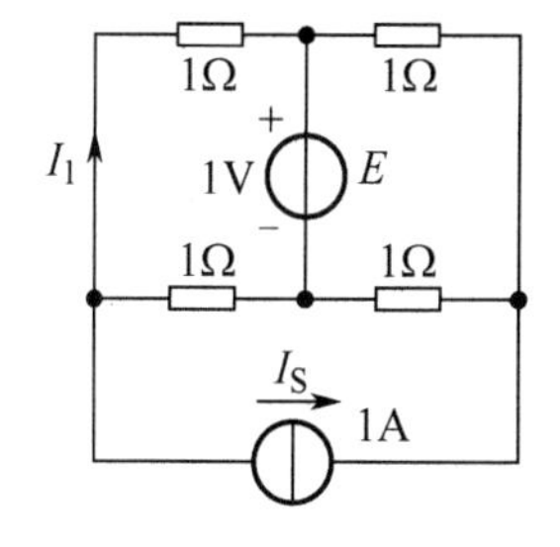

图 2-9-5　2.9 节填空题 2 图

二、单项选择题

1．在图 2-9-6 中，电流 I 为（　　）。

A．2A　　　　B．−2A

C．4A　　　　D．−4A

2．在图 2-9-7 中，电流 I 为（　　）。

A．−1A　　　　B．0A

C．1A　　　　D．2A

3．在图 2-9-8 中，已知 I_S=2A，U_S=6V，R=6Ω，则电流 I 为（　　）。

A．$\dfrac{2}{3}$A　　　　B．−0.5A

C．$\dfrac{4}{3}$A　　　　D．1.5A

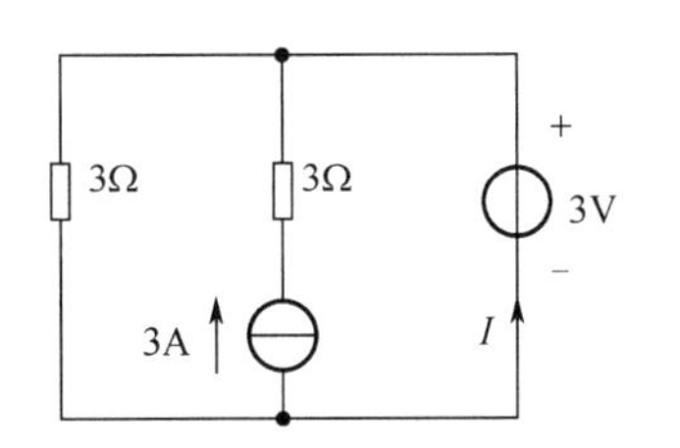

图 2-9-6　2.9 节单项选择题 1 图

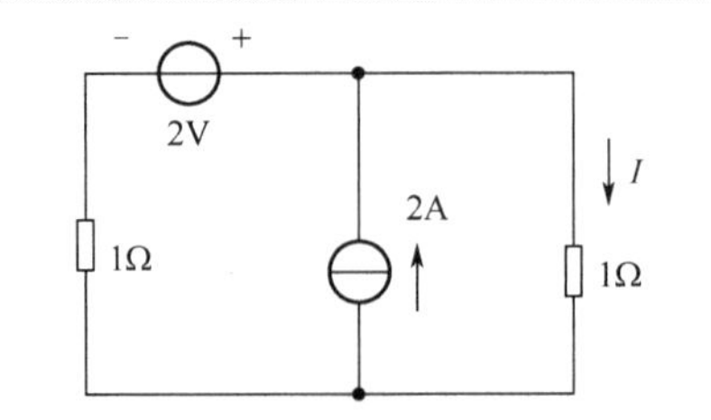

图 2-9-7　2.9 节单项选择题 2 图

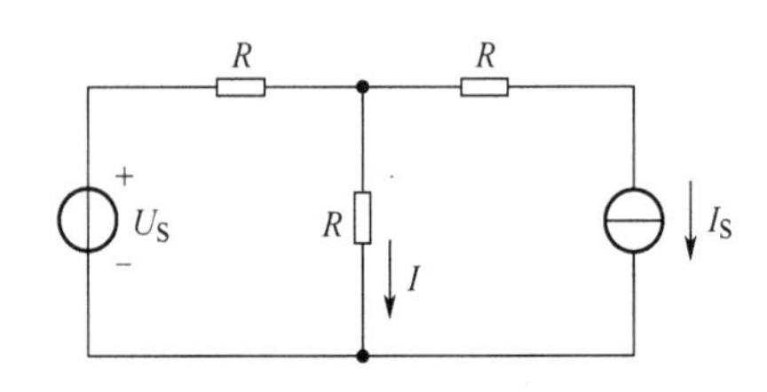

图 2-9-8　2.9 节单项选择题 3 图

三、计算题

▲1．在图 2-9-9 中，当开关 S 置“1”时，毫安表的示数为 I'=40mA，当开关 S 置“2”时，毫安表的示数为 I''=−60mA，如果把开关 S 置“3”，则毫安表的示数为多少？（已知 U_{S1}=10V，U_{S2}=15V）

2．在图 2-9-10 中，已知 E_1=20V，E_2=10V，E_3=10V，R_1=R_5=100Ω，R_2=R_3=R_4=50Ω，试求：A、B 两点间的电压 U_{AB}。

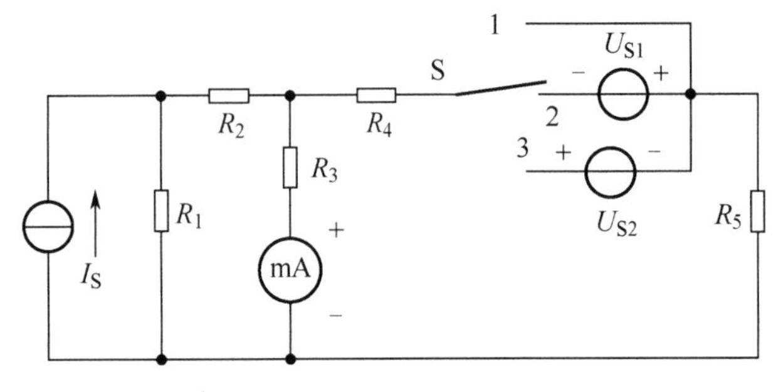

图 2-9-9　2.9 节计算题 1 图

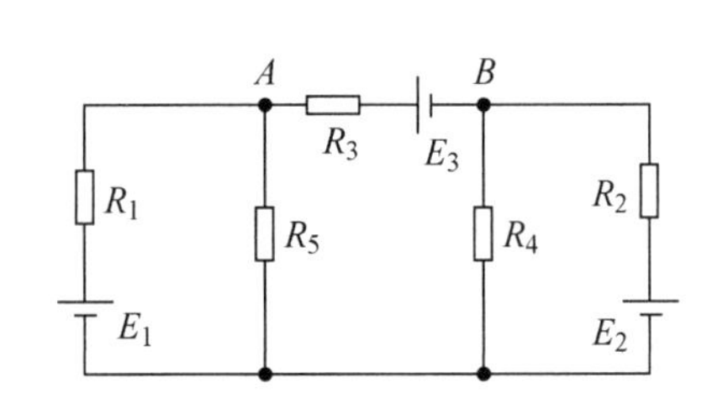

图 2-9-10　2.9 节计算题 2 图

3．用叠加定理求图 2-9-11 中的电流 I。

4．在图 2-9-12 中，已知 E=8V，I_S=2A，R_1=3Ω，R_2=R_3=2Ω，试用叠加定理求电压 U_{ab} 和通过 R_2 的电流 I_1。

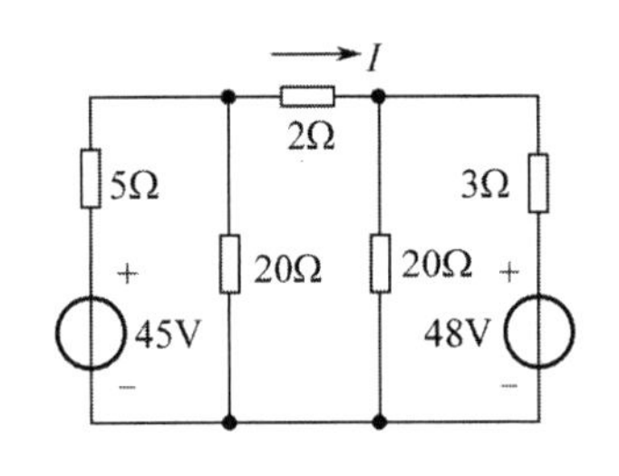

图 2-9-11　2.9 节计算题 3 图

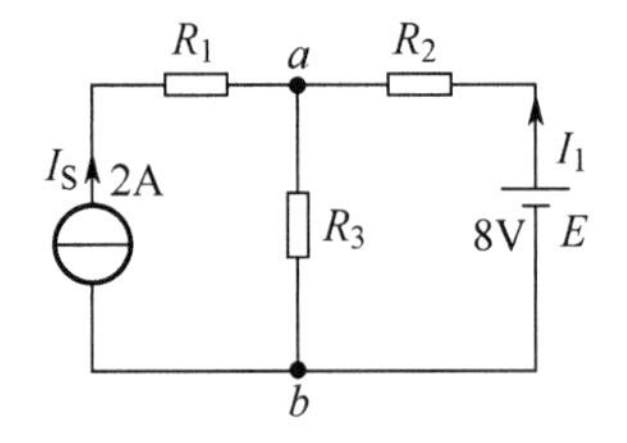

图 2-9-12　2.9 节计算题 4 图

5．在图 2-9-13 中，已知 E=8V，I_S=12A，R_1=4Ω，R_2=1Ω，R_3=3Ω，试用叠加定理求通过 R_1、R_2、R_3 的电流。

6．计算图 2-9-14 中的电压 U 和电压源产生的功率。

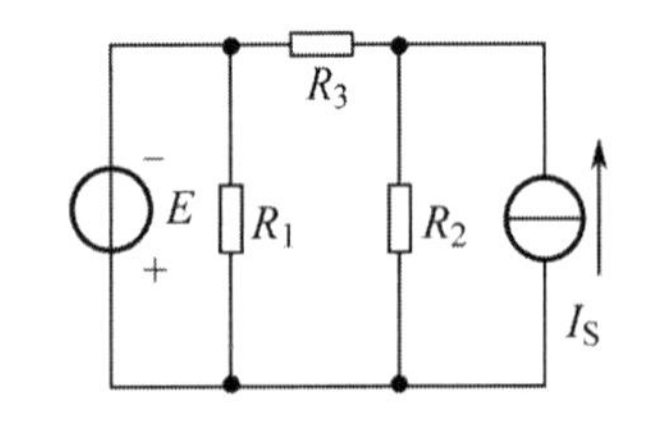

图 2-9-13　2.9 节计算题 5 图

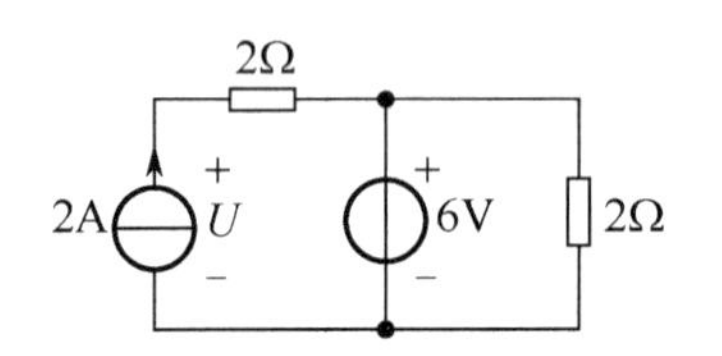

图 2-9-14　2.9 节计算题 6 图

2.10　弥尔曼定理

知识授新

1. 弥尔曼定理的适用场合

弥尔曼定理是节点电压法的特例，特别适用于求解独立节点、多电源、多支路线性电路中各支路的电流。

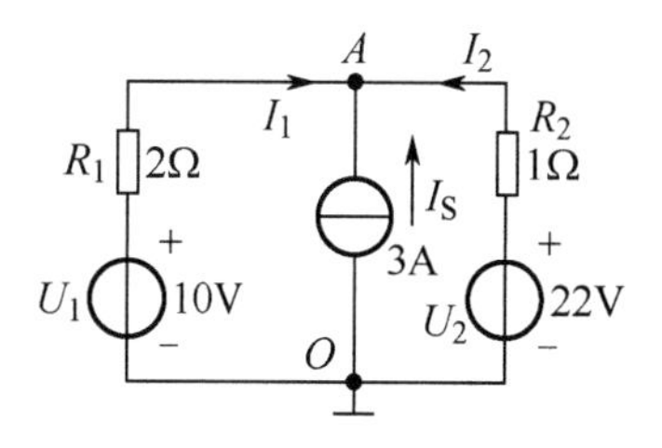

图 2-10-1　弥尔曼定理实例电路

2. 弥尔曼定理与节点电压法的关系

图 2-10-1 给出了两个节点的电路。我们用节点电压法只需一个方程就能求出节点电压，即各支路两端的电压，继而求出各支路电流。

以 O 点为参考点，U_A 为节点 A 的电压，则

$$\left(\frac{1}{R_1}+\frac{1}{R_2}\right)U_A=\frac{U_1}{R_1}+\frac{U_2}{R_2}+I_S \Rightarrow U_A=\left(\frac{\frac{U_1}{R_1}+\frac{U_2}{R_2}+I_S}{\frac{1}{R_1}+\frac{1}{R_2}}\right)=\frac{G_1U_1+G_2U_2+I_S}{G_1+G_2}$$

由此可得运用弥尔曼定理求独立节点电压的通用公式为

$$U_A=\frac{\sum GU+\sum I_S}{\sum G} \quad 或 \quad U_A=\frac{\sum GE+\sum I_S}{\sum G}$$

说明：（1）若电动势方向指向节点 A，则 GU 或 GE 为正，反之为负。

（2）若电流源电流流向节点 A，则 $\sum I_S$ 为正，反之为负。

（3）$\sum G$ 是各支路中电源置零后（电压源短路，电流源开路）的各支路电导之和。

（4）所求 U_A 是节点 A 与参考点之间的电压。

（5）运用部分电路欧姆定律可分别求出各支路的电流或电压。

例题解析

【例 1】 运用弥尔曼定理求图 2-10-2 中各支路电流和 c、d 间电压 U_{cd}。

【解答】 以 O 点为参考点，则 U_A 为

$$U_A=\frac{\frac{E_1}{R_1}+\frac{E_2}{R_2}}{\frac{1}{R_1}+\frac{1}{R_2}+\frac{1}{R_3}}=\frac{27+4.5}{1+\frac{1}{3}+\frac{1}{6}}=21\text{V}$$

$$I_1=\frac{E_1-U_A}{R_1}=\frac{27-21}{1}=6\text{A}；\quad I_2=\frac{E_2-U_A}{R_2}=\frac{13.5-21}{3}=-2.5\text{A}$$

$$I_3=\frac{U_A}{R_3}=\frac{21}{6}=3.5\text{A}；\quad U_{cd}=I_1R_1-I_2R_2=6-(-2.5\times 3)=13.5\text{V}$$

或

$$U_{cd}=E_1-E_2=27-13.5=13.5\text{V}$$

【例 2】求图 2-10-3 中各支路电流。

【解答】

$$U_A=\frac{I_{S1}+\frac{E_1}{R_1}-\frac{U_S}{R_2}-I_{S2}}{\frac{1}{R_1}+\frac{1}{R_2}+\frac{1}{R_3}}=\frac{10+5-7-2}{1}=6\text{V}$$

则

$$I_1=\frac{E_1-U_A}{R_1}=\frac{10-6}{2}=2\text{A}；\quad I_2=\frac{U_A+U_S}{R_2}=\frac{6+21}{3}=9\text{A}$$

$$I_3=\frac{U_A}{R_3}=\frac{6}{6}=1\text{A}；\quad I_4=I_{S1}=10\text{A}；\quad I_5=I_{S2}=2\text{A}$$

强调说明，由于 I_{S1}、I_{S2} 支路内阻为无穷大，所以其电导为零。

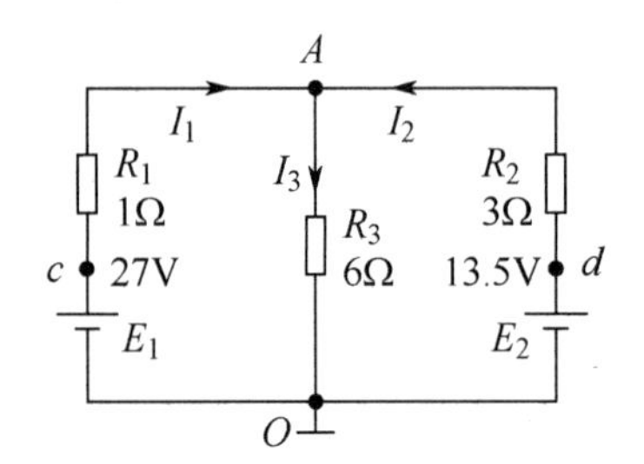

图 2-10-2　2.10 节例 1 图

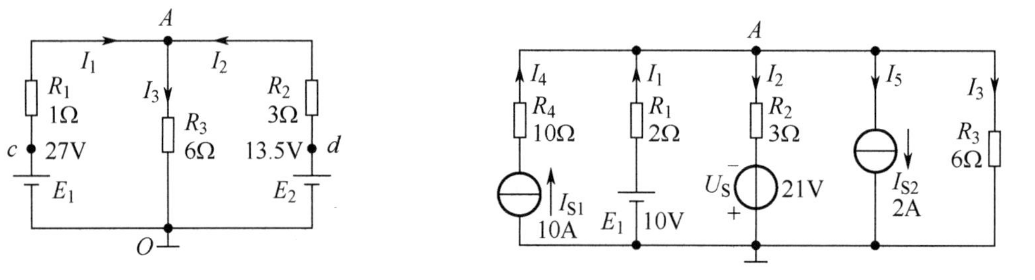

图 2-10-3　2.10 节例 2 图

同步练习

一、填空题

1．在图 2-10-4 中，A 点电位 U_A=________V。

2．在图 2-10-5 中，电流 I 为________A。

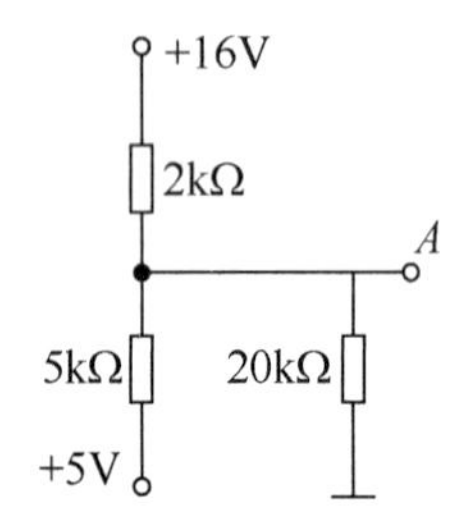

图 2-10-4　2.10 节填空题 1 图

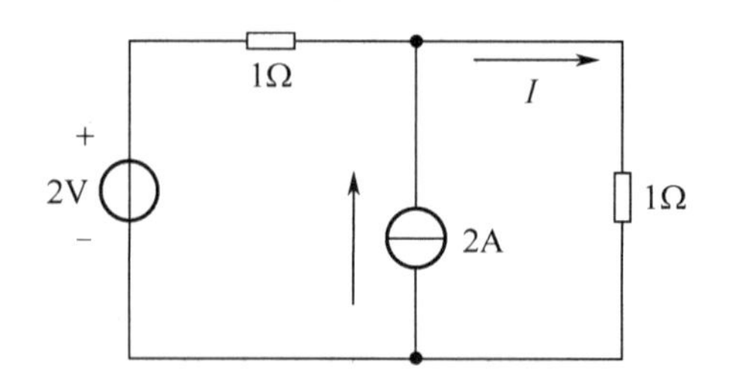

图 2-10-5　2.10 节填空题 2 图

3．在图 2-10-6 中，2A 电流源发出的功率 P=________W。

4．在图 2-10-7 中，当开关 S 断开时，V_A=________V；当开关 S 闭合时，V_A=________V。

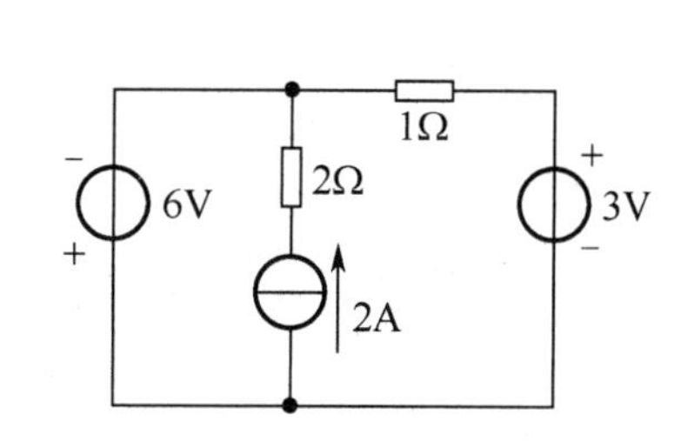

图 2-10-6　2.10 节填空题 3 图

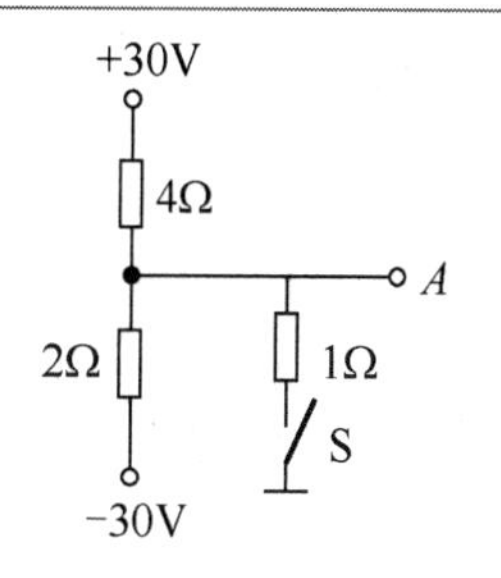

图 2-10-7　2.10 节填空题 4 图

二、单项选择题

1．在图 2-10-8 中，正确的关系式是（　　）。

A．$I_1=\dfrac{E_1-E_2}{R_1+R_2}$　　B．$I_2=\dfrac{E_2}{R_2}$

C．$I_1=\dfrac{E_1-U_{AB}}{R_1+R_3}$　　D．$I_2=\dfrac{E_2-U_{AB}}{R_2}$

2．在图 2-10-9 中，B 点电位为（　　）。

A．−8V　　B．8V　　C．−4V　　D．4V

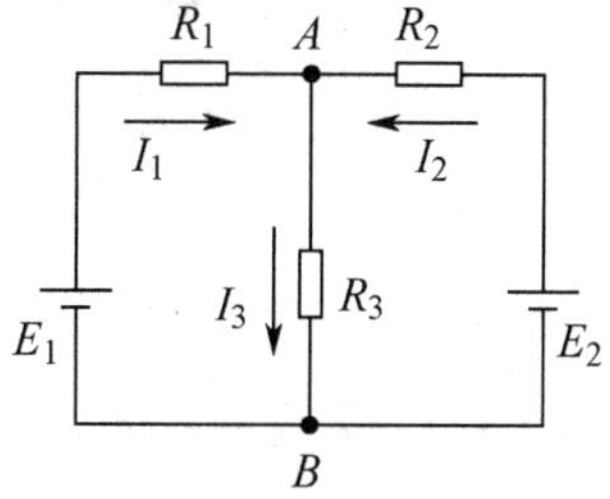

图 2-10-8　2.10 节单项选择题 1 图

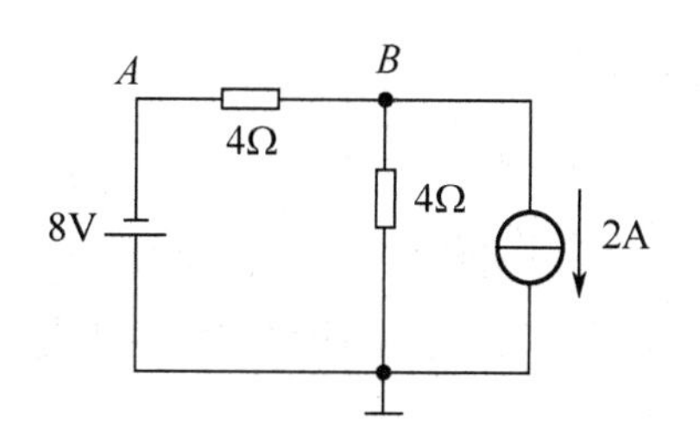

图 2-10-9　2.10 节单项选择题 2 图

3．在图 2-10-10 中，10A 电流源的功率为（　　）。

A．发出 120W

B．吸收 120W

C．发出 480W

D．吸收 480W

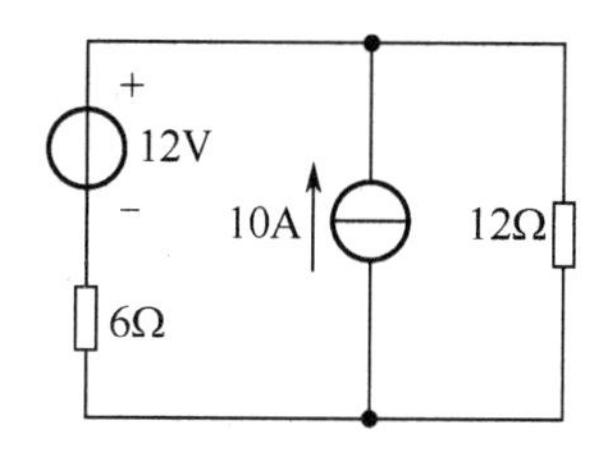

图 2-10-10　2.10 节单项选择题 3 图

三、计算题

1．在图 2-10-11 中，运用弥尔曼定理求 I_1、I_2。

▲2．运用弥尔曼定理求图 2-10-12 所示电路中的电压 U_{ab}。

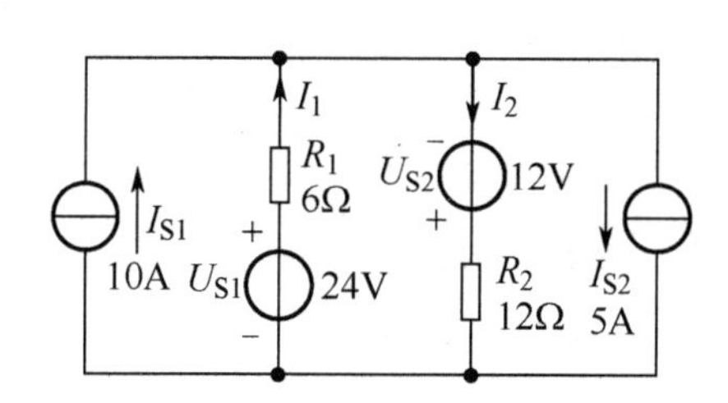

图 2-10-11　2.10 节计算题 1 图

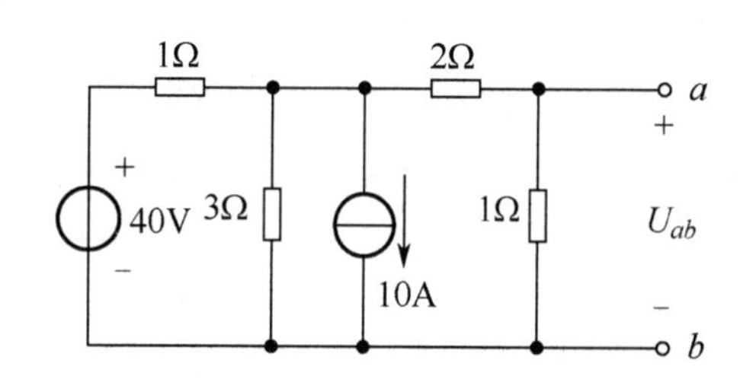

图 2-10-12　2.10 节计算题 2 图

验证戴维南定理

2.11 戴维南定理

知识授新

在电路的分析与计算中，有时并不需要了解所有支路的工作情况，只需要研究某一支路的电流、电压或功率，所以无须把所有未知量都计算出来。若运用复杂直流电路的解题方法（如支路电流法、叠加定理等）进行计算，则非常烦琐，运用戴维南定理求解就方便快捷得多。

戴维南定理又称二端网络定理或等效发电机定理，为了了解戴维南定理，我们先介绍有关二端网络的一些知识。

1. 二端网络

在电路分析中，任何具有两个引出端钮的电路，无论其内部结构如何，都称为二端网络（引出端钮用于测量、接负载，或者有其他用途）。**二端网络分为无源二端网络和有源（或含源）二端网络**两类。

（1）无源二端网络。

网络内部不含电源的二端网络称为无源二端网络。电阻串联、并联、混联电路都属于无源二端网络，它总可以用一个等效电阻来替代。无源二端网络及其等效电路和符号如图 2-11-1 所示。

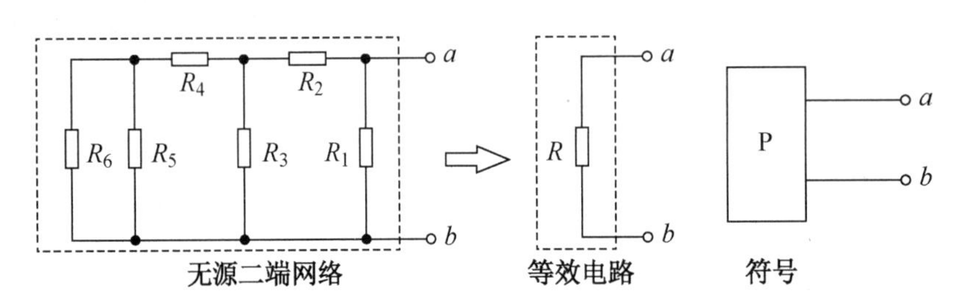

图 2-11-1　无源二端网络及其等效电路和符号

（2）有源二端网络。

网络内部含有电源（无论是电压源还是电流源，也无论是单个电源还是多个电源）的二端网络称为有源二端网络。有源二端网络及其符号如图 2-11-2 所示。

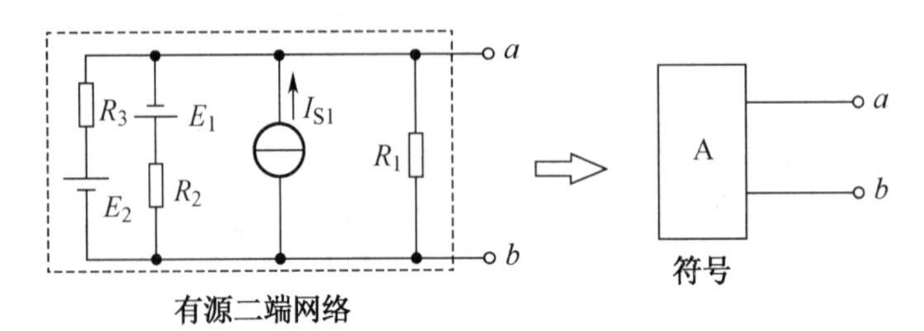

图 2-11-2　有源二端网络及其符号

无源二端网络可以等效为电阻网络，那么有源二端网络又当如何等效呢？戴维南定理对有源二端网络的等效做出了回答。

2. 戴维南定理的内容

戴维南定理的表述如下：**任何一个线性有源二端网络，对外电路来说，都可以转化成一个电压源和电阻相串联的电路模型，其电压源的电压等于二端网络的开路电压 U_o；其电阻等于二端网络内所有电源置零（电压源短路，保留其内阻，电流源开路）后的入端等效电阻 R_o。**

戴维南定理的本质：将一个复杂直流电路转化成全电路，其中待求负载为全电路中的外电路，其余元件皆等效为从负载两端看过去的等效电源电动势和等效电源内阻。戴维南定理特别适用于求解复杂直流电路中某条支路的电流或电压。

3. 运用戴维南定理解题的一般步骤

（1）将待求支路断开，转化成有源二端网络。

（2）求有源二端网络的开路电压 U_o。

（3）将有源二端网络内的电压源短路，电流源开路，求等效电阻 R_o。

（4）画出戴维南等效电路，接入待求支路，运用全电路欧姆定律 $I=\dfrac{U_o}{R_o+R_L}$，求出该电路的电流或电压。

下面，通过举例说明应用该定理解题的方法。

例题解析

【例 1】在图 2-11-3（a）中，已知 R_1=10Ω，R_2=2.5Ω，R_3=5Ω，R_4=20Ω，E=25V，求电流表的示数。

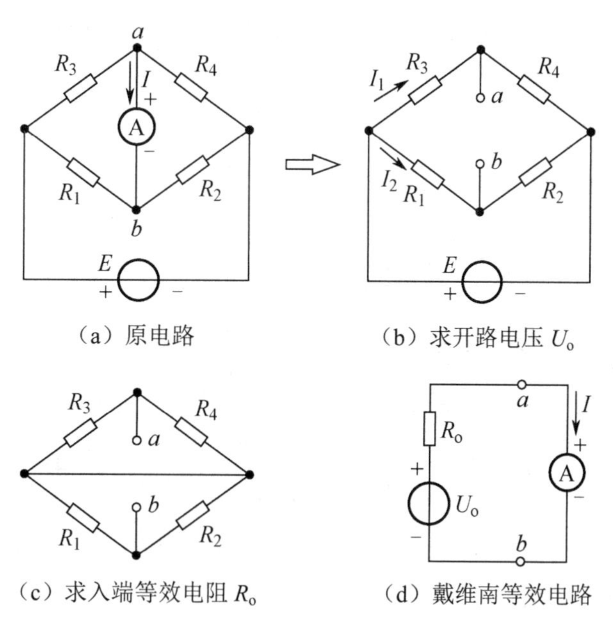

图 2-11-3　2.11 节例 1 图

【解答】(1) 断开待求支路，转化成有源二端网络，求开路电压 U_o，如图 2-11-3（b）所示。

$$I_1=\frac{E}{R_3+R_4}=\frac{25}{25}=1\text{A}；\quad I_2=\frac{E}{R_1+R_2}=\frac{25}{12.5}=2\text{A}$$

$$U_o=U_{ab}=-I_1R_3+I_2R_1=-5+20=15\text{V}$$

（2）求入端等效电阻 R_o，如图 2-11-3（c）所示。

$$R_o=R_{ab}=(R_3//R_4)+(R_1//R_2)=(5//20)+(10//2.5)=6\Omega$$

（3）转化成有源二端网络，接入待求支路，如图 2-11-3（d）所示。

$$I=\frac{U_o}{R_o}=\frac{15}{6}=2.5\text{A}$$

【例 2】在图 2-11-4（a）中，已知 E_1=20V，E_2=20V，R_1=4Ω，R_2=6Ω，R_3=12.6Ω，R_4=10Ω，R_5=6Ω，R_6=4Ω，求 I_3。

【解答】步骤见例 1，不再详细展开。

$$I=\frac{E_1-E_2}{R_1+R_2}=\frac{0}{10}=0\text{A}；\quad I'=0\text{A}$$

$$U_o=U_{ab}=IR_2+E_2-I'R_4=0\times6+20-0\times4=20\text{V}$$

$$R_o=R_{ab}=(R_1//R_2)+R_4//(R_5+R_6)=(4//6)+10//(6+4)=7.4\Omega$$

$$I_3=\frac{U_o}{R_o+R_3}=\frac{20}{7.4+12.6}=1\text{A}$$

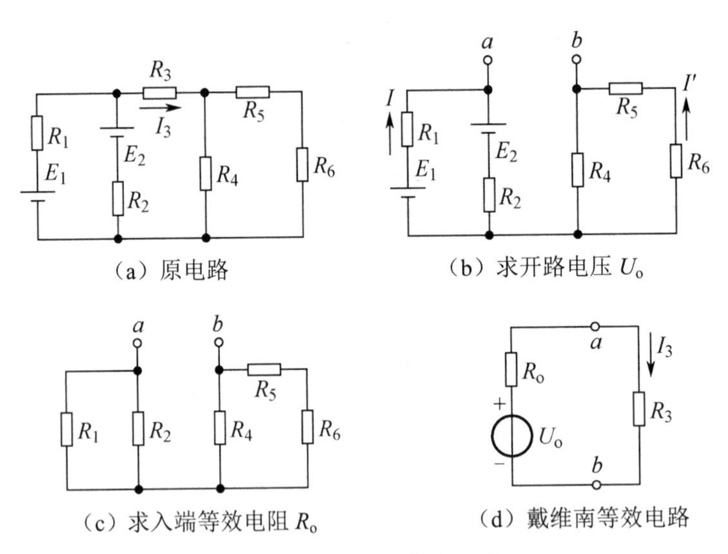

图 2-11-4　2.11 节例 2 图

【例 3】求图 2-11-5（a）所示电路中二极管的电流 I。

【解答】先将图 2-11-5（a）整理成习惯画法，如图 2-11-5（b）所示。

图 2-11-5（c）中的开路电压 $U_o=U_{ab}=\left(\frac{36+18}{12+18}\times18\right)-18=14.4\text{V}$；图 2-11-5（d）中的入端等效电阻 $R_o=R_{ab}=12//18=7.2\text{k}\Omega$；由图 2-11-5（e）可知，二极管反偏，$I$=0A。

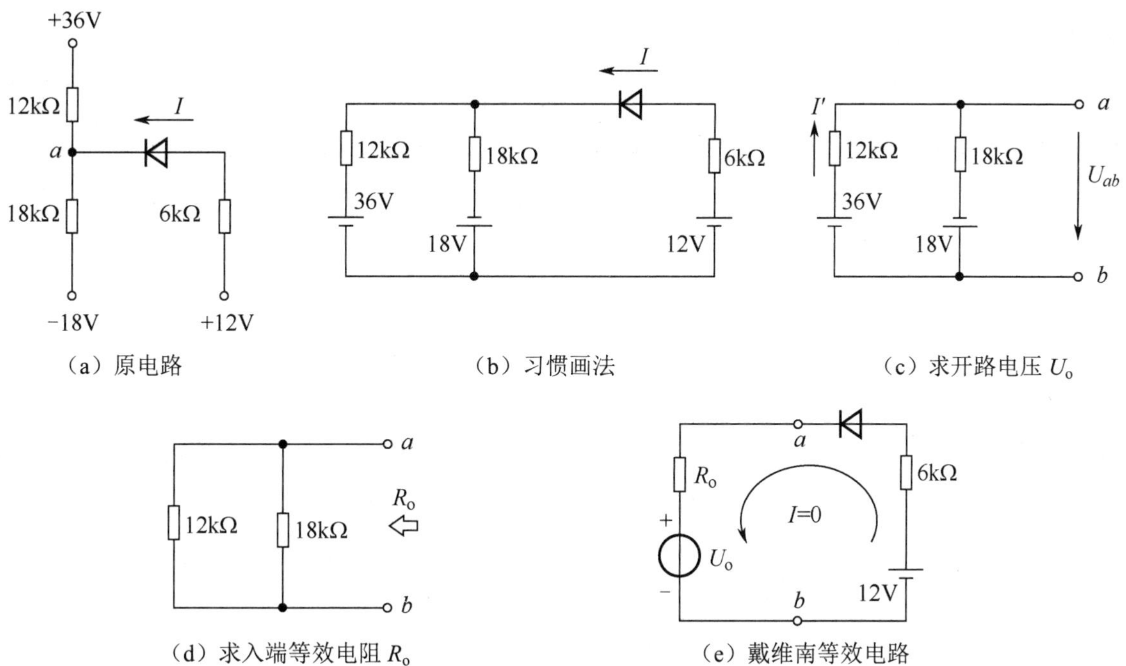

图 2-11-5　2.11 节例 3 图

【例 4】 在图 2-11-6（a）中，应用戴维南定理求：

（1）负载电阻 R_L 为多少时，可获得最大功率。

（2）可获得的最大功率为多少？

【解答】（1）断开 R_L，转化成有源二端网络，求开路电压 U_{ab}［见图 2-11-6（b）］和入端等效电阻 R_{ab}［见图 2-11-6（c）］。

$$U_{ab}=0.5\,(10+20)+75=90\text{V}$$

$$R_{ab}=10+20=30\Omega$$

负载电阻 R_L 为 30Ω 时可获得最大功率。

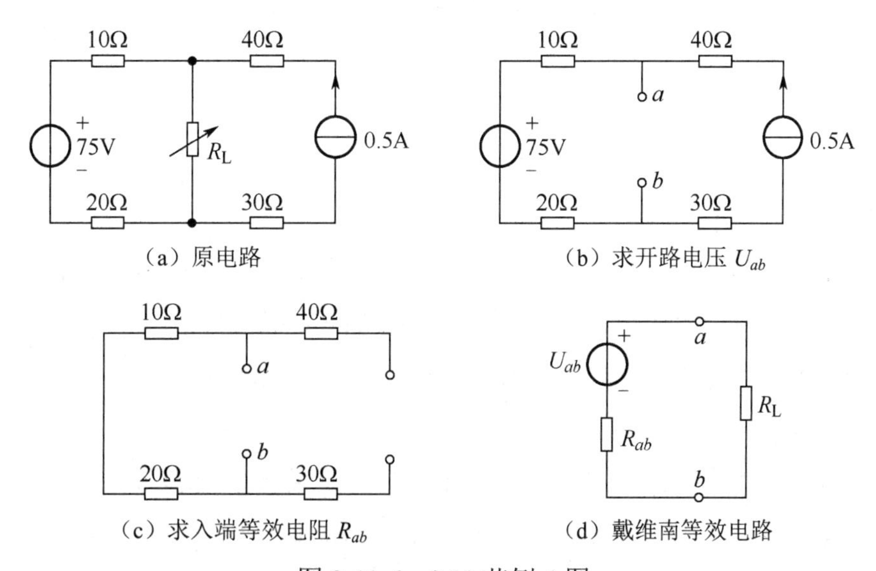

图 2-11-6　2.11 节例 4 图

（2）画出戴维南等效电路，接入 R_L，如图 2-11-6（d）所示。

$$P_{\max}=\frac{U_{ab}^2}{4R_{ab}}=\frac{90^2}{4\times30}=67.5\text{W}$$

▲用实验测定戴维南等效电路简介。

当有源二端网络内部的参数为已知时，可以通过计算求 U_o 和 R_o。如果电路结构参数未知，则可以用实验的方法测出该有源二端网络的开路电压 U_o 和短路电流 I_S。

（1）负载允许短路的有源二端网络测定电路如图 2-11-7 所示，测定步骤如下。

① 开关 S 断开时，电压表的示数为开路电压 U_o。

② 开关 S 闭合时，电流表的示数为短路电流 I_S。

③ 有源二端网络入端等效电阻 $R_o=\dfrac{U_o}{I_S}$。

（2）负载内阻很小，不允许短路时的有源二端网络测定电路如图 2-11-8 所示，测定步骤如下。

① 先测出开路电压 U_o。开关 S 断开时，电压表的示数为开路电压 U_o。

② 开关 S 闭合后，测出接入电阻 R_L 的电压 U_L，则有源二端网络入端等效电阻为

$$R_o=\left(\frac{U_o}{U_L}-1\right)R_L$$

证明过程如下，由于串联电路的 I 相等，所以

$$\frac{U_o-U_L}{R_o}=\frac{U_L}{R_L}\Rightarrow R_o=\frac{U_oR_L-U_LR_L}{U_L}=\frac{U_o-U_L}{U_L}R_L=R_L\left(\frac{U_o}{U_L}-1\right)$$

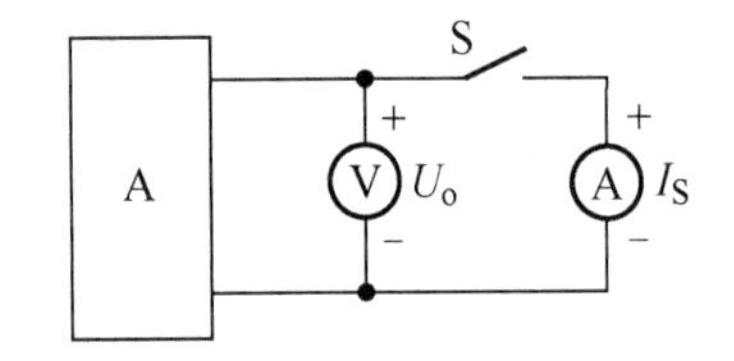

图 2-11-7　有源二端网络测定电路（负载短路）

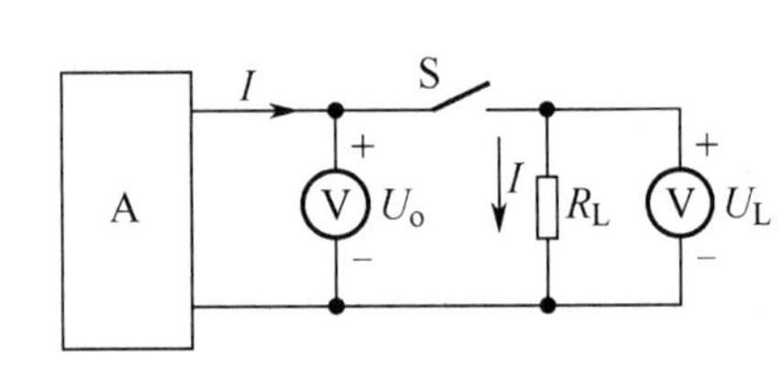

图 2-11-8　有源二端网络测定电路（负载不短路）

同步练习

一、填空题

1. 运用戴维南定理就能把任意一个有源二端网络转化成一个等效电源，这个电源的电动势 E 等于网络的________；内阻 R_o 等于网络的________。

2. 某直流有源二端网络，测得开路电压为 30V，短路电流为 5A，现把一个 R=9Ω 的电阻接到网络的两端，则 R 上的电流为________，R 两端的电压为________。

3. 将图 2-11-9 所示电路的有源二端网络等效为一个电压源，R_{ab}=4Ω，R_{cb}=3Ω，则该电压源的电动势 E_o=________，内阻 R_o=________。

4. 图 2-11-10 所示为运用实验方法求有源二端网络戴维南定理参数的示意图，若电压表的示数为 12V，电流表的示数为 2A，则有源二端网络的 U_o=________，R_o=________。

5. 图 2-11-11 所示为有源二端网络 A，在 a、b 间接入电压表时，电压表的示数为 50V；在 a、b 间接 5Ω 电阻时，测得电流为 5A。则 a、b 间的等效电阻为________。

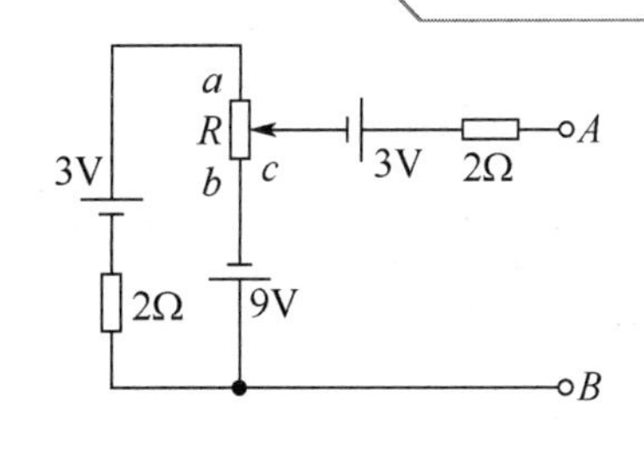

图 2-11-9　2.11 节填空题 3 图

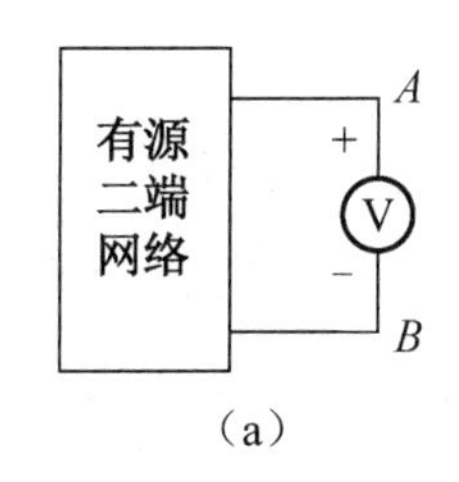

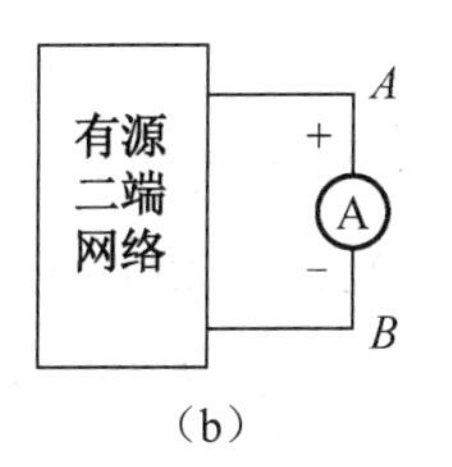

图 2-11-10　2.11 节填空题 4 图

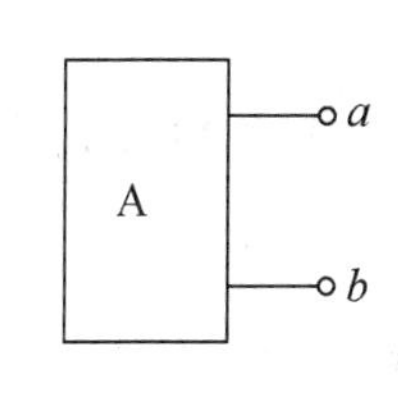

图 2-11-11　2.11 节填空题 5 图

6．欲使图 2-11-12 所示电路中的电流 I=0，则 U_S 应为________V。

7．在图 2-11-13 中，R 为________时获得最大功率。

▲8．在图 2-11-14 中，当开关 S 断开时，U_{ab}=________；当开关 S 闭合时，I=________。

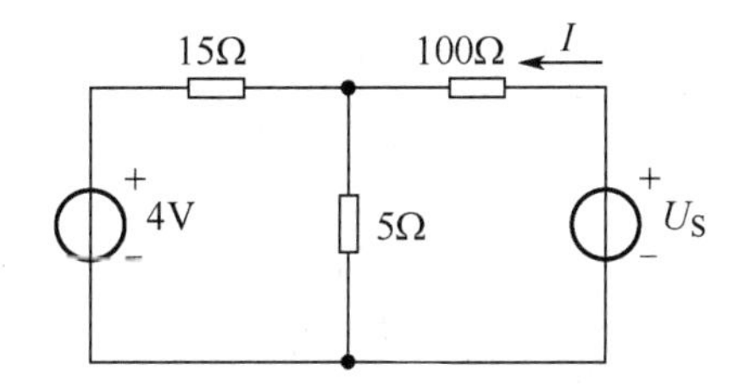

图 2-11-12　2.11 节填空题 6 图

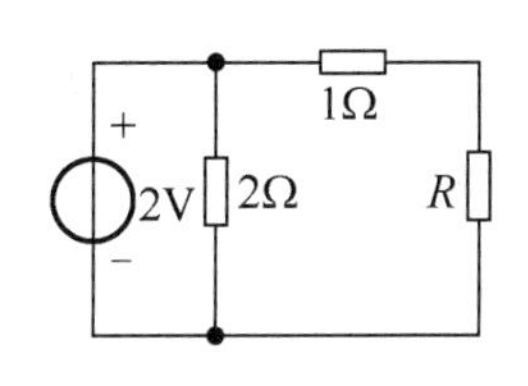

图 2-11-13　2.11 节填空题 7 图

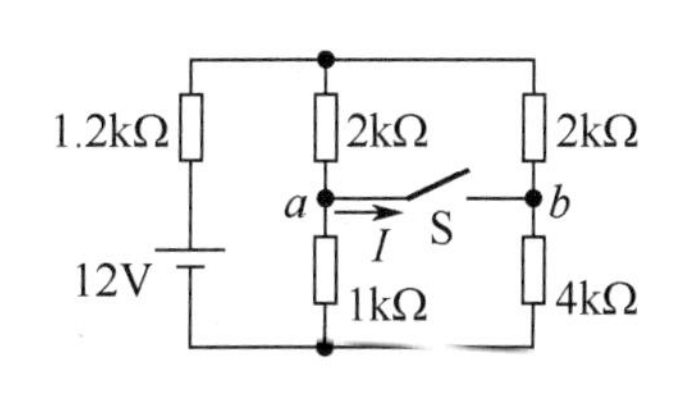

图 2-11-14　2.11 节填空题 8 图

二、单项选择题

1．戴维南定理只适用于（　　）的情形。

A．外电路为非线性电路　　B．外电路为线性电路

C．内电路为线性有源电路　　D．内电路为非线性有源电路

2．任何一个线性有源二端网络的戴维南等效电路都是（　　）。

A．一个理想电流源和一个电阻的并联电路

B．一个理想电流源和一个理想电压源的并联电路

C．一个理想电压源和一个理想电流源的串联电路

D．一个理想电压源和一个电阻的串联电路

3．测得一个有源二端网络的开路电压为 60V，短路电流为 3A，将 R=100Ω 的电阻接到该网络的引出点上，则 R 两端的电压为（　　）。

A．60V　　B．50V　　C．300V　　D．0V

4．已知某电源的额定功率为 200W，额定电压为 50V，内阻为 0.5Ω，当该电源处于开路状态时，开路电压为（　　）。

A．48V　　B．50V

C．52V　　D．54V

5．在图 2-11-15 所示的电路中，可调负载能够获得的最大功率为（　　）。

A．40W　　B．100W

C．180W　　D．400W

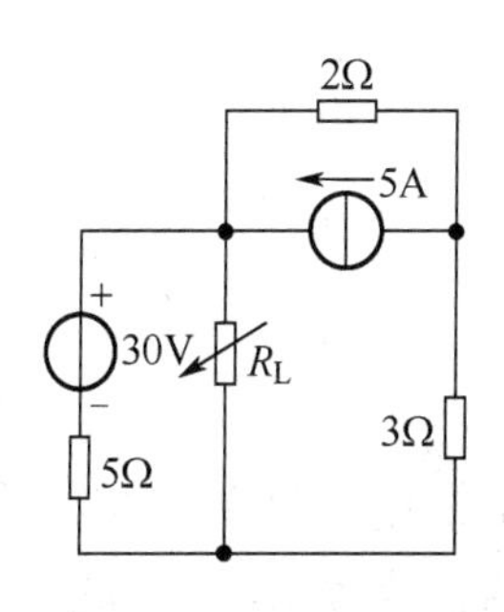

图 2-11-15　2.11 节单项选择题 5 图

三、计算题

1．图 2-11-16 所示为分压器电路，已知 U=40V，R_1=R_2=400Ω，用戴维南定理求负载电阻 R_L 分别为 300Ω、200Ω、100Ω、50Ω、0Ω 时，流过负载电阻的电流。

▲2．在图 2-11-17 中，已知 R_1=R_2=R_3=2Ω，当 E_3=10V 时，I_3=1A。

（1）求电阻 R_3 两端的电压 U_R。

（2）求 A、B 两点之间的电压 U_{AB}。

（3）若要求使 I_3=0，则此时 E_3 为多少？

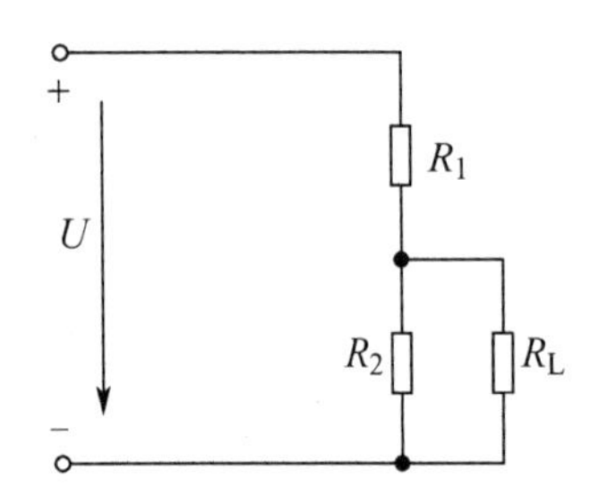

图 2-11-16　2.11 节计算题 1 图

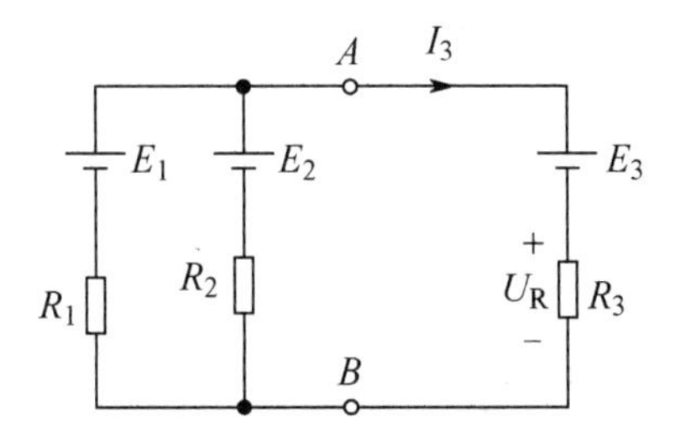

图 2-11-17　2.11 节计算题 2 图

3．在图 2-11-18（a）中，已知 R_1=3Ω，R_2=2Ω，I_S=2A，U_S=10V，A、B 两点之间的有源等效电路如图 2-11-18（b）所示。试求：

（1）U_{OC}。

（2）R_{AB}。

（3）当负载 R_L 为多大时获得最大功率，并求此最大功率 P_{omax}。

4．在图 2-11-19 中，试应用戴维南定理，求电流 I。

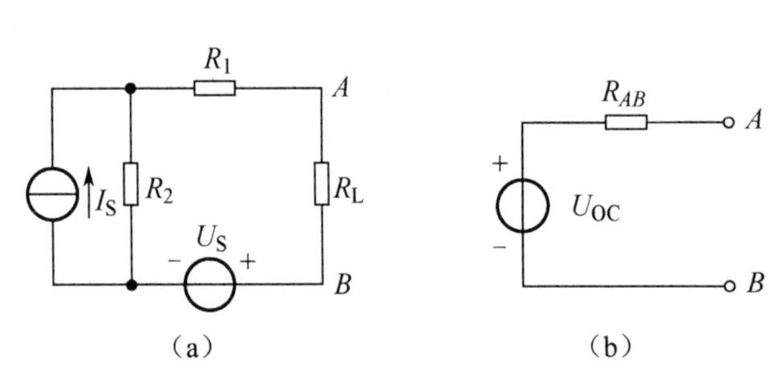

图 2-11-18　2.11 节计算题 3 图

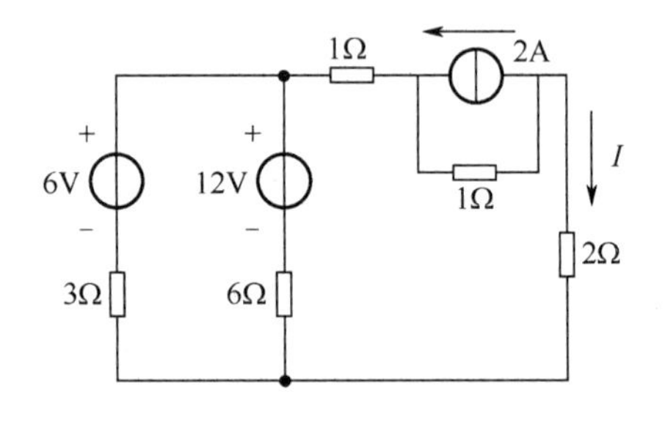

图 2-11-19　2.11 节计算题 4 图

2.12　电桥电路

知识接新

电桥电路在生产实际和测量技术中应用十分广泛。本节只介绍直流电桥（也叫惠斯通电桥），其电路如图 2-12-1 所示。电阻 R_1、R_2、R_3、R_4 连成四边闭合回路，组成电桥的四臂，称为桥臂电阻。对角顶点 a、b 间接入检流计，称为电桥的桥支路，另一桥支路 c、d 间接直流电源 E 和

可变电阻 R_P，这样就组成了最简单的电桥。

1. 直流电桥的平衡条件

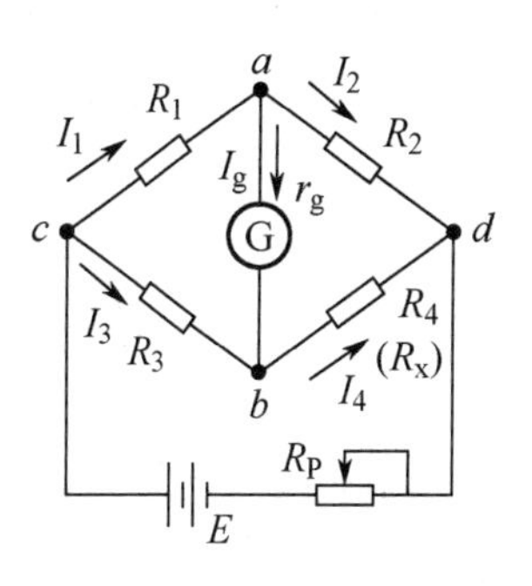

图 2-12-1　直流电桥电路

当桥支路 *a*、*b* 间的电流为零（I_g=0）时，称为电桥平衡。电桥平衡时，$I_g=0$，则 $U_{ab}=0$，$V_a=V_b$，可以得到

$$U_{ca}=U_{cb};\quad U_{ad}=U_{bd}$$

根据欧姆定律，得

$$I_1R_1=I_3R_3 \quad ①$$

$$I_2R_2=I_4R_4 \quad ②$$

$\frac{①}{②}$ 可得

$$\frac{I_1R_1}{I_2R_2}=\frac{I_3R_3}{I_4R_4}$$

由于电桥平衡，$I_g=0$，所以

$$I_1=I_2;\quad I_3=I_4$$

由此可得电桥的平衡条件为

$$\frac{R_1}{R_2}=\frac{R_3}{R_4} \quad 或 \quad \frac{R_1}{R_3}=\frac{R_2}{R_4}$$ **（邻臂电阻的比值相等）**

将上式变形，可得

$$R_1R_4=R_2R_3$$ **（对臂电阻的乘积相等）**

2. 电桥的应用

直流电桥可测量精密电阻。若将图 2-12-1 中的 R_4 替换为一被测电阻 R_x，将 R_3 替换为可调电阻，调节 R_3 使电桥平衡，则被测电阻为

$$R_x=\frac{R_2R_3}{R_1}$$

交流电桥可测量电感、电容，测量涉及感抗和容抗，此处不宜阐述。

3. 等电位点

在同一个电路中具有相同电位的点称为等电位点。**处于同一电路中的电阻，如果两端等电位，则电阻两端的电位差等于零，不具备形成电流的条件，所以无论将两点短路、断路还是接上任意阻值的电阻，均不会产生电流，对电路而言，没有任何影响。**我们可以利用等电位点的这个特点，简化电阻网络结构，巧求等效电阻。

求图 2-12-2（a）所示电路的等效电阻 R_{ab}。

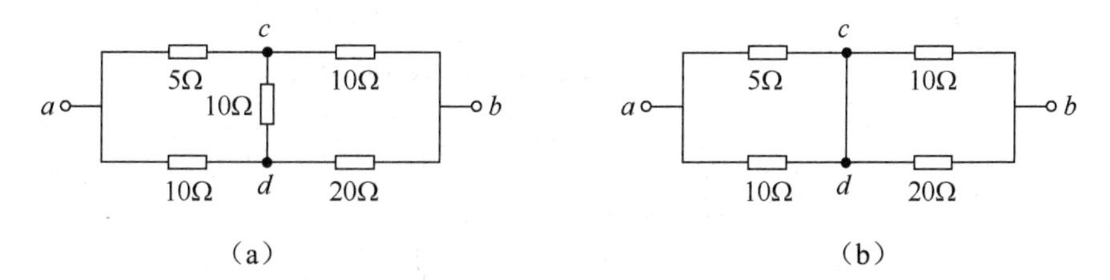

图 2-12-2　2.12 节实例题图

解答：电路为平衡电桥结构。若在 *a*、*b* 间接入一电源，则 *c*、*d* 两点必为等电位点，即 $U_{cd}=0$。

① 将 c、d 短路处理，如图 2-12-2（b）所示，则 $R_{ab}=(5//10)+(10//20)=10\Omega$。

② 将 c、d 开路处理，则 $R_{ab}=15//30=10\Omega$。

可见，无论 c、d 两点间是短路、断路还是接上任意阻值的电阻，R_{ab} 均相等。

例题解析

【例 1】 在图 2-12-3 中，A、C 之间是 1m 长，粗细均匀的电阻丝，D 是滑动触点，可在 A、C 间移动。（1）当 R=5Ω，L_{AD}=0.3m 时，电桥平衡，则 R_x=________Ω。（2）若 R=6Ω，R_x=14Ω，要使电桥平衡，则 L_{AD}=________，L_{DC}=________。

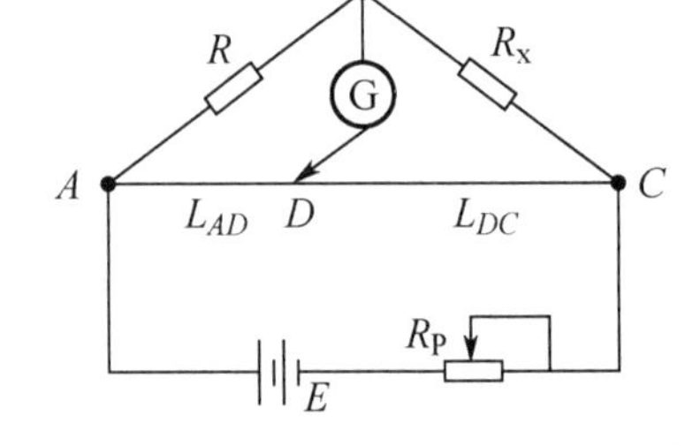

图 2-12-3　2.12 节例 1 图

【解答】（1）当 R=5Ω，L_{AD}=0.3m 时，有

$$R_x=\frac{RL_{DC}}{L_{AD}}=\frac{5\times0.7}{0.3}=11.67\Omega$$

（2）若 R=6Ω，R_x=14Ω，则

$$\frac{R}{R+R_x}=\frac{L_{AD}}{L}\Rightarrow L_{AD}=\frac{RL}{R+R_x}=0.3\text{m}\Rightarrow L_{DC}=0.7\text{m}$$

【例 2】 求图 2-12-4（a）所示电阻网络的等效电阻 R_{ab}。

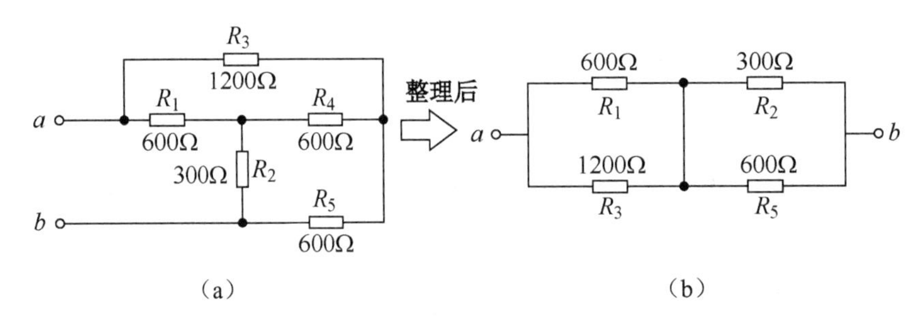

图 2-12-4　2.12 节例 2 图

【解答】

因为 $\dfrac{R_1}{R_2}=\dfrac{R_3}{R_5}$，所以电路属于平衡电桥结构，整理后的等效电路如图 2-12-4（b）所示。

$$R_{ab}=(600//1200)+(300//600)=600\Omega$$

▲**【例 3】** 求图 2-12-5 所示电路的等效电阻 R_{ab}。

【解析】 电路结构关于 a、D、b 轴线对称且均为等值电阻，故 A、B 等电位，C、D、E 等电位，F、G 等电位。

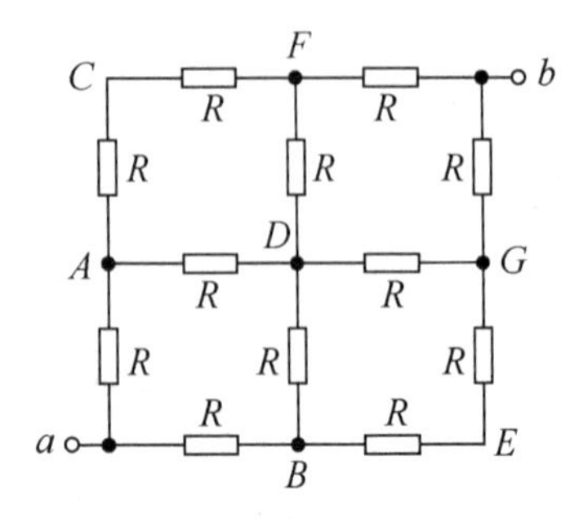

图 2-12-5　2.12 节例 3 图

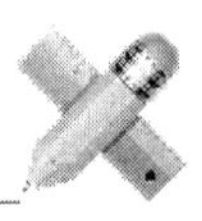

【解答】将等电位点短路处理，简化电路，则

$$R_{ab}=\frac{R}{2}+\frac{R}{4}+\frac{R}{4}+\frac{R}{2}=1.5R$$

▲【例 4】在图 2-12-6（a）中，已知电路中每个电阻的阻值均为 R，求等效电阻 R_{ab}。

【解答】因为 c、d、e 等电位，f、g、h 等电位，由等效电路可得

$$R_{ab}=\frac{R}{3}+\frac{R}{6}+\frac{R}{3}=\frac{5}{6}R$$

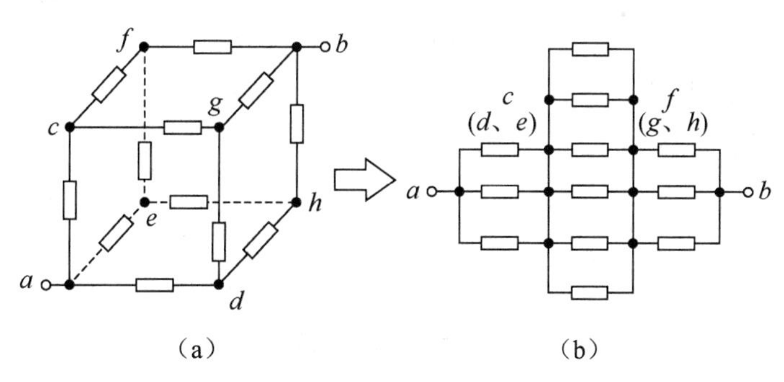

图 2-12-6　2.12 节例 4 图

同步练习

一、填空题

1．在电桥电路中，若桥支路电流为零，则称为________。

2．电桥电路不平衡时是________电路，平衡时是________电路。

3．在直流电桥测电阻实验中，常把待测电阻和电阻箱对调重复实验，取两次平均值作为测量结果，这是为了减少________误差。

4．在直流电桥电路中，电桥平衡的条件是________。

5．在图 2-12-7 中，$R_1=R_2=R_3=R_4=300\Omega$，$R_5=600\Omega$，当开关 S 断开时，$R_{ab}=$________；当开关 S 闭合时，$R_{ab}=$________。

6．在图 2-12-8 中，$R_{ab}=$________Ω。

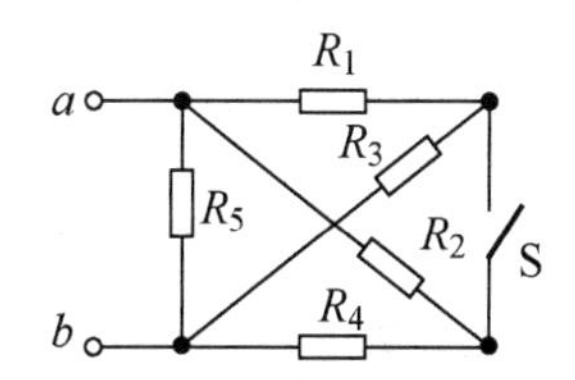

图 2-12-7　2.12 节填空题 5 图

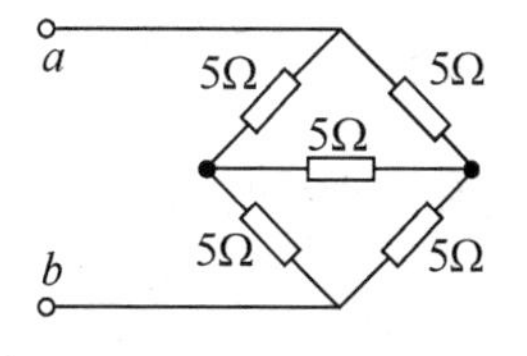

图 2-12-8　2.12 节填空题 6 图

二、单项选择题

1．在图 2-12-9 中，U_{ab} 与 I_o 为（　　）。

A．$U_{ab}=0$，$I_o=0$　　B．$U_{ab}\neq 0$，$I_o\neq 0$

C．$U_{ab}=0$，$I_o\neq 0$　　D．$U_{ab}\neq 0$，$I_o=0$

2．图 2-12-10 所示的电桥电路处于平衡状态，已知 E=6.2V，R=0.5Ω，R_1=20Ω，R_2=30Ω，R_3=15Ω，则 R_4 和电流分别为（　　）。

A．10Ω，0.36A　　B．40Ω，0.36A

C．10Ω，0.24A　　D．40Ω，0.24A

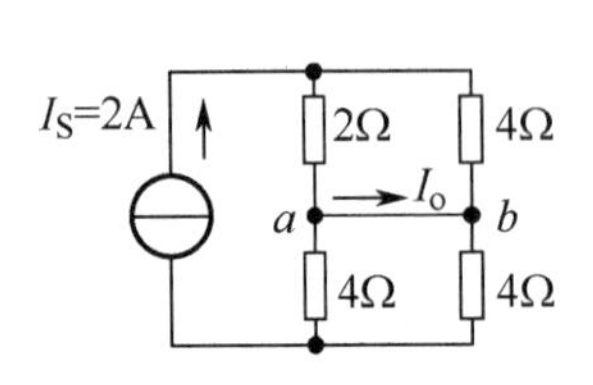

图 2-12-9　2.12 节单项选择题 1 图

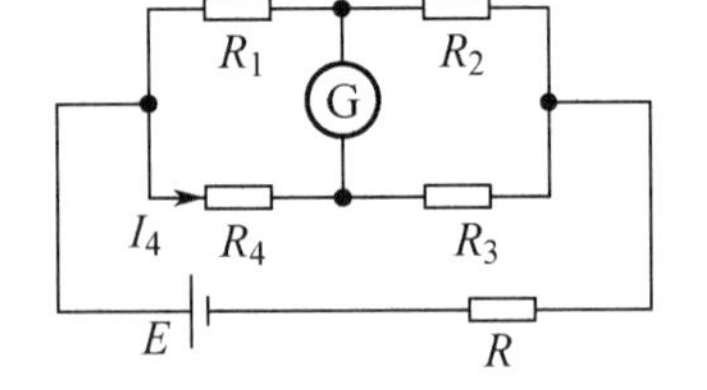

图 2-12-10　2.12 节单项选择题 2 图

阅读材料

电桥法测电阻

利用电桥平衡条件的原理测量电阻的方法称为电桥法。

直流电桥电路如图 2-12-11（a）所示。R_1、R_2 为固定电阻，R_3 为可变电阻，$R_4=R_x$ 为被测电阻。用直流电桥电路测量电阻时，先闭合开关 S，然后调节可变电阻 R_3，当电流表 G 指针不发生偏转时，电桥处于平衡状态。此时根据电桥的平衡条件可得

$$\frac{R_1}{R_2}=\frac{R_3}{R_x} \quad \Rightarrow \quad R_x=\frac{R_2R_3}{R_1}$$

若采用图 2-12-11（b）所示的滑线式电桥电路，则根据电桥的平衡条件可得

$$R_x = R\frac{l_2}{l_1}$$

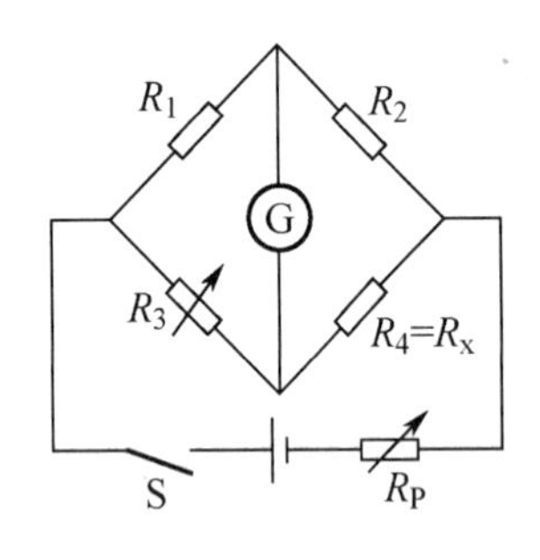

（a）直流电桥电路

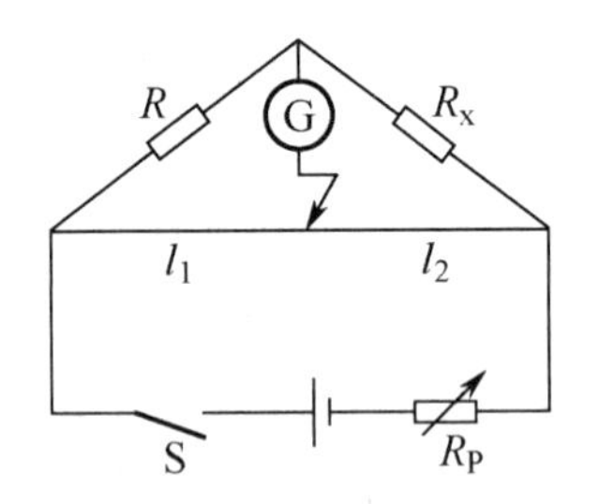

（b）滑线式电桥电路

图 2-12-11　电桥法测电阻的原理图

知识探究与学以致用

1．分析是串联还是并联？准备 2 个电阻、4 个开关、1 只万用表，按图 2-12-12 接线，采用各种方法接通开关，预测这时的阻值，同时用万用表测量加以确认。

（开关接通方式的例子①和③、①和④、②和④、①和②和④）。

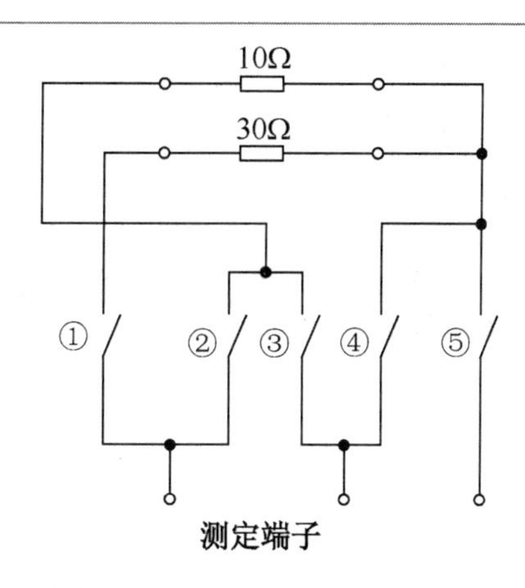

图 2-12-12　2.12 节测试电路

2．楼梯上、下两端或走廊两端，常需要在一端开灯而到另一端关灯。试用 2 个双连开关，设计出具有这种功能的电路，简述其工作原理，并按照你所设计的电路图，在电工实验板上进行安装，经指导教师检查后通电检验。

3．学校的电铃需要在传达室、办公室和值班室三处都能控制，试设计出这种能在三地控制同一个负载的电路。简述其工作原理，并在电工实验板上进行安装和测试。

第3章 电 容 器

学习要求

（1）理解电容器、电容的概念，掌握平行板电容器电容的计算方法。

（2）理解常见电容器的种类和标称值。

（3）掌握电场能量的计算方法和电容器的充放电特性。

（4）掌握电容器串、并、混联电路的特点和性质，熟练计算电容器组的各项参量。

（5）掌握利用指针式万用表粗略判别电容器质量的方法。

电容器是电路的基本元件之一，在各种电子产品和电力设备中，有着广泛的应用。**在电信系统中，电容器常用于滤波、移相、耦合、选频等；在电力系统中，电容器可用来提高电路的功率因数。**本章重点介绍电容器和电容的概念、电容器中的电场能量、参数和种类，以及电容器串、并、混联电路的特点和性质等。

3.1 电容器和电容

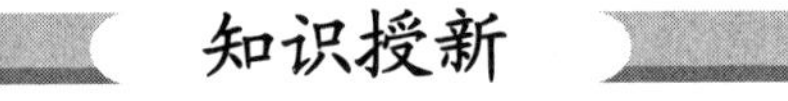

知识授新

被绝缘物质隔开的两个导体组成的器件称为电容器，是一种能够存储电场能量的器件。其中，组成电容器的两个导体叫作极板，中间的绝缘物质叫作电容器的介质。常用的介质有云母、陶瓷、金属氧化膜、纸介质、铝电解质等。

电容器最基本的特性是能够储存电荷。把电容器的两个极板分别接到直流电源 E 的正、负极上，两个极板间便有电压 U，在电场力的作用下，自由电子定向运动，与电源正极相接的极板上的电子被电源正极吸引而带正电荷，另一个极板会从电源负极获得等量的负电荷，从而使电容器储存电荷，如图 3-1-1 所示，电荷移动直到两个极板间的电压与电源电动势相等。这样，在两个极板间的介质中建立了电场，电容器储存了一定量的电荷和电场能量。

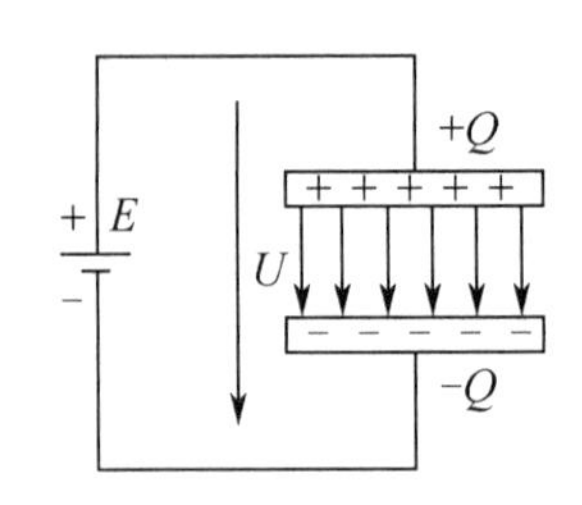

图 3-1-1 与电源连接的电容器

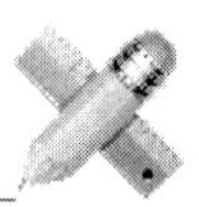

1. 电容

使**电容器储存电荷的过程叫作充电**。充电后，电容器两个极板上总是带等量异种电荷。我们把电容器每个极板上所带电荷量的绝对值，叫作电容器所带电荷量。电容器极板上所储存的电荷随着外接电源电压的增高而增加。电容器充电后，极板间有电场和电压。用一根导线将电容器的两个极板相连，正、负电荷中和，电容器失去电荷量，这个过程称为电容器的放电。

对某一个电容器而言，其中任意一个极板所储存的电荷量，与两个极板间电压的比值是一个常数，但是对于不同的电容器，这一比值则不相等。因此，常用这一比值来表示电容器储存电荷的能力。

如果电容器的两个极板间的电压是 U，任一极板所带电荷量是 Q，那么 Q 与 U 的比值叫作电容器的电容量，简称电容，用字母 C 表示。电容是衡量电容器储存电荷能力的物理量，是电容器的固有特性，其定义式为

$$C=\frac{Q}{U}$$

式中，Q——单个极板上的电荷量，单位为C；

U——两个极板间的电压，单位为V；

C——电容，单位为F（法拉）。

如果加在两个极板间的电压是1V，每个极板储存的电荷量是1C，则电容是1F。在实际应用中，法拉太大，较小的单位有微法（μF）和皮法（pF），它们之间的换算关系如下：

$$1\text{F}=10^{6}\mu\text{F}=10^{9}\text{nF}=10^{12}\text{pF}$$

习惯上，电容器常简称为电容，所以**文字符号C具有双重意义，既代表电容器，又代表它的重要参数电容。**

2. 平行板电容器

由两块相互平行、靠得很近、彼此绝缘的金属板组成的电容器，叫作平行板电容器，是一种最简单的电容器。平行板电容器的示意图及符号如图3-1-2所示。

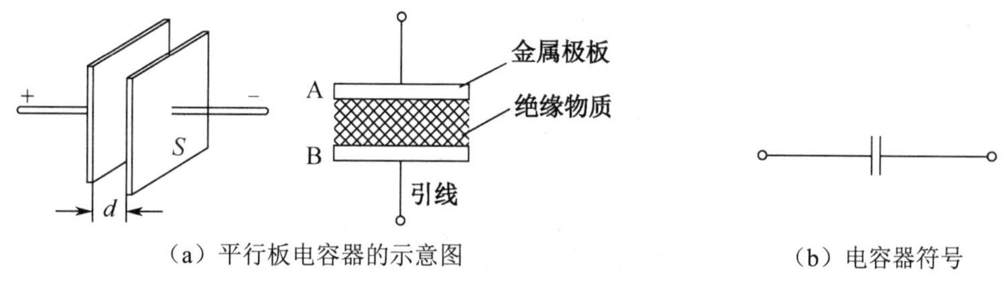

（a）平行板电容器的示意图　　（b）电容器符号

图3-1-2　平行板电容器的示意图及符号

设极板的正对面积为 S，极板间的距离为 d，电介质的介电常数为 ε。理论推导和实践证明，平行板电容器的电容 C 跟介电常数 ε 成正比，跟极板的正对面积 S 成正比，跟极板间的距离 d 成反比，即

$$C=\frac{\varepsilon S}{d}$$

式中，ε——某种电介质的介电常数，单位为F/m（法拉每米）；

S——极板的正对面积（也称有效面积），单位为 m^2；

d——两个极板间的距离，单位为 m。

上式说明，对某个平行板电容器而言，它的电容是一个确定值，其大小仅与电容器的极板面积、相对位置及极板间的电介质有关；与极板间的电压、极板所带电荷量无关。

介电常数的大小由电介质的性质决定。真空介电常数用 ε_0 表示，其值为一个恒量，真空介电常数为

$$\varepsilon_0 = 8.86\times10^{-12}\ \text{F/m}$$

某种介质的介电常数 ε 与真空介电常数 ε_0 之比，叫作该介质的相对介电常数，用 ε_r 表示，即

$$\varepsilon_r = \frac{\varepsilon}{\varepsilon_0} \quad 或 \quad \varepsilon = \varepsilon_r \varepsilon_0$$

表 3-1-1 给出了几种常用介质的相对介电常数。

表 3-1-1　几种常用介质的相对介电常数

介质名称	相对介电常数/(F/m)	介质名称	相对介电常数/(F/m)
石英	4.2	聚苯乙烯	2.2
空气	1.0	氧化铝	8.5
硬橡胶	3.5	无线电瓷	6～6.5
酒精	35	超高频瓷	7～8.5
纯水	80	五氧化二钽	11.6
云母	7.0	变压器油	2.0～2.2
玻璃	5.0～10	蜡纸	4.3

必须注意到，不只是电容器才具有电容，实际上任何两个导体之间都存在电容。例如，两根传输线之间，每根传输线与大地之间，都是被空气介质隔开的，都存在电容；线圈的匝与匝之间，晶体管各极之间也存在电容。一般情况下，这个电容很小，它的作用可忽略不计。如果传输线很长或所传输的信号频率很高，就必须考虑这一电容的作用。另外，在电子仪器中，导体和仪器的金属外壳之间也存在电容。上述这些电容看不见，摸不着，但又客观存在，我们统称为分布电容，虽然它的数值很小，但有时会给传输线路或仪器设备的正常工作带来干扰。

例题解析

【例 1】将一个电容为 22μF 的电容器接到电动势为 100V 的直流电源上，充电结束后，求电容器极板上所带的电荷量。

【解答】根据电容定义式得

$$Q = CU = 22\mu\text{F}\times100\text{V} = 2200\mu\text{C}$$

【例 2】有一真空电容器，其电容是 8.2μF，将两个极板间的距离增大一倍后，在其中充满云母介质，求该云母电容器的电容（云母的相对介电常数为 ε_r=7.0F/m）。

【解答】设真空电容器的电容为 C_1，云母电容器的电容为 C_2，则

$$C_1 = \frac{\varepsilon_0 S}{d} \quad ①$$

$$C_2 = \frac{\varepsilon_r \varepsilon_0 S}{2d} \quad ②$$

$\frac{②}{①}$ 可得

$$\frac{C_2}{C_1} = \frac{\varepsilon_r}{2} \Rightarrow C_2 = \frac{\varepsilon_r C_1}{2} = \frac{7}{2} \times 8.2 = 28.7\mu F$$

同步练习

一、填空题

1．当电容器两端的电压是 1V，极板所带电荷量为 1C 时，电容是________F。

2．平行板电容器的电容为 C，充电到电压为 U 后断开电源，然后把极板间的距离由 d 增大到 $2d$，则电容器的电容为________，所带电荷量为________，极板间的电压为________。

二、单项选择题

1．若在空气电容器的极板间插入电介质，则电容器的电容（　　）。

A．减小　　B．不变　　C．增大　　D．为零

2．某电容器的两端电压为 10V，所带电荷量是 1C，若将它的电压升为 20V，则（　　）。

A．电容增大一倍　　B．电容不变

C．所带电荷量减少一半　　D．电荷量不变

3．有两个电容器且 $C_1>C_2$，如果它们两端的电压相等，则（　　）。

A．C_1 所带电荷量较多　　B．C_2 所带电荷量较多

C．两个电容器所带电荷量相等　　D．无法确定

4．一平行板电容器，当极板间的距离 d 和选用的介电系数 ε 一定时，如果极板面积增大，则（　　）。

A．电容减小　　B．电容增大　　C．电容不变　　D．无法确定

三、计算题

在图 3-1-3 中，已知 E_1=12V，E_2=20V，R_1=8Ω，R_2=4Ω，R_3=6Ω，R_4=14Ω，C=100μF，求电容器所带电荷量。

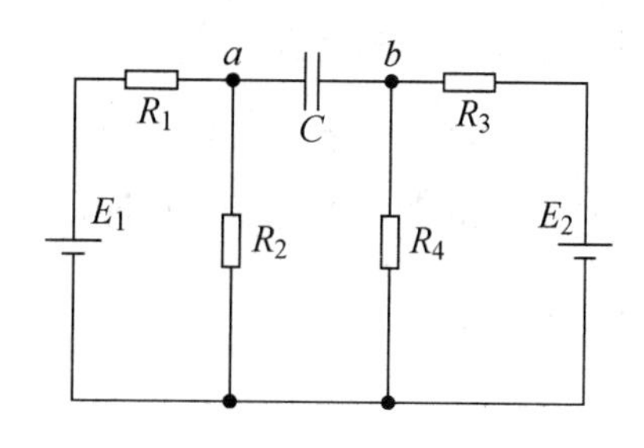

图 3-1-3　3.1 节计算题图

3.2 电容器的参数和种类

知识授新

电容器种类繁多，且不同种类的性能、用途也各不相同，即使是同一种类的电容器也有不同的规格。要想合理选择和使用电容器，必须对电容器的参数和种类有充分的认识。

1. 电容器的参数

（1）额定工作电压。

电容器的额定工作电压（又称耐压）是指电容器能长时间地稳定工作，并且保证电介质性能良好的直流电压。**电容器上所标的电压就是耐压。如果把电容器接到电路中，则必须保证电容器的耐压不低于交流电压的最大值，否则电容器会被击穿。**

电容器的耐压有两种常见的标注方法，一种是把耐压直接印在电容器上，如纸介电容器、电解电容器；另一种是耐压采用一个数字和一个字母组合而成，如瓷片电容器。例如，2G472J中的“2G”表示耐压为400V，“472J”表示标称容量与允许误差，可对照表3-2-1查阅。

表3-2-1 电容器数字、字母标注耐压的对照表

n	A	B	C	D	E	F	G	H	J	K	Z
0	1.0	1.25	1.6	2.0	2.5	3.15	4.0	5.0	6.3	8.0	9.0
1	10	12.5	16	20	25	31.5	40	50	63	80	90
2	100	125	160	200	250	315	400	500	630	800	900
3	1000	1250	1600	2000	2500	3150	4000	5000	6300	8000	9000

由表3-2-1可知，数字 n 表示 $\times10^n$ 的幂指数，字母表示数值，单位是V。1J代表 $6.3\times10^1=63$V；2F代表 $3.15\times10^2=315$V；3A代表 $1.0\times10^3=1000$V；1K代表 $8.0\times10^1=80$V。

（2）标称容量和允许误差。

电容器上所标明的电容叫作标称容量。电容器在批量生产过程中，受到诸多因素的影响，实际电容与标称容量之间总有一定的误差。我国对不同的电容器，规定了不同的误差范围，在此范围之内的误差叫作允许误差。

电容器的标称容量和允许误差的常见标注方法如下。

① 直标法。把电容器的型号、规格，用阿拉伯数字和单位符号直接在产品表面上标出。

例如，CY-2-D-500-510-±10%，云母电容器（CY）；温度系数为D组；耐压为500V；电容为510pF；允许误差为±10%。当电容器外形体积较小时，电容分为6.8pF、3.3μF（或3μ3）、3300μF（或3m3）、3300pF（或3n3）几类。

② 特殊标注法。

方式一：只标数字，无小数点，单位为pF，如图3-2-1（a）所示；有小数点，单位为μF，如图3-2-1（b）所示。

例如，p1（0.1pF）；p59（0.59pF）；1p（1pF）；5p9（5.9pF）；1n（1000pF）；590n（0.59μF）；104（0.1μF）；5m9（5900μF）；等等。

方式二：用数值和倍率相乘表示电容，用符号表示耐压和允许误差，如图 3-2-1（c）、（d）所示。

例如，0.022J250V 表示电容为 0.022μF，允许误差为±5%，耐压为 250V；224J 表示电容为 220000pF，即 0.22μF，允许误差为±5%。

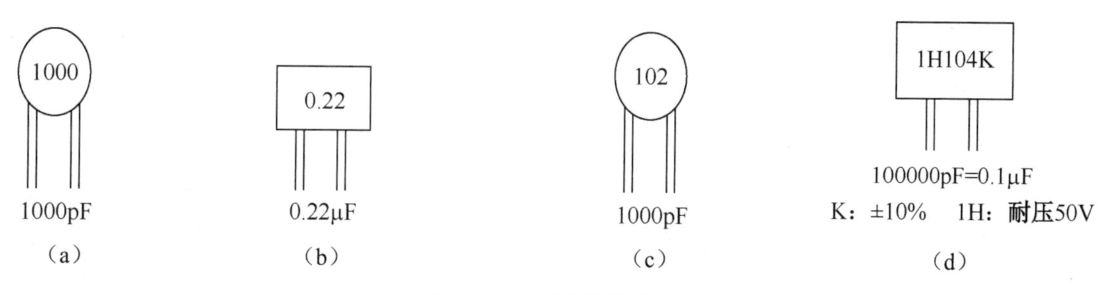

图 3-2-1　特殊标注法

电容的允许误差有直接标注在电容器外壳上的，也有用字母符号表示的。

允许误差直接标注在电容器外壳上的电容器，其精度等级与允许误差如表 3-2-2 所示。一般电容器常用 I、II、III 级，电解电容器用 IV、V、VI 级。

表 3-2-2　电容器精度等级与允许误差（直接标注）

精度等级	00	0	I	II	III	IV	V	VI
允许误差/%	±1	±2	±5	±10	±20	+20 −10	+50 −20	+50 −30

用字母符号表示允许误差的电容器，其精度等级与允许误差如表 3-2-3 所示。

表 3-2-3　电容器精度等级与允许误差（字母符号表示）

精度等级	F	G	J	K	M	S
允许误差/%	±1	±2	±5	±10	±20	+50 −20

2. 电容器的种类

电容器按其电容是否可变，分为固定电容器和可变电容器，可变电容器还包括半可变电容器；按电介质类型分为纸质电容器、云母电容器、陶瓷电容器、电解电容器、涤纶电容器等。它们在电路中的符号如表 3-2-4 所示。

表 3-2-4　电容器在电路中的符号

名称	一般电容器	电解电容器	半可变电容器	可变电容器	双连可变电容器
图形符号		+（有极性） （无极性）			

（1）固定电容器。

固定电容器的电容是固定不变的，它的性能和用途与极板间的介质密切相关。常用的介质有空气、云母、陶瓷、金属氧化膜、纸介质、铝电解质等。电解电容器有正负极之分，使用时切记不可将极性接反，或者接到交流电路中，否则会将电解电容器击穿。

（2）可变电容器。

电容在一定范围内可调的电容器叫作可变电容器。收音机中常用双连可变电容器来调节频率，它利用改变两组金属片的相对位置来改变电容器极板间的有效面积，以改变电容。可变电容器常用的介质有空气、云母等。

（3）半可变电容器。

半可变电容器又称微调电容器，在电路中常被用作补偿电容器。电容一般只有几皮法到几十皮法。一般通过改变动片和静片间的距离，或者改变它们的相对位置达到调节其电容的目的。常用的介质有瓷介质、有机薄膜等。

常用电容器的外形如图 3-2-2 所示。

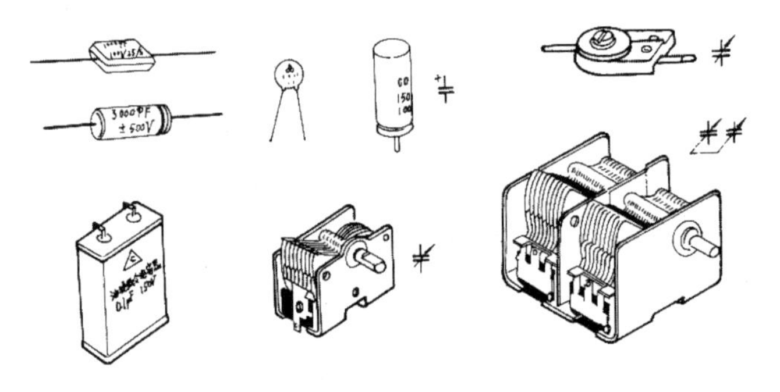

图 3-2-2　常用电容器的外形

例题解析

【例 1】有一空气介质的可变电容器，由 12 片动片和 11 片静片组成，每片截面积为 7cm^2，相邻动片与静片间的距离为 0.38mm，求此电容器的最大电容。

【解答】多片电容器电容的计算公式为

$$C=\frac{\varepsilon(N-1)S}{d}$$

式中，N——动、静片之和，所以

$$C=\frac{\varepsilon_0(12+11-1)S}{d}=\frac{8.85\times10^{-12}\times22\times7\times10^{-4}}{0.38\times10^{-3}}=358.6\text{pF}$$

同步练习

一、填空题

1．电容器的额定工作电压一般称为_______。接到交流电路中，其额定工作电压________交流电压的最大值。

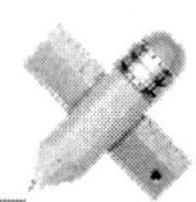

2．普通瓷片电容器过去的耐压标准是________V，现为________V。

3．电容器上所标明的电容叫作________。使用电解电容器时切记不可将________。

4．n59=________pF，5n9=________pF，5m9=________μF。

5．普通瓷片电容器上标有“334K”，其电容是________μF，允许误差是________；涤纶电容上标有“2A103J”，其电容是________pF，允许误差是________，耐压是________V。

二、简答题

1．怎样按照电容器的参数选择电容器？

2．说出五种常用电容器的名称。

3.3 电容器的基本特性

知识授新

1．电容器的充、放电

电容器是一种储能元件，类似一个“电能中转站”，通过电容器的充、放电来储存和释放电能。我们可以通过实验观察和分析电容器在充、放电过程中的规律，以加深对电容器基本特性的了解和认识。

在图 3-3-1 中，U_S 为恒压源，C 为电容很大的电容器，A_1和A_2是电流表。S 是单刀双掷开关，H_L 是灯泡，V是电压表。把开关 S 置“1”，电源对电容器充电。

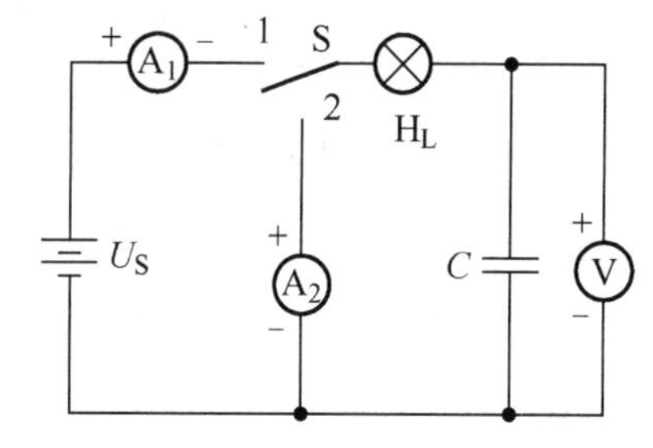

图 3-3-1 电容器充、放电实验电路

我们可以看到：灯泡开始最亮，然后逐渐变暗，最后熄灭；同时电流表A_1的示数由开始最大逐渐减小，直到为零，而电压表的示数则由开始时的零逐渐增大，最后达到 U_S。

细心的读者不禁要问：为什么电容器的极板间有电介质绝缘，电路并不闭合，但电容器充电时灯泡会亮，电路中会有电流呢？为什么电流会由大变小，最后变为零呢？

原来，当电容器的两个极板与恒压源相接后，在电源电场力的作用下，电容器 A 极板上的负电荷被电源正极吸引，经导体和电源移到 B 极板，形成充电电流。所以在充电过程中并没有电荷直接通过电容器内部的电介质，而是电子由电容器的正极板→灯泡→电流表→电源正极→电源负极→电容器负极板做定向移动，形成电流，如图 3-3-2 所示。

在开关 S 置“1”的瞬间，由于电容器 A 极板上没有电荷，与电源正极之间的电压等于 U_S（最大），电源电场力最大，所以开始时充电电流最大，灯泡最亮；随着电容器极板间储存的电荷量增多，其端电压也随之升高，正如我们看到的电压表示数逐渐增大，此时，电容器与电源之间的电压逐渐减小，电源电场力作用减小，所以充电电流也越来越小。当电容器端电压上升到 $U_C=U_S$（$E_C=E_U$）时，电容器 A、B 极板与电源正、负极分别等电位，电源电场力的作用为零，电荷的定向移动停止，电流也变为零，充电结束。此时，电容器储存电荷量 $q=CU_S$。

我们再来分析电容器的放电过程。当开关 S 置“2”时，电容器与灯泡、电流表Ⓐ₂形成闭合电路。此时，充电后的电容器相当于电源，在电场 E_C 的作用下，通过灯泡、电流表放电，形成放电电流。开始时电容器端电压为 U_C（最大），所以放电电流最大，灯泡最亮，随着电容器两个极板的正、负电荷不断中和，电容器端电压逐渐减小，放电电流也随之减小。当电容器两个极板的正、负电荷全部中和时，端电压为零，电流也为零，放电结束。由图 3-3-3 可知，电容器在放电过程中，没有电荷通过电容器内部电介质。

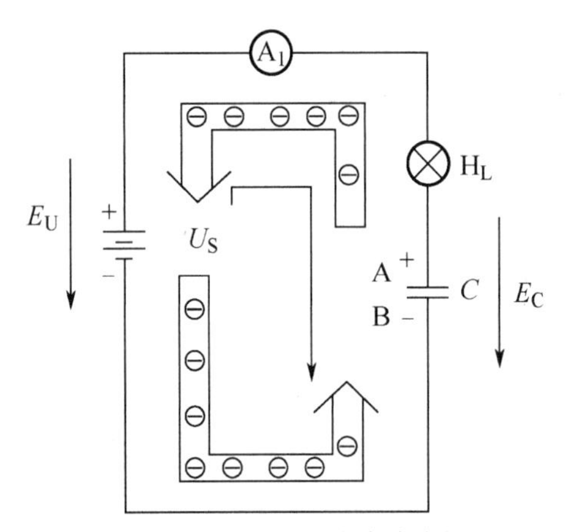

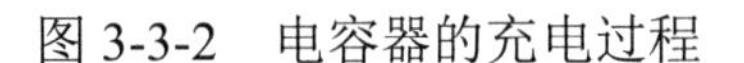

E_U—电源电场；E_C—电容内电场

图 3-3-2 电容器的充电过程

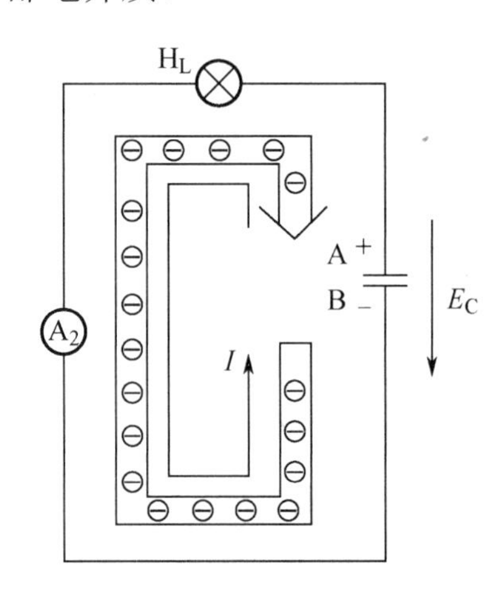

图 3-3-3 电容器的放电过程

2. 电容器的伏安关系

电容器在充、放电过程中，极板上的电荷量 q、电容电压 u_C 和电流 i_C 都随时间变化，而且每个时刻都有不同的数值。下面，我们来研究它们的变化规律。

设在极短的时间 Δt 内，极板上电荷的变化量为 Δq，由电流的定义式可得，电路中的电容电流为

$$i_C=\frac{\Delta q}{\Delta t}$$

由 $q=Cu_C$ 可得 $\Delta q=C\Delta u$，所以

$$i_C=\frac{\Delta q}{\Delta t}=C\frac{\Delta u_C}{\Delta t}$$

上式就是电容器的伏安关系。它阐明了电容电压与电流的关系，即电容电流的大小正比于电容电压的变化率。显然，它与电阻的伏安关系完全不同。

根据电容器的伏安关系，我们可推导出电容器的重要特性。

（1）若将直流电压加在电容器两端，充电结束之后，电容电压再无变化，即 $\Delta u_C=0$，则 $\frac{\Delta u_C}{\Delta t}=0$，$i_C=C\frac{\Delta u_C}{\Delta t}=0$，电容器具有隔直流作用。

（2）若将交变电压加在电容器两端，$\Delta u_C\neq 0$，则电路中始终有交变的充、放电电流通过，

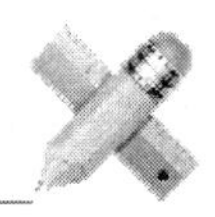

电容器具有通交流作用。电容器"隔直流、通交流"的特性，将在第5章进行介绍。

需要强调的是，电路中的电流是电容器充、放电形成的，是静电感应的结果，并非电荷直接通过了介质。

3．电容器中的电场能量

电容器最基本的功能就是储存电荷。通过观察分析电容器充、放电的实验，我们可以清楚地描绘出电容器吞吐电能的特性。

电容器充电时，两个极板上的电荷量 q 逐渐增多，端电压 u_C 正比增大，$q=Cu_C$。两个极板上的正、负电荷在电介质中建立电场，如图 3-3-4 所示。电场是具有能量的，所以，电容器充电时从电源处吸取电能，储存在电容器的电场中。电容器放电时，两个极板上的电荷量不断减少，电压不断降低，电场不断减弱，把充电时储存的电场能释放出来，转化为灯泡的光能和热能。从能量转化的角度来看，电容器的充、放电过程，实质是电容器吞吐电能的过程，是电容器与外部能量的交换过程。在此过程中，电容器本身不吸收能量，所以说，电容器是一种储能元件。电阻则不同，电流通过电阻时要做功，把电能转化为热能，这种能量的转化是不可逆的，所以电阻是一种耗能元件。我们必须区别这两种基本元件在电路中的不同作用。

4．电容器中储存电场能的计算

电容器充电时，两个极板上的电荷量 q 逐渐增多，电压 u_C 逐渐升高，电压与电荷量成正比，即 $q = Cu_C$，如图 3-3-5 所示。

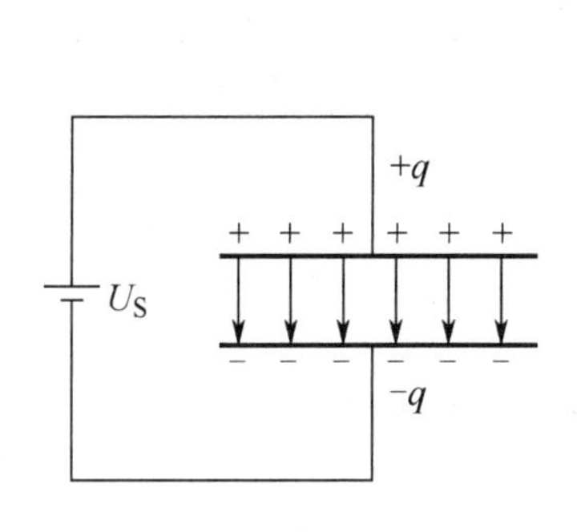

图 3-3-4　电容器中的电场

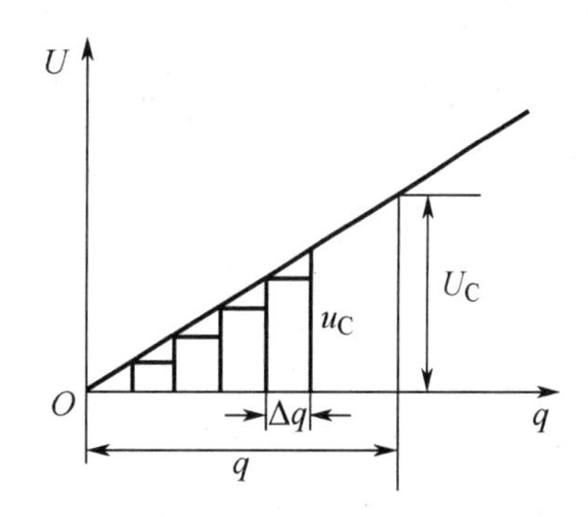

图 3-3-5　电容器的 u_C-q 关系

把充入电容器的总电荷量 q 分成许多小等份，每等份的电荷量为 Δq，表示在某个很短的时间内电容器极板上增加的电荷量，在这段时间内，可认为电容器端电压为 u_C，此时电源运送电荷做功为

$$\Delta W_C = u_C i \Delta t = u_C \Delta q$$

即这段时间内电容器储存的电场能增加的数值。

充电结束时，电容器极板间的电压达到稳定值 $u_C=U$，此时，电容器储存的电场能应为整个充电过程中电源运送电荷所做的功之和，即把图 3-3-5 中每小段所做的功都加起来。利用积分的方法可得

$$W_C = \frac{1}{2}qU$$

将 $q=CU$ 代入上式，可得电容器中电场能的另一个计算公式：

$$W_C=\frac{1}{2}CU^2$$

式中，C——电容，单位为F；
U——电容器极板间的电压，单位为V；
q——电容器储存的电荷量，单位为C。
W_C——电容器中的电场能，单位为J。

显然，在电压一定的条件下，电容 C 越大，储存的电场能越多，电容 C 也是电容器储能能力的标志。

还应强调的是，只有理想化的电容器，即纯电容元件才只储能而不耗能。对于实际的电容器，由于其介质不能完全绝缘，在电压的作用下，总有一些漏电流，即它仍有一些电阻成分，会耗能，使电容器发热。由于介质漏电及其他原因产生的能量消耗叫作电容器的损耗。一般电容器的能量损耗很小，可忽略不计。

电容器的储能在实际中得到了广泛应用。例如，照相机闪光灯的工作原理就是先让干电池给电容器充电，再将其储存的电场能在按动快门的瞬间（只有千分之几秒，工作电流却很大，可达数百安）一下子释放出来产生耀眼的闪光；储能焊也是利用电容器储存的电场能，在极短时间内释放出来，使被焊金属在极小的局部区域熔化而焊接在一起。

事物都是一分为二的。电容器的储能有时也会给人造成伤害。例如，在工作电压很大的电容器断电后，电容器内仍储存有大量电场能，若用手去触摸电容器，则有触电危险。所以，断电后应用适当大小的电阻与电容器并联（电工实验时，也可用绝缘导体将电容器的两个极板短接），先将电容器中的电场能释放后，再进行操作。

例题解析

【例 1】有一个 1μF 的电容器与直流电源相接充电，若在时间 Δt=100μs 内，电压增量为 Δu=20V，求 Δt 这段时间的充电电流。

【解答】

$$i_C=C\frac{\Delta u_C}{\Delta t}=1\times10^{-6}\times\frac{20\text{V}}{100\times10^{-6}\text{s}}=0.2\text{A}$$

【例 2】某电容器电容为 100μF，原端电压 U_1=100V，继续充电后端电压变为 U_2=400V，求电场能增加了多少。

【解答】

$$\begin{aligned}\Delta W_C&=W_2-W_1\\&=\frac{1}{2}CU_2^2-\frac{1}{2}CU_1^2=\frac{1}{2}C(U_2^2-U_1^2)\\&=\frac{1}{2}\times100\times10^{-6}(400^2-100^2)=7.5\text{J}\end{aligned}$$

▲【例 3】两个电容器电容分别为 4μF 和 6μF，将它们分别充电到 10V 和 15V。问：将

它们做两种不同连接后各自的电荷量是多少？在导体中有多少电荷发生迁移？（1）同极性相并；（2）异极性相并。

【解析】将电压不等的两个电容器并联时，会发生电荷的迁移，最终使它们的端电压相等。如果同极性相并（含一个电容器未充电的情况），那么电荷迁移后，总电荷量不变，为原电荷量之和，而异极性相并后，由于发生中和，总电荷量必然减少，为原电荷量之差。另外还要强调的是，在电荷迁移的过程中，两个电容器的连接关系为串联；电荷迁移结束后，两个电容器的连接关系为并联。

【解答】C_1 原电荷量为 $Q_1=C_1U_1=4\times10=40\mu C$；$C_2$ 原电荷量为 $Q_2=C_2U_2=6\times15=90\mu C$。

（1）同极性相并，电荷迁移结束后，等效电容器的电容为

$$C=C_1+C_2=4+6=10\mu F$$

等效电容器的电荷量为

$$Q=Q_1+Q_2=40+90=130\mu C$$

等效电容器的端电压为

$$U=\frac{Q}{C}=\frac{130}{10}=13V$$

所以 C_1、C_2 的端电压为

$$U'_1=U'_2=U=13V$$

C_1、C_2 的电荷量变为

$$Q'_1=C_1U'_1=4\times13=52\mu C；\quad Q'_2=C_2U'_2=6\times13=78\mu C$$

$$或\ Q'_2=Q-Q'_1=130-52=78\mu C$$

所以导体中迁移的电荷量为

$$\Delta Q=Q_2-Q'_2=90-78=12\mu C\ 或\ \Delta Q=Q'_1-Q_1=52-40=12\mu C$$

（2）异极性相并，电荷迁移结束后，等效电容器的电容为

$$C=C_1+C_2=4+6=10\mu F$$

等效电容器的电荷量为

$$Q=Q_2-Q_1=90-40=50\mu C$$

等效电容器的端电压为

$$U=\frac{Q}{C}=\frac{50}{10}=5V$$

所以 C_1、C_2 的端电压为

$$U'_1=U'_2=U=5V$$

C_1 的电荷量变为

$Q'_1=C_1U'_1=4\times5=20\mu C$（此时 C_1 两个极板上电荷的极性已发生逆转）

C_2 的电荷量变为

$$Q'_2=C_2U'_2=6\times5=30\mu C$$

所以导体中迁移的电荷量为

$$\Delta Q=Q_2-Q'_2=90-30=60\mu C$$

同步练习

一、填空题

1．电容器是一种储能元件，可将电源提供的能量转化为________能量储存起来。

2．电容器在充电过程中，电容器的端电压________，储存的电场能________；电容器在放电过程中，电容器的端电压________，储存的电场能________。

3．电容器两端所加直流电压为 U 时，电容器储存的电场能为 W，当电压增大到 $2U$ 时，储存的电场能为________。

二、简答题

1．电容器极板间有电介质绝缘，电路并不闭合，为什么在充、放电过程中，电路中会出现电流呢？

2．有人说："电容器的电容 C 越大，其储存的电场能越大。"这句话对吗？为什么？

3．有一位同学说："如果一个电容器的电压等于零，则其储存的电场能必为零。"另一位同学说："如果一个电容器的电流等于零，则其储存的电场能必为零。"你认为这两位同学的说法对吗？为什么？

三、计算题

1．一个电容为 1000μF 的电容器，接到电压为 100V 的电源上，充电结束后，电容器极板上所带的电荷量是多少？电容器储存的电场能是多少？

2．一个电容为 10μF 的电容器，当它的极板上所带的电荷量为 5×10^{-4}C 时，电容器极板间的电压是多少？电容器储存的电场能是多少？

阅读材料

电容器质量的判别

电容器的常见故障是击穿短路、断路、漏电、电容减小、变质失效及破损等，通过万用表的电阻挡观测电容器的充、放电现象，可以大致判别电容器的质量。

（1）电容较大电容器的检测（1μF 以上）。

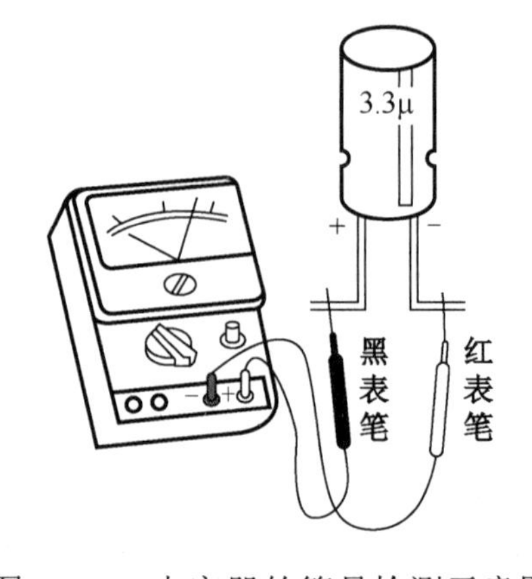

图 3-3-6　电容器的简易检测示意图

在图 3-3-6 中，将万用表转换开关拨到 $R\times100\Omega$ 或 $R\times1\text{k}\Omega$ 挡，红表笔接电容器负极，黑表笔接电容器正极，可以看到万用表指针摆动一下后，很快返回到"∞"处，迅速交替表笔再测一次，指针摆动幅度约为第一次的两倍，仍然很快返回到接近"∞"处，并且电容越大，指针

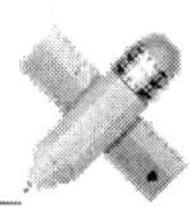

摆幅也越大，说明该电容器性能正常。若测得电容器两端电阻为 0Ω，则表示电容器已经短路；如果最后指针停留在某一阻值刻度上（没有返回到“∞”处），则说明电容器漏电，指针指示的阻值越小，电容器漏电越严重。一般用万用表 R×1kΩ 挡测量无极性电容器，指针最后应指向“∞”，用 R×1kΩ 挡测有极性电解电容器，指针最后接近“∞”，表明电容器性能正常，若偏离“∞”较远，则说明电容器漏电较大，不宜使用。

（2）电容较小电容器的检测（1μF 以下）。

电容较小电容器的质量判别方法与上述电容较大电容器是完全相同的，不同之处是由于被测电容器的电容较小，充、放电过程很短暂，采用 R×100Ω 或 R×1kΩ 挡可能看不到指针有明显偏转，为了延长充、放电过程，将万用表转换开关拨到 R×10kΩ 挡甚至更大的挡位。而对于电容极小的瓷片电容器，由于万用表无法观测到其充、放电过程，因此怀疑其损坏时，可用同规格的电容器替换。

3.4　电容器的连接

知识授新

实际使用电容器时，常遇到单个电容器的电容或耐压不能满足电路的要求，这就需要把电容器连接使用。最基本的连接方式是串联、并联和混联，下面分别予以讨论。

1. 电容器的串联

将两个或两个以上的电容器依次首尾相连，组成无分支的连接方式，称为电容器的串联，如图 3-4-1 所示。

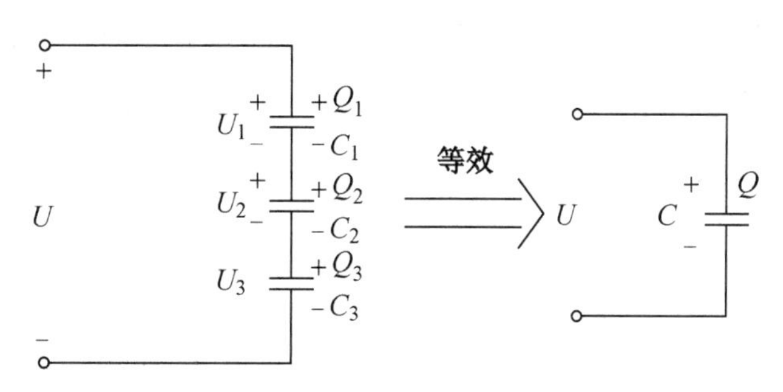

图 3-4-1　电容器的串联

电容器串联的特点（设有 n 个电容器串联）。

（1）串联电容器组中的每个电容器都带有相等的电荷量，即

$$Q = Q_1 = Q_2 = Q_3 = \cdots = Q_n$$

将电源接到串联电容器组的两端，因为只有最外面两个极板与电源相连，电源将对这两个极板充以相等的异种电荷，中间的各极板也将因静电感应而带上等量的异种电荷。由于串联电容器组电路无分支，所以每个电容器都带有相等的电荷量。

（2）串联电容器组的总电压等于各电容器端电压之和，即

$$U = U_1 + U_2 + U_3 + \cdots + U_n$$

根据 KVL 可知，总电压必然等于各分电压之和。

（3）串联电容器组的总等效电容的倒数等于各电容的倒数之和。推导过程如下。

由电容的定义式

$$C = \frac{Q}{U} \quad \Rightarrow \quad U = \frac{Q}{C}; \ U = U_1 + U_2 + U_3 + \cdots + U_n$$

可得各电容的端电压为

$$U_1 = \frac{Q}{C_1}, U_2 = \frac{Q}{C_2}, U_3 = \frac{Q}{C_3}, \cdots, U_n = \frac{Q}{C_n}$$

所以

$$\frac{Q}{C} = \frac{Q}{C_1} + \frac{Q}{C_2} + \frac{Q}{C_3} + \cdots + \frac{Q}{C_n} \Rightarrow \frac{1}{C} = \frac{1}{C_1} + \frac{1}{C_2} + \frac{1}{C_3} + \cdots + \frac{1}{C_n}$$

若电容器 C_1 与 C_2 串联，则其等效电容为

$$C = \frac{C_1 C_2}{C_1 + C_2}$$

若有 n 个电容为 C_0 的电容器串联，则其等效电容 C 为

$$C = \frac{C_0}{n}$$

我们把电容器串联与电阻串联的特性做一类比，想一想，哪个参量特性相同？哪个参量特性相似？哪个参量的特性不同而与电阻并联的特性相似？有比较才有鉴别，温故而知新。经常把所学的新知识与学过的知识进行类比，有助于我们加深对新知识的理解和记忆，使我们在综合应用时少犯差错。

电容器串联后，相当于增大极板间的距离，根据 $C = \frac{\varepsilon S}{d}$ 可知，其等效电容必然比每个电容都小。电容器串联后，每个电容器所承受的电压都低于外加总电压，所以当电容器的耐压值低于外加电压时，除可选用耐压不低于外加电压的电容器之外，还可以采用电容器串联的方式获得较高的耐压，所以**电容器串联适用于电容足够但耐压不足的场合。**

2. 电容器的并联

把两个或两个以上的电容器接到电路的两个节点之间的连接方式，称为电容器的并联，如图 3-4-2 所示。

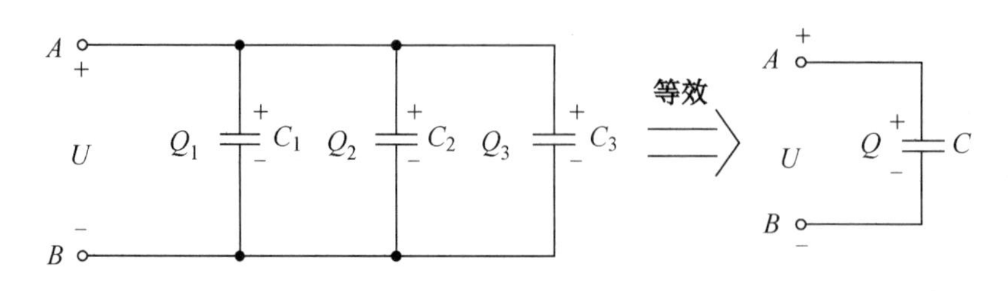

图 3-4-2　电容器的并联

电容器并联的特点（设有 n 个电容器并联）。

（1）并联电容器组的总电压等于各电容器的端电压，即

$$U = U_1 = U_2 = U_3 = \cdots = U_n$$

这是因为每个电容器均接到电路相同的两点之间，所以总电压与各电容器的端电压必然相等。

（2）并联电容器组的总电荷量等于各电容器所带电荷量之和，即

$$Q_1 = C_1U, Q_2 = C_2U, Q_3 = C_3U, \cdots, Q_n = C_nU$$

$$Q = Q_1 + Q_2 + Q_3 + \cdots + Q_n$$

由于电压相等，因此各电容器极板上的电荷量之和必然等于电源提供的总电荷量。

（3）并联电容器组的总等效电容等于各电容器的电容之和，即

$$C = C_1 + C_2 + C_3 + \cdots + C_n$$

推导过程如下。

整个并联电容器组的总等效电容 C 为

$$C = \frac{Q}{U} = \frac{Q_1 + Q_2 + Q_3 + \cdots + Q_n}{U} = \frac{C_1U + C_2U + C_3U + \cdots + C_nU}{U} = C_1 + C_2 + C_3 + \cdots + C_n$$

当 n 个电容为 C_0 的电容器并联时，其等效电容 C 为

$$C = n\,C_0$$

可见，**电容器并联时，其等效电容比每个电容都大。**因为电容器并联相当于加大了极板的面积，从而增大了电容。当每个电容器的电容不足时，可将电容器并联使用，所以**电容器并联适用于耐压足够但电容不足的场合。**同时，必须强调，电容器并联电路中每只电容器均承受着外加电压。因此，每只电容器的耐压应均高于外加电压。否则，一只电容器被击穿，整个并联电路被短路，会对电路造成危害。

例题解析

【例 1】在图 3-4-3 中，C_1、C_2、C_3 串联，接到 60V 的电压上，其中，C_1=2μF，C_2=3μF，C_3=6μF，求每个电容器承受的电压。

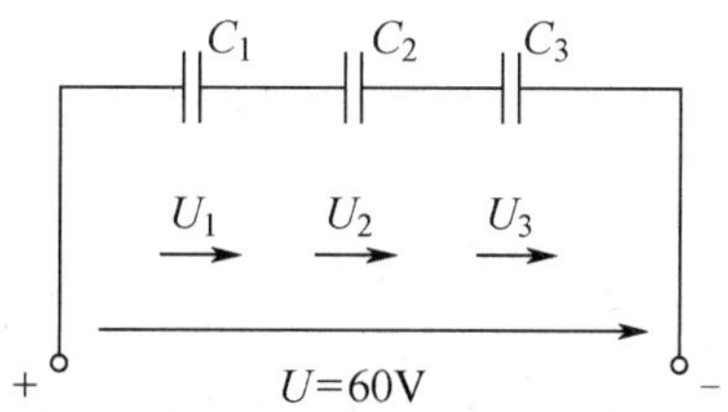

C_1　C_2　C_3

U_1　U_2　U_3

+　U=60V　−

图 3-4-3　3.4 节例 1 图

【解答一】 $\frac{1}{C} = \frac{1}{C_1} + \frac{1}{C_2} + \frac{1}{C_3} = \frac{1}{2} + \frac{1}{3} + \frac{1}{6}$，因为 $\frac{1}{C} = 1$，所以 $C = 1\mu\text{F}$。

又因为等效电容器的电荷量与各串联电容器的电荷量相等，所以

$$Q_1 = Q_2 = Q_3 = Q = CU = 1 \times 60 = 60\mu\text{C}$$

则

$$U_1=\frac{Q_1}{C_1}=\frac{60}{2}=30\text{V}；\ U_2=\frac{Q_2}{C_2}=\frac{60}{3}=20\text{V}；\ U_3=\frac{Q_3}{C_3}=\frac{60}{6}=10\text{V}$$

【解答二】$Q_1=Q_2=Q_3=Q\Rightarrow C_1U_1=C_2U_2=C_3U_3=CU$，以$U_3$为基准电压，得

$$C_1=\frac{1}{3}C_3\Rightarrow U_1=3U_3；\ C_2=\frac{1}{2}C_3\Rightarrow U_2=2U_3$$

因为

$$U_1+U_2+U_3=60\text{V}\Rightarrow 3U_3+2U_3+U_3=60\text{V}$$

所以

$$6U_3=60\text{V}\Rightarrow U_3=10\text{V}$$

$$U_1=3U_3=30\text{V}；\ U_2=2U_3=20\text{V}$$

结论：从上例可以看出，在串联电容器组中，各电容器的分电压与自身电容成反比。

如果两个电容器串联，则总电压与分电压的关系为

$$U_1=U\frac{C_2}{C_1+C_2}；\ U_2=U\frac{C_1}{C_1+C_2}$$

【例 2】在图 3-4-4 中，有两个电容器串联后接 360V 电压，已知C_1=0.25μF，耐压为 200V；C_2=0.5μF，耐压为 300V。问：

（1）该电路能否正常工作？

（2）整个串联电容器组的耐压是多少？

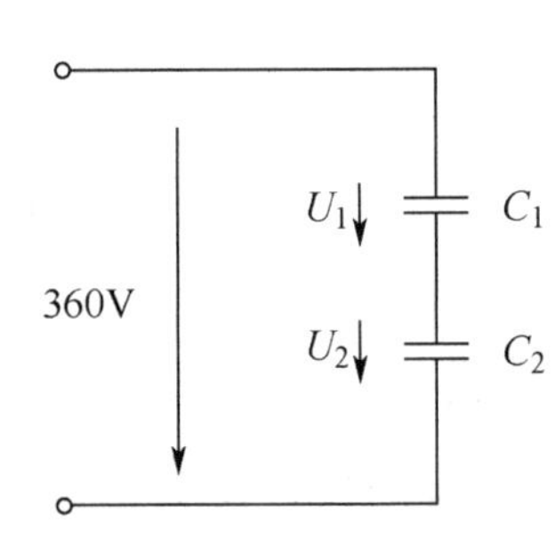

图 3-4-4　3.4 节例 2 图

【解析】电路能否正常工作需要看各电容器的分电压是否超出了自身的耐压。若均在耐压范围内，则可判定能正常工作，反之则不能正常工作。

【解答一】（1）串联等效电容为

$$C=\frac{C_1C_2}{C_1+C_2}=\frac{0.25\times0.5}{0.25+0.5}=\frac{1}{6}\mu\text{F}$$

每个电容器储存的电荷量为

$$Q=CU=\frac{1}{6}\times360=60\mu\text{C}$$

则

$$U_1=\frac{Q}{C_1}=\frac{60}{0.25}=240\text{V}；\ U_2=\frac{Q}{C_2}=\frac{60}{0.5}=120\text{V}$$

由于 C_1 承受的电压为 240V，超过了它的耐压（200V），所以 C_1 被击穿，360V 电压将全部转加到 C_2 上，当然也超过了 C_2 的耐压（300V），所以 C_2 也将被击穿，故不安全。

（2）若以 C_1 的耐压为基准电压，则

$$U_{1\text{N}}=200\text{V}；\ C_1=\frac{1}{2}C_2\Rightarrow U_2=\frac{1}{2}U_{1\text{N}}=100\text{V}$$

能共同承受的电压为

$$U_{\text{mN1}}=U_{1\text{N}}+U_2=200+100=300\text{V}$$

若以 C_2 的耐压为基准电压，则

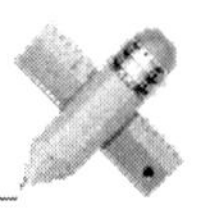

$$U_{2N} = 300\text{V}\text{；}\ C_2 = 2C_1 \Rightarrow U_1 = 2U_{2N} = 600\text{V}$$

能共同承受的电压为

$$U_{mN2} = U_1 + U_{2N} = 300 + 600 = 900\text{V}$$

则耐压 U_N 取 U_{mN1} 和 U_{mN2} 中的最小值，即 300V。

【解答二】（1）接 360V 电压后，各电容器实际承受的电压为

$$U_1 = U\frac{C_2}{C_1 + C_2} = 360 \times \frac{0.5}{0.25 + 0.5} = 240\text{V}$$

$$U_2 = U\frac{C_1}{C_1 + C_2} = 360 \times \frac{0.25}{0.25 + 0.5} = 120\text{V}$$

由于 C_1 承受的电压为 240V，超过了它的耐压（200V），所以 C_1 被击穿，360V 电压将全部转加到 C_2 上，当然也超过了 C_2 的耐压（300V），所以 C_2 也将被击穿，故不安全。

（2）$Q_{1m} = C_1U_{1N} = 0.25 \times 200 = 50\mu\text{C}$（$C_1$ 能储存的最大电荷量）；$Q_{2m} = C_2U_{2N} = 0.5 \times 300 = 150\mu\text{C}$（$C_2$ 能储存的最大电荷量）。

串联电容器组能储存的最大电荷量取 Q_{1m} 和 Q_{2m} 中的最小值，即 Q_{12m}=50μC，各自的分电压为

$$U_1 = \frac{Q_{12m}}{C_1} = \frac{50}{0.25} = 200\text{V}\text{；}\ U_2 = \frac{Q_{12m}}{C_2} = \frac{50}{0.5} = 100\text{V}$$

整个串联电容器组的额定电压为 $U_N = U_1 + U_2 = 300\text{V}$。

【例 3】有三个电容器的电容分别为 C_1=4μF，C_2=6μF，C_3=12μF，将它们并联起来接到电源上，已知电容器组储存的总电荷量为 $Q=1.2\times10^{-4}$C，求：

（1）每个电容器储存的电荷量是多少？

（2）并联电容器组的端电压 U 为多少？

【解析】并联电容器组，由于电压相同，电容器储存的电荷量与自身电容成正比。

【解答】（1）每个电容器储存的电荷量分别为

$$Q_1 = Q\frac{C_1}{C_1 + C_2 + C_3} = 1.2 \times 10^{-4} \times \frac{4}{4 + 6 + 12} = \frac{2.4}{11} \times 10^{-4}\text{C}$$

$$Q_2 = Q\frac{C_2}{C_1 + C_2 + C_3} = 1.2 \times 10^{-4} \times \frac{6}{4 + 6 + 12} = \frac{3.6}{11} \times 10^{-4}\text{C}$$

$$Q_3 = Q\frac{C_3}{C_1 + C_2 + C_3} = 1.2 \times 10^{-4} \times \frac{12}{4 + 6 + 12} = \frac{7.2}{11} \times 10^{-4}\text{C}$$

（2）因为

$$U = U_1 = U_2 = U_3 = \frac{Q_{总}}{C_{总}} = \frac{Q_1}{C_1} = \frac{Q_2}{C_2} = \frac{Q_3}{C_3}$$

所以并联电容器组的端电压为

$$U = \frac{Q_1}{C_1} = \frac{2.4 \times 10^{-4}}{11} \times \frac{1}{4 \times 10^{-6}} \approx 5.45\text{V}$$

或

$$U = \frac{Q_{总}}{C_{总}} = \frac{1.2 \times 10^{-4}}{22 \times 10^{-6}} \approx 5.45\text{V}$$

【例 4】在图 3-4-5 中，三个电容器分别为 C_1：60μF/100V，C_2：40μF/80V，C_3：20μF/40V，求电容器组的等效电容和耐压。

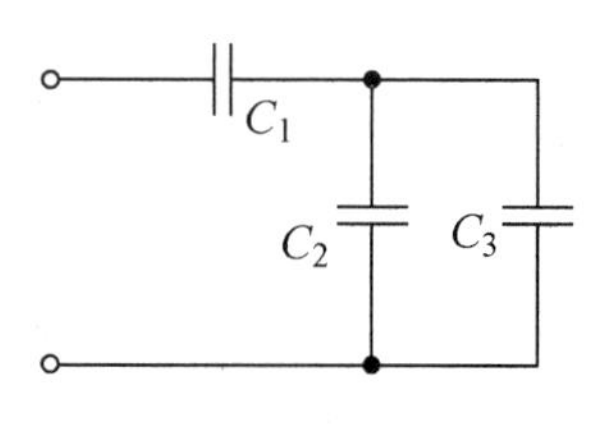

图 3-4-5　3.4 节例 4 图

【解析】混联电容器组的等效电容的求解与混联电阻的等效电阻求解类似，即要明确各元件间的连接方式，但串、并联的计算公式不同，应注意区分；混联电容器组的耐压应由内而外分步进行计算。本例题首先分析并联部分的等效电容和耐压，然后分析串联部分的耐压。

【解答】因为 C_2 与 C_3 并联，所以 $C_{23}=C_2+C_3=60\mu F$，C_{23} 并联电容器组的耐压取 C_2 与 C_3 耐压中的最小值，可等效为 $C_{23}=60\mu F$，耐压为 40V。

因为 C_{23} 与 C_1 串联，所以

$$C_{123}=\frac{C_1\times C_{23}}{C_1+C_{23}}=\frac{3600}{120}=30\mu F$$

$$Q_{1m}=C_1U_{1N}=60\times10^{-6}\times100=6\times10^{-3}C$$

$$Q_{23m}=C_{23}U_{23N}=60\times10^{-6}\times40=2.4\times10^{-3}C$$

因为整个混联电容器组所允许储存的最大电荷量 Q_{23m} 为 2.4×10^{-3}C，所以整个混联电容器组的耐压 $U_N=\dfrac{Q_{23m}}{C_{123}}=\dfrac{2.4\times10^{-3}}{30}=80V$。

同步练习

一、填空题

1．串联电容器组的总电容比每个电容器的电容________；每个电容器的端电压与自身电容成________。

2．将“3μF/40V”和“6μF/50V”两个电容器并联后的并联电容器组接在耐压下，则“6μF/50V”电容器的电荷量为________C。

3．$C_1=0.5\mu F$，耐压为 100V 和 $C_2=1\mu F$，耐压为 200V 的两个电容器串联后，两端能加的最大安全电压为________V。

4．将电容器 C_1（150V/20μF）和电容器 C_2（150V/30μF）串联到 250V 的电压上，则它们的等效电容为________μF，电容器________两端承受的电压较小且等于________V。

5．两个电容器 $C_1=6\mu F$，$C_2=3\mu F$，若将这两个电容器串联，则总电容为________μF；若将这两个电容器并联，则总电容为________μF。

6．已知电容器 $C_1=10\mu F$，$C_2=30\mu F$，则两个电容器串联后的总电容为________μF，两个电容器并联后的总电容为________μF。

7．有两个电容器，电容分别为 10μF 和 20μF，它们的耐压分别为 25V 和 15V。现将它们串联后接在 10V 的直流电源上，则它们储存的电荷量分别为________和________；此时等效电容为________μF；允许加的最大电压为________V。

8．C_1 和 C_2 两个电容器串联后接在 15V 的电源上，已知 $C_2=2C_1$，则两个电容器的端电压

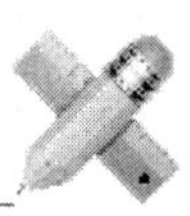

分别为 U_1=________V，U_2=________V。

9．两个“50μF/10V”的电容器并联后的总电容为________μF，串联后的总电容为________μF。

二、选择题

1．某电容器 C 和一个 2μF 的电容器串联，串联后的总电容为$\frac{1}{3}C$，接在电压为 U 的电源两端，那么电容器 C 上的电压是（　　）。

A．$\frac{U}{3}$　　B．$\frac{2U}{3}$　　C．0　　D．U

2．两个电容器 C_1 和 C_2，分别标有“40μF/500V”“60μF/800V”，串联接在 1000V 的直流电源上，则（　　）。

A．C_1 被击穿，C_2 不被击穿　　B．C_1 先被击穿，C_2 后被击穿

C．C_2 先被击穿，C_1 后被击穿　　D．两个电容器都没有被击穿

3．一个电容为 CμF 的电容器和一个电容为 2μF 的电容器串联，串联后的总电容为 CμF 的$\frac{2}{3}$，那么 C 的数值是（　　）。

A．2　　B．4　　C．6　　D．1

4. 将电容器 C_1“200V/20μF”和电容器 C_2“160V/20μF”串联接到 350V 电压上，则（　　）。

A．C_1 被击穿　　B．C_2 被击穿

C．C_1、C_2 均正常工作　　D．C_1、C_2 均被击穿

5．四个电容器串联：C_1=30μF，耐压为 50V；C_2=20μF，耐压为 20V；C_3=20μF，耐压为 40V；C_4=30μF；耐压为 40V，当外加电压不断增大时，先被击穿的是（　　）。

A．C_1　　B．C_2　　C．C_3　　D．C_4

三、计算题

1．电容器 C_1 和 C_2 串联后接在 12V 的直流电源上，若 $C_1=3C_2$，则 C_1 的端电压是多少？

2．C_1=40μF 的电容器，接在电压为 100V 的直流电源上充电完毕后，撤去电源，将它与 C_2=60μF 的电容器并联，求：

（1）每个电容器储存的电荷量。

（2）并联电容器组的端电压。

第4章 磁与电磁

电生磁，磁生电，动电生动磁，动磁生动电，这句话深刻地描述了电与磁之间有着密切的联系。电和磁是相互联系、不可分割的两类基本物质，几乎所有的电子设备都会应用到磁与电磁感应的基本原理。很多电气设备如电动机、变压器、电磁铁、电工测量仪表及其他各种铁磁元件等，都会应用到电与磁的基本原理。

本章将在复习巩固已学知识的基础上，进一步学习磁场强度、磁导率等物理概念，为学习电感器及其基本特性、电磁感应、磁路及其有关计算，以及变压器和交流电动机等技术打好基础。

学习要求

（1）掌握磁感应强度、磁通、磁场强度的概念及相关计算。

（2）掌握磁导率、相对磁导率、铁磁性物质、磁化曲线、磁滞回线、磁路的概念、特性及相关计算。

（3）掌握安培定则、左手定则、右手定则、楞次定律、电磁感应定律的内容及应用，自感、互感的概念及其应用。

（4）掌握安培力、洛仑兹力、力矩、感应电动势的相关计算。

（5）掌握电感器的种类、参数，以及电感线圈的连接和相关计算。

（6）掌握同名端的概念和判别方法，涡流应用与磁屏蔽原理。

（7）掌握磁场能的计算方法。

4.1 磁感应强度和磁通

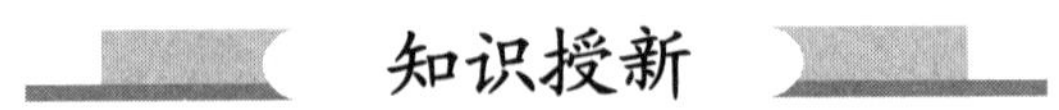

知识授新

1．磁体与磁力线

在初中物理中，我们已经学过不少有关磁场的基本知识。具有吸引铁、镍、钴等物质的性质叫作磁性，具有磁性的物体叫作磁体。磁铁是最常见的磁体，它分为天然磁铁和人造磁

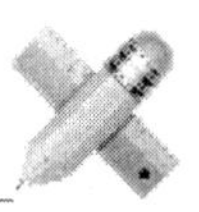

铁两类。人们利用天然磁铁制成指南工具，称为“司南”，我国汉代时已有应用。条形磁铁、U 形磁铁和针形磁铁等是常见的人造磁铁，如图 4-1-1 所示。

磁铁两端的磁性最强，磁性最强的地方叫作磁极。任何磁铁都有一对磁极，一个叫南极，用 S 表示；一个叫北极，用 N 表示。磁极总是成对出现的，且强度相等，磁极之间存在相互作用力，同名磁极相互排斥，异名磁极相互吸引。

磁极之间的作用力是通过磁体周围的磁场发生的。磁场存在于磁体周围空间，是一种看不见、摸不着但又可测量的特殊形态的物质。

将一块玻璃板水平地放在条形磁铁或 U 形磁铁上，在玻璃板上均匀地撒一些细铁屑，轻敲玻璃板，细铁屑会由于振动而移动，当细铁屑基本不再移动时，最终呈现出图 4-1-2 所示的形状，这个形状反映了磁体周围空间磁场的分布情况。

图 4-1-1　人造磁铁

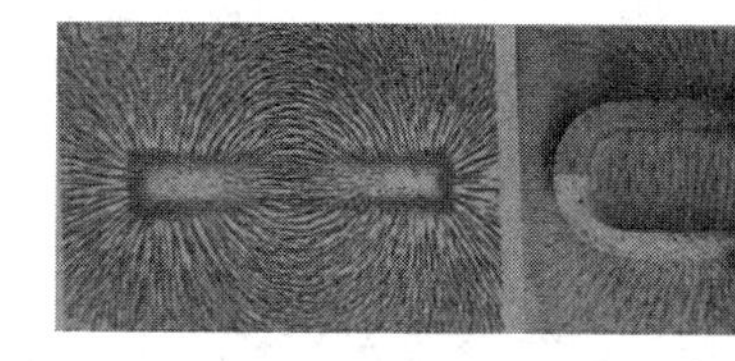

图 4-1-2　磁体周围空间磁场的分布情况

磁力线可以形象地描述磁场的大小和方向。在磁场中画出的一系列假想曲线，称为磁力线，如图 4-1-3 所示。图 4-1-4 所示为条形磁铁、U 形磁铁的磁力线。

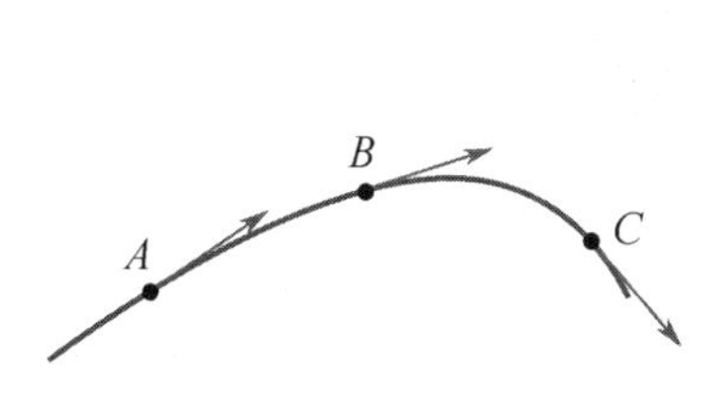

图 4-1-3　磁力线

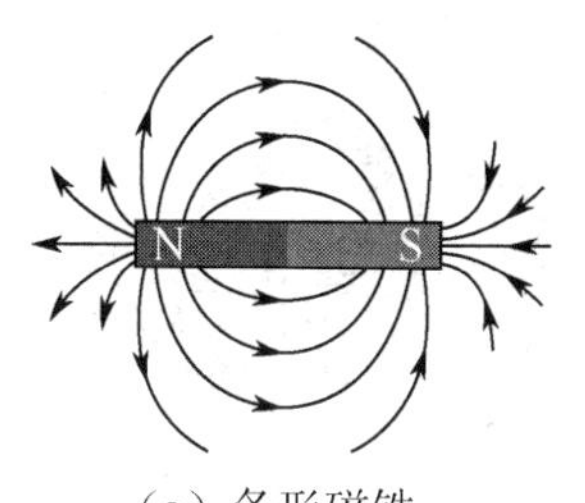

（a）条形磁铁

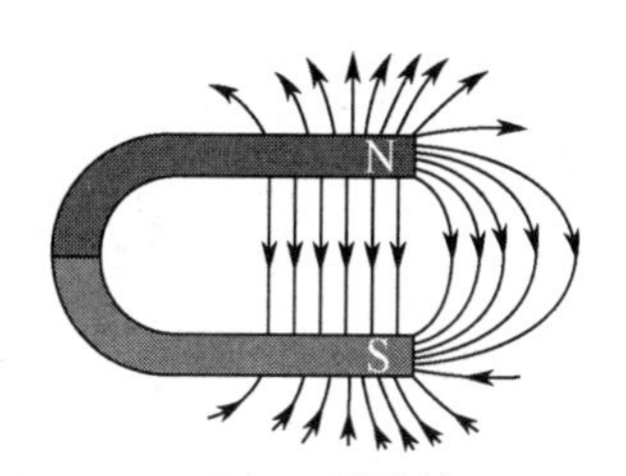

（b）U形磁铁

图 4-1-4　条形磁铁、U 形磁铁的磁力线

磁力线具有以下特点。

（1）磁力线的疏密反映了磁场的强弱，磁力线越密，磁场越强，反之越弱。

（2）磁力线无起点，亦无终点，即磁力线是闭合曲线，磁体外部的磁力线从 N 极到 S 极；磁体内部则由 S 极到 N 极。

（3）磁力线不相交，即磁力线上的任何一点只能有一个磁场方向。

（4）磁力线上某点的磁场方向，即磁力线在该点的切线方向，也是在该点放置一个小磁针，小磁针静止时，N 极所指的方向。

2. 电流的磁效应

磁场总是伴随电流而生，即使是永久磁铁，其磁场也是由“分子电流”产生的。我们把**通电导体周围存在磁场的这种现象，叫作电流的磁效应**。磁场的强弱和通电导体的电流大小有关，电流越大，磁场越强；还与通电导体的距离有关，离导体越近，磁场越强。磁场的方向取决于电流方向，可运用安培定则（又称右手螺旋定则）判别。

（1）通电长直导体的磁场方向。

通电长直导体的磁场方向的判别方法如下：右手握住通电长直导体并把拇指伸开，如果拇指指向与电流方向相同，那么四指环绕的方向就是磁场方向（磁力线方向），如图 4-1-5（a）所示。如果通电长直导体垂直于纸面，电流方向指向纸面，则磁力线是顺时针方向，如图 4-1-5（b）所示；如果电流方向背离纸面，则磁力线是逆时针方向，如图 4-1-5（c）所示。

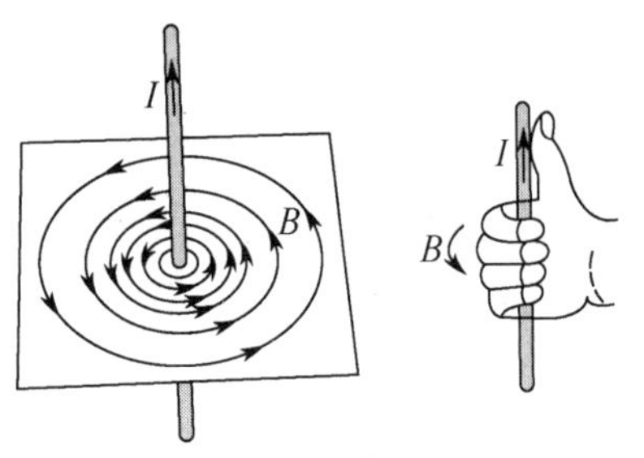

（a）安培定则图示

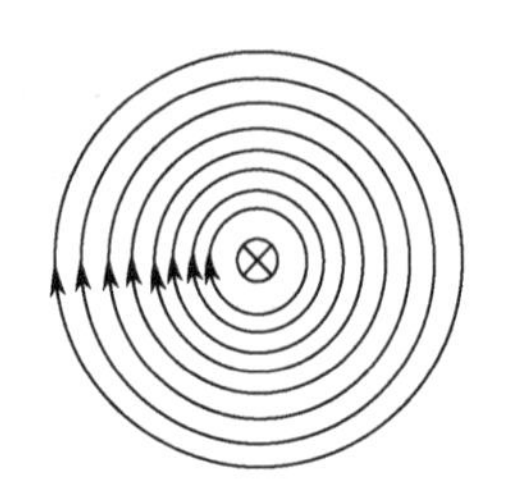

（b）“⊗”表示垂直于纸面向内

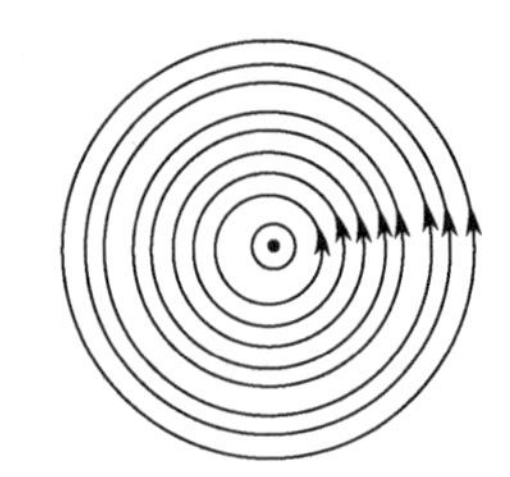

（c）“⊙”表示垂直于纸面向外

图 4-1-5　通电长直导体的磁场方向

（2）通电螺线管的磁场方向。

如果将通电长直导体绕成螺线管，那么通电螺线管的磁场方向仍然可以用安培定则判别。判别方法是：右手握住通电螺线管并把拇指伸开，四指环绕的方向表示电流方向，拇指指向就是通电螺线管 N 极所指的方向，如图 4-1-6 所示。

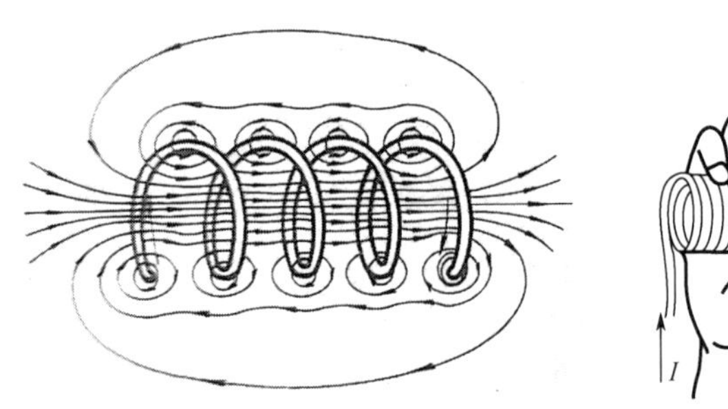

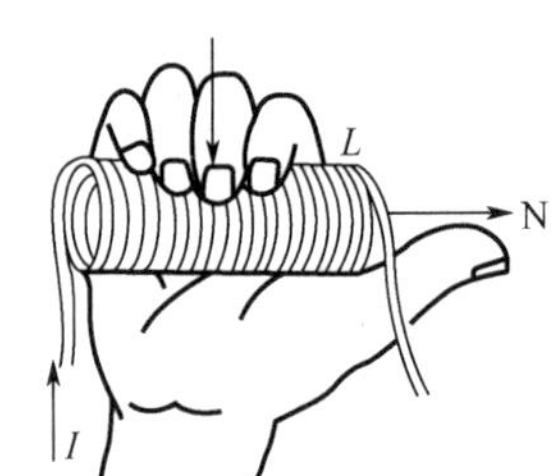

图 4-1-6　通电螺线管的磁场方向

3. *磁感应强度和磁通*

用磁力线描述磁场，只能直观、定性地分析磁场，而不能进行定量、精准的计算和设计。要定量地解决磁场问题，需要引入磁感应强度和磁通等物理量。

（1）磁感应强度。

将通电导体置于匀强磁场中，磁场方向如图 4-1-7 所示。磁场中的导体 MN 与弹簧相连，当电路中有电流通过时，导体 MN 受到力的作用向上运动，弹簧缩短。进一步实验可以证明，导体 MN 所受力的大小与导体本身的有效长度、电流大小与电流方向，以及所处的磁场强弱有关。当导体有效长度 L 和电流 I 增大时，磁场对导体的磁场力成正比

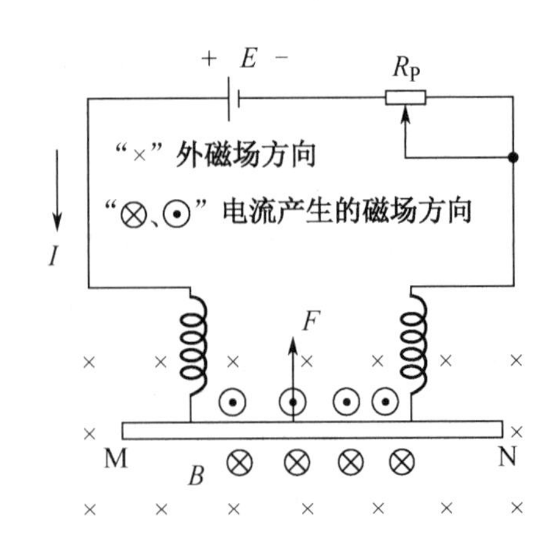

图 4-1-7　通电导体在磁场中受力的示意图

地增加，即对于给定磁场中的同一点，比值$\frac{F}{IL}$是一个恒量；不同的磁场或磁场中的不同点，这个比值可以不同。因此，我们可以用$\frac{F}{IL}$来定量地描述磁场的强弱。

在磁场中垂直于磁场方向上的通电导体，所受的磁场力 F 与电流 I 和导体有效长度 L 的乘积 IL 的比值叫作通电导体所处位置的磁感应强度，又称磁通密度，用字母 B 表示，即

$$B = \frac{F}{IL}$$

式中，F——与磁场垂直的通电导体受到的磁场力，单位为 N；

I——导体中的电流，单位为 A；

L——通电导体在磁场中的有效长度，单位为 m；

B——导体所处位置的磁感应强度，单位为 T（特斯拉）。

B 是矢量，是既有大小又有方向的量。其大小由 $B=\frac{F}{IL}$ 确定，方向与该点的磁场方向（磁力线的切线方向）相同。

若磁场中各处 B 的大小和方向均相同，则称为匀强磁场，如图 4-1-8 所示。匀强磁场又称均匀磁场，其特点是，磁力线是平行、等距的一系列有向直线。

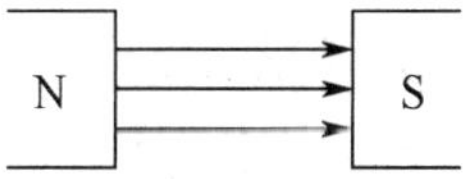

N　S

图 4-1-8　匀强磁场

对于某确定磁场中的某固定点，磁感应强度的大小和方向是确定的。对于磁场中的不同点，磁感应强度的大小和方向未必完全相同。因此，可以用磁感应强度描述磁场中各点的性质。

T 是一个很大的单位，磁感应强度另一个常用的单位是高斯（Gs），其换算关系如下：

$$1\text{T}=10^4\text{Gs}$$

（2）磁通。

在研究实际问题时，往往要考虑某一个面的磁场情况，而磁感应强度反映的是磁场中某一个点的性质，因此还需要引入磁通这个物理量。磁感应强度 B 和与其垂直的某截面积 S（有效面积）的乘积，叫作通过该截面积的磁通，用字母 Φ 表示。

在匀强磁场中，磁感应强度 B 是一个常数，磁通的定义式为

$$\Phi = BS$$

式中，B——匀强磁场的磁感应强度，单位为 T；

S——与 B 垂直的某截面积，单位为 m^2；

Φ——通过该截面积的磁通，单位为 Wb（韦伯）。

Wb 也是一个很大的单位，磁通另一个常用的单位是麦克斯韦（Mx），其换算关系如下：

$$1\text{Wb}=10^8\text{Mx}$$

在匀强磁场中，由 $\Phi = BS$ 可导出磁感应强度的另一个计算公式为

$$B = \frac{\Phi}{S}$$

这说明在匀强磁场中，磁感应强度就是与磁场垂直的单位面积上的磁通。所以，磁感应强度又叫作磁通密度，简称磁密。

例题解析

【例 1】用安培定则判断图 4-1-9 中通电线圈的 N 极和 S 极。

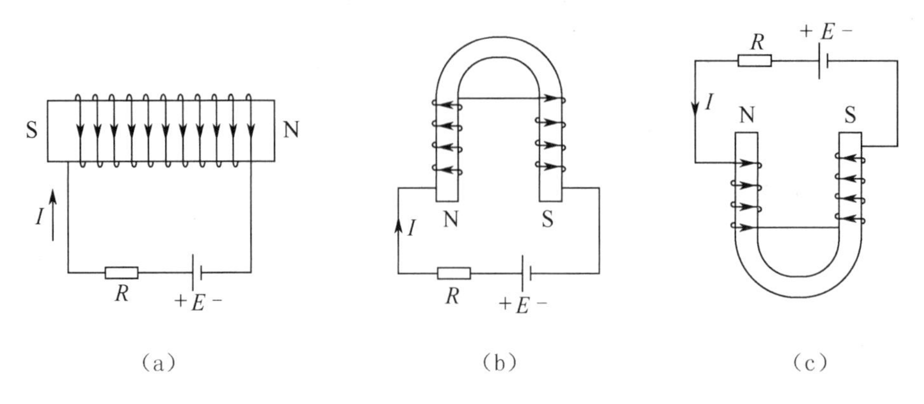

图 4-1-9　4.1 节例 1 图

【解答】首先根据电源极性标出电流流向，再根据电流流向用安培定则判断，判断结果已在原图中标出。

【例 2】标出图 4-1-10 中小磁针的偏转方向（黑色端为小磁针的 N 极）。

【解析】图 4-1-10（a）所示为通电长直导体产生的磁场；图 4-1-10（b）所示为通电螺线管产生的磁场。

【解答】在图 4-1-10（a）中，N 极垂直纸面向外；在图 4-1-10（b）中，A 和 C 的 N 极平行向右，D 和 B 的 N 极平行向左。

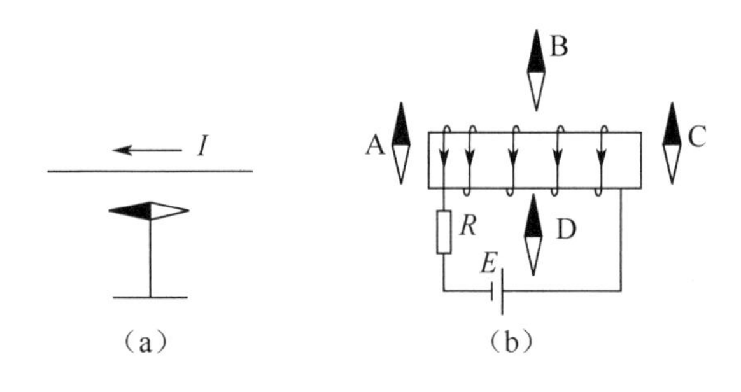

图 4-1-10　4.1 节例 2 图

【例 3】在一个匀强磁场中，垂直磁场方向放置一个长直导体，导体长 0.8m，电流为 15A，导体在磁场中受到的力为 20N，求匀强磁场的磁感应强度 B。

【解答】根据 B 的定义式可得

$$B=\frac{F}{IL}=\frac{20}{15\times 0.8}=1.67\text{T}$$

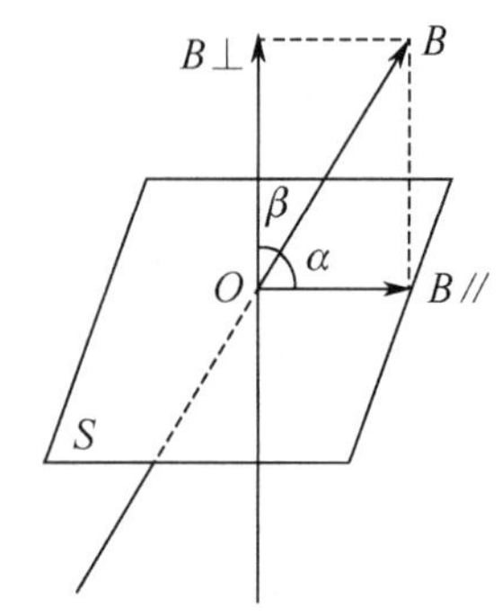

图 4-1-11　4.1 节例 4 图

【例 4】有一磁感应强度为 0.6T 的匀强磁场，磁场中有一面积为 500cm^2 的平面，当磁感应强度 B 与平面的切线方向的夹角 α 分别为 0°、30°、90°时，如图 4-1-11 所示，求通过该平面的磁通。

【解析】磁感应强度与平面不垂直时，不能直接应用磁通公式 $\Phi=BS$ 来计算。磁感应强度是矢量，可应用矢量分解的方法，将其分解

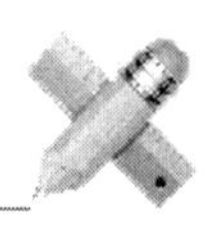

成垂直平面分量和平行平面分量：平行平面分量不穿过该平面，磁通为零；垂直平面分量可以应用磁通公式 $\Phi=BS$ 来计算。

【解答】磁感应强度的垂直平面分量为 $B'=B\sin\alpha$，所以：

（1）$\alpha=0°$，$\Phi = B'S = BS\sin 0° = 0$。

（2）$\alpha=30°$，$\Phi = B'S = BS\sin 30° = 0.6\times500\times10^{-4}\times0.5 = 0.015\text{Wb}$。

（3）$\alpha=90°$，$\Phi = B'S = BS\sin 90° = 0.6\times500\times10^{-4} = 0.03\text{Wb}$。

同步练习

一、填空题

1．磁感应强度越大，磁力线越________；磁感应强度越小，磁力线越________。

2．________是用来表示磁场内某点的磁场强弱和方向的物理量。

3．匀强磁场中有一个长为 0.2m 的长直导体，它与磁场方向垂直，当通过 3A 的电流时，受到 6×10^{-1}N 的磁场力，则磁场的磁感应强度是________。

二、单项选择题

1．下列关于磁力线的说法不正确的是（　　）。

A．磁场外部从 N 极指向 S 极

B．磁场强时较疏

C．任一点的切线方向就是该点的磁场方向

D．彼此互不相交

2．在图 4-1-12 所示的装置中，线圈内铁芯的磁极是（　　）。

A．左端 N 极，右端 S 极

B．左端 S 极，右端 N 极

C．铁芯被磁化，但左右两端的磁极无法确定

D．铁芯没有被磁化，其磁极不存在

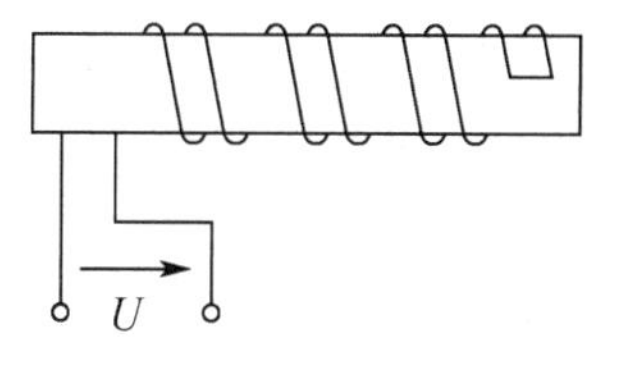

图 4-1-12　4.1 节单项选择题 2 图

3．下列说法正确的是（　　）。

A．一个通电导体在磁场某处受到的力越大，该处的磁感应强度越大

B．磁力线密的位置的磁感应强度大

C．通电导体在磁场中受力为零，磁感应强度一定为零

D．磁感应强度为 B 的匀强磁场中，放入一面积为 S 的线框，通过线框的磁通一定为 BS

4．在运用安培定则时，磁力线的方向是（　　）。

A．在直线电流情况下，拇指指向

B．在环形电流情况下，四指环绕的方向

C．在通电螺线管内部，拇指指向

D．在上述三种情况下，四指环绕的方向

4.2 磁导率和磁场强度

知识授新

1. 磁导率

通电螺线管的周围存在磁场，若在磁场中放置某种物质（如将软铁插入线圈），则磁场的强弱会受到影响。放置不同的物质，对磁场强弱的影响不同。

我们可以通过图 4-2-1 所示的实验进行验证。在通电螺线管中插入铜棒吸引铁屑时，可观察到只有少量铁屑被吸起；当我们改用铁棒插入通电螺线管时，可发现大量铁屑被吸起，磁场力增大了数百倍。这表明磁场的强弱不仅与电流和导体的形状有关，还与磁场中媒介质的导磁性能有关，对磁场影响的强弱程度取决于所放置物质的导磁性能。

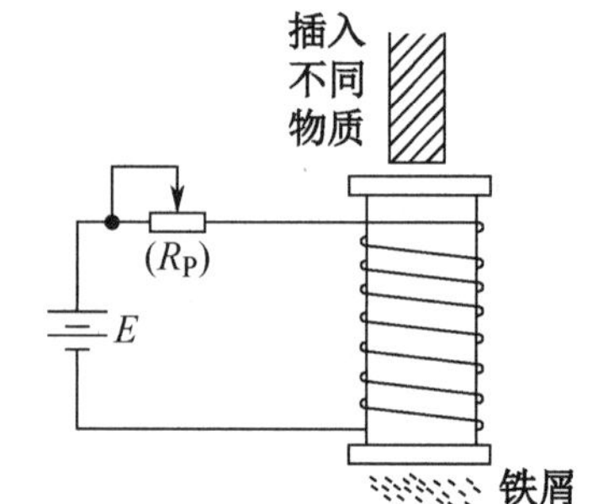

图 4-2-1 通电螺线管中插入不同物质的实验

磁导率是衡量物质导磁性能好坏的物理量，用 μ 表示。μ 的单位为亨[利]每米，符号为 H/m。不同的物质有不同的磁导率，在相同的条件下，μ 越大，B 也就越大，磁场越强；μ 越小，B 也就越小，磁场越弱。

真空中的磁导率是一个常数，用 μ_0 表示，其值为

$$\mu_0=4\pi\times10^{-7}\text{H/m}$$

由于真空中的磁导率 μ_0 是一个常数，所以将其他媒介质的磁导率 μ 与它进行对比是很方便的。任一媒介质的磁导率 μ 与真空中的磁导率 μ_0 的比值称为这种媒介质的相对磁导率，用 μ_r 表示，即

$$\mu_r=\frac{\mu}{\mu_0} \quad 或 \quad \mu=\mu_r\mu_0$$

相对磁导率 μ_r 没有单位，它表明在其他条件相同时，媒介质中的磁感应强度是真空中的 μ_r 倍。各种材料的相对磁导率可在电工手册中查到。表 4-2-1 所示为常用铁磁性物质的相对磁导率。

表 4-2-1 常用铁磁性物质的相对磁导率

铁磁性物质	μ_r	铁磁性物质	μ_r
铝硅铁粉芯	2.5～7	软钢	2180
镍锌铁氧体	10～1000	已退火的铁	7000
锰锌铁氧体	300～5000	变压器硅钢片	7500
钴	174	在真空中熔化的电解铁	12950
未退火的铸铁	240	镍铁合金	60000
已退火的铸铁	620	C 型坡莫合金	115000
镍	1120		

根据各种物质导磁性能的不同，可分为以下三类。

（1）顺磁性物质。

顺磁性物质的 μ_r 略大于 1，如空气、氧、锡、铝等，μ_r 在 1.000003～1.000014 之间。

（2）反磁性物质。

反磁性物质的 μ_r 略小于 1，如氢、石墨、银、铜等，μ_r 在 0.999995～0.999970 之间。

（3）铁磁性物质。

铁磁性物质的 $\mu_r \gg 1$，如铁、镍、软钢、硅钢片、坡莫合金等。

在其他条件相同的情况下，铁磁性物质所产生的磁场要比真空中的磁场增大几千甚至几万倍，因此在电工技术中应用广泛。

必须强调两点：① 顺磁性物质和反磁性物质的相对磁导率 $\mu_r \approx 1$，统称为非磁性材料，铁磁性物质称为磁性材料；② 铁磁性物质的 μ_r 不是常数，这将给磁场的有关计算带来不便。

2. *磁场强度*

由于磁场中各点的磁感应强度 B 的大小与媒介质的性质有关，且同一媒介质的磁导率也不是一个常数，这就使得磁场的计算比较复杂、烦琐。为了使磁场的计算简单、方便，我们引入磁场强度这个物理量来描述磁场的性质。磁场强度的大小仅与电流大小和导体形状有关，与磁场中的媒介质的性质无关，是揭示磁场根本性质的物理量。

磁场中某点的磁感应强度 B 与媒介质磁导率 μ 的比值叫作该点的磁场强度，用 H 表示，即

$$H = \frac{B}{\mu} = \frac{B}{\mu_r \mu_0}$$

式中，B——导体所处位置的磁感应强度，单位为 T；

μ——磁场中媒介质的磁导率，单位为 H/m；

H——磁场中该点的磁场强度，单位为 A/m（安每米）。

在工程技术中，磁场强度的常用辅助单位还有安/厘米（A/cm），1A/cm=100A/m。

磁场强度 H 也是矢量，其方向与该点磁感应强度 B 的方向相同。

3. *几种常见通电导体的磁场强度*

（1）通电长直导体。

在图 4-2-2 所示的通电长直导体产生的磁场中，有一点 P，它与导体的距离为 r，实验证明，该点磁场强度的大小与导体中的电流成正比，与 r 成反比，磁场强度的方向与 P 点磁力线的切线方向一致，其大小为

$$H = \frac{I}{2\pi r}$$

（2）通电螺线管。

在图 4-2-3 中，可以将通电螺线管内部磁场近似地看作匀强磁场。螺线管的匝数为 N，长度为 L，通电电流为 I。实验证明，若为空心线圈，则其内部磁场强度为

$$H = \frac{NI}{L}$$

若为铁芯线圈，线圈骨架的长度为 L_1，则其内部磁场强度为

$$H = \frac{NI}{L_1}$$

通电螺线管磁场强度的方向，可应用安培定则来判断。

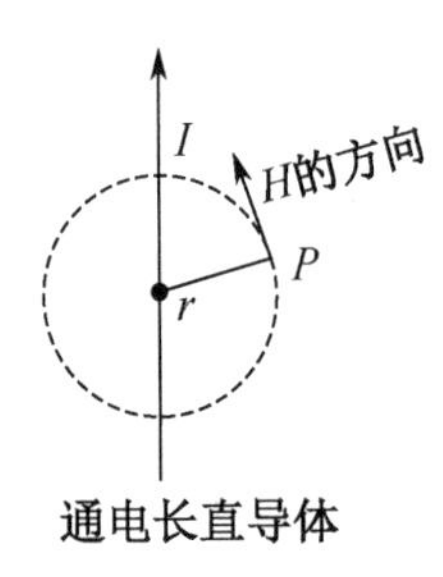

图 4-2-2　通电长直导体的磁场强度

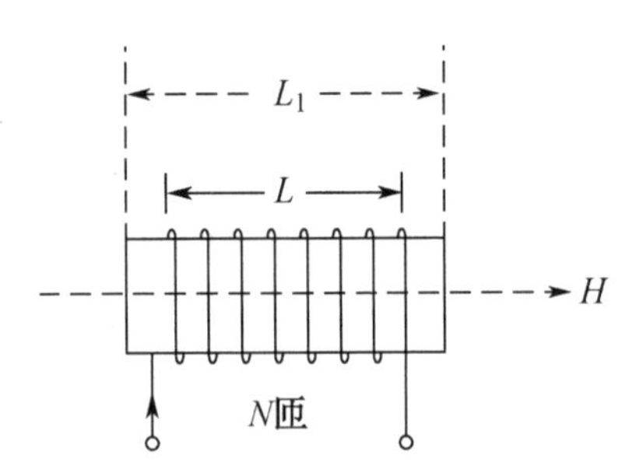

图 4-2-3　通电螺线管的磁场强度

例题解析

【例 1】一个通有 2A 电流的长直导体，P 点距导体轴心 5cm，试求介质分别为空气和钴两种情况下 P 点的磁场强度和磁感应强度的大小。

【解答】当介质为空气时，有

$$H_0 = \frac{I}{2\pi r} = \frac{2}{2\times 3.14\times 0.05} \approx 6.37\text{A/m}$$

$$B_0 = \mu_0 H_0 = 4\pi\times 10^{-7}\times 6.37 \approx 7.99\times 10^{-6}\text{T}$$

当介质为钴时，查表可知钴的磁导率 μ_r=174，则

$$H = \frac{I}{2\pi r} = \frac{2}{2\times 3.14\times 0.05} \approx 6.37\text{A/m}$$

$$B = \mu_r\mu_0 H = 174\times 4\pi\times 10^{-7}\times 6.37 \approx 1.39\times 10^{-3}\text{T}$$

由上例可知，**磁场强度 H 的大小与介质无关，而磁感应强度 B 的大小与介质有关，所以 B 不能反映磁场的本质。而 H 的大小只与形成该磁场的电流大小和导体的形状有关，与磁介质无关，故更能反映磁场的本质。**

【例 2】通有 2A 电流的螺线管长为 20cm，匝数为 5000，求以空气为介质时螺线管内部的磁场强度和磁感应强度，

【解答】介质为空气时的磁场强度为 $H_0 = \frac{NI}{L} = \frac{2\times 5000}{0.2} = 50000\text{A/m}$；磁感应强度为 $B_0 = \mu_0 H = 4\pi\times 10^{-7}\times 50000 = 6.28\times 10^{-2}\text{T}$。

同步练习

一、填空题

1．相对磁导率是________（没有单位，有单位）的量，根据相对磁导率的大小，可将物质分为三类：________、________、________。

2．________是用来表示磁场中介质导磁性能的物理量。

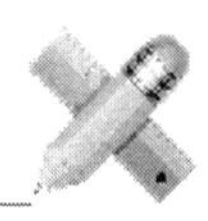

3．磁性材料的磁导率________非磁性材料的磁导率。

二、单项选择题

1．空心线圈被插入铁芯后，（　　）。

A．磁性将减弱　　B．磁性基本不变

C．磁性将大大增强　　D．磁性与铁芯无关

2．对磁感应强度影响较大的物质是（　　）。

A．铁　　B．铜　　C．银　　D．空气

3．如果线圈的匝数和流过它的电流不变，只改变线圈中的介质，则线圈内（　　）。

A．磁场强度不变，磁感应强度变化

B．磁场强度变化，磁感应强度不变

C．磁场强度和磁感应强度均不变

D．磁场强度和磁感应强度均变化

4．用来表示磁场内某点的磁场强弱和方向的物理量是（　　）。

A．磁导率　　B．磁场强度

C．磁感应强度　　D．磁动势

5．在下列物理量中，与其相应单位不正确的是（　　）。

A．磁感应强度 B（Wb/m^2）　　B．磁场强度 H（A/m）

C．磁导率 μ（H/m）　　D．介电常数 ε（N/m）

6．形状完全相同的两个环形线圈，一个为铁芯，另一个为空心。当通以相同直流电时，两线圈磁路中的磁场强度 H 的关系为（　　）。

A．$H_{铁}>H_{空}$　　B．$H_{铁}=H_{空}$

C．$H_{铁}<H_{空}$　　D．无法判断

4.3　磁性材料的磁化与磁滞回线

知识搜新

1．*磁性材料的磁化*

在磁场中放置磁性材料，磁性材料被磁化，产生附加磁场，使得原磁场大大加强。下面研究磁性材料是怎样被磁化的。

物质都是由分子组成的，分子是由原子组成的。原子中的电子不停地绕原子核转动，而且不停地自转。电子的运动在物质内部形成一种电流，叫作分子电流。电流能产生磁效应，分子电流同样能产生磁效应。磁性材料中的分子电流能产生很强的磁场。由于原子间的相互

作用，一些原子中的电子可以在小范围内“自发地”排列起来，由于具有相同的方向，相当于一个小磁体，我们把磁性材料内部这种不计其数的小磁体叫作磁畴。在无外加磁场作用时，磁畴无序排列，磁畴间的磁性被抵消，宏观上对外不呈现磁性，如图 4-3-1（a）所示。在外加磁场作用下，磁畴受到（同排异吸）磁力作用，会转到与外加磁场相同的方向上，变成有序排列，如图 4-3-1（b）所示，宏观上对外呈现很强的磁场，与原磁场相加，使总磁场明显加强。像这种原来没有磁性，在外加磁场作用下产生磁性的现象叫作磁化。所有磁性材料都能够被磁化，非磁性材料则不能被磁化。

可见，磁性材料能被磁化的内因是其内部存在大量的磁畴，外因是有外加磁场的磁化作用。非磁性材料内部没有磁畴，所以不能被磁化。

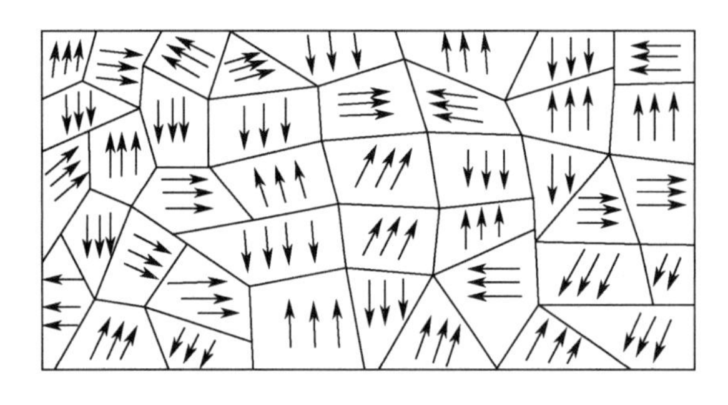

（a）无外加磁场作用，磁畴无序排列，对外不呈现磁性

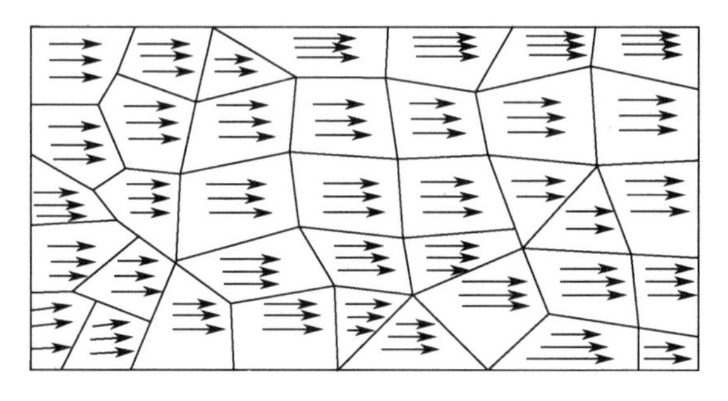

（b）有外加磁场作用，磁畴有序排列，对外呈现磁性

图 4-3-1　磁化过程的示意图

2. 磁化曲线

磁性材料都可以被磁化，但不同磁性材料的磁化特性不同。磁感应强度 B 随磁场强度 H 变化的规律，可用 B-H 曲线来表示，也叫磁化曲线。磁化曲线可以反映物质的磁化特性。

（1）起始磁化曲线。

在图 4-3-2（a）所示的实验装置中，将待研究的磁感应强度为零的磁性材料作为线圈的铁芯，并制成闭合环状，环上均匀有序地绕满导体，将开关闭合后，调节 R_P 来改变线圈中电流的大小，从而改变磁场强度 H。以磁场强度 H 为横坐标，磁感应强度 B 为纵坐标，可以得到图 4-3-2（b）所示的 B-H 曲线。

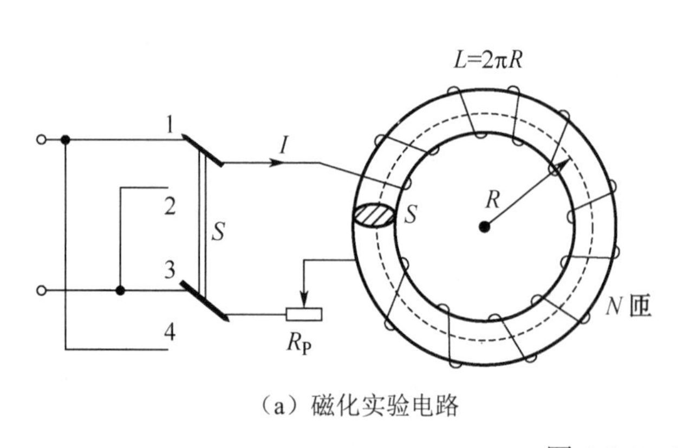

（a）磁化实验电路

B/μ
b c d B-H
a
μ-H
O
μm
H=NI

（b）起始磁化 B-H、μ-H 曲线

图 4-3-2　磁化曲线

当 I=0 时，H=0，B=μH=0。当 I 增大时，H 增强，B 也随之增强。由于磁性材料的磁导

率不是常数，$B=\mu H$，B 与 H 呈非线性关系。一般 B-H 曲线可大致分成四段，各段反映了磁性材料磁化过程中的性质。在曲线开始的 Oa 段，曲线上升缓慢，但这段很短；在 ab 段，随着 H 的增加，B 几乎呈直线增长；在 bc 段，随着 H 的增加，B 的增长缓慢，形成曲线的膝部；在 c 点以后，随着 H 的增加，B 几乎不再增长，此段称为饱和段。

那么，B-H 曲线为什么会这样变化呢？用磁畴的概念解释如下。

缓慢增长 Oa 段。由于磁畴的惯性，随着 H 的增加，B 不能立即增长很快，因而曲线较平缓，称为起始磁化段。

线性增长 ab 段。由于磁畴在较强的外加磁场 H 的作用下，都趋向 H 方向，因而 B 增长很快，曲线较陡，为线性段。

临界饱和 bc 段。由于大部分磁畴方向已转向 H 方向，随着 H 的增加，只有少量磁畴继续转向 H 方向，因而 B 增长变慢，曲线变缓而形成膝部段。

磁饱和 cd 段。cd 段及以后，由于磁畴几乎全部转向 H 方向，逐步趋于饱和，随着 H 的增加，B 几乎不增长，因而曲线更平缓，为饱和段。

μ-H 曲线也是非线性的。$\mu=B/H$，由于 B-H 曲线的非线性，导致 μ-H 曲线也是非线性的。**在 B-H 线性段的中央有最大的 μ，此时的磁性材料导磁性能是最好的。**

μ-H 曲线在实际应用时极具指导意义：**变压器、电动机的铁芯是用磁性材料制成的，其 μ 越大，损耗越小，效率就越高，故只能让铁芯工作在 B-H 曲线线性段的中央附近，否则易因损耗过大而使变压器、电动机过热烧毁。**

3. 磁滞回线

在图 4-3-2（a）所示的实验装置中，对磁性材料反复磁化，可看到磁滞现象。调节 R_P，电流从零逐渐加大，磁场强度 H 从零逐渐增强，磁感应强度 B 相应增强。B 达到饱和值时，B-H 曲线达到饱和点 a，如图 4-3-3 所示。然后逐渐调大电阻，减小电流，减小 H，我们会观察到曲线并不沿原曲线返回 O 点，而是沿另一条曲线 ab 减小。当 H 减小到零时，B 却不回到零，而是到达 b 点，说明磁性材料中仍然保持着一定的磁性，叫作剩磁，用 B_0 表示。其原因是在磁化过程中，磁畴已有序排列好，即使撤掉外加磁场，也不能使磁性材料中的磁畴回到原来无序的状态。要清除剩磁，可以加反向磁场。当反向电流由零逐渐增大时，剩磁逐渐减小，曲线到达 c 点时，剩磁为零。剩磁为零时的反向磁场强度叫作矫顽磁力，用 H_c 表示。继续增大反向电流，磁性材料被反向磁化，当反向磁场强度达到最大值时，B 达到反向饱和值，曲线到达反向饱和点 d。逐渐减小电流，磁场强度 H 随之减小，磁感应强度 B 也随之减小。当 $H=0$ 时，B 到达 e 点，同样在磁性材料中留下剩磁，其大小也为 B_0。若要消除剩磁，需要加正向电流，加强正向磁场。反复改变电流方向，得到近似闭合的 $abcdefa$ 曲线，由于 B 滞后于 H，具有滞回特性，所以称为磁滞回线。

必须强调如下两点。

（1）磁滞损耗与磁滞回线 $abcdefa$ 所包围的面积成正比。

（2）磁滞回线面积越大，说明 B_0 和 H_c 越大，磁畴的惯性越强，外加磁场克服磁畴所做的功就越多。该功是由电能转换而来的，表现出来就是损耗，该损耗使磁性材料发热。由于损耗是因为克服磁畴惯性，反复磁化形成的，故称为磁滞损耗。

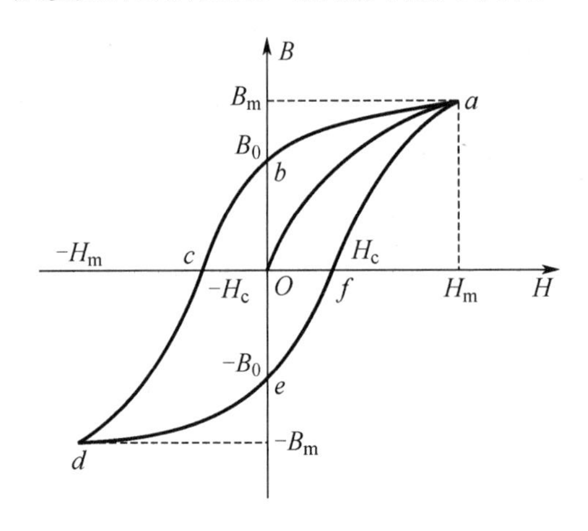

图 4-3-3　磁滞回线

实际应用时，变压器、电动机的工作电流是交流，相当于铁芯在反复磁化，为了减小磁滞损耗，只能采用 *abcdefa* 所包围的面积很小的软磁材料。

变压器、电动机工作的能量损耗主要包括铜损和铁损两大类。

由线圈中绕组的直流电阻造成的损耗，称为铜损，它是存在于电路中的损耗，其大小取决于电流的大小。

铁损是指存在于磁路中的损耗，包括磁滞损耗（其大小取决于电源频率的高低）、涡流损耗（其大小取决于电源频率的高低）、漏磁损耗（其大小取决于磁性材料 μ 的大小）。

4. 磁性材料的分类

不同的磁性材料具有不同的磁滞回线，剩磁和矫顽磁力也不同。因此，它们的用途不同。依据磁滞回线的面积和形状，可将磁性材料分为以下三类。

（1）硬磁材料

硬磁材料指剩磁和矫顽磁力均很大的磁性材料。其特点是磁滞回线很宽，如图 4-3-4（a）所示，这类材料不易磁化，也不易去磁，一旦磁化，能保持很强的剩磁，适用于制作永久磁铁，所以也叫永磁材料。常用的有铝镍钴合金、钡铁氧体、钨钢、钴钢等。在磁电式仪表、扬声器中的磁钢、永久磁铁等就是用硬磁材料制成的。

（2）软磁材料

软磁材料指剩磁和矫顽磁力均很小的磁性材料。其特点是磁导率大，易磁化，也易去磁，磁滞回线较窄，磁滞损耗小，如图 4-3-4（b）所示。软磁材料根据使用频段范围又可分为用于低频的和用于高频的两种。用于低频的软磁材料有铸钢、硅钢、坡莫合金等。电动机、变压器、继电器等设备中的铁芯常用的是硅钢片。用于高频的软磁材料要求具有较大的电阻率，以减小高频涡流损失。常用的是铁氧体（在磁棒、中周变压器中采用）。

（3）矩磁材料

矩磁材料的磁滞回线的形状如矩形，如图 4-3-4（c）所示。这种磁性材料在很小的外加磁场作用下就能磁化，一经磁化便达到饱和值，去掉外磁，磁性仍能保持在饱和值。根据这一特点，矩磁材料主要用来做记忆元件，典型应用是制作计算机中存储元件的环形磁心。

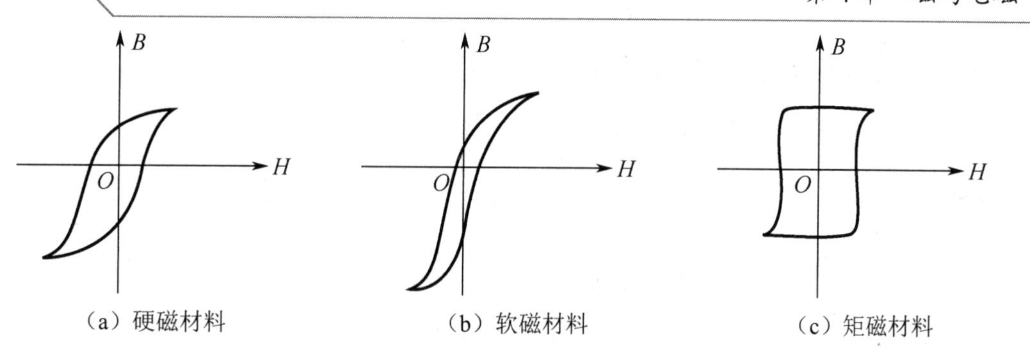

图 4-3-4　三类磁性材料的磁滞回线

例题解析

【例 1】图 4-3-5（a）所示为磁性材料充磁的电路，电源电压 U_S=20V，矩形铁芯的平均磁路长度为 20cm，磁化线圈匝数为 500，内阻不计，图 4-3-7（b）所示为磁性材料的 *B-H* 曲线。求：（1）铁芯的剩磁；（2）当 R_P=10Ω 时，铁芯中的磁感应强度；（3）当 R_P=5Ω 时，铁芯中的磁感应强度。

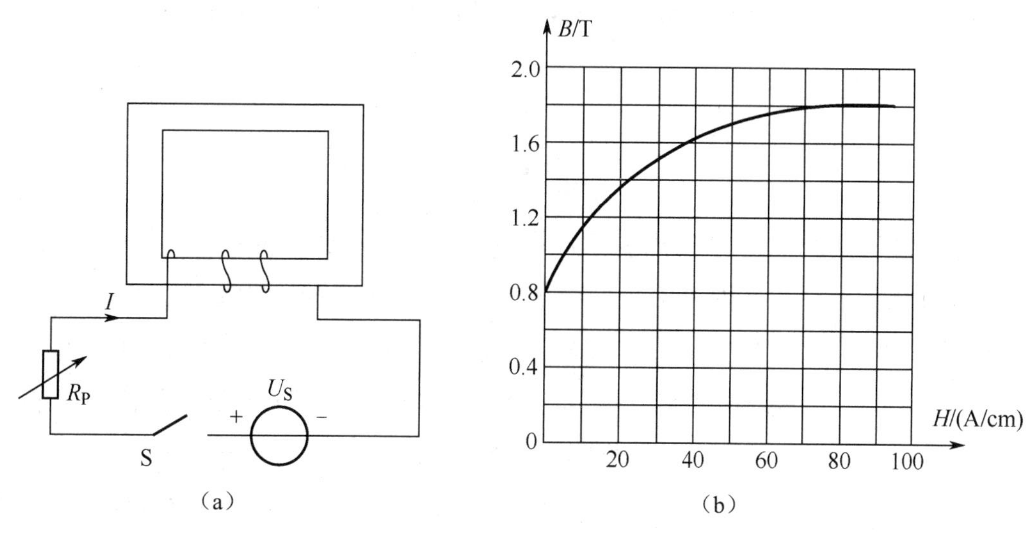

图 4-3-5　4.3 节例 1 图

【解答】（1）*H*=0 时的 *B* 为铁芯的剩磁，查 *B-H* 曲线可知，此时 B_0=0.8T。

（2）R_P=10Ω 时，$I=\dfrac{U_S}{R_P}=\dfrac{20}{10}=2\text{A}$，$H=\dfrac{NI}{L}=\dfrac{500\times 2}{20\times 10^{-2}}=5000\text{A/m}=50\text{A/cm}$，查 *B-H* 曲线可知，此时 *B* 约为 1.67T。

（3）R_P=5Ω 时，$I=\dfrac{U_S}{R_P}=\dfrac{20}{5}=4\text{A}$，$H=\dfrac{NI}{L}=\dfrac{500\times 4}{20\times 10^{-2}}=10000\text{A/m}=100\text{A/cm}$，查 *B-H* 曲线可知，此时 *B* 约为 1.8T。

同步练习

一、填空题

1．磁性材料被磁化的外部条件是________，内部条件是________。

2. 电动机和变压器常用的铁芯材料为________。

3. 磁性材料的导磁性能有________、________、________。

二、单项选择题

1. 磁性材料的磁化曲线一般称为（　　）。

A. H-S 曲线　　B. B-Φ 曲线

C. H-Φ 曲线　　D. B-H 曲线

2. 在外加磁场的作用下，（　　）能够被磁化。

A. 玻璃　　B. 塑料　　C. 硅钢片　　D. 空气

3. 为了消除磁性材料中的剩磁，应（　　）。

A. 增大磁阻　　B. 缩短材料长度

C. 改变介质　　D. 外加适当大小的反向磁场

4. 适用于变压器铁芯的材料是（　　）。

A. 软磁材料　　B. 硬磁材料　　C. 矩磁材料　　D. 顺磁材料

阅读材料

磁记录简介

磁记录在信息存储领域具有非常重要的作用，被广泛应用于生活中。录音机上用的磁带、计算机硬盘、高铁使用的磁介质车票及银行信用卡等都含有磁性材料，这些磁性材料称为磁记录材料。磁记录材料可以在磁带、磁盘上保存大量的信息，并在需要的时候“读”出这些信息，这就是磁记录。它主要包含两个步骤：“写”信息和“读”信息。这两个步骤是如何实现的呢？

录音是磁记录最早应用的领域，它的基本原理如图 4-3-6（a）所示。录音时，话筒将接收到的声音转化为对应的电信号，经过放大器，传送到录音磁头端，在磁头上产生强弱变化的磁场。磁头划过磁带时，随着磁带的匀速转动，不同位置的磁记录介质颗粒被不同程度地磁化，这样，声音信号就以一连串随空间变化的磁信号的形式记录了下来。而在放音的时候，如图 4-3-6（b）所示，随着磁带的转动，不同磁性的记录介质颗粒先后经过放音磁头，通过“磁生电”的原理将磁信号转化为电信号，经过适当的电路处理，输送到扬声器中，还原为声音。

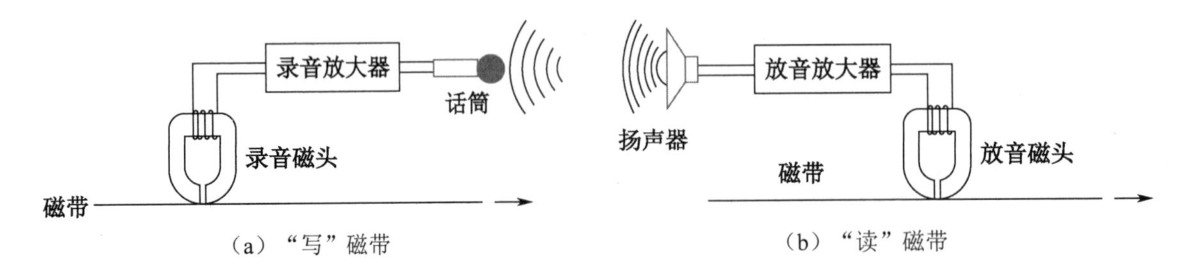

（a）“写”磁带　　（b）“读”磁带

图 4-3-6　录音和放音的基本原理

抹音时，抹音磁头的线圈中通有几十千赫兹以上的超音频电流，在磁头缝隙处产生一个随超音频电流变化的磁场，这个磁场比磁带上音频信号的磁场强得多，当磁带经过抹音磁头的缝隙时，受到由强到弱的交变磁场的反复磁化，使磁滞回线不断回缩，磁带上的剩磁逐渐减小并最终归零，这样磁带上原来录有声音的剩磁就被全部抹掉了。

磁记录中有两部分需要用到磁性材料：一是磁头，它是实现电信号和磁信号相互转换的关键部件，由于磁头需要重复读写，因此多采用软磁材料；二是记录介质，由于需要长时间保存磁信号，只能使用硬磁材料。

4.4　磁路定义及磁路欧姆定律

知识授新

1. *磁路定义*

磁通所经过的路径叫作磁路。利用磁性材料可以尽可能将磁通集中在磁路中，所以磁路一般由磁导率较高的软磁材料制成。

为了使磁通集中在一定的路径上来获得较强的磁场，常常把磁性材料制成一定形状的铁芯，构成各种电气设备所需的磁路。与电路类似，磁路分为无分支磁路和分支磁路，如图 4-4-1 所示。

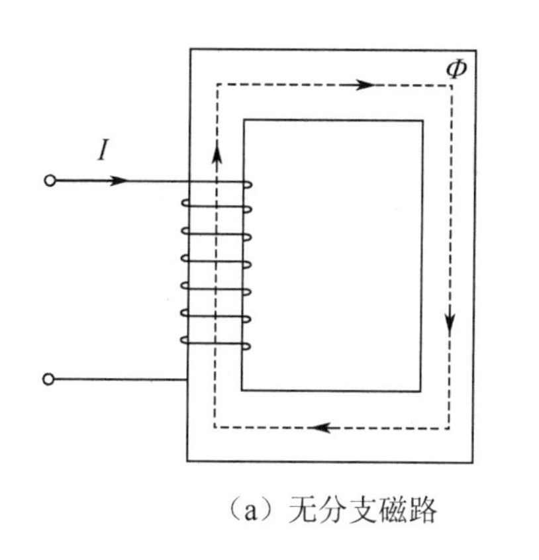

（a）无分支磁路

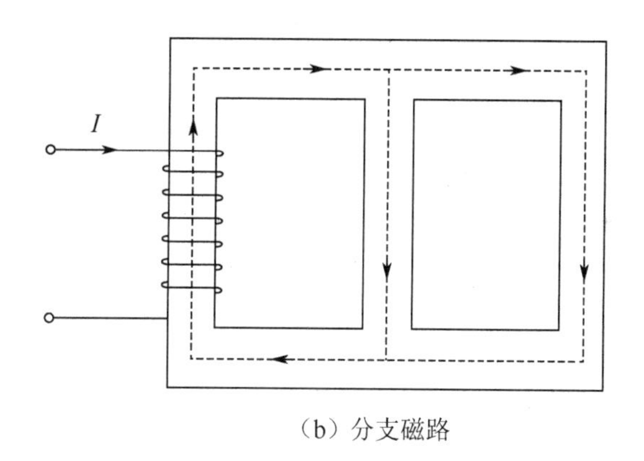

（b）分支磁路

图 4-4-1　磁路的分类

如果磁路由同一种磁性材料制成且磁路各处的横截面积相等，则称为均匀磁路；相应地，把由多种磁性材料制成或磁路各处的横截面积不相等或存在空气隙的磁路称为不均匀磁路。

与电路相比，磁路的漏磁现象比漏电现象严重得多。我们把全部在磁路内部闭合的磁通叫作主磁通（又称工作磁通）；把部分经过磁路周围介质形成闭合回路的磁通叫作漏磁通（又称损耗磁通）。为了计算简便，在漏磁不严重的情况下可将其忽略，只计算主磁通。

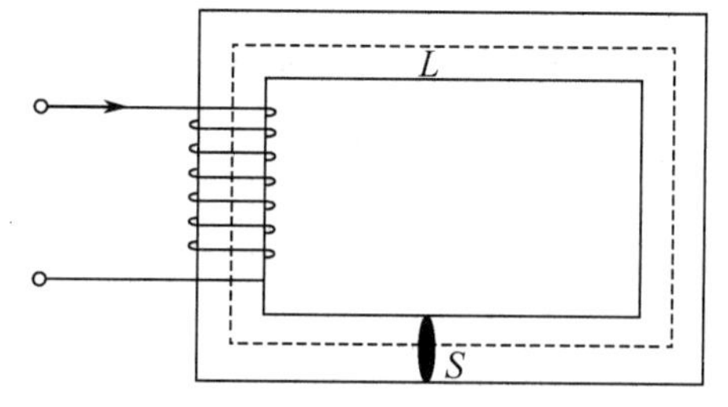

图 4-4-2　无分支均匀磁路

2. *磁路欧姆定律*

某种磁性材料制成的无分支均匀磁路，其平均长度为 L，横截面积为 S，如图 4-4-2 所示，当平均长度 L 远

远大于横截面的线性尺寸时，就可以近似地认为磁通在横截面上的分布是均匀的，即磁路内部是匀强磁场，则磁通的大小为

$$\Phi = BS$$

如果通电线圈的匝数为 N，磁路的平均长度为 L，线圈中的电流为 I，那么线圈内的磁场强度为

$$H = \frac{NI}{L}$$

磁路内部磁通为

$$\Phi = \mu HS = \mu \frac{NI}{L} S = \frac{NI}{\dfrac{L}{\mu S}}$$

一般将上式写成欧姆定律的形式，即磁路欧姆定律为

$$\Phi = \frac{F_{\mathrm{m}}}{R_{\mathrm{m}}}$$

式中，F_{m}——磁动势，单位为 A；

R_{m}——磁阻，单位为 H^{-1}；

Φ——磁通，单位为 Wb。

由上式可知，磁动势 $F_{\mathrm{m}} = NI$，对应电路中的电动势；磁阻 $R_{\mathrm{m}} = \dfrac{L}{\mu S}$，对应电路中的电阻。磁路与电路的比较如表 4-4-1 所示。

表 4-4-1　磁路与电路的比较

磁路		电路	
磁动势	$F_{\mathrm{m}} = NI$	电动势	E
磁通	Φ	电流	I
磁阻	$R_{\mathrm{m}} = \dfrac{L}{\mu S}$	电阻	R
磁导率	μ	电阻率	ρ
磁路欧姆定律	$\Phi = \dfrac{F_{\mathrm{m}}}{R_{\mathrm{m}}}$	电路欧姆定律	$I = \dfrac{E}{R}$
有磁动势必有磁通，即使磁路断开，磁通也不会消失，所以磁路没有开关。在恒定磁通条件下，磁路没有功率耗损		电路断开，电流会消失，但电动势仍在，有电流就有功率耗损	

例题解析

【例 1】 一个通以 2A 电流的空心环形螺线管线圈，平均周长为 30cm，横截面积为 $10\mathrm{cm}^2$，匝数 N=1000，求磁通。

【解答】 磁动势为

$$F_{\mathrm{m}} = NI = 1000 \times 2 = 2000\mathrm{A}$$

磁阻为

$$R_m = \frac{L}{\mu_0 S} = \frac{0.3}{4\pi \times 10^{-7} \times 10 \times 10^{-4}} = 2.39 \times 10^8 \text{H}^{-1}$$

则

$$\Phi = \frac{F_m}{R_m} = \frac{2 \times 10^3}{2.39 \times 10^8} = 8.4 \times 10^{-6} \text{Wb}$$

【例 2】在图 4-4-3（a）中，L_1 的磁阻 $R_{m1}=2\times10^4\text{H}^{-1}$，$L_2$ 的磁阻 $R_{m2}=5\times10^5\text{H}^{-1}$，线圈的匝数 N=1040，通电电流为 10A，求磁通。

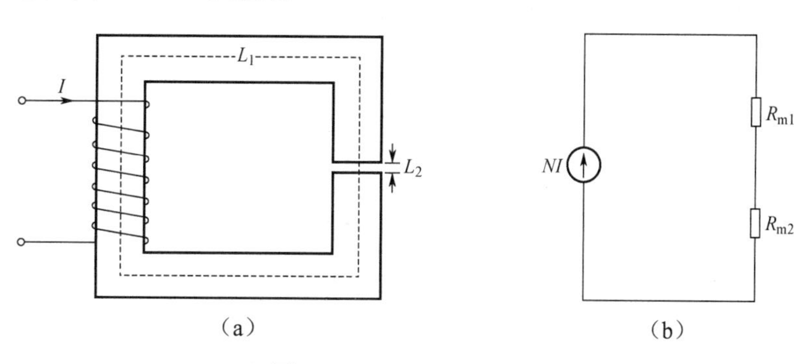

图 4-4-3　4.4 节例 2 图

【解析】磁路与电路相似，相应的磁路如图 4-4-3（b）所示，由于两个磁阻 R_{m1}、R_{m2} 串联，所以总磁阻为二者之和。

【解答】磁路的总磁阻为

$$R_m = R_{m1} + R_{m2} = 2\times10^4 + 5\times10^5 = 5.2\times10^5 \text{H}^{-1}$$

由磁路欧姆定律可得

$$\Phi = \frac{F_m}{R_m} = \frac{NI}{R_m} = \frac{1040\times10}{5.2\times10^5} = 0.02\text{Wb}$$

同步练习

一、填空题

1．在电路与磁路的对比中：电流对应__________；电动势对应__________；电阻对应__________。

2．_________经过的路径称为磁路，磁路欧姆定律的解析式为_________。

3．一电磁铁的磁阻为 $2\times10^5\text{H}^{-1}$，线圈匝数为 200，要使其磁通达到 0.1Wb，线圈中的电流应为_________A。

二、单项选择题

1．直流电磁铁励磁电流不变，衔铁刚被吸引时，由于空气隙最大，所以（　　）。

A．磁路的磁阻最大，磁通最大　B．磁路的磁阻最大，磁通最小

C．磁路的磁阻最小，磁通最大　D．磁路的磁阻最小，磁通最小

2．相同长度，相同横截面积的两段磁路 a、b，a 段为气隙，磁阻为 R_{ma}，b 段为硅钢，磁阻为 R_{mb}，则（　　）。

A．$R_{ma}>R_{mb}$　　B．$R_{ma}<R_{mb}$

C．$R_{ma}=R_{mb}$　　D．条件不够，不能比较

3．用来产生磁通的电流叫作（　　）。

A．磁流　　B．磁通流　　C．励磁电流　　D．交流电流

4．当磁动势一定时，铁芯的磁导率越高，（　　）。

A．磁通越大　　B．磁通越小　　C．磁阻越大　　D．磁路越长

5．一铁芯线圈，接在直流电压不变的电源上。当铁芯的横截面积变大而磁路的平均长度不变时，磁路中的磁通将（　　）。

A．增大　　B．减小　　C．保持不变　　D．不能确定

4.5　磁场对电流的作用

知识授新

磁场中的通电导体受到力的作用，其本质是磁场与磁场之间的相互作用。磁场对通电导体具有力的作用是磁场的重要特性。磁场对永久磁铁的作用，实际上是磁场对永久磁铁内部分子电流的作用。本节将研究磁场对电流的作用。

1．磁场对通电长直导体的作用

电流可以产生磁场，反之，磁场也会对通电导体产生力的作用。将一通电长直导体放置在磁感应强度为 B 的匀强磁场中，其受力分为三种情况，如图 4-5-1 所示。

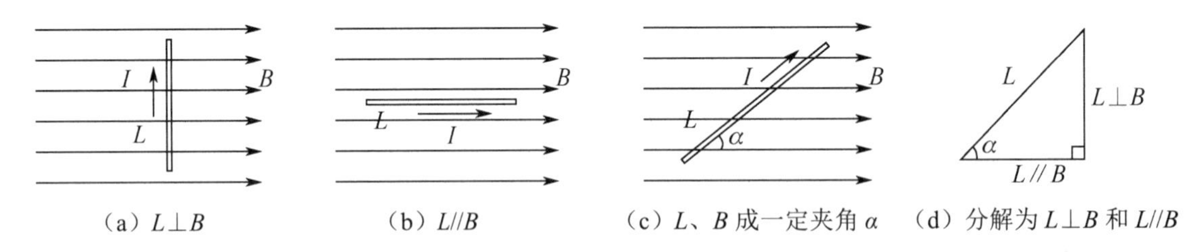

图 4-5-1　通电长直导体在磁场中的受力情况

在图 4-5-1（a）中，导体与磁场方向垂直，导体的有效长度（从 B 的方向看过去，L 的投影）为 $L\sin90°=L$，根据公式 $B=\dfrac{F}{IL}$ 可知，通电长直导体在磁场中所受的力为

$$F=BIL$$

在图 4-5-1（b）中，通电长直导体与磁感应强度的方向（磁力线）平行，导体的有效长度为 $L\sin0°=0$，所以通电长直导体在磁场中所受的力 $F=BIL=0$。

在图 4-5-1（c）中，通电长直导体与磁感应强度的方向成 α 角，可将 L 分解为垂直于磁

场和平行于磁场两个方向的长度，如图 4-5-1（d）所示。由于平行于磁场方向通电长直导体的作用力为零，垂直于磁场导体的有效长度为 $L\sin\alpha$，所以磁场对通电长直导体的作用力为

$$F=BIL\sin\alpha$$

式中，B——匀强磁场的磁感应强度，单位为 T；
I——通电长直导体的电流，单位为 A；
L——导体在磁场中的有效长度，单位为 m；
α——导体与磁力线的夹角，单位为（°）；
F——导体受到的磁力，单位为 N。

通电长直导体在磁场中受力的方向可以用左手定则来判别。如图 4-5-2 所示，伸出左手，让拇指和其余四指在同一平面内，拇指与四指垂直，磁力线从手心穿入，四指与导体中的电流方向相同，则拇指指向就是通电长直导体的受力方向。正确应用左手定则，必须要求电流、磁力线和通电长直导体受力方向，三者互成直角才能准确判别，如果通电长直导体与磁感应强度的方向成 α 角，则四指与 $L\perp B$ 方向平行，指尖朝上即可准确判别。

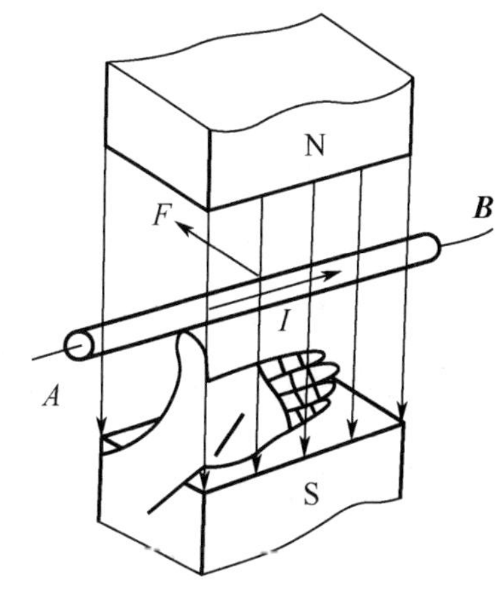

图 4-5-2　左手定则

2. 磁场对通电矩形线圈的作用

磁场对通电长直导体有作用力，磁场对通电矩形线圈同样有作用力。磁电式测量仪器仪表（直流电压表、电流表、万用表）和直流电动机都是应用这一原理制成的。

在磁感应强度为 B 的匀强磁场中，放置一个矩形线圈 $abcd$，其中 ab 边长为 l_1，ad 边长为 l_2，线圈中的电流强度为 I，线圈平面的法向 e_n（垂直平面的方向）与磁感应强度的夹角为 α，线圈平面与磁感应强度的夹角为 θ，轴线 OO' 与磁力线垂直，OO' 与 ab 边平行，其主视图如图 4-5-3（a）所示，俯视图如图 4-5-3（b）所示。

ab 边单匝线圈受力大小为

$$F_{ab}=BIl_1$$

ab 边所受力的方向从图 4-5-3（a）看是垂直纸面向外的，从图 4-5-3（b）看是垂直向下的。

cd 边单匝线圈受力大小为

$$F_{cd}=BIl_1$$

cd 边受力的方向与 ab 边受力的方向正好相反。

ad 边单匝线圈受力大小为

$$F_{ad}=BIl_2\sin\theta$$

从图 4-5-3（a）看，ad 边受力方向垂直向上。

bc 边单匝线圈受力大小为

$$F_{bc}=BIl_2\sin\theta$$

bc 边受力方向与 ad 边受力方向相反，大小相等，作用在一条直线上，是一对平衡力。

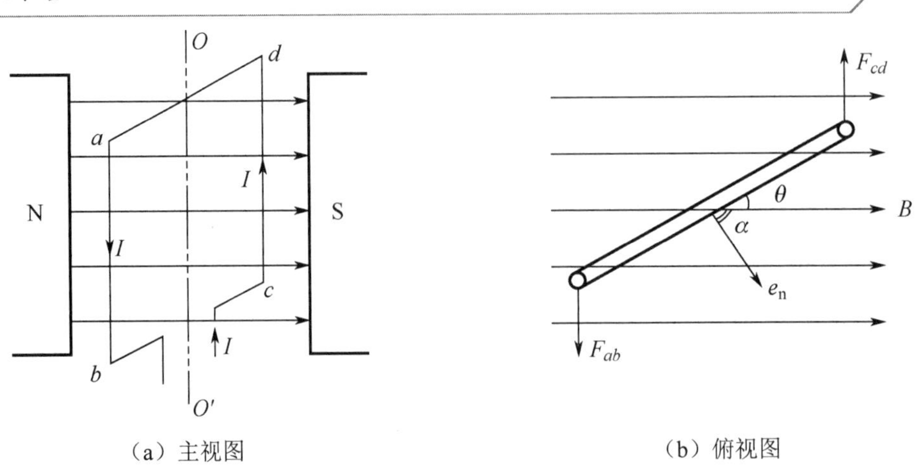

（a）主视图　　（b）俯视图

图 4-5-3　磁场对通电矩形线圈的作用

F_{ab} 与 F_{cd} 大小相等，方向相反，但是不作用在同一直线上，形成一对力偶。线圈 $abcd$ 在力偶矩的作用下，绕转轴 OO'转动。F_{ab} 与 F_{cd} 的力臂都是$\frac{l_2\sin\alpha}{2}$（力臂是转轴 OO'到力的作用线的距离），力偶矩是力与力臂之积，即单匝线圈的力偶矩为

$$M = M_1 + M_2 = BIl_1\frac{l_2\sin\alpha}{2} + BIl_1\frac{l_2\sin\alpha}{2} = BIl_1l_2\sin\alpha = BIS\sin\alpha$$

式中，B——匀强磁场的磁感应强度，单位为 T；

I——导体中的电流强度，单位为 A；

S——线圈所包围的面积，单位为 m^2；

α——磁感应强度与平面法线方向的夹角，单位为（°）；

M——线圈的力偶矩，单位为 N·m。

由于线圈的总匝数为 N，所以总力偶矩为

$$M = NBIS\sin\alpha$$

可见，当 **α=90°，即线圈平面与磁力线平行时，穿过线圈的磁通最小，力偶矩最大；当 α=0°，即线圈平面与磁力线垂直时，穿过线圈的磁通最大，力偶矩为零。**

3. 磁场对运动电荷的作用

没有电流的导体置于磁场中是不受力的。所以，磁场对通电导体的作用力本质上是磁场对电流的作用力。而电流是导体中带电粒子的定向运动形成的，所以带电粒子在磁场中也必定受到力的作用。在图 4-5-4 所示的实验中，从真空电子射线管发射的电子束，在没有外加磁场时，电子束沿直线运动；在外加磁场的作用下，电子束发生偏转。可见，带电粒子在磁场中运动时要受到磁场力的作用，也是通电导体在磁场中受力的宏观体现。运动电荷在磁场中受到的力叫作洛伦兹力。电磁偏转系统就是应用洛伦兹力进行电子扫描的。

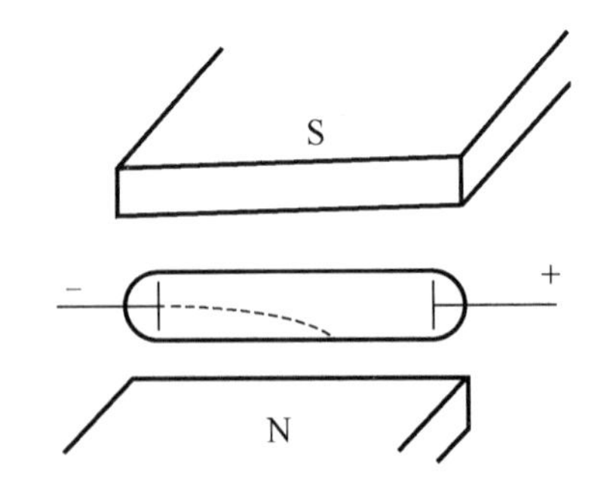

图 4-5-4　电子束在磁场中受力

在图 4-5-5（a）中，导体的长度为 L，横截面积为 S，导体中自由电子的总数为 N，每个自由电子所带电荷量为 e（e=1.6×10^{-19} C），导体内自由电子的总电荷量为

$$Q=Ne$$

在外加电场的作用下，自由电子以速度 v 定向运动，t 秒内导体中 N 个自由电子通过横截

面 S，导体中的电流为

$$I = \frac{Q}{t} = \frac{Ne}{t}$$

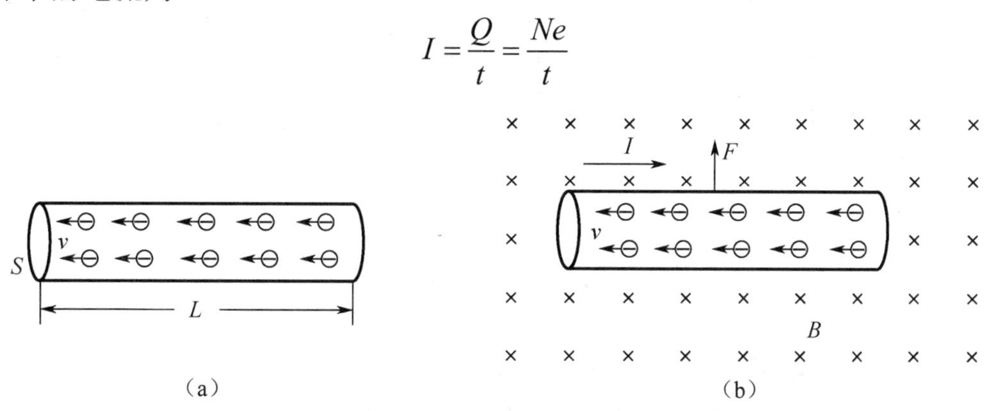

图 4-5-5　洛仑兹力分析

将该导体放置在磁感应强度为 B 的匀强磁场中，导体的长度 L 与磁场方向垂直（自由电子的运动方向与磁力线垂直），如图 4-5-5（b）所示。导体受到的磁场力为

$$F = BIL = B\frac{Ne}{t}L = NBev$$

单个自由电子在磁场中受到的力为

$$f = \frac{F}{N} = Bev$$

电荷量为 q 的带电粒子，在磁场中运动时所受的力为

$$f = Bqv\sin\alpha$$

式中，q——带电粒子所带的电荷量，单位为 C；

B——磁感应强度，单位为 T；

v——带电粒子的运动速度，单位为 m/s；

α——带电粒子的运动方向与磁感应强度的夹角，单位为（°）；

f——洛仑兹力，单位为 N。

洛仑兹力的方向可应用左手定则来判别。应当指出，四指所指电流方向时应注意区别：电子运动的方向与规定的电流方向相反；带正电的粒子运动方向与规定的电流方向相同。

例题解析

【例 1】在磁感应强度为 1.5T 的匀强磁场中，有一长度为 60cm 的导体，导体中的电流为 10A，当导体与磁力线的夹角分别为 0°、30°和 90°时，求导体各受多大的力。

【解答】通电长直导体在磁场中受力的大小为 $F=BIL\sin\alpha$。

（1）当 α=0°时，$F_1 = BIL\sin\alpha = 1.5\times10\times0.6\times0 = 0$。

（2）当 α=30°时，$F_2 = BIL\sin\alpha = 1.5\times10\times0.6\times0.5 = 4.5\text{N}$。

（3）当 α=90°时，$F_3 = BIL\sin\alpha = 1.5\times10\times0.6\times1 = 9\text{N}$。

【例 2】在图 4-5-6 所示的磁感应强度为 0.1T 的匀强磁场中，放置一个矩形线圈，匝数 N=200，通电电流为 5A，线圈长为 30cm，宽为 20cm，分别求平面法线方向与磁感应强度方向为 0°、45°、90°时的力偶矩。

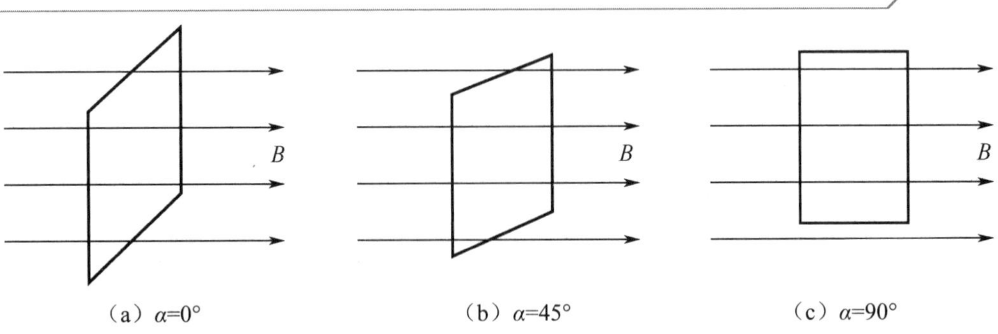

图 4-5-6　4.5 节例 2 图

【解答】通电矩形线圈在磁场中所受力偶矩 $M = NBIS\sin\alpha$。

（1）当 α=0°时，$M_1 = NBIS\sin\alpha = 200\times0.1\times5\times0.3\times0.2\times0 = 0$。

（2）当 α=45°时，$M_2 = NBIS\sin\alpha = 200\times0.1\times5\times0.3\times0.2\times0.707 = 4.242\text{N}\cdot\text{m}$。

（3）当 α=90°时，$M_3 = NBIS\sin\alpha = 200\times0.1\times5\times0.3\times0.2\times1 = 6\text{N}\cdot\text{m}$。

【例 3】有一个带负电的粒子，所带电荷量为 1.6×10^{-14}C，以 $5\times10\text{m}^7\text{m/s}$ 的速度垂直进入磁感应强度为 1.2T 的匀强磁场，求该带电粒子所受洛仑兹力的大小。

【解答】根据洛仑兹力公式 $f = Bqv\sin\alpha$ 可知

$$f = Bqv\sin\alpha = 1.2\times1.6\times10^{-14}\times5\times10^7\times1 = 9.6\times10^{-7}\text{N}$$

【例 4】如何让通电矩形线圈朝一个方向连续转动？

【解答】让通电矩形线圈每转动 180°后能自动改变电流方向，即可实现通电矩形线圈朝一个方向连续转动。在直流电动机中可通过换向器和电刷实现通电矩形线圈每转动 180°后自动改变电流方向。所以，**直流电动机本质上是具有换向器和电刷的交流电动机。**

【例 5】根据公式 $M=NBIS\sin\alpha$ 可知，力偶矩 M 在转动过程中始终是变化的，应用于直流电动机时如何让直流电动机在转动过程中始终保持稳定的转动力偶矩？

【解答】可以采用多线圈形式，如三组线圈。让三组线圈在空间位置上彼此相隔 120°，且通过的电流相等，就能得到平衡的、稳定的总力偶矩。如图 4-5-7 所示。

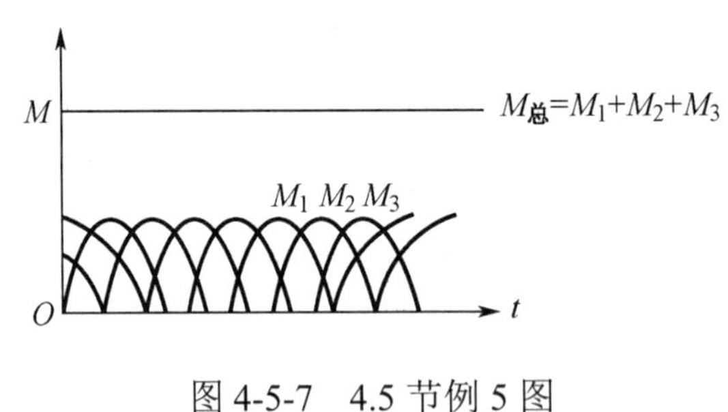

图 4-5-7　4.5 节例 5 图

同步练习

一、填空题

1．在磁感应强度为 2T 的匀强磁场中有一个长度为 0.1m 的长直导体，通有 2A 的电流，当导体与磁力线成 30°夹角时，导体受力为________。

2．洛伦兹力的计算公式为________。

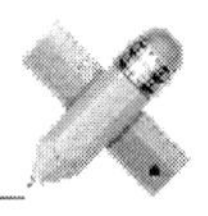

3．某通电长直导体在匀强磁场中受到的磁场力是最大值的一半，则该通电长直导体与磁力线的夹角为________°。

4．当音频电流通过扬声器音圈时，音圈在磁场中受到________的作用会发生________，从而带动纸盆振动，发出声音。

二、单项选择题

1．在图 4-5-8 所示的三根平行导线中通有相同大小和方向的电流，则 A、B、C 在相互间的安培力作用下，会出现（　　）。

A．A 向上弯，B 向下弯，C 向上弯

B．A 向下弯，B 向上弯，C 向下弯

C．A 向上弯，B 静止不动，C 向下弯

D．A 向下弯，B 静止不动，C 向上弯

A
B
C

图 4-5-8　4.5 节单项选择题 1 图

2．两个导体互相垂直，但相隔一定的距离，其中导体 *AB* 是固定的，导体 *CD* 可以自由活动，如图 4-5-9 所示，当按图中所示方向给两个导体通入电流时，导体 *CD* 将（　　）。

A．顺时针方向转动，同时靠近导体 *AB*

B．逆时针方向转动，同时靠近导体 *AB*

C．顺时针方向转动，同时离开导体 *AB*

D．逆时针方向转动，同时离开导体 *AB*

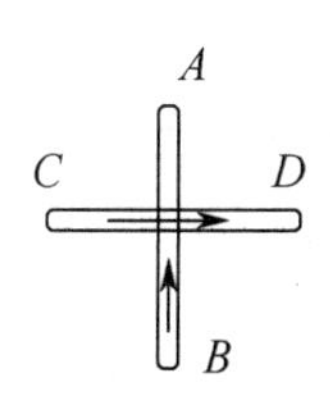

图 4-5-9　4.5 节单项选择题 2 图

三、简答题

1．在图 4-5-10 所示的磁场中，分析通电导体的受力方向。

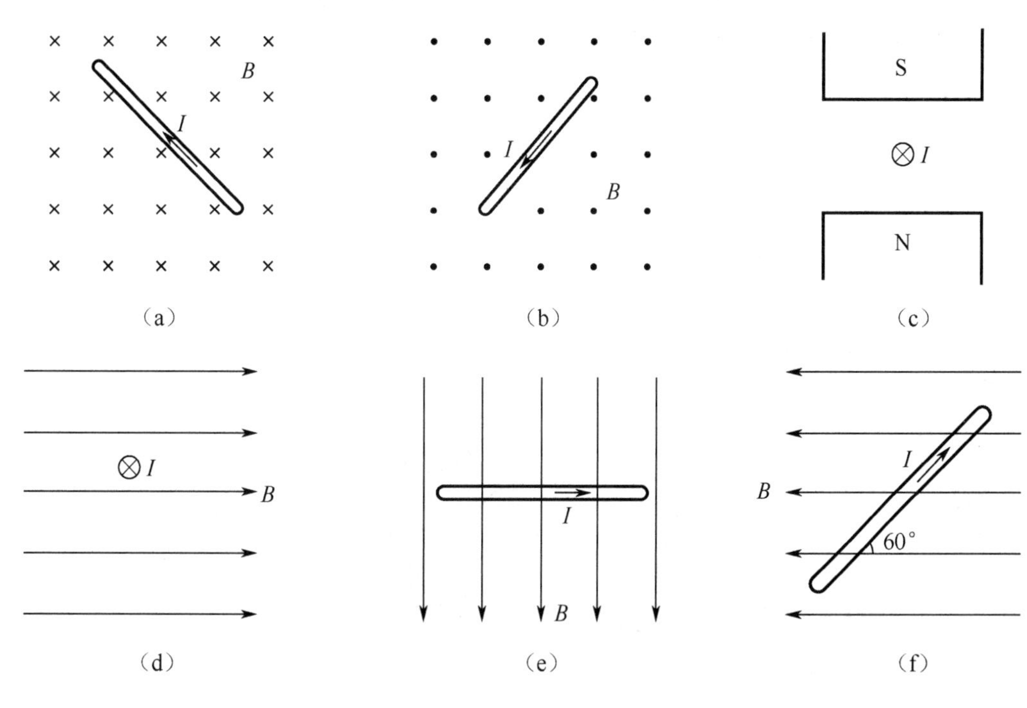

图 4-5-10　4.5 节简答题 1 图

2．磁场方向如图 4-5-11 所示，试判断哪条射线束带正电，哪条射线束带负电。

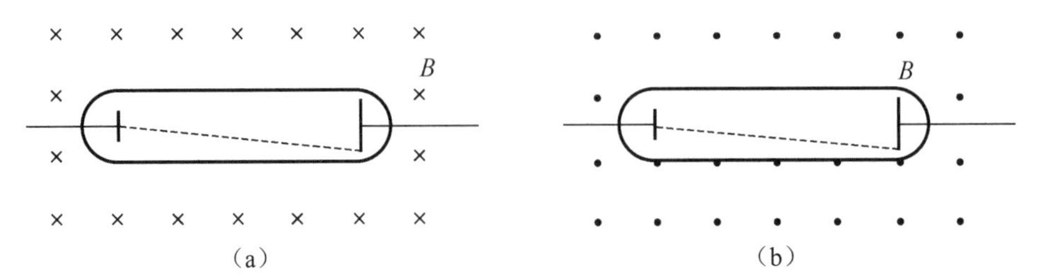

图 4-5-11　4.5 节简答题 2 图

阅读材料

磁电式电流表

磁电式电流表的内部结构如图 4-5-12（a）所示，在 U 形磁铁两极中间有一个固定的圆柱形铁芯，铁芯外套一个可以绕轴转动的矩形铝框，框上绕有线圈，线圈的两端分别接在两个螺旋形弹簧上，指针和铝框连在一起。

磁电式电流表的基本组成部分是磁体和置于磁场中的线圈，它的工作原理就是利用磁场对通电矩形线圈的作用。线圈中无电流时，线圈和铝框静止在平衡位置，指针停在零点。通电时，由于线圈左右两侧导体中的电流方向相反，所受安培力的方向相反，线圈会绕轴转动。线圈的转动将使固定在轴上的螺旋形弹簧扭紧，产生抵抗线圈的转动效果。

已知，垂直于磁场放置的一段导体，它所受的安培力大小与通过的电流成正比。因此线圈中通过的电流越大，线圈所受安培力就越大，要达到新的平衡，螺旋形弹簧的形变只有越大，才能抵抗安培力产生的转动效果。因此，通过平衡时指针偏转的角度就能判断通过电流的大小。

在 U 形磁铁两极之间装有极靴，极靴中间是一个用软铁制成的圆柱形铁芯。这样的构造一方面可以增加磁极与铁芯间空隙处的磁场，另一方面可以使空隙处的磁场都沿半径方向，如图 4-5-12（b）所示。这样无论线圈转到什么位置，线圈平面都跟磁力线平行，这样的结构可以使电流表刻度盘上表示电流大小的刻度是均匀的，如图 4-5-12（c）所示。线圈中的电流方向改变时，由左手定则可知，安培力的方向反向，线圈的转动方向也随之改变。因此，根据指针的转动方向可以知道被测电流的方向。

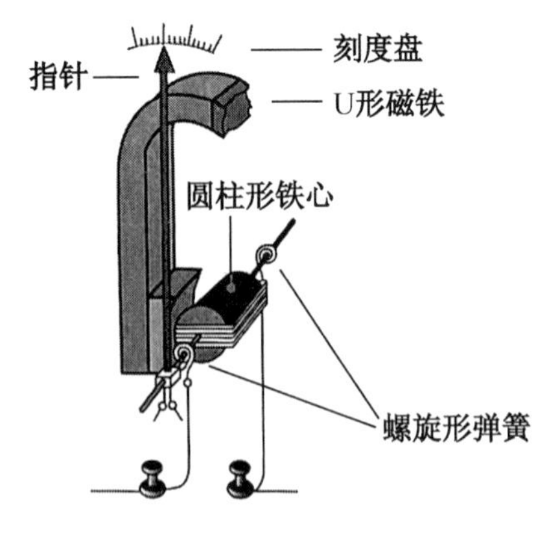

（a）磁电式电流表的内部结构

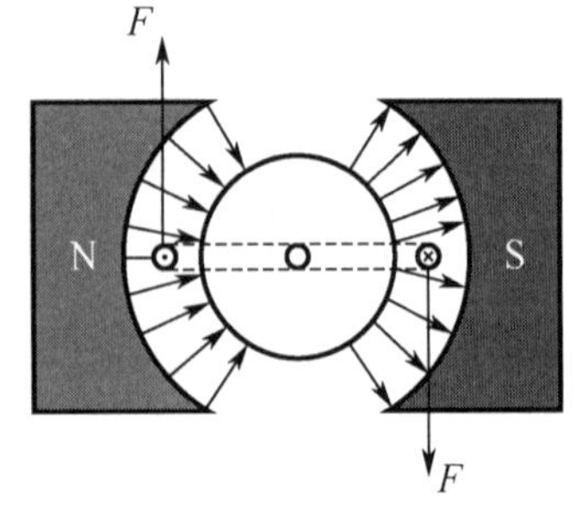

（b）极靴及其作用

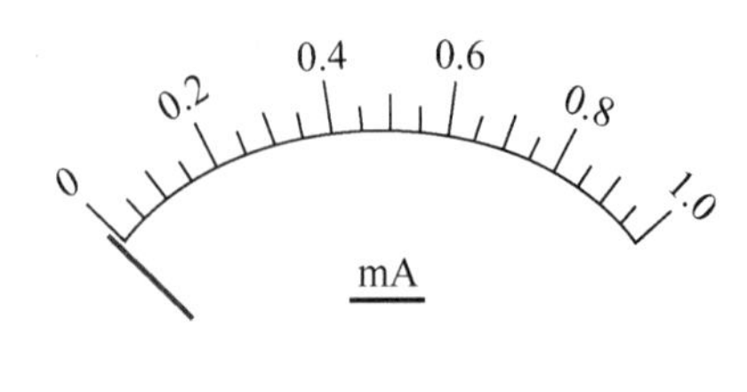

（c）电流表刻度盘

图 4-5-12　磁电式电流表

磁电式电流表的优点是灵敏度高，能测量很弱的电流，可供实验室精密测量直流电流、电压（需转换），可做生产线或计量室的标准表使用。灵敏电流表主要应用于测量微弱电流，用于医学上测量心电和脑电、半导体生产、绝缘材料和微弱探测等领域。但是，磁电式电流表中绕制线圈的漆包铜导线很细，所以允许通过的最大电流很小，这是它的缺点。由于磁电式电流表只能测量很弱的电流，而实际应用中常常需要测量较大电流和电压，因此常用的电压表和电流表都是由小量程的电流表表头（G）改装而成的。

4.6　电磁感应现象

知识授新

电磁感应现象的产生好像很简单，但是历史上发现电磁感应现象的过程却十分艰难。英国物理学家法拉第做了近十年“磁生电”的实验，直到 1831 年 8 月，才发现了电磁感应现象，使磁场中的导体在一定条件下产生了感应电流。后来，法拉第又做了大量实验，把闭合回路产生感应电流的情况归纳成 5 类：变化的电流、变化的磁场、运动的恒定电流、运动的磁场、在磁场中运动的导体。

电磁感应现象的发现是 19 世纪最伟大的发现之一。后来，发明家们根据电磁感应原理相继发明了交流电动机、变压器等一大批造福人类的新机器，将人类带入电气化时代，极大地促进了人类社会的发展。

1. 电磁感应现象实验

（1）磁场不动，闭合回路动。

在图 4-6-1 所示的匀强磁场中，放置一个导体 AB，导体 AB 的两端分别与电流计的两个接线柱相连，形成闭合回路。当导体 AB 在磁场中做切割磁力线运动时（例如，导体 AB 在垂直磁力线方向运动），电流计指针发生偏转，表明回路中有感应电流产生。当导体 AB 沿着平行磁力线方向运动时（导体 AB 运动时没有割断磁力线），电流计的指针不动，表明回路中没有感应电流产生。

我们把实验中**利用磁场产生电流的现象叫作电磁感应现象，用电磁感应的方法产生的电流叫作感应电流。**

由图 4-6-1 可得出如下结论：**闭合回路中的一部分导体在磁场中做切割磁力线运动时，回路中有感应电流。**

导体做切割磁力线运动时产生的感应电流的方向，可以用右手定则来判别。**伸出右手，让拇指和四指在同一平面内且拇指和四指垂直，让磁力线从掌心穿入，拇指指向导体运动方向，四指指向感应电流的方向**，如图 4-6-2 所示。

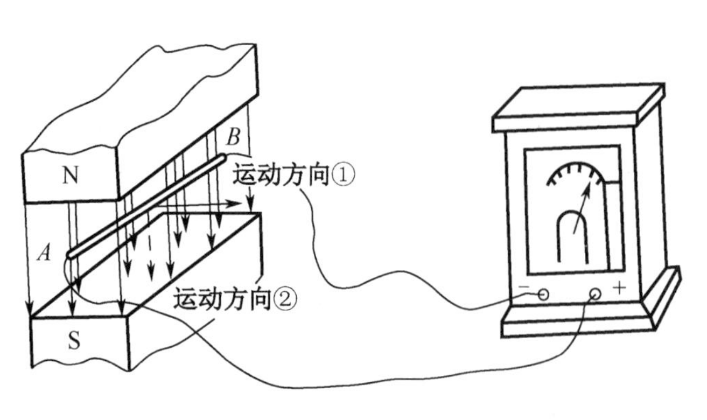

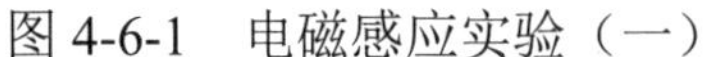

图 4-6-1 电磁感应实验（一）

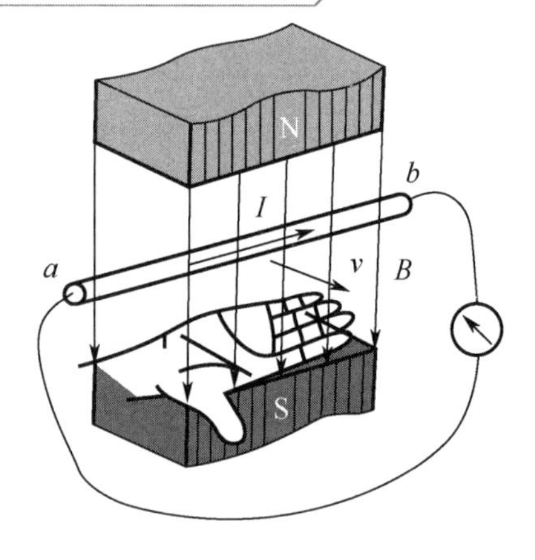

图 4-6-2 右手定则

（2）闭合回路不动，磁场动。

在图 4-6-3 所示的实验中，把线圈的两个接头分别与电流计的两个接线柱相连，形成闭合回路。如果将条形磁铁插入线圈（或从线圈中将条形磁铁拔出），使穿过线圈的磁通发生变化，电流计的指针将发生偏转，表明回路中有感应电流产生，如果穿过线圈的磁通不变（条形磁铁放在线圈中不动），电流计指针指向零，则表明回路中没有感应电流产生。

由图 4-6-3 可得出如下结论：**穿过闭合回路的磁通发生变化时，回路中有感应电流产生。**

2. 电磁感应现象两种实验的内在联系

上述两个结论，阐述了产生感应电流的两种不同的条件，实质上是从不同角度观察问题的结果。第一种结论是通过导体与磁场的相对运动研究电磁感应现象；第二种结论是通过穿过闭合回路磁通的变化研究电磁感应现象。下面研究这两种结论之间的关系。

将线圈 *abcd* 放置在匀强磁场中，磁场方向如图 4-6-4 所示，其中 *cd* 边可以沿着滑轨运动。当 *cd* 边沿着滑轨向右运动时，做切割磁力线运动，闭合回路 *abcd* 中有感应电流产生。同时，可以用第二种结论来说明这个问题。把 *cd* 边移到 *c'd'* 位置时，线圈 *abcd* 包围的面积增大了，由 $\Phi=BS$ 可知磁通增大了。由于穿过闭合回路的磁通发生了变化，因此回路中有感应电流产生。由此可知，**产生感应电流的上述两种方式虽然不同，但结果却是完全一样的，所以本质是相同的，最终都表现为闭合回路所包围的面积内的磁通发生变化。**

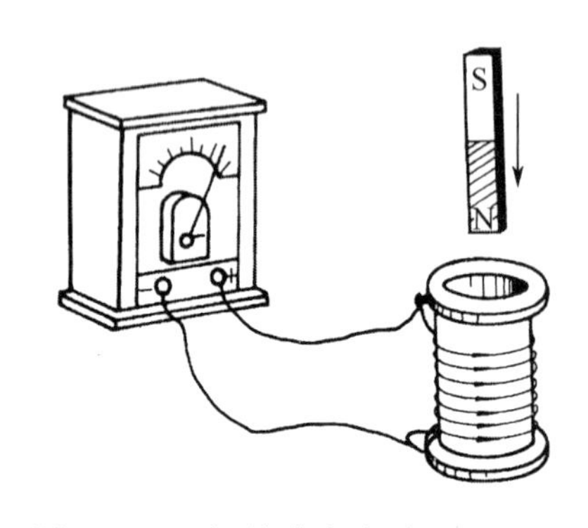

图 4-6-3 电磁感应实验（二）

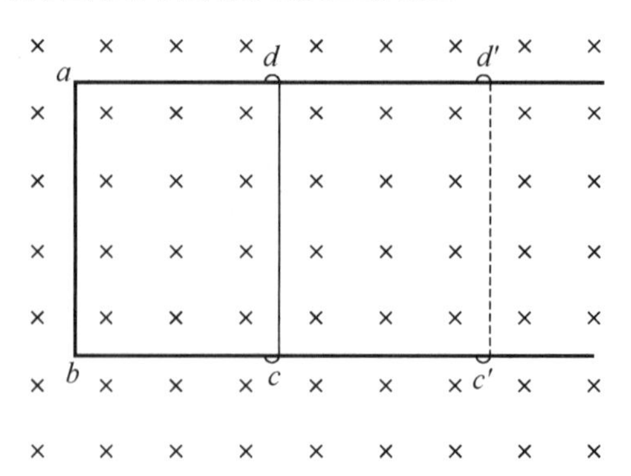

图 4-6-4 电磁感应实验两种结论的关系

例题解析

【例 1】在图 4-6-5 中，一个导体线圈在匀强磁场中做如下运动：线圈沿磁场方向平移，如图 4-6-5（a）所示；线圈沿垂直磁场方向平移，如图 4-6-5（b）所示；线圈以自身的直径为轴转动，轴与磁场方向平行，如图 4-6-5（c）所示；线圈以自身的直径为轴转动，轴与磁场方向垂直，如图 4-6-5（d）所示。分析各图能不能产生感应电流。

【解析】产生电磁感应的本质是回路磁通发生变化，而闭合回路是产生感应电流的前提。

【解答】在图 4-6-5（a）、（c）中，线圈平移或转动过程中所包围面积的磁通始终为零，回路磁通不发生变化，不能够产生感应电流。

在图 4-6-5（b）中，线圈平移过程中左右两侧切割磁力线，均产生向上的感应电动势，但回路的感应电动势相互抵消，所包围面积的磁通始终不变且为最大值，不能够产生感应电流。或者说，由于回路磁通不发生变化，所以不能够产生感应电流。

在图 4-6-5（d）中，线圈转动过程中所包围面积的磁通始终在最大值和最小值之间反复变化，回路磁通始终在发生变化，所以能够产生感应电流。

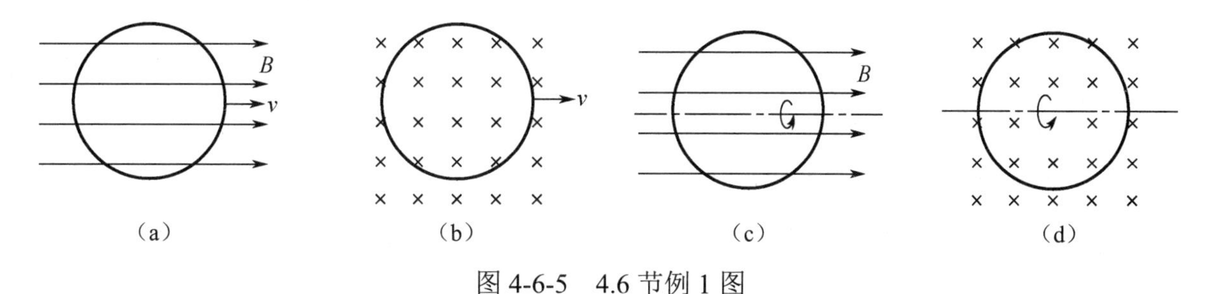

图 4-6-5　4.6 节例 1 图

【例 2】在图 4-6-6 中，闭合回路中的一部分导体在磁场中运动，分析各图是否正确标明了感应电流的方向。

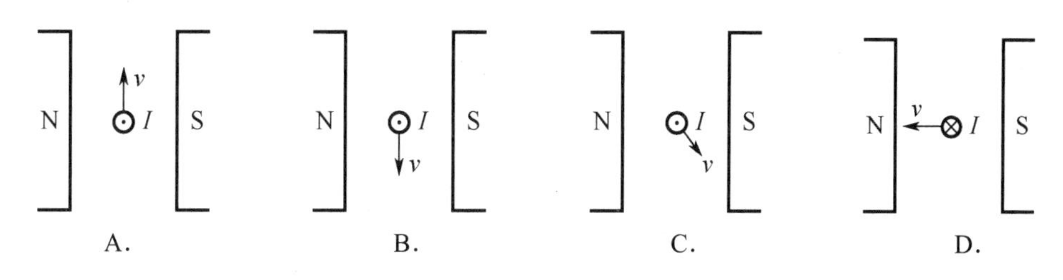

图 4-6-6　4.6 节例 2 图

【解答】正确标明了感应电流方向的有 B、C 图，A 图感应电流方向应朝里，D 图不切割磁力线，无感应电流。

【例 3】图 4-6-7 所示的电路是由电源、可变电阻 R_P 和开关 S 组成的串联电路，与固定的闭合矩形金属框 *abcd* 在同一平面内。在下列情况中，金属框中产生感应电流的是（　　）。

A．开关 S 闭合的瞬间

B．开关 S 由闭合到断开的瞬间

C．闭合开关 S，滑片 P 向 *B* 运动

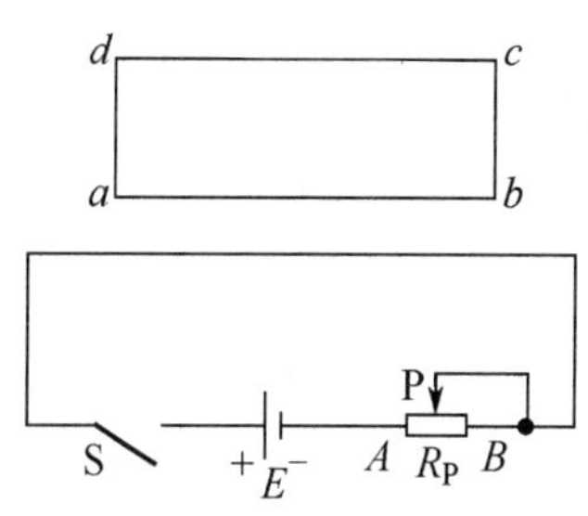

图 4-6-7　4.6 节例 3 图

D．整个闭合回路向金属框平移

【解答】A 选项：开关 S 闭合的瞬间，串联电路中的电流从无到有，电流产生的磁通从无到有，其中必然有一部分磁通穿过闭合的金属框，导致金属框内的磁通从无到有发生变化，故能产生感应电流。

B 选项：开关 S 由闭合到断开的瞬间，串联电路中的电流由有到无，产生的磁场也从有到无，必然导致闭合的金属框内的磁通减小，故也能产生感应电流。

C 选项：闭合开关 S，滑片 P 向 *B* 运动，串联电路中的电流减小，导致闭合的金属框内的磁通减小，故也能产生感应电流。

D 选项：整个闭合回路向金属框平移，平移过程中闭合的金属框内的磁通不断增大，故同样能产生感应电流。

所以正确的选项是 A、B、C、D。

同步练习

一、填空题

1．当导体在磁场中做________运动或线圈中的磁通________时，在导体或线圈中会产生感应电动势，把这种现象称为________。

2．产生电磁感应的两个条件是________和________。

3．某人竖直拿着一根金属棒，由西向东走，由于存在地磁场，因此金属棒的________端电势高。

二、单项选择题

在环形导体的中央取一小的条形磁铁，如图 4-6-8 所示。开始时，磁铁和环在同一平面内，磁铁中心和环的圆心重合，下列方法中能使导体产生感应电流的是（　　）。

A．环在纸面上绕圆心顺时针转动

B．磁铁在纸面上上下移动

C．磁铁绕中心在纸面上顺时针转动

D．磁铁绕竖直轴转动

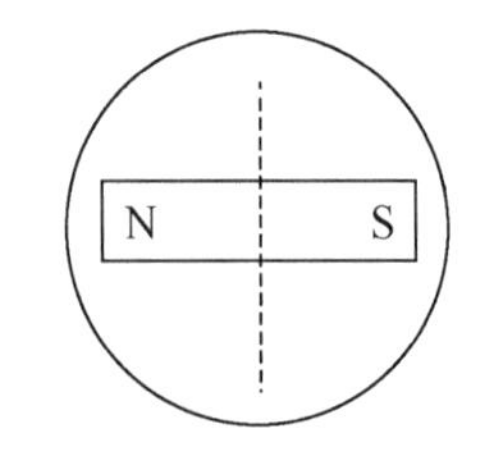

图 4-6-8　4.6 节单项选择题图

三、综合分析题

1. 用图 4-6-9 所示的实验装置做如下实验，较小的线圈 A 跟开关 S、滑动变阻器 R_P 及直流电源 *E* 串联成一个回路；较大的线圈 B 与电流表连接成闭合回路。把线圈 A 插在线圈 B 内，试分析：

（1）当开关 S 闭合的瞬间，线圈 B 中是否会产生感应电流？

（2）保持线圈 A 中的电流为一稳定值后，线圈 B 中是否会产生感应电流，为什么？

（3）如果移动滑动变阻器的滑片，会发生什么现象？

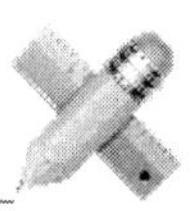

2．在闭合矩形线框 *abcd* 的中轴线上有一通电长直导体 L（二者未碰触），如图 4-6-10 所示。在下述几种情况下，线框中是否产生感应电流？如产生，方向如何？

（1）将线框向右平移。

（2）将线框向下平移。

（3）将线框以 L 为轴旋转。

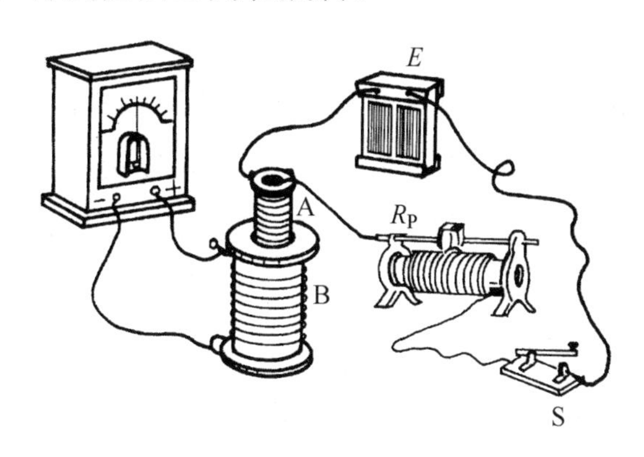

图 4-6-9　4.6 节综合分析题 1 图

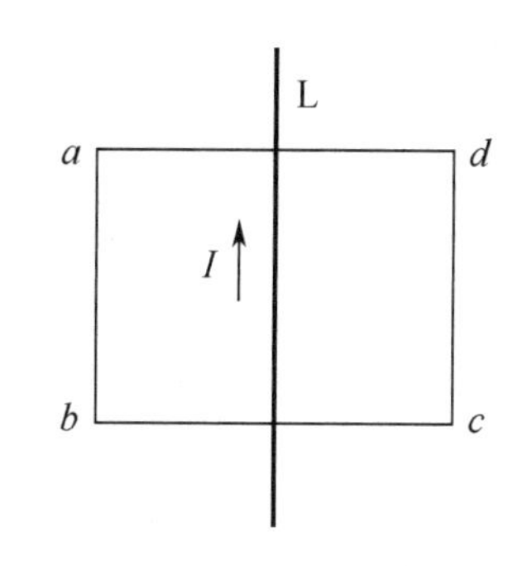

图 4-6-10　4.6 节综合分析题 2 图

阅读材料

手机无线充电技术

手机无线充电的方式有很多种：电磁感应式、电场耦合式、磁共振和无线电波传输等，较为普及的就是电磁感应式无线充电，其原理如图 4-6-11 所示。在充电底座中有一个发射线圈，手机内置一个接收线圈，当电流流过充电底座中的发射线圈时会产生电磁场，由于电磁感应，当把手机放在充电底座上时，手机中的接收线圈会产生感应电流，从而实现无线充电。无线充电时，手机不需要连接充电线，快捷方便，同时避免了反复插拔对手机充电孔的损坏。

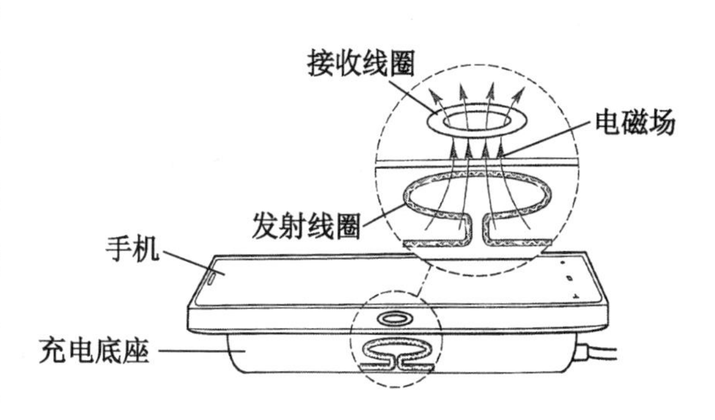

图 4-6-11　电磁感应式无线充电的原理

4.7　楞次定律

知识授新

右手定则的局限性与楞次定律的普遍适用性。

右手定则可以判别闭合回路中一部分导体在磁场中做切割磁力线运动时，产生感应电流的方向。但是，右手定则有局限性，它不能判别穿过闭合回路磁通变化时产生感应电流的方向。为得到判别感应电流方向的一般规律，1834 年，德国物理学家楞次首先发现了确定感应电流方向普遍适用的规律，即楞次定律。

在电磁感应现象中，感应电流的方向是由产生感应电流的条件决定的。在图 4-6-1 所示的实验中，如果导体 *AB* 做切割磁力线运动的方向改变，则电流计指针的偏转方向也随之改变，说明感应电流方向也做了同步改变。在图 4-6-3 所示的实验中，将磁铁插入线圈与拔出线圈时电流计指针的偏转方向相反，因此感应电流的方向也相反。

楞次根据产生感应电流的不同条件，进行了大量的实验，总结出了可以普遍应用于判别各种情况下所产生的感应电流方向的规律。下面通过图 4-7-1 所示的实验说明楞次定律。

将线圈 *abcd* 放置在匀强磁场中，磁场方向如图 4-7-1 所示。导体 *cd* 可以沿着滑轨自由地移动。在图 4-7-1（a）中，导体 *cd* 向右做切割磁力线运动到 *c'd'*，由右手定则可以判别感应电流的方向由 *c* 到 *d*，也可以应用磁通变化来研究这个问题。导体 *cd* 运动到 *c'd'*，线圈所包围的面积增大了，由于 *B* 是常数，磁通 $\Phi=BS$ 也随之增大。由安培定则可知，感应电流产生的磁场（感生磁场）（用“⊙”表示）与原磁场方向相反，因而起到阻碍原磁通增大的作用。同样的道理，在图 4-7-1（b）中，导体 *cd* 向左运动，感应电流的方向由 *d* 到 *c*，磁通减小，由安培定则可以判别，感生磁场与原磁场方向相同（用“⊗”表示），阻碍原磁通减小。

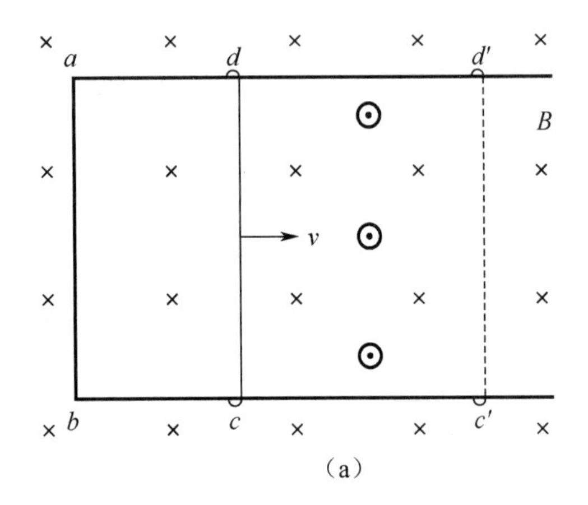

（a）

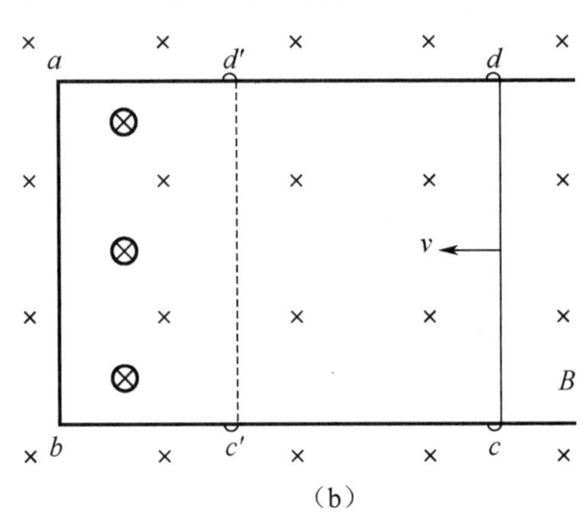

（b）

图 4-7-1　楞次定律实验

由以上分析可知，由于穿过闭合回路的磁通增大或减小，回路中产生感应电流，而感生磁场总是阻碍原磁通增大或减小。总之，感生磁场总要阻碍原磁场的变化。在其他电磁感应实验中，也存在共同的规律。楞次从大量实验中总结出了如下结论：**感生磁场总要阻碍原磁场的变化**，这就是楞次定律。其因果关系的图解如下：

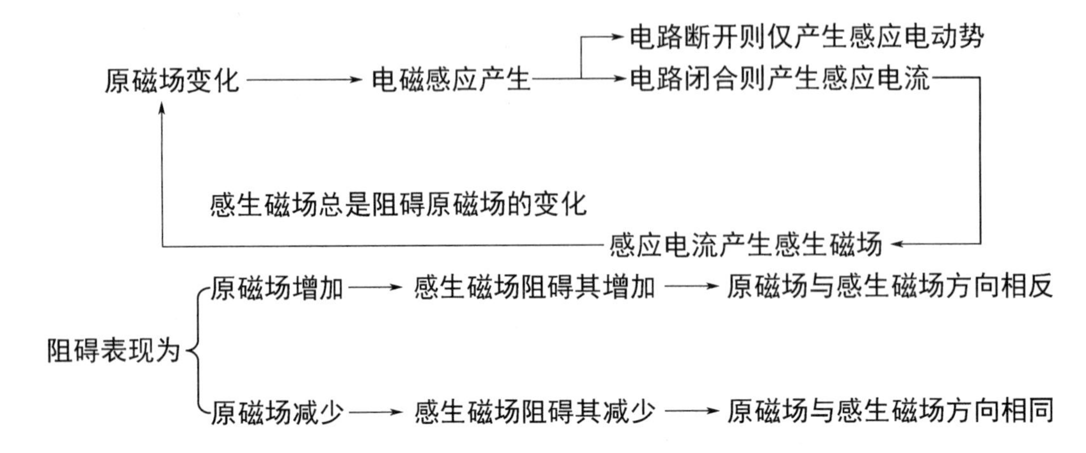

我们通过图 4-7-2，进一步理解和应用楞次定律。将条形磁铁插入线圈时，线圈的磁通增大，线圈中产生感应电流。由楞次定律可知，感应电流产生的磁场要阻碍原磁通增大（用安培定则判别），如图 4-7-2（a）所示。也可以理解成线圈中产生感应电流时，就相当于一块磁铁，上端 N 极与条形磁铁的 N 极互相排斥，阻碍条形磁铁插入。当把条形磁铁拔出时，磁通减小，线圈中产生感应电流。由楞次定律可知，感应电流产生的磁通要阻碍原磁通减小，如图 4-7-2（b）所示。同样可以将线圈看作一块磁铁，上端为 S 极，它与条形磁铁的 N 极互相吸引，阻碍条形磁铁拔出。

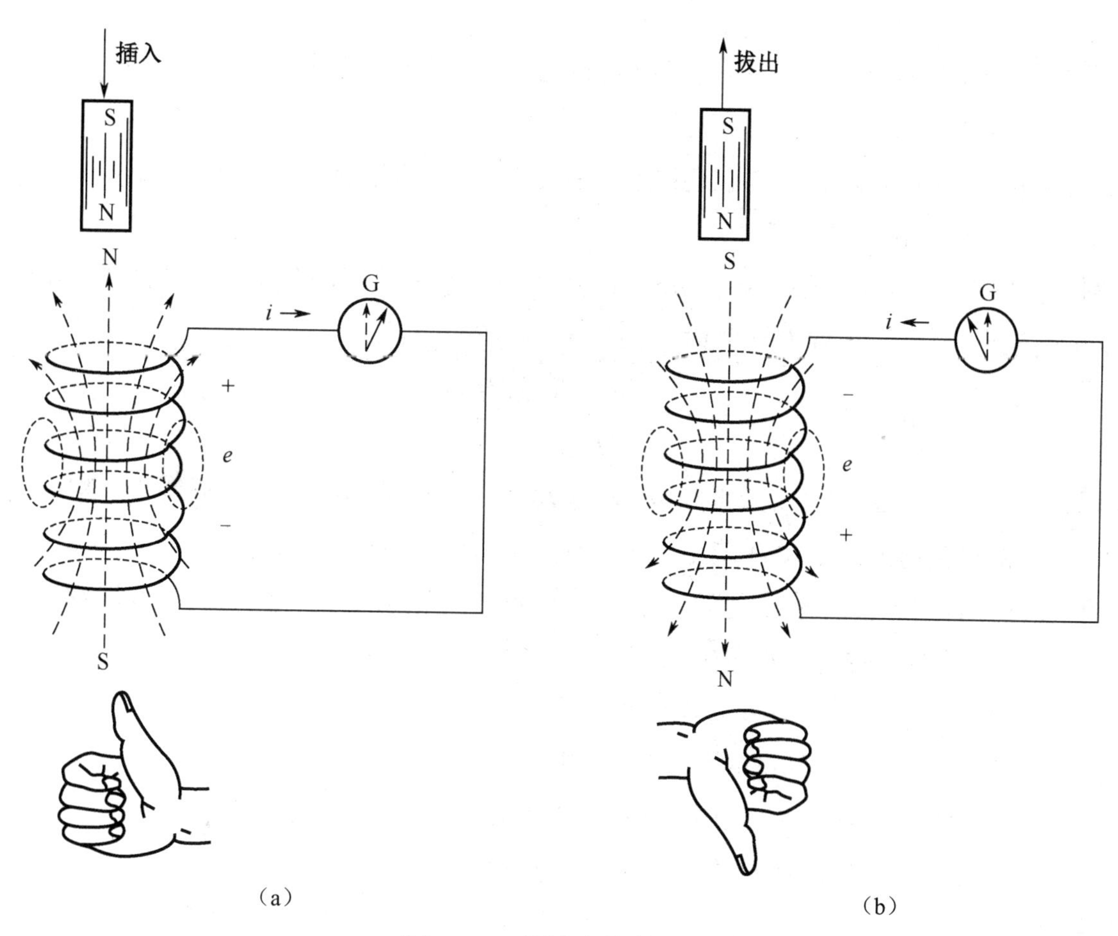

图 4-7-2　楞次定律的应用

例题解析

【例 1】用线绳吊起一铜圆圈，如图 4-7-3 所示。现将条形磁铁插入铜圆圈，铜圆圈怎样运动？

【解答】由楞次定律可知，感生磁场总要阻碍原磁场变化。铜圆圈运动的原因是磁铁向铜圆圈运动，感应电流引发的效果是要反抗铜圆圈与磁铁间的相对运动，铜圆圈只有远离磁铁，才能阻碍磁通继续增大，所以铜圆圈向左运动。

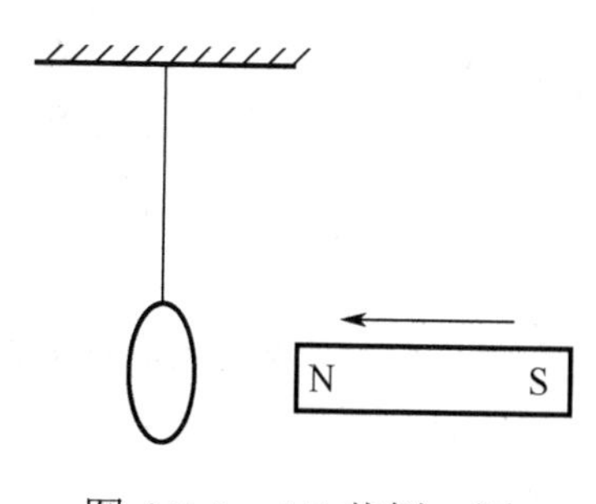

图 4-7-3　4.7 节例 1 图

【例 2】图 4-7-4（a）所示为条形磁铁靠近线圈，图 4-7-4（b）所示为条形磁铁远离线圈，试判别感应电流的方向和感生磁场的极性，并在图中标注。

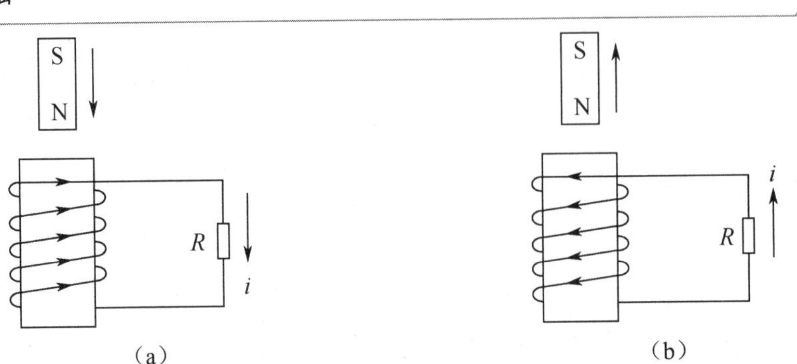

图 4-7-4　4.7 节例 2 图

【解答】在图 4-7-4（a）中，螺线管内磁通增大，感生磁场的极性必与之相反，为上“N”下“S”，根据安培定则，电流由上端流出。

在图 4-7-4（b）中，螺线管内磁通减小，感生磁场的极性必与之相同，为上“S”下“N”，根据安培定则，电流由上端流入。

【例 3】在图 4-7-5 中，长直导体 *ab*、*cd* 放在两个水平放置的光滑导轨 *EF* 和 *GH* 上，它们与导轨接触良好，当 *ab* 向左运动时，*cd* 将（　　）。

A．向右运动　　　　B．向左运动

C．不动　　　　D．运动方向无法确定

【解析】长直导体 *ab* 向左运动时，*abcd* 与 *EFGH* 所包围的框内的磁通增大，根据楞次定律，长直导体 *cd* 只有向左运动才能阻止磁通进一步增大，故选择 B。

【例 4】在图 4-7-6（a）中，矩形线圈垂直放置在匀强磁场中，线圈以匀速切割磁力线，运动过程中线圈不穿出磁场，不发生形变，则下列说法正确的是（　　）。

A．电流表无示数，*ab* 间有电势差，电压表无示数

B．电流表有示数，*ab* 间有电势差，电压表无示数

C．电流表无示数，*ab* 间无电势差，电压表无示数

D．电流表无示数，*ab* 间有电势差，电压表有示数

【解析】电流表支路与电压表支路均切割了磁力线，产生的感应电动势的极性均为 *a*“+”*b*“-”，等效电路如图 4-7-6（b）所示，由于整个回路无电位差，无电流，故选择 A。

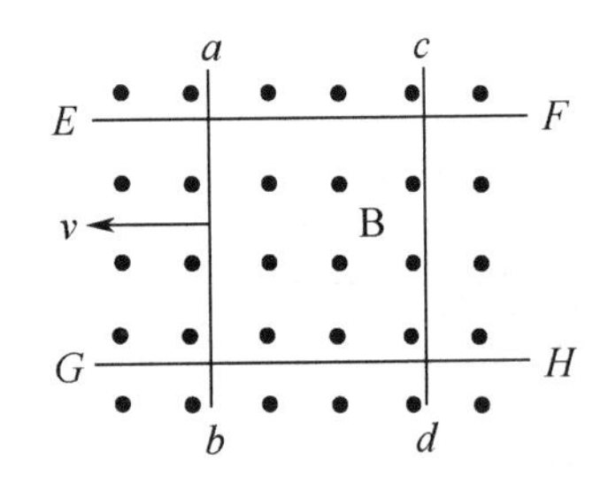

图 4-7-5　4.7 节例 3 图

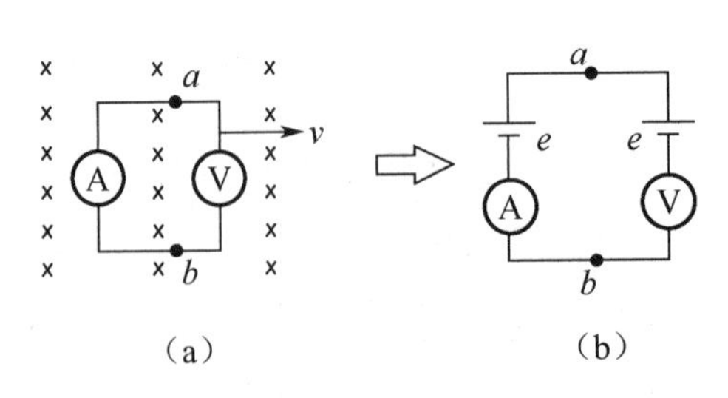

图 4-7-6　4.7 节例 4 图

同步练习

一、填空题

1．________是判断感应电流方向的普遍规律：若线圈中磁通增大，则感生磁场方向与原磁场方向________；若线圈中磁通减小，则感生磁场方向与原磁场方向________。

2．楞次定律指出：感应电流的方向，总是使感生磁场________引起感生磁场的变化。

二、选择题

1．在图 4-7-7 中，要使矩形回路产生顺时针的感应电流，应让这个矩形回路（　　）。

A．向上平移　　B．向下平移

C．向左平移　　D．向右平移

2．在图 4-7-8 所示的匀强磁场中，两个平行的金属导轨上放置两个金属导体 ab、cd，设它们在导轨上的速度分别为 v_1、v_2，现要使回路中产生最大的感应电流，且方向为 $a \to b$，那么 ab、cd 的运动情况为（　　）。

A．相向运动　　B．都向左运动

C．背向运动　　D．都向右运动

3．在图 4-7-9 中，A 和 B 是两个用细线悬着的闭合铝圆圈，当开关 S 闭合的瞬间（　　）。

A．A 向右运动，B 向左运动　　B．A 向左运动，B 向右运动

C．A 和 B 都向左运动　　D．A 和 B 都向右运动

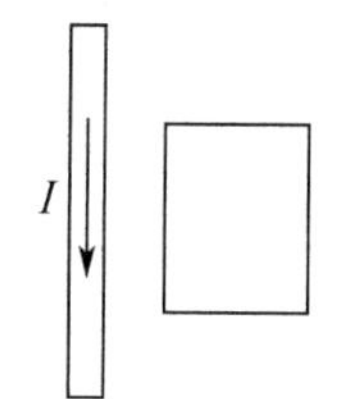

图 4-7-7　4.7 节选择题 1 图

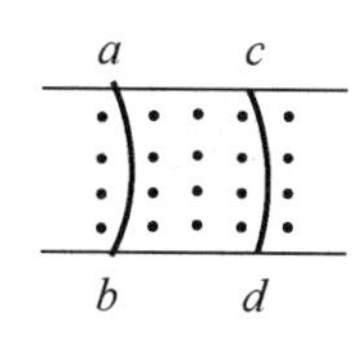

图 4-7-8　4.7 节选择题 2 图

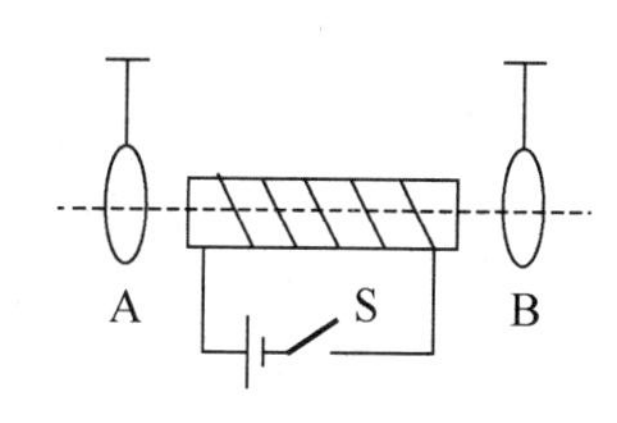

图 4-7-9　4.7 节选择题 3 图

4．在图 4-7-10 所示的闭合电导体管中放有条形磁铁，将条形磁铁取出时，电流计ⓐ有自下而上的电流通过，则下列情况中（　　）。

（1）磁铁上端为 N 极，向上运动　　（2）磁铁下端为 N 极，向上运动

（3）磁铁上端为 N 极，向下运动　　（4）磁铁下端为 N 极，向下运动

A．只有（1）和（2）正确　　B．只有（1）和（3）正确

C．只有（2）和（4）正确　　D．只有（2）和（3）正确

5．在图 4-7-11 中，直线电流与通电矩形线圈同在纸面内，线框所受磁场力的合力方向为（　　）。

A．向左　　B．向右　　C．向下　　D．向上

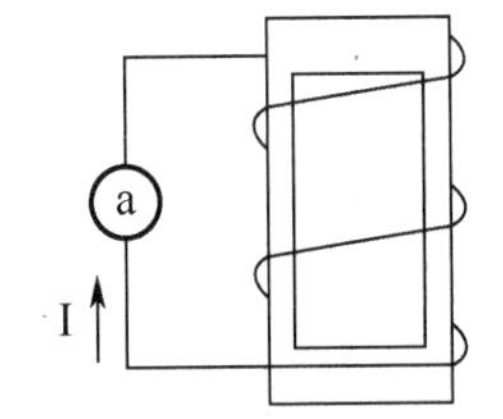

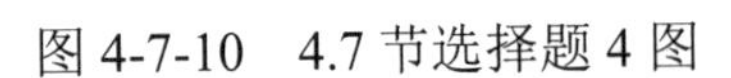
图 4-7-10　4.7 节选择题 4 图

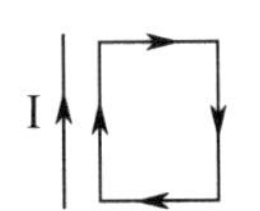

图 4-7-11　4.7 节选择题 5 图

6．用两块同样的条形磁铁以相同的速度，分别插入尺寸和形状相同的铜环和木环中，且 N 极垂直于圆环平面，则同一时刻（　　）。

A．铜环磁通大　　　　　B．木环磁通大

C．两环磁通一样大　　　D．两环磁通不能比较

三、综合题

金属框 *abcd* 在束集的磁场中摆动，磁场方向垂直纸面向外，如图 4-7-12 所示。（1）判别金属框从右向左摆动过程中在Ⅰ、Ⅱ、Ⅲ位置时是否产生感应电流？若产生，则标出感应电流的方向。（2）金属框在摆动过程中振幅将怎样变化？为什么？

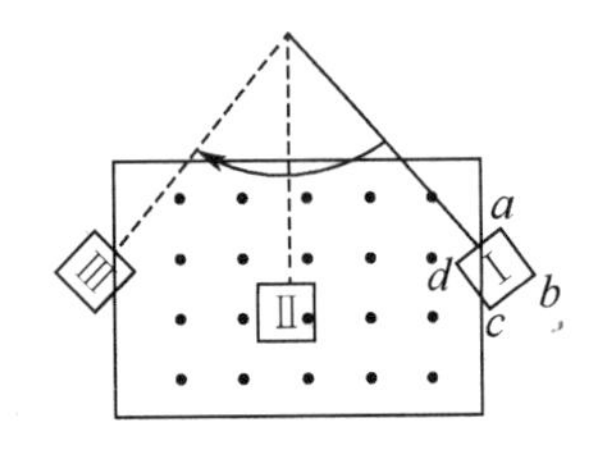

图 4-7-12　4.7 节综合题图

4.8　感应电动势和电磁感应定律

知识授新

1．感应电动势

如果闭合回路中有持续的电流，则该回路中必有电动势。同理，在电磁感应现象中，闭合回路中有感应电流，说明回路中必定有感应电动势。由电磁感应产生的电动势叫作感应电动势。

应当指出，在闭合回路中做切割磁力线运动的那部分导体就是引起电磁感应的根本原因，它能产生感应电动势，向外电路提供电能，所以它就是一个电源。在图 4-8-1 中，虚框内是一个电源（这部分电路是内电路）。电动势的方向由电源的负极指向电源的正极，即电流的流出端为电源的高电位端（正极），电流的流入端为电源的低电位端（负极）。因此，图中 *a* 点电位高于 *b* 点电位。

感应电动势更能反映电磁感应的本质，因此在研究电磁感应时，确定感应电动势比确定感应电流的意义更大。首先，感应电动势的大小与外电路电阻的大小无关，而感应电流的大小与

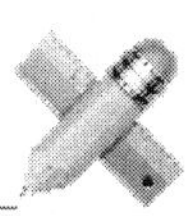

外电路有关。在图 4-8-1 中，除了 R_P 变化，其他条件都不变，在这种情况下，可以看出，感应电流是变化的，而感应电动势是确定的。其次，电动势是电源本身的特性，与外电路状态无关。不管电路是否闭合，只要有电磁感应现象，就会产生感应电动势，而感应电流只有当回路闭合时才有，开路时则没有。可见，有电流必有电动势，而有电动势却未必有电流。

2. 电磁感应定律

在图 4-8-2 中，导体 *cd* 与磁感应强度垂直，沿着滑轨在垂直磁感应强度的方向上做匀速直线运动。导体 *cd* 切割磁力线产生了感应电流，感应电流在磁场中受到的磁场力的大小和方向分别为

$$F_2 = BIL \text{（方向向左）}$$

要使导体 *cd* 做匀速直线运动，必须对其施加一个与 F_2 大小相等、方向相反的外力 F_1，即

$$F_1 = F_2 = BIL$$

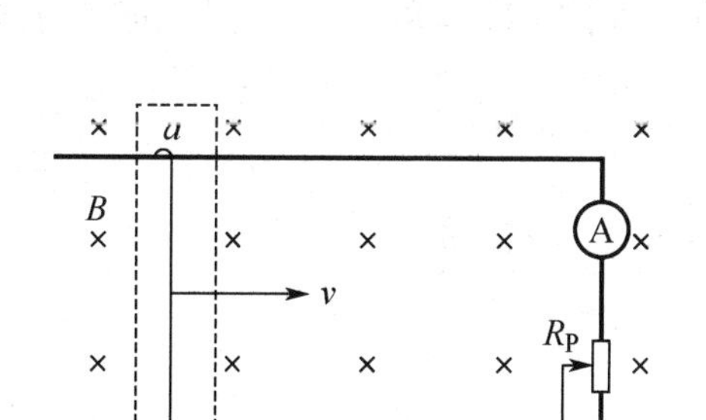

图 4-8-1　感应电动势

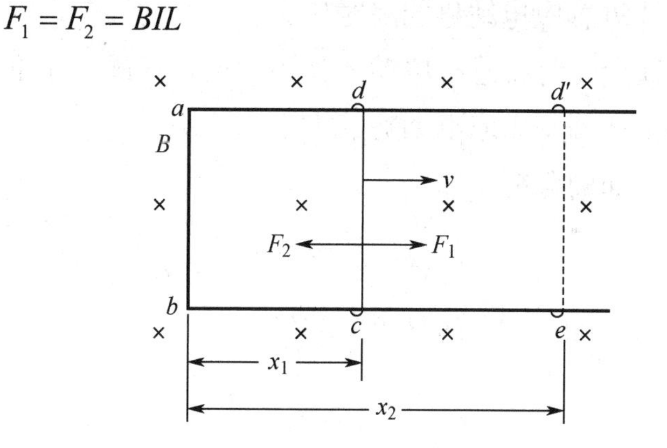

图 4-8-2　*B* 与 *v* 垂直时的感应电动势

设导体运动速度为 *v*，由 *cd* 运动到 *c'd'* 所用时间为 Δt，那么导体由 *cd* 运动到 *c'd'* 外力所做的功为

$$W = F_1(x_2 - x_1) = BIL(x_2 - x_1)$$

根据电动势的定义

$$e = \frac{W}{q} = \frac{BIL(x_2 - x_1)}{I\Delta t}$$

及切割速度

$$v = \frac{x_2 - x_1}{\Delta t}$$

可得，在 *B*、*L* 和 *v* 相互垂直时，导体做切割磁力线运动产生的感应电动势为

$$e = BLv$$

式中，*B*——磁感应强度，单位为 T；

L——做切割磁力线运动的导体长度，单位为 m；

v——导体运动的速度，单位为 m/s；

e——感应电动势，单位为 V。

如果导体运动方向和磁场方向的夹角是 α，如图 4-8-3 所示。由于速度是矢量，可按矢量分解的方法将速度 *v* 分解成平行磁场方向的分量 v_1（不切割磁力线）和垂直磁场方向的分量

v_2（切割磁力线）。v_1不产生感应电动势，只有v_2产生感应电动势。由于$v_2=v\sin\alpha$，因此，在这种情况下，感应电动势的一般解析式为

$$e = BLv\sin\alpha$$

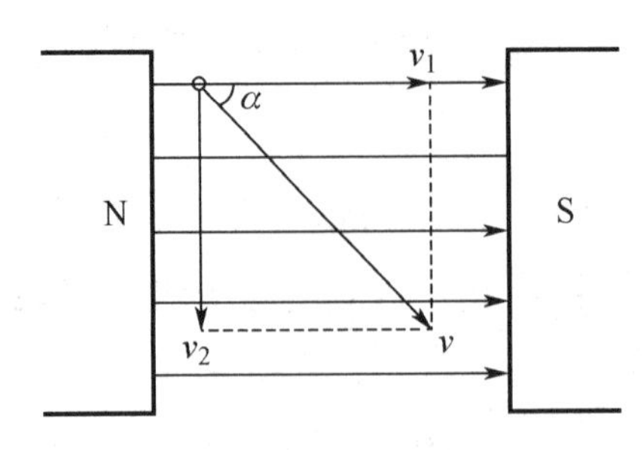

图 4-8-3　B与v成α角时的感应电动势

必须强调：若v为平均值，则e为平均值；若v为瞬时值，则e也为瞬时值。公式$e = BLv\sin\alpha$常用来计算感应电动势的瞬时值。

磁通变化时，感应电动势又该如何计算呢？下面，利用图 4-8-2 来研究当磁通变化时，怎样确定线圈中感应电动势的大小。

由前面的分析可知

$$e = BLv = BL\frac{x_2 - x_1}{\Delta t} = \frac{BS_2 - BS_1}{\Delta t} = \frac{\Phi_2 - \Phi_1}{\Delta t}$$

令$\Delta\Phi=\Phi_2-\Phi_1$，则感应电动势为

$$e = \frac{\Delta\Phi}{\Delta t}$$

式中，$\Delta\Phi$——穿过闭合回路磁通的增量，单位为 Wb；

Δt——磁通增大了$\Delta\Phi$所用的时间，单位为 s；

e——感应电动势，单位为 V。

通常把$\frac{\Delta\Phi}{\Delta t}$叫作磁通变化率。上式表明，电路中感应电动势的大小，跟穿过这个回路的磁通的变化率成正比，这就是法拉第电磁感应定律。

上式虽然是从特殊情况下推导出来的公式，但它对任何原因引起穿过线圈的磁通变化所产生的感应电动势都适用。

$e = \frac{\Delta\Phi}{\Delta t}$是单匝线圈产生感应电动势的计算式。如果回路是多匝线圈，那么当磁通变化时，每匝线圈中都将产生感应电动势。因为线圈的匝与匝之间是相互串联的，所以整个线圈的总感应电动势就等于各匝产生的感应电动势之和。设线圈共有N匝，如果穿过每匝线圈的磁通相同，则$\psi=N\Phi$，ψ叫作线圈的磁通链或全磁通，感应电动势为

$$e = \frac{\Delta\psi}{\Delta t} = N\frac{\Delta\Phi}{\Delta t}$$

通常把$\frac{\Delta\psi}{\Delta t}$叫作磁通链变化率，单位为 Wb/s。

应当指出，$e = \frac{\Delta\psi}{\Delta t}$或$e = N\frac{\Delta\Phi}{\Delta t}$只能确定感应电动势的大小，感应电动势和感应电流的

方向要用楞次定律来确定。在考虑到感应电动势方向时（考虑到楞次定律），上式可以写成

$$e=-\frac{\Delta\psi}{\Delta t}\text{ 或 }e=-N\frac{\Delta\Phi}{\Delta t}$$

式中，负号是楞次定律的反映。

必须强调：公式 $e=N\frac{\Delta\Phi}{\Delta t}=\frac{\Delta\psi}{\Delta t}$ 只适用于计算电动势的平均值。其物理意义是感应电动势的大小是由磁通变化率（$\frac{\Delta\Phi}{\Delta t}$）决定的，而不是由磁通（$\Phi$）决定的，也不是由磁通的变化量（$\Delta\Phi$）决定的。

在解题时，通常会遇到磁通由大到小或由小到大的变化，所以磁通变化率 $\frac{\Delta\Phi}{\Delta t}$ 可以小于零，也可以大于零。根据楞次定律，感生磁场总要阻碍引起它的磁通的变化，方向与 $\frac{\Delta\Phi}{\Delta t}$ 相反，因而感应电动势的方向也与 $\frac{\Delta\Phi}{\Delta t}$ 相反，感应电动势也有正负。为了学习的方便，公式中不引入+、−号，也就是要求 $\frac{\Delta\Phi}{\Delta t}$ 不论是增大还是减小，一律取正，所以计算所得为感应电动势的大小，其极性可用楞次定律判别。

例题解析

【例 1】把一个条形磁铁的 N 极，在 1.5s 内从线圈的顶部一直插到底部，穿过每匝线圈的磁通变化了 7.5×10^{-4}Wb，线圈的匝数为 1000，求线圈中感应电动势的大小。若线圈与外电路连接成闭合回路，回路总电阻 R 为 10Ω，求感应电流的大小。

【解答】由电磁感应定律可求感应电动势为

$$e=\frac{\Delta\psi}{\Delta t}=\frac{1000\times7.5\times10^{-4}}{1.5}=0.5\text{V}$$

回路中的感应电流为

$$I=\frac{e}{R}=\frac{0.5\text{V}}{10\Omega}=0.05\text{A}$$

【例 2】在图 4-8-4 中，匀强磁场的磁感应强度 B 为 0.6T，做切割磁力线运动的导体 AB 长为 1m，它以 20m/s 的速度做匀速直线运动，运动方向和磁场方向的夹角 α 为 30°，整个回路的电阻为 1Ω，试求：

（1）感应电动势的大小。

（2）感应电流的大小和方向。

（3）A、B 两点哪点电位高？

（4）导体 AB 所受磁场力的大小。

（5）电阻 R 吸收的功率。

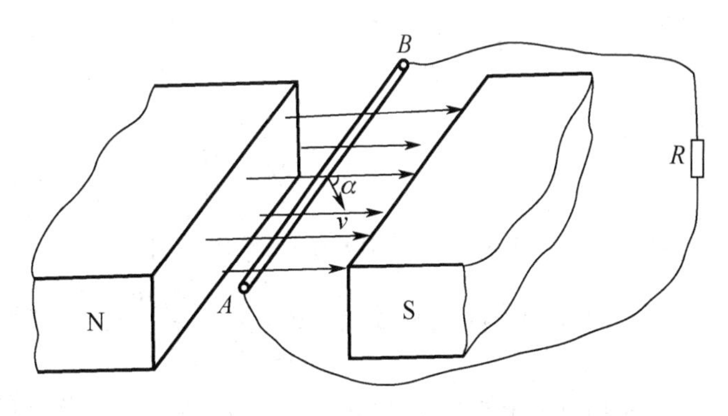

图 4-8-4　4.8 节例 2 图

【解答】(1) 导体 AB 做切割磁力线运动产生的感应电动势为

$$e = BLv\sin\alpha = 0.6\times1\times20\times\sin30^\circ = 6\text{V}$$

(2) 回路中的感应电流为

$$I = \frac{e}{R} = \frac{6\text{V}}{1\Omega} = 6\text{A}$$

由右手定则判别出感应电流的方向是由 B 到 A。

(3) 电源内部电流从低电位流到高电位，所以 A 点电位高。

(4) 导体 AB 所受磁场力的大小为

$$F = BIL = 0.6\times6\times1 = 3.6\text{N}$$

(5) 电阻 R 吸收的功率为

$$P = eI = 6\times6 = 36\text{W}$$

【例 3】在图 4-8-5（a）中，导体 ab 可以在金属框上无摩擦滑动，导体长 20cm，以 2m/s 的速度向右运动，B=2T，R_1=2Ω，R_2=4Ω，导体 ab 及金属框的电阻不计，求：(1) R_1、R_2 中电流的大小和方向。(2) 磁场对导体 ab 的磁场力。(3) R_1、R_2 吸收的功率。(4) 外力对导体 ab 做的功。

【解析】导体 ab 在切割磁力线时，产生感应电动势，可用右手定则判别感应电动势的方向为由 a 到 b；感应电动势的大小可根据公式 $e=BLv\sin\alpha$ 计算；把导体 ab 等效成一个电压源，并与 R_1 和 R_2 构成闭合电路，等效电路如图 4-8-5（b）所示。

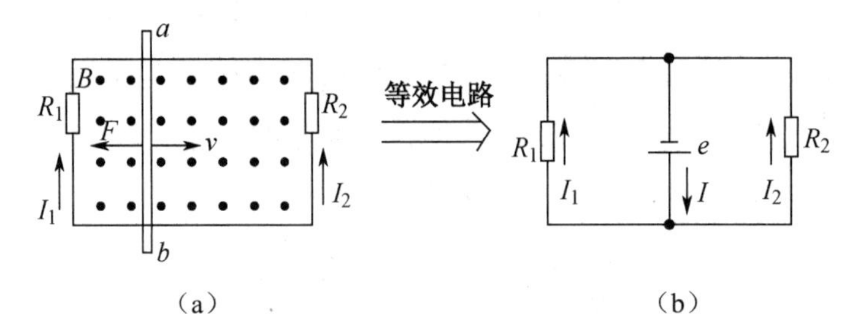

图 4-8-5　4.8 节例 3 图

【解答】(1) 因为导体 ab 匀速垂直切割磁力线，所以 $e = BLv = 2\times0.2\times2 = 0.8\text{V}$，$I_1 = \frac{e}{R_1} = \frac{0.8}{2} = 0.4\text{A}$，$I_2 = \frac{e}{R_2} = \frac{0.8}{4} = 0.2\text{A}$，方向如图 4-8-5 所示。

总电流为

$$I = I_1 + I_2 = 0.4 + 0.2 = 0.6\text{A}$$

(2) $F = BIL = 2\times0.6\times0.2 = 0.24\text{N}$。

(3) R_1 吸收的功率为 $P_1 = \frac{e^2}{R_1} = \frac{0.64}{2} = 0.32\text{W}$，$R_2$ 吸收的功率为 $P_2 = \frac{e^2}{R_2} = \frac{0.64}{4} = 0.16\text{W}$。

(4) 根据能量守恒定律，电阻 R_1、R_2 吸收的功率等于外力对导体做的功，所以外力对导体 ab 做功的功率为 $P = P_1 + P_2 = 0.32 + 0.16 = 0.48\text{W}$。

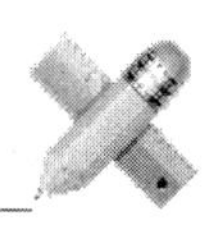

▲【例 4】在图 4-8-6 中，在匀强磁场 B 中放置一个金属框，导体 ab 可以在导轨上无摩擦地滑动。已知电池 E_o=2V，内阻 r_o=0.1Ω，导体 ab 长 10cm，质量为 40g，阻值 R=0.5Ω，导轨电阻不计，B=0.3T。求：（1）导体下滑时的最大加速度。（2）导体下滑的最大速度。（g=10m/s^2）

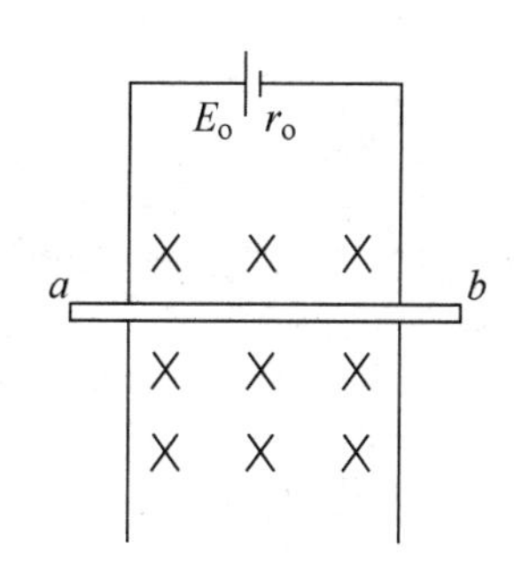

图 4-8-6　4.8 节例 4 图

【解析】导体 ab 静止时，内部电流由电池提供，此时导体受到了磁场力和重力的共同作用，因重力大于磁场力而加速下滑。导体 ab 加速下滑后产生感应电动势 e，使得导体中的电流增大，磁场力也增大，则导体下滑后产生的加速度减小，但速度仍然在增大。当磁场力增大到和重力相等时，受力平衡，加速度为零，且匀速，此时速度达到最大。

【解答】（1）导体 ab 静止时，有

$$I=\frac{E_o}{R+r_o}=\frac{2}{0.5+0.1}=\frac{10}{3}\text{A}$$

$$F=BIL=0.3\times\frac{10}{3}\times10\times10^{-2}=0.1\text{N}$$

所以加速度为

$$a=\frac{G-F}{m}=\frac{40\times10^{-3}\times10-0.1}{40\times10^{-3}}=7.5\text{m/s}^2$$

（2）当 F=G 时，加速度为零，速度最大。

因为

$$I=\frac{F}{BL}=\frac{G}{BL}=\frac{40\times10^{-3}\times10}{0.3\times10\times10^{-2}}=\frac{40}{3}\text{A}$$

又因为

$$I=\frac{E_o+e}{R+r_o}$$

所以

$$e=I(R+r_o)-E_o=\frac{40}{3}(0.5+0.1)-2=6\text{V}$$

$$v=\frac{e}{BL}=\frac{6}{0.3\times10\times10^{-2}}=200\text{m/s}$$

▲【例 5】在图 4-8-7 中，矩形线圈长 20cm、宽 10cm，匝数为 500，以 1200r/min 的转速在磁感应强度为 0.5T 的匀强磁场中绕中轴线转动，求：（1）从图示位置转过 90°时感应电动势的平均值。（2）感应电动势的瞬时最大值。

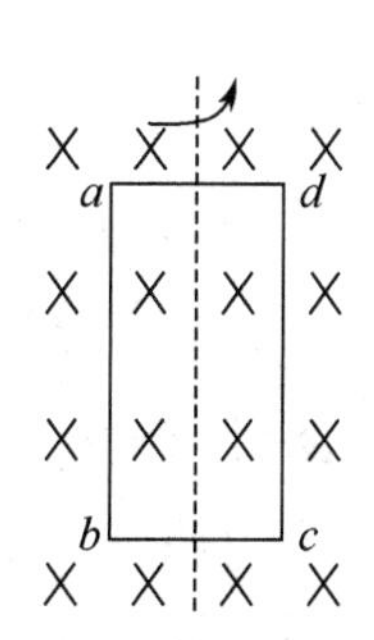

图 4-8-7　4.8 节例 5 图

【解析】求感应电动势的平均值时通常用公式 $e=N\dfrac{\Delta\Phi}{\Delta t}$，此例题的关键是计算时间变量 Δt；求感应电动势的瞬时值必须采用公式 e=BLv。

【解答】（1）由图示位置转过 90°时磁通的变化量为

$$\Delta\Phi=B\Delta S=0.5\times20\times10\times10^{-4}=0.01\text{Wb}$$

所需的时间为

$$\Delta t = \frac{1}{4}T = \frac{1}{4} \times \frac{60}{1200} = 12.5\text{ms}$$

所以，感应电动势的平均值为

$$e = N\frac{\Delta \Phi}{\Delta t} = 500 \times \frac{0.01}{12.5} = 400\text{V}$$

（2）矩形线圈的角频率为

$$\omega = 2\pi f = 2\pi \times \frac{1200}{60} = 40\pi\text{rad/s}$$

因为

$$v = \omega r = 40\pi \times \frac{L_{bc}}{2} = 40\pi \times 0.05 = 2\pi\text{m/s}$$

所以

$$e_{\text{m}} = 2NBLv = 2 \times 500 \times 0.5 \times 0.2 \times 2\pi \approx 628\text{V}$$

或因为

$$e_{\text{平}} \approx 0.637e_{\text{m}}\text{（正弦交流电平均值与振幅的关系）}$$

所以

$$e_{\text{m}} = \frac{e_{\text{平}}}{0.637} = \frac{400}{0.637} \approx 628\text{V}$$

同步练习

一、填空题

1．法拉第电磁感应定律：电路中感应电动势的大小与穿过这个回路的________成正比。

2．在图 4-8-8 中，L_1 为水平放置的环形导体，L_2 为沿垂直方向通过 L_1 圆心的通电长直导体，当通过 L_2 中的电流增大时，L_1 中的感应电流的大小为________。

3．在图 4-8-9 中，导体 ab 在匀强磁场中，以 a 点为圆心逆时针方向匀速转动。已知导体 ab 长 20cm，转动角速度 ω=10rad/s，匀强磁场的磁感应强度 B=2T，方向垂直纸面向内，则 ab 间的电位差为________，a、b 两点哪点电位高？________。若导体 ab 在匀强磁场中绕 ab 中点匀速转动，则 a、b 两点哪点电位高？________。

4．如果在 1s 内，通过 1 匝线圈的磁通变化量是 1Wb，则单匝回路中的感应电动势为________V，线圈共 20 匝，1s 内磁链变化为________Wb，线圈的感应电动势为________V。

▲5．在图 4-8-10 中，矩形线圈 $abcd$ 绕对称轴 OO' 在 B=0.5T 的匀强磁场中以 100πrad/s 的转速匀速转动。ab 段长 0.2m，bc 段长 0.2m，线圈共 100 匝。当线圈平面通过图示位置（线圈平面与磁力线垂直）时开始计时，那么 t=0、t/8、t/4 时刻的感应电动势的瞬时值分别是________V、________V、________V；由 0 到 t/4 时刻的转动过程中，感应电动势的平均值是________V；这个线圈在转动过程中产生的感应电动势的最大值为________V。

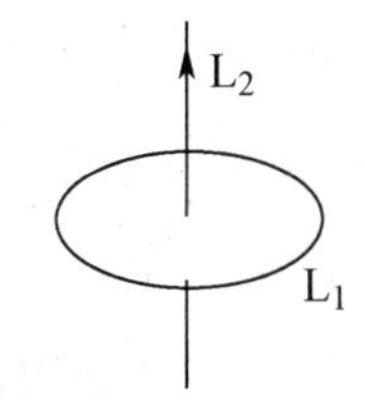

图 4-8-8　4.8 节填空题 2 图

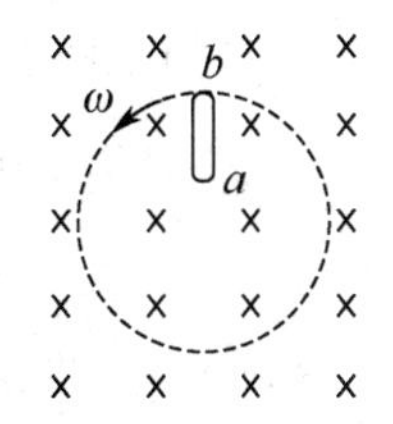

图 4-8-9　4.8 节填空题 3 图

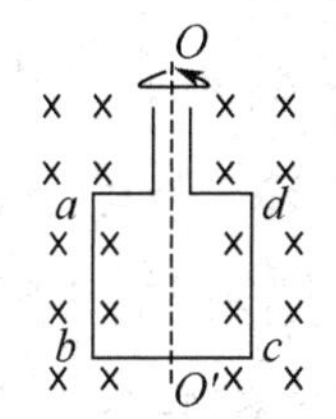

图 4-8-10　4.8 节填空题 5 图

二、单项选择题

1．感应电动势的大小正比于（　　）。

A．磁通　　　　B．磁通变化量

C．磁通变化率　　　　D．磁感应强度

2．运动导体在切割磁力线而产生最大感应电动势时，导体与磁力线的夹角 α 为（　　）。

A．0°　　B．45°　　C．90°　　D．无法确定

3．在图 4-8-11 中，有一匀强磁场，其方向垂直纸面向内，一根金属棒 ab 向左匀速地在轨道 $CDEF$ 上无摩擦地滑动，则（　　）。

A．b 点电势高，a 点电势低

B．a 点电势高，b 点电势低

C．a 点电势和 b 点电势相等

D．不能判断 a、b 两点电势高低

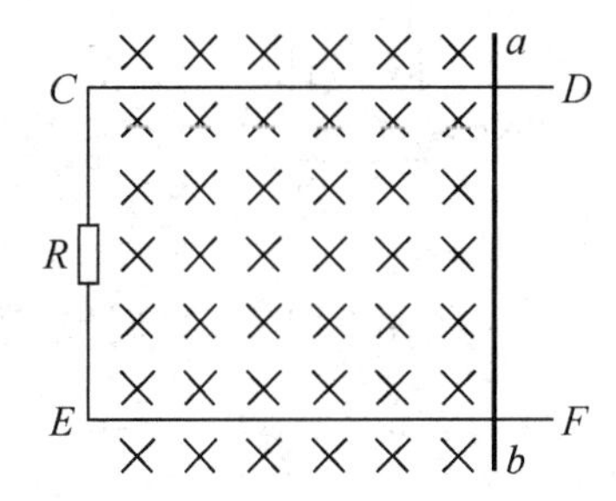

图 4-8-11　4.8 节单项选择题 3 图

三、计算题

1．在图 4-8-12 中，条形磁铁从线圈内匀速拔出的过程中，线圈中的磁通由 0.5Wb 减小到 0.01Wb，所用时间为 0.5s，线圈匝数为 50。

（1）求该线圈产生的感应电动势的大小。

（2）指出线圈 a、b 两点感应电动势的极性。

2．在图 4-8-13 中，磁铁从线圈中匀速拔出的过程中，线圈的磁通由 0.05Wb 减小到 0.01Wb，所用时间为 0.1s，线圈匝数为 50。

（1）求该线圈产生感应电动势的大小。

（2）指出线圈 a、b 两点感应电动势的极性。

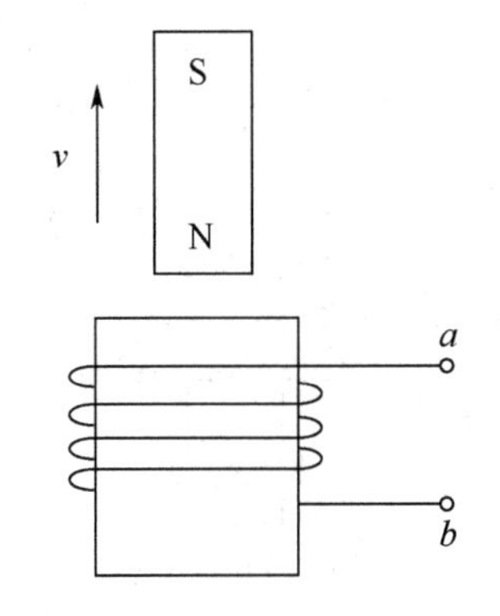

图 4-8-12　4.8 节计算题 1 图

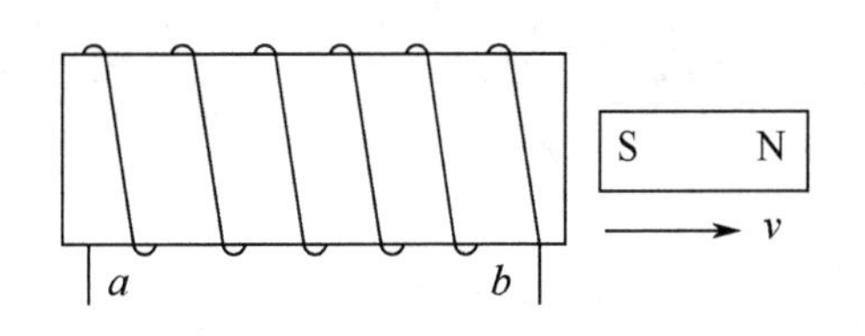

图 4-8-13　4.8 节计算题 2 图

3．在图 4-8-14 中，已知 R=0.1Ω，运动导体的长度 L=0.05m，做匀速运动的速度 v=10m/s。除电阻 R 外，其余各部分的阻值均不计，匀强磁场的磁感应强度 B=0.3T，试计算各种情况下通过每个电阻 R 的电流大小和方向。

4．在图 4-8-15 中，已知 R_1=6Ω，R_2=3Ω，B=6T，长为 1m 的导体 AB（r=2Ω）以 4m/s 的速度向右做无摩擦滑动，求：

（1）电阻 R_1 和 R_2 中的电流，并标出电流的方向。

（2）导体 AB 所受的力。

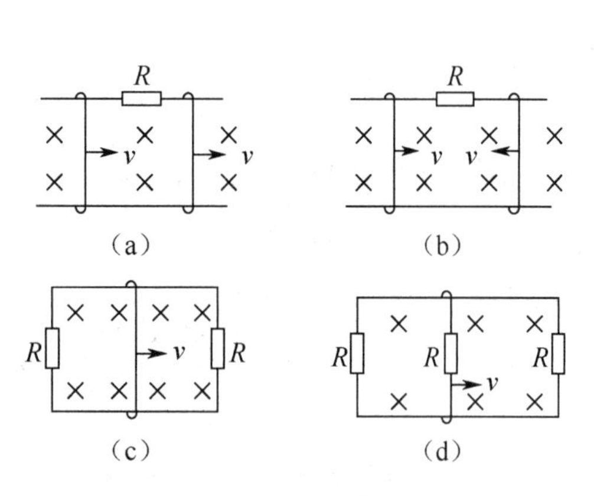

图 4-8-14　4.8 节计算题 3 图

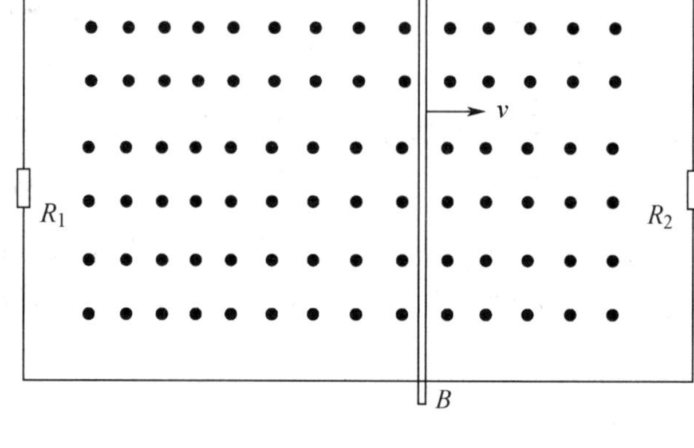

图 4-8-15　4.8 节计算题 4 图

4.9　电感器

知识授新

在电信和电力工程中，常常遇到由导体绕制而成的线圈，如收音机中的高频扼流线圈、日光灯镇流器等，统称电感线圈，也叫作电感器。

电感线圈分为空心电感线圈和铁芯电感线圈两大类。

1．空心电感线圈

绕制在非磁性材料做成的骨架上的线圈，叫作空心电感线圈，常见的空心电感线圈如图 4-9-1 所示。

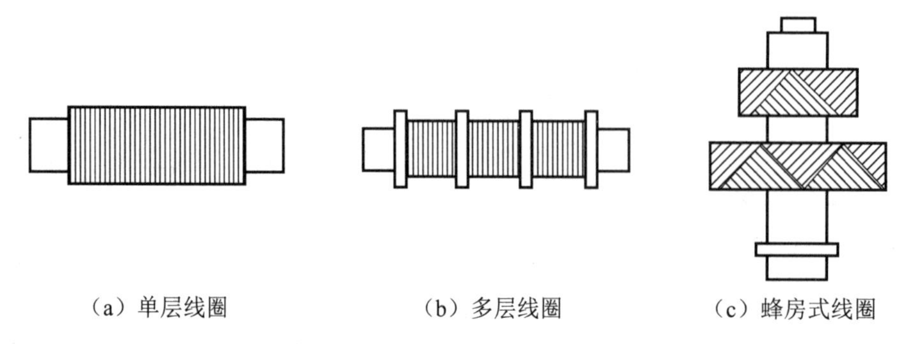

（a）单层线圈　（b）多层线圈　（c）蜂房式线圈

图 4-9-1　常见的空心电感线圈

如果 N 匝的空心电感线圈上通有电流 I，单匝线圈的磁通为 $\Phi=BS$，则线圈的磁通链为

$$\psi = N\Phi$$

磁通 Φ 与磁通链 ψ 都是电流 I 的函数，都随电流的变化而变化。理论和实验证明，磁通链 ψ 与电流 I 成正比，即

$$\psi = LI \text{ 或 } L = \frac{\psi}{I}$$

式中，I——线圈中的电流，单位为 A；

ψ——线圈的磁通链，单位为 Wb；

L——线圈的自感系数，简称自感或电感，单位为 H（亨利）。

实际应用中还常常用到毫亨（mH）和微亨（μH），它们之间的换算关系如下：

$$1\text{H}=10^3\text{mH}；\ 1\text{mH}=10^3\mu\text{H}$$

空心电感线圈的附近只要不存在磁性材料，其电感就是一个常量，与电流的大小无关，只由线圈本身的性质决定，即只取决于线圈横截面积的大小、形状和匝数，这种电感叫作线性电感。

在平面直角坐标系中，以电流 I 为横坐标，磁通链 ψ 为纵坐标，给出 ψ 与 I 的函数图，称为电感线圈的 ψ-I 曲线。空心电感线圈的 ψ-I 曲线如图 4-9-2 所示，其特点是 ψ-I 曲线是过原点的一条直线，表明空心电感线圈的电感是线性的。对于环形螺旋线圈，其电感的计算公式为

$$L=\frac{\mu N^2 S}{l}$$

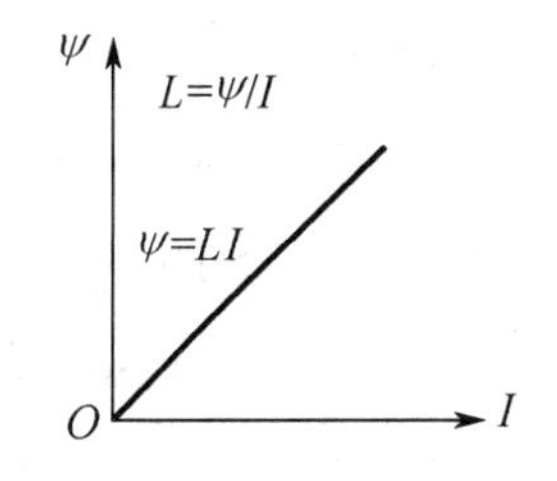

图 4-9-2 空心电感线圈的 ψ-I 曲线

2. 铁芯电感线圈

在空心电感线圈的内部放置由磁性材料制成的铁芯，称为铁芯电感线圈。通过铁芯电感线圈的电流和磁通链不成正比，比值 $\frac{\psi}{I}$ 不是常数。常见的铁芯电感线圈如图 4-9-3 所示。

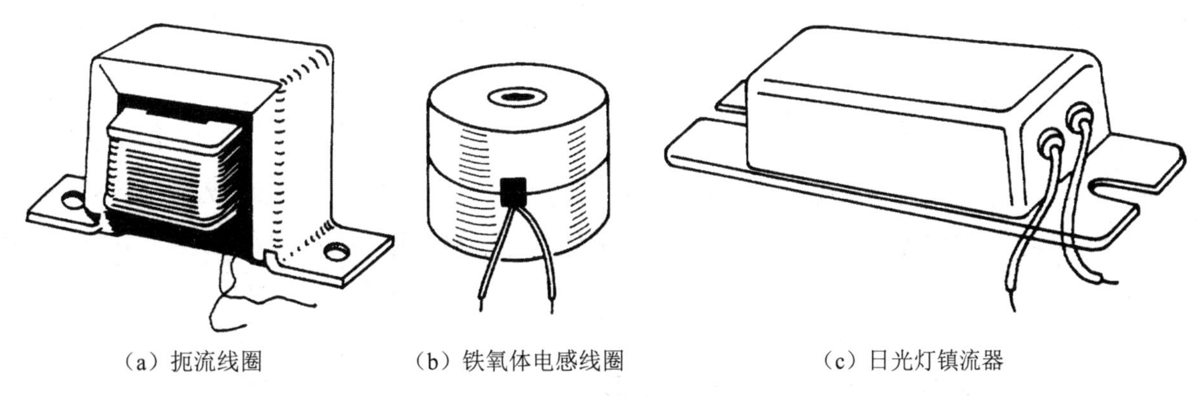

（a）扼流线圈　（b）铁氧体电感线圈　（c）日光灯镇流器

图 4-9-3 常见的铁芯电感线圈

对于一个确定的铁芯电感线圈，磁场强度 H 与通过的电流 I 成正比，即 H 与 I 一一对应；磁感应强度 B 与磁通链 ψ 成正比，即 B 与 ψ 一一对应，其 ψ-I 曲线如图 4-9-4 所示。由于 $\psi = N\Phi = NBS$，故 ψ-I 曲线与 B-H 曲线形状相似。

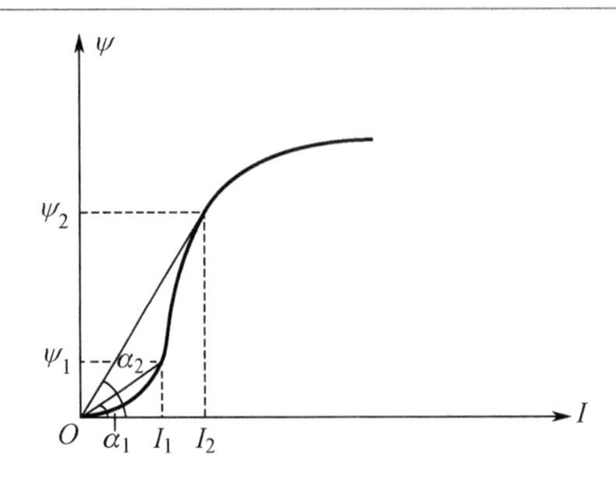

图 4-9-4　铁芯电感线圈的 ψ-I 曲线

由图 4-9-4 可知，当电流为 I_1 时，对应的磁通链为 ψ_1，其电感为

$$L_1 = \frac{\psi_1}{I_1} = \tan\alpha_1$$

当电流为 I_2 时，对应的磁通链为 ψ_2，其电感为

$$L_2 = \frac{\psi_2}{I_2} = \tan\alpha_2$$

由于**斜率越大，所对应的电感越大**，所以 $L_1 < L_2$。

电感的大小随电流的变化而变化，这种电感叫作非线性电感。有时为了增大电感，常常在线圈中放置铁芯或磁心，使同等电流情况下所产生的磁通链剧增，从而达到增大电感的目的。变压器、电动机，就是通过在线圈中放置软磁材料来获得较大的电感的。

3. 电感线圈的参数和符号

电感线圈是一个储能元件，它有两个重要参数，一个是电感，另一个是额定电流。额定电流通常是指允许长时间通过电感线圈的直流电流。选用电感线圈时，其额定电流一般要稍大于电路中流过的最大电流。

实际的电感线圈是由存在电阻的导体绕制而成的，因此除具有电感外，还具有阻值。由于电感线圈的阻值很小，常可忽略不计，因此可作为一种只有电感而没有阻值的理想线圈，即纯电感线圈，简称电感。这样，“电感”具有双重的意思，它既表示电路元件，又表示该元件的一个参数。

由于电感线圈在直流和交流，以及低频和高频状态下表现出来的物理特性各不相同，因而具有不同的电路模型。实际电感线圈在低频状态下可用 RL 串联的电路模型来等效，当电感线圈的直流电阻忽略不计时，可等效为理想的空心电感线圈或铁芯电感线圈。其电路符号如图 4-9-5 所示。

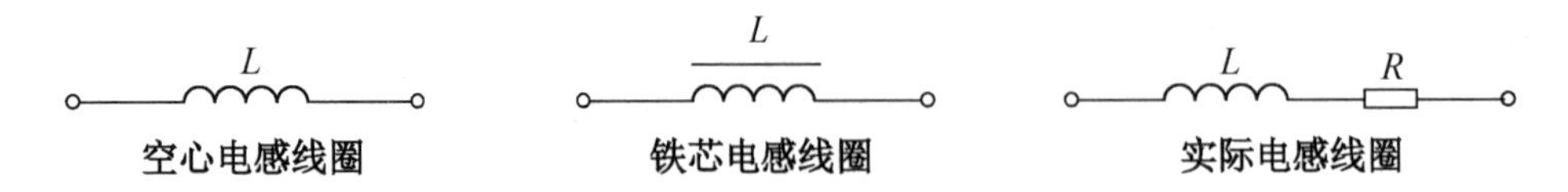

图 4-9-5　电感线圈的电路符号

实际上，并不是只有线圈才有电感，任何电路、一段导体、一个电阻、一个大电容器等都存在电感，但因其影响极小，一般可以忽略不计。

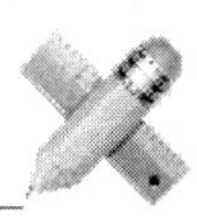

例题解析

【例 1】空心电感线圈中的电流为 10A 时，磁通链为 0.01Wb，求线圈的电感。若线圈共 1000 匝，则当线圈中电流为 20A 时，求磁通链和每匝线圈的磁通。

【解答】空心电感线圈的电感为

$$L=\frac{\psi}{I}=\frac{0.01\text{Wb}}{10\text{A}}=1\text{mH}$$

由于空心电感线圈的电感 L 是一个常数，当电流为 20A 时

$$\psi=LI=10^{-3}\times 20=0.02\text{Wb}$$

每匝线圈的磁通为

$$\Phi=\frac{\psi}{N}=\frac{0.02\text{Wb}}{1000}=2\times 10^{-5}\text{Wb}$$

【例 2】一个平均长度为 15cm，横截面积为 2cm^2 的铁氧体环形磁心上均匀分布着 500 匝线圈，其电感为 0.6H，试求：（1）磁心的相对磁导率。（2）其他条件不变而匝数增加为 2000 时，线圈的电感。

【解答】可根据电感的计算式求解。

（1）因为

$$L=\frac{\mu N^2 S}{l}=\frac{\mu_0\mu_r N^2 S}{l}$$

所以

$$\mu_r=\frac{Ll}{N^2 S\mu_0}=\frac{0.6\times 0.15}{2.5\times 10^5\times 2\times 10^{-4}\times 4\pi\times 10^{-7}}\approx 1433$$

（2）因为

$$\frac{N'}{N}=\frac{2000}{500}=4$$

匝数增加到原来的 4 倍，所以电感变为

$$L'=\left(\frac{N'}{N}\right)^2 L=16\times 0.6=9.6\text{H}$$

【例 3】某环形线圈的铁芯由硅钢片叠成，其横截面积为 10cm^2，磁路的平均长度为 31.4cm，线圈的匝数为 300，线圈通有 1A 的电流，硅钢片的相对磁导率为 5000。求：（1）铁芯的磁阻。（2）铁芯的磁通。（3）铁芯中的磁感应强度和磁场强度。（4）线圈的电感。

【解答】（1）$R_m=\frac{L}{\mu S}=\frac{L}{\mu_r\mu_0 S}=\frac{0.1\pi}{5\times 10^3\times 4\pi\times 10^{-7}\times 10^{-3}}\approx 5\times 10^4\text{H}^{-1}$。

（2）$\Phi=\frac{F_m}{R_m}=\frac{NI}{R_m}=\frac{300\times 1}{5\times 10^4}=6\times 10^{-3}\text{Wb}$。

（3）$B=\frac{\Phi}{S}=\frac{6\times 10^{-3}}{10^{-3}}=6\text{T}$，$H=\frac{B}{\mu}=\frac{6}{4\pi\times 10^{-7}\times 5\times 10^3}\approx 955\text{A/m}$。

（4）$L=\frac{\psi}{I}=\frac{N\Phi}{I}=\frac{300\times 6\times 10^{-3}}{1}=1.8\text{H}$ 或 $L=\frac{\mu N^2 S}{l}=\frac{4\pi\times 10^{-7}\times 5\times 10^3\times 9\times 10^4\times 10^{-3}}{0.1\pi}=1.8\text{H}$。

同步练习

填空题

1．线圈的电感是由线圈本身的特性决定的，它与线圈的________、________、________及介质的________有关。

2．一个 2000 匝的圆环形线圈，通以 1.8A 的电流，磁感应强度为 0.9T，圆环的横截面积为 $2cm^2$，则线圈中的磁通为________Wb，线圈的电感为________H。

3．当电感线圈中的电流不随时间变化时，其两端的电压为________。

4．圆环形线圈共 1000 匝，横截面积为 $5cm^2$，通以 2A 的电流，线圈的磁通为 3×10^{-4}Wb，线圈的磁感应强度为________，线圈的电感为________。

阅读材料

电感线圈的质量检测

测量电感线圈两端的直流电阻，可对电感线圈的质量做出大致判断，如图 4-9-6 所示。一般高频电感线圈的直流电阻在零点几欧到几欧之间，中频电感线圈的直流电阻在几欧到几十欧之间，可选用万用表的“$R\times1\Omega$”挡；低频电感线圈的内阻在几百欧至几千欧之间，宜选用万用表的“$R\times100\Omega$”挡或更大挡位。

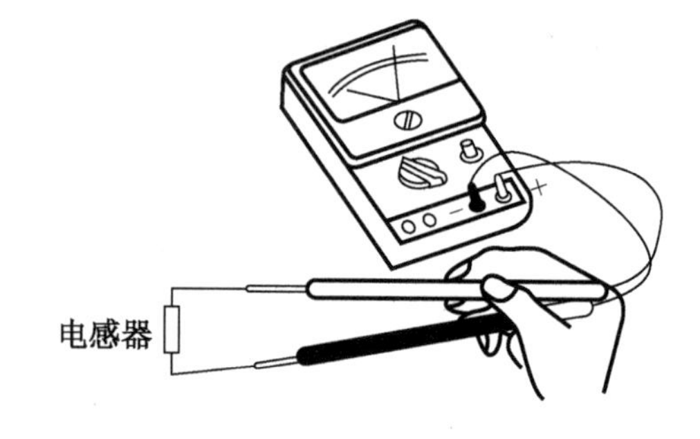

图 4-9-6　电感线圈的质量检测

测量值与其技术标准所规定的数值相比较：若阻值比规定的阻值小得多，则说明线圈存在局部短路或严重短路情况；若阻值很大或指针不动，则表示线圈存在断路情况。

4.10　自感与互感

知识授新

1．自感现象和自感电动势

通过图 4-10-1 所示的实验分析研究电感线圈的基本特性，先来观察自感现象。在图 4-10-1（a）中，HL_1 和 HL_2 是两个完全相同的灯泡，L 是一个电感大的铁芯电感线圈（线圈直流电阻小于灯泡电阻，即 $R_L<R_{HL}$），调节电位器 R_P 使它的阻值等于线圈的阻值。

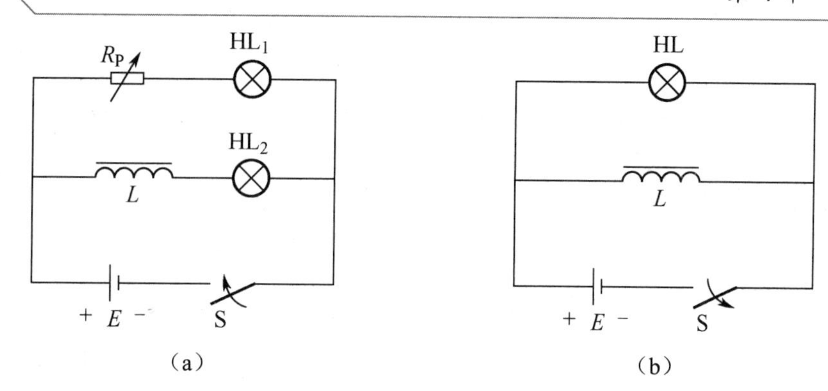

图 4-10-1　自感现象实验电路

图 4-10-1（a）实验现象及分析：在开关 S 闭合的瞬间，可以观察到跟电位器串联的灯泡 HL_1 比跟 L 串联的灯泡 HL_2 先亮，经过短暂的一段时间后，两个灯泡才达到同样的亮度。怎样解释这种现象呢？原来，当开关 S 闭合时，电路中的电流由零增大，在 HL_2 支路中，电流的增大使穿过线圈的磁通增大。由电磁感应定律可知，线圈中必定产生感应电动势。根据楞次定律可知，感应电动势必然阻碍 L 中的电流增大，HL_2 支路中电流的增大要比 HL_1 支路来得迟缓些。因此 HL_2 也比 HL_1 亮得迟缓些。

图 4-10-1（b）实验现象及分析：在图 4-10-1（b）中，把灯泡 HL 和铁芯电感线圈 L 并联接到直流电源上。将开关 S 闭合后，HL 正常发光。但在开关 S 断开的瞬间，HL 并不是立刻熄灭，而是瞬间发出更强的光，然后熄灭。其原因是切断电源时，线圈的电流由最大突然锐减到趋于零，于是又产生一个很大的感应电动势进行阻碍。尽管外接电源被切断，但线圈 L 与 HL 是闭合回路，线圈中的感应电动势在回路中产生了很强的感应电流（大于之前流过 HL 的电流），使 HL 发出短暂的强光。

实验结论：从上述两个实验可以看出，当通过线圈的电流发生变化时，它所产生的磁场也要发生变化，通过线圈本身的磁通也在变化，线圈本身要产生感应电动势，这个电动势总要阻碍线圈中原电流的变化。像这种因通过线圈的电流的变化而在线圈自身引起电磁感应的现象，叫作自感现象。在自感现象中产生的感应电动势，叫作自感电动势。

由于通过空心电感线圈的磁通链与电流 i（自感现象过程中电流在变化，用 i 表示，自感现象结束之后，电流恒定不变，用 I 表示）成正比，即

$$\psi = Li \text{ 或 } \psi = LI$$

所以通过线圈的电流变化时，磁通链 ψ 也要改变。根据法拉第电磁感应定律，线圈中产生的自感电动势为

$$e_L = -\frac{\Delta\psi}{\Delta t}$$

空心电感线圈的电感 L 是一个常数，由此可得

$$e_L = -L\frac{\Delta i}{\Delta t}$$

式中，Δi——线圈中电流的变化量，单位为 A；

Δt——线圈中电流变化了 Δi 所用的时间，单位为 s；

L——线圈的电感，单位为 H；

e_L——自感电动势，单位为 V。

$\frac{\Delta i}{\Delta t}$ 叫作电流变化率，单位为 A/s。自感电动势的大小与电流变化率成正比。公式中的负号体现了楞次定律，表明自感电动势总是企图阻碍电流的变化，e_L 具体的正负号由 e_L 的参考方向和电流的变化趋势共同决定。

自感现象的应用：**利用自感现象可实现滤波、阻流、降压、选频等。**利用线圈具有阻碍电流变化的特点，可以稳定电路里的电流；日光灯电路中利用镇流器的自感现象，获得点燃灯管所需的高压，并使日光灯正常工作；无线电设备中常用电感线圈和电容器组合构成谐振电路和滤波器等，在第 5 章交流电路里我们将进行详细的讨论。

自感现象的过电压危害：自感现象在某些情况下是有害的。在具有很大电感的线圈而电流又很强的电路中，电路断开的瞬间，由于电路中的电流变化很快，在电路中会产生很大的自感电动势（过电压），可能击毁线圈的绝缘保护，或者使开关的闸刀和固定夹片之间的空气电离变成导体，产生电弧而烧毁开关，甚至危及工作人员的安全。因此，在实际中要设法避免这些有害的自感现象的发生。

2. 互感现象和互感电动势

我们通过图 4-10-2 所示的实验分析研究电感线圈的互感现象。线圈 A 和滑动变阻器 R_P、开关 S 串联接到电源 E 上。线圈 B 的两端分别和灵敏电流计的两个接线柱连接。

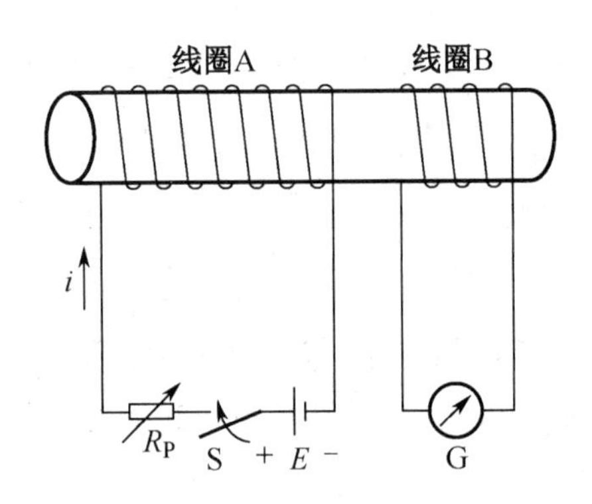

图 4-10-2　互感现象实验电路

实验现象：在开关 S 闭合或断开的瞬间，电流计的指针发生偏转，并且两种情况下指针偏转的方向相反（说明电流方向相反），经过短暂的一段时间后，指针逐渐回零（说明电流为零）。在开关闭合且指针回零后，迅速改变滑动变阻器的阻值，电流计的指针会左右偏转，且阻值变化的速度越快，指针偏转的角度越大。

实验分析及结论：当线圈 A 中的电流发生变化时，电流产生的磁场也要发生变化，通过线圈的磁通随之变化，其中必然有一部分磁通通过了线圈 B，这部分磁通叫作互感磁通。互感磁通同样随着线圈 A 中电流的变化而变化，因此，线圈 B 中要产生感应电动势。同理，当线圈 B 中的电流发生变化时，也会使线圈 A 中产生感应电动势。这种在两个存在磁交链的线圈中，当其中一个线圈电流发生变化时，在另一个线圈中产生电磁感应的现象称为互感现象，所产生的感应电动势叫作互感电动势。

（1）互感系数。

在两个存在磁交链的线圈中，互感磁通链与产生此磁通链时对方线圈中电流的比值，称为这两个线圈的互感系数（简称互感），用 M 表示，理论和实验证明：

$$M = M_{12} = M_{21} = \frac{\psi_{21}}{i_1} = \frac{\psi_{12}}{i_2}$$

式中，M_{12}——线圈 2 对线圈 1 的互感，单位为 H；

M_{21}——线圈 1 对线圈 2 的互感，单位为 H；

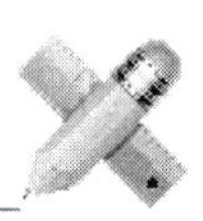

Ψ_{12}——线圈 2 的电流在线圈 1 中产生的磁通链，单位为 Wb；

Ψ_{21}——线圈 1 的电流在线圈 2 中产生的磁通链，单位为 Wb；

M——两个磁耦合线圈的互感，单位为 H。

互感只和这两个线圈的结构、相互位置和介质的磁导率有关，而与线圈中是否有电流或电流的大小无关。当用磁性材料作为耦合介质的磁路时，M 将不是常数。理论和实验证明，两个线圈的互感和它们的电感有如下关系：

$$M = K\sqrt{L_1L_2}$$

式中，K——耦合系数。K 的取值范围为 $0 \leqslant K \leqslant 1$，它反映了两个线圈的耦合程度。当 $K=0$ 时，说明两个线圈不存在互感；当 $K \approx 1$ 时，两个线圈产生的互感最大，称为全耦合。

（2）互感电动势。

互感电动势用 e_{M} 表示，由于互感电动势存在于彼此之间，常用 e_{M1}、e_{M2} 予以区分。理论和实验证明，在**互感耦合线圈中，互感电动势的大小正比于对方线圈中电流的变化率**，即

$$e_{\mathrm{M1}} = M\frac{\Delta i_2}{\Delta t}；\quad e_{\mathrm{M2}} = M\frac{\Delta i_1}{\Delta t}$$

式中，$\dfrac{\Delta i_2}{\Delta t}$——线圈 2 中电流的变化率，单位为 A/s；

$\dfrac{\Delta i_1}{\Delta t}$——线圈 1 中电流的变化率，单位为 A/s；

M——两个磁耦合线圈的互感，单位为 H；

e_{M1}——线圈 1 中产生的互感电动势，单位为 V；

e_{M2}——线圈 2 中产生的互感电动势，单位为 V。

互感电动势的方向可用楞次定律判别，具体的正负号由 e_{M} 的参考方向和对方线圈中电流的变化趋势共同决定。

（3）互感现象的利与弊。

在电力工程和无线电技术中，互感现象有着广泛的应用。应用互感现象可以很方便地把能量或信号由一个线圈传递到另一个线圈，**实现能量的传递或信号的耦合**。我们使用的各种各样的变压器，如电力变压器、中周变压器、钳形电流表等，都是根据互感现象工作的。

互感现象也有弊端，易造成**两个存在互感现象的电路之间互相干扰**。例如，有线电话常常会由于两路电话间的互感现象而引起串音；在无线电设备中，若线圈位置安放不当，则线圈间相互干扰，影响设备正常工作。在这种情况下就需要设法避免互感现象的干扰。

例题解析

【例 1】在图 4-10-3 中，灯泡 $\mathrm{HL_1}$ 和 $\mathrm{HL_2}$ 相同，L 为一大电感线圈，其内阻可以忽略不计，R 的阻值与灯泡阻值相同，试问在下列情况下两只灯泡如何变化？（1）开关 S 闭合。（2）开关 S 断开。

【解答】（1）开关 S 闭合瞬间，因为自感现象，电感线圈 L 相当于断开，流过 $\mathrm{HL_1}$ 的电流大于流过 $\mathrm{HL_2}$ 的电流；接着 L 的阻碍作用越来越小，最后相当于短路。所以开关 S 闭合时，

HL_1先最亮，再变暗，最后熄灭；HL_2则先不太亮，再逐渐变亮，最后保持亮度不变。

（2）开关S断开瞬间，L产生的电流经HL_1形成回路，HL_2无电流，所以开关S断开瞬间，HL_1先立即变得很亮，再熄灭；HL_2立即熄灭。

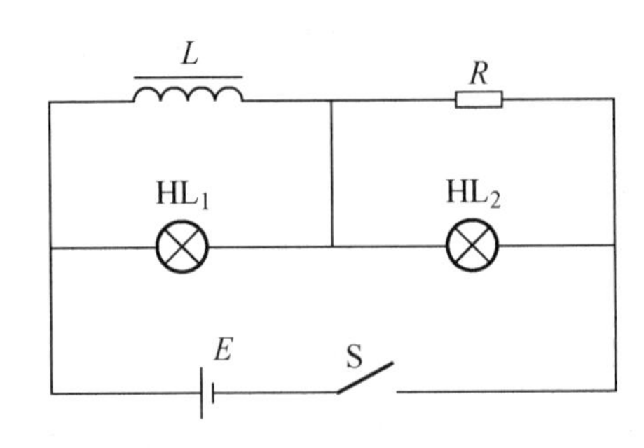

图4-10-3　4.10节例1图

【例2】 在0.02s内，通过一个空心电感线圈的电流由0.2A增大到0.6A，线圈产生5V的自感电动势，问：（1）线圈的电感L是多大？（2）如果通过该线圈的电流在0.04s内由2A减小到1A，产生的自感电动势又是多大？（设e_L的参考方向与电流方向相同）

【解答】（1）自感电动势为

$$e_L = -L\frac{\Delta i}{\Delta t}$$

负号是楞次定律的反映，所求电感可取绝对值，即

$$L = \left|\frac{e_L \Delta t}{\Delta i}\right| = \left|\frac{5\times 0.02}{0.6-0.2}\right| = 0.25\text{H}$$

（2）空心电感线圈的电感是一个常数，且电流的变化趋势为减小，所以e_L是正值：

$$e_L = L\left|\frac{\Delta i}{\Delta t}\right| = 0.25\left|\frac{1-2}{0.04}\right| = 6.25\text{V}$$

▲**【例3】** 图4-10-4（a）所示的电感线圈的电感为L=0.5mH，通以变化规律如图4-10-4（b）所示的电流，分别求0～1ms、1～3ms、3～5ms内线圈中自感电动势的大小和方向，以及a、b间电压的平均值U_{ab}。

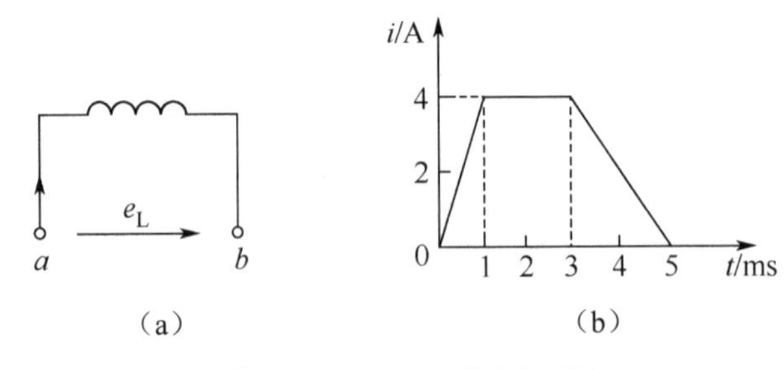

图4-10-4　4.10节例3图

【解析】 自感电动势的大小与线圈自身电流的变化率成正比，其方向总要阻碍原电流的变化。自感电动势的方向判别方法有两种：一是先判别原电流的方向及其变化趋势，若原电流增大，则自感电动势的方向和电流方向相反；若原电流减小，则自感电动势的方向和电流方向相同。二是根据计算公式$e_L = -L\frac{\Delta i}{\Delta t}$中的负号表示的参考方向与原电流的参考方向的一

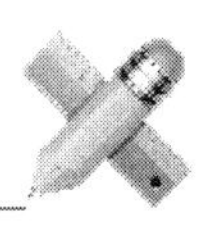

致性来分析。先选择 e_L 的参考方向，若 $e_L>0$，则 e_L 实际方向与参考方向相同；若 $e_L<0$，则 e_L 的实际方向与参考方向相反。U_{ab} 的求解只需明确电源电动势和电源电压的关系。

【解答】首先选择 e_L 的参考方向和原电流方向相同，即由 $a\to b$，则 $e_L=-L\dfrac{\Delta i}{\Delta t}$，因为在 0～1ms 内，$e_L=-L\dfrac{\Delta i}{\Delta t}=-0.5\times\dfrac{4-0}{1}=-2\text{V}<0$，表明 e_L 的实际方向与参考方向相反，即 $b\to a$，所以 $U_{ab}=-e_L=2\text{V}$。

在 1～3ms 内，$\Delta i=0$，无自感现象，所以 $e_L=0$，$U_{ab}=0$。

在 3～5ms 内，$e_L=-L\dfrac{\Delta i}{\Delta t}=-0.5\times\dfrac{0-4}{2}=1\text{V}>0$，表明 e_L 的实际方向与参考方向相同，即 $a\to b$，所以 $U_{ab}=-e_L=-1\text{V}$。

【例 4】两个相互靠近的线圈，已知甲线圈中电流的变化率为 100A/s，在乙线圈中引起 0.5V 的互感电动势，问：

（1）两个线圈间的互感为多少？

（2）若甲线圈中的电流是 10A，那么甲线圈产生而与乙线圈交链的磁通链是多少？

【解析】可直接运用互感电动势计算公式求解。

【解答】（1）$e_{M2}=M\dfrac{\Delta i_1}{\Delta t}\quad\Rightarrow\quad M=\dfrac{e_{M2}}{\dfrac{\Delta i_1}{\Delta t}}=\dfrac{0.5}{100}=5\text{mH}$。

（2）$\psi=MI=5\times10^{-3}\times10=5\times10^{-2}\text{Wb}$。

同步练习

一、填空题

1．电感为 100mH 的线圈，通入变化规律如图 4-10-5 所示的电流。①在 0～2s 内，线圈中自感电动势大小为________，方向为________；②在 2～4s 内，线圈中自感电动势大小为________；③在 4～5s 内，线圈中自感电动势大小为________，方向为________。

2．在图 4-10-6 中，开关 S 断开瞬间，灯泡 D 突然闪亮后熄灭，这是由于在线圈 L 中产生了一个方向由________（“$A\to B$”或“$B\to A$”）的自感电动势。

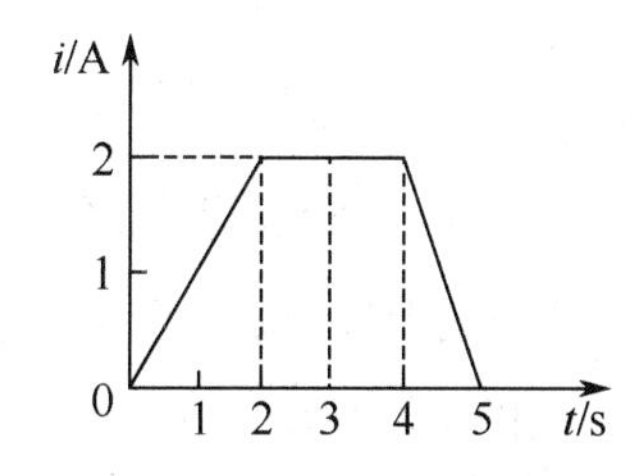

图 4-10-5　4.10 节填空题 1 图

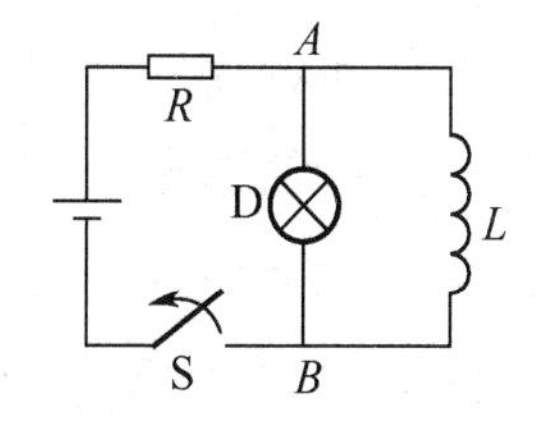

图 4-10-6　4.10 节填空题 2 图

二、选择题

1．线圈中产生的自感电动势总是（　　）。

A．与线圈的原电流方向相同　　B．与线圈的原电流方向相反

C．阻碍线圈原电流的变化　　D．以上说法均不正确

2．变压器的工作原理基于两个耦合的线圈（　　）。

A．发生互感　　B．发生自感

C．发生短路　　D．发生断路

三、计算题

1．某环形线圈的铁芯由硅钢片叠成，其横截面积是 $10cm^2$，磁路的平均长度为 62.8cm，线圈的匝数为 1000，线圈内通有 1A 的电流（μ_r=5000）。求：

（1）铁芯的磁通。

（2）铁芯中的磁感应强度和磁场强度。

（3）线圈的自感。

2．一个长为 30cm，直径为 6cm 的空心电感线圈，其匝数 N=1000，设通过线圈的电流以 500A/s 的速度减小，求：（1）线圈的电感。（2）线圈的自感电动势。

4.11　互感线圈的同名端

知识授新

1．互感线圈中同名端的概念

两个或两个以上线圈耦合时，常常需要知道互感电动势的极性。例如，电力变压器用规定好的字母标出初级、次级绕组间的极性。在电子技术中，互感线圈应用十分广泛，但是必须考虑线圈的极性，不能接错。例如，在变压器反馈式振荡电路中，如果把反馈线圈的极性接错，电路将不能起振。

为了工作方便，电路图中常常用小圆点或小星号标注互感线圈的极性，称为“同名端”，它反映了互感线圈的极性，也反映了线圈的绕向。

下面说明互感线圈同名端的含义。在图 4-11-1（a）中，当线圈 1 的电流 i 随着时间增大时，电流 i 所产生的自感磁通和互感磁通也随时间增大。由于磁通的变化，线圈 1 中要产生自感电动势，线圈 2 中要产生互感电动势。以磁通为参考方向，应用安培定则可判别线圈 1 的自感电动势 e_{L1}、线圈 2 的互感电动势 e_{M21} 的方向。由此可见，A 与 C、B 与 D 的极性相同。

在图 4-11-1（b）中，线圈 1 的电流 i 随着时间减小时，应用安培定则可判别线圈 1 的自感电动势 e_{L2}、线圈 2 的互感电动势 e_{M21} 的方向。可见 A 与 D、B 与 C 的极性相同。如果电流 i 的变化趋势发生变化（由之前的增大变为减小），那么各端的正、负极性都要改变。不管电流 i 怎样变化，图 4-11-1（a）中的 A 与 C 和图 4-11-1（b）中的 A 与 D 的感应电动势的极性始终保持一致［显然，图 4-11-1（a）中的 B 与 D 和图 4-11-1（b）中的 B 与 C 的极性也保

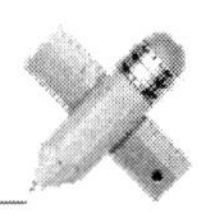

持一致]。此外，无论电流从哪个线圈的哪个端流入，图 4-11-1（a）中的 A 与 C、B 与 D，图 4-11-1（b）中的 A 与 D、B 与 C 的极性均保持一致。

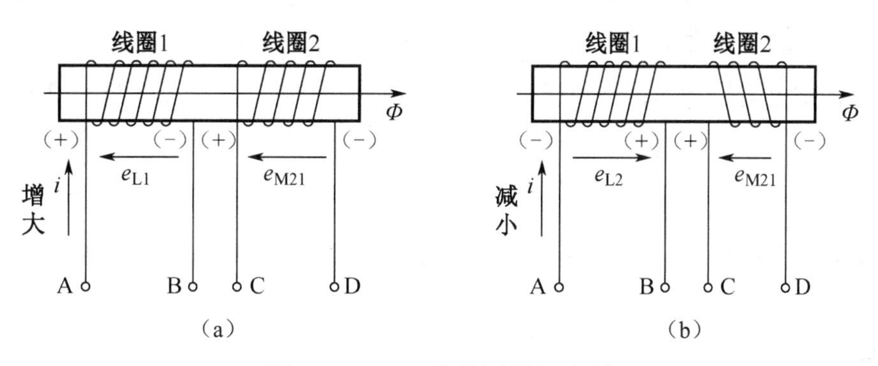

图 4-11-1　互感线圈的同名端

在互感耦合线圈中，由电流变化引起的自感和互感电动势的极性始终保持一致的端叫作同名端；极性始终相反的端叫作异名端。在电路中，一般用“·”或“*”表示同名端，如图 4-11-2 所示。在图 4-11-2（a）中，A 与 C、B 与 D 是同名端；A 与 D、B 与 C 是异名端。在电路图中，一般不画线圈的实际绕向，而是先用规定的符号表示线圈，再标明它们的同名端，如图 4-11-2（b）所示。

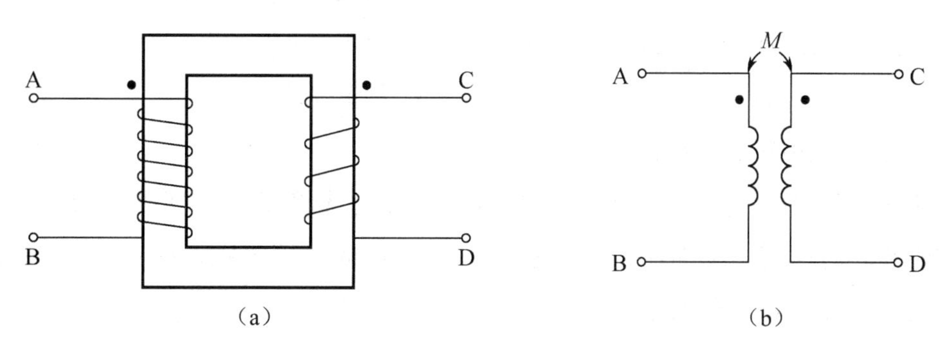

图 4-11-2　互感线圈同名端的表示法

2. 几种常见磁路同名端的判别

互感线圈的磁路千差万别，但归纳起来只有四种类型，如图 4-11-3 所示。四种类型磁路同名端的判别原理和方法如下。

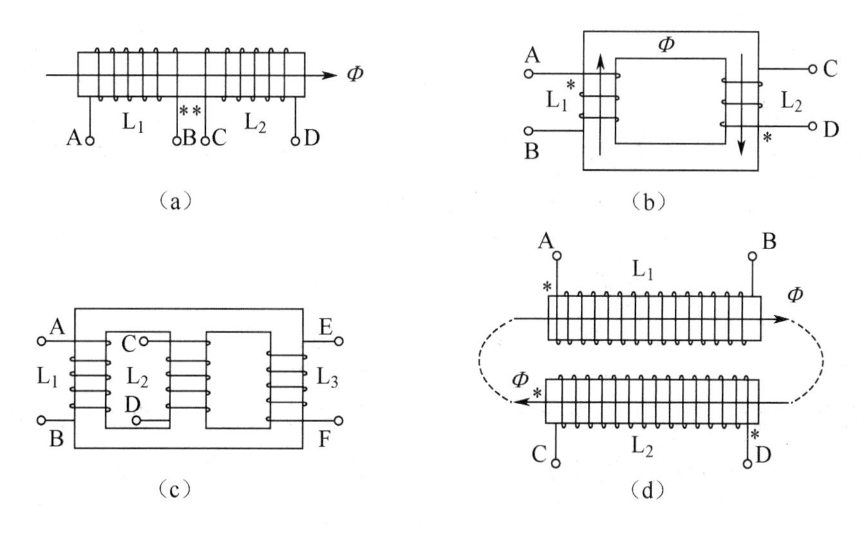

图 4-11-3　常见磁路同名端的判别

（1）两个或两个以上的互感线圈在一条直线上。

在图 4-11-3（a）中，可任意假设磁力线方向，利用安培定则判别感应电流的流向，流向相同的端为同名端，流向相反的端为异名端。由图 4-11-3 可知，A 为流入端，B 为流出端（L_1）；D 为流入端，C 为流出端（L_2）。A 和 D、B 和 C 为同名端，A 和 C、B 和 D 为异名端。

（2）无分支磁路。

在图 4-11-3（b）中，可任意假设磁力线方向，图中为顺时针方向，利用安培定则判别：A 为流入端，B 为流出端；D 为流入端，C 为流出端。A 和 D、B 和 C 为同名端，A 和 C、B 和 D 为异名端。

▲（3）分支磁路。

在图 4-11-3（c）中，**由于一条磁力线无法同时穿过 L_1、L_2、L_3 三个线圈，所以只能以其中一个线圈为励磁绕组，分别判别它们的同名端。**

以 L_1 为励磁绕组：A 和 D、A 和 F、B 和 C、B 和 E 为同名端；
A 和 C、A 和 E、B 和 D、B 和 F 为异名端。

以 L_2 为励磁绕组：A 和 D、D 和 E、B 和 C、C 和 F 为同名端；
A 和 C、C 和 E、B 和 D、D 和 F 为异名端。

以 L_3 为励磁绕组：B 和 E、D 和 E、A 和 F、C 和 F 为同名端；
B 和 F、D 和 F、A 和 E、C 和 E 为异名端。

（4）两个互感线圈不在同一直线上。

在图 4-11-3（d）中，可任意假设磁力线方向，磁力线终将拐弯回来形成回路，只是互感很弱。利用安培定则判别：A 为流入端，B 为流出端；D 为流入端，C 为流出端。A 和 D、B 和 C 为同名端。A 和 C、B 和 D 为异名端。

3. 互感线圈的连接

两个互感线圈有串联、并联两种连接方式。把两个互感线圈串联起来有两种不同的接法。异名端相接称为顺串，同名端相接称为反串；将两个互感线圈并联起来有两种不同的接法，同名端相连称为顺并，异名端相连称为反并。

（1）互感线圈的串联。

两个互感线圈顺串，如图 4-11-4（a）所示。电流由端点 1 经端点 2、3 流向端点 4。

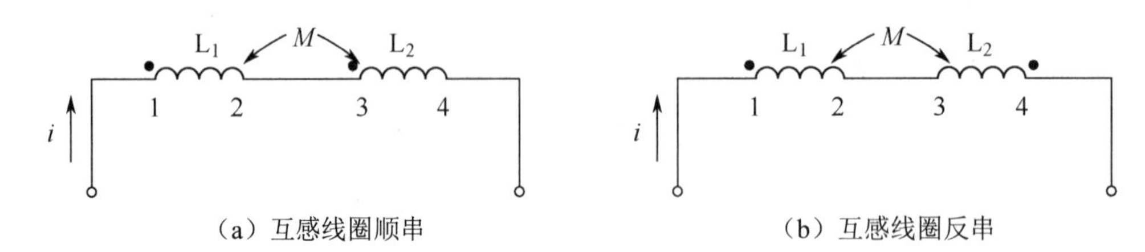

（a）互感线圈顺串　（b）互感线圈反串

图 4-11-4　互感线圈的串联

顺串时，两个互感线圈的电流变化率相同，将产生四个感应电动势，两个自感电动势和两个互感电动势。由于两个互感线圈顺串，这四个感应电动势的正方向相同，因而总感应电动势为

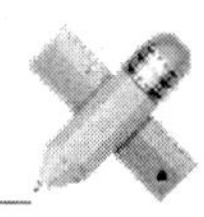

$$e = e_{L1} + e_{M1} + e_{L2} + e_{M2} = L_1 \frac{\Delta i}{\Delta t} + L_2 \frac{\Delta i}{\Delta t} + 2M \frac{\Delta i}{\Delta t}$$
$$= (L_1 + L_2 + 2M)\frac{\Delta i}{\Delta t} = L_{顺串} \frac{\Delta i}{\Delta t}$$

因此，顺串时两个互感线圈的总等效电感为

$$L_{顺串} = L_1 + L_2 + 2M$$

两个互感线圈反串，如图 4-11-4（b）所示。与顺串类似，总等效电感为

$$L_{反串} = L_1 + L_2 - 2M$$

通过实验分别测得 $L_{顺串}$和 $L_{反串}$，可得互感的另一计算公式为

$$M = \frac{L_{顺串} - L_{反串}}{4}$$

（2）互感线圈的并联。

互感线圈的并联如图 4-11-5 所示，这时的等效电感分别为

$$L_{顺并} = \frac{L_1L_2 - M^2}{L_1 + L_2 - 2M}；\quad L_{反并} = \frac{L_1L_2 - M^2}{L_1 + L_2 + 2M}$$

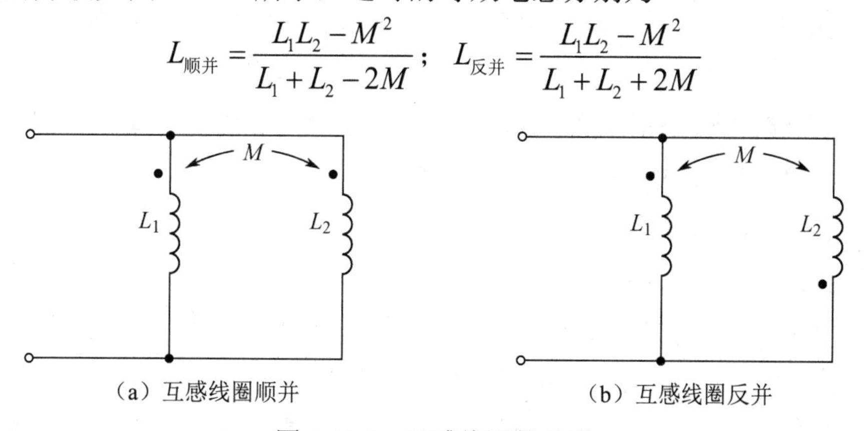

（a）互感线圈顺并　　（b）互感线圈反并

图 4-11-5　互感线圈的并联

4. *互感线圈同名端的实验判别*

当线圈的绕向无法确定时，可以应用实验的方法来判别两个线圈的同名端。

（1）直流法判别同名端。

直流法仅适用于在开关闭合或断开的瞬间进行判别，实验判别示意图如图 4-11-6 所示。线圈 AB 与电阻 R、开关 S 串联接到直流电源 E 上，线圈 CD 的两端与直流电压表（或电流表）的两个接线柱连接，形成闭合回路。迅速闭合开关 S，电流从线圈 AB 的 A 端流入，并且随时间增大，即 $\frac{\Delta i_{AB}}{\Delta t} > 0$，线圈 AB 中的感应电动势极性为 $A_{(+)}$、$B_{(-)}$：若此时电压表正偏，则说明 A 和 C、B 和 D 为同名端；否则 A 和 D、B 和 C 为同名端。

（2）交流法判别同名端。

交流法利用互感线圈的顺串和反串特性进行判别，实验判别示意图如图 4-11-7 所示。

将 b 和 c 用导体相连，a、b 间接交流电源 u_s，用万用表的交流电压挡分别测量 U_{ab}、U_{cd}、U_{ad}。根据测量结果：若 $U_{ad}=U_{ab}+U_{cd}$，说明两个线圈为顺串，则 b 和 c 为异名端，即 a 和 c、b 和 d 为同名端；若 $U_{ad}=|U_{ab}-U_{cd}|$，说明两个线圈为反串，则 b 和 c 为同名端，a 和 d 为同名端。

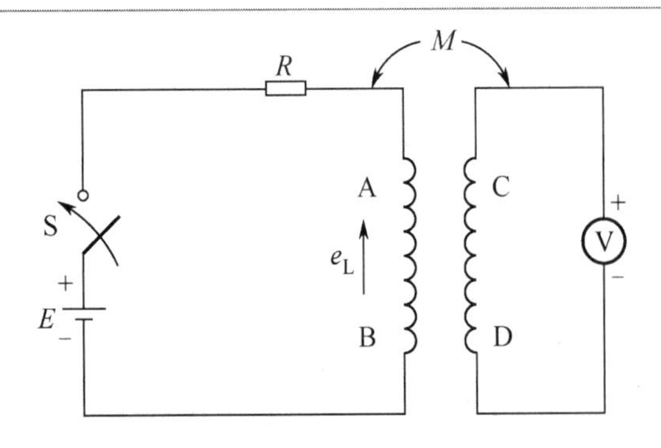

图 4-11-6　直流法判别同名端

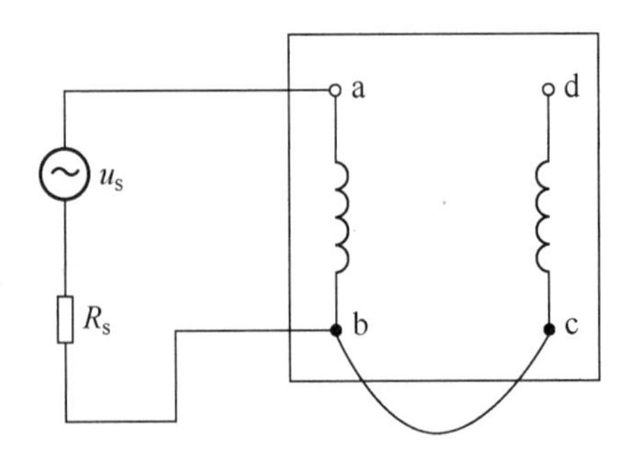

图 4-11-7　交流法判别同名端

例题解析

【例 1】标出图 4-11-8 所示电路中线圈的同名端及开关 S 闭合时，线圈 L_2 和 L_3 电动势的实际极性。

【解析】引起电磁感应的原因是 S 闭合，其结果是在 L_1 中产生自感现象，在 L_2 和 L_3 中产生互感现象。

【解答】利用前述同名端的判别方法，可知端点 2、3、5 为同名端，并已标注在图中；L_2 的极性为 4 "+"、3 "−"，L_3 的极性为 6 "+"、5 "−"。

【例 2】在图 4-11-9 中，两个线圈的电感分别为 L_1 和 L_2，其中 L_1=0.5H，它们之间的互感 M=0.1H，直流电源 E=10V，问：

（1）开关 S 闭合瞬间，回路电流为零，电压表示数为多少？电压表是正偏还是反偏？

（2）开关 S 闭合足够长时间后，电压表示数为多少？

【解析】本例题中电压表的偏转方向取决于 L_2 的互感电动势的极性，而两个互感线圈的同名端已标出，确定 L_1 的自感电动势的极性即可确定电压表的偏转方向；电压表测的是 L_2 两端的电动势的大小，可根据 $e_{M2}=M\dfrac{\Delta i_1}{\Delta t}$ 来计算。

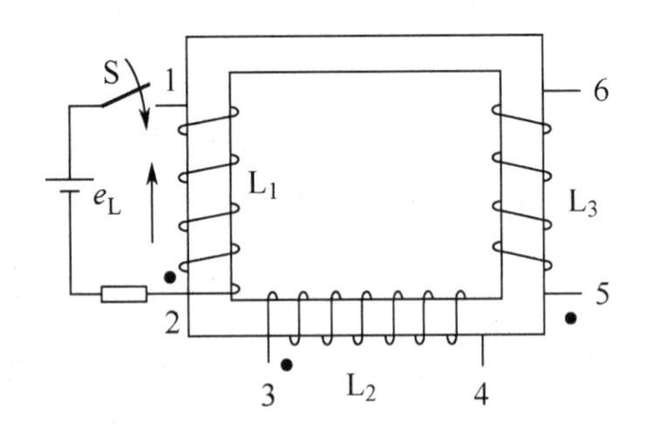

图 4-11-8　4.11 节例 1 图

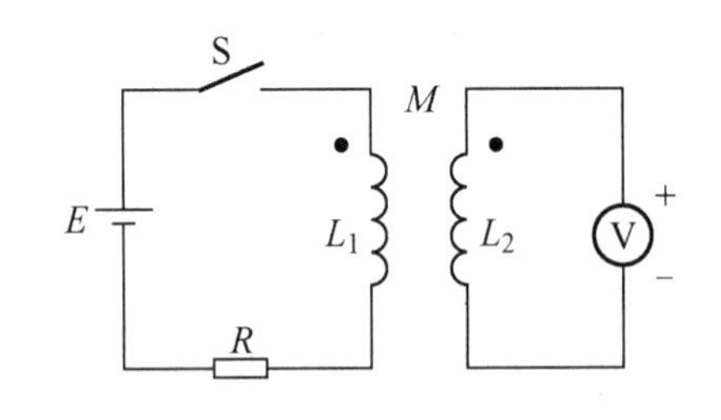

图 4-11-9　4.11 节例 2 图

【解答】（1）开关 S 闭合瞬间，L_1 的自感电动势的极性为上 "+"、下 "−"，L_2 的互感电动势的极性也为上 "+"、下 "−"，故电压表正偏。

由于开关 S 闭合瞬间，没有电流，电阻 R 上没有电压，所以 L_1 上自感电动势的大小为 $e_{L1}=L_1\dfrac{\Delta i_1}{\Delta t}=10\text{V}$，互感电动势为 $e_{M2}=M\dfrac{\Delta i_1}{\Delta t}$，二者拥有相同的电流变化率，故 $e_M=\dfrac{M}{L_1}E=\dfrac{0.1}{0.5}\times 10=2\text{V}$，即电压表示数为 2V。

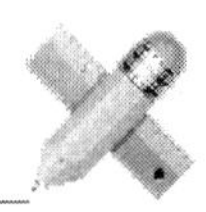

（2）由于长时间通电，电流没有变化，磁通不变，没有互感电动势，因而电压表示数为零。

▲【例 3】在图 4-11-10 中，试问下列情况中小磁针和检流计如何偏转？

（1）R_P 的滑动触头 P 匀速上滑时。

（2）R_P 的滑动触头 P 加速下滑时。

【解析】解此例题的关键是分清 5 个线圈之间的磁交链情况，分清彼此之间电磁感应的因果关系：总因是 R_P 的调节，它导致 L_5 电流变化产生自感现象；L_4 与 L_5 之间存在互感现象，所以 L_5 自感现象为因，L_4 互感现象为果；L_3 只可能产生自感现象，它与 L_5 无互感现象且 L_4 互感现象产生的电流要流经 L_3；L_1、L_2 只会产生互感现象，它们与 L_3 存在磁交链关系，而与 L_4、L_5 无磁交链关系。

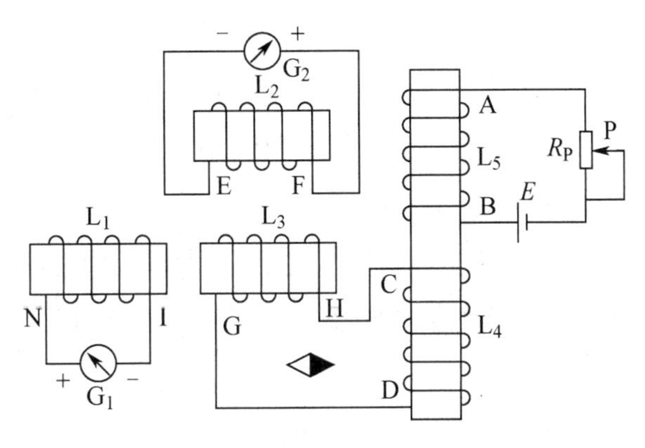

图 4-11-10　4.11 节例 3 图

【解答】判别 L_4、L_5 之间的 A、D 为同名端，L_1、L_3、L_2 之间的 N、G、F 为同名端。

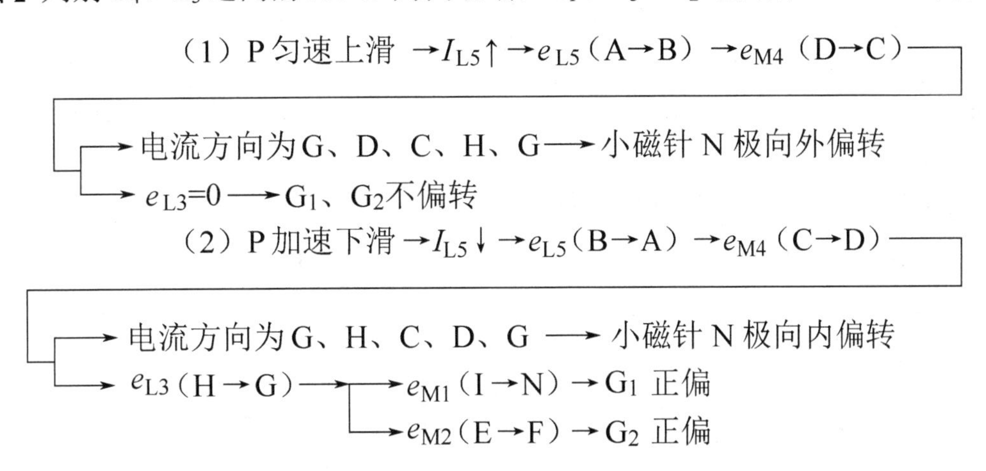

同步练习

一、填空题

1. 两根平行金属导轨放置于匀强磁场中，如图 4-11-11 所示，当导体 ab 沿金属导轨向右做匀加速运动时，检流计 G_1 中的感应电流方向是________（d→c、c→d），检流计 G_2 中的感应电流方向是________（e→f、f→e），小磁针 N 极将指向________（纸内、纸外），三个线圈的同名端是________（并在图上标出）。

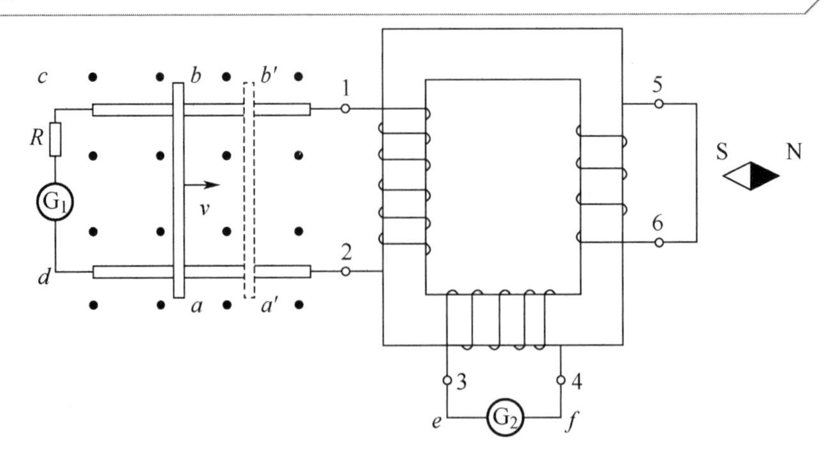

图 4-11-11　4.11 节填空题 1 图

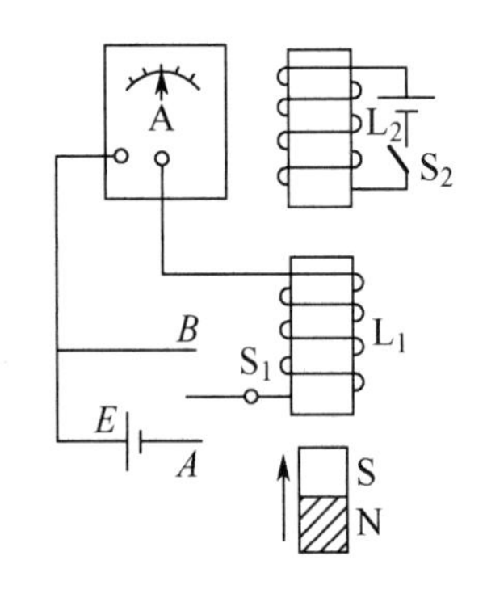

图 4-11-12　4.11 节填空题 3 图

2．两个线圈，电感分别是 0.8H 和 0.2H，它们之间的耦合系数为 0.5，当它们顺串时，等效电感为________；当它们反串时，等效电感为________。

▲3．图 4-11-12 所示为研究电磁感应现象的实验电路。① 首先把单刀双掷开关 S_1 掷向 A，待指针一摆动便立即断开，目的是____________。② 若测得电流从电流计的哪边接线柱进入，指针就向哪边偏转，则当 S_1 掷向 B，闭合 S_2 时，电流计指针将________；当断开 S_2 时，指针将________。③ 若将条形磁铁的 S 极插入线圈 L_1，则指针将________；条形磁铁插入后不动时，指针将________。

二、单项选择题

1．在图 4-11-13 中，线圈的同名端为（　　）。

A．1、3　　B．1、4　　C．1、2　　D．3、4

2．在图 4-11-14 中，三个同名端是（　　）。

A．1、4、5　B．1、4、6　C．1、3、5　D．1、3、6

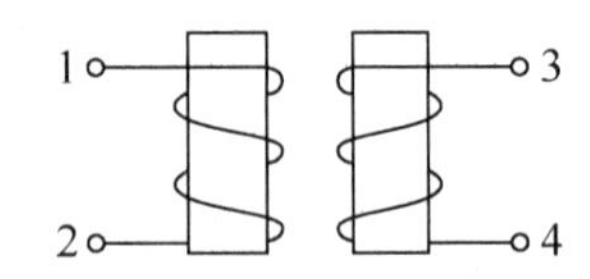

图 4-11-13　4.11 单项选择题 1 图

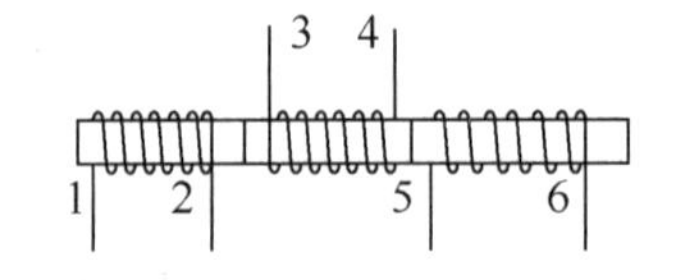

图 4-11-14　4.11 单项选择题 2 图

3．在图 4-11-15 中，长直导体 MN 向右做加速运动时，线圈 A、B 中感生电动势的方向为（　　）。

A．1→2　3→4　　B．1→2　4→3

C．2→1　4→3　　D．2→1　3→4

4．图 4-11-16 所示为用实验方法判别互感线圈同名端的电路，已知电流表的极性为上“+”、下“-”。若开关闭合瞬间，电流表的指针向正刻度方向偏转，则（　　）为同名端。

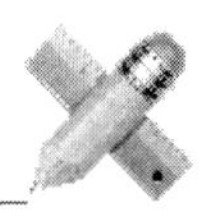

A．1 与 3　　　　B．1 与 4

C．2 与 3　　　　D．2 与 1

5．在图 4-11-17 中，两个线圈有四个端，其中（　　）。

A．1 与 3 是同名端　　　　B．2 与 4 是同名端

C．2 与 3 是同名端　　　　D．无同名端

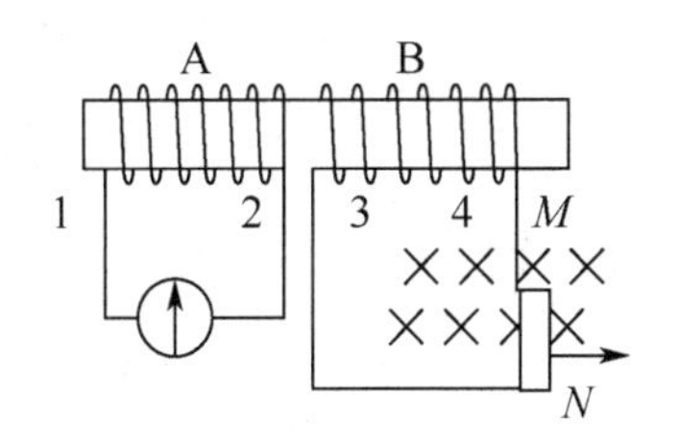

图 4-11-15　4.11 节单项选择题 3 图

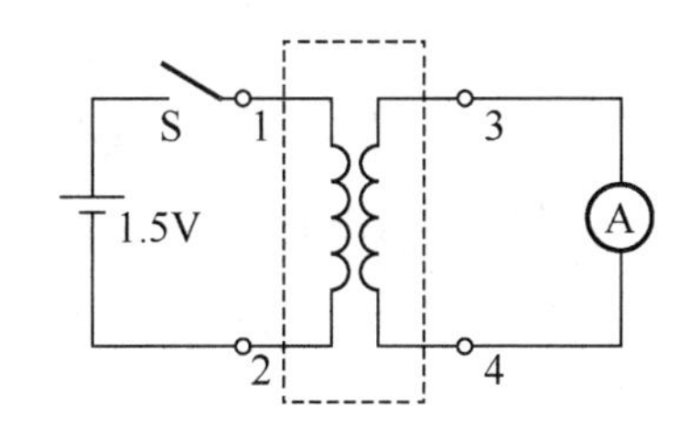

图 4-11-16　4.11 节单项选择题 4 图

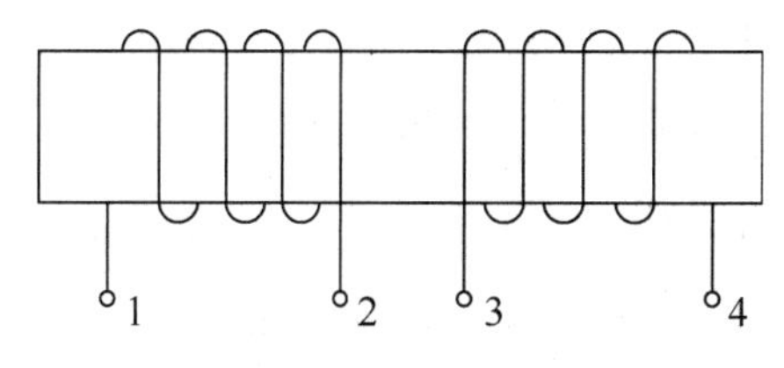

图 4-11-17　4.11 节单项选择题 5 图

三、综合题

在图 4-11-18 所示的电路中，设导体 MN 在匀强磁场中按 v 的方向做匀速直线运动，试说明：

（1）线圈 A、B 中有无感应电流，若有，则在图中标出其方向。

（2）导体 ab 是否受到导体 cd 中电流产生的磁场的作用，若受到作用，则电磁力的方向又如何？

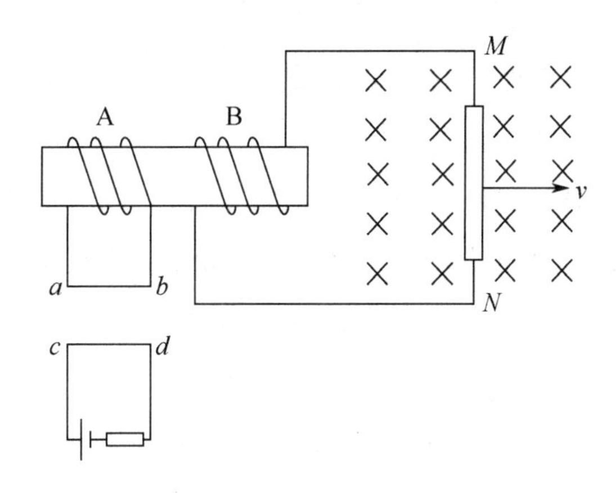

图 4-11-18　4.11 节综合题图

4.12　涡流、磁屏蔽和线圈中的磁场能

知识授新

1．涡流

涡流是电磁感应现象的一种表现形式。将导体绕在金属块上，如图 4-12-1 所示。当变化

的电流（高频交流电）通过导体时，穿过金属块的磁通发生变化，金属块中会产生闭合涡旋状感应电流，这种感应电流叫作涡流。

一般来说，导体中涡流的分布情况是比较复杂的，涡流的大小和方向跟导体的材料和形状，以及磁通在导体内的分布和变化情况有关。

涡流的用途很多，主要有电磁阻尼作用、电磁驱动作用和热效应。导体相对磁场运动时，感应电流使导体受到的安培力总是阻碍它们的相对运动，利用安培力阻碍导体与磁场间的相对运动就是电磁阻尼。磁电式仪表的指针利用电磁阻尼能够很快停下，磁悬浮列车利用涡流减速其实也是一种电磁阻尼。当磁场以某种方式运动时（如磁场转动），导体中的安培力阻碍导体与磁场间的相对运动而使导体跟着磁场动起来（跟着转动），这就是电磁驱动。下面主要介绍涡流的热效应。

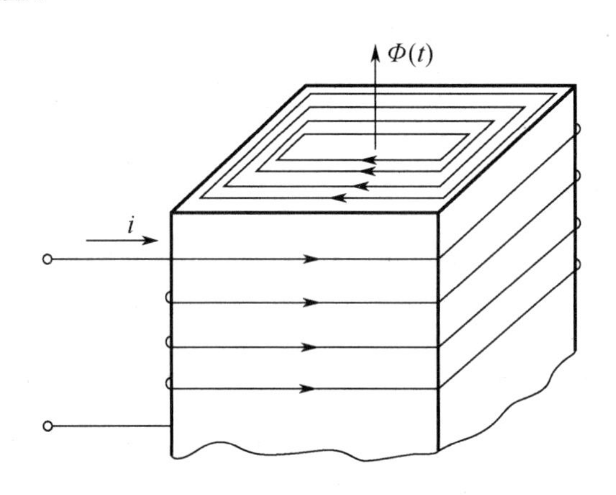

图 4-12-1　金属块中的涡流示意图

强大的涡流在金属块内流动时，使导体发出大量的热。这种涡流通过金属块时将电能转化为热能的现象叫作涡流的热效应。

利用涡流的热效应，制成高频感应炉来冶炼金属，广泛应用在冶金工业上。高频感应炉是在坩埚的外缘绕有绝缘的线圈，并把线圈接到高频交变电源上，如图 4-12-2 所示。高频交变电流在线圈内产生高频交变的磁场，高频感应炉内被冶炼的金属因电磁感应而产生很强的涡流，释放出大量的热，使金属熔化。这种无接触加热的冶炼方法有许多优点，加热的效率高，速度快，并且可以把高频感应炉等放在真空中加热，既避免了金属受污染，又不会使金属在高温下氧化。因此，高频感应炉广泛应用于冶炼特种钢、提纯半导体材料等工艺。

涡流的热效应在电动机和变压器等设备中是非常有害的。当电动机或变压器的线圈中有交流电通过时，铁芯中要产生强大的涡流，释放出大量的热，白白损耗大量的能量（涡流损耗），甚至会烧毁电动机或变压器，使它们不能正常工作。为了减小涡流和涡流所造成的影响，铁芯常采用涂有绝缘漆或表面有绝缘介质膜的硅钢片叠合而成，并使硅钢片平面与磁力线平行，这样使硅钢片恰好切断涡流的通路，如图 4-12-3 所示。硅钢片中涡流通过的横截面积减小，回路电阻的阻值增大。又由于硅钢片本身的电阻率较大，因此使涡流减小，从而减小电能损耗。为了尽可能减小涡流，高频元件中的铁芯采用绝缘的磁性材料颗粒压制而成。

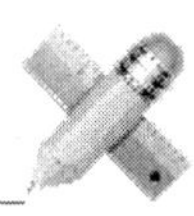

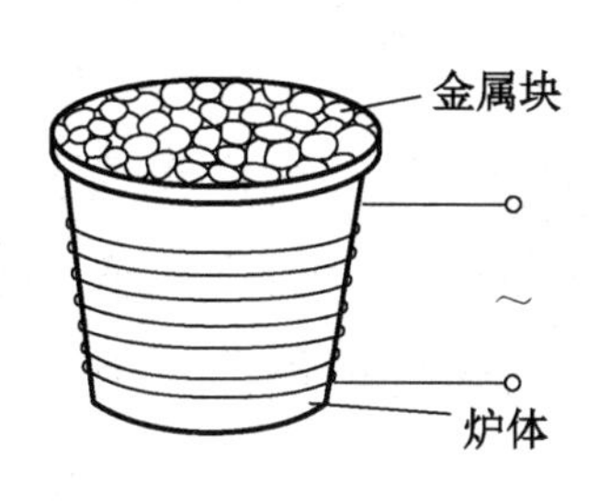

图 4-12-2　高频感应炉

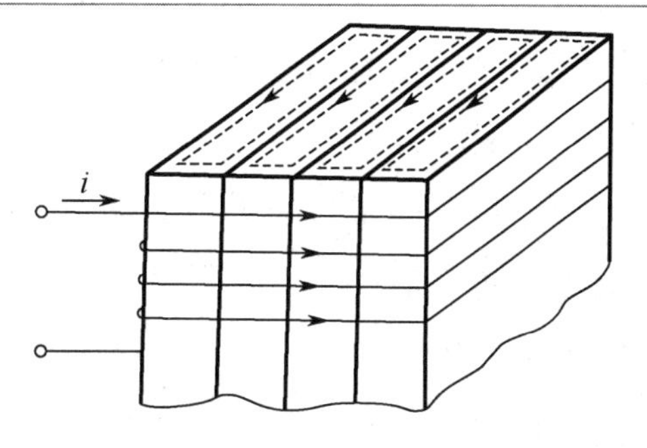

图 4-12-3　变压器铁芯的涡流示意图

2. *磁屏蔽*

在电子技术中，许多地方要利用互感现象工作，如变压器的能量耦合作用。但有些地方却必须减小甚至消除互感。

减小互感的思路就是最大限度地减小两个线圈的磁交链。最简单、有效的办法是改变两个线圈的相对位置。可以将两个线圈互相垂直放置，如图 4-12-4 所示。在图 4-12-4（a）中，线圈 1 产生的磁通与线圈 2 不交链（线圈 1 的磁通不能进入线圈 2），线圈 2 不受线圈 1 的影响；在图 4-12-4（b）中，线圈 2 所产生的磁通通过线圈 1 时，其上部和下部的磁通方向相反，由此产生的互感电动势刚好互相抵消，线圈 1 不受线圈 2 的影响。这样，就达到了减小互感的目的。

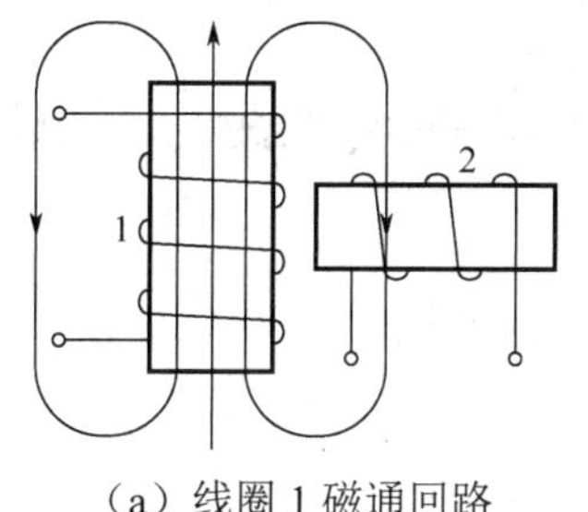

（a）线圈 1 磁通回路

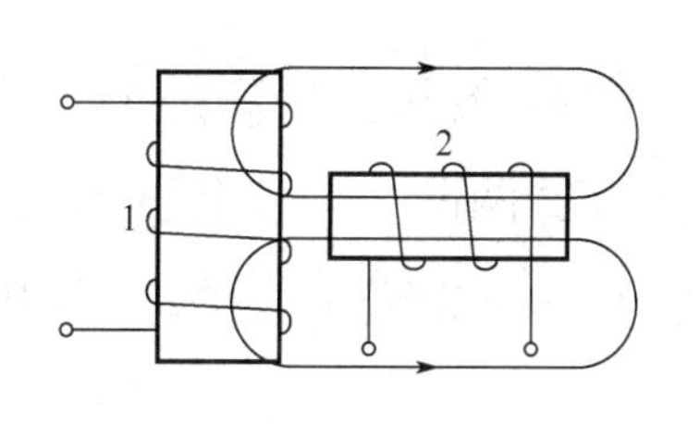

（b）线圈 2 磁通回路

图 4-12-4　垂直放置的线圈可以最大限度地减小互感

另外，为了消除互感，可把元件或线圈放在磁性材料制成的屏蔽罩内。由于磁性材料的磁导率比空气的磁导率大几千倍，因此铁壁的磁阻比空气磁阻小很多，外磁场的磁通沿磁阻小的空腔两侧铁壁通过，进入空腔的磁通很少，从而起到磁屏蔽的作用，如图 4-12-5 所示。为了更好地达到磁屏蔽的目的，常常采用多层铁壁屏蔽的办法，把漏进空腔的残余磁通一次次地屏蔽掉。

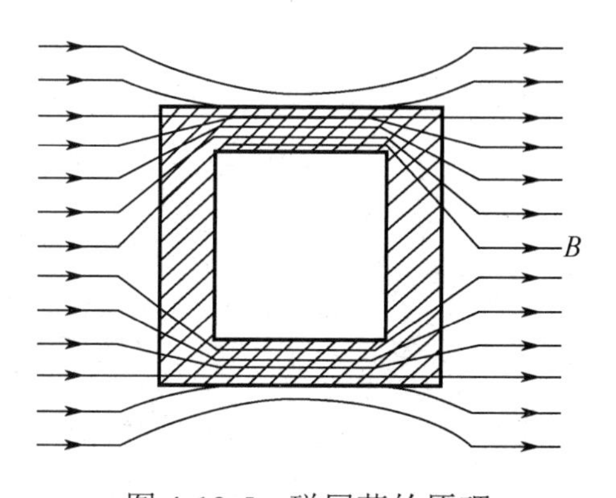

图 4-12-5　磁屏蔽的原理

对于高频变化的磁场，常常用铜或铝等导电性能良好的金属制成屏蔽罩，交变的磁场在金属屏蔽罩上产生很大的涡流，利用涡流的自去磁作用达到磁屏蔽的目的。在这种情况下，一般不用磁性材料制成的屏蔽罩。这是由于铁的电阻率较大，涡流较小，去磁作用小，而功率损耗较大，效果不好。因此在高频情况下，常用铜、铝等材料制成屏蔽罩。

应当指出，静电屏蔽是指屏蔽层把电力线中断，即电力线不能进入屏蔽罩。磁屏蔽是指

屏蔽层把磁力线旁路，即让磁力线从屏蔽罩的侧壁通过，二者的屏蔽原理是不同的。

3. 线圈中的磁场能

磁场和电场一样具有能量。电感线圈和电容器都是储能元件。当电流通过导体时，就在导体周围建立磁场，将电能转化为磁场能，储存在电感线圈内部；反之，变化的磁场通过电磁感应可以在导体中产生感应电流，将磁场能释放出来，转化为电能。在图 4-10-1（b）所示的实验中，开关 S 断开的瞬间，灯泡会发出短暂的强光，就是储存在电感线圈中的磁场能转化为灯泡的热能和光能，瞬间释放出来产生的。

磁场能与电场能有不少相似的特点，在电路中它们可以相互转化。磁场能的计算公式，在形式上与电场能的计算公式相似。理论和实践都可以证明：电感线圈的磁场能为

$$W_{\mathrm{L}}=\frac{1}{2}LI^{2}=\frac{1}{2}\psi I$$

式中，L——线圈的电感，单位为 H；

I——线圈中的电流，单位为 A；

ψ——线圈的磁通链，单位为 Wb；

W_{L}——线圈中的磁场能，单位为 J。

例题解析

【例 1】有三个线圈，相隔的距离都不太远，如何放置使它们两两之间的互感为零。

【解答】让三个线圈两两之间彼此垂直放置即可。

【例 2】有一个电感为 0.6H 的线圈，当电流从 10A 增大到 20A 时，试求线圈储存的磁场能增加了多少。

【解答】通过线圈的电流为 10A 时，线圈中的磁场能为

$$W'_{\mathrm{L}}=\frac{1}{2}LI_{1}^{2}$$

通过线圈的电流为 20A 时，线圈中的磁场能为

$$W''_{\mathrm{L}}=\frac{1}{2}LI_{2}^{2}$$

线圈中的磁场能增加量为

$$\Delta W_{\mathrm{L}}=W''_{\mathrm{L}}-W'_{\mathrm{L}}=\frac{1}{2}LI_{2}^{2}-\frac{1}{2}LI_{1}^{2}=\frac{1}{2}\times0.6\times(20^{2}-10^{2})=90\mathrm{J}$$

同步练习

填空题

1. 利用涡流的________，可制成高频感应炉来冶炼金属。

2. 静电屏蔽是指屏蔽层把电力线________，电力线不能________屏蔽罩；磁屏蔽是指屏蔽层把磁力线________让磁力线从________。

3．指南针的盒子必须用________（磁性材料、非磁性材料）制成。

4．一个空心电感线圈通入 20A 电流时，产生的自感磁通链为 0.1Wb，则其电感为________，储存的磁场能为________。

5．一电感线圈电阻不计，电感为 4mH，当电流从 1A 增大到 2A 时，磁场能增加了________J。

6．在图 4-12-6 中，求线圈中的电流 I_L=________A，其两端电压 U_L=________V；磁场能 W_L=________J。

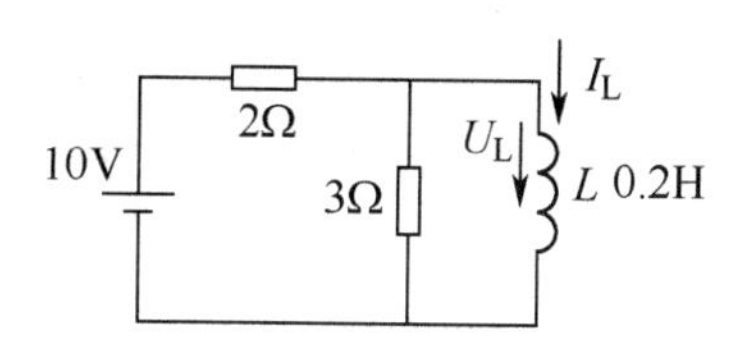

图 4-12-6　4.12 节填空题 6 图

知识探究与学以致用

1．现有两根外形完全相同的磁棒和铁棒，试用三种简单易行的方法将它们区分开，写出你的设计方案（所需器材、实验步骤、实验现象及判断依据和结论）。

2．日光灯的启辉器（俗称“跳泡”）是一种普遍使用且易损坏的电工元器件。取报废启辉器一只，用万用表的“R×1k”挡测量两个电极引出端，若指针偏向零刻度，则说明与氖泡并联的纸质电容器已被击穿，这是启辉器损坏的常见原因。除去外罩壳，将电容器两极剪下，启辉器往往又可使用了。你可以试一试。

将剪下的纸质电容器的外层薄蜡除去，小心地将卷着的蜡纸和金属薄膜展开，你能说出纸质电容器的结构原理吗？你可能还会发现电容器被击穿时留下的灼痕。

3．用一只可以测量电容的数字万用表，先分别测出两个电容器的电容 C_1 和 C_2，再将它们串、并联，分别测出它们的等效电容 $C_{串}$和 $C_{并}$，填入自己设计的表格中。根据实验数据，先定性分析一下，电容器串联或并联后，等效电容是增大了还是减小了？想一想这是为什么？将电容串、并联与电阻串、并联进行类化，你能得到什么结论？用你所学的电容器串、并联时等效电容的计算公式，分别求出 $C_{串}$和 $C_{并}$的理论值，将它们与实验所得的测量值进行比较，结果相等吗？试分析造成误差的主要原因。

4．你能就地取材，自己设计实验方案，分别验证直线电流、环形电流和通电螺线管的安培定则吗？写出所需器材、实验步骤，并自己设计表格记录实验现象和实验结论。按你自己设计的实验方案动手实践，完成实验报告。

若首次实验不成功，请分析失败原因，提出改进措施，完善实验方案，直至最后成功。

5．打开半导体收音机后盖，你能认出哪些是电容器？哪些是电感线圈吗？你能说出它们在电路中各起什么作用吗？对照相应电路图，通过查阅相关资料，询问老师或技术人员，相信你定会有所收获。

第 5 章　正弦交流电路

学习要求

（1）了解正弦交流电的产生。

（2）掌握正弦交流电的三要素及相位关系的判别方法。

（3）掌握正弦交流电的解析式和波形。

（4）掌握正弦交流电的相量表示法，会画相量图，熟练运用相量图分析同频率正弦交流电路和进行同频率正弦量的加减运算。

（5）掌握 R-L-C 串、并联电路的数量关系和相位关系，熟悉各自的相量图。

（6）掌握 R-L-C 串、并联谐振电路的性质、特点、应用和相关计算。

（7）掌握正弦交流电路中各种功率（有功、无功、视在功率和功率因数）的概念和它们之间的关系，并能进行正确的计算。

（8）理解提高功率因数的意义、掌握其计算方法。

课程导入

1. 电流的分类

根据波形特征，电流分为直流和交流两大类，详细分类如下：

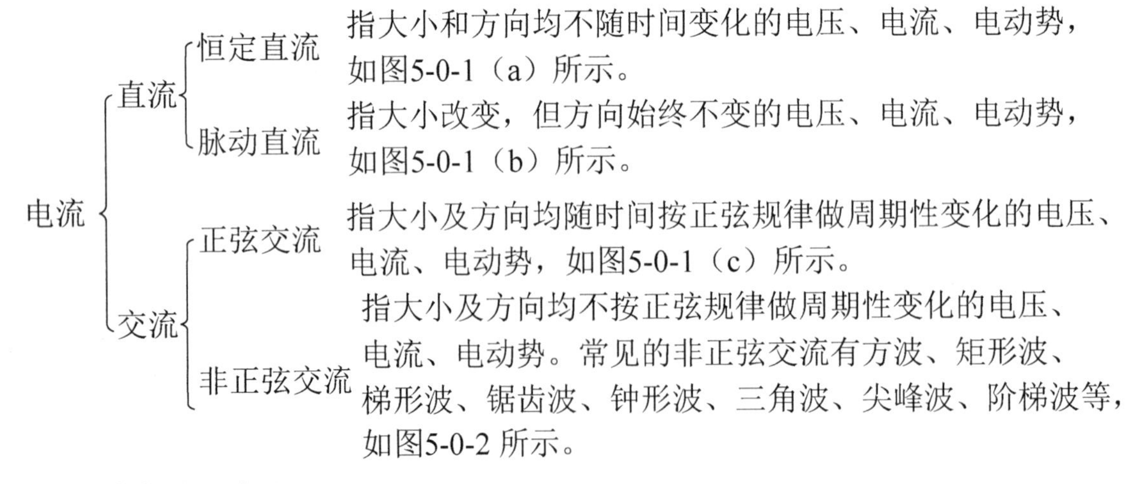

2. 交流电的优越性

交流电和直流电相比有三个主要优点：第一，交流电可以用变压器改变电压，便于远距离输电；第二，交流电动机比相同功率的直流电动机构造简单，造价低；第三，可以应用整流装置，将交流电变换成所需的直流电。因此，在生产和生活中广泛使用交流电。

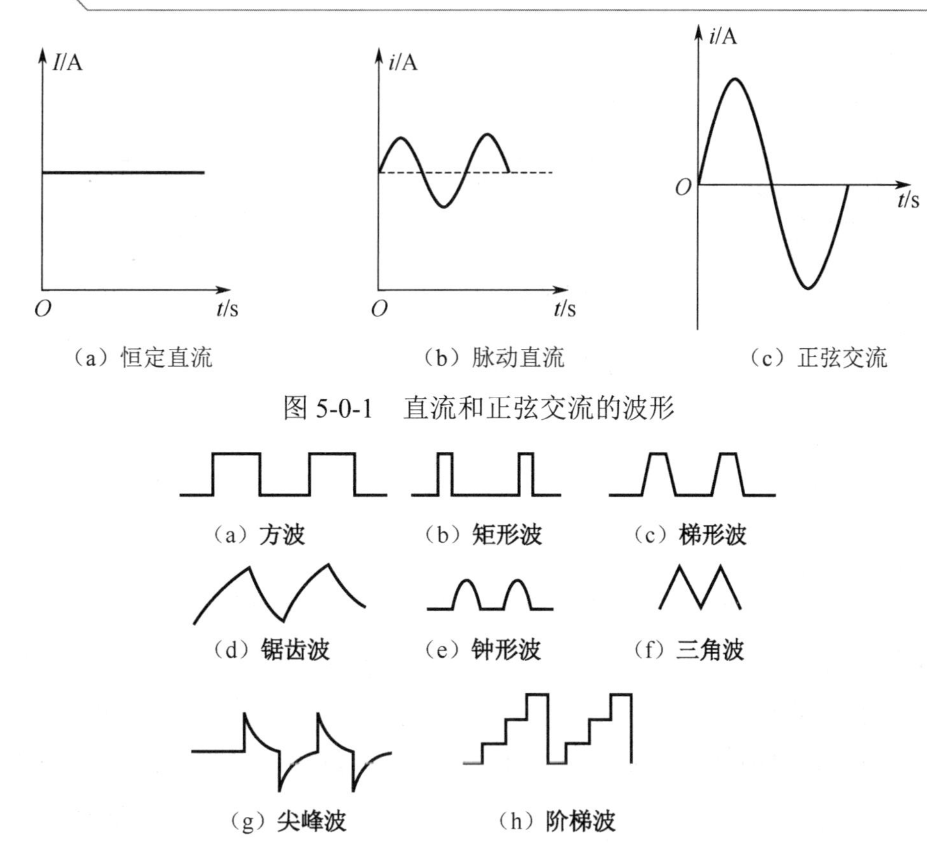

（a）恒定直流　（b）脉动直流　（c）正弦交流

图 5-0-1　直流和正弦交流的波形

（a）方波　（b）矩形波　（c）梯形波
（d）锯齿波　（e）钟形波　（f）三角波
（g）尖峰波　（h）阶梯波

图 5-0-2　常见非正弦交流的波形

学习交流电，不仅要注意它与直流电的共同点，而且要注意二者的区别，要加深对交流电特性的理解，千万不要轻易地把直流电路中的规律套用到交流电路中。

3. 关于交流电符号的说明

在交流电路中，随时间变化的量用小写字母表示，如电流、电压、电动势和功率的瞬时值分别用 i、u、e、p 表示；不随时间变化的量用大写字母表示，如电流、电压、电动势的有效值和平均功率分别用 I、U、E、P 表示；最大值是指最大的瞬时值，电流、电压、电动势的最大值分别用大写字母加小写下标 m 表示，如 I_m、U_m、E_m。

本章将介绍正弦交流电的产生、正弦交流电三要素、表征正弦交流电的物理量、正弦交流电的表示方法、简单正弦交流电路的计算、谐振电路及其应用。

5.1　正弦交流电的基本概念

知识授新

1. 正弦交流电的产生

法拉第发现的电磁感应现象使人类“磁生电”的梦想成真，进而研制出了交流发电机。图 5-1-1 所示为简单交流发电机的原理示意图，可用来说明交流发电机产生正弦交流电的基本原理。

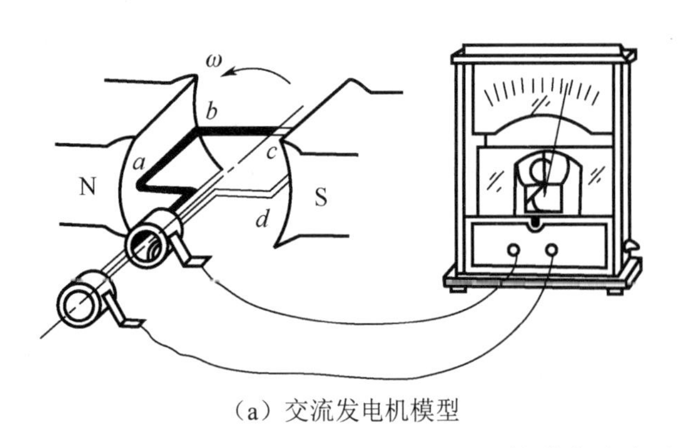

（a）交流发电机模型

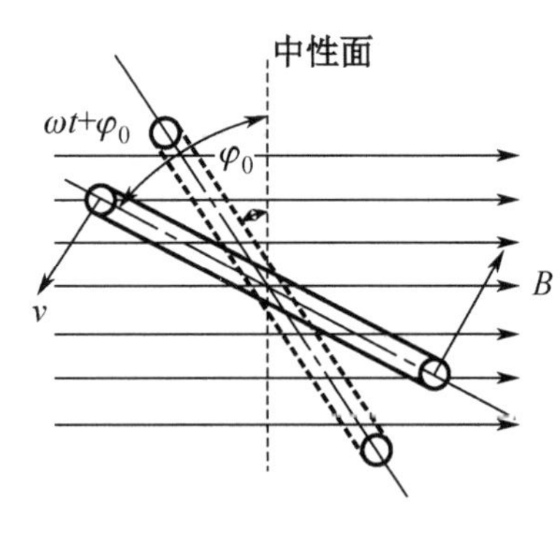

（b）转动线圈的截面图

图 5-1-1　简单交流发电机的原理示意图

在图 5-1-1（a）中，将一个可以绕固定转动轴转动的单匝线圈 $abcd$ 放置在匀强磁场中。为了避免在线圈转动过程中，两根引线扭绞到一起，把线圈的两根引线分别接到与线圈一起转动的两个铜环上，铜环通过电刷与外电路连接。当线圈 $abcd$ 在外力作用下，在匀强磁场中以角速度 ω 逆时针匀速转动时，线圈的 ab 和 cd 边做切割磁力线运动，线圈中产生感应电动势。如果外电路是闭合的，闭合回路中将产生感应电流。ad 和 bc 边的运动不切割磁力线，不产生感应电流。

图 5-1-1（b）所示为转动线圈的截面图。线圈 $abcd$ 以角速度 ω 逆时针匀速转动。设在起始时刻，线圈平面与中性面的夹角为 φ_0；t 时刻，线圈平面与中性面的夹角为 $\omega t+\varphi_0$。从图中可以看出，cd 边运动速度 v 与磁力线方向的夹角也是$(\omega t+\varphi_0)$，设 ab 和 cd 边的长度为 L，磁场的磁感应强度为 B，则由 ab 和 cd 边做切割磁力线运动产生的感应电动势为

$$e_{ab}=e_{cd}=BLv\sin(\omega t+\varphi_0)\mathrm{V}$$

由于这两个感应电动势是串联的，所以整个线圈产生的感应电动势为

$$e=e_{ab}+e_{cd}=2BLv\sin(\omega t+\varphi_0)=E_\mathrm{m}\sin(\omega t+\varphi_0)\mathrm{V}$$

式中，E_m——感应电动势的最大值，又称振幅，$E_\mathrm{m}=2BLv$。

可见，发电机产生的电动势按正弦规律变化，可以向外电路输送正弦交流电。

应当指出，实际的发电机构造比较复杂，线圈匝数很多，而且嵌在硅钢片制成的铁芯上，叫作电枢；磁极一般不止一对，由电磁铁构成。多采用旋转磁极式，即电枢不动，磁极转动。

2. 正弦交流电的周期、频率和角频率

（1）周期。

从图 5-1-2 中可以看出，在线圈 $abcd$ 转动一周的过程中，电流要完成一次从零→最大→零→反向最大→零的变化过程。每转动一周，电流都将按同样规律变化。这种周而复始的变化，叫作周期性变化。完成一次周期性变化所用的时间，叫作周期，用 T 表示，单位为 s。在图 5-1-2 中，横轴上由 0 到 T 的这段时间就是一个周期。

（2）频率。

正弦交流电在单位时间内（1s）完成周期性变化的次数，叫作频率，用 f 表示，单位是赫［兹］，符号为 Hz。频率常用的单位还有千赫（kHz）、兆赫（MHz）、吉赫（GHz），其换

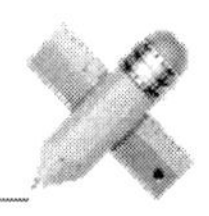

算关系如下：

$$1\text{kHz}=10^3\text{Hz}；\ 1\text{MHz}=10^6\text{Hz}；\ 1\text{GHz}=10^9\text{Hz}$$

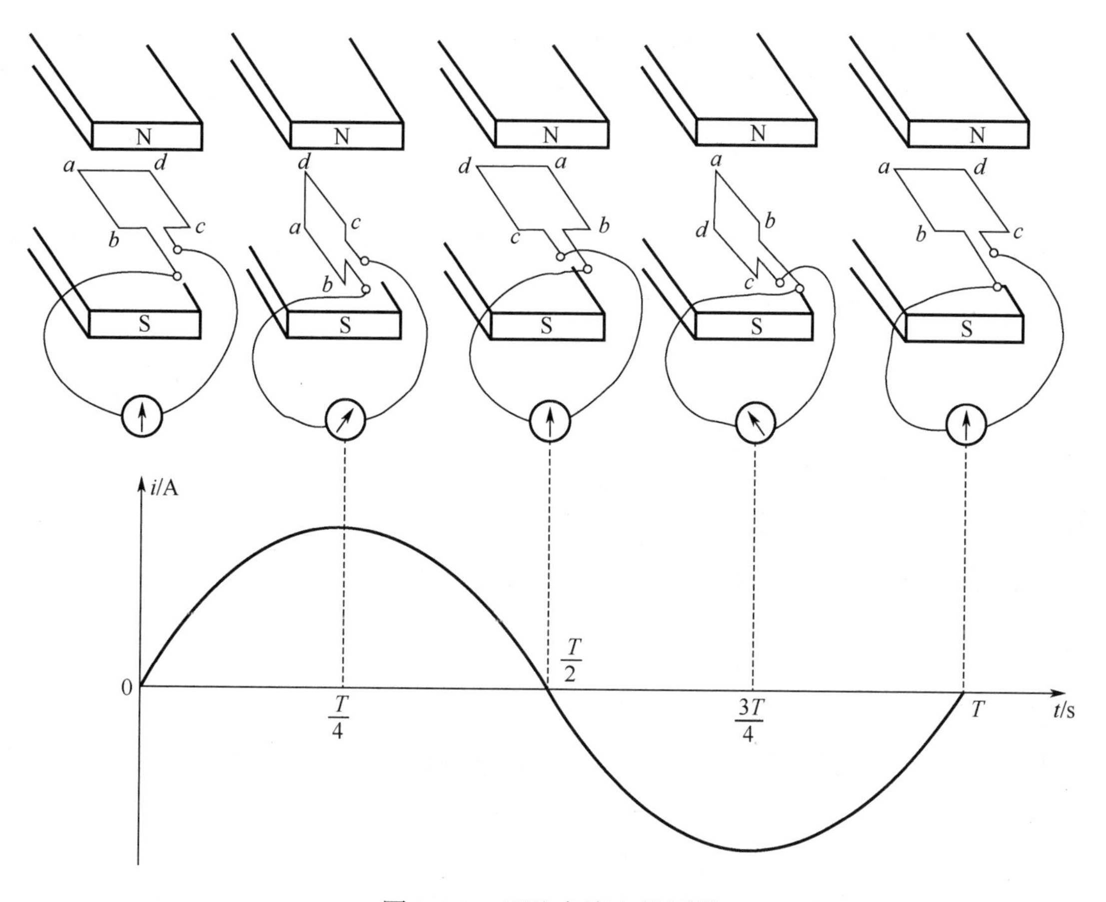

图 5-1-2　正弦交流电的周期

如果交流电的频率是 50Hz，即每秒完成 50 次周期性变化，那么完成 1 次周期性变化所用的时间是 $\frac{1}{50}$ s，所以周期是 $\frac{1}{50}$ s。显然，周期与频率互为倒数关系，即

$$f=\frac{1}{T}；\ T=\frac{1}{f}$$

频率和周期都是反映交流电变化快慢的物理量。周期越短，频率越高，交流电变化就越快。我国发电厂发出交流电的频率都是 50Hz，习惯上称 50Hz 为“工频”。

（3）角频率。

在公式 $e=E_m\sin(\omega t+\varphi_0)$ V 中，ω 是线圈转动的角速度。在仅有一对磁极的情况下，线圈转动一周，线圈中的感应电动势也变化一周，也就是电动势的电角度变化了 2π 弧度（rad）。因此，ω 指正弦交流电压单位时间内变化的电角度，叫作角频率。显然，角频率、频率、周期有如下关系：

$$\omega=2\pi f=\frac{2\pi}{T}$$

式中，2π——线圈转动一周时电角度的变化量，单位为 rad；

f——频率，单位为 Hz；

T——周期，单位为 s；

ω——角频率，单位为 rad/s。

3. 正弦交流电的相位和相位差

（1）相位。

在公式 $e=E_m\sin(\omega t+\varphi_0)$V 中，电动势的瞬时值 e 是由振幅 E_m 和正弦函数 $\sin(\omega t+\varphi_0)$共同决定的。t 时刻，线圈平面与中性面的夹角为$(\omega t+\varphi_0)$，叫作交流电的相位角（简称相位）。因为$(\omega t+\varphi_0)$里含有时间 t，所以相位是随时间变化的量。t=0 时刻的相位 φ_0，称为初相角（简称初相），它反映了正弦交流电起始时刻的状态。

初相的大小和时间起点的选择有关，对初相的规定：**初相的绝对值不允许超过 π（180°）**。所以凡大于 π 的正角就化为负角，绝对值大于 π 的负角化为正角，如$\frac{3\pi}{2}$化为$-\frac{\pi}{2}$，$-\frac{5\pi}{4}$化为$\frac{3\pi}{4}$。

相位是表示正弦交流电在某一时刻所处状态的物理量，它不仅决定了瞬时值的大小和方向，还反映了正弦交流电的变化趋势。当相位为 $2k\pi$（k=0,1,2,3,…）时，正弦量刚好变化到 0，随后的变化趋势逐渐增大。当相位为$2k\pi+\frac{\pi}{2}$时，正弦量刚好变化到最大值，随后的变化趋势逐渐减小。

（2）相位差。

首先强调的是，**只有同频率的正弦量才有相位差的概念**。设有两个同频率的正弦交流电流

$$i_1 = I_{1m}\sin(\omega t+\varphi_1)\text{A}$$

$$i_2 = I_{2m}\sin(\omega t+\varphi_2)\text{A}$$

那么 i_1 与 i_2 任一时刻的相位之差就叫作相位差，用符号 $\Delta\varphi$ 表示。即

$$\Delta\varphi = \varphi_{12} = (\omega t+\varphi_1)-(\omega t+\varphi_2) = \varphi_1-\varphi_2$$

由此可见，两个同频率的正弦交流电的相位差，就是初相之差。它与时间无关，在正弦量变化过程中的任一时刻都是一个常数。它表明了两个正弦量在时间上的超前或滞后关系。在实际应用中规定：**相位差的绝对值不能大于 π，即$|\Delta\varphi|\leqslant\pi$**。

根据相位差，两个同频率的正弦交流电的相位关系归纳为以下四种。

① **超前或滞后**。当$\Delta\varphi=\varphi_1-\varphi_2$，且满足$0<|\Delta\varphi|<\pi$时：如果$\Delta\varphi>0$，则称 i_1 超前 i_2 或 i_2 滞后 i_1，如图 5-1-3（a）所示；如果$\Delta\varphi<0$，则称 i_2 超前 i_1 或 i_1 滞后 i_2，如图 5-1-3（b）所示。

② **同相**。当$\Delta\varphi=\varphi_1-\varphi_2=0$，即 i_1、i_2 同时到达 0 或最大值时，称 i_1、i_2 同相，如图 5-1-3（c）所示。

③ **反相**。当$\Delta\varphi=\varphi_1-\varphi_2=\pm\pi$，即 i_1、i_2 一个到达正的最大值，另一个到达负的最大值时，称 i_1、i_2 反相，如图 5-1-3（d）所示。

④ **正交**。当$\Delta\varphi=\varphi_1-\varphi_2=\pm\frac{\pi}{2}$，即 i_1、i_2 一个到达 0，另一个到达最大值时，称 i_1、i_2 正交，如图 5-1-3（e）所示。

如果已知正弦交流电的振幅、频率（或周期、角频率）和初相（三者缺一不可），就可以用解析式或波形表示。因此，**振幅、频率（或周期、角频率）和初相叫作正弦交流电的**

三要素。

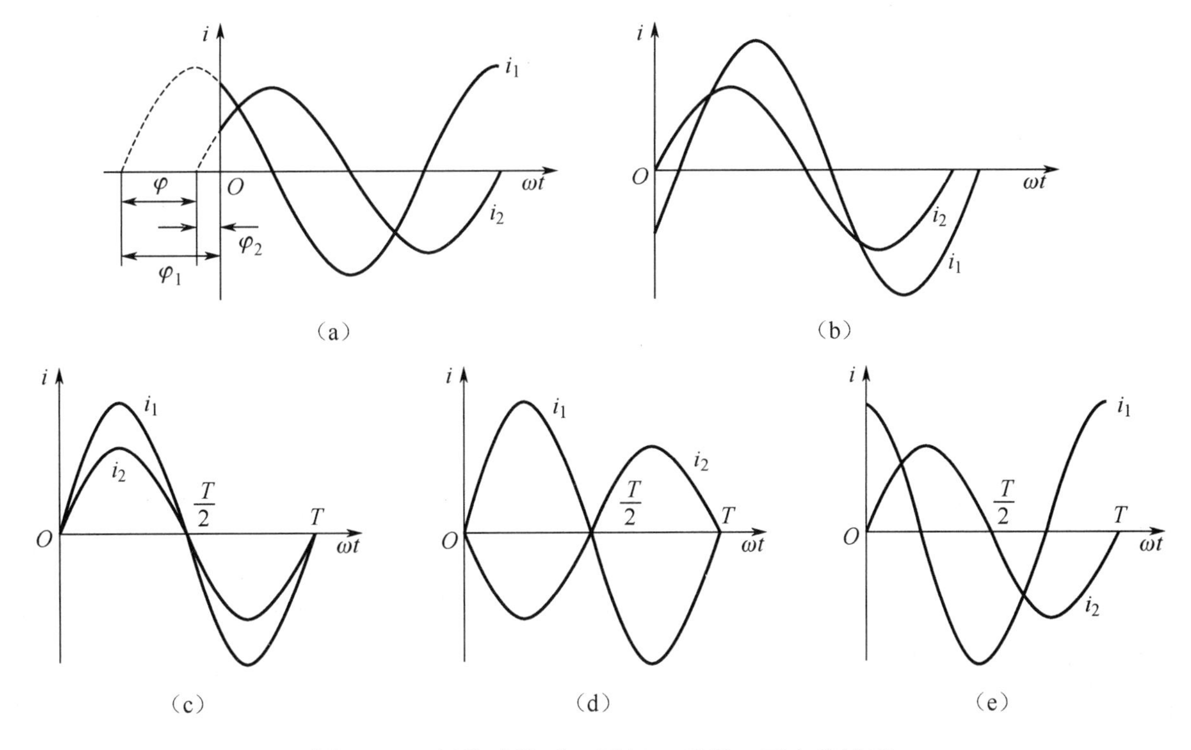

图 5-1-3　超前或滞后、同相、反相、正交的波形

（3）时间差。

一个正弦交流电到达 0 或最大值的时间与另外一个正弦交流电到达 0 或振幅的时间之差称为时间差。其计算公式为

$$t_{12}=\frac{\varphi_{12}}{\omega}=\frac{\varphi_{12}T}{2\pi}$$

时间差的单位为 s，**规定时间差的绝对值不能超过半个周期。**

应当指出，相位和相位差的概念在直流电中从未出现过（从某种意义上来说，直流电属于仅有同相、反相两种特殊相位关系的正弦交流电，是正弦交流电的特例），交流电的复杂性多半表现在这里。因此，不要把直流电路的规律简单地套用到交流电路中，要特别注意相位和相位差在交流电路中所起的重要作用。

4. 正弦交流电的有效值和平均值

（1）有效值。

交流电和直流电具有不同的特点，但是从能量转换的角度来看，二者是可以等效的。为此，引入一个新的物理量——交流电的有效值。

有效值是根据电流的热效应来定义的。如果一个直流电（电流、电压或电动势）与一个交流电（电流、电压或电动势）分别通过阻值相等的电阻，如图 5-1-4 所示，通电的时间相同（交流电周期的整数倍），电阻上产生的热量也相等，那么直流电的数值叫作交流电的有效值。电流、电压、电动势的有效值分别用 I、U、E 表示。

正弦交流电的最大值越大，它的有效值也越大；最大值越小，它的有效值也越小。理论和实验都可以证明，正弦交流电的最大值是有效值的 $\sqrt{2}$ 倍，即

$$I=\frac{I_m}{\sqrt{2}}=0.707I_m;\quad U=\frac{U_m}{\sqrt{2}}=0.707U_m;\quad E=\frac{E_m}{\sqrt{2}}=0.707E_m$$

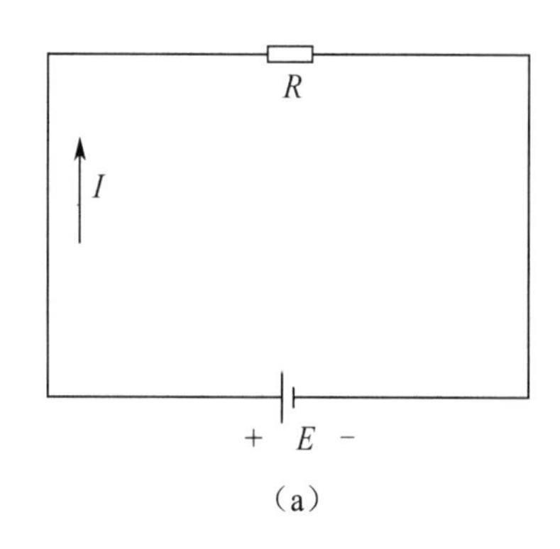

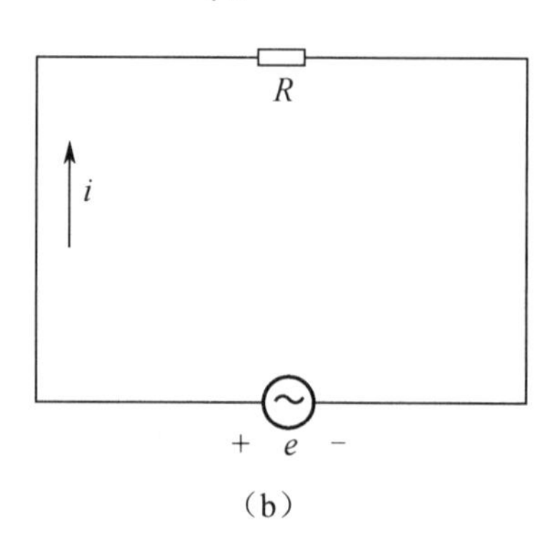

图 5-1-4　正弦交流电的有效值

有效值和最大值是从不同角度反映交流电强弱的物理量。通常所说的交流电的电流、电压、电动势，如无特殊说明都是指有效值。例如，市电电压 220V，是指其有效值为 220V。交流电气设备铭牌上所标的电压、电流都是指有效值。例如，灯泡上写着 220V，就是指灯泡的额定电压的有效值是 220V；交流电流表、电压表上的刻度，都是指电流和电压的有效值。

值得注意的是，**在选择电器或元器件的耐压时，必须考虑电压的最大值**。例如，耐压为 220V 的电容器就不能接到电压有效值为 220V 的交流电路上，因为当电压的有效值为 220V 时，电压的最大值是 311V，会使电容器因击穿而损坏。

（2）平均值。

对于周期性交流电，在工程上经常会用到平均值。对于正弦交流电，其波形在一个周期内，横轴上部的面积等于横轴下部的面积，所以一个周期内正弦交流电的平均值等于零。我们所讲的正弦交流电的平均值是指相邻两个零点之间半个周期内的平均值（average），如图 5-1-5 所示。

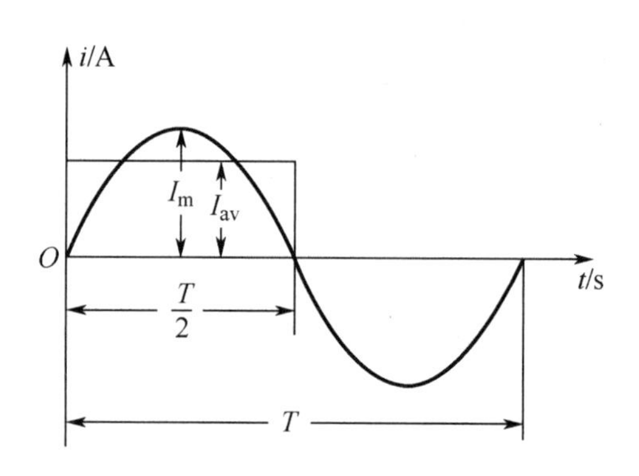

图 5-1-5　正弦交流电的平均值

理论和实践都可以证明，正弦交流电的平均值是最大值的$\frac{2}{\pi}$，即

$$I_{av}=\frac{2}{\pi}I_m=0.637I_m;\quad U_{av}=\frac{2}{\pi}U_m=0.637U_m;\quad E_{av}=\frac{2}{\pi}E_m=0.637E_m$$

例题解析

【例 1】已知正弦交流电流 $i_1=10\sqrt{2}\sin100\pi t\text{A}$，$i_2=20\sin(100\pi t+\frac{2\pi}{3})\text{A}$，请分别求出：（1）最大值。（2）周期。（3）频率。（4）波形。

【解答】（1）电流 i_1、i_2 的最大值分别为

$$I_{1m}=10\sqrt{2}\text{A};\quad I_{2m}=20\text{A}$$

（2）由 $\omega_1=\omega_2=100\pi\text{rad/s}$ 且 $\omega=\dfrac{2\pi}{T}$ 可得，电流 i_1、i_2 的周期为

$$T_1=\frac{2\pi}{\omega_1}=\frac{2\pi}{100\pi}=0.02\text{s}；\quad T_2=\frac{2\pi}{\omega_2}=\frac{2\pi}{100\pi}=0.02\text{s}$$

（3）由 $f=\dfrac{1}{T}$ 可得，电流 i_1、i_2 的频率为

$$f_1=\frac{1}{T_1}=\frac{1}{0.02\text{s}}=50\text{Hz}；\quad f_2=\frac{1}{T_2}=\frac{1}{0.02\text{s}}=50\text{Hz}$$

（4）波形如图 5-1-6 所示。

【例 2】图 5-1-7 所示为两个同频率的正弦交流电压 u_1、u_2 的波形，写出 u_1、u_2 的解析式。

【解答】由波形可知

$$U_{1\text{m}}=6\text{V}；\ U_{2\text{m}}=3\text{V}；\ T_1=T_2=8\text{ms}$$

$$\omega_1=\omega_2=\frac{2\pi}{T}=\frac{2\pi}{8\times10^{-3}}=250\pi\text{rad/s}$$

$$\varphi_1=\frac{-2\pi}{8}=-45°；\quad \varphi_2=\frac{2\pi}{8}=45°$$

则解析式为

$$u_1=U_{1\text{m}}\sin(\omega t+\varphi_1)=6\sin(250\pi t-45°)\text{V}$$

$$u_2=U_{2\text{m}}\sin(\omega t+\varphi_2)=3\sin(250\pi t+45°)\text{V}$$

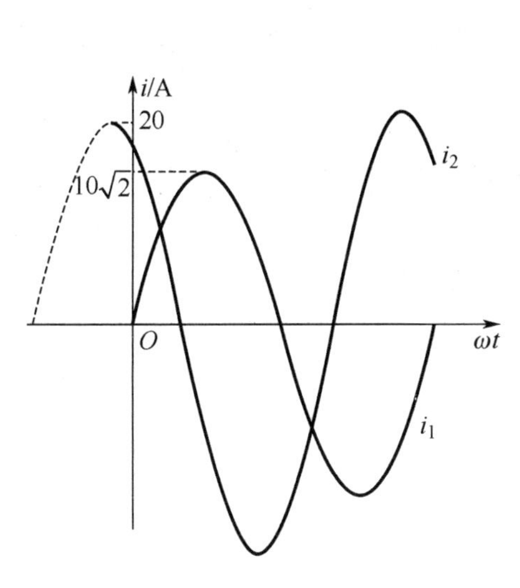

图 5-1-6　5.1 节例 1 图

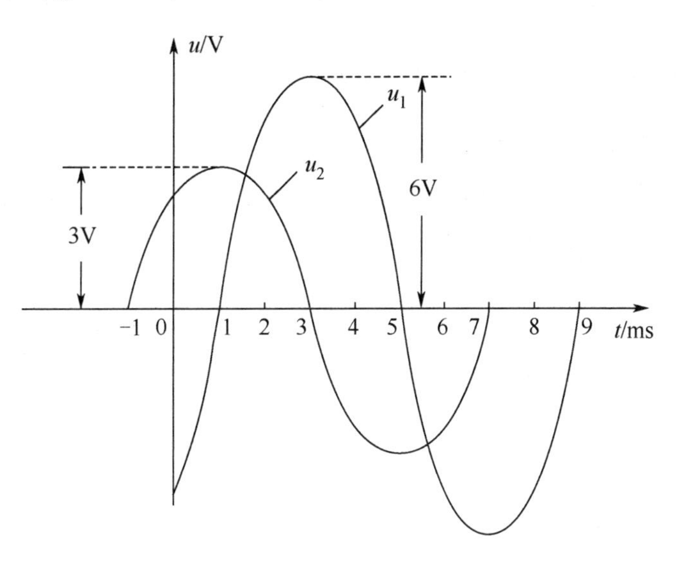

图 5-1-7　5.1 节例 2 图

▲**【例 3】**示波器上显示的两个正弦信号的波形如图 5-1-8 所示。已知，时基因数“t/div”开关置于“10ms/div”挡，水平扩展倍率 K=10，Y 轴偏转因数“V/div”开关置于“10mV/div”挡，则信号的周期及二者的相位差分别是（　　）。

A．9ms，4°　　B．9ms，40°

C．90ms，4°　　D．90ms，40°

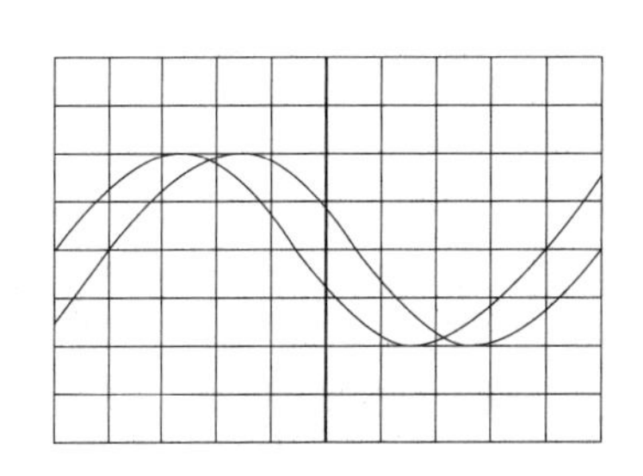

图 5-1-8　5.1 节例 3 图

【解答】由波形可以看出，两个正弦信号的周期相同，均为 9

格，相位上相差 1 格，则周期$T=\frac{9\times t}{K}=\frac{9\times 10}{10}=9\text{ms}$，相位差为一个周期的$\frac{1}{9}$，即$\frac{360^\circ}{9}=40^\circ$，故选择 B。

【例 4】写出下列各组交流电压的相位差，并指出哪个超前，哪个滞后。

（1）$u_1=380\sqrt{2}\sin 314t\text{V}$，$u_2=380\sqrt{2}\sin(314t-\frac{2}{3}\pi)\text{V}$。

（2）$u_1=220\sqrt{2}\sin(100\pi t-\frac{2}{3}\pi)\text{V}$，$u_2=100\sin(100\pi t+\frac{2}{3}\pi)\text{V}$。

（3）$u_1=12\sin(10t+\frac{\pi}{2})\text{V}$，$u_2=12\sin(10t-\frac{\pi}{3})\text{V}$。

（4）$u_1=-220\sqrt{2}\sin 100\pi t\text{V}$，$u_2=220\sqrt{2}\sin 100\pi t\text{V}$。

【解答】（1）：$\varphi_1=0^\circ$，$\varphi_2=-\frac{2\pi}{3}$，$\varphi_{12}=\varphi_1-\varphi_2=\frac{2\pi}{3}$，故 u_1 超前 $u_2\frac{2\pi}{3}$。

（2）：$\varphi_1=-\frac{2\pi}{3}$，$\varphi_2=\frac{2\pi}{3}$，$\varphi_{12}=\varphi_1-\varphi_2=-\frac{4\pi}{3}$，转化为正角$\varphi_{12}=\frac{2\pi}{3}$，故 u_1 超前 $u_2\frac{2\pi}{3}$。

（3）：$\varphi_1=\frac{\pi}{2}$，$\varphi_2=-\frac{\pi}{3}$，$\varphi_{12}=\varphi_1-\varphi_2=\frac{5\pi}{6}$，故 u_1 超前 $u_2\frac{5\pi}{6}$。

（4）：u_1 前面的负号表示反相，去掉负号后，其初相在原来的基础上加上 π，则 $u_1=220\sqrt{2}\sin(100\pi t+\pi)\text{V}$。$\varphi_1=\pi$，$\varphi_2=0$，$\varphi_{12}=\varphi_1-\varphi_2=\pi$，即 u_1、u_2 反相。

【例 5】已知电流、电压、电动势的解析式分别为$i=5\sin 100\pi t\text{A}$、$u=220\sqrt{2}\sin(100\pi t-\frac{\pi}{6})\text{V}$、$e=311\sin(100\pi t+\frac{\pi}{6})\text{V}$。要使它们的相位差保持不变，以电压为参考量，即电压初相为零，重新写出它们的解析式。

【解答】改变初相，相当于改变起始时刻，而相位差总是保持不变的。因此先求相位差。

e 超前 u 为

$$\Delta\varphi_1=\varphi_e-\varphi_u=\frac{\pi}{6}-(-\frac{\pi}{6})=\frac{\pi}{3}$$

i 超前 u 为

$$\Delta\varphi_2=\varphi_i-\varphi_u=0-(-\frac{\pi}{6})=\frac{\pi}{6}$$

以电压为参考量，解析式为

$$u=220\sqrt{2}\sin 100\pi t\text{V}$$

则电流、电动势的解析式分别为

$$i=5\sin(100\pi t+\frac{\pi}{6})\text{A}$$

$$e=311\sin(100\pi t+\frac{\pi}{3})\text{V}$$

【例 6】两个正弦交流电流 i_A 和 i_B 的波形如图 5-1-9 所示，求：

（1）相位差。（2）有效值。（3）瞬时值解析式。

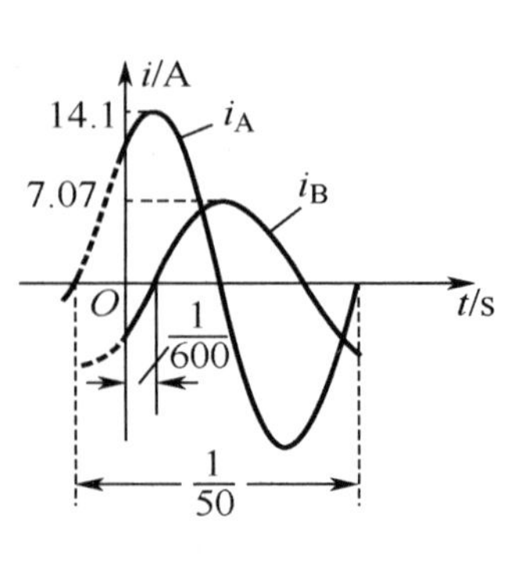

图 5-1-9　5.1 节例 6 图

【解答】(1)从 i_A 和 i_B 的波形可直接看出 i_A 超前 $i_B\dfrac{\pi}{2}$。

(2)有效值为

$$I_A=\frac{I_{Am}}{\sqrt{2}}=\frac{14.1}{\sqrt{2}}=10\text{A};\quad I_B=\frac{I_{Bm}}{\sqrt{2}}=\frac{7.07}{\sqrt{2}}=5\text{A}$$

(3)$\omega=\dfrac{2\pi}{T}=\dfrac{2\pi}{1/50}=100\pi\text{rad/s}$,对应 $T=\dfrac{1}{50}$s 的相位为 2π,对应 $T=\dfrac{1}{600}$s 的相位是 i_B 的初相 $-\varphi_{BO}$,可用比例关系求得

$$\frac{-\varphi_{BO}}{2\pi}=-\frac{1/600}{1/50}$$

解得

$$\varphi_{BO}=-\frac{\pi}{6}$$

所以它们的瞬时值解析式为

$$i_A=14.1\sin(100\pi t-\frac{\pi}{6}+\frac{\pi}{2})\text{A}=14.1\sin(100\pi t+\frac{\pi}{3})\text{A}$$

$$i_B=7.07\sin(100\pi t-\frac{\pi}{6})\text{A}$$

同步练习

一、填空题

1.已知交流电压为 $u=100\sin(314t-\dfrac{\pi}{4})$V,则该交流电压的最大值 U_m=________,有效值 U=________,频率 f=________,角频率 ω=________,周期 T=________,初相 φ=________。

2.某正弦交流电的瞬时值解析式为 $i=10\sin(314t-\dfrac{\pi}{3})$A,则它的有效值 I=________A,周期 T=________s,初相 φ=________,t=0.01s 时的瞬时值是________A。

3.一正弦电流 $i=I_m\sin(\omega t+\dfrac{2\pi}{3})$A,在 t=0 时刻,电流瞬时值 i=0.866A,则该电路中电流表的示数为________A。

4.一个电热器接在 10V 的直流电源上,产生一定的热功率。把它接到正弦交流电源上,若产生的热功率与直流时产生的热功率相等,则交流电压的最大值是________V。(保留两位小数)

5.图 5-1-10 所示为两个电压的波形,u_1 的初相 φ_1=________,有效值 U_1=________V,u_2 的初相 φ_2=________,有效值 U_2=________。u_1 与 u_2 的相位差 φ=________,u_1 与 u_2 的相位关系是 u_1________u_2________。

6.标有“250V/0.5μF”的无极性电容器能在电压不大于________V 的正弦交流电路中正常工作。

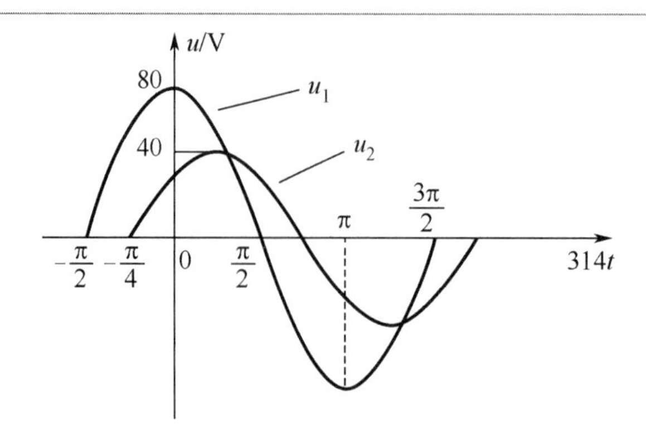

图 5-1-10　5.1 节填空题 5 图

二、单项选择题

1．正弦交流电的三要素是指（　　）。

A．电阻、电感和电容　　B．有效值、频率和初相

C．周期、频率和角频率　　D．瞬时值、最大值和有效值

2．一个电阻先后通过 1A 直流电流和 1A 交流电流，可以发现（　　）。

A．通过交流电流时发热快　　B．通过直流电流时发热快

C．发热一样快　　D．无法比较发热快慢

3．若照明用交流电压 u=311sin100πt V，则以下说法正确的是（　　）。

A．交流电压的最大值是 220V

B．1s 内交流电压变化 50 次

C．1s 内交流电压有 100 次达到最大值

D．1s 内交流电压有 50 次过零值

4．将一个电热器接在 10V 的直流电源上，产生的功率为 P。若把它改接在正弦交流电源上，使其产生的功率为 $\frac{P}{2}$，则正弦交流电压的最大值为（　　）。

A．5V　　B．$5\sqrt{2}$ V　　C．14V　　D．10V

5．一个电阻接在 10V 的直流电源上，产生的功率为 P。若把它接在 u=20sinωtV 的正弦交流电源上，则其功率为（　　）。

A．0.25P　　B．0.5P　　C．P　　D．2P

6．3A 直流电通过电阻 R 时，t 时间内产生的热量为 Q，现让一交变电流通过电阻 R，若 2t 时间内产生的热量为 Q，则交变电流的最大值为（　　）。

A．3A　　B．$3\sqrt{2}$ A　　C．$\sqrt{3}$ A　　D．$3\sqrt{3}$ A

7．已知负载上交流电的 u=311sin314tV，i=14.1sin314tA。根据这两式判断，下述结论中正确的是（　　）。

A．电压的有效值为 311V　　B．负载的阻值为 22Ω

C．交流电流的频率为 55Hz　　D．交流电流的周期是 0.01s

▲8．指针式万用表的部分测量原理图如图 5-1-11 所示，下列说法正确的是（　　）。

A．1 为交流电压测量挡，3 为直流电流测量挡

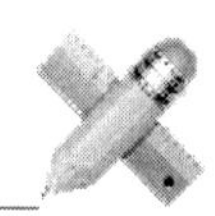

B．2 为交流电压测量挡，4 为电阻测量挡

C．1 为电阻测量挡，4 为直流电压测量挡

D．3 为直流电压测量挡，2 为直流电流测量挡

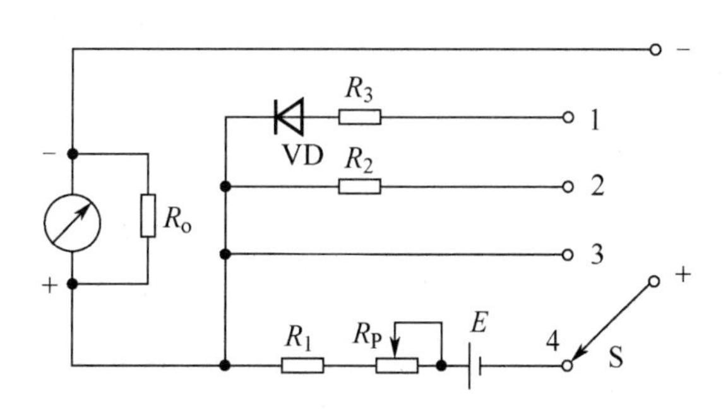

图 5-1-11　5.1 节单项选择题 8 图

9．已知正弦电流 $i_1 = 14.14\sin(\omega t + \frac{\pi}{6})\text{A}$，$i_2 = 7.07\sin(\omega t + \frac{\pi}{4})\text{ A}$，$i_1$ 和 i_2 的有效值分别为（　　）。

A．10A，10A　　B．10A，5A

C．5A，10A　　D．5A，5A

10．将一电容器两端接在 220V 交流电压上，该电容器所承受的电压的最大值是（　　）。

A．311V　B．220V　C．380V　D．110V

三、计算题

某正弦交流电压 $u = 100\sin(314t + 75°)\text{V}$，求：

（1）频率、周期、角频率、初相、最大值、有效值。

（2）$\omega t+\varphi$=0°、30°、90°、150°时的瞬时值。

（3）t=0s、0.005s、0.01s、0.015s、0.02s 时的相位。

5.2　旋转相量与相量

知识授新

1．正弦交流电的表示方法

正弦交流电有解析法、波形法、相量法和旋转相量四种表示方法。本节着重介绍旋转相量。

（1）解析法。

用三角函数式表示正弦交流电随时间变化的关系，叫作解析法。正弦交流电的电动势、电压和电流的解析式分别为

$$e = E_{\mathrm{m}}\sin(\omega t + \varphi_{\mathrm{e}})\mathrm{V}$$
$$u = U_{\mathrm{m}}\sin(\omega t + \varphi_{\mathrm{u}})\mathrm{V}$$
$$i = I_{\mathrm{m}}\sin(\omega t + \varphi_{\mathrm{i}})\mathrm{A}$$

只要给出时间 t，就可以求出该时刻相应的 e、u、i。这种方法的缺点是不便于进行数值计算，也不直观。

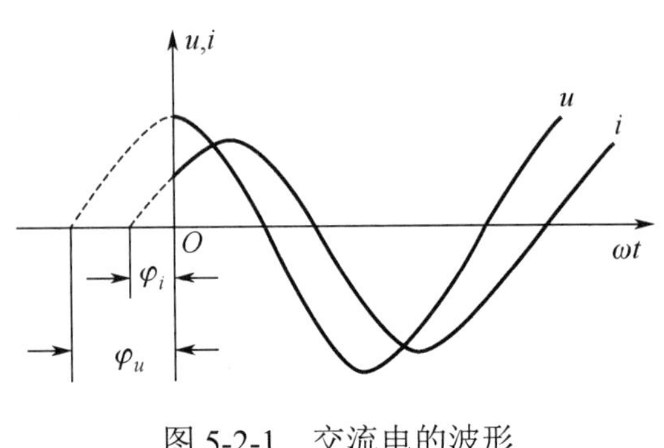

图 5-2-1　交流电的波形

（2）波形法。

在平面直角坐标系中，将时间 t 或角度 ωt 作为横坐标，与之对应的 e、u、i 作为纵坐标，给出 e、u、i 随时间 t 或角度 ωt 变化的曲线，这种方法叫作波形法，这种曲线叫作交流电的波形。它的优点是可以直观地看出交流电的变化规律，但不便于进行数值计算，如图 5-2-1 所示。

（3）相量法。

运用一个复数可以同时表示正弦量的有效值和相位，这种方法叫作相量法（符号法）。用复数表示正弦量后，就可以用复数运算的方法，求出几个同频率正弦量的有效值和相位之间的关系，从而使问题的分析和计算得以简化。相量法掌握难度大，本书将在第 6 章予以介绍。

2. 旋转相量

对正弦量进行加减运算，无论采用解析法还是波形法，都非常麻烦。为此，引入正弦量的旋转相量。

在力学中学习过速度矢量、力矢量等，它们都是既有大小，又有方向的量，并且服从几何加减法则（平行四边形法则，也叫三角形法则），一般称它们为空间矢量。旋转相量不同于力学中的矢量，它是相位随时间变化的量，它的加减运算服从平行四边形法则。

怎样用旋转相量表示正弦量呢？在图 5-2-2 中，以原点 O 为端点做一条有向线段，线段的长度为正弦量的最大值 E_{m}，旋转相量的起始位置与横轴正方向的夹角为正弦量的初相 φ_0，它以正弦量的角频率 ω 为角速度，绕原点 O 逆时针匀速旋转。在任一时刻，旋转相量在纵轴上的投影就等于该时刻正弦量的瞬时值。

旋转相量与正弦量的最大值、角频率、初相、瞬时值都是一一对应的。旋转相量既可以反映正弦量的三要素，又可以通过它在纵轴上的投影求出正弦量的瞬时值。旋转相量可以完整地表示正弦量。如果有向线段的长度为正弦量的有效值，就称为有效值相量，用 $\dot{E}$、$\dot{U}$、$\dot{I}$ 表示，如果有向线段的长度为正弦量的最大值，就称为最大值相量，用 $\dot{E}_{\mathrm{m}}$、$\dot{U}_{\mathrm{m}}$、$\dot{I}_{\mathrm{m}}$ 表示。

同频率正弦量的相对静止关系。在同一坐标系中，画出几个同频率正弦量的旋转相量，它们以相同的角速度逆时针旋转，各旋转相量间的夹角（相位差）不变，相对位置不变，各旋转相量是相对静止的。因此，将它们当作静止情况处理，并不影响分析和计算的结果，正弦量用旋转相量来表示就可以简化为用相量来表示。

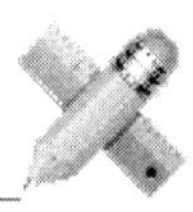

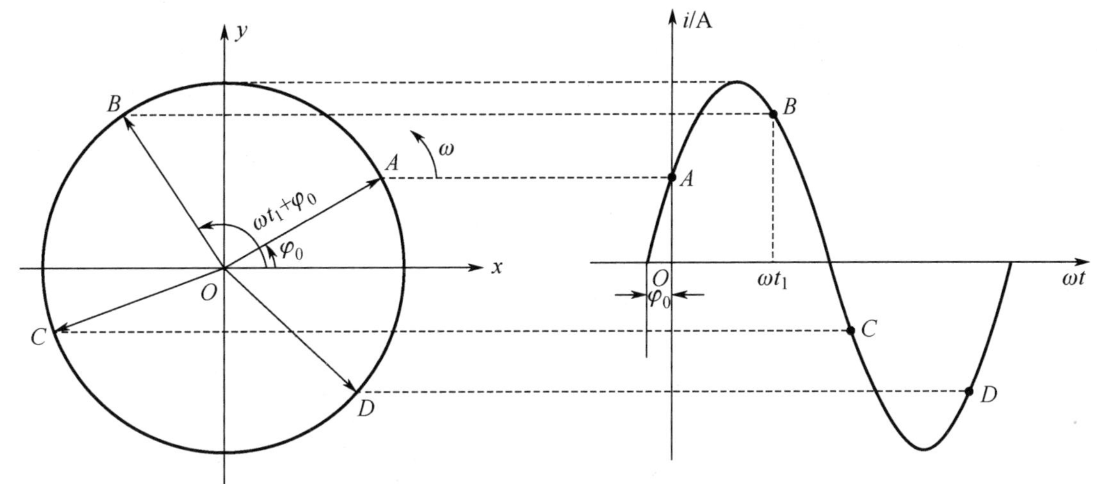

图 5-2-2　旋转相量与正弦量的对应关系

同频率正弦量的加减运算。要进行同频率正弦量的加减运算，先画出与正弦量相对应的相量，再按平行四边形法则求和，和的长度表示正弦量和的最大值（有效值相量表示有效值），和与横轴正方向的夹角为正弦量和的初相，角频率不变。

例题解析

【例 1】已知电流、电压、电动势的解析式分别为$i=10\sqrt{2}\sin(100\pi t-\dfrac{2\pi}{3})$A、$u=110\sqrt{2}\sin(100\pi t+135°)$V、$e=220\sqrt{2}\sin(100\pi t+\dfrac{\pi}{6})$V。试画出它们对应的相量图。

【解析】画相量图的步骤如下。

（1）画 x 轴 0°基准线（熟练后可以不画）。

（2）确定比例尺寸。对于同一单位的相量，如电压、电动势，其比例尺必须一致；对于不同单位的相量，如电压、电流，其比例尺可以不一致。

（3）从 O 点做有向线段，与 0°基准线的夹角等于初相。

（4）确保有向线段的长度符合比例，画有效值相量还是振幅相量可以视情况而定。

【解答】电流、电压、电动势的有效值分别为

$$E=\frac{E_{\rm m}}{\sqrt{2}}=\frac{220\sqrt{2}}{\sqrt{2}}=220\text{V}$$

$$U=\frac{U_{\rm m}}{\sqrt{2}}=\frac{110\sqrt{2}}{\sqrt{2}}=110\text{V}$$

$$I=\frac{I_{\rm m}}{\sqrt{2}}=\frac{10\sqrt{2}}{\sqrt{2}}=10\text{A}$$

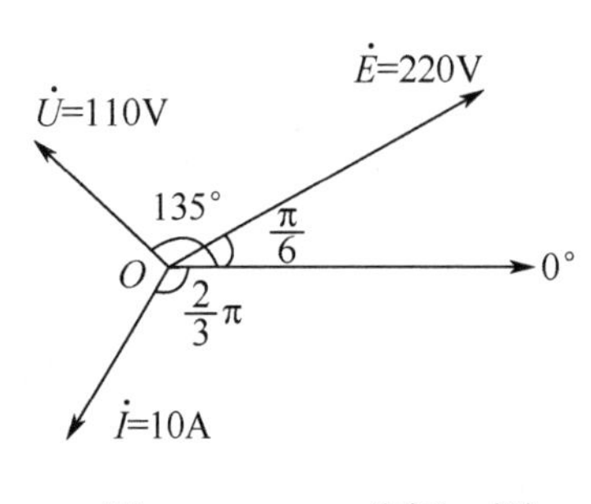

图 5-2-3　5.2 节例 1 图

画出有效值相量，如图 5-2-3 所示。

【例 2】已知$i_1=4\sqrt{2}\sin(\omega t+\dfrac{\pi}{3})$A，$i_2=4\sqrt{2}\sin(\omega t-\dfrac{\pi}{3})$A，求$i_1+i_2$、$i_1-i_2$、$i_2-i_1$的解析式。

【解析】先画出正确的相量图，利用矢量可以平移的原理，按平行四边形法则求和，求和的结果与横轴正方向的夹角为正弦量和的初相。如果两个相量相减，则可以转化为与被减相

量的反相量相加，转化为相量求和问题。

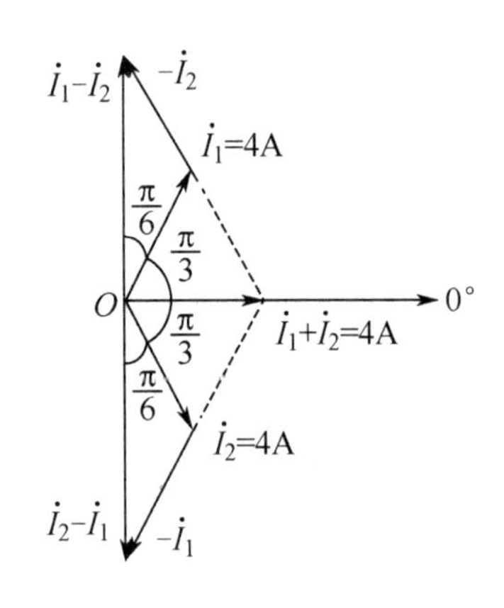

图 5-2-4　5.2 节例 2 图

【解答】画相量图并运用相量法进行加减运算：

$$I_1=\frac{I_{1m}}{\sqrt{2}}=\frac{4\sqrt{2}}{\sqrt{2}}=4\text{A}；\ I_2=\frac{I_{2m}}{\sqrt{2}}=\frac{4\sqrt{2}}{\sqrt{2}}=4\text{A}$$

由相量图 5-2-4 和三角函数的关系可知，i_1+i_2的有效值为 4A，初相为 0°；i_1-i_2的有效值为$4\sqrt{3}$A，初相为$\frac{\pi}{2}$；$i_2-i_1=-(i_1-i_2)$的有效值为$4\sqrt{3}$A，初相为$-\frac{\pi}{2}$，则

$$i_1+i_2=4\sqrt{2}\sin\omega t\text{A}$$

$$i_1-i_2=4\sqrt{6}\sin(\omega t+\frac{\pi}{2})\text{A}$$

$$i_2-i_1=4\sqrt{6}\sin(\omega t-\frac{\pi}{2})\text{A}$$

【例 3】已知$u_1=220\sqrt{2}\sin\omega t$ V，$u_2=220\sqrt{2}\sin(\omega t-\frac{2\pi}{3})$V，$u_3=220\sqrt{2}\sin(\omega t+\frac{2\pi}{3})$V，求$u_a=u_1-u_2$、$u_b=u_2-u_3$、$u_c=u_3-u_1$的解析式。

【解答】画出 u_1、u_2、u_3 的相量图，仍然采用有效值相量进行运算。各电压的有效值分别为

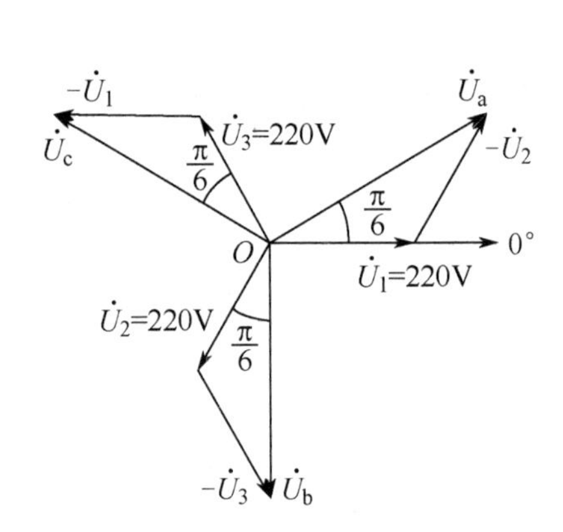

图 5-2-5　5.2 节例 3 图

$$U_1=\frac{U_{1m}}{\sqrt{2}}=\frac{220\sqrt{2}}{\sqrt{2}}=220\text{V}$$

$$U_2=\frac{U_{2m}}{\sqrt{2}}=\frac{220\sqrt{2}}{\sqrt{2}}=220\text{V}$$

$$U_3=\frac{U_{3m}}{\sqrt{2}}=\frac{220\sqrt{2}}{\sqrt{2}}=220\text{V}$$

$$U_a=U_b=U_c=2U_1\cos30°=220\sqrt{3}\text{V}$$

由相量图 5-2-5 可知，U_a与横轴正方向的夹角为$\frac{\pi}{6}$，U_b与横轴正方向的夹角为$-\frac{\pi}{2}$，U_c与横轴正方向的夹角为$\frac{5\pi}{6}$，则解析式分别为

$$u_a=220\sqrt{6}\sin(\omega t+\frac{\pi}{6})\text{V}；\ u_b=220\sqrt{6}\sin(\omega t-\frac{\pi}{2})\text{V}；\ u_c=220\sqrt{6}\sin(\omega t+\frac{5\pi}{6})\text{V}$$

同步练习

一、填空题

1．用初始位置的矢量表示一个正弦量，矢量的________与正弦量的最大值或有效值成正比，矢量与横轴正方向的夹角等于正弦量的________，称为正弦量的相量法。

2．已知$i_1=3\sqrt{2}\sin(314t+90°)$A，$i_2=4\sqrt{2}\sin314t$ A，则$i=i_1+i_2$的解析式为_______。

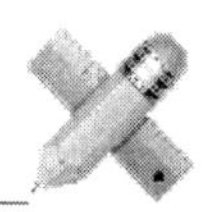

二、判断题

1．平行四边形法则可以进行几个正弦电流的加减运算。（　　）

2．旋转相量只适用于同频率正弦交流电的代数运算。（　　）

三、单项选择题

下列物理量中，通常采用相量法进行分析的是（　　）。

A．随时间变化的同频率正弦量

B．随时间变化的不同频率正弦量

C．不随时间变化的直流量

D．随时间变化的不同周期的方波变量

四、计算题

用相量法求下列各组正弦交流电压、电流的和与差。

（1）$u_1 = 100\sin(10t + \frac{\pi}{3})\text{V}$，$u_2 = 100\sin(10t - \frac{\pi}{3})\text{V}$。

（2）$i_1 = 12\sin(\omega t - \frac{5\pi}{6})\text{A}$，$i_2 = 7\sin(\omega t + \frac{\pi}{6})\text{A}$。

（3）$u_1 = 30\sqrt{2}\sin(\omega t - \frac{\pi}{6})\text{V}$，$u_2 = 40\sqrt{2}\sin(\omega t + \frac{\pi}{3})\text{V}$。

5.3　纯电阻交流电路

验证纯电阻交流电路

知识授新

电阻 R、电感线圈 L、电容器 C 是交流电路中的基本电路元件。5.3～5.5 节着重研究这三个元件上的电压与电流的关系，能量的转换及功率问题。当我们掌握了单一元件的基本规律以后，再研究比较复杂的电路就方便得多，这在电工基础中是一种经常应用的研究和分析问题的方法。

纯电阻交流电路的定义：由正弦交流电源和线性电阻组成的交流电路模型，称为纯电阻交流电路，如图 5-3-1 所示。在日常生活和工作中接触到的白炽灯、电炉、电烙铁等，都属于电阻性负载，它们与交流电源连接组成纯电阻交流电路。

1. 电压、电流的数量关系

我们通过图 5-3-2 所示的实验电路，研究电压、电流的数量关系。

实验过程：按图 5-3-2 连接好电路，不断调整低频信号发生器的输出电压和频率，同时记录电压表与电流表的示数，并做好记录。

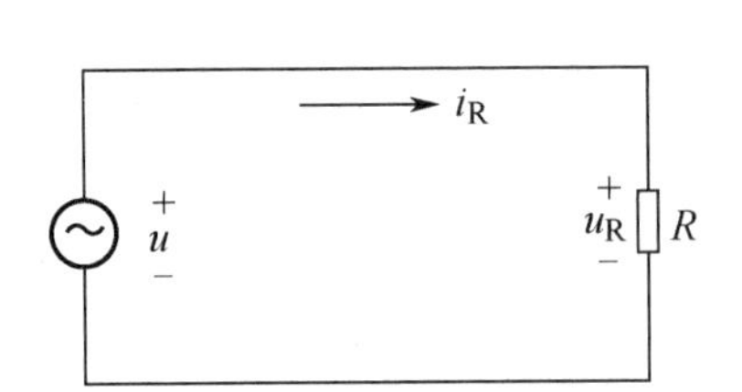

图 5-3-1　纯电阻交流电路

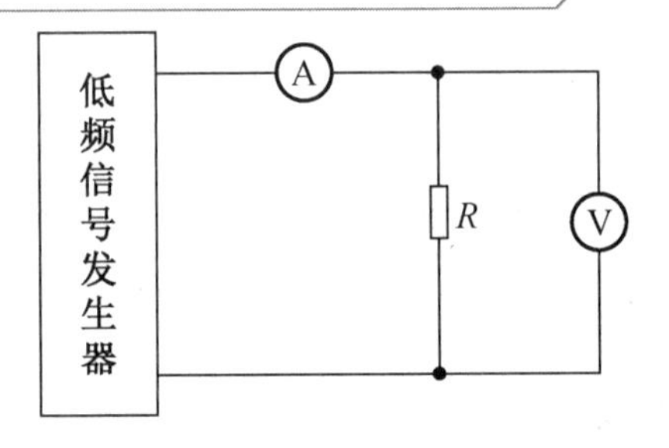

图 5-3-2　纯电阻交流电路电压、电流的数量关系的实验电路

实验现象及结论：从电压表和电流表的示数可知，电压与电流始终成正比（与电源频率变化无关），比值等于电阻的阻值。实验表明，电压有效值与电流有效值服从欧姆定律，即有效值数量关系为

$$I_R = \frac{U_R}{R} \quad 或 \quad U_R = RI_R$$

将等式两边同时乘以 $\sqrt{2}$，即可得电压最大值与电流最大值的数量关系为

$$\sqrt{2}I_R = \frac{\sqrt{2}U_R}{R} \quad 或 \quad \sqrt{2}U_R = R\sqrt{2}I_R$$

$$\Rightarrow \quad I_{Rm} = \frac{U_{Rm}}{R} \quad 或 \quad U_{Rm} = RI_{Rm}$$

这表明，纯电阻交流电路中电压最大值与电流最大值也服从欧姆定律。

2. 电压、电流的相位关系

我们通过图 5-3-3 所示的实验电路，研究电压、电流的相位关系。为了更清晰地观察实验现象，采用超低频正弦信号发生器作为电源，选择输出频率为 0.5～1Hz。

实验过程：按图 5-3-3 连接好电路。当开关 S 闭合以后，仔细观察电压表、电流表的指针偏转情况。

实验现象及结论：开关 S 闭合后，观察到电压表、电流表的指针先同时到达左边最大值，再同时回到零值，最后同时到达右边最大值，即电压表与电流表的指针同步摆动。实验表明，纯电阻交流电路中的电压与电流同相，相位差为零，即

$$\Delta\varphi = \varphi_u - \varphi_i = 0$$

设电流为参考量，流过电阻的电流为

$$i_R = I_{Rm}\sin\omega t \mathrm{A}$$

则电阻两端的电压为

$$u_R = U_{Rm}\sin\omega t \mathrm{V} = I_{Rm}R\sin\omega t \mathrm{V}$$

根据上述两式画出纯电阻交流电路中电压与电流的波形，如图 5-3-4（a）所示，相量图如图 5-3-4（b）所示。

在纯电阻交流电路中，电流与电压同相，所以电压瞬时值与电流瞬时值也服从欧姆定律。设流过电阻的电流为

$$i_R = I_{Rm}\sin(\omega t + \varphi_0)\mathrm{A}$$

则电阻两端的电压为

$$u_R = U_{Rm}\sin(\omega t + \varphi_0)\mathrm{V} = I_{Rm}R\sin(\omega t + \varphi_0)\mathrm{V}$$

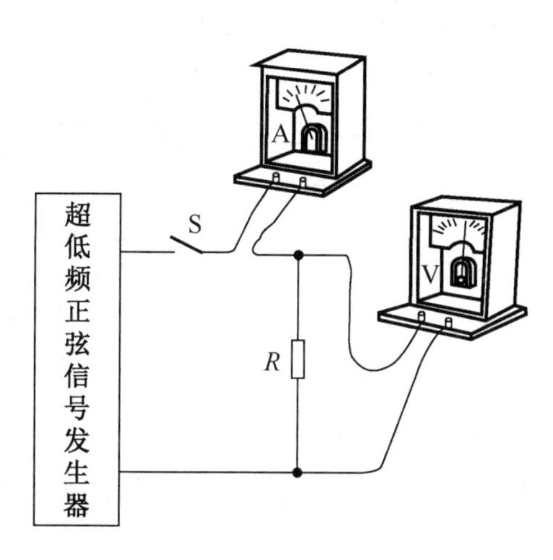

图 5-3-3　纯电阻交流电路电压、电流的相位关系的实验电路

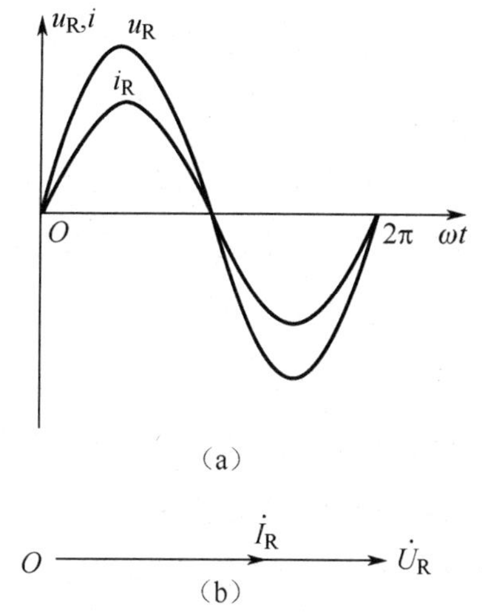

图 5-3-4　纯电阻交流电路的波形和相量图

可得

$$i_R = \frac{u_R}{R}$$

式中，u_R——电阻两端的交流电压，单位为 V；

R——电阻的阻值，单位为 Ω；

i_R——流过电阻的电流，单位为 A。

上式是纯电阻交流电路所特有的公式，只有在纯电阻交流电路中，任一时刻的电压瞬时值与电流瞬时值才服从欧姆定律。

3. 纯电阻交流电路的瞬时功率

在纯电阻交流电路中，当电流 i 流过电阻 R 时，电阻上要产生热量，把电能转化为热能，电阻必然吸收功率。由于流过电阻的电流和电阻两端的电压都是随时间变化的，所以电阻吸收的功率也是随时间变化的。某时刻的功率叫作瞬时功率，它等于电压瞬时值与电流瞬时值的乘积。瞬时功率用小写字母 p 表示：

$$p = u_R i_R$$

以电流为参考量，流过电阻的电流为

$$i_R = I_{Rm} \sin \omega t \text{A}$$

则电阻两端的电压为

$$u_R = U_{Rm} \sin \omega t \text{V}$$

将 i_R、u_R 代入式 $p = u_R i_R$，可得

$$p = u_R i_R = U_{Rm} \sin \omega t I_{Rm} \sin \omega t = U_{Rm} I_{Rm} \sin^2 \omega t$$

$$= 2U_R I_R \times \frac{1-\cos 2\omega t}{2} = U_R I_R - U_R I_R \cos 2\omega t$$

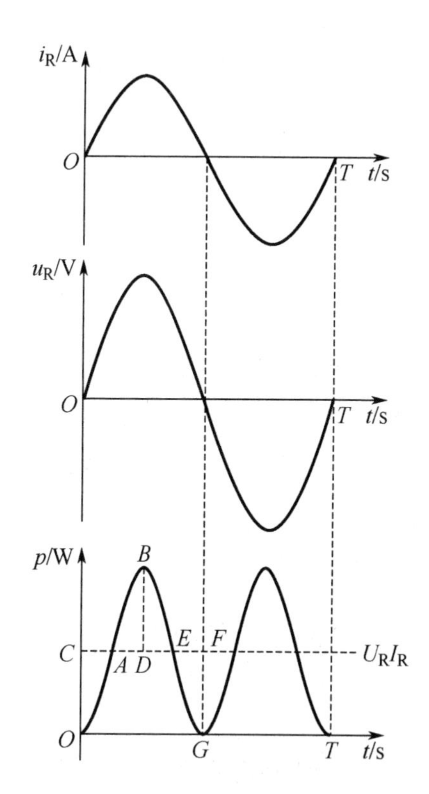

图 5-3-5　纯电阻交流电路的瞬时功率曲线

按照上式画出瞬时功率曲线，如图 5-3-5 所示。瞬时功率的大小随时间做周期性变化，变化的频率是电流或电压的

两倍，它表示任一时刻电路中能量转换的快慢。由上式可知，由于电流、电压同相，所以瞬时功率 $p \geqslant 0$（说明电阻永远是一个耗能元件）。最大值是 $2U_R I_R$，最小值是零。

由于瞬时功率是随时间变化的，测量和计算都不方便，所以在实际工作中常用平均功率。瞬时功率在一个周期内的平均值称为平均功率，用大写字母 P 表示。

上式中，第一部分 $U_R I_R$ 是不随时间变化的，第二部分（$-U_R I_R \cos 2\omega t$）随时间以电流频率的两倍按余弦规律变化。纯电阻交流电路的平均功率可用功率曲线与横轴所包围的面积表示，可以通过割补法求出。从图 5-3-5 中可以看出，图形 ABD 的面积与图形 OAC 的面积相等，因而 ABD 的面积刚好填补上 OAC 的面积。同样，BDE 的面积也将填补 EFG 的面积，平均功率为图 5-3-5 所示的 $U_R I_R$ 这条虚线，它不随时间变化。这样，纯电阻交流电路的平均功率为

$$P = U_R I_R$$

根据欧姆定律 $I_R = \dfrac{U_R}{R}$ 和 $U_R = RI_R$，平均功率还可以表示为

$$P = U_R I_R = I_R^2 R = \frac{U_R^2}{R}$$

式中，U_R——电阻两端电压有效值，单位为 V；

I_R——流过电阻的电流有效值，单位为 A；

R——电阻的阻值，单位为 Ω；

P——电阻吸收的功率，单位为 W。

电阻是耗能元件，电阻吸收电能说明电流做了功。从做功的角度来讲，平均功率叫作有功功率。

通过以上讨论，可以得到如下结论。

（1）在纯电阻交流电路中，电流和电压同相。

（2）电压与电流的最大值、有效值和瞬时值都服从欧姆定律。

（3）平均功率等于电阻两端电压的有效值与电流有效值之积。

例题解析

【例 1】一只标有“220V/100W”的灯泡，加在灯泡两端的电压 $u = 220\sqrt{2}\sin 314t$ V，求交流电的频率、通过灯泡的电流有效值及灯泡的热态阻值。

【解答】加在灯泡两端的电压 $u = 220\sqrt{2}\sin 314t$ V，与电压解析式 $u = U_m \sin(\omega t + \varphi_u)$ V 相比较可知

$$U_m = 220\sqrt{2}\text{V}；\quad \omega = 314\text{rad/s}；\quad \varphi_u = 0°$$

交流电的频率为

$$f = \frac{\omega}{2\pi} = \frac{314}{2 \times 3.14} = 50\text{Hz}$$

灯泡两端电压有效值为

$$U = \frac{U_m}{\sqrt{2}} = \frac{220\sqrt{2}}{\sqrt{2}} = 220\text{V}$$

则电流有效值为

$$I=\frac{P}{U}=\frac{100}{220}\approx 0.455\text{A}$$

灯泡的热态阻值为

$$R=\frac{U}{I}=\frac{220}{0.455}\approx 484\Omega$$

220V/100W 灯泡的热态阻值为 484Ω，而冷态阻值只有 30～40Ω。这是因为导体的阻值与温度有关，温度越高，阻值越大。

【例 2】已知 10Ω 电阻上通过的电流 $i=5\sin\left(256t+\frac{\pi}{6}\right)\text{A}$，试求电压有效值、电压解析式和该电阻吸收的功率。

【解答】电流有效值为

$$I_{\text{R}}=\frac{I_{\text{m}}}{\sqrt{2}}=\frac{5}{\sqrt{2}}=2.5\sqrt{2}\text{A}$$

电压有效值为

$$U_{\text{R}}=I_{\text{R}}R=2.5\sqrt{2}\times 10=25\sqrt{2}\text{V}$$

因为纯电阻交流电路的电压、电流同相，所以

$$\varphi_{\text{u}}=\varphi_{\text{i}}=\frac{\pi}{6}$$

$$u_{\text{R}}=i_{\text{R}}R=50\sin\left(256t+\frac{\pi}{6}\right)\text{V}$$

$$P_{\text{R}}=U_{\text{R}}I_{\text{R}}=25\sqrt{2}\times 2.5\sqrt{2}=125\text{W}$$

【例 3】一根额定值为“220V/1000W”的电炉丝，接在 $u=220\sqrt{2}\sin\left(\omega t-\frac{2\pi}{3}\right)\text{V}$ 的电源上，求流过电炉丝的电流解析式，并画出电压、电流的相量图。

【解答】电压有效值为

$$U=\frac{U_{\text{m}}}{\sqrt{2}}=\frac{220\sqrt{2}}{\sqrt{2}}=220\text{V}$$

电流有效值为

$$I=\frac{P}{U}=\frac{1000}{220}\approx 4.55\text{A}$$

因为纯电阻交流电路的电压、电流同相，所以

$$\varphi_{\text{i}}=-\frac{2\pi}{3}$$

电流解析式为

$$i=4.55\sqrt{2}\sin\left(\omega t-\frac{2\pi}{3}\right)\text{A}$$

O　0°　$\frac{2}{3}\pi$　$\dot{I}$=4.55A　$\dot{U}$=220V

图 5-3-6　5.3 节例 3 图

相量图如图 5-3-6 所示。

同步练习

一、判断题

1. $i_{\mathrm{R}}=\dfrac{U_{\mathrm{R}}}{R}$（　　） 2. $I_{\mathrm{R}}=\dfrac{U_{\mathrm{R}}}{R}$（　　） 3. $i_{\mathrm{R}}=\dfrac{U_{\mathrm{Rm}}}{R}$（　　） 4. $i_{\mathrm{R}}=\dfrac{u_{\mathrm{R}}}{R}$（　　）

5. $I_{\mathrm{Rm}}=\dfrac{U_{\mathrm{R}}}{R}$（　　） 6. $I_{\mathrm{Rm}}=\dfrac{U_{\mathrm{Rm}}}{R}$（　　） 7. $p=U_{\mathrm{R}}I_{\mathrm{R}}$（　　） 8. $p=U_{\mathrm{Rm}}I_{\mathrm{Rm}}$（　　）

9. $p=u_{\mathrm{R}}i_{\mathrm{R}}$（　　） 10. $P=u_{\mathrm{R}}i_{\mathrm{R}}$（　　） 11. $P=U_{\mathrm{R}}I_{\mathrm{R}}$（　　） 12. $P=U_{\mathrm{Rm}}I_{\mathrm{Rm}}$（　　）

二、填空题

1．某电阻的阻值为8Ω，接在$u=220\sqrt{2}\sin 314t$ V的交流电源上。若用电流表测量该电路中的电流，则其示数为________A。

2．在纯电阻交流电路中，电压与电流________，电压与电流的最大值、有效值和瞬时值都服从________。

3．在 R=1Ω 的纯电阻交流电路两端加上$u=2\sqrt{2}\sin(\omega t+150°)$V的电压，电流的解析式$i$=________A，电阻吸收的功率为________W。

4．一电阻接在 10V 的直流电源上，吸收的功率为 10W，当它接到电压$u=10\sin\omega t$ V的交流电源上时，吸收的功率为________W。

5．图 5-3-7 所示为交流发电机的示意图，线圈在匀强磁场中以一定的角速度匀速转动。线圈电阻 r=5Ω，负载电阻 R=15Ω。当开关 S 断开时，交流电压表的示数为 20V；当开关 S 闭合时，负载电阻 R 上电压的最大值为________。

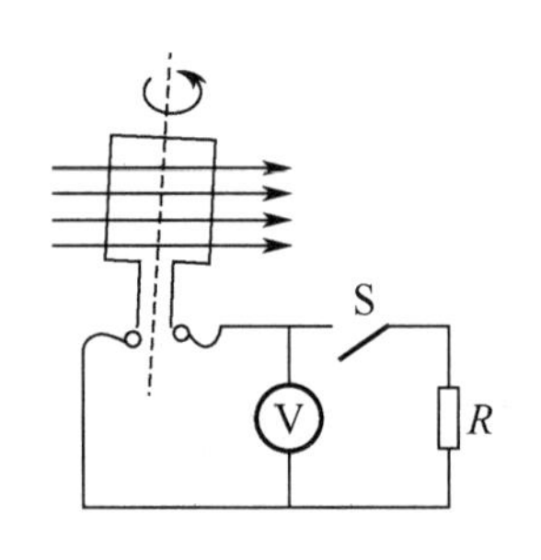

图 5-3-7　5.3 节填空题 5 图

三、单项选择题

若电路中某元件两端电压$u=40\sin(314t+180°)$V，电流$i=4\sin(314t-180°)$A，则该元件的性质属于（　　）。

A．阻性　　B．感性

C．容性　　D．无法判断

四、计算题

1．室内装有三只灯泡，分别为“220V/100W”“220V/60W”“220V/40W”，将它们并联到 220V 的市电上，两只灯泡都正常发光时，电路中的总电流是多少？

2．一个额定值为“220V/500W”的电炉丝，接到$u=220\sqrt{2}\sin\left(\omega t+\dfrac{2\pi}{3}\right)$V的电源上，求流过电炉丝的电流解析式，并画出电压、电流的相量图。

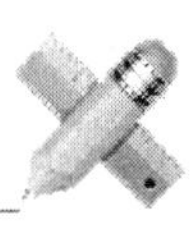

5.4　纯电感交流电路

验证纯电感交流电路

知识授新

纯电感交流电路的定义： 一个忽略了导体电阻和分布电感的空心线圈，称为理想电感线圈。由正弦交流电源和理想电感线圈组成的交流电路模型，称为纯电感交流电路，如图 5-4-1 所示。

纯电感交流电路是理想的电路模型。实际的电感线圈都有一定的阻值，当阻值很小，小到可以忽略不计时，电感线圈与交流电源连接成的电路就可以视为纯电感交流电路。这是因为依据纯电感交流电路模型计算的结果和依据实际电感线圈电路计算的结果基本一致。

1. 电压、电流的数量关系

我们通过图 5-4-2 所示的实验电路，研究电压、电流的数量关系。

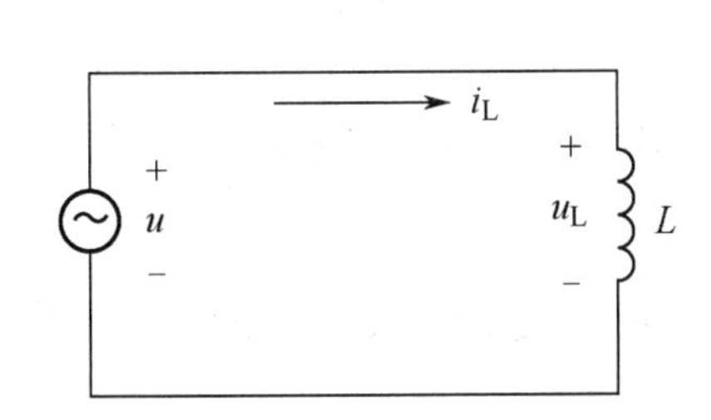

图 5-4-1　纯电感交流电路

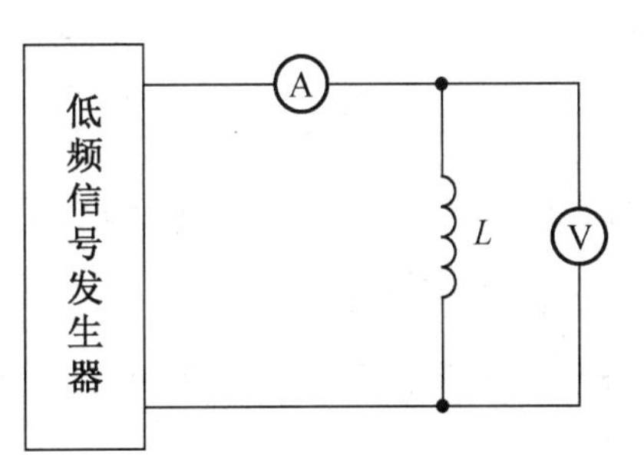

图 5-4-2　纯电感交流电路电压、电流的数量关系的实验电路

实验过程： 按图 5-4-2 连接好电路，在保证正弦交流电源频率一定的条件下，任意改变信号源的电压，同步记录电压表与电流表的示数。

实验现象及结论： 从电压表和电流表的示数可知，电压与电流始终成正比，比值等于一个特定的常数，即

$$I_L = \frac{U_L}{X_L} \quad 或 \quad U_L = X_L I_L$$

式中，I_L——通过线圈电流的有效值，单位为 A；

U_L——电感线圈两端电压的有效值，单位为 V；

X_L——电感的电抗，简称感抗，单位为 Ω。

上式叫作纯电感交流电路的欧姆定律。感抗表示电感线圈对通过的交流电流所呈现的阻碍作用。值得注意的是，虽然感抗 X_L 和电阻 R 的作用相似，但是它与电阻 R 对电流的阻碍作用有本质的区别。线圈的感抗**是衡量电感对交流电流阻碍作用的物理量**，是由自感电动势对通过线圈的交变电流的阻碍作用呈现出来的，只有在正弦交流电路中才有意义。

将上式两边同时乘以 $\sqrt{2}$，即可得电压与电流最大值的数量关系为

$$I_{\text{Lm}}=\frac{U_{\text{Lm}}}{X_{\text{L}}} \quad 或 \quad U_{\text{Lm}}=I_{\text{Lm}}X_{\text{L}}$$

这表明，在纯电感交流电路中，电压与电流的最大值也服从欧姆定律。

理论和实验证明，感抗的大小和电源频率成正比，和线圈的电感成正比。感抗的公式为

$$X_{\text{L}}=\omega L=2\pi fL$$

式中，ω——角频率，单位为rad/s；

f——频率，单位为Hz；

L——线圈的电感，单位为H；

X_{L}——线圈的感抗，单位为Ω。

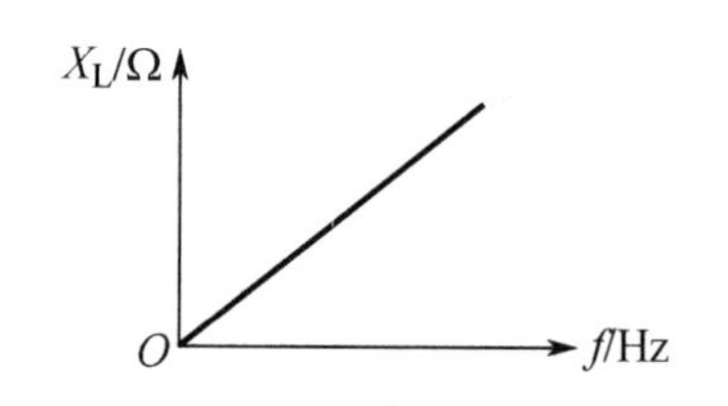

图 5-4-3　电感线圈的电抗特性曲线

依公式 $X_{\text{L}}=2\pi fL$ 画出的电感线圈的电抗特性曲线（频率与感抗的关系曲线）如图 5-4-3 所示。可见，交流电频率越高（f越大），X_{L}越大，对电路中的电流所呈现的阻碍作用也就越大；而对于直流电，f=0，X_{L}=0，所以直流电路中的电感线圈可视为短路。电感线圈的电抗特性可表述为**隔交流，通直流；阻高频，通低频**。这种性能被广泛应用在电子技术中。

2. 电压、电流的相位关系

我们通过图 5-4-4 所示的实验电路，研究电压、电流的相位关系。超低频正弦信号发生器输出频率选择为0.5～1Hz。

实验过程：按图 5-4-4 连接好电路。开关 S 闭合以后，仔细观察电压表、电流表的指针偏转情况。

实验现象及结论：开关S闭合后，观察电压表、电流表的指针偏转情况。可以看到，当电压表的指针到达右边最大值时，电流表指针指向零值；当电压表指针由右边最大值向中间运动至零值时，电流表指针由零值运动到右边最大值；当电压表指针运动到左边最大值时，电流表指针运动到零值，如此反复。实验结果表明，在纯电感交流电路中，电压超前电流$\frac{\pi}{2}$。

为什么电压表、电流表的指针偏转不同步？下面通过理论分析，对纯电感交流电路电流、电压的相位关系，做进一步说明。

为了讨论问题方便，设通过线圈的电流为

$$i_{\text{L}}=I_{\text{Lm}}\sin\omega t\text{A}$$

则线圈的自感电压为

$$u_{\text{L}}=L\frac{\Delta i_{\text{L}}}{\Delta t}$$

在图 5-4-5 中，将 0～$\frac{T}{4}$分为若干份，每份都为Δt，与之对应的电流为$\Delta i_{\text{L1}},\Delta i_{\text{L2}},\cdots,\Delta i_{\text{L}n}$。在 0～$\frac{T}{4}$期间，电流从零逐渐增大到最大值，而电流的增量逐渐减小，Δi_{L1}最大，$\Delta i_{\text{L}n}$近似为

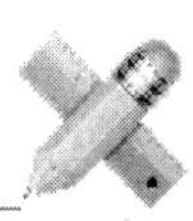

0。电流变化率$\frac{\Delta i_L}{\Delta t}$为正值，并且起始时刻$\frac{\Delta i_{L1}}{\Delta t}$最大，由$u_L = L\frac{\Delta i_L}{\Delta t}$可知，此刻电压达到最大值；随后$\Delta i_L$逐渐减小，电流变化率$\frac{\Delta i_L}{\Delta t}$也逐渐减小，电感线圈两端电压$u_L$也随之减小；当$t=\frac{T}{4}$时，电流变化率$\frac{\Delta i_L}{\Delta t}$为零，电压$u_L$也减小到零。通过上述分析可知，在$0\sim\frac{T}{4}$期间，$u_L$超前$i_L\frac{\pi}{2}$。$\frac{3T}{4}\sim T$期间与$0\sim\frac{T}{4}$期间的情况是一样的，电流变化率$\frac{\Delta i_L}{\Delta t}$始终为正值，且在$T$时刻变化率最大。

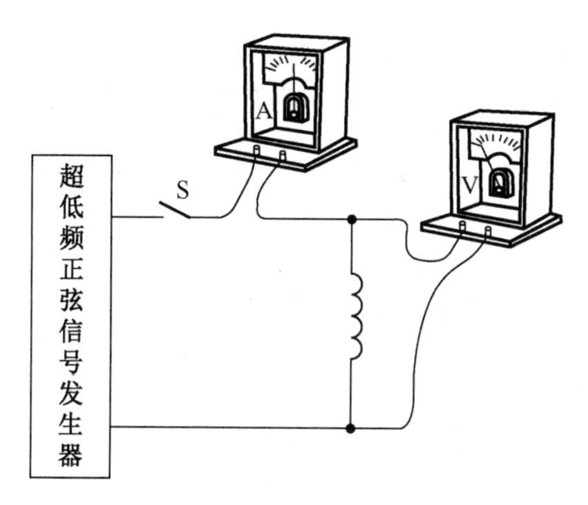

图 5-4-4　纯电感交流电路电压、电流的相位关系的实验电路

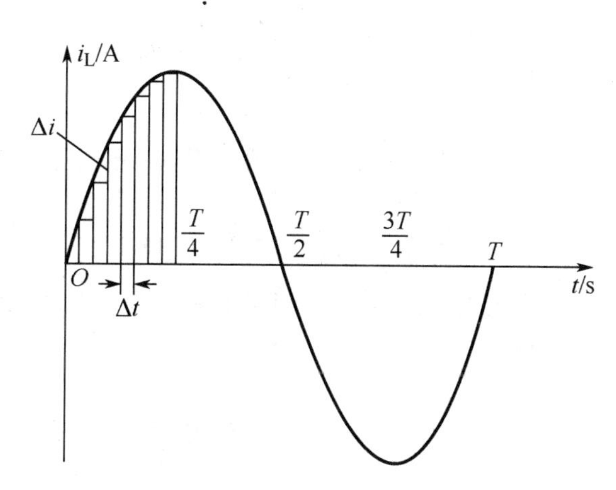

图 5-4-5　纯电感交流电路相位关系分析图

在$\frac{T}{4}\sim\frac{3T}{4}$期间，电流由最大值逐渐减小到零，过零后再到负的最大值，期间电流变化率始终是负值。起始时刻$\frac{\Delta i_L}{\Delta t}$为零，逐渐减小到负的最大值（$\frac{T}{2}$时刻），再由负的最大值逐渐增大到零（$\frac{3T}{4}$时刻）。根据$u_L = L\frac{\Delta i_L}{\Delta t}$可知，在$\frac{T}{4}\sim\frac{T}{2}$期间，电压$u_L$从零逐渐减小到负的最大值；在$\frac{T}{2}\sim\frac{3T}{4}$期间，电压$u_L$从负的最大值逐渐增大到零。仍然是$u_L$超前$i_L\frac{\pi}{2}$。

$\frac{3T}{4}\sim T$期间与$0\sim\frac{T}{4}$期间的情况是一样的，电流变化率$\frac{\Delta i_L}{\Delta t}$始终为正值，且在$T$时刻变化率最大。

当然，也可以通过电流波形中各点切线的斜率来描述u_L超前$i_L\frac{\pi}{2}$的情况。在$0\sim\frac{T}{4}$与$\frac{3T}{4}\sim T$期间，各点切线的斜率为正值，u_L为正值，斜率最大，u_L最大，斜率为零，u_L为零；在$\frac{T}{4}\sim\frac{3T}{4}$期间，各点切线的斜率为负值，$u_L$为负值，斜率负的最大，$u_L$最小（负的最大值），斜率为零，$u_L$又回到零。另外，由于电流$i_L$是按正弦规律变化的，各点切线的斜率也必然按正弦规律变化，所以u_L必然是同频率正弦量。

从上面的实验结果和理论分析均可得出如下结论：**在纯电感交流电路中，电压u_L始终超前电流$i_L\frac{\pi}{2}$，且与电源频率无关。**设$i_L = I_{Lm}\sin\omega t$A，则电感线圈两端的电压为

$$u_L = U_{Lm}\sin\left(\omega t + \frac{\pi}{2}\right)\text{V}$$

根据电流和电压的解析式，画出电流和电压的波形如图 5-4-6 所示，相量图如图 5-4-7 所示。

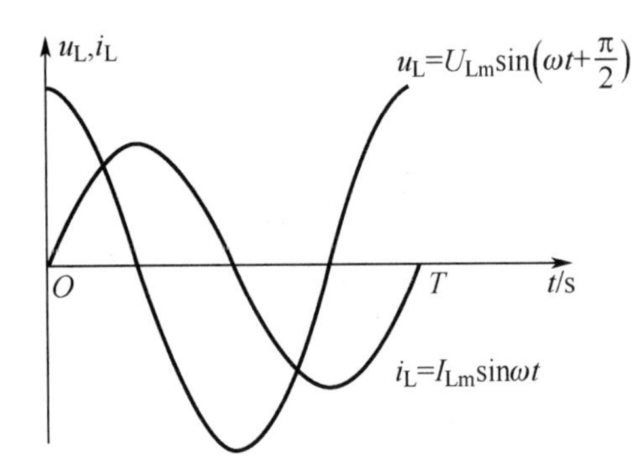

图 5-4-6　纯电感交流电路的波形

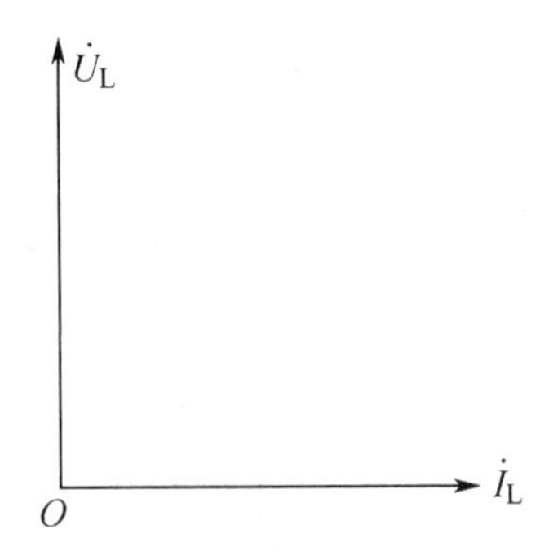

图 5-4-7　纯电感交流电路的相量图

3. 纯电感交流电路的瞬时功率

纯电感交流电路的瞬时功率等于电压瞬时值与电流瞬时值的乘积，即

$$p = u_L i_L$$

将电流 $i_L = I_{Lm}\sin\omega t\text{A}$ 和 $u_L = U_{Lm}\sin\left(\omega t + \frac{\pi}{2}\right)\text{V}$ 代入上式可得

$$p = U_{Lm}\sin\left(\omega t + \frac{\pi}{2}\right)I_{Lm}\sin\omega t\text{A} = \sqrt{2}U_L\cos\omega t \times \sqrt{2}I_L\sin\omega t$$
$$= U_L I_L \times 2\sin\omega t\cos\omega t = U_L I_L\sin 2\omega t$$

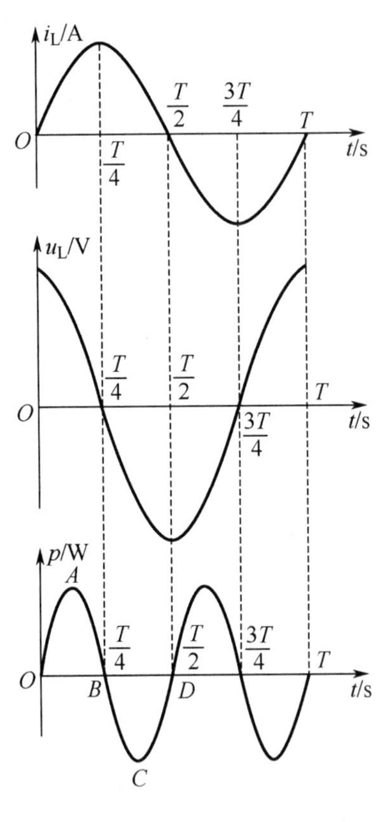

图 5-4-8　纯电感交流电路的瞬时功率曲线

由上式可以看出，纯电感交流电路的瞬时功率 p 是随时间按正弦规律变化的，其频率为电源频率的两倍，振幅为 $U_L I_L$，瞬时功率曲线如图 5-4-8 所示。

平均功率可用曲线与横轴所包围面积的和来表示，曲线在横轴上方，表明 $p>0$；曲线在横轴下方，表明 $p<0$。图中 OAB 的面积与 BCD 的面积相等，并且分居在横轴上、下两侧，它们的符号相反，这两部分的和为零，说明纯电感交流电路的平均功率为零，即纯电感交流电路的有功功率为零。其物理意义是，纯电感线圈在交流电路中不吸收电能。

虽然纯电感交流电路不吸收能量，但电感线圈和电源之间不停地进行着能量交换。在 $p>0$ 的两个 $\frac{1}{4}$ 周期（$0\sim\frac{T}{4}$ 和 $\frac{T}{2}\sim\frac{3T}{4}$）中，$u_L$、$i_L$ 方向相同，瞬时功率均为正值，此期间电感线圈从电源中吸收电能并转化为磁场能；在 $p<0$ 的两个 $\frac{1}{4}$ 周期（$\frac{T}{4}\sim\frac{T}{2}$ 和 $\frac{3T}{4}\sim T$）中，u_L、i_L 方向相反，瞬时功率均为负值，这表示电感线圈把它的磁场能又送还给电源，即电

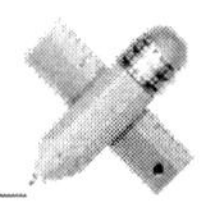

感线圈释放能量。

对于不同的电源和电感线圈，它们之间能量转换的多少不同。为反映纯电感交流电路中能量的相互转换，把单位时间内能量转换的最大值（瞬时功率的最大值）叫作无功功率，用 Q_L 表示

$$Q_L = U_L I_L$$

式中，U_L——电感线圈两端的电压的有效值，单位为 V；

I_L——通过电感线圈的电流的有效值，单位为 A；

Q_L——电感线圈的无功功率，单位为 var（乏尔）。

计算电感线圈的无功功率公式还可以变换为

$$Q_L = I_L^2 X_L = \frac{U_L^2}{X_L}$$

必须指出，无功功率中“无功”的含义是“交换”而不是“吸收”，它是相对“有功”而言的。决不可把“无功”理解为“无用”。它实质上是表明电路中能量交换的最大速率。无功功率在工农业生产中占有很重要的地位，具有电感性质的变压器、电动机等设备都是靠电磁之间的相互转换工作的。没有无功功率，即没有电源和磁场间的能量转换，这些设备就无法工作。

通过以上讨论，可以得出以下结论。

（1）在纯电感交流电路中，电流和电压是同频率正弦量（在恒定直流电路中电感电压恒为零，相当于短路线）。

（2）电压 u_L 与电流的变化率 $\frac{\Delta i_L}{\Delta t}$ 成正比，无论频率高低，电压始终超前电流 $\frac{\pi}{2}$。

（3）电流、电压最大值和有效值都服从欧姆定律，而瞬时值不服从欧姆定律，要特别注意 $X_L \neq \frac{u_L}{i_L}$。

（4）电感线圈是储能元件，它不吸收电能，其有功功率为零，无功功率等于电压有效值与电流有效值的乘积。

例题解析

【例 1】有一个电感为 22mH 的电感线圈，将它接到电压有效值为 22V，角频率为 10^4rad/s 的交流信号源上。求线圈的感抗和通过线圈的电流有效值。

【解答】线圈的感抗为

$$X_L = \omega L = 10^4 \times 22 \times 10^{-3} = 220\Omega$$

通过线圈的电流有效值为

$$I_L = \frac{U_L}{X_L} = \frac{22\text{V}}{220\Omega} = 0.1\text{A}$$

【例 2】某电感线圈两端电压达到 10V 振幅时，通过的电流为________A；当其电流达到最大值 1A 时，电感线圈两端电压为________V，感抗为________Ω。

【解答】$\varphi_{ui}=\dfrac{\pi}{2}$，是正交的相位关系，即一个量为最大值时，另一个量恰好过零值；感抗 $X_L=\dfrac{U_{Lm}}{I_{Lm}}=\dfrac{10}{1}=10\Omega$。故答案为0、0、10。

【例 3】有 A、B 两个电感线圈，其电感之比是 1∶2，分别接到频率之比为 3∶2 的交流电路中，则这两个电感线圈的感抗之比为________；若分别测得这两个电感线圈上的电压之比为 1∶2，则它们所通过的电流之比为________。

【解答】感抗 $X_L=2\pi fL$，与电感和频率成正比，所以 $X_{L1}:X_{L2}=1\times3:2\times2=3:4$。

因为电流 $I=\dfrac{U_L}{X_L}$，所以 $I_1:I_2=\dfrac{1}{3}:\dfrac{2}{4}=2:3$。故答案为 3∶4 和 2∶3。

【例 4】将一个阻值可以忽略的线圈，接到 $u=220\sqrt{2}\sin\left(100\pi t+\dfrac{\pi}{3}\right)$V 的电源上，线圈的电感是 0.35H，试求：（1）线圈的感抗。（2）电流的有效值。（3）电流的瞬时值解析式。（4）电路的无功功率。（5）画出电流和电压的相量图。

【解答】由 $u=220\sqrt{2}\sin\left(100\pi t+\dfrac{\pi}{3}\right)$V 得 $U_m=220\sqrt{2}$ V，ω=100π rad/s，$\varphi_u=\dfrac{\pi}{3}$。

（1）$X_L=\omega L=100\times3.14\times0.35\approx110\ \Omega$。

（2）$U_L=\dfrac{U_m}{\sqrt{2}}=\dfrac{220\sqrt{2}}{\sqrt{2}}=220\ \text{V}$，$I_L=\dfrac{U_L}{X_L}=\dfrac{220}{110}=2\ \text{A}$。

（3）在纯电感交流电路中，电压超前电流$\dfrac{\pi}{2}$，即

$$\varphi_i=\varphi_u-\frac{\pi}{2}=\frac{\pi}{3}-\frac{\pi}{2}=-\frac{\pi}{6}$$

$$I_{Lm}=\sqrt{2}I_L=2\sqrt{2}\ \text{A}$$

则电流瞬时值解析式为

$$i_L=2\sqrt{2}\sin\left(100\pi t-\frac{\pi}{6}\right)\text{A}$$

（4）$Q_L=U_LI_L=220\times2=440\ \text{var}$。

（5）电压、电流的相量图如图 5-4-9 所示。

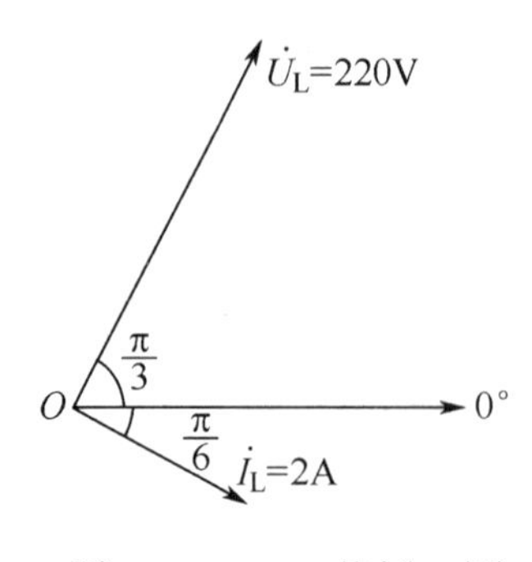

图 5-4-9　5.4 节例 4 图

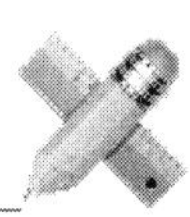

同步练习

一、填空题

1．感抗表示线圈对________所呈现的阻碍作用，X_L=________。

2．在纯电感交流电路中，电流较电压_________（超前$\frac{\pi}{2}$、同相、滞后$\frac{\pi}{2}$）。电压与电流的最大值、有效值_________（服从、不服从）欧姆定律，电压与电流的瞬时值________（服从、不服从）欧姆定律。电感线圈是________（耗能、储能）元件，其有功功率为________，无功功率为________。

3．当电感线圈中的电流不随时间变化时，电感线圈两端的电压为________。

二、判断题

1．$I_L = \frac{U_L}{L}$（　）　2．$I_L = \frac{U_L}{\omega L}$（　）　3．$I_L = \frac{U_L}{X_L}$（　）　4．$I_L = \frac{u_L}{X_L}$（　）

5．$I_{Lm} = \frac{U_L}{X_L}$（　）　6．$I_{Lm} = \frac{U_{Lm}}{X_L}$（　）　7．$i_L = \frac{u_L}{X_L}$（　）　8．$P = 0$（　）

9．$p = 0$（　）　10．$Q_L = I_L{}^2 L$（　）　11．$Q_L = \frac{U_L{}^2}{X_L}$（　）　12．$U_{Lm} = I_{Lm}\omega L$（　）

13．$i = \sqrt{2}\frac{U_L}{X_L}\sin(\omega t + \varphi_u)$（　）　14．$i = \sqrt{2}\frac{U_{Lm}}{X_L}\sin\left(\omega t + \varphi_u - \frac{\pi}{2}\right)$（　）

三、单项选择题

1. 在纯电感交流电路中，若电源频率提高一倍，其他条件不变，则电路中的电流将（　　）。

　A．增大　　B．减小　　C．不变　　D．不能确定

2．在正弦交流电路中，当流过电感线圈的电流瞬时值为最大值时，线圈两端的瞬时电压为（　　）。

　A．零　　B．最大值　　C．有效值　　D．不一定

3．将一个电感为 0.1H 的电感线圈接到频率为 50Hz、电压为 10V 的正弦交流电源上，则电流为（　　）。

　A．$0.318 \times \frac{1}{\sqrt{3}}$A　　B．$0.318 \times \frac{1}{\sqrt{2}}$A

　C．0.318A　　D．10A

4．在电感为 10mH 的电感线圈两端加上正弦交流电压 $u = 10\sqrt{2}\sin(100\pi t + 30°)$V，则电流解析式为（　　）。

　A．$i = \sin\frac{100}{\pi}\sqrt{2}(100\pi t + 60°)$A　　B．$i = 10\sin(100\pi t - 60°)$A

　C．$i = \frac{10}{\pi}\sin(100\pi t - 60°)$A　　D．$i = \frac{10}{\pi}\sqrt{2}\sin(100\pi t - 60°)$A

5．在感抗为 X_L=50Ω 的纯电感交流电路两端加上正弦交流电压 $u=20\sin\left(100\pi t+\frac{\pi}{3}\right)$V，通过它的电流瞬时值解析式为（　　）。

A．$i=20\sin\left(100\pi t-\frac{\pi}{6}\right)$A　　B．$i=0.4\sin\left(100\pi t-\frac{\pi}{6}\right)$A

C．$i=0.4\sin\left(100\pi t+\frac{\pi}{3}\right)$A　　D．$i=-0.4\sin\left(100\pi t-\frac{\pi}{6}\right)$A

6．在正弦交流电路中，某元件的电压 $u=220\sin\left(314t+\frac{\pi}{3}\right)$V，电流 $i=44\sin\left(314t-\frac{\pi}{6}\right)$A，则该电路（　　）。

A．电压超前电流 $\frac{\pi}{2}$，X_L=5Ω　　B．电流超前电压 $\frac{\pi}{2}$，X_C =5Ω

C．元件为电感线圈，X_L =10Ω　　D．元件为电感线圈，P=9680W

四、计算题

1．把电感为 318mH 的电感线圈接到 $u=10\sqrt{2}\sin\left(100\pi t-\frac{\pi}{3}\right)$V 的电源上，试求：（1）线圈中电流的有效值。（2）写出电流瞬时值解析式。（3）画出电流和电压的相量图。（4）无功功率。

2．已知一电感线圈通过 50Hz 的电流时，其感抗为 10Ω，u_L 与 i_L 相位差为 90°，试问：当频率升高至 50kHz 时，其感抗是多少？u_L 与 i_L 的相位差是多少？

验证纯电容交流电路

5.5　纯电容交流电路

知识授新

我们知道，电容器与电感线圈都是储能元件，比较这两种元件的性质和参数关系，就可以看出它们具有对偶关系：将电感线圈的伏安关系式或储能解析式中的 i_L 置换为 u_C，L 置换为 C，就成为电容器的伏安关系式或储能解析式；反之亦然。因此，我们可以用研究纯电感交流电路的方法，讨论纯电容交流电路中电压与电流的数量关系、相位关系及电路的瞬时功率。

纯电容交流电路的定义：一个忽略了漏电电阻和分布电感的电容器，称为理想电容器。由正弦交流电源和理想电容器组成的交流电路模型，称为纯电容交流电路，如图 5-5-1 所示。

1．电压、电流的数量关系

我们通过图 5-5-2 所示的实验电路，研究电压、电流的数量关系。

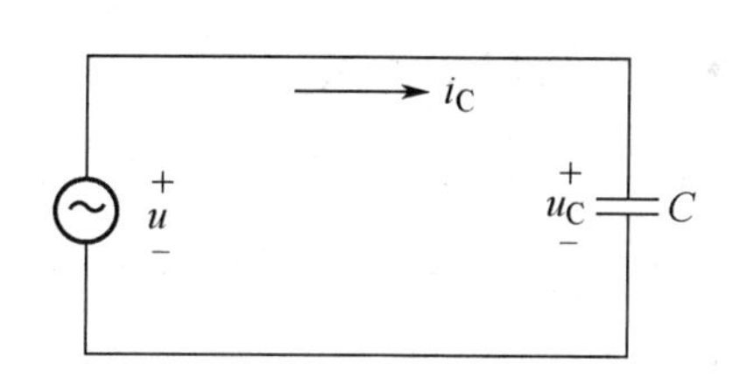

图 5-5-1　纯电容交流电路

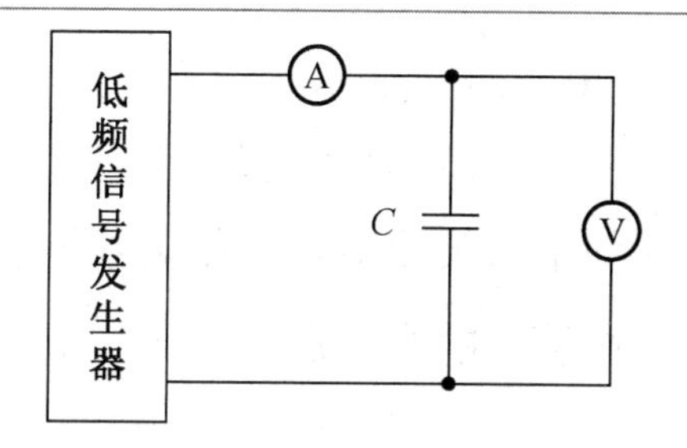

图 5-5-2　纯电容交流电路电流、电压的数量关系的实验电路

实验过程：按图 5-5-2 连接好电路，在保证正弦交流电源频率一定的条件下，任意改变信号源的电压，同步记录电压表与电流表的示数。

实验现象及结论：从电压表和电流表的示数可知，电压与电流始终成正比，比值等于一个特定的常数，即

$$I_C = \frac{U_C}{X_C} \quad 或 \quad U_C = X_C I_C$$

式中，I_C——电路中静电感应电流的有效值，单位为 A；

U_C——电容器两端电压的有效值，单位为 V；

X_C——电容器的电抗，简称容抗，单位为 Ω。

上式叫作纯电容交流电路的欧姆定律。容抗表示电容器对静电感应电流所呈现的阻碍作用。将上式两边同时乘以$\sqrt{2}$，即可得电压与电流最大值的数量关系为

$$I_{Cm} = \frac{U_{Cm}}{X_C} \quad 或 \quad U_{Cm} = I_{Cm} X_C$$

这表明，在纯电容交流电路中，电压与电流的最大值也服从欧姆定律。

理论和实验证明，容抗的大小和电源频率成反比，和电容器的电容成反比。容抗的公式为

$$X_C = \frac{1}{\omega C} = \frac{1}{2\pi f C}$$

式中，f——电源频率，单位为 Hz；

C——电容器的电容，单位为 F；

X_C——电容器的容抗，单位为 Ω。

显然，当频率一定时，在同样大小的电压作用下，电容越大的电容器所储存的电荷量越多，电路中的电流越大，电容器对电流的阻碍作用也就越小；当外加电压和电容一定时，电源频率越高，电容器充/放电的速度越快，电荷移动速度也越快，电路中的电流就越大，电容器对电流的阻碍作用也就越小。对于直流电，f=0，X_C 趋近于无穷大，可视为开路线。电容器这种**隔直流，通交流；阻低频，通高频**的性能被广泛应用于电子技术中。依公式 $X_C = \frac{1}{2\pi f C}$ 画出的电容器的电抗特性曲线（频率与容抗的关系曲线）如图 5-5-3 所示。

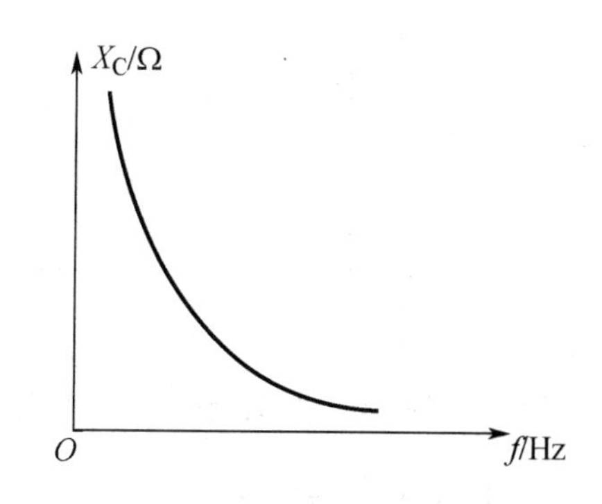

图 5-5-3　电容器的电抗特性曲线

2. 电流、电压的相位关系

我们通过图 5-5-4 所示的实验，研究纯电容交流电路中电压、电流的相位关系。按图 5-5-4 连接好电路，图中超低频正弦信号发生器输出频率选择为 0.5～1Hz。开关 S 闭合以后，仔细观察电压表、电流表的指针摆动情况，从中可以得出结论：电压滞后电流$\frac{\pi}{2}$，正好与纯电感交流电路的情况相反。

下面通过理论分析，对纯电容交流电路电压、电流的相位关系做进一步说明。

根据电容的定义式

$$C=\frac{\Delta q}{\Delta u_{\mathrm{C}}}$$

可以得到电荷的变化量与电容、电压变化的关系式为

$$\Delta q=C\Delta u$$

则纯电容交流电路中的电流为

$$i_{\mathrm{C}}=\frac{\Delta q}{\Delta t}=C\frac{\Delta u_{\mathrm{C}}}{\Delta t}$$

设$u_{\mathrm{C}}=U_{\mathrm{Cm}}\sin\omega t$ V，绘出图 5-5-5 所示的波形，仿照纯电感交流电路进行分析。

在 u_{C} 从零增大的瞬间，电压变化率$\frac{\Delta u_{\mathrm{C}}}{\Delta t}$最大，电流 i_{C} 也最大。随着电压的增大，电压变化率逐渐减小，电流 i_{C} 也逐渐减小。当 u_{C} 达到最大值时，电压变化率$\frac{\Delta u_{\mathrm{C}}}{\Delta t}$为零，电流 i_{C} 也变为零。然后 u_{C} 逐渐减小，Δu_{C} 为负值，电压变化率$\frac{\Delta u_{\mathrm{C}}}{\Delta t}$为负值，电流也为负值。当 u_{C} 到达零时，电压变化率$\frac{\Delta u_{\mathrm{C}}}{\Delta t}$达到负的最大值，电流达到负的最大值。通过以上分析得出结论：在纯电容交流电路中，电流 i_{C} 超前电压 u_{C} $\frac{\pi}{2}$，**且与电源频率无关**。

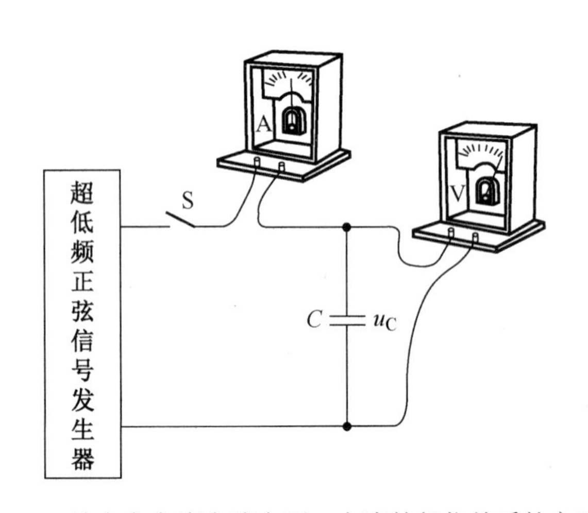

图 5-5-4　纯电容交流电路电压、电流的相位关系的实验电路

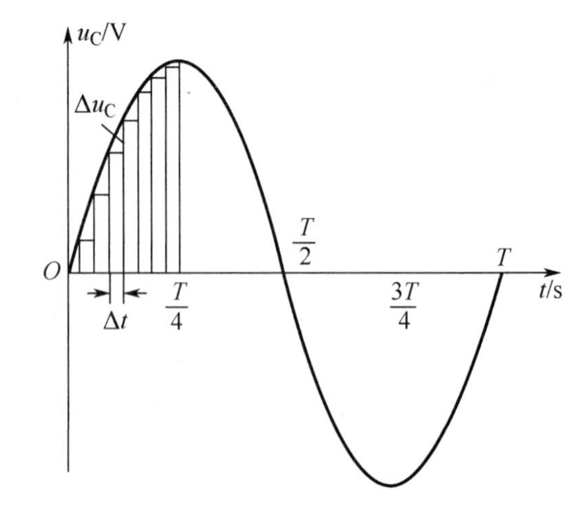

图 5-5-5　纯电容交流电路相位关系分析图

设电容器两端的电压为

$$u_{\mathrm{C}}=U_{\mathrm{Cm}}\sin\omega t\ \mathrm{V}$$

则电路中的电流为

$$i_C = I_{Cm}\sin\left(\omega t + \frac{\pi}{2}\right)\text{A}$$

根据电压和电流的解析式，画出电流和电压的波形和相量图如图 5-5-6 和图 5-5-7 所示。

3. 纯电容交流电路的瞬时功率

纯电容交流电路的瞬时功率等于电压瞬时值与电流瞬时值的乘积，即

$$p = u_C i_C$$

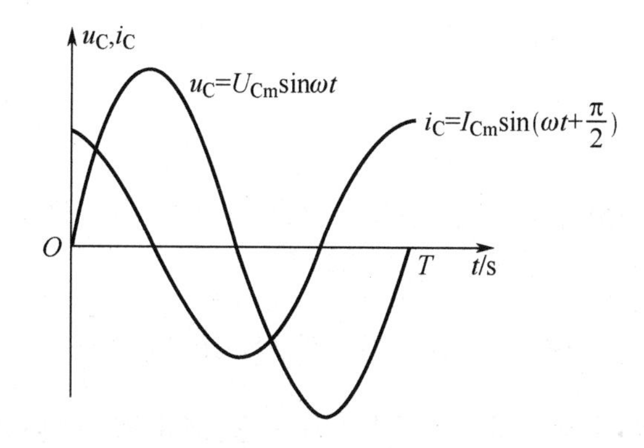

图 5-5-6 纯电容交流电路的波形

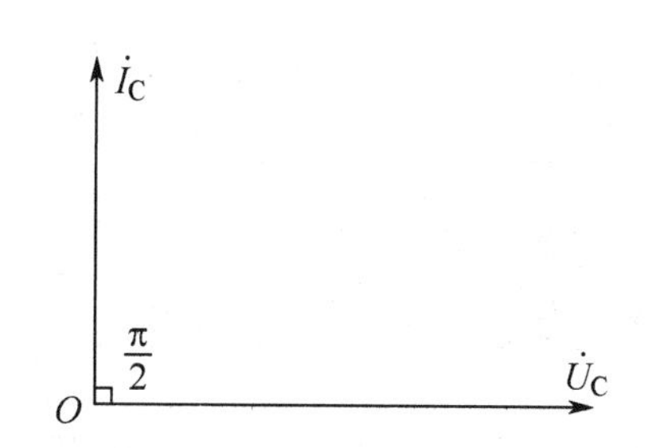

图 5-5-7 纯电容交流电路的相量图

将 $u_C = U_{Cm}\sin\omega t$ V 和 $i_C = I_{Cm}\sin\left(\omega t + \frac{\pi}{2}\right)$A 代入上式得

$$p = U_{Cm}\sin\omega t\, I_{Cm}\sin\left(\omega t + \frac{\pi}{2}\right) = \sqrt{2}U_C\sin\omega t \times \sqrt{2}I_C\cos\omega t$$

$$= U_C I_C \times 2\sin\omega t\cos\omega t = U_C I_C \sin 2\omega t$$

由上式可以看出，纯电容交流电路的瞬时功率 p 是随时间按正弦规律变化的，其频率为电源频率的两倍，振幅为 $U_C I_C$，瞬时功率曲线如图 5-5-8 所示。从图中可以看出，纯电容交流电路的有功功率为零，这说明纯电容交流电路并不吸收电能。

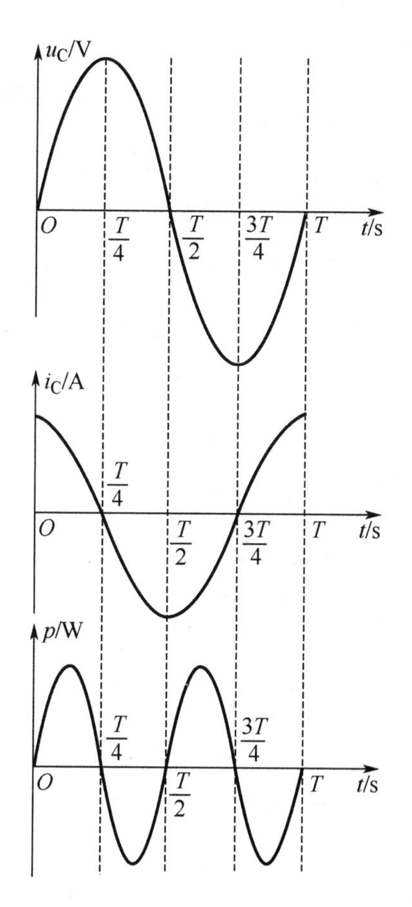

图 5-5-8 纯电容交流电路的瞬时功率曲线

同纯电感交流电路相似，虽然纯电容交流电路不吸收能量，但是电容器和电源之间进行着可逆的能量交换。在 $0\sim\frac{T}{4}$ 和 $\frac{T}{2}\sim\frac{3T}{4}$ 两个 $\frac{1}{4}$ 周期内，由于电压 u_C 与电流 i_C 的方向相同，瞬时功率 p 为正值。由于电压的绝对值是增大的，故电容器充电，电场能增加。这说明在这两个 $\frac{1}{4}$ 周期内，电容器把电源提供的电能转换成电容器中的电场能，电容器相当于负载，吸收能量。在 $\frac{T}{4}\sim\frac{T}{2}$ 和 $\frac{3T}{4}\sim T$ 这两个 $\frac{1}{4}$ 周期内，由于电压 u_C 与电流 i_C 的方向相反，瞬时功率 p 为负值。由于这时电压的绝对值减小，电容器放电，电场能减少。电容器把原来储存的电场能回送给电源，电容器起到了电源的作用。为了表示电容器与电源之间能量转换的能力，把瞬时功率的最大值称为纯电容交流

电路的无功功率，用符号 Q_C 表示，即

$$Q_C = U_C I_C$$

式中，U_C——电容器两端电压的有效值，单位为 V；

I_C——电路中电流的有效值，单位为 A；

Q_C——电容器的无功功率，单位为 var。

计算电容器的无功功率公式还可以变换为

$$Q_C = \frac{U_C^2}{X_C} = I_C^2 X_C$$

通过以上讨论，可以得出如下结论。

（1）在纯电容交流电路中，电流和电压是同频率正弦量（在恒定直流电路中，电容充满电后电流恒为零，相当于开路线）。

（2）电流 i_C 与电压的变化率 $\frac{\Delta u_C}{\Delta t}$ 成正比，无论频率高低，电流始终超前电压 $\frac{\pi}{2}$。

（3）电流、电压最大值和有效值都服从欧姆定律，而瞬时值不服从欧姆定律，要特别注意 $X_C \neq \frac{u_C}{i_C}$。

（4）电容器是储能元件，它不吸收电能，其有功功率为零，无功功率等于电压有效值与电流有效值的乘积。

例题解析

【例 1】 有 A、B 两个电容器，其电容之比为 1∶2，分别接到频率之比为 3∶2 的交流电路中，则它们的容抗之比为________；若分别测得这两个电容器上的电压之比为 1∶2，则它们所通过的电流之比为________。

【解答】 容抗 $X_C = \frac{1}{2\pi fC}$，所以 $X_{C1} : X_{C2} = \frac{1}{1\times 3} : \frac{1}{2\times 2} = 4:3$。

因为电流 $I_C = \frac{U_C}{X_C}$，所以 $I_1 : I_2 = \frac{1}{4} : \frac{2}{3} = 3:8$。故答案为 4∶3 和 3∶8。

【例 2】 某电容器端电压达到 10V 振幅时，通过的电流为________A；当其电流达到最大值 1A 时，电容器两端的电压为________，容抗为________Ω。

【解答】 $\varphi_{ui} = -\frac{\pi}{2}$，和电感线圈一样，也是正交的相位关系，即一个量为最大值时，另一个量恰好过零值；容抗 $X_C = \frac{U_{Cm}}{I_{Cm}} = \frac{10}{1} = 10\Omega$，故答案为 0、0、10。

【例 3】 电容器的电容 $C = 40\mu F$，把它接到 $u = 220\sqrt{2}\sin\left(314t - \frac{\pi}{3}\right)V$ 的电源上。试求：(1) 电容的容抗。(2) 电流的有效值。(3) 电流瞬时值解析式。(4) 画出电流、电压的相量图。(5) 电路的无功功率。

【解答】 由 $u = 220\sqrt{2}\sin\left(314t - \frac{\pi}{3}\right)V$ 可得 $U_{Cm} = 220\sqrt{2}V$，$\omega = 314rad/s$，$\varphi_u = -\frac{\pi}{3}$。

（1）电容的容抗为

$$X_{\mathrm{C}}=\frac{1}{\omega C}=\frac{1}{314\times 40\times 10^{-6}}\approx 80\Omega$$

（2）电压的有效值为

$$U_{\mathrm{C}}=\frac{U_{\mathrm{Cm}}}{\sqrt{2}}=\frac{220\sqrt{2}}{\sqrt{2}}=220\mathrm{V}$$

则电流的有效值为

$$I_{\mathrm{C}}=\frac{U_{\mathrm{C}}}{X_{\mathrm{C}}}=\frac{220}{80}=2.75\mathrm{A}$$

（3）在纯电容交流电路中，电流超前电压$\frac{\pi}{2}$，$\varphi_{\mathrm{i}}-\varphi_{\mathrm{u}}=\frac{\pi}{2}$，则

$$\varphi_{\mathrm{i}}=\frac{\pi}{2}+\varphi_{\mathrm{u}}=\frac{\pi}{2}-\frac{\pi}{3}=\frac{\pi}{6}$$

电流的瞬时值解析式为

$$i_{\mathrm{C}}=2.75\sqrt{2}\sin\left(314t+\frac{\pi}{6}\right)\mathrm{A}$$

（4）相量图如图 5-5-9 所示。

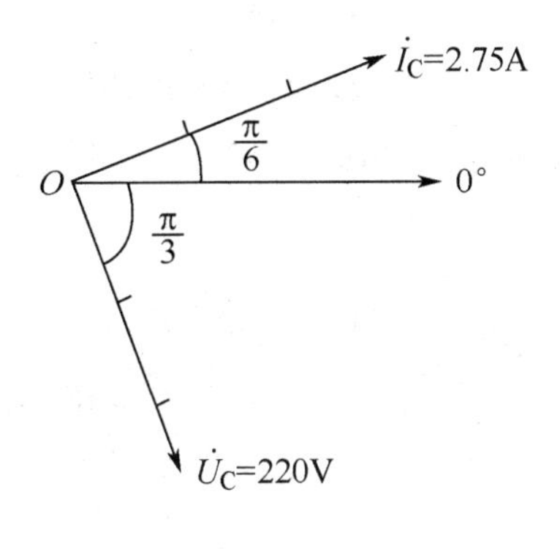

图 5-5-9　5.5 节例 3 图

（5）$Q_{\mathrm{C}}=U_{\mathrm{C}}I_{\mathrm{C}}=220\times 2.75=605\,\mathrm{var}$。

同步练习

一、判断题

1．$I_{\mathrm{C}}=\frac{U_{\mathrm{C}}}{\omega C}$（　　）　2．$I_{\mathrm{C}}=U_{\mathrm{C}}\omega C$（　　）　3．$i_{\mathrm{C}}=\frac{U_{\mathrm{C}}}{X_{\mathrm{C}}}$（　　）

4．$I_{\mathrm{Cm}}=\frac{U_{\mathrm{Cm}}}{X_{\mathrm{C}}}$（　　）　5．$U_{\mathrm{Cm}}=I_{\mathrm{Cm}}\omega C$（　　）　6．$X_{\mathrm{C}}=2\pi fC$（　　）

7．$X_{\mathrm{C}}=\frac{1}{2\pi fC}$（　　）　8．$Q_{\mathrm{C}}=U_{\mathrm{C}}I_{\mathrm{C}}$（　　）　9．$Q_{\mathrm{C}}=U^{2}\omega C$（　　）

10．$i_{\mathrm{C}}=\sqrt{2}\frac{U_{\mathrm{C}}}{X_{\mathrm{C}}}\sin(\omega t+\varphi_{\mathrm{u}})$（　　）　11．$i_{\mathrm{C}}=\sqrt{2}\frac{U_{\mathrm{Cm}}}{X_{\mathrm{C}}}\sin\left(\omega t+\varphi_{\mathrm{u}}+\frac{\pi}{2}\right)$（　　）

二、填空题

1．在纯电容交流电路中：电流较电压________（超前$\frac{\pi}{2}$、同相、滞后$\frac{\pi}{2}$）。电压与电流的最大值、有效值________（服从、不服从）欧姆定律，电压与电流的瞬时值________（服从、不服从）欧姆定律。电容器是________（耗能、储能）元件，其有功功率为________，无功功率为________。

2．电容器具有________交流，________直流；通高频，阻低频的特性。

3．若将电容$C=\frac{1}{314}\mu F$的电容器接到工频交流电源上，则此电容器的容抗X_C=________。

4．在正弦交流电路中，电容 C 越大，频率 f 越高，其容抗越________。

5．当加在电容器两端的交流电压的振幅不变而频率升高时，流过电容器的电流将________。

6．$Q_C=I^2X_C$ 是电容器在正弦交流电路中________功率的计算公式。

三、单项选择题

1．在图 5-5-10 中，C=1μF，$u=500\sin1000t$V，则 i 为（　　）。

A．$500\sin(1000t+90°)$A　　B．$500\sin(1000t-90°)$A

C．$0.5\sin(1000t+90°)$A　　D．$0.5\sin(1000t-90°)$A

2．电容器的端电压为$u_C=100\sqrt{2}\sin(200t-60°)$V，通过电容器的电流 i_C=40mA，则电容 C 为（　　）。

A．$\sqrt{2}$μF　　B．2μF　　C．12.5μF　　D．$12.5\sqrt{2}$μF

3．在某电路元件中，按关联方向电流$i=10\sqrt{2}\sin(314t-90°)$A，两端电压$u=220\sqrt{2}\sin314t$ V，则此元件的无功功率 Q 为（　　）。

A．−4400W　　B．−2200var　　C．2200var　　D．4400W

4. 在图 5-5-11 中，$u=U_m\sin(\omega t+180°)$V，$i=I_m\sin\left(\omega t-\frac{\pi}{2}\right)$A，则此电路元件是（　　）。

A．电容器　　B．电阻

C．电感线圈　　D．电阻与电感线圈串联元件

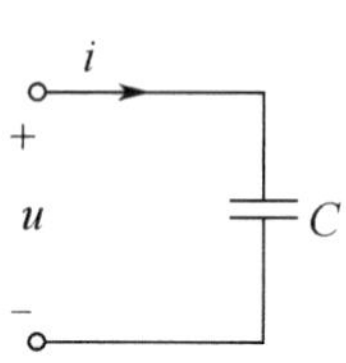

图 5-5-10　5.5 节单项选择题 1 图

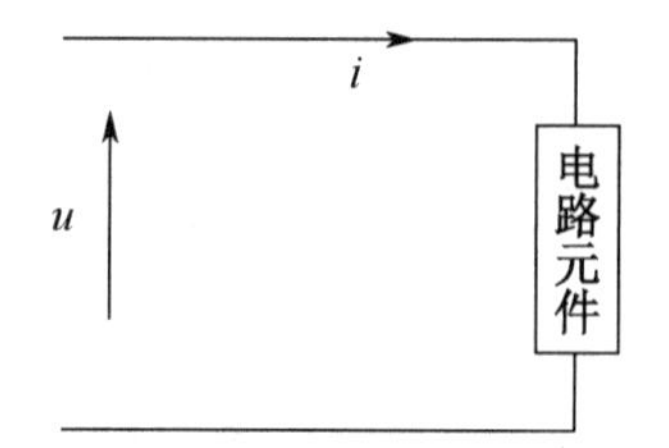

图 5-5-11　5.5 节单项选择题 4 图

▲5．已知电路中某元件的电压和电流分别为$u=30\cos(314t+60°)$V，$i=2\sin(314t+60°)$A，则该元件的性质是（　　）。

A．感性元件　　B．容性元件

C．纯电感元件　　D．纯电容元件

四、计算题

1．把 C=10μF 的电容器接到 $u = 220\sqrt{2}\sin(100\pi t - 30°)$V 的电源上，试求：（1）电容的容抗。（2）电流的有效值。（3）电流的解析式。（4）画出电压与电流的相量图。（5）电路的无功功率。

2．某电容器通过 50Hz 的电流时，容抗为 1000Ω，电流与电压的相位差是 90°，求当频率升高到 50kHz 时容抗为多大？电流与电压的相位差是多大？

5.6　RL 串联交流电路

验证 RL 串联电路

知识授新

RL 串联交流电路的定义：一个实际的线圈在它的阻值不能忽略不计时，可以等效成电阻和电感线圈的串联电路，**由理想电阻、电感线圈和正弦交流电源串联组成的交流电路模型称为 RL 串联交流电路**，如图 5-6-1（a）所示。

日光灯是最常见的 RL 串联交流电路。它把镇流器（电感线圈）和灯管（电阻）串联起来，接到 220V 的交流电源上，如图 5-6-1（b）、（c）所示。用电压表测量镇流器两端电压约为 190V，灯管两端电压约为 110V。显然，在串联交流电路中，总电压等于分电压之和的规律不再适用，为什么 $U \neq U_R + U_L$ 呢？究其原因是 u_R 与 u_L 的相位不同。

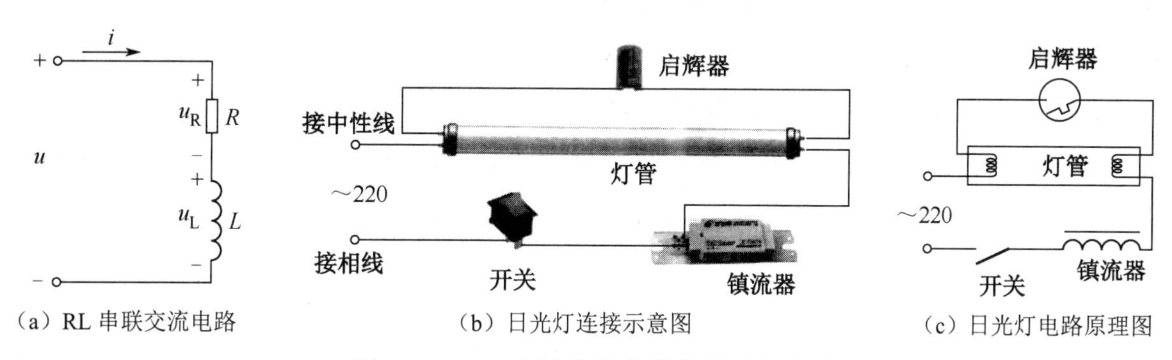

（a）RL 串联交流电路　（b）日光灯连接示意图　（c）日光灯电路原理图

图 5-6-1　RL 串联交流电路和日光灯电路

1．RL 串联交流电路电压间的关系

由于纯电阻交流电路中电压与电流同相，纯电感交流电路中电压超前电流 $\frac{\pi}{2}$。又因为串联电路中电流处处相同，所以 RL 串联交流电路中各电压间的相位不相同，总电流与总电压的相位也不相同。

凡是串联电路，分析都从电流入手。以电流为参考量，即

$$i = I_m \sin \omega t\ \text{A};\quad \varphi_i = 0°$$

对于纯电阻交流电路，u、i 同相，所以电阻两端的电压为

$$u_R = U_{Rm}\sin\omega t\ \text{V}$$

对于纯电感交流电路，u_L 超前 $i\frac{\pi}{2}$，所以电感线圈两端的电压为

$$u_L = U_{Lm}\sin\left(\omega t+\frac{\pi}{2}\right)\text{V}$$

根据 KVL 可知，电路的总电压瞬时值为各分电压瞬时值之和，即

$$u = u_R + u_L$$

由与之对应的相量形式的 KVL 可知，电压有效值的相量关系为

$$\dot{U} = \dot{U}_R + \dot{U}_L$$

定性画出电压 U、U_R、U_L 的相量图，如图 5-6-2 所示。$\dot{U}$、$\dot{U}_R$ 和 $\dot{U}_L$ 构成了一个直角三角形，叫作电压三角形（由有向线段构成，所以电压三角形是矢量三角形）。由相量图可得如下结论。

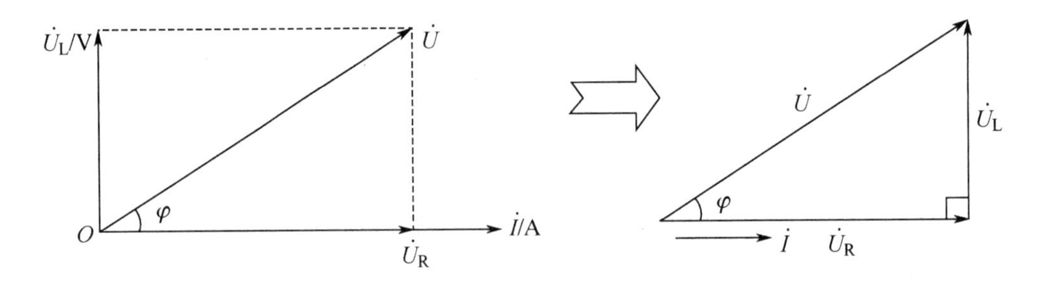

图 5-6-2　RL 串联交流电路的相量图和电压三角形

（1）各电压间的数量关系为

$$U=\sqrt{U_R^2+U_L^2}\quad \text{或}\quad U^2=U_R^2+U_L^2$$

式中，U_R——电阻两端电压的有效值，单位为 V；

U_L——电感线圈两端电压的有效值，单位为 V；

U——电路总电压的有效值，单位为 V。

（2）总电压与电流的相位关系为总电压超前电流 φ 角度，即

$$\varphi=\varphi_{ui}=\arctan\frac{U_L}{U_R},\quad 0<\varphi<\frac{\pi}{2}$$

（3）总电压与分电压的数量关系为

$$\begin{cases}U_R=U\cos\varphi\\ U_L=U\sin\varphi\end{cases}$$

2. RL 串联交流电路的阻抗关系。

在 RL 串联交流电路中，电阻两端电压 $U_R=IR$，电感线圈两端电压 $U_L=IX_L$，将它们代入 $U=\sqrt{U_R^2+U_L^2}$ 得

$$U=\sqrt{U_R^2+U_L^2}=\sqrt{(IR)^2+(IX_L)^2}=I\sqrt{R^2+X_L{}^2}$$

将上式整理可得

$$I=\frac{U}{\sqrt{R^2+X_L{}^2}}=\frac{U}{|Z|}$$

式中，U——电路总电压的有效值，单位为 V；

I——电路总电流的有效值，单位为 A；

$|Z|$——电路的阻抗，单位为 Ω。

将电压三角形三边同时除以电流 I，可得由阻值 R、感抗 X_L、阻抗$|Z|$组成的另一相似三角形，即阻抗三角形。如图 5-6-3 所示。

（1）电路的阻抗$|Z|$与总电压间的数量关系为

$$|Z| = \sqrt{R^2 + X_L^2} \quad 或 \quad |Z|^2 = R^2 + X_L^2$$

$|Z|$称为阻抗，它表示 RL 串联交流电路对交流电流的总阻碍作用，阻抗的大小取决于电路参数（R、L）和交流电源的频率。

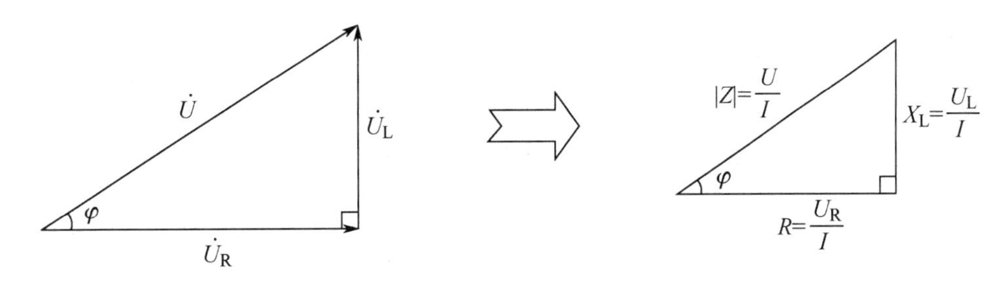

图 5-6-3　RL 串联交流电路阻抗三角形

（2）阻抗角与阻值 R、感抗 X_L 的关系为

$$\varphi = \varphi_{ui} = \arctan\frac{X_L}{R}$$

φ 也是总电压与电流的相位差，称为阻抗角，φ 的大小取决于电路参数和交流电源频率，与电压无关。

（3）总阻抗与分阻抗的关系为

$$\begin{cases} R = |Z|\cos\varphi \\ X_L = |Z|\sin\varphi \end{cases}$$

此处需强调，**阻抗三角形是标量三角形，三角形各边只有大小，没有方向。**

3. RL 串联交流电路的功率关系

将电压三角形三边同时乘以电流 I，可得由有功功率、无功功率和视在功率（总电压有效值与电流有效值的乘积）组成的另一相似三角形，即功率三角形（**也是标量三角形**），如图 5-6-4 所示。

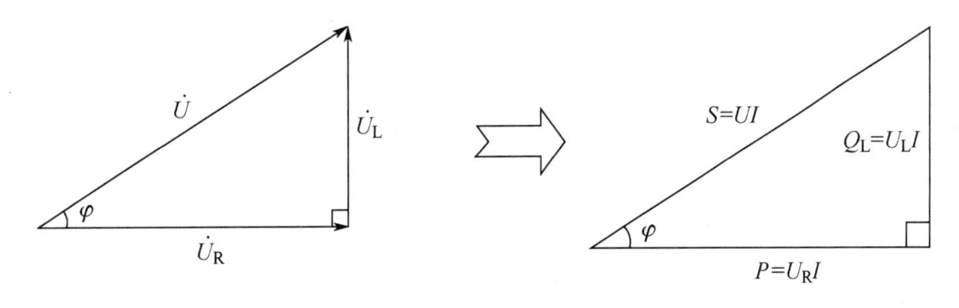

图 5-6-4　RL 串联交流电路功率三角形

（1）有功功率。

耗能元件的功率称为有功功率，电路中电阻吸收的功率等于电阻两端电压 U_R 与电路中电流 I 的乘积，即

$$P=U_RI=I^2R=\frac{U_R^2}{R}$$

U_R 和总电压间的关系为 $U_R=U\cos\varphi$，因此

$$P=UI\cos\varphi=S\cos\varphi$$

上式说明在 RL 串联交流电路中，有功功率的大小不仅取决于电压 U 和电流 I 的乘积，还取决于阻抗角的余弦 $\cos\varphi$。当电源供给同样大小的电压和电流时，$\cos\varphi$ 越大，有功功率越大；$\cos\varphi$ 越小，有功功率越小。

（2）无功功率。

储能元件的功率称为无功功率，电路中电感线圈的无功功率等于电感线圈两端电压 U_L 与电路中电流 I 的乘积，即

$$Q_L=U_LI=I^2X_L=\frac{U_L^2}{X_L}$$

U_L 和总电压间的关系为 $U_L=U\sin\varphi$，因此

$$Q_L=UI\sin\varphi=S\sin\varphi$$

上式说明在 RL 串联交流电路中，无功功率的大小取决于 U、I 和 $\sin\varphi$。

（3）视在功率。

视在功率表示电源提供总功率（包括 P 和 Q_L）的能力，即交流电源的容量。视在功率用 S 表示，它等于总电压 U 与电流 I 的乘积，即

$$S=UI$$

式中，U——电路总电压的有效值，单位为 V；

I——电路总电流的有效值，单位为 A；

S——视在功率，单位为 VA（伏安）。

从功率三角形还可得到有功功率 P、无功功率 Q_L 和视在功率 S 的关系，即

$$S=\sqrt{P^2+{Q_L}^2}$$

阻抗角 φ 的大小为

$$\varphi=\arctan\frac{Q_L}{P}$$

视在功率还有其他计算公式，即

$$S=I^2|Z|=\frac{U^2}{|Z|}$$

4. 功率因数

在 RL 串联交流电路中，既有耗能元件电阻，又有储能元件电感线圈，因此电源提供的总功率一部分被电阻吸收，是有功功率，另一部分被纯电感负载吸收，是无功功率。这样就存在电源功率利用率问题。为了反映功率利用率，把有功功率与视在功率的比值叫作功率因数，用 $\cos\varphi$ 表示，即

$$\cos\varphi = \frac{P}{S}$$

上式表明，当视在功率一定时，在功率因数越大的电路中，用电设备的有功功率越大，电源输出功率的利用率就越高。功率因数的大小由电路参数和电源频率决定。工厂中的交流电动机、变压器等都是感性负载，功率因数一般较低。在以后的学习中，还要重点讲述提高功率因数的意义和方法。

由于功率三角形、电压三角形、阻抗三角形是相似三角形，可得功率因数的另外两个计算公式，即

$$\cos\varphi = \frac{U_{\mathrm{R}}}{U} \quad 或 \quad \cos\varphi = \frac{R}{|Z|}$$

例题解析

【例 1】用电压表、电流表和功率表测量电感线圈的参数 R 和 L，如图 5-6-5（a）所示，已知电源频率为 50Hz，电压表示数为 100V，电流表示数为 2A，功率表示数（有功功率）为 120W，求电路参数 R、L 的大小。

【解析】功率表分为有功功率表、无功功率表和视在功率表，如无特殊说明，所提及功率表皆为有功功率表。

功率表有两个线圈，即电压线圈和电流线圈。其连接关系为电压线圈必须和负载并联；电流线圈必须与负载串联。线圈标记“*”的接线端为电源端，要求：电流线圈的电源端必须和电源相接，另一端与负载相接；电压线圈的电源端可与电流线圈的任一端相接，另一接线端接于负载的另一端，其接法有两种，如图 5-6-5（b）、（c）所示。

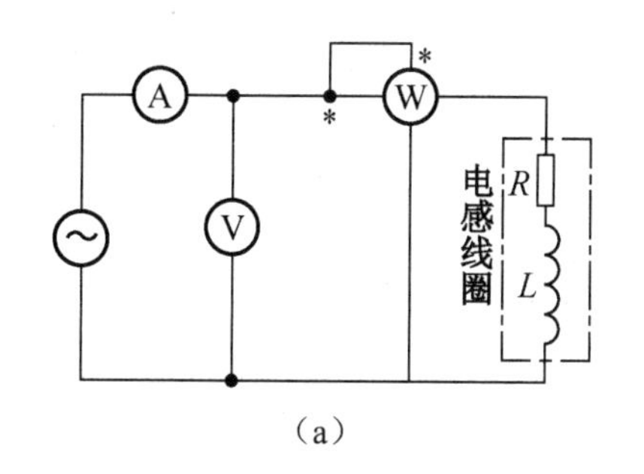

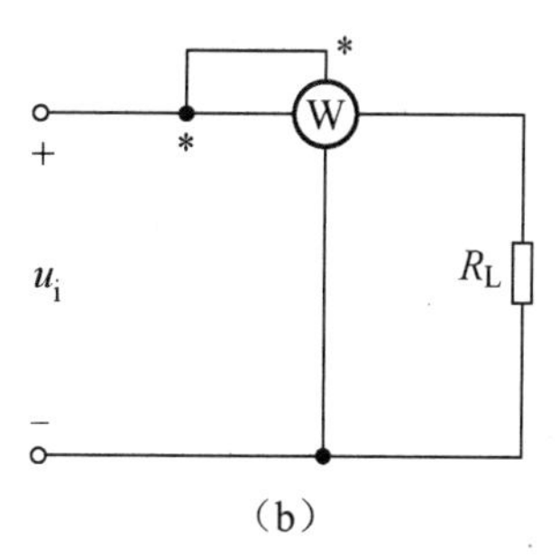

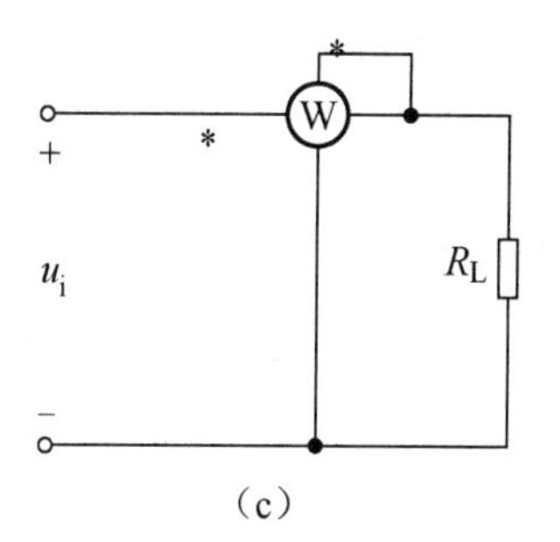

图 5-6-5　5.6 节例 1 图

【解答】实际电感线圈可等效为 RL 串联。

根据测量数据，电路的阻抗为

$$|Z| = \frac{U}{I} = \frac{100}{2} = 50\Omega$$

有功功率为 120W，则电路的阻值为

$$R = \frac{P}{I^2} = \frac{120}{4} = 30\Omega$$

由阻抗三角形可求出电路的感抗为

$$X_{\mathrm{L}} = \sqrt{|Z|^2 - R^2} = \sqrt{50^2 - 30^2} = 40\Omega$$

则电感线圈的电感为

$$L=\frac{X_L}{\omega}=\frac{X_L}{2\pi f}=\frac{40}{2\times3.14\times50}\approx0.127\text{H}$$

【例 2】将一个阻值为 120Ω，额定电流为 2A 的电阻，接到电压为 260V，频率为 100Hz 的电源上，要选一个电感线圈（可以忽略其阻值）限流，保证电路中的电流为 2A，求该线圈的电感。

【解析】要求 L，就要先求出 X_L，可利用阻抗三角形求解。R 是已知的，先求阻抗，利用 $|Z|=\frac{U}{I}$ 可求出 $|Z|$。

【解答】线圈和电阻串联，线圈起限流作用。

总阻抗为

$$|Z|=\frac{U}{I}=\frac{260}{2}=130\Omega$$

由阻抗三角形可求出电路的感抗为

$$X_L=\sqrt{|Z|^2-R^2}=\sqrt{130^2-120^2}=50\Omega$$

则电感线圈的电感为

$$L=\frac{X_L}{2\pi f}=\frac{50}{2\times3.14\times100}=0.08\text{H}$$

【强调】理想电感线圈并不吸收功率，但能起到降压限流的作用，这是直流电阻降压方式所不能比拟的。所以，在交流电路中，电感线圈常用于降压限流（如日光灯镇流器、自耦变压器降压启动等）。

【例 3】将电感为 255mH，阻值为 60Ω 的电感线圈接到 $u=220\sqrt{2}\sin 314t\text{V}$ 的电源上。求：（1）感抗 X_L。（2）电流 I、i。（3）电压 u_R、u_L。（4）有功功率 P、无功功率 Q_L、视在功率 S、功率因数 $\cos\varphi$。（5）画出电压、电流的相量图。

【解答】由电压解析式 $u=220\sqrt{2}\sin 314t\text{V}$ 可得

$$U=\frac{U_m}{\sqrt{2}}=\frac{220\sqrt{2}}{\sqrt{2}}=220\text{V}；\quad \varphi_u=0°；\quad \omega=314\text{rad/s}$$

（1）电路的感抗为

$$X_L=\omega L=314\times255\times10^{-3}\approx80\Omega$$

（2）电路的阻抗为

$$|Z|=\sqrt{R^2+X_L^2}=\sqrt{60^2+80^2}=100\Omega$$

电路的电流有效值为

$$I=\frac{U}{|Z|}=\frac{220}{100}=2.2\text{A}$$

电路的阻抗角为

$$\varphi_{ui}=\varphi=\arctan\frac{X_L}{R}=\arctan\frac{4}{3}=53.1°$$

电流的初相为

$$\varphi_{\mathrm{i}}=\varphi_{\mathrm{u}}-\varphi_{\mathrm{ui}}=0°-53.1°=-53.1°$$

则电流的解析式为

$$i=2.2\sqrt{2}\sin(314t-53.1°)\mathrm{A}$$

（3）电阻的电压有效值为

$$U_{\mathrm{R}}=IR=2\times60=132\mathrm{V}$$

因为电阻的电压、电流同相，所以电阻的电压解析式为

$$u_{\mathrm{R}}=iR=132\sqrt{2}\sin(314t-53.1°)\mathrm{V}$$

因为电感线圈的电压超前电流$\dfrac{\pi}{2}$，所以电感线圈的电压解析式为

$$u_{\mathrm{L}}=176\sqrt{2}\sin(314t+36.9°)\mathrm{V}$$

（4）电路的有功功率为

$$P=I^2R=2.2^2\times60=290.4\mathrm{W}$$

电路的无功功率为

$$Q_{\mathrm{L}}=I^2X_{\mathrm{L}}=2.2^2\times80=387.2\mathrm{var}$$

电路的视在功率为

$$S=UI=220\times2.2=484\mathrm{VA}$$

电路的功率因数为

$$\cos\varphi=\frac{R}{|Z|}=\frac{60}{100}=0.6$$

（5）相量图如图 5-6-6 所示。

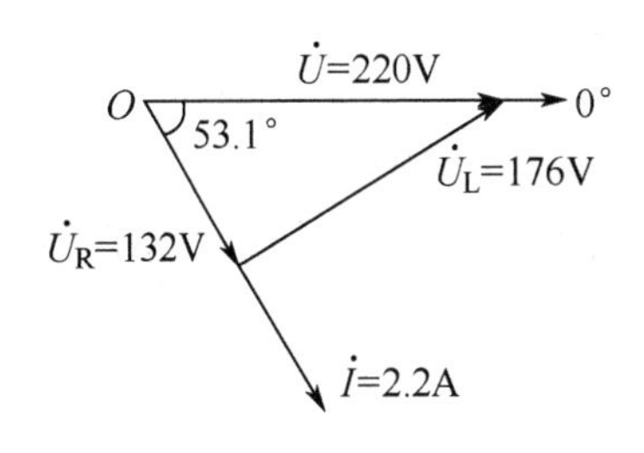

图 5-6-6　5.6 节例 3 图

同步练习

一、填空题

1．日光灯镇流器的电路模型可等效为一个电阻和一个________串联电路。

2．某 RL 二端网络的端电压$u=100\sqrt{2}\sin\omega t\mathrm{V}$，输入电流$i=5\sqrt{2}\sin(\omega t-60°)\mathrm{A}$，则该二端网络的性质是________，其中 R=________，X_{L}=________，吸收的有功功率 P=________。

3．已知流过某负载的电流$i=1.41\sin314t\mathrm{A}$，其端电压$u=311\sin\left(314t+\dfrac{\pi}{4}\right)\mathrm{V}$，则该负载性质为________，负载中的阻值 R=________Ω。

4．在图 5-6-7 所示的正弦交流电路中，所标的电压 U 为________V。

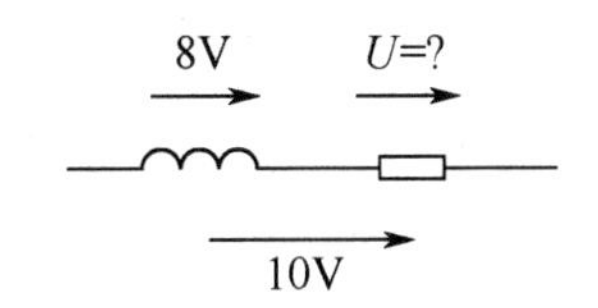

图 5-6-7　5.6 节填空题 4 图

二、判断题

1．用单相功率表测功率时，应把功率表串联在待测电路中。　　（　　）

2．日光灯镇流器的作用之一是在日光灯正常工作时限流。（　　）

三、单项选择题

1．已知在 RL 串联交流电路中，总电压 U=30V，L 上的电压 U_L=18V，则 R 上的电压 U_R 应为（　　）。

A．12V　　B．24V　　C．48V　　D．$48\sqrt{2}$ V

2．已知流过某负载的电流 $i=2.4\sin\left(314t+\dfrac{\pi}{12}\right)$A，其端电压 $u=380\sin\left(314t+\dfrac{\pi}{4}\right)$V，则此负载为（　　）。

A．阻性负载　　B．感性负载

C．容性负载　　D．不能确定

3．某负载上的电压为 $u=5\sqrt{2}\sin314t$V，电流为 $i=2\sqrt{2}\sin(314t-60°)$A，则该负载上吸收的功率为（　　）。

A．5W　　B．10W　　C．$10\sqrt{3}$ W　　D．$5\sqrt{3}$ W

四、计算题

1．在图 5-6-8 中，已知 R=6Ω，当电压 $u=12\sqrt{2}\sin(200t+30°)$V 时，测得电感线圈 L 端电压的有效值 $U_L=6\sqrt{2}$V，求电感 L 的大小。

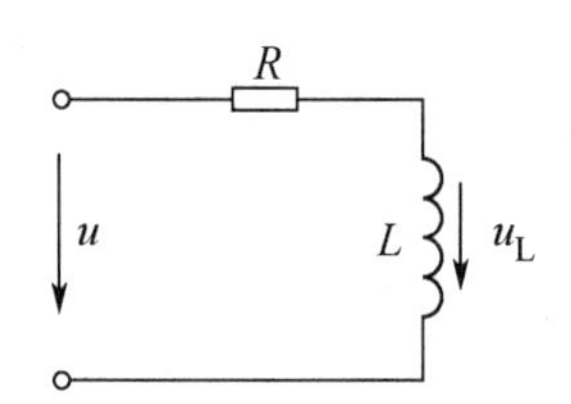

图 5-6-8　5.6 节计算题 1 图

▲2．40W 日光灯管的等效电阻为 R=300Ω，试求：（1）通过日光灯的电流 I。（2）镇流器电感 L。（3）灯管上的电压 U_R 和镇流器上的电压 U_L。（4）电压与电流的相位差 φ。（5）画出 U、U_L、U_R 和 I 的相量图。

3．RL 串联交流电路接到 220V 的直流电源上时功率为 1.2kW，接在 220V/50Hz 的电源上时功率为 0.6kW，试求它的 R、L。

五、综合题

▲在图 5-6-9（a）中，当开关 S 闭合时，电压表示数为 50V，电流表示数为 2.5A，功率表示数为 125W；当开关 S 断开时，电压表示数为 50V，电流表示数为 1.0A，功率表示数为 40W。

（1）求负载 Z 的大小，并分析其性质。

（2）求阻值 R 与感抗 X_L。

（3）若输入 u_i 的波形如图 5-6-9（b）所示，在图 5-6-9（b）中画出 C 点的示意波形。

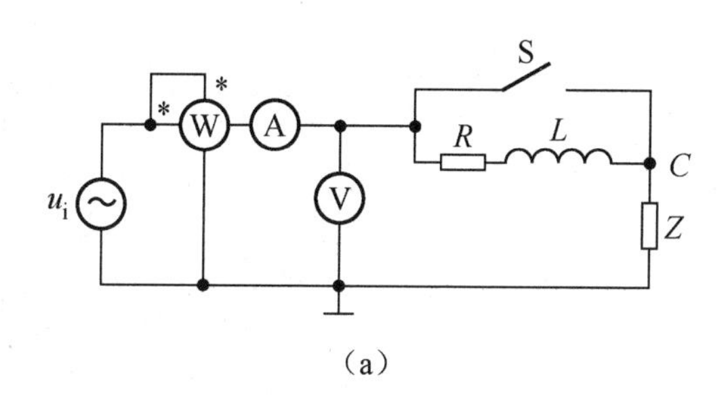

（a）

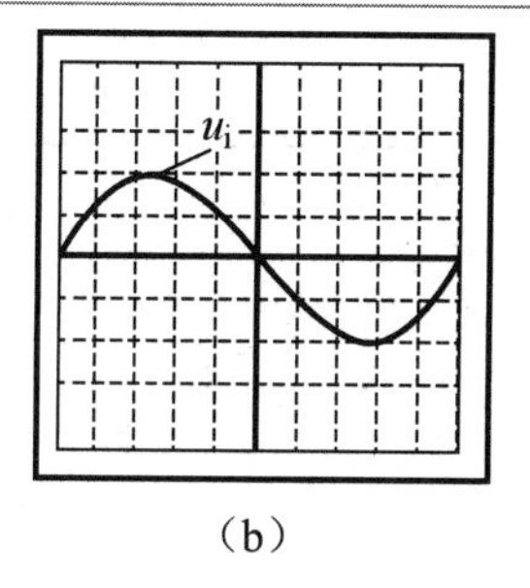

（b）

图 5-6-9　5.6 节综合题图

5.7　RC 串联交流电路

验证 RC 串联电路

知识授新

RC 串联交流电路的定义：忽略了漏电电阻和分布电感的电容器，称为理想电容器，**由理想电阻、电容器和正弦交流电源串联组成的交流电路模型，称为 RC 串联交流电路，**如图 5-7-1 所示。

在电子电路中，经常用到 RC 移相器、RC 波形变换器、RC 振荡器和阻容耦合放大器，这些都是 RC 串联的应用电路。

图 5-7-1　RC 串联交流电路

1. RC 串联交流电路电压间的关系

由于纯电阻交流电路中电压与电流同相，纯电容交流电路中电压滞后电流$\dfrac{\pi}{2}$，以电流为参考量，即

$$i = I_{\mathrm{m}} \sin \omega t \text{ A；}\quad \varphi_{\mathrm{i}} = 0°$$

对于纯电阻交流电路，u 、i 同相，所以电阻两端的电压为

$$u_{\mathrm{R}} = U_{\mathrm{Rm}} \sin \omega t \text{ V}$$

对于纯电容交流电路，u_{C} 滞后 $i\dfrac{\pi}{2}$，所以电容器两端的电压为

$$u_{\mathrm{C}} = U_{\mathrm{Cm}} \sin\left(\omega t - \frac{\pi}{2}\right) \text{V}$$

根据 KVL 可知，电路的总电压瞬时值为各分电压瞬时值之和，即

$$u = u_{\mathrm{R}} + u_{\mathrm{C}}$$

与之对应的电压有效值的相量关系为

$$\dot{U} = \dot{U}_{\mathrm{R}} + \dot{U}_{\mathrm{C}}$$

定性画出电压 U、U_{R}、U_{C} 的相量图，如图 5-7-2 所示。$\dot{U}$ 、$\dot{U}_{\mathrm{R}}$ 和 $\dot{U}_{\mathrm{C}}$ 构成了一个电压三角形（矢量三角形）。由相量图可得如下结论。

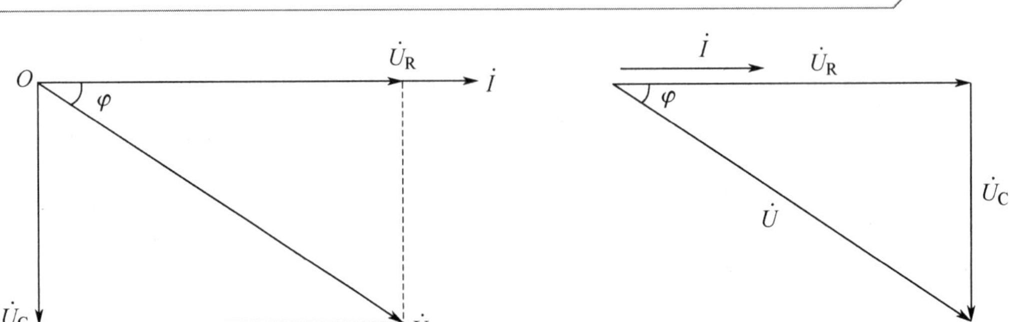

图 5-7-2　RC 串联交流电路相量图和电压三角形

（1）各电压间的数量关系为

$$U=\sqrt{U_R^2+U_C^2} \quad 或 \quad U^2=U_R^2+U_C^2$$

（2）总电压与电流的相位关系为总电压滞后电流 φ 角度，即

$$\varphi=|\varphi_{ui}|=\arctan\frac{U_C}{U_R}，\ 0<\varphi<\frac{\pi}{2}$$

（3）总电压与分电压的数量关系为

$$\begin{cases}U_R=U\cos\varphi\\U_C=U\sin\varphi\end{cases}$$

2. RC 串联交流电路的阻抗关系

在 RC 串联交流电路中，将 $U_R=IR$，$U_C=IX_C$ 代入 $U=\sqrt{U_R^2+U_C^2}$ 得

$$U=\sqrt{U_R^2+U_C^2}=\sqrt{(IR)^2+(IX_C)^2}=I\sqrt{R^2+X_C{}^2}$$

将上式整理可得

$$I=\frac{U}{\sqrt{R^2+X_C{}^2}}=\frac{U}{|Z|}$$

式中，U——电路总电压的有效值，单位为 V；

I——电路总电流的有效值，单位为 A；

$|Z|$——电路的阻抗，单位为 Ω。

将电压三角形三边同时除以电流 I，可得由阻值 R、感抗 X_C、阻抗$|Z|$组成的另一相似三角形，即阻抗三角形（标量三角形）。如图 5-7-3 所示。

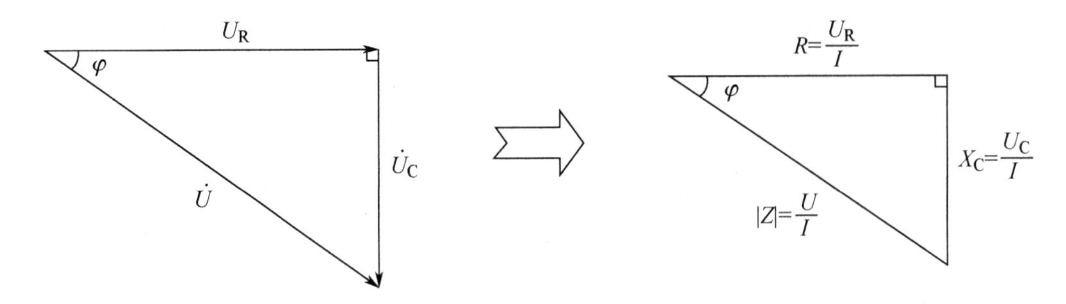

图 5-7-3　RC 串联交流电路阻抗三角形

（1）电路的阻抗$|Z|$与总电压的数量关系为

$$|Z|=\sqrt{R^2+X_C^2} \quad 或 \quad |Z|^2=R^2+X_C^2$$

$|Z|$是 RC 串联交流电路的阻抗，它的大小取决于电路参数（R、C）和交流电源的频率。

（2）阻抗角与阻值 R、感抗 X_C 的关系为

$$\varphi = |\varphi_{ui}| = \arctan\frac{X_C}{R}$$

φ 称为阻抗角，其大小取决于电路参数和交流电源的频率，与电压无关。

（3）总阻抗与分阻抗的关系为

$$\begin{cases} R = |Z|\cos\varphi \\ X_C = |Z|\sin\varphi \end{cases}$$

3. RC 串联交流电路的功率关系

将电压三角形三边同时乘以电流 I，可得由有功功率、无功功率和视在功率组成的另一相似三角形，即功率三角形（**标量三角形**）。如图 5-7-4 所示。

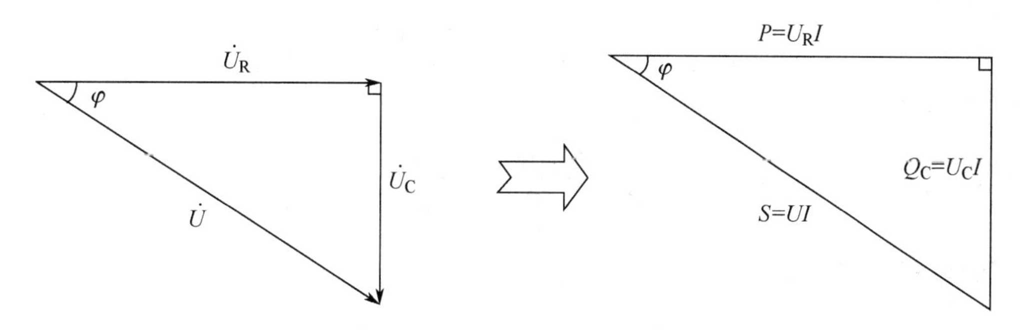

图 5-7-4　RC 串联交流电路功率三角形

电阻吸收的有功功率为

$$P = U_R I = I^2 R = \frac{U_R^2}{R} = UI\cos\varphi = S\cos\varphi$$

电容器的无功功率为

$$Q_C = U_C I = I^2 X_C = \frac{U_C^2}{X_C} = UI\sin\varphi = S\sin\varphi$$

电路的视在功率为

$$S = UI = I^2|Z| = \frac{U^2}{|Z|}$$

由功率三角形还可得到

$$S = \sqrt{P^2 + Q_C{}^2}$$

阻抗角为

$$\varphi = |\varphi_{ui}| = \arctan\frac{Q_C}{P}$$

4. 功率因数

在 RC 串联交流电路中，功率因数为

$$\cos\varphi = \frac{P}{S} = \frac{U_R}{U} = \frac{R}{|Z|}$$

同 RL 串联交流电路一样，RC 串联交流电路的功率因数由电路参数和电源频率共同决定。

例题解析

【例 1】 将一个阻值为 30Ω 的电阻和电容为 80μF 的电容器串联接到交流电源上，电源电压 $u = 220\sqrt{2}\sin 314t\text{V}$，试求：（1）电流瞬时值解析式。（2）有功功率、无功功率和视在功率。（3）画出电流、电压的相量图。

【解析】只要求出容抗、阻抗，利用欧姆定律和阻抗角的关系，问题便迎刃而解。要能熟练掌握和灵活运用串联交流电路的三个三角形，要求烂熟于心，转换自如。

【解答】（1）电容器的容抗为

$$X_C = \frac{1}{\omega C} = \frac{1}{314 \times 80 \times 10^{-6}} \approx 40\Omega$$

电路的阻抗为

$$|Z| = \sqrt{R^2 + X_C{}^2} = \sqrt{30^2 + 40^2} = 50\Omega$$

电流的有效值为

$$I = \frac{U}{|Z|} = \frac{U_m/\sqrt{2}}{50} = \frac{220}{50} = 4.4\text{A}$$

电流超前电压 φ 角度为

$$\varphi = \arctan\frac{X_C}{R} = \arctan\frac{4}{3} \approx 53.1°$$

则电流的瞬时值解析式为

$$i = 4.4\sqrt{2}\sin(314t + 53.1°)\text{A}$$

（2）电路的有功功率为

$$P = I^2 R = 4.4^2 \times 30 = 580.8\text{W}$$

电路的无功功率为

$$Q = I^2 X_C = 4.4^2 \times 40 = 774.4\text{var}$$

电路的视在功率为

$$S = UI = 220 \times 4.4 = 968\text{VA}$$

（3）电阻两端电压有效值和相位分别为

$$U_R = IR = 4.4 \times 30 = 132\text{V}；u_R \text{与} i \text{同相}$$

电容器两端电压有效值和相位分别为

$$U_C = IX_C = 4.4 \times 40 = 176\text{V}；u_C \text{滞后} i\, \frac{\pi}{2}$$

相量图如图 5-7-5 所示。

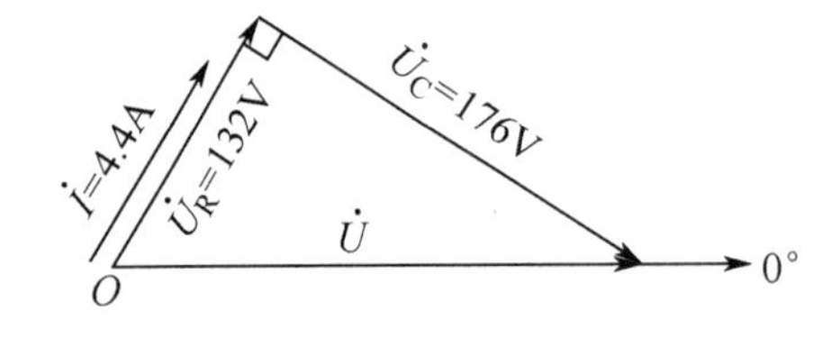

图 5-7-5　5.7 节例 1 图

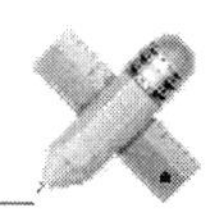

【例 2】RC 移相电路如图 5-7-6（a）所示，已知 $u_{\mathrm{i}}=\sqrt{2}\sin 6280t\mathrm{V}$，$C=0.01\mu\mathrm{F}$，现要使输出电压 u_{o} 在相位上前移 u_{i} 60°，求：（1）R 为多大？（2）此时输出电压 U_{o} 为多少？

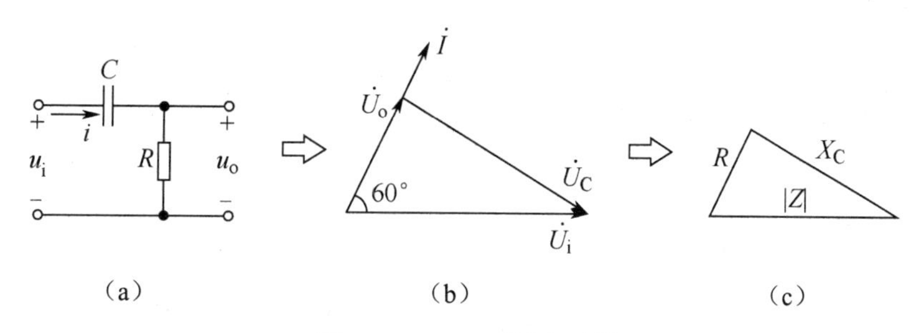

图 5-7-6　5.7 节例 2 图

【解析】以 u_{i} 为参考量，依题意画出 u_{o} 与 u_{C} 的电压三角形。由电压三角形可得阻抗三角形，根据两个三角形之间的内在联系，可以求出 R 和 U_{o} 的有效值。

【解答】（1）电容器的容抗为

$$X_{\mathrm{C}}=\frac{1}{\omega C}=\frac{1}{6280\times 0.01\times 10^{-6}}\approx 15.92\mathrm{k\Omega}$$

由图 5-7-6（c）所示的阻抗三角形可得

$$R=X_{\mathrm{C}}\cot 60°=15.92\times 10^{3}\times 0.577\approx 9.2\mathrm{k\Omega}$$

（2）由图 5-7-6（b）所示的电压三角形可得

$$U_{\mathrm{i}}=\frac{U_{\mathrm{im}}}{\sqrt{2}}=\frac{\sqrt{2}}{\sqrt{2}}=1\mathrm{V}$$

$$U_{\mathrm{o}}=U_{\mathrm{R}}=U_{\mathrm{i}}\cos 60°=1\times 0.5=0.5\mathrm{V}$$

【强调】当 R 远远大于 X_{C} 时，电路就变成了阻容耦合电路。

【例 3】RC 移相电路如图 5-7-7（a）所示，已知 U_{i}=1V，$C=0.12\mu\mathrm{F}$，$f=100\mathrm{Hz}$，现要使输出电压 u_{o} 在相位上后移 u_{i} 60°，求：（1）R 为多大？（2）此时输出电压 U_{o} 为多少？

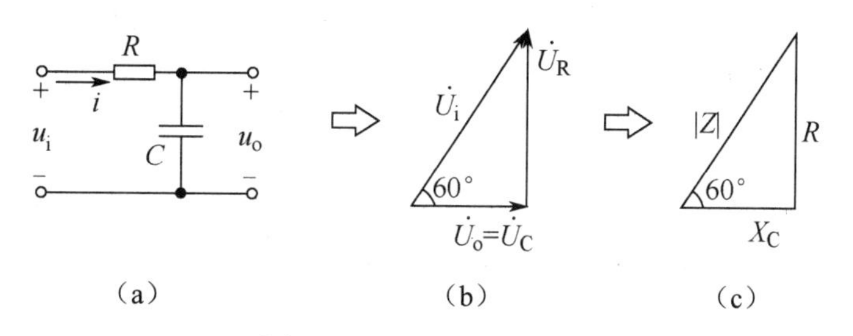

图 5-7-7　5.7 节例 3 图

【解析】在 RC 移相式振荡器中，从电阻两端取输出电压，输出电压超前输入电压，为前移相；从电容器两端取输出电压，输出电压滞后输入电压，为后移相。依题意画出电压三角形和阻抗三角形，如图 5-7-7（b）、（c）所示。

【解答】（1）电容器的容抗为

$$X_{\mathrm{C}}=\frac{1}{\omega C}=\frac{1}{628\times 0.12\times 10^{-6}}\approx 13.27\mathrm{k\Omega}$$

由阻抗三角形可得

$$R=X_{\mathrm{C}}\tan 60°=13.27\times 1.732\approx 23\mathrm{k\Omega}$$

（2）由电压三角形可得

$$U_o = U_C = U_i \cos 60° = 1 \times 0.5 = 0.5\text{V}$$

同步练习

一、填空题

1．交流电路的无功功率是储能元件瞬时功率的________值。

2．在图 5-7-8 中，已知 R=80Ω，X_C =60Ω，$u = 500\sin\omega t\text{V}$，则 I=________A。

3．在图 5-7-9 中，已知电压 $u_i = 220\sqrt{2}\sin 314t\text{V}$，容抗 X_C=10 Ω，u_o滞后 u_i 60°，则 R =________Ω，U_o =________V。

4．在图 5-7-10 所示的二端网络中，输入电压 $u = 100\sqrt{2}\sin(\omega t + 26.9°)\text{V}$，$i = 10\sqrt{2}\cos(\omega t - 100°)\text{A}$，该电路吸收的有功功率 P=________W，电路的性质是________。

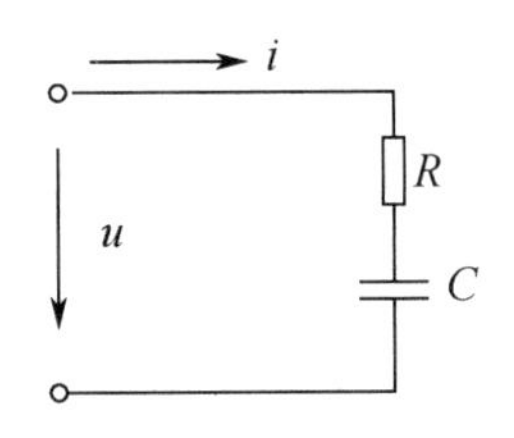

图 5-7-8　5.7 节填空题 2 图

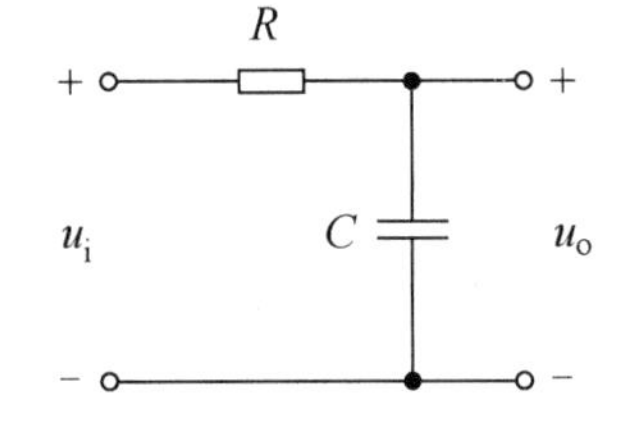

图 5-7-9　5.7 节填空题 3 图

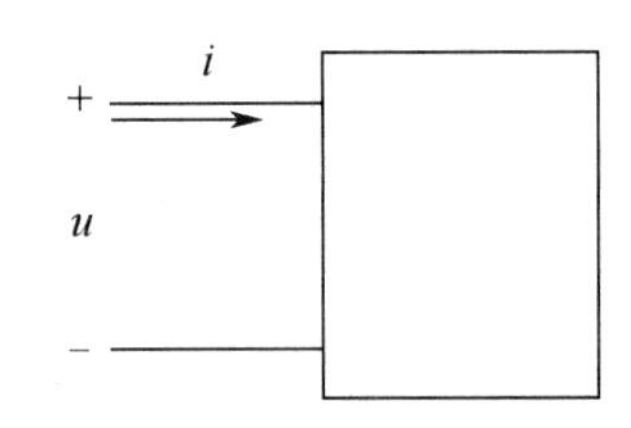

图 5-7-10　5.7 节填空题 4 图

二、单项选择题

1．已知某电路为 RC 串联交流电路，则可判断该电路的性质为（　　）。

A．阻性　　B．感性　　C．容性　　D．不能确定

2．图 5-7-11 所示为容性电路，当输入一交流电 u_1 后，输出电压 u_2（　　）。

A．超前 u_1　　B．与 u_1 同相　　C．滞后 u_1　　D．无法确定

3．在图 5-7-12 中，已知 R=200Ω，X_C=200Ω，则（　　）。

A．u_i 超前 $u_o \frac{\pi}{4}$　　B．u_o 超前 $u_i \frac{\pi}{4}$

C．u_i 超前 $u_o \frac{\pi}{2}$　　D．u_i 滞后 $u_o \frac{\pi}{2}$

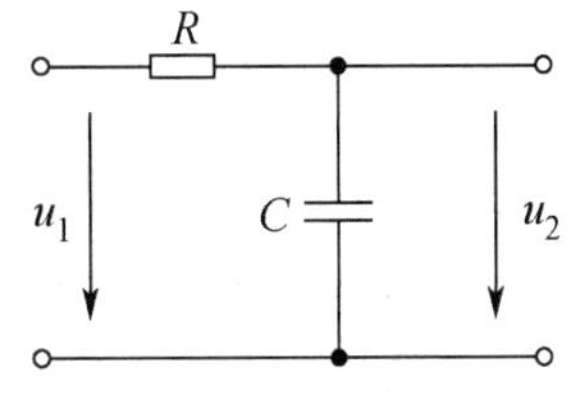
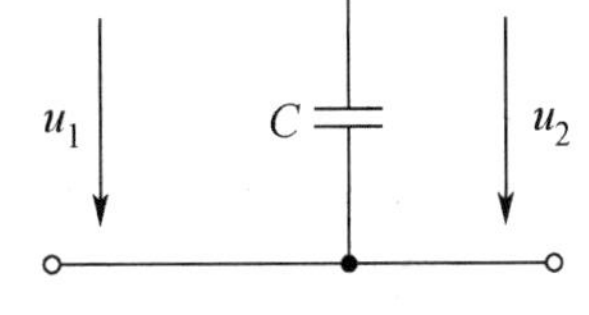

图 5-7-11　5.7 节单项选择题 2 图

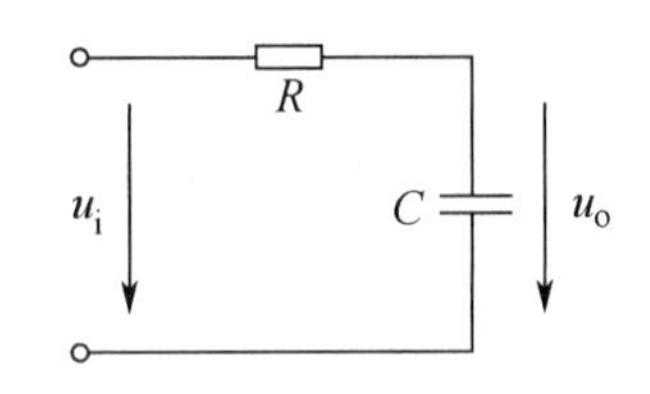

图 5-7-12　5.7 节单项选择题 3 图

三、计算题

1．在图 5-7-13 中，已知 R=2kΩ，C=0.159μF，输入端接正弦信号源，U_1=1V，f= 500Hz。试求输出电压 U_2，并讨论输出电压与输入电压的相位关系。

2．在图 5-7-14 中，已知 $u=100\sqrt{2}\sin(100\pi t+30°)\text{V}$，$i=2\sqrt{2}\sin(100\pi t+83.1°)\text{A}$，求：$R$、$C$、$U_{\text{R}}$、$U_{\text{C}}$、有功功率 P 和功率因数 $\cos\varphi$，并画出电流及各电压的相量图。

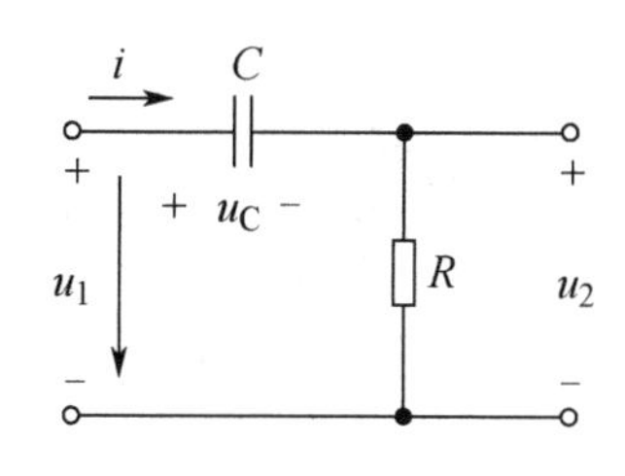

图 5-7-13　5.7 节计算题 1 图

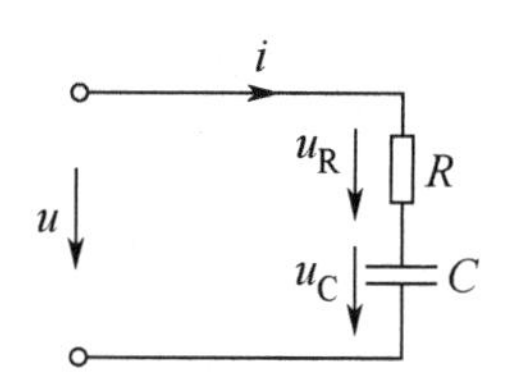

图 5-7-14　5.7 节计算题 2 图

5.8　RLC 串联交流电路

验证 RLC 串联电路

知识授新

RLC 串联交流电路的定义：由理想电阻、电感线圈、电容器和正弦交流电源串联组成的交流电路模型，称为 RLC 串联交流电路，如图 5-8-1 所示。

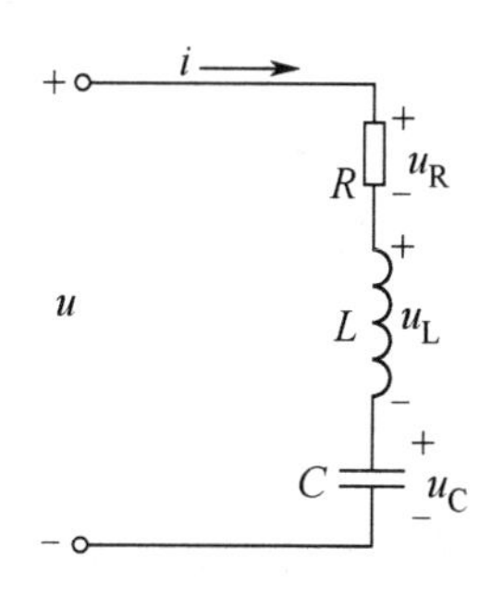

图 5-8-1　RLC 串联交流电路

RLC 串联交流电路包含三个不同类型的电路基本元件，是实际工作中常常遇到的典型电路，如供电系统中的补偿电路和电子技术中常用的串联谐振电路。

RLC 串联交流电路的分析方法和 RL、RC 串联交流电路一致，从电流入手。以电流为参考量，即

$$i=I_{\text{m}}\sin\omega t\ \text{A};\quad \varphi_{\text{i}}=0°$$

则电阻两端电压为

$$u_{\text{R}}=U_{\text{Rm}}\sin\omega t\ \text{V};\quad \varphi_{\text{uR}}=0°$$

电感线圈两端电压为

$$u_{\text{L}}=U_{\text{Lm}}\sin\left(\omega t+\frac{\pi}{2}\right)\text{V};\quad \varphi_{\text{uL}}=\frac{\pi}{2}$$

电容器两端电压为

$$u_{\text{C}}=U_{\text{Cm}}\sin\left(\omega t-\frac{\pi}{2}\right)\text{V};\quad \varphi_{\text{uC}}=-\frac{\pi}{2}$$

电路的总电压瞬时值为各分电压瞬时值之和，即

$$u=u_{\text{R}}+u_{\text{L}}+u_{\text{C}}$$

与之对应的电压有效值的相量关系为

$$\dot{U}=\dot{U}_{\text{R}}+\dot{U}_{\text{L}}+\dot{U}_{\text{C}}$$

1．RLC 串联交流电路电压间的关系

在 $U_{\text{L}}>U_{\text{C}}$、$U_{\text{L}}<U_{\text{C}}$、$U_{\text{L}}=U_{\text{C}}$ 三种情况下，定性画出电压 U_{R}、U_{L}、U_{C}、U 的相量图，如

图 5-8-2 所示。

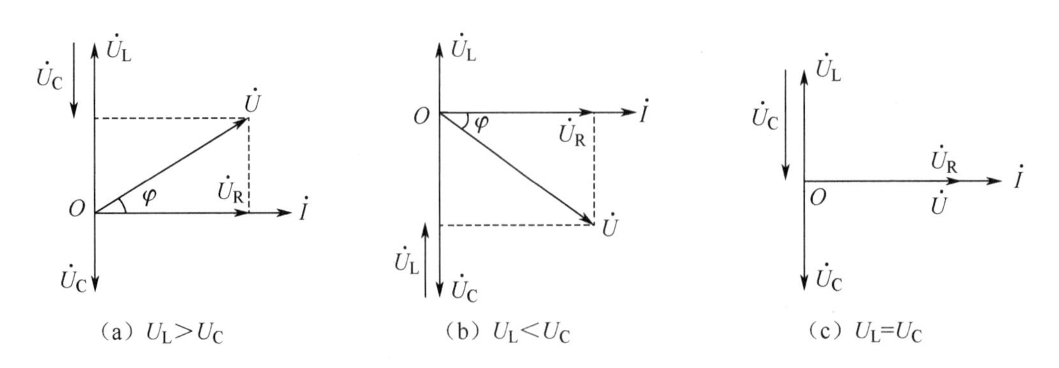

图 5-8-2　RLC 串联交流电路的相量图

（1）总电压与各分电压的数量关系为

$$U = \sqrt{U_R^2 + (U_L - U_C)^2} \quad 或 \quad U^2 = U_R^2 + (U_L - U_C)^2$$

（2）总电压与电流的相位关系为总电压超前电流 φ 角度，即

$$\varphi = \varphi_{ui} = \arctan \frac{U_L - U_C}{U_R}$$

其中，当 $U_L > U_C$ 时，$\varphi > 0$，总电压超前电流；当 $U_L < U_C$ 时，$\varphi < 0$，总电压滞后电流；当 $U_L = U_C$ 时，$\varphi = 0$，总电压与电流同相，电路呈阻性。

2. RLC 串联交流电路的阻抗关系

将 $U_R=IR$、$U_L=IX_L$、$U_C=IX_C$ 代入 $U = \sqrt{U_R^2 + (U_L - U_C)^2}$ 得

$$U = \sqrt{(IR)^2 + (IX_L - IX_C)^2} = I\sqrt{R^2 + (X_L - X_C)^2}$$

将上式整理可得

$$I = \frac{U}{\sqrt{R^2 + (X_L - X_C)^2}} = \frac{U}{\sqrt{R^2 + X^2}} = \frac{U}{|Z|}$$

式中，U——电路总电压的有效值，单位为 V；

I——电路总电流的有效值，单位为 A；

$|Z|$——电路的阻抗，单位为 Ω。

其中，$X = X_L - X_C$，X 是 L、C 共同作用的结果，称为电抗，单位为 Ω。

（1）在 RLC 串联交流电路中，阻抗与阻值、感抗、容抗的关系为

$$|Z| = \sqrt{R^2 + (X_L - X_C)^2} = \sqrt{R^2 + X^2}$$

将电压三角形三边同时除以电流 I，可得由阻值 R、电抗 X（$X=X_L-X_C$）、阻抗$|Z|$组成的和电压三角形相似的阻抗三角形，如图 5-8-3 所示。

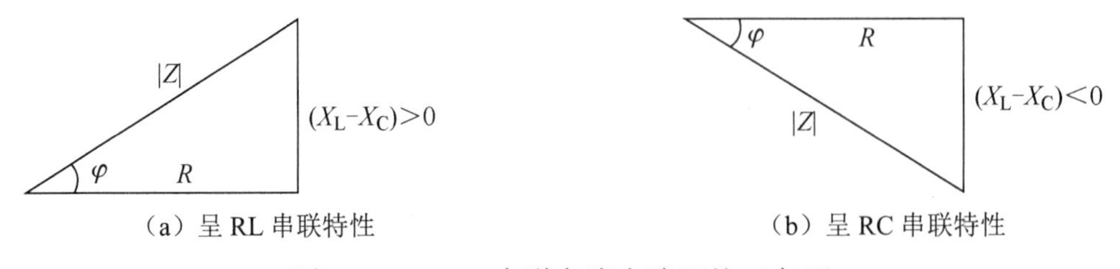

图 5-8-3　RLC 串联交流电路阻抗三角形

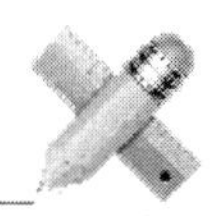

（2）阻抗角为

$$\varphi=\varphi_{ui}=\arctan\frac{X_L-X_C}{R}=\arctan\frac{X}{R}$$

可见，阻抗角的大小取决于电路参数（R、L、C）及电源频率，X 取决于电路的性质，下面分三种情况进行讨论。

① 当 $X_L>X_C$ 时，$X>0$，$\varphi=\arctan\frac{X}{R}>0$。总电压超前总电流，**电路呈感性（RL 串联电路的性质）**。

② 当 $X_L<X_C$ 时，$X<0$，$\varphi=\arctan\frac{X}{R}<0$。总电压滞后总电流，**电路呈容性（RC 串联电路的性质）**。

③ 当 $X_L=X_C$ 时，$X=0$，$\varphi=0$。总电压与总电流同相，**电路呈阻性（这种状态称为串联谐振）**。

强调：串联电路因电流相同，判别电路的性质时通常以比较电容器和电感线圈的分电压或电抗的大小来判断，谁大，电路呈现谁的性质。

3. RLC 串联交流电路的功率关系

在 RLC 串联交流电路中，同时存在有功功率 P、无功功率 Q_L 和 Q_C 及视在功率 S，分别归纳如下：

$$\begin{cases}\text{有功功率} \quad P=U_R I=I^2R=\dfrac{U_R^2}{R}=UI\cos\varphi=S\cos\varphi \\ \text{无功功率} \quad Q=Q_L-Q_C=(U_L-U_C)I=I^2X=\dfrac{(U_L-U_C)^2}{X}=UI\sin\varphi=S\sin\varphi \\ \text{视在功率} \quad S=UI=I^2|Z|=\dfrac{U^2}{|Z|}=\sqrt{P^2+Q^2}\end{cases}$$

在 RLC 串联交流电路中，流过电感线圈和电容器的是同一个电流，而电感线圈两端电压 u_L 与电容器两端电压 u_C 相位相反，感性无功功率 Q_L 与容性无功功率 Q_C 是可以互相补偿的。以电流 i 为参考量，画出 i、u_L、u_C、p_L 和 p_C 的波形，如图 5-8-4 所示。从波形中可以看出，当 p_L 为正值时，p_C 为负值；当 p_L 为负值时，p_C 为正值。即电感线圈放出的能量被电容器吸收，以电场能的形式储存在电容器中，电容器放出的能量又被电感线圈吸收，以磁场能的形式储存在电感线圈中，减轻了电源的负担。电路中的无功功率为二者之差，即 $Q=Q_L-Q_C$。

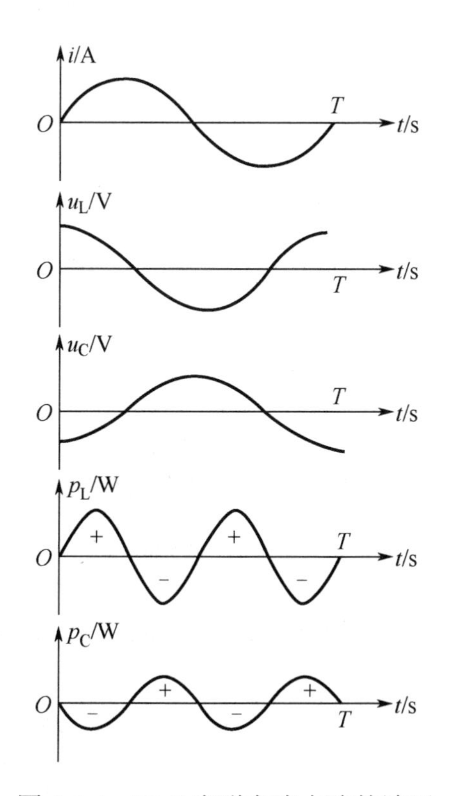

图 5-8-4　RLC 串联交流电路的波形

强调：在同一电路中，无论是串联、并联还是混联，电感线圈和电容器的瞬时功率波形在相位上都是反相的，即 Q_L 与 Q_C 永远都是互相补偿的。故对 $Q=Q_L-Q_C$ 而言，当 $Q>0$ 时，呈感性；当 $Q<0$ 时，呈容性；当 $Q=0$ 时，呈阻性。

如果将电压三角形的三边同时乘以电流 I，就可以得到由视在功率 S、有功功率 P 和无功功率 Q 组成的直角三角形，即功率三角形，如图 5-8-5 所示。

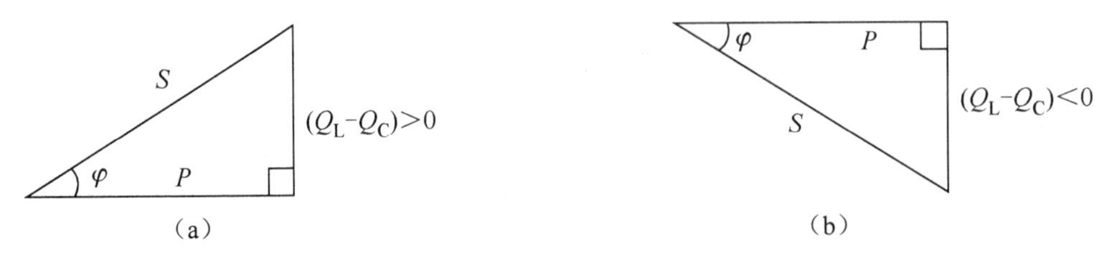

图 5-8-5　RLC 串联交流电路功率三角形

由功率三角形可知，电路的阻抗角为

$$\varphi = \varphi_{ui} = \arctan\frac{Q_C}{P}$$

4. 功率因数

在 RLC 串联交流电路中，功率因数为

$$\cos\varphi = \frac{P}{S} = \frac{U_R}{U} = \frac{R}{|Z|}$$

例题解析

【例 1】在 RLC 串联交流电路中，I=2A，U_R=60V，U_L=160V，U_C=80V，电源频率为 50Hz。试求：（1）电源电压有效值 U。（2）电路参数 R、L 和 C。（3）电压与电流的相位差 φ_{ui}。（4）电路的有功功率 P、无功功率 Q、视在功率 S 和功率因数 $\cos\varphi$。

【解答】（1）由电压三角形可求出电源电压有效值为

$$U = \sqrt{U_R^2 + (U_L - U_C)^2} = \sqrt{60^2 + (160-80)^2} = 100\text{V}$$

电路的阻值为

$$R = \frac{U_R}{I} = \frac{60}{2} = 30\Omega$$

电路的感抗和电感分别为

$$X_L = \frac{U_L}{I} = \frac{160}{2} = 80\Omega；\ L = \frac{X_L}{2\pi f} = \frac{80}{314} \approx 255\text{mH}$$

电路的容抗和电容分别为

$$X_C = \frac{U_C}{I} = \frac{80}{2} = 40\Omega；\ C = \frac{1}{X_C 2\pi f} = \frac{1}{314\times 40} \approx 79.6\mu\text{F}$$

（3）电压与电流的相位差 φ_{ui} 为

$$\varphi_{ui} = \arctan\frac{U_L - U_C}{U_R} = \arctan\frac{80}{60} \approx 53.1°$$；电压超前电流，电路呈感性

（4）电路的有功功率 P、无功功率 Q、视在功率 S 和功率因数 $\cos\varphi$ 分别为

$$P = U_R I = 60\times 2 = 120\text{W}$$

$$Q = (U_L - U_C)I = (160-80)\times 2 = 160\text{var}$$

$$S = UI = 100\times 2 = 200\text{VA}$$

$$\cos\varphi = \frac{P}{S} = \frac{120}{200} = 0.6$$

【例 2】在图 5-8-6 中，$u = 220\sqrt{2}\sin 314t$ V，R=15Ω，L=63.7mH，C=79.6μF。试求：（1）X_L、X_C、$|Z|$。（2）电压表、电流表的示数。（3）阻抗角和电路的性质。

【解析】电流表内阻极小，其分压作用可忽略不计；电压表内阻极大，其分流作用可忽略不计；电压表Ⓥ₁示数为 U_R；电压表Ⓥ₂示数为 U_L；电压表Ⓥ₃示数为 U_C；电压表Ⓥ₄示数为 R、L 两端的电压；电压表Ⓥ₅示数为 L、C 两端的电压；电流表示数为总电流。以上示数皆为有效值。

【解答】（1）$X_L = \omega L = 314\times 63.7\times 10^{-3} = 20\Omega$；$X_C = \frac{1}{\omega C} = \frac{1}{314\times 79.6\times 10^{-6}} = 40\Omega$；$|Z| = \sqrt{R^2 + (X_L - X_C)^2} = \sqrt{15^2 + (20-40)^2} = 25\Omega$。

（2）电流表示数：$I = \frac{U}{|Z|} = \frac{220\sqrt{2}/\sqrt{2}}{25} = 8.8\text{A}$。

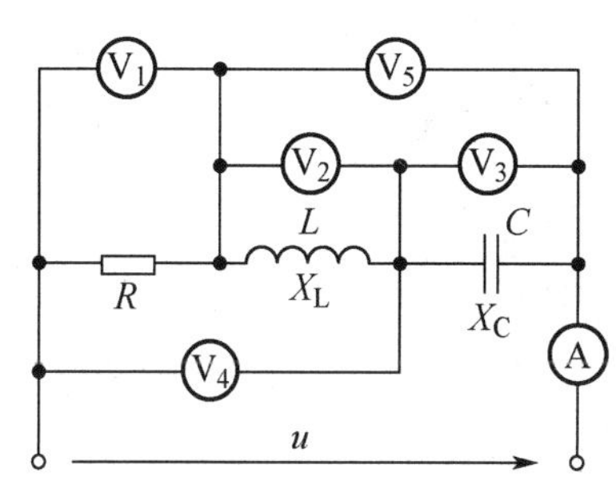

图 5-8-6　5.8 节例 2 图

电压表Ⓥ₁示数：$U_R = IR = 8.8\times 15 = 132\text{V}$。

电压表Ⓥ₂示数：$U_L = IX_L = 8.8\times 20 = 176\text{V}$。

电压表Ⓥ₃示数：$U_C = IX_C = 8.8\times 40 = 352\text{V}$。

电压表Ⓥ₄示数：$U_4 = \sqrt{U_R{}^2 + U_L^2} = \sqrt{132^2 + 176^2} = 220\text{V}$。

电压表Ⓥ₅示数：$U_5 = |U_L - U_C| = |176 - 352| = 176\text{V}$。

（3）阻抗角：$\varphi = \varphi_{ui} = \arctan\frac{X_L - X_C}{R} = \arctan\frac{-4}{3} = -53.1°$；$\varphi < 0$，总电压滞后总电流 φ 角度，电路呈容性。

▲**【例 3】**在图 5-8-7 中，已知 $u = 50\sin(\omega t + 30°)\text{V}$，$i = 7\sin(\omega t - 15°)\text{A}$，试分析在以下情况下 u 和 i 的相位差如何变化？

（1）增大阻值 R。（2）提高 u 的振幅。（3）适当减小电感 L。（4）适当减小电容 C。（5）提高电源的频率。

【解析】先判断电路的性质，再根据电路参数对阻抗角 φ 的影响判别 u 和 i 的相位差如何变化。

【解答】阻抗角 $\varphi_{ui} = \varphi_u - \varphi_i = 30° - (-15°) = 45°$，电路呈感性。

（1）根据 $\varphi_{ui} = \arctan\frac{X}{R}$，可知 $R\uparrow \to \varphi_{ui}\downarrow$。

（2）φ_{ui} 与 u 的幅度无关，故 $u\uparrow \to \varphi_{ui}$ 不变。

（3）$\varphi_{ui} = \arctan\frac{X_L - X_C}{R}$，$L\downarrow \to X_L\downarrow \to \text{X}\downarrow \to \varphi_{ui}\downarrow$。

（4）$\varphi_{ui} = \arctan\frac{X_L - X_C}{R}$，$C\downarrow \to X_C\uparrow \to \text{X}\downarrow \to \varphi_{ui}\downarrow$。

（5）$f\uparrow \to (X_L\uparrow，X_C\downarrow) \to \text{X}\uparrow \to \varphi_{ui}\uparrow$。

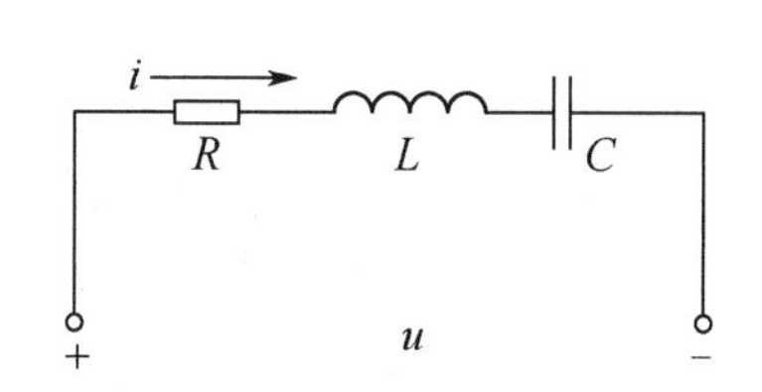

图 5-8-7　5.8 节例 3 图

【例 4】在图 5-8-8 中，已知电源电压 U=120V，频率 f=50Hz，容抗 X_C=48Ω。开关 S 闭合或断开时，电流表的示数均为 4A。求 R 和 L。

【解答】（1）S 断开时，有

$$I=\frac{U}{\sqrt{R^2+(X_L-X_C)^2}}$$

即

$$\sqrt{R^2+(X_L-X_C)^2}=\frac{U}{I}=\frac{120}{4}\Omega=30\Omega \qquad ①$$

（2）S 闭合时，有

$$I=\frac{U}{\sqrt{R^2+X_L^2}}$$

即

$$\sqrt{R^2+X_L^2}=\frac{U}{I}=30\Omega \qquad ②$$

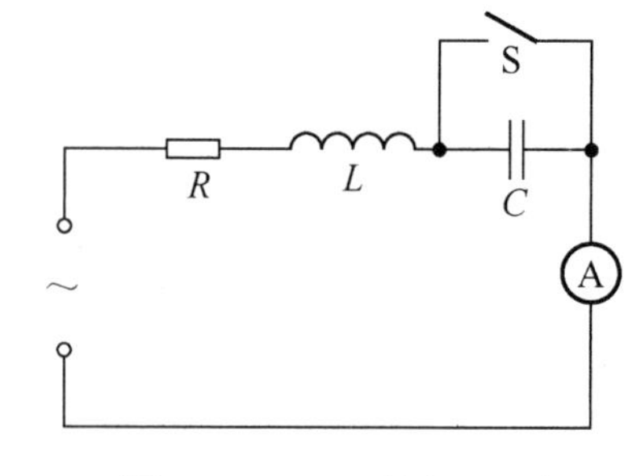

图 5-8-8　5.8 节例 4 图

联立①、②解得

$$X_L=24\Omega;\ R=18\Omega$$

则

$$L=\frac{X_L}{\omega}=\frac{24}{2\times3.14\times50}\approx76.4\text{mH}$$

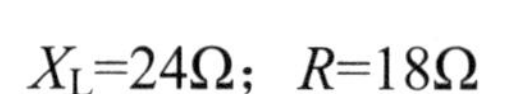

同步练习

一、填空题

1．在 RLC 串联交流电路中，X 称为________，它是________与________共同作用的结果，其大小 X=________。当 $X>0$ 时，阻抗角 φ 为________，相位关系为总电压 u________总电流 i，电路呈________；当 $X<0$ 时，阻抗角 φ 为________，相位关系为总电压 u________总电流 i，电路呈________；当 $X=0$ 时，阻抗角 φ 为________，相位关系为总电压 u 和总电流 i________，电路呈________。此种状态一般称为电路发生________。

2．在 RLC 串联交流电路中（电源频率为 f），电抗 X=________，阻抗$|Z|$=________，阻抗角 φ=________。

3．单相交流电路中的有功功率解析式为________，单位是________；无功功率解析式为________，单位是________；视在功率解析式为________，单位是________。________性电路的无功功率取负值；________性电路的无功功率取正值。

4．在图 5-8-9 中，P 为一线性元件，若 $u(t)=10\sin2\pi ft\text{V}$，$i(t)=2\sin2\pi ft\text{A}$，则 P 是________元件；若 $u(t)=10\sin2\pi ft\text{V}$，$i(t)=2\sin\left(2\pi ft-\frac{\pi}{2}\right)\text{A}$，则 P 是________元件；若 $u(t)=10\sin2\pi ft\text{V}$，$i(t)=2\sin\left(2\pi ft+\frac{\pi}{2}\right)\text{A}$，则 P 是________元件。

5．在 RLC 串联交流电路中，测得 R、L、C 的电压分别为 3V、8V、4V，则用电压表测总电压应为________V。

6．在图 5-8-10 中，已知 $u=28.28\sin(\omega t+45°)\text{V}$，$R$=4Ω，$X_L$=$X_C$=3Ω，则电流表示数为________，电压表Ⓥ示数为________，电压表V_1示数为________，电压表V_2示数为________，电压表V_3示数为________，电压表V_4示数为________，电压表V_5示数为________。

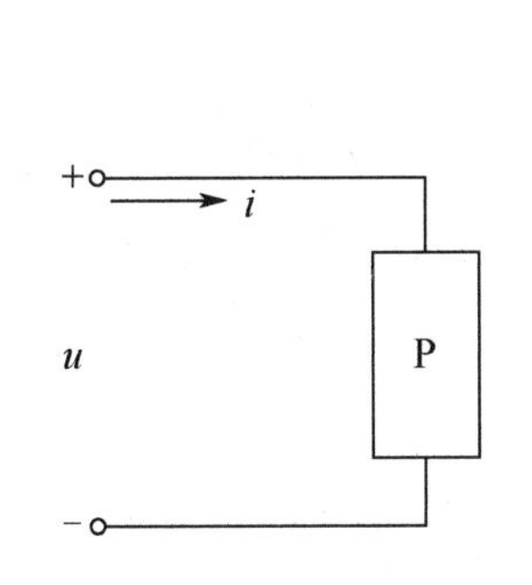

图 5-8-9　5.8 节填空题 4 图

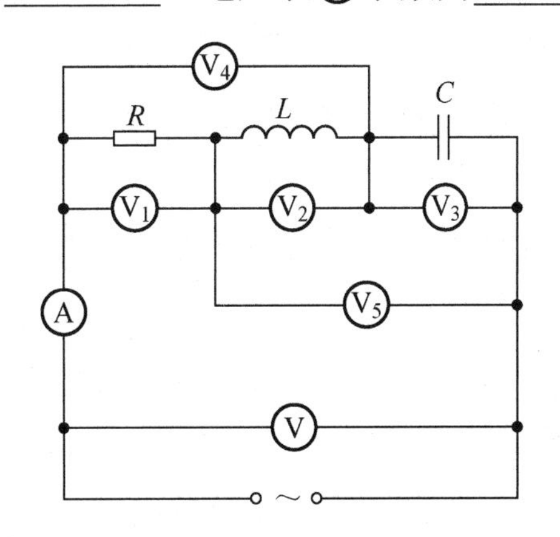

图 5-8-10　5.8 节填空题 6 图

二、单项选择题

在图 5-8-11 中，电源频率为 50Hz，电感 $L=\dfrac{3}{314}$H，电容 $C=\dfrac{1}{314}$F，此电路的阻抗$|Z|$等于（　　）。

A．1Ω　　　B．2Ω　　　C．3Ω　　　D．4Ω

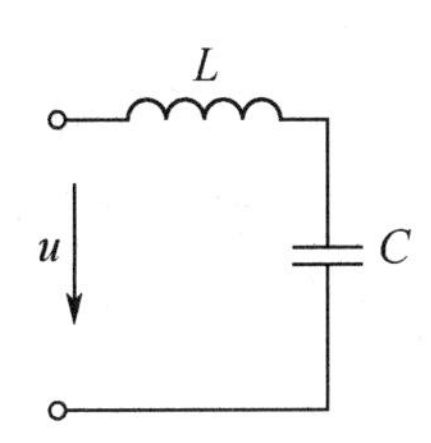

图 5-8-11　5.8 节单项选择题图

三、计算题

1．在 RLC 串联交流电路中，已知 R=30Ω，L=127mH，C=40μF，电源电压 $u=220\sqrt{2}\sin\left(314t+\dfrac{\pi}{3}\right)\text{V}$，求：（1）$i$ 的解析式。（2）有功功率 P、无功功率 Q 和视在功率 S。

2．在图 5-8-12 中，$u=100\sqrt{2}\sin1000t\text{V}$，求阻抗$|Z|$、电流 I、电路功率因数 $\cos\varphi$，以及有功功率 P、无功功率 Q、视在功率 S，并画出对应的相量图。

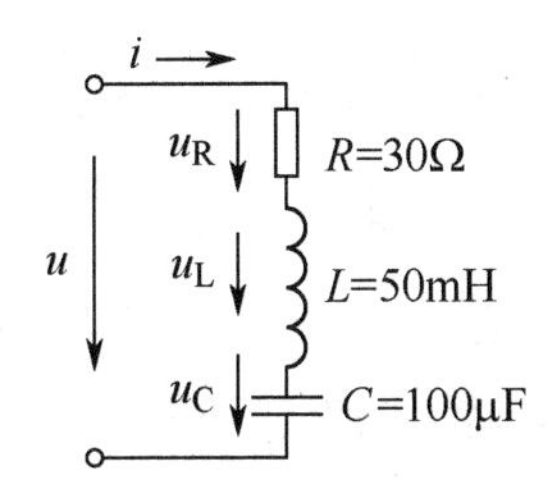

图 5-8-12　5.8 节计算题 2 图

阅读材料

交流电路中的实际元件电路模型

在前面的讨论中，我们对电路的三种基本元件电阻 R、电感线圈 L 和电容器 C 都是采用模型化理想元件处理的。用理想的电路模型，近似地反映实际电路元件，只考虑它们本身具有的主体特性，忽略其次要因素。

必须指出，理想元件只是实际电路元件在一定条件下的近似替代，并非实际元件本身。实际元件的性能往往很复杂，常受到多种因素的影响。在交流电路中，实际元件的性能会受到频率的影响，特别是在频率较高时，这种影响将会很大。下面我们分别加以讨论。

1. 导体的阻值

我们知道，导体对直流电和交流电都具有阻值。当直流电通过导体时，导体横截面上各处的电流分布是均匀的，即电流密度处处相等。但交流电通过导体时，其横截面上的电流分布则不均匀：越靠近中心，电流密度越小；越靠近表面，电流密度越大，这种现象称为**趋肤效应**。

由于趋肤效应，电流大部分集中在导体表面，而中心的电流很小，相当于减小了导体的有效横截面积，也就增大了阻值。由于趋肤效应随着频率的升高而显著，因此同一导体对不同频率的交流电的阻值也不同。通常，我们把导体的直流电阻称为欧姆电阻，而称交流电的电阻为有效电阻。有效电阻随着频率的升高而增大。

对于工频交流电，趋肤效应并不显著，可近似认为有效电阻与欧姆电阻相等。但在高频电路中，电流几乎都集中在导体表面一层通过，导体中心部分电流近似等于零，此时导体的有效电阻比欧姆电阻大许多倍。为了有效地利用导电材料，在一些高频电路中常采用空心导体或表面镀银的方法。

2. 电感线圈

一个阻值不可忽略的实际电感线圈，在低频交流电路中，常等效为电阻与纯电感串联的元件，如图 5-8-13（a）所示。在直流电路中，由于纯电感对直流电相当于短路，因此可把它等效为电阻，如图 5-8-13（b）所示。在高频交流电路中，线圈的阻值和感抗都有很大变化：阻值除因趋肤效应要增大外，还会因线圈相近线匝间同方向电流所产生的磁场影响，产生邻近效应而使导体中的电流分布更加不均匀，使有效电阻增大更为显著。此外，在高频条件下，线圈的线匝间存在的分布电容也不可忽略，其等效电路如图 5-8-13（c）所示。

3. 电容器

理想电容器极板间的电介质是完全绝缘的，极板间没有电流通过。实际的电容器极板间的电介质不可能做到完全绝缘，在电压作用下，总有些漏电流通过，从而产生功率损耗。此外，在交变电压作用下，电容器极板间的电介质会交变极化而产生热损耗，这种热损耗将随着频率的升高而增大。因此，一个实际电容器可用一个电阻 R 与电容的并联电路来等效代替，如图 5-8-14 所示。可认为漏电流从电阻 R 上通过。

综上所述，我们所学的理想元件只是在一定条件下近似地替代实际元件。

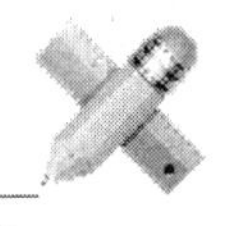

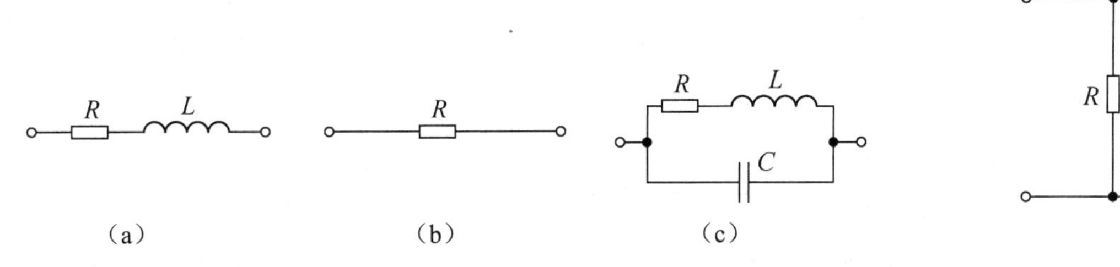

图 5-8-13　实际电感线圈在不同频率下的等效电路

R
C

图 5-8-14　实际电容器的等效电路

5.9　串联谐振电路

验证串联谐振电路

知识授新

在 RLC 串联交流电路中，电抗 X 决定了电路的性质。$X>0$，是感性电路；$X<0$，是容性电路；$X=0$，是阻性电路，电压与电流同相，这是本节要研究的串联谐振电路。

1．谐振现象

实验过程与实验现象：在图 5-9-1（a）所示的实验电路中，在保持电源电压有效值一定的前提下，调节电源频率，使它由低逐渐升高，我们将观察到灯泡 HL 由暗逐渐变亮。当电源频率升高到某一数值时，灯泡最亮。继续升高电源频率，灯泡又由亮逐渐变暗。

将上述实验中的电容器换成可变电容器，如图 5-9-1（b）所示。让电源的电压大小及频率保持某一适当值，调节可变电容器，使其电容由小逐渐变大，灯泡由暗逐渐变亮，当电容增大到某一值时，灯泡最亮。继续增大电容，灯泡又由亮逐渐变暗。

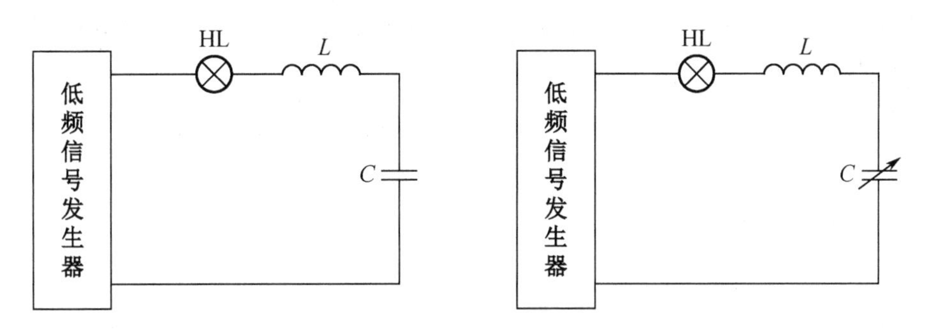

图 5-9-1　串联谐振实验电路

实验结论：灯泡最亮时，说明 RLC 串联交流电路中的总阻抗最小，电流最大。

在 RLC 串联交流电路中，当电路中电源电压的频率 f、电路的参数 L 和 C 满足一定的条件，恰好使感抗和容抗大小相等，即 $X_L=X_C$ 时，电路中的电抗为零，$X=X_L-X_C=0$。电路出现的这种现象称为谐振现象。

2．谐振条件与谐振频率

（1）串联谐振条件。

RLC 串联交流电路发生谐振的条件是电路的电抗为零，即

$$X = X_L - X_C = 0 \quad 或 \quad \omega L = \frac{1}{\omega C}$$

阻抗角为

$$\varphi = \varphi_{ui} = \arctan\frac{X}{R} = 0$$

此时，电路中的电流和电源电压同相。在 RLC 串联交流电路中，电压与电流的参考方向相同的情况下，电路端电压与电流同相的这种现象称为串联谐振。在工程技术中，对工作在谐振状态下的 RLC 串联或并联交流电路常称为谐振回路。

（2）串联谐振频率。

如果电感 L 和电容 C 是固定不变的，则改变电源频率可使电路谐振。令谐振角频率为 ω_0，频率为 f_0，则

$$\omega_0 L = \frac{1}{\omega_0 C} \Rightarrow \omega_0^2 LC = 1$$

所以，谐振角频率和谐振频率分别为

$$\omega_0 = \frac{1}{\sqrt{LC}}; \quad f_0 = \frac{1}{2\pi\sqrt{LC}}$$

式中，L——电感，单位为 H；

C——电容，单位为 F；

ω_0——谐振角频率，单位为 rad/s；

f_0——谐振频率，单位为 Hz。

谐振角频率 ω_0 和谐振频率 f_0 仅由电路参数 L 和 C 决定，与阻值 R 无关，它反映了电路本身的固有性质。当电路的参数确定之后，对应的 ω_0 和 f_0 都有确定的值，分别称为电路的固有角频率和固有频率。电路发生谐振时，外加电源的频率必须等于电路的固有频率。

当电源的频率固定不变时，**可以改变电容或电感使电路谐振，调节电感或电容使电路谐振的过程称为调谐**，其计算公式分别为

$$L_0 = \frac{1}{\omega_0^2 C}\ （调节电感）；\quad C_0 = \frac{1}{\omega_0^2 L}\ （调节电容）$$

3. 串联谐振电路的特点

（1）谐振时，总阻抗最小，总电流最大。

此时，电路的电抗 X=0，感抗等于容抗，其阻抗表现为阻性，且阻抗为最小值：

$$|Z| = \sqrt{R^2 + X^2} = R$$

在外加电压一定时，谐振电流达到最大值，即

$$I_0 = \frac{U}{R}$$

这时，电路中的电流和外加电压同相，电路中电流的大小取决于阻值的大小，R 越小，电流越大。

（2）谐振时，感抗等于容抗，等于电路的特性阻抗。

谐振时，电路的电抗为零，但是感抗和容抗都不为零，此时电路的感抗或容抗叫作谐振电路的特性阻抗，用字母 ρ 表示，即

$$\rho=\omega_0 L=\frac{1}{\omega_0 C}=\frac{L}{\sqrt{LC}}=\sqrt{\frac{L}{C}}$$

式中，ρ——特性阻抗，单位为Ω。

ρ 的大小由电路参数 L、C 决定，而与谐振频率无关。ρ 是衡量电路特性的一个重要参数。

（3）谐振时，电感线圈两端电压等于电容器两端电压，等于总电压的 Q 倍。

各元件谐振时两端的电压为

$$U_{\mathrm{R}}=I_0 R=\frac{U}{R}R=U$$

$$U_{\mathrm{L}}=I_0 X_{\mathrm{L}}=\frac{\omega_0 L}{R}U=\frac{\rho}{R}U$$

$$U_{\mathrm{C}}=I_0 X_{\mathrm{C}}=\frac{1}{\omega_0 CR}U=\frac{\rho}{R}U$$

若令

$$Q=\frac{\omega_0 L}{R}=\frac{1}{\omega_0 RC}$$

则

$$U_{\mathrm{L}}=U_{\mathrm{C}}=QU$$

谐振时，电路中电感线圈（或电容器）的无功功率与电路的有功功率之比，或者电路中的感抗（或容抗）即串联谐振电路的特性阻抗 ρ 与电路阻值之比，定义为串联谐振回路的品质因数，用 Q 表示，即

$$Q=\frac{\rho}{R}=\frac{\omega_0 L}{R}=\frac{1}{\omega_0 RC}=\frac{1}{R}\sqrt{\frac{L}{C}}$$

式中，ω_0——谐振角频率，单位为 rad/s；

L——电感，单位为 H；

C——电容，单位为 F；

ρ——特性阻抗，单位为Ω；

Q——品质因数，单位为 I（一）。

Q 的大小由电路参数 R、L、C 决定。

谐振时，电阻上的电压等于电源电压，电感线圈和电容器上的电压等于电源电压的 Q 倍。**当 Q>>1 时，$U_{\mathrm{L}}=U_{\mathrm{C}}>>U$，故串联谐振又称电压谐振。**

电路的 Q 一般在 50～200 之间，高质量回路的 Q 在 200～500 之间，甚至大于 500。因此，即使外加电压不高，在谐振时，电路元件上的电压仍可能很高。如果电压过高，则可能损坏电感线圈或电容器，所以必须注意到元件的耐压问题。在电力工程上要想方设法避免发生串联谐振，但是在无线电技术中，常常利用串联谐振获得较高的输出电压，**以实现选频**。

4. 串联谐振电路的选择性与通频带

（1）串联谐振电路的谐振曲线。

对于一个 RLC 串联交流电路，当外加电压的频率变化时，电路中的电流、电压、阻抗等都将随频率变化，这种随频率变化的关系，称为频率特性。其中，表明电流、电压与频率关

系的曲线称为谐振曲线。图 5-9-2（a）、（b）所示为电抗和阻抗随频率变化的曲线。

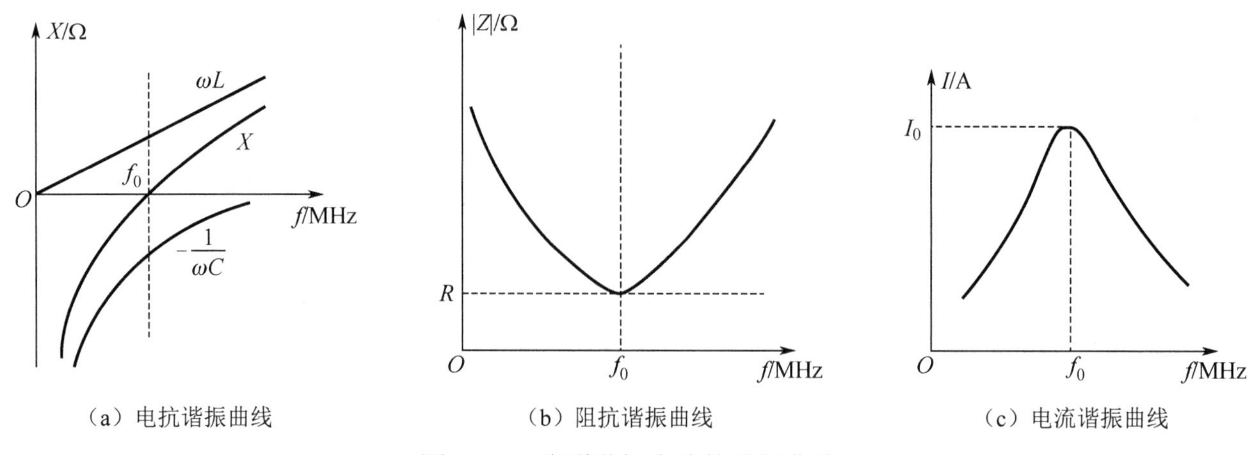

（a）电抗谐振曲线　（b）阻抗谐振曲线　（c）电流谐振曲线

图 5-9-2　串联谐振电路的谐振曲线

由于电抗 X 随频率 f 变化，所以阻抗 $|Z|$ 也随 f 变化，导致电路电流有效值的大小随 f 变化。在串联谐振电路中，电流有效值的大小随电源频率变化的曲线称为串联谐振电路的电流谐振曲线，如图 5-9-2（c）所示。

从图 5-9-2（c）中可以看出，当 $f=f_0$ 时，回路电流达到最大值，当 f 偏离 f_0 时，由于电抗 X 增大，阻抗 $|Z|$ 增大，电流减小；f 偏离 f_0 越远，电流减小越多。电流谐振曲线表明，由于串联谐振电路的谐振特性，它对 f_0 附近的频率产生的电流很大，对远离 f_0 的频率产生的电流却很小，表明串联谐振电路对不同频率的信号具有不同的响应，这种响应说明串联谐振电路具有选择所需频率信号的能力，即能把 f_0 附近的无线电信号选择出来，同时把远离 f_0 的频率成分加以削弱和抑制。这种从多个信号源中选择有用信号而抑制干扰信号的能力称为电路的选择性。所以串联谐振电路可用作选频电路。

（2）串联谐振电路的选择性。

品质因数 Q 是衡量串联谐振电路性能优劣的一个重要指标，它对电流谐振曲线有很大的影响。Q 不同，谐振曲线的形状也不同，从中可以看出串联谐振电路的质量好坏。

理论和实验证明，电流随频率变化的关系满足

$$I(f)=I_0\frac{1}{\sqrt{1+Q^2\left(\frac{f}{f_0}-\frac{f_0}{f}\right)^2}}$$

根据上式，选取不同的 Q，做出一组谐振曲线，如图 5-9-3 所示。由图 5-9-3 可见，Q 越大，曲线越尖锐；Q 越小，曲线越趋于平坦。当 Q 较大时，频率偏离谐振频率，电流从谐振时的极大值急剧下降，电路对非谐振频率下的电流有较强的抑制能力（对于非谐振频率，阻抗 $|Z|>R$，电流减小）。因此，Q 越大，电路的选择性越好；反之，Q 很小，频率偏离了谐振频率，电流变化不大，那么电路的选择性就很差了。在无线电通信技术中，常常利用串联（或并联）谐振电路，从多个不同频率的信号中，选出所需的信号。

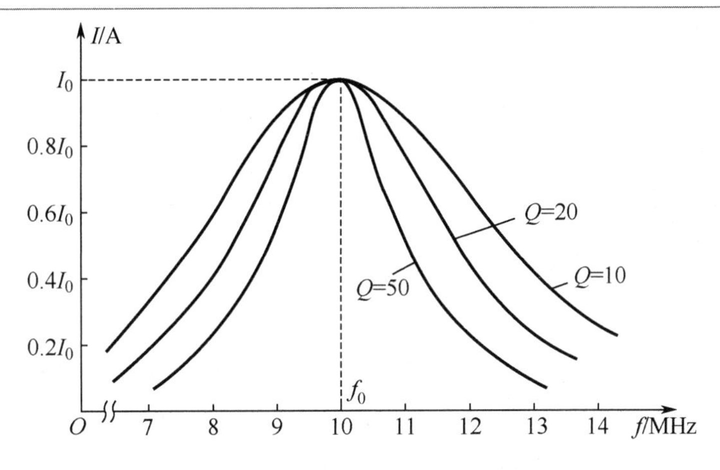

图 5-9-3　品质因数与电路选择性的关系

（3）串联谐振电路的通频带。

在电台或电视台播放的音乐节目中，既有高音，又有中音和低音，要有一定的频率范围（20Hz～20kHz）。无线电所传输的信号也要占有一定的频率范围。如果谐振电路的 Q 过大，曲线过于尖锐，就会过多地削弱所要接收信号的频率成分，因此 Q 不能太大。既要考虑到电路选择性的优劣，又要考虑到一定频率范围内电路允许信号通过的能力。规定在谐振曲线上，$I \geqslant \frac{I_0}{\sqrt{2}}$（0.707）所包含的频率范围叫作电路的通频带，用 BW 表示，通频带的边界频率为 f_2 和 f_1，分别称为上限截止频率和下限截止频率，如图 5-9-4 所示。

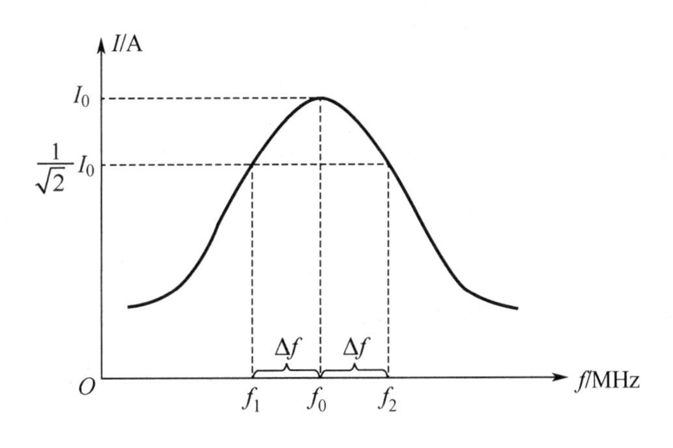

图 5-9-4　通频带

$$\mathrm{BW} = f_2 - f_1 = 2\Delta f\text{；}\quad \Delta f = f_2 - f_0 = f_0 - f_1$$

理论和实验证明，通频带 BW、谐振频率 f_0、品质因数 Q 三者之间的关系为

$$\mathrm{BW} = \frac{f_0}{Q}$$

式中，f_0——谐振频率，单位为 Hz；

Q——品质因数，单位为 I；

BW——通频带，单位为 Hz。

通频带与电路选择性的关系：从上式可以看出，通频带与品质因数 Q 成反比；Q 越大，谐振曲线越尖锐，通频带越窄，电路的选择性就越强。所以，从电路的选择性观点出发，希望品质因数尽可能大。但是从电路通过一个信号尽可能减小幅度失真的观点出发，又要求电

流谐振曲线较为平坦，也就是要求 Q 不要太大。所以，提高串联谐振电路的选择性和减小幅度失真之间是存在矛盾的。因此，品质因数 Q 的选择应该保证信号通过电路后的幅度失真不超过允许的范围，在这个前提下，尽可能提高电路的选择性。

5. 串联谐振电路的应用

在收音机电路中，常常利用串联谐振电路选择所要收听的电台信号，这个过程叫作调谐，下面研究调谐的原理。

收音机通过接收天线，接收到各种频率的电磁波，每种频率的电磁波都要在天线回路中产生相应的感应电动势，使闭合回路产生相应的感应电流。收音机中最简单的接收调谐回路如图 5-9-5（a）所示。天线接收到的信号经 L_1 耦合到 L_2、C 回路，在 L_2、C 回路中感应出与各种不同频率相应的电动势 $e_1,e_2,\cdots,e_n$，如图 5-9-5（b）所示，所有这些电动势都是和 L_2、C 回路串联的，因此调谐回路是串联谐振电路。

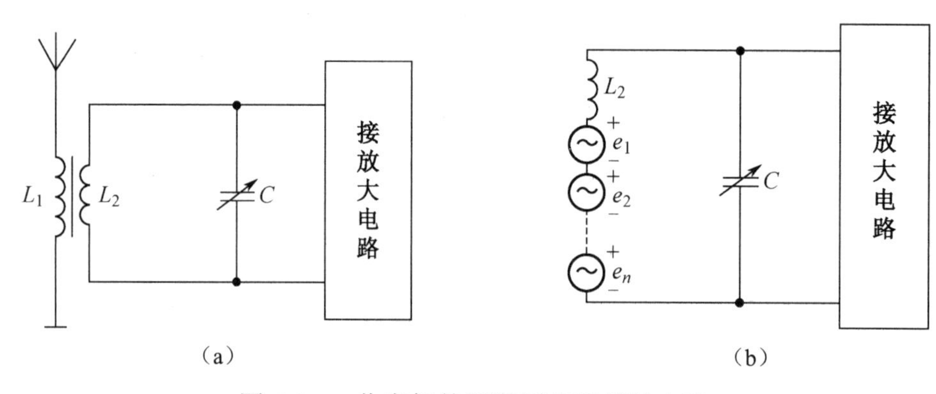

图 5-9-5　收音机的调谐原理及等效电路

当调节可变电容器的电容 C 时，使电路与某频率（如 f_2）发生谐振，电路中频率为 f_2 的电流达到最大值，同时电容器两端频率为 f_2 的电压也就最高。这样接收到频率为 f_2 的信号最强，其他各种频率的信号偏离了电路的固有频率，不能发生谐振，电流很小，被调谐回路抑制掉。可见，收音机的调谐回路具有辨识能力，只让所需的谐振频率 f_2 及通频带范围之内的信号进入。当调节可变电容器的电容时，使电路和某频率（如 f_1）发生谐振，该频率的电流又达到最大值，电容器两端的输出信号最强，f_1 的信号被选中，其他频率的信号被抑制掉，这样就达到了选择电台的目的。

例题解析

【例 1】在 RLC 串联谐振电路中，L=30μH，C=211pF，R=2Ω，交流电压的有效值 U=1mV，试求：（1）电路的谐振频率 f_0。（2）谐振时电路中的电流。（3）电路的品质因数 Q。（4）电容器上的电压 U_C。

【解答】（1）电路的谐振频率为

$$f_0=\frac{1}{2\pi\sqrt{LC}}=\frac{1}{2\times3.14\times\sqrt{30\times10^{-6}\times211\times10^{-12}}}\approx2\text{MHz}$$

（2）谐振时，电流为

$$I_0=\frac{U}{R}=\frac{1\times10^{-3}\text{V}}{2\Omega}=0.5\text{mA}$$

（3）电路的品质因数为

$$Q=\frac{1}{R}\sqrt{\frac{L}{C}}=\frac{1}{2}\sqrt{\frac{30\times10^{-6}}{211\times10^{-12}}}=188.5$$

（4）电容器两端的电压是电源电压的 Q 倍，即

$$U_{\text{C}}=QU=188.5\times1\times10^{-3}=0.189\text{V}$$

【例 2】某晶体管收音机的输入回路是一个 RLC 串联谐振电路，已知电路的品质因数 Q=50，L=310μH，电路调谐于 600kHz，信号在线圈中的感应电压为 1mV。同时，有一频率为 540kHz 的电台在线圈中的感应电压为 1mV。试求二者在电路中产生的电流。

【解答】由于电路已对 600kHz 信号谐振，故 600kHz 信号产生的电流为

$$I_0=\frac{U}{R}$$

因为 $R=\dfrac{\omega_0 L}{Q}$，所以

$$I_0=\frac{UQ}{\omega_0 L}=\frac{1\times10^{-3}\times50}{6.28\times600\times10^{3}\times310\times10^{-6}}=42.8\mu\text{A}$$

频率为 540kHz 的信号产生的电流为

$$I\approx\frac{I_0}{\sqrt{1+\left(Q\dfrac{2\Delta f}{f_0}\right)^2}}=\frac{42.8}{\sqrt{1+\left(50\dfrac{120}{600}\right)^2}}\approx4.28\mu\text{A}$$

本例题表明，电路对频率具有选择性，感应电压完全相同的两个信号在电路中产生的电流相差 10 倍。说明该电路的选择性是很好的。

【例 3】在 RLC 串联谐振电路中，谐振频率 f_0 为 700kHz，电容为 0.002μF，通频带 BW 为 10kHz，试求电路的品质因数 Q 和阻值 R。

【解答】由通频带 BW 与品质因数 Q 之间的关系式 $\text{BW}=\dfrac{f_0}{Q}$ 可知，品质因数为

$$Q=\frac{f_0}{\text{BW}}=\frac{700\times10^{3}}{10\times10^{3}}=70$$

由于

$$Q=\frac{\rho}{R}=\frac{X_{\text{C}}}{R}=\frac{1}{R\omega C}$$

所以电路的阻值为

$$R=\frac{1}{Q\omega C}=\frac{1}{70\times2\times3.14\times700\times10^{3}\times0.002\times10^{-6}}\approx1.63\Omega$$

▲**【例 4】**一台两波段的无线电收音机能接收到的波段和频率范围是：中波从 f_1=535kHz 至 f_2=1605kHz；短波从 f_3=4MHz 至 f_4=12MHz。如果调谐回路里的可变电容器的最大电容 C_1=360pF，问：

（1）这个可变电容器的最大电容和最小电容的比值应是多少？最小电容 C_2 是多少时才正好使调谐接收覆盖每个波段？

（2）这台收音机的中波、短波的调谐线圈的电感各是多少？

（3）中波段和短波段所能接收的电磁波波长范围是多少？

【解答】（1）因为 $f=\dfrac{1}{2\pi\sqrt{LC}}$，所以当 L 不变时，$f\sqrt{C}$ =常量，于是电容器的最大电容 C_1 和最小电容 C_2 的比值为

$$\frac{C_1}{C_2}=\left(\frac{f_2}{f_1}\right)^2=\left(\frac{1605\times10^3}{535\times10^3}\right)^2=9$$

所以

$$C_2=\frac{C_1}{9}=\frac{360\times10^{-12}}{9}=40\text{pF}$$

对短波段而言，同理可得

$$\frac{C_1}{C_2}=\left(\frac{f_4}{f_3}\right)^2=\left(\frac{12\times10^6}{4\times10^6}\right)^2=9$$

所以最小电容 C_2 是 40pF。

（2）因为 $f=\dfrac{1}{2\pi\sqrt{LC}}$，所以可变电容器的最大电容 C_1 应对应低端频率 f_1，故中波段调谐线圈的电感为

$$L_{中}=\frac{1}{4\pi^2 f_1^2 C_1}=\frac{1}{4\pi^2\times(535\times10^3)^2\times360\times10^{-12}}\approx0.25\text{mH}$$

短波段调谐线圈的电感为

$$L_{短}=\frac{1}{4\pi^2 f_3^2 C_1}=\frac{1}{4\pi^2\times(4\times10^6)^2\times360\times10^{-12}}\approx4.4\mu\text{H}$$

（3）因为电磁波波长与频率的关系为 $\lambda=\dfrac{c}{f}$，c =3×10^{8}m/s，为电磁波在真空中的传播速度，所以与频率 f_1、f_2、f_3、f_4 相对应的波长分别为

$$\lambda_1=\frac{c}{f_1}=\frac{3\times10^8}{535\times10^3}\approx560\text{m}；\quad \lambda_2=\frac{c}{f_2}=\frac{3\times10^8}{1605\times10^3}\approx187\text{m}$$

$$\lambda_3=\frac{c}{f_3}=\frac{3\times10^8}{4\times10^6}=75\text{m}；\quad \lambda_4=\frac{c}{f_4}=\frac{3\times10^8}{12\times10^6}=25\text{m}$$

也就是说，中波段所能接收的电磁波波长范围为 187～560m；短波段所能接收的电磁波波长范围为 25～75m。

同步练习

一、填空题

1．在某串联谐振电路中，谐振频率为 1000kHz，电容为 0.005μF，通频带为 20kHz，则

串联谐振电路中的阻值为________Ω。

2．一个 RLC 串联交流电路谐振时，外加电压的有效值为 10V，品质因数为 50，则电容器的耐压应不低于________V。

3．在 RLC 串联谐振电路中，总电压 U=2V，阻值 R=10Ω，电感 L=10mH，测得电容器两端电压 U_C=100V，则电路的特性阻抗为________。

4. RLC 串联谐振电路的特征是：电路阻抗________，其值为$|Z|=R$，当电压一定时，________最大，电容器及电感线圈两端电压为电源电压的________倍，故串联谐振又称________。

5．RLC 串联谐振电路接到电压 U=10V，$\omega=10^4$rad/s 的电源上，调节电容 C 使电路中的电流达到最大值 100mA，此时测得电容器上的电压为 600V，则 R=________，C=________，电路的品质因数 Q=________。

6．在图 5-9-6 所示的串联谐振电路中，已知信号源电压的有效值 E=1V，频率为 1MHz，现调节电容 C 使电路达到谐振，电流 I_o=0.1A，电容器的端电压 U_C=100V，则 R=________Ω，L=________H，C=________pF，电路的品质因数 Q=________。

7．在图 5-9-7 中，已知 C_1=200PF，L_1=40μH，L_2=160μH，当两回路同时发生谐振时，C_2=________。（L_1 和 L_2 之间存在弱耦合）

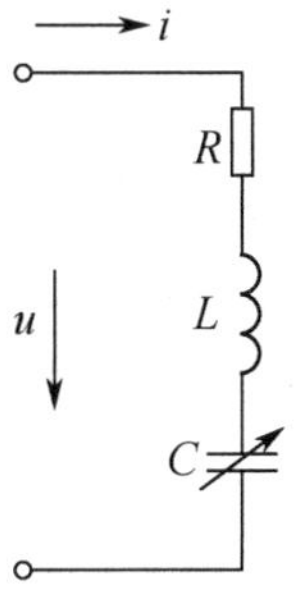

图 5-9-6 5.9 节填空题 6 图

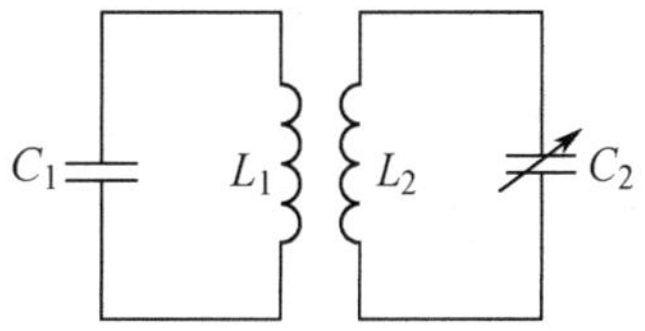

图 5-9-7 5.9 节填空题 7 图

8．电路的品质因数 Q 是标志________的重要指标。Q 越大，谐振曲线越________，选择性越________，通频带越________。

二、单项选择题

1．某收音机的调谐回路的品质因数 Q=78，当回路输入的信号电压为 2μV 时，其输出电压为（ ）。

A．39μV　　B．80μV

C．156μV　　D．76μV

2．在 RLC 串联交流电路中，当电源频率为 1kHz 时，电路发生谐振。现将电源频率调到 800Hz，电压有效值不变，则电流 I 将（ ）。

A．变大　　B．变小

C．不变　　D．不一定

3．关于 RLC 串联谐振电路，下列说法不正确的是（　　）。

A．品质因数越大，通频带越窄

B．总电压和总电流相位相同

C．电感线圈、电容器和电阻上的电压都相同，都等于总电压的 Q 倍

D．阻抗最小，电流最大

4．RLC 串联交流电路发生谐振时，谐振频率（　　）。

A．只与 R、L 有关　　B．只与 R、C 有关

C．只与 R 有关　　D．只与 L、C 有关

5．在图 5-9-8 中，当交流电流的有效值不变，而频率升高一倍时，V_1、V_2、V_3三个电压表的示数变化依次是（　　）。

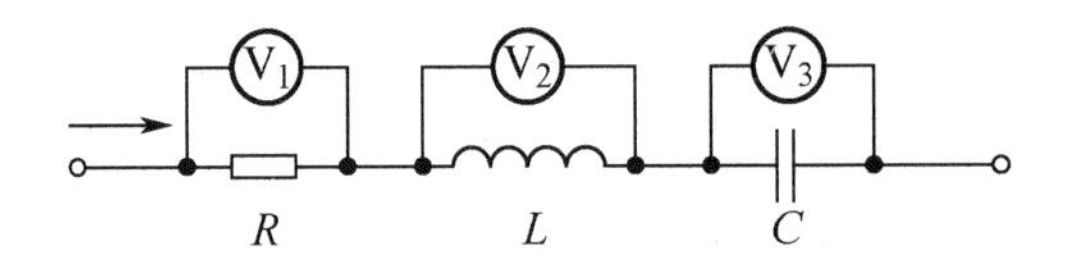

图 5-9-8　5.9 节单项选择题 5 图

A．不变、不变、不变

B．增大一倍、增大一倍、减小一半

C．不变、减小一半、增大一倍

D．不变、增大一倍、减小一半

6．要使 RLC 串联交流电路的谐振频率减小，采用的方法是（　　）。

A．在线圈中取出铁芯

B．减少线圈的匝数

C．减小电容器极板间的有效面积

D．减小电容器极板间的距离

三、计算题

在 RLC 串联交流电路中，已知 R=50Ω，L=4mH，C=160pF，外加电压 U=25V，当电路发生谐振时，求：

（1）谐振频率 f_0。

（2）电路中的电流 I_0。

（3）品质因数 Q。

（4）谐振时电容器两端电压 U_C。

四、综合题

▲在图 5-9-9（a）所示的 RLC 串联交流电路中，已知信号源的频率为 5.035kHz 时电路发生谐振，峰峰值为 $4V_{PP}$，电感为 1mH，电容为 1μF，阻值为 1Ω。

（1）已知 A 点（信号源）的波形，请在图 5-9-9（b）中画出 B 点的波形。

（2）如果信号源的频率改变为 3kHz，问电路呈现什么性质？

（3）在图 5-9-9（c）中画出频率为 3kHz 时 B 点的波形。

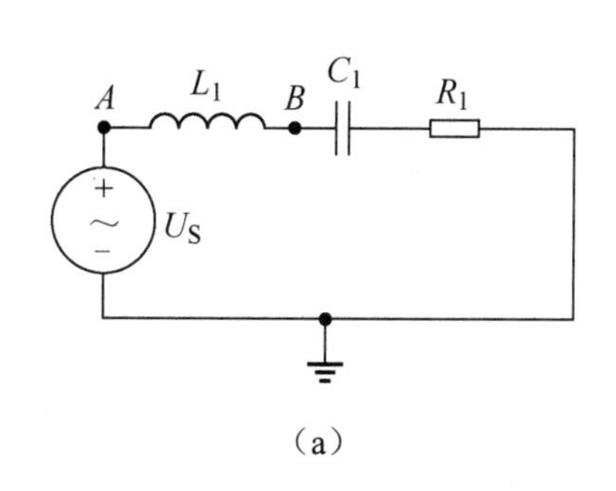

（a）

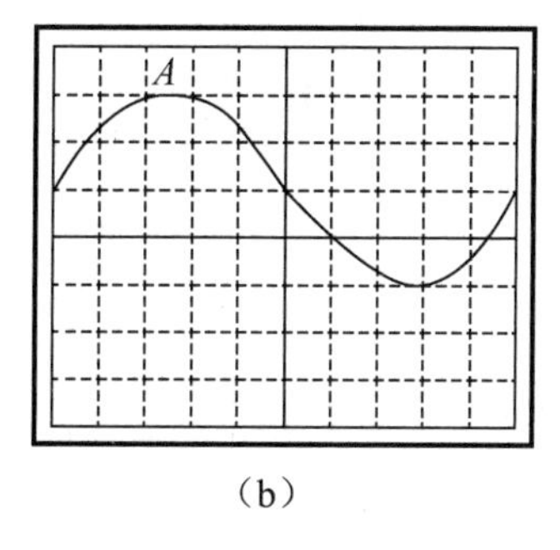

（b）

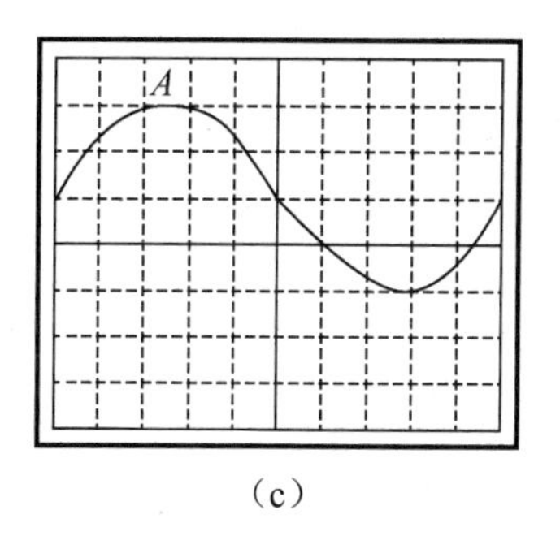

（c）

图 5-9-9　5.9 节综合题图

5.10　实际线圈与电容并联电路

验证并联交流电路

知识授新

并联交流电路的分析方法：并联交流电路中各元件**承受同一电压**，电压相同，所以选择电压为参考量来分析各支路电流与总电流的关系、阻抗与总阻抗的关系、功率与总功率的关系。

1. RL 并联交流电路

（1）RL 并联交流电路电压、电流的数量关系。

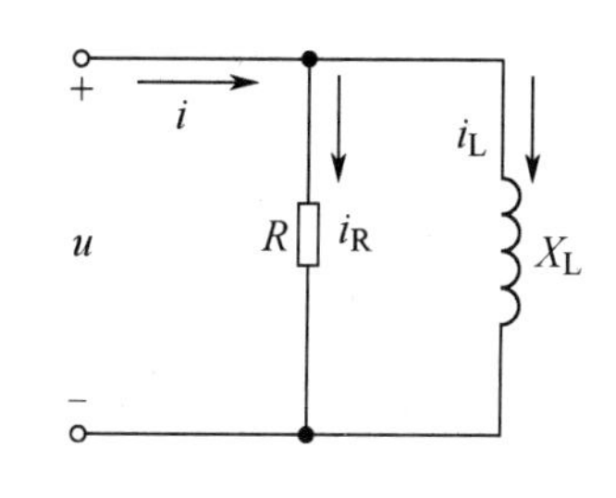

图 5-10-1　RL 并联交流电路

在图 5-10-1 中，设 $u = U_m \sin\omega t$V，则流过电阻的电流为

$$i_R = \frac{U_m}{R}\sin\omega t\text{A}$$

流过电感线圈的电流为

$$i_L = \frac{U_m}{X_L}\sin\left(\omega t - \frac{\pi}{2}\right)\text{A}$$

根据 KVL，电路的总电流和与之对应的相量关系为

$$i = i_R + i_L \Rightarrow \dot{I} = \dot{I}_R + \dot{I}_L$$

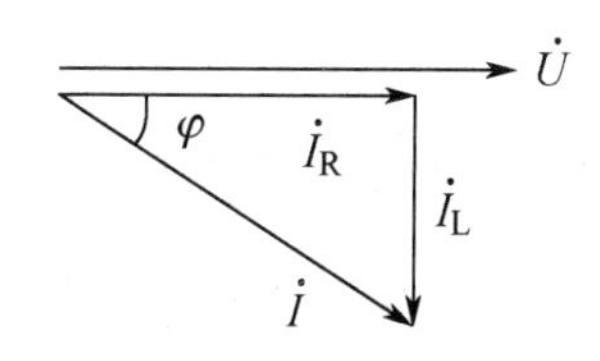

图 5-10-2　RL 并联交流电路电流三角形

定性画出电压与电流的相量图，如图 5-10-2 所示，由相量图可得如下结论。

① $\dot{I}_R$、$\dot{I}_L$、$\dot{I}$ 构成一个电流三角形（**矢量三角形**）。

② 各电流的数量关系为

$$I = \sqrt{I_R^2 + I_L^2} \quad 或 \quad I^2 = I_R^2 + I_L^2$$

③ 相位关系为电压超前总电流 φ 角度，电路呈感性，即

$$\varphi = \varphi_{ui} = \arctan\frac{I_L}{I_R}，\quad 0 < \varphi < \frac{\pi}{2}$$

④ 总电流与各分电流的数量关系为

$$\begin{cases} I_{\mathrm{R}} = I\cos\varphi \\ I_{\mathrm{L}} = I\sin\varphi \end{cases}$$

⑤ 由电流三角形得到功率因数的关系式为

$$\cos\varphi = \frac{I_{\mathrm{R}}}{I}$$

（2）RL 并联交流电路的功率关系。

将电流三角形的三边同时乘以电压 U，求得另一相似三角形，即功率三角形，如图 5-10-3 所示。

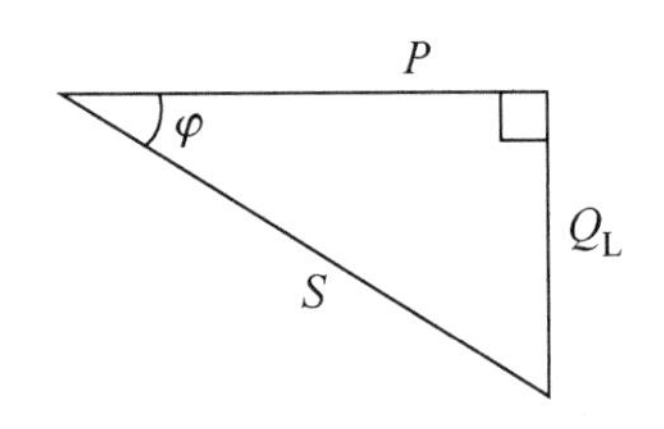

图 5-10-3　RL 并联电路功率三角形

① 有功功率为

$$P = UI_{\mathrm{R}} = I_{\mathrm{R}}^{\ 2}R = \frac{U^2}{R} = S\cos\varphi$$

② 无功功率为

$$Q = UI_{\mathrm{L}} = I_{\mathrm{L}}^{\ 2}X_{\mathrm{L}} = \frac{U^2}{X_{\mathrm{L}}} = S\sin\varphi$$

③ 视在功率为

$$S = UI = I^2|Z| = \frac{U^2}{|Z|} = \sqrt{P^2 + Q^2}$$

④ 阻抗角为

$$\varphi = \varphi_{\mathrm{ui}} = \arctan\frac{Q_{\mathrm{L}}}{P}，\quad 0 < \varphi < \frac{\pi}{2}$$

⑤ 功率因数为

$$\cos\varphi = \frac{P}{S} = \frac{I_{\mathrm{R}}}{I}$$

⑥ 整个电路呈现的交流阻抗为

$$|Z| = \frac{U}{I}$$

（3）RL 并联交流电路的导纳关系。

将电流三角形三边同时除以电压 U，求得另一相似三角形，即导纳三角形。由于此内容不在教学大纲之列，故此处不再展开介绍。

2. RC 并联交流电路

由于 RC 并联交流电路与 RL 并联交流电路高度对偶，读者完全可以自主分析，故此处不再展开介绍。

3. RLC 并联交流电路

（1）RLC 并联交流电路电压、电流的数量关系。

在图 5-10-4 中，设 $u = U_{\mathrm{m}}\sin\omega t\mathrm{V}$，则流过电阻的电流为

$$i_{\mathrm{R}} = I_{\mathrm{Rm}}\sin\omega t\mathrm{A}$$

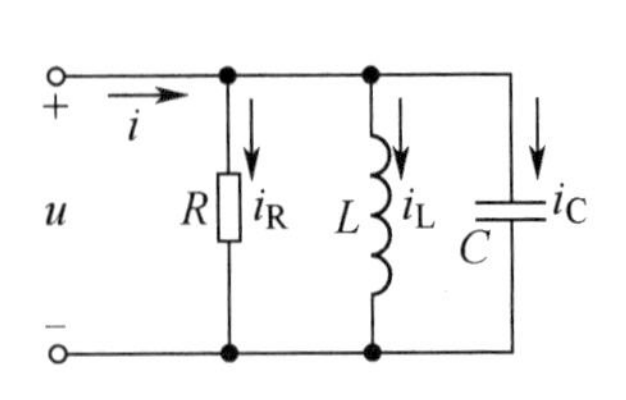

图 5-10-4　RLC 并联交流电路

流过电感线圈的电流为

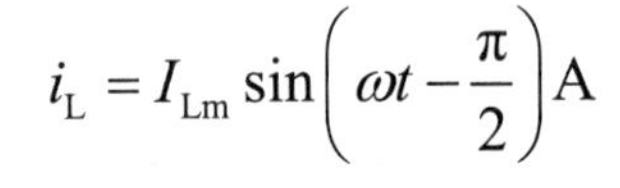

$$i_{\mathrm{L}} = I_{\mathrm{Lm}}\sin\left(\omega t - \frac{\pi}{2}\right)\mathrm{A}$$

电容支路的感应电流为

$$i_C = I_{Cm}\sin\left(\omega t + \frac{\pi}{2}\right)\text{A}$$

根据 KVL，电路的总电流和与之对应的相量关系为

$$i = i_R + i_L + i_C \Rightarrow \dot{I} = \dot{I}_R + \dot{I}_L + \dot{I}_C$$

在 $I_C>I_L$、$I_C<I_L$、$I_C=I_L$ 三种情况下，定性画出电压与电流的相量图，如图 5-10-5 所示。

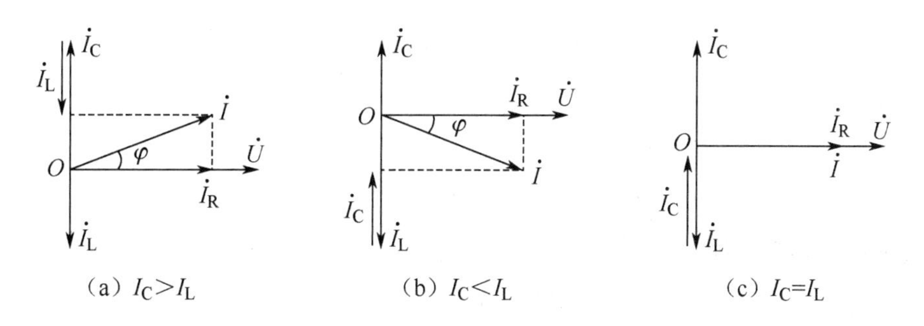

图 5-10-5　RLC 并联交流电路电压与电流的相量图

从图 5-10-5 可以看出，总电流 I 与 I_R、$|I_L-I_C|$构成一个直角三角形，即电流三角形，如图 5-10-6 所示。由电流三角形可得如下结论。

① 各电流的数量关系为

$$I = \sqrt{I^2{}_R + (I_L - I_C)^2} \quad \text{或} \quad I^2 = I^2{}_R + (I_L - I_C)^2$$

② 电压与总电流的相位差为

$$\varphi = \varphi_{ui} = \arctan\frac{I_L - I_C}{I_R}$$

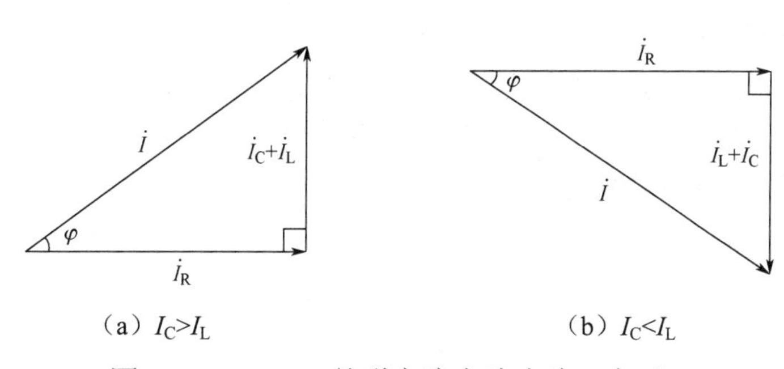

图 5-10-6　RLC 并联交流电路电流三角形

当 $I_C>I_L$ 时，$\varphi_{ui}<0$，总电流超前电压，电路呈容性；当 $I_C<I_L$ 时，$\varphi_{ui}>0$，电压超前总电流，电路呈感性；当 $I_C=I_L$ 时，$\varphi_{ui}=0$，电压与电流同相，电路呈阻性。

（2）RLC 并联交流电路的功率关系。

与 RLC 串联交流电路对偶，将 RLC 并联交流电路电流三角形的三边同时乘以电压 U，求得另一相似三角形，即功率三角形（请读者尝试自行画出）。

① 有功功率为

$$P = I_R{}^2 R = \frac{U^2}{R} = UI_R = S\cos\varphi$$

② 无功功率为

$$Q = Q_{\rm L} - Q_{\rm C} = U(I_{\rm L} - I_{\rm C}) = S\sin\varphi$$

③ 视在功率为

$$S = UI = I^2|Z| = \frac{U^2}{|Z|} = \sqrt{P^2 + Q^2}$$

④ 阻抗角为

$$\varphi = \varphi_{\rm ui} = \arctan\frac{Q}{P}$$

⑤ 功率因数为

$$\cos\varphi = \frac{P}{S} = \frac{I_{\rm R}}{I}$$

⑥ 整个电路呈现的交流阻抗为

$$|Z| = \frac{U}{I}$$

4. 实际线圈与电容并联电路分析

在实际生产和生活中，常常遇到实际线圈与电容并联电路，电路模型如图 5-10-7 所示。

【解法一】电路分析法。

由于各支路的阻抗不仅影响电流的大小，而且影响电流的相位。因此，求解这类问题时分两步进行，先按串联电路的规律分别对各支路进行分析、计算；然后根据并联电路的规律，用相量求和的方法计算总电流。

设图 5-10-7 所示电路的电压为

$$u = U_{\rm m}\sin\omega t \ {\rm V}$$

实际线圈支路的电流为

$$I_1 = \frac{U}{|Z_1|} = \frac{U}{\sqrt{R^2 + {X_{\rm L}}^2}}$$

该支路电流 i_1 滞后电压 φ_1 角度

$$\varphi_1 = \arctan\frac{X_{\rm L}}{R}$$

电容支路的电流为

$$I_2 = \frac{U}{X_{\rm C}}$$

超前电压 $\dfrac{\pi}{2}$。

根据 $\dot{I} = \dot{I}_1 + \dot{I}_2$，定性画出相量图，如图 5-10-8 所示，可依相量图求出各参量。

总电流为

$$I = \sqrt{(I_1\cos\varphi_1)^2 + (I_1\sin\varphi_1 - I_2)^2}$$

电压与总电流的相位差为

$$\varphi = \varphi_{\rm ui} = \arctan\frac{I_1\sin\varphi_1 - I_2}{I_1\cos\varphi_1}$$

电路的功率、功率因数、交流阻抗为

$$
\begin{cases}
P = I_1^{\ 2}R = \dfrac{U_R^{\ 2}}{R} = U_R I_1 = UI\cos\varphi = S\cos\varphi \\
Q = I_1^{\ 2}X_L - I_2^{\ 2}X_C = UI\sin\varphi = S\sin\varphi \\
S = UI = \sqrt{P^2+Q^2} = I^2|Z| \\
\cos\varphi = \dfrac{P}{S} \\
|Z| = \dfrac{U}{I}
\end{cases}
$$

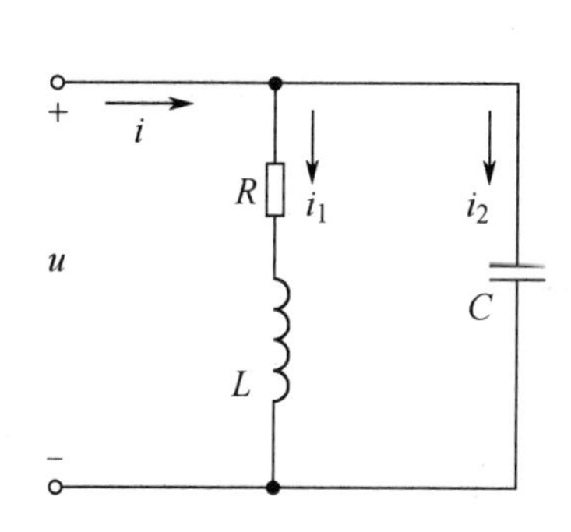

图 5-10-7　实际线圈与电容并联电路模型

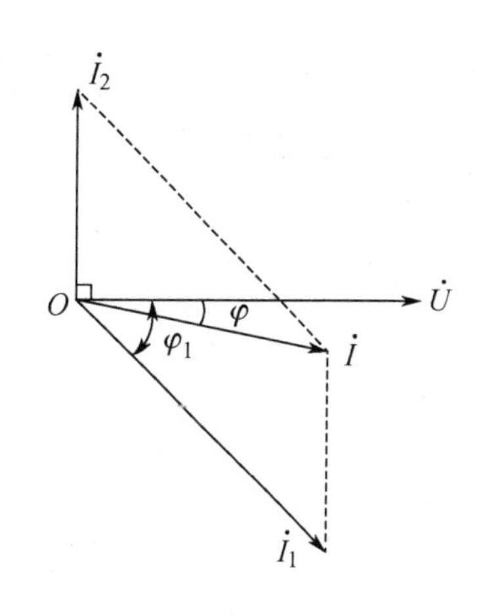

图 5-10-8　相量图

【解法二】无功功率补偿法。

无功功率补偿是指在同一个交流电路中，L、C 的连接关系无论是串联、并联还是混联，其无功功率 $Q=Q_L-Q_C$ 始终是成立的，电容器和电感线圈的无功功率始终是相互补偿的。在求解相对复杂的电路时，可利用无功功率补偿的原理和电路模型的等效理论，将整个电路视为一个整体，方便地求出 $I_总$、$P_总$、$Q_总$、$S_总$、$\cos\varphi$、$|Z|$等参量，解题过程如下。

各支路电流为

$$I_1 = \frac{U}{|Z_1|} = \frac{U}{\sqrt{R^2+X^2_{\ L}}}\text{；}\quad I_2 = \frac{U}{X_C}$$

各功率分别为

$$P_总 = P_R = I_1^{\ 2}R\text{；}\quad Q_L = I_1^{\ 2}X_L\text{；}\quad Q_C = I_2^{\ 2}X_C$$

$$Q = Q_总 = Q_L - Q_C\text{；}\quad S_总 = S = \sqrt{P^2+Q^2}$$

$Q>0$（感性）；$Q<0$（容性）；$Q=0$（阻性）。

总电流、总阻抗角、总功率因数、电路总阻抗分别为

$$I = \frac{S}{U}\text{；}\quad \varphi_{ui} = \arctan\frac{Q}{P}\text{；}\quad \cos\varphi = \frac{P}{S}\text{；}\quad |Z| = \frac{U}{I}$$

应当指出，在正弦交流电路中，任意一个节点上的电流瞬时值和相量都服从 KCL，即

$$
\begin{cases}
\sum i = 0 \\
\sum \dot{I} = 0
\end{cases}
$$

在正弦交流电路中的任意一个回路，沿其绕行一周，电压瞬时值和相量都服从KCL，即

$$\begin{cases}\sum u = 0\\ \sum \dot{U} = 0\end{cases}$$

例题解析

【例 1】在图 5-10-4 所示的 RLC 并联交流电路中，已知 R=40Ω，X_L=15Ω，X_C=30Ω，外加电压$u = 120\sqrt{2}\sin\left(100\pi t + \dfrac{\pi}{6}\right)$V 的电源，试求：（1）电路的 P、Q、S、φ_{ui}、$\cos\varphi$，并说明电路的性质。（2）总电流 I 和总阻抗$|Z|$。（3）各电流的解析式。

【解答】利用无功功率补偿法求解。

（1）$U = \dfrac{U_m}{\sqrt{2}} = \dfrac{120\sqrt{2}}{\sqrt{2}} = 120\text{V}$，$I_R = \dfrac{U}{R} = \dfrac{120}{40} = 3\text{A}$，$I_L = \dfrac{U}{X_L} = \dfrac{120}{15} = 8\text{A}$，$I_C = \dfrac{U}{X_C} = \dfrac{120}{30} = 4\text{A}$，则

$$P = I^2{}_R R = 3^2 \times 40 = 360\text{W}$$

$$Q = Q_L - Q_C = U(I_L - I_C) = 120 \times 4 = 480\,\text{var}$$

$$S = \sqrt{P^2 + Q^2} = \sqrt{360^2 + 480^2} = 600\text{VA}$$

阻抗角和功率因数为

$$\varphi_{ui} = \arctan\frac{I_L - I_C}{I_R} = \arctan\frac{4}{3} = 53.1°$$

$$\cos\varphi = \frac{P}{S} = \frac{360}{600} = 0.6$$

因为 $I_L > I_C$，所以电路呈感性。

（2）总电流为

$$I = \frac{S}{U} = \frac{600}{120} = 5\text{A}$$

总阻抗为

$$|Z| = \frac{U}{I} = \frac{120}{5} = 24\Omega$$

（3）电阻的 u、i 同相，$i_R = I_{Rm}\sin(\omega t + \varphi_u) = 3\sqrt{2}\sin\left(100\pi t + \dfrac{\pi}{6}\right)\text{A}$；

电感线圈的 u 超前 $i\dfrac{\pi}{2}$，$i_L = I_{Lm}\sin(\omega t + \varphi_u - \dfrac{\pi}{2}) = 8\sqrt{2}\sin\left(100\pi t - \dfrac{\pi}{3}\right)\text{A}$；

电容器的 i 超前 $u\dfrac{\pi}{2}$，$i_C = I_{Cm}\sin\left(\omega t + \varphi_u + \dfrac{\pi}{2}\right) = 4\sqrt{2}\sin\left(100\pi t + \dfrac{2\pi}{3}\right)\text{A}$；

因为总电流 i 滞后总电压 u φ_{ui} 角度，所以

$$i = I_m\sin(\omega t + \varphi_u - \varphi_{ui})\text{A} = 5\sqrt{2}\sin(100\pi t - 23.1°)\text{A}$$

【例 2】在图 5-10-9 中，已知 I_1=3A，I_2=3A，I_3=3A，外加电压的频率为 50Hz，初相 φ=0°。试用相量法求：

（1）在图 5-10-9（a）中，当两条支路的负载均为电阻时的总电流，并写出它的瞬时值解析式。

（2）在图 5-10-9（b）中，当一条支路的负载为电阻，另一条支路的负载为电感线圈时的总电流，并写出它的瞬时值解析式。

（3）在图 5-10-9（c）中，当一条支路的负载为电阻，另一条支路的负载为电容器时的总电流，并写出它的瞬时值解析式。

（4）在图 5-10-9（d）中，当三条支路的负载分别为 R、L、C 并联时的总电流，并写出它的瞬时值解析式。

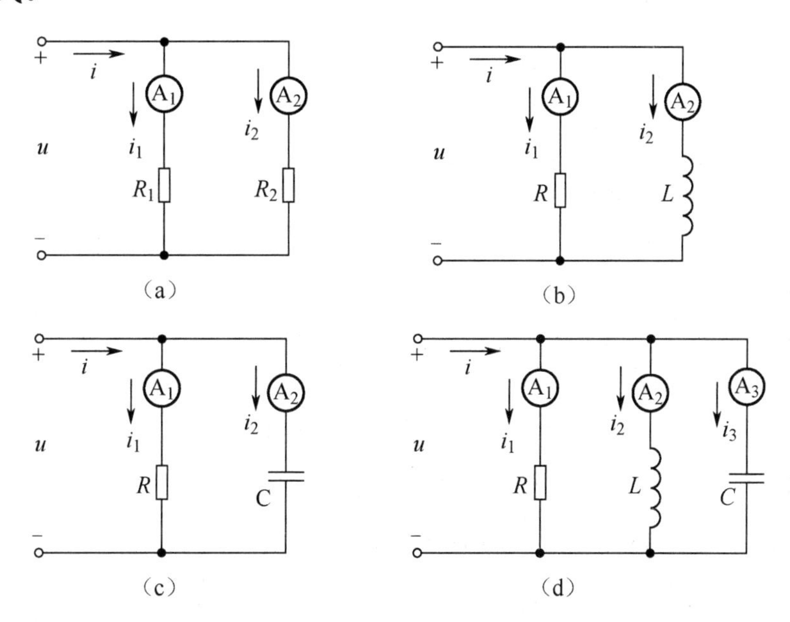

图 5-10-9　5.10 节例 2 图

【解答】已知 $\varphi_u = 0°$，$\omega = 100\pi\text{rad/s}$，画出图 5-10-9 所示电路的电压、电流的相量图，如图 5-10-10 所示。

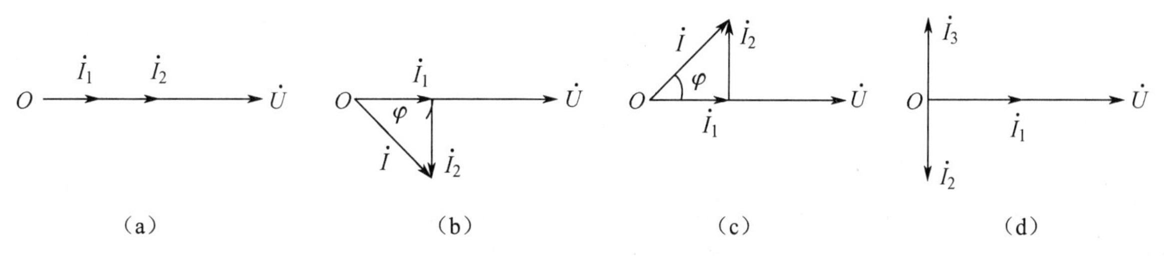

图 5-10-10　5.10 节例 2 相量图

（1）图 5-10-9（a）所示为纯电阻交流电路，i_1、i_2 与 u 同相，$I = I_1 + I_2 = 6\text{A}$，$\varphi = 0°$，所以

$$i = I_m \sin\omega t = 6\sqrt{2}\sin 100\pi t\ \text{A}$$

（2）图 5-10-9（b）所示为 RL 并联交流电路，$I = \sqrt{I_1^2 + I_2^2} = \sqrt{3^2 + 3^2} = 3\sqrt{2}\text{A}$，$\varphi = \arctan\dfrac{I_2}{I_1} = 45°$，$i$ 滞后 u，所以

$$i = I_m \sin\omega t = 6\sin(100\pi t - 45°)\text{A}$$

（3）图 5-10-9（c）所示为 RC 并联交流电路，$I = \sqrt{I_1^2 + I_2^2} = \sqrt{3^2 + 3^2} = 3\sqrt{2}\text{A}$，$\varphi =$

$\arctan\dfrac{I_2}{I_1}=45°$，$i$ 超前 u，所以

$$i=I_{\rm m}\sin\omega t=6\sin(100\pi t+45°){\rm A}$$

（4）图 5-10-9（d）所示为 RLC 并联交流电路，$I=\sqrt{I_1^{\ 2}+(I_2-I_3)^2}=I_1=3{\rm A}$，$\varphi=\arctan\dfrac{I_2-I_3}{I_1}=0°$，$i$ 与 u 同相，所以

$$i=I_{\rm m}\sin\omega t=3\sqrt{2}\sin100\pi t\ {\rm A}$$

▲**【例 3】**在图 5-10-11 中，R=440Ω，$X_{\rm L}$=440Ω，$X_{\rm C}$=880Ω，U=220V。求：I_1、I_2、P、Q、S、$\cos\varphi$ 和总电流 I。

【解答】利用无功功率补偿法求解。

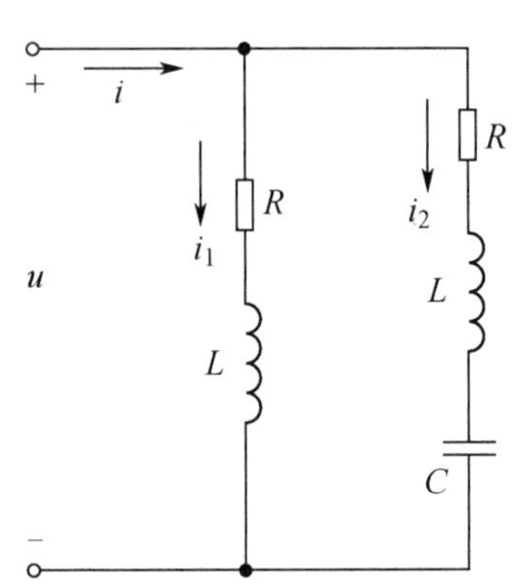

图 5-10-11 5.10 节例 3 图

$|Z_1|=\sqrt{R^2+X_{\rm L}^{\ 2}}=\sqrt{440^2+440^2}=440\sqrt{2}\Omega$；

$|Z_2|=\sqrt{R^2+(X_{\rm L}-X_{\rm C})^2}=\sqrt{440^2+(440-880)^2}=440\sqrt{2}\Omega$；

$I_1=\dfrac{U}{|Z_1|}=\dfrac{220}{440\sqrt{2}}=0.3535{\rm A}$；

$I_2=\dfrac{U}{|Z_2|}=\dfrac{220}{440\sqrt{2}}=0.3535{\rm A}$；

$P=P_1+P_2=I_1^{\ 2}R_1+I_2^{\ 2}R=0.3535^2\times440+0.3535^2\times440=110{\rm W}$；

$Q=I_1^{\ 2}X_{\rm L}+I_2^{\ 2}X_{\rm L}-I_2^{\ 2}X_{\rm C}$

$\quad=0.3535^2\times440+0.3535^2\times440-0.3535^2\times880=0\,{\rm var}$；

$S=\sqrt{P^2+Q^2}=\sqrt{110^2+0^2}=P=110{\rm VA}$；

$\cos\varphi=\dfrac{P}{S}=\dfrac{1}{1}=1$；

$I=\dfrac{S}{U}=\dfrac{110}{220}=0.5{\rm A}$。

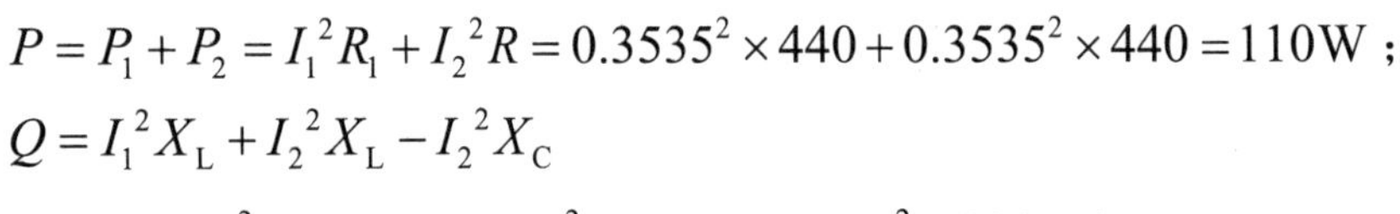

同步练习

一、填空题

1. 在 RL 并联交流电路中，已知端电压 $u=48\sin314t{\rm V}$，阻值 R=6Ω，感抗 $X_{\rm L}$=8Ω。则电阻中的电流 $I_{\rm R}$=________A，总电流瞬时值解析式 i=________A，总阻抗|Z|=________。

2. 在 RZ 并联交流电路中，已知 $I_{\rm R}$=10A，$I_{\rm z}$=10A，则电流 I 最大为________A，此时 Z 的性质为________。

3. 在图 5-10-12 中，工频交流电压为 220V，若电流表示数为 4.4A，功率表示数为 484W，则电感 L=________。若要使 $Q_{\rm L}$=$Q_{\rm C}$，则并联的电容应为________。

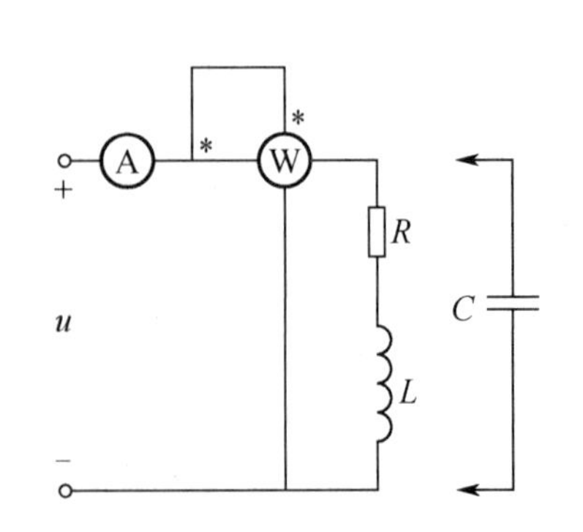

图 5-10-12 5.10 节填空题 3 图

二、单项选择题

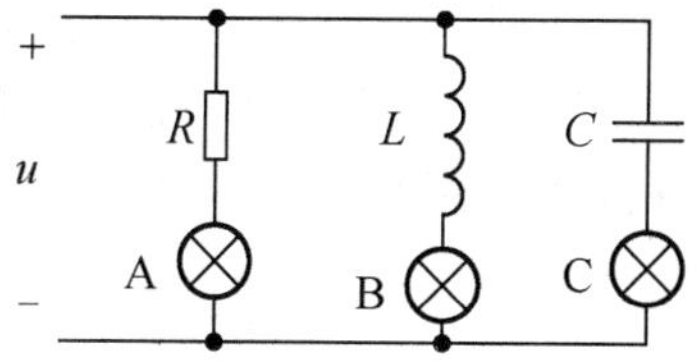

1．在图 5-10-13 中，正弦交流电压 u 的有效值保持不变，而频率由低到高时。各白炽灯亮度的变化规律为（　　）。

A．各灯亮度均不变

B．A 不变，B 变暗，C 变亮

C．A 变亮，B 不变，C 变暗

D．A、B 变亮，C 变暗

图 5-10-13　5.10 节单项选择题 1 图

2．已知单相交流电路中某负载无功功率为 3kvar，有功功率为 4kW，则其视在功率为（　　）。

A．1kVA　　　　B．7kVA

C．5kVA　　　　D．0kVA

3．已知并联支路电流 $i_{ab1}=10\sqrt{3}\sin(\omega t+30°)\text{A}$，$i_{ab2}=10\sin(\omega t-60°)\text{A}$，则总电流 $i_{ab}=$（　　）。

A．$20\sin\omega t\text{A}$　　　　B．$20\sin(\omega t-30°)\text{A}$

C．$20\sqrt{2}\sin\omega t\text{A}$　　　　D．0

▲4．在图 5-10-14 所示的交流电路中，若 $I=I_1+I_2$，则 R_1、C_1、R_2、C_2 应满足的关系（　　）。

A．$C_1=C_2$，$R_1=R_2$

B．$R_1C_2=R_2C_1$

C．$R_1C_1=R_2C_2$

D．$R_1=R_2$、$C_1\neq C_2$

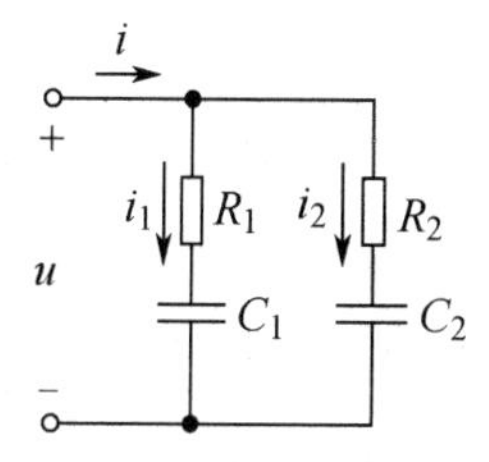

图 5-10-14　5.10 节单项选择题 4 图

三、计算题

1．在图 5-10-15 所示的正弦交流电路中，已知电源电压 U=220V，R=11Ω，电感线圈 L 的感抗 X_L=11Ω，电容器 C 的容抗 X_C=22Ω，求：支路电流 I_C、I_{RL} 和总电流 I。

2．在图 5-10-16 中，已知 $u=220\sqrt{2}\sin314t\text{V}$，$i_1=22\sin(314t-45°)\text{A}$，$i_2=11\sqrt{2}\sin(314t+90°)\text{A}$，试求各表示数及电路参数 R、L、C。

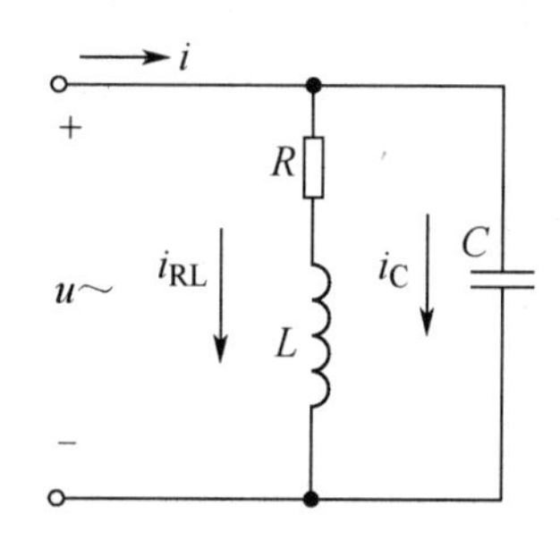

图 5-10-15　5.10 节计算题 1 图

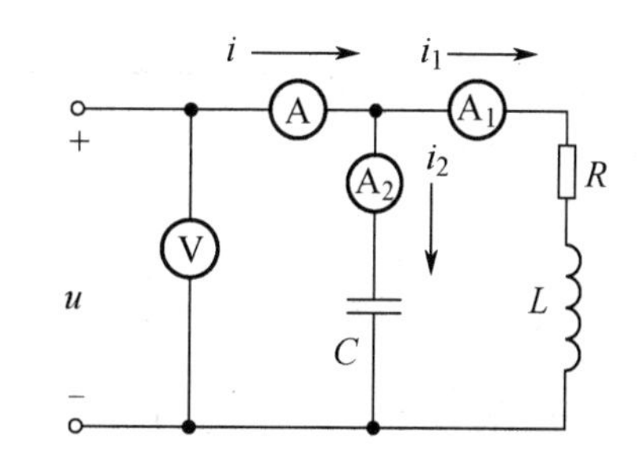

图 5-10-16　5.10 节计算题 2 图

▲3．在图 5-10-17 中，已知 R_1=4Ω，R_2=3Ω，X_L=3Ω，X_C=4Ω，$u = 100\sqrt{2}\sin 100\pi t$ V，求：（1）i_1、i_2、i 的解析式。（2）电路的 P、Q、S、$\cos\varphi$。（3）判定电路的性质。（4）欲使电路呈阻性，a、b 间应接什么理想元件，试求出其参数，并在电路中画出其连接图。

▲4．在图 5-10-18 中，R=100Ω，L=10mH，C=50μF，$u_L = 100\sqrt{2}\sin 1000t$ V，求电路的 P、Q、S。

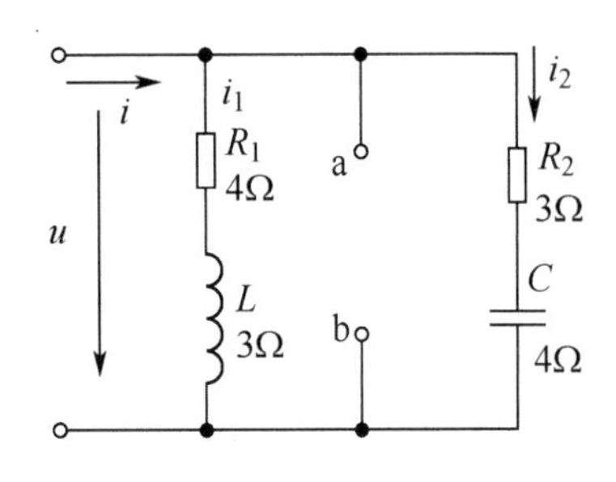

图 5-10-17　5.10 节计算题 3 图

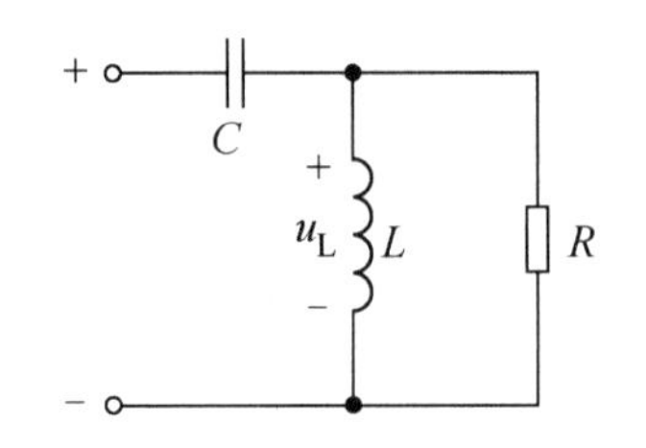

图 5-10-18　5.10 节计算题 4 图

阅读材料

无功功率的相互补偿特性与无功功率补偿法

本文介绍的无功功率补偿法是编者在多年中职教学实践中探索出来的一种全新分析相对复杂正弦交流电路的方法。此法具有原理通俗易懂、解题步骤简单明了、学生容易系统掌握的特点，特别适合中职层次的学生学习与系统掌握正弦交流电路的相关知识。

在分析正弦交流电路的常用方法中，相量法最具全面性。相量法应用复数作为电路分析工具，可系统地分析各类复杂连接的电路，但也存在运用门槛高、掌握难度大的特点，并不适合中职学校的教学实践。针对相量法在中职学校教学实践应用中存在的不足，利用正弦交流电路中两种储能元件的无功功率具有相互补偿的特性，可分析相对复杂的正弦交流电路，即无功功率补偿法。

1．L、C 储能元件无功功率的相互补偿特性

在同时含有 L、C 储能元件的正弦交流电路中，无论 L、C 的数量与连接方式差异如何，对外电路而言，其总无功功率关系式 $Q=Q_L-Q_C$（$Q_L=Q_{L1}+Q_{L2}+\cdots+Q_{Ln}$；$Q_C=Q_{C1}+Q_{C2}+\cdots+Q_{Cn}$）始终是成立的，即整个电路中 L、C 的无功功率始终是相互补偿的。

在含有 L、C 储能元件的单相正弦交流电路中，无论 L、C 的数量与连接方式如何，都能够通过电路的等效变换，转化成图 5-10-19 所示的五种连接方式及等效电路。

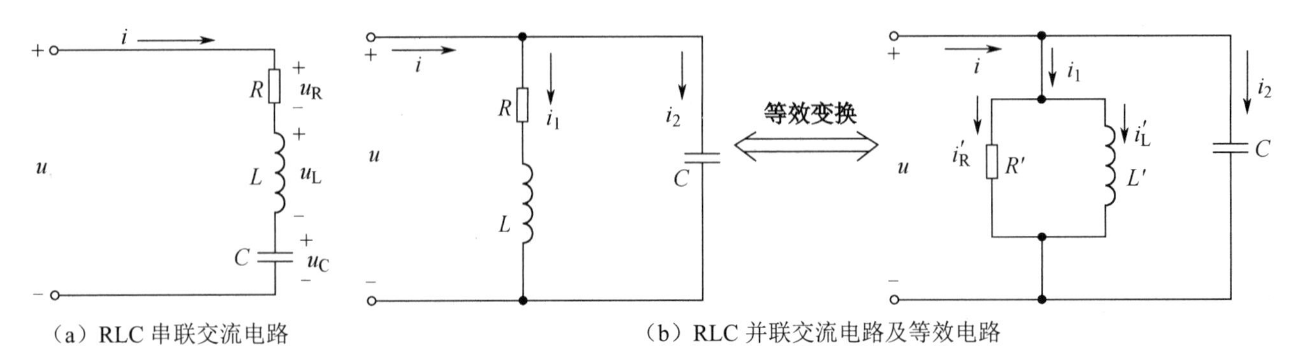

（a）RLC 串联交流电路　　（b）RLC 并联交流电路及等效电路

图 5-10-19　单相正弦交流电路 RLC 五种连接方式及等效电路

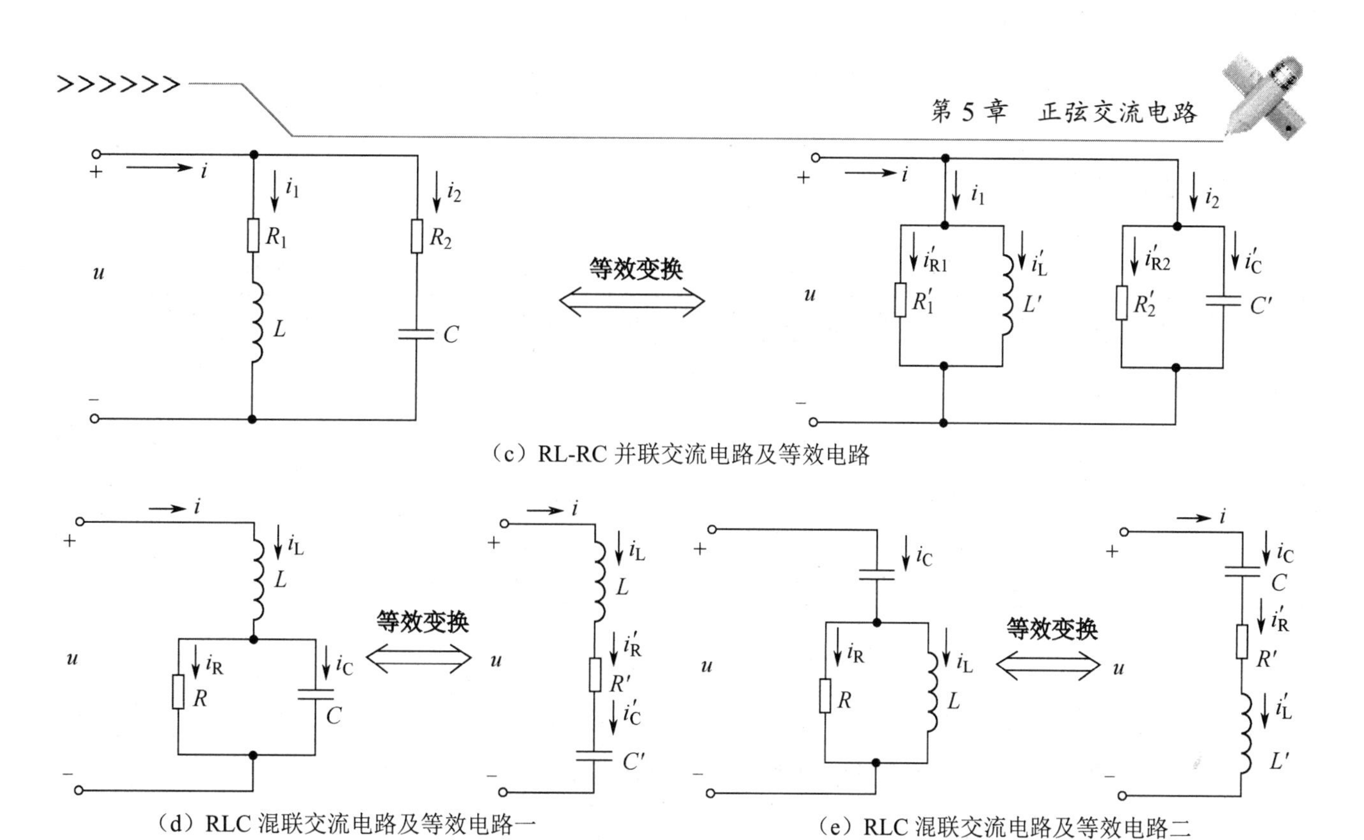

（c）RL-RC 并联交流电路及等效电路

（d）RLC 混联交流电路及等效电路一

（e）RLC 混联交流电路及等效电路二

图 5-10-19　单相正弦交流电路 RLC 五种连接方式及等效电路（续）

通过分析相量图或瞬时功率解析式，对 $Q=Q_L-Q_C$ 关系式进行求证。串联交流电路以电流为参考量；并联交流电路以电压为参考量，我们可定性画出与图 5-10-19 相对应的各电路的相量图，如图 5-10-20 所示。

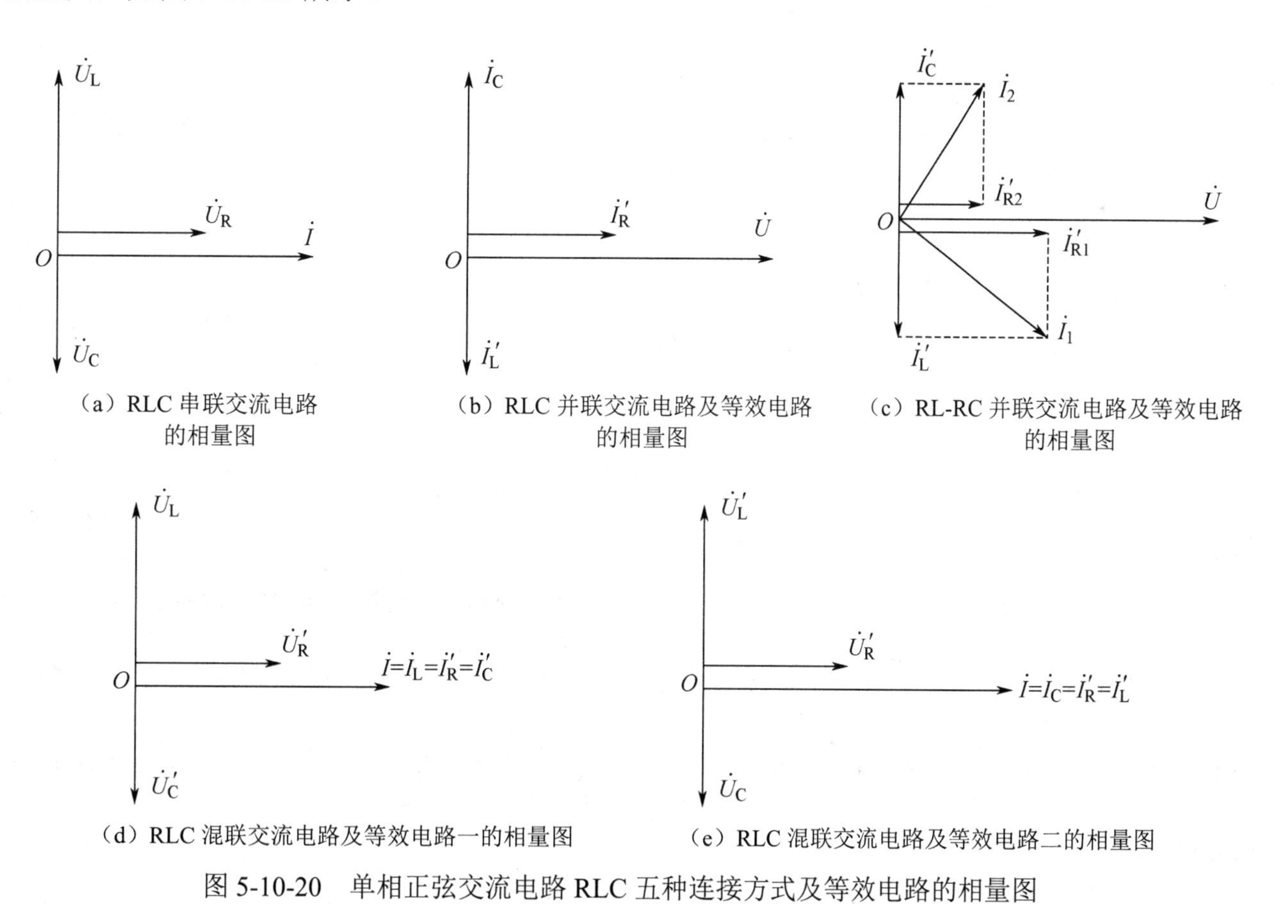

（a）RLC 串联交流电路的相量图

（b）RLC 并联交流电路及等效电路的相量图

（c）RL-RC 并联交流电路及等效电路的相量图

（d）RLC 混联交流电路及等效电路一的相量图

（e）RLC 混联交流电路及等效电路二的相量图

图 5-10-20　单相正弦交流电路 RLC 五种连接方式及等效电路的相量图

根据图 5-10-20 所示的相量图，列出单相正弦交流电路 RLC 五种连接方式及等效电路的功率分析表，如表 5-10-1 所示。

表 5-10-1 单相正弦交流电路 RLC 五种连接方式及等效电路的功率分析表

图 5-10-20	q_L解析式	q_C解析式	q_L与q_C相位关系	电路总无功功率	电路总有功功率	电路总视在功率
(a)	$q_L = u_L i$	$q_C = u_C i$	反相	$Q = Q_L - Q_C$	$P = U_R I$	$S = \sqrt{P^2 + Q^2}$
(b)	$q_L = ui'_L$	$q_C = ui_C$	反相	$Q = Q_L - Q_C$	$P = UI'_R$	$S = \sqrt{P^2 + Q^2}$
(c)	$q_L = ui'_L$	$q_C = ui'_C$	反相	$Q = Q_L - Q_C$	$P = U(I'_{R1} + I'_{R2})$	$S = \sqrt{P^2 + Q^2}$
(d)	$q_L = u_L i$	$q_C = u'_C i$	反相	$Q = Q_L - Q_C$	$P = I^2 R'$	$S = \sqrt{P^2 + Q^2}$
(e)	$q_L = u_L i$	$q_C = u'_C i$	反相	$Q = Q_L - Q_C$	$P = I^2 R'$	$S = \sqrt{P^2 + Q^2}$
说明：Q>0，电路呈电感性；Q<0，电路呈容性；Q=0，电路呈阻性。						

通过表 5-10-1 中五种连接方式的功率比对可知，关系式 $Q=Q_L-Q_C$ 始终是成立的，L、C 两种储能元件的无功功率始终相互补偿的特性得以证实。

在正弦交流电路中，无论能量消耗和转换的比例如何，能量守恒都是必然的，故 $Q=Q_L-Q_C$ 也是能量守恒的必然推论。

2. *无功功率补偿法及应用实例*

（1）无功功率补偿法的定义。

在分析相对复杂的含储能元件的正弦交流电路时，可运用全电路视角对电路进行整体分析，应用电路的定理、定律、等效变换和 L、C 无功功率相互补偿特性求解电路 $I_总$、$P_总$、$Q_总$、$S_总$、$\cos\varphi$、$|Z|$等参数的方法，称为无功功率补偿法。

（2）无功功率补偿法的适用范围。

无功功率补偿法适用于线性条件下的单相、三相正弦交流电路，有简化分析和计算的作用。对于非线性正弦交流电路或含不同频率正弦交流电源的电路，无功功率补偿法起不到简化分析和计算的作用。

（3）应用无功功率补偿法分析正弦交流电路实例。

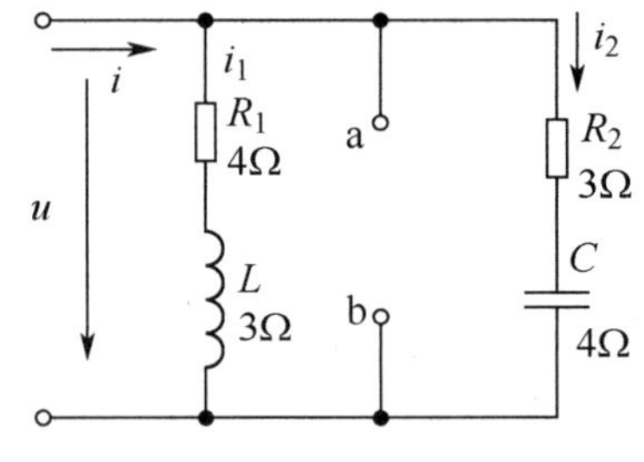

图 5-10-21　5.10 节例 1 图

实例 1 在图 5-10-21 中，R_1=4Ω，R_2=3Ω，X_L=3Ω，X_C=4Ω，$u = 100\sqrt{2}\sin 100\pi t\text{V}$，求：

（1）i_1、i_2的解析式。

（2）电路的 P、Q、S、$\cos\varphi$，以及 i 的解析式，并判定电路的性质。

（3）欲使电路呈感性且$\cos\varphi$=0.5（φ>0），a、b 间应接什么理想元件？试求出其参数。

解答（1）$U = \dfrac{U_m}{\sqrt{2}} = \dfrac{100\sqrt{2}}{\sqrt{2}} = 100\text{ V}$，$\varphi_u$=0°；$|Z_1| = \sqrt{{R_1}^2 + {X_L}^2} = \sqrt{4^2 + 3^2} = 5\Omega$，$u$ 超前 i_1 角度为 $\varphi_1 = \arctan\dfrac{X_L}{R_1} = \arctan\dfrac{3}{4} = 36.9°$；$I_1 = \dfrac{U}{|Z_1|} = \dfrac{100}{5} = 20\text{A}$，所以，$i_1 = 20\sqrt{2}\sin(100\pi t - 36.9°)\text{ A}$。

$|Z_2| = \sqrt{{R_2}^2 + {X_C}^2} = \sqrt{3^2 + 4^2} = 5\Omega$，$u$ 滞后 i_2 角度为 $\varphi_2 = \arctan\dfrac{X_C}{R_2} = \arctan\dfrac{4}{3} = 53.1°$；$I_2 =$

$\dfrac{U}{|Z_2|}=\dfrac{100}{5}=20\text{A}$，所以，$i_2=20\sqrt{2}\sin(100\pi t+53.1°)\text{A}$。

（2）有功功率为

$$P=I_1^2R_1+I_2^2R_2=20^2\times4+20^2\times3=2800\text{W}$$

无功功率为

$$Q=I_1^2X_\text{L}-I_2^2X_\text{C}=20^2\times3-20^2\times4=-400\text{var}$$

视在功率为

$$S=\sqrt{P^2+Q^2}=\sqrt{2800^2+(-400)^2}=2000\sqrt{2}\text{VA}$$

总电流和功率因数为

$$I=\frac{S}{U}=\frac{2000\sqrt{2}}{100}=20\sqrt{2}\text{A}；\ \cos\varphi=\frac{P}{S}=\frac{2800}{2828}=0.99$$

阻抗角为

$$\varphi=\arctan\frac{Q}{P}=\arctan\frac{-400}{2800}=-8.13°$$

u 滞后 i 8.13°，所以 $i=40\sin(100\pi t+8.1°)\text{A}$，$\varphi<0$，整个电路呈容性。

（3）a、b 间接理想电感线圈 L′，此时有功功率不变，视在功率 S' 和无功功率 Q' 变为

$$S'=\frac{P}{\cos\varphi}=\frac{2800}{0.5}=5600\text{VA}；\ Q'=\sqrt{S'^2-P^2}=\sqrt{5600^2-2800^2}=2800\sqrt{3}\text{var}$$

所以

$$Q'_\text{L}=Q'-Q=2800\sqrt{3}-(-400)=5249.6\text{var}；\ L'=\frac{U^2}{Q'_\text{L}\omega}=\frac{100^2}{5249.6\times100\pi}=6.067\text{mH}$$

▲实例 2　在图 5-10-22 中，已知电流表Ⓐ₁、Ⓐ₂的示数分别为 10A、20A，$\cos\varphi_1$=0.8（φ_1<0），$\cos\varphi_2$=0.5（φ_2>0），电源电压 $u=100\sqrt{2}\sin\omega t\text{V}$。求：

（1）功率表Ⓦ和电流表Ⓐ的示数。

（2）若电源额定电流为 30A，则计算还能并联多大的电阻，以及这时功率表Ⓦ的示数。

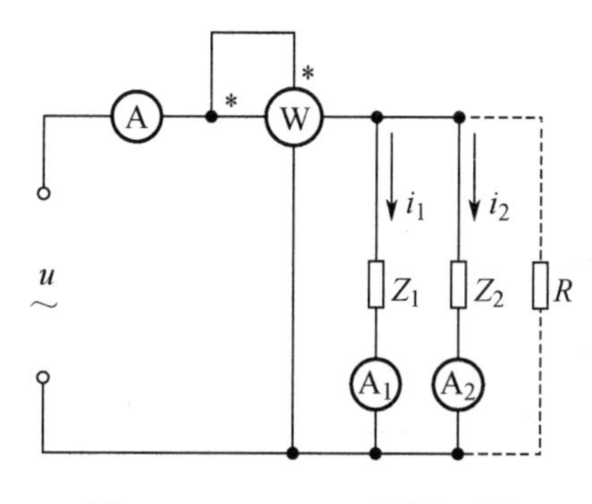

图 5-10-22　5.10 节例 2 图

解答（1）$U=\dfrac{U_\text{m}}{\sqrt{2}}=\dfrac{100\sqrt{2}}{\sqrt{2}}$=100V，$\varphi_1$<0，$Z_1$ 呈容性，$\sin\varphi_1$=−0.6；φ_2>0，Z_2 呈感性，$\sin\varphi_2$=0.5$\sqrt{3}$，所以

$$P_1=UI_1\cos\varphi_1=100\times10\times0.8=800\text{W}；\ Q_1=UI_1\sin\varphi_1=100\times10\times(-0.6)=-600\text{var}$$

$$P_2=UI_2\cos\varphi_2=100\times20\times0.5=1000\text{W}；\ Q_2=UI_2\sin\varphi_2=100\times20\times0.5\sqrt{3}=1000\sqrt{3}\text{var}$$

电路的总有功功率 P 为功率表Ⓦ的示数，即

$$P = P_1 + P_2 = 1800\text{W}$$

电路的总有无功率 Q 和视在功率 S 为

$$Q = Q_1 + Q_2 = -600 + 1732 = 1132\text{var}；\quad S = \sqrt{P^2 + Q^2} = \sqrt{1800^2 + 1132^2} = 2126.4\text{VA}$$

电路的总电流为电流表Ⓐ的示数，即

$$I = \frac{S}{U} = \frac{2126.4\text{VA}}{100\text{V}} = 21.26\text{A}$$

（2）Q 不变，P 增大到 P'，S 也增大到 S'，则 $S' = UI = 100 \times 30 = 3\text{kVA}$。

$P_{总} = \sqrt{S'^2 - Q^2} = \sqrt{3000^2 - 1132^2} = 2778.2\text{W}$，即功率表Ⓦ的示数为 2778.2W。

$P_\text{R} = P_{总} - P = 2778.2 - 1800 = 978.2\text{W}$，即电阻 R 的阻值为 $R = \dfrac{U^2}{P_\text{R}} = \dfrac{100^2}{978.2} \approx 10.22\Omega$。

▲实例 3 对称三相负载每相的阻值 R=6Ω，感抗 X_L=8Ω，接入工频交流三相对称电源。求：

（1）将负载接成三角形（△）连接到三相对称电源时的相电流、线电流、有功功率。

（2）负载△连接时要将每相功率因数提高到 0.95，每相负载需要并联补偿电容，每相需要并联多大的电容？

（3）求解并联补偿电容后的线电流、相电流。

解答（1）每相的阻抗和功率因数为

$$|Z_\text{P}| = \sqrt{R^2 + {X_\text{L}}^2} = \sqrt{6^2 + 8^2} = 10\Omega；\quad \cos\varphi = \frac{R}{|Z_\text{P}|} = \frac{6}{10} = 0.6$$

所以，相电流为

$$I_{\triangle\text{P}} = \frac{U_\text{P}}{|Z_\text{P}|} = \frac{380}{10} = 38\text{A}$$

线电流为

$$I_{\triangle\text{L}} = \sqrt{3} I_{\triangle\text{P}} = 66\text{A}$$

有功功率为

$$P_\triangle = \sqrt{3} U_\text{L} I_\text{L} \cos\varphi = \sqrt{3} \times 380 \times 66 \times 0.6 = 26.136\text{kW}$$

（2）对称三相交流电路可视为三个对称的单相交流电路。并联补偿电容的接入方式有 Y/△两种，鉴于△接入效率更高，故采用图 5-10-23（a）所示的连接方式；转化为三个对称单相交流电路，每相的电路模型如图 5-10-23（b）所示。

接入补偿电容前，每相电路的有功功率、无功功率为

$$P = \frac{P_\triangle}{3} = \frac{26.136\text{kW}}{3} = 8.7\text{kW}；\quad Q_\text{L} = \frac{Q_\triangle}{3} = \frac{\sqrt{3} U_\text{L} I_\text{L} \sin\varphi}{3} = \frac{\sqrt{3} \times 380 \times 66 \times 0.8}{3} = 11.62\text{kvar}$$

并联补偿电容后，P 不变，Q 减小到 Q'，S 减小到 S'，则

$$S' = \frac{P}{\cos\varphi} = \frac{8.7\text{kW}}{0.95} = 9.16\text{kVA}；\quad Q' = \sqrt{(S')^2 - P^2} = \sqrt{9.16^2 - 8.7^2} = 2.866\text{kvar}$$

补偿电容的无功功率为

$$Q_\text{C} = Q_\text{L} - Q' = (11.62 - 2.866)\text{kvar} = 8.754\text{kvar}$$

所以

$$X_C=\frac{U^2}{Q_C}=\frac{380^2}{8.754\text{kvar}}=16.496\Omega \quad \Rightarrow \quad C=\frac{1}{\omega X_C}=\frac{1}{16.496\times 314}\text{F}=193\mu\text{F}$$

（3）由图 5-10-23（b）求并联补偿电容后的相电流、线电流为

$$I_P=\frac{S'}{U_L}=\frac{9.16\text{kVA}}{380}=24.1\text{A}\text{；}\quad I_L=\sqrt{3}I_P=\sqrt{3}\times 24.1=41.75\text{A}$$

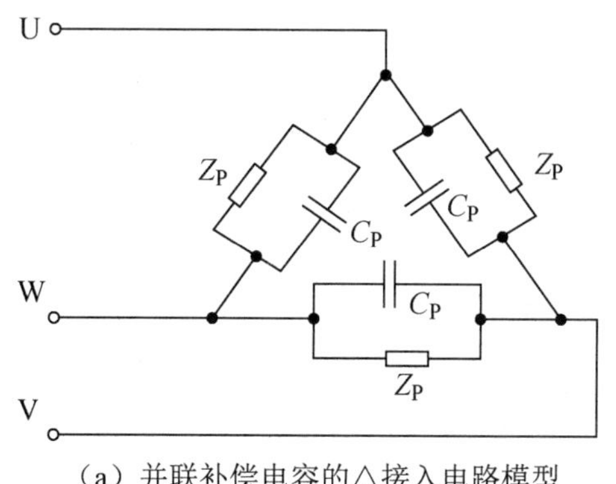

（a）并联补偿电容的△接入电路模型

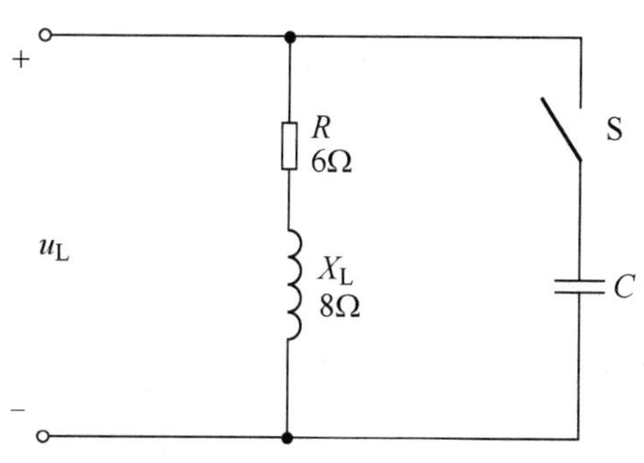

（b）转化为三个对称单相交流电路模型

图 5-10-23　5.10 节例 3 图

▲实例 4　在图 5-10-24 中，已知电源电压 $u=220\sqrt{2}\sin\omega t\text{V}$，$R_1$=$R_2$=4Ω，$R_3$=6Ω，$X_{L_1}=X_{L_2}$=3Ω，$X_C$=8Ω。求各支路电流的有效值及电路的有功功率、无功功率和视在功率。

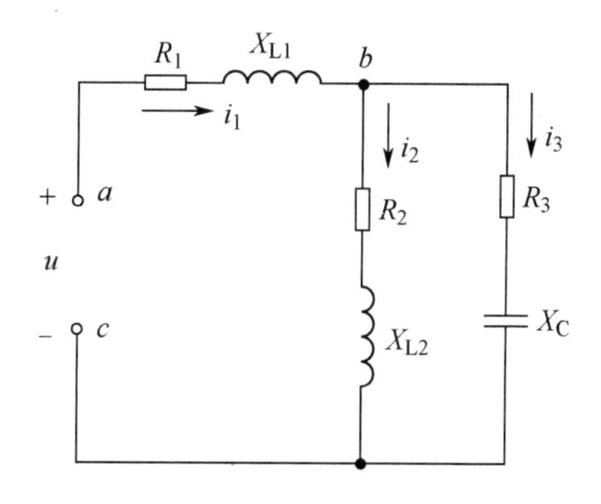

图 5-10-24　5.10 节例 4 图

解答应用齐性定理，先假定 b、c 间的电压 U'_{bc}=20V，则

$$I'_2=\frac{U'_{bc}}{\sqrt{R_2^2+X_{L2}^2}}=\frac{20}{5}=4\text{A}$$

$$I'_3=\frac{U'_{bc}}{\sqrt{R_2^2+X_{L2}^2}}=\frac{20}{10}=2\text{A}$$

b、c 间的有功功率、无功功率和视在功率分别为

$$\begin{cases} P'_{bc}=(I'_2)^2R_2+(I'_3)^2R_3=4^2\times 4+2^2\times 6=88\text{W} \\ Q'_{bc}=(I'_2)^2X_{L2}-(I'_3)^2X_C=4^2\times 3-2^2\times 8=16\text{var} \\ S'_{bc}=\sqrt{(P'_{bc})^2+(Q'_{bc})^2}=\sqrt{88^2+16^2}=89.44\text{VA} \end{cases}$$

所以 $I'_1=\frac{S'_{bc}}{U'_{bc}}=\frac{89.44}{20}=4.472\text{A}$，整个电路的 $P'_{总}$、$Q'_{总}$、$S'_{总}$、U'_{ac} 为

$P'_{总}=P'_{bc}+(I'_1)^2R_1=88+4.472^2\times4=168\text{W}$； $Q'_{总}=Q'_{bc}+(I'_1)^2X_{L1}=16+4.472^2\times3=76\text{var}$

$S'_{总}=\sqrt{(P'_{总})^2+(Q'_{总})^2}=\sqrt{168^2+76^2}=184.4\text{VA}$； $U'_{ac}=\dfrac{S'_{总}}{I'_1}=\dfrac{184.4\text{VA}}{4.472\text{A}}=41.234\text{V}$

根据齐性定理可知折合系数为

$$K=\frac{U_{ab}}{U'_{ac}}=\frac{220}{41.234}=5.335$$

所以

$$\begin{cases}I_1=KI'_1=5.335\times4.472=23.86\text{A}\\I_2=KI'_2=5.335\times4=21.34\text{A}\\I_3=KI'_3=5.335\times2=10.67\text{A}\end{cases};\quad\begin{cases}P=K^2P'_{总}=5.335^2\times168=4780\text{W}\\Q=K^2Q'_{总}=5.335^2\times76=2163\text{var}\\S=K^2S'_{总}=5.335^2\times184.4=5249\text{VA}\end{cases}$$

不借助相量法，仅运用无功功率补偿法，就可以完成对上述四个相对复杂正弦交流电路的分析和各种参量的精确计算。可见，无功功率补偿法是一种通俗易懂、适用性强的分析正弦交流电路的方法，非常适合在中职教学实践中推广和应用。

5.11 并联谐振电路

知识授新

串联谐振电路适用于电源内阻小的情况。如果电源内阻很大，采用串联谐振电路将严重降低电路的品质因数，从而使电路的选择性变差。因此，宜采用并联谐振电路。

1. 理想 RLC 并联谐振电路

在图 5-11-1（a）所示的 RLC 并联谐振电路中，在关联参考方向下，如果 $X_L=X_C$，则

$$I_L=I_C$$

由定性画出的图 5-11-1（b）所示的相量图可知，$\dot{I}_L$ 与 $\dot{I}_C$ 大小相等，方向相反，其相量和为零，总电流 $\dot{I}=\dot{I}_R+\dot{I}_L+\dot{I}_C=\dot{I}_R$，且与电压同相，说明电路发生谐振。

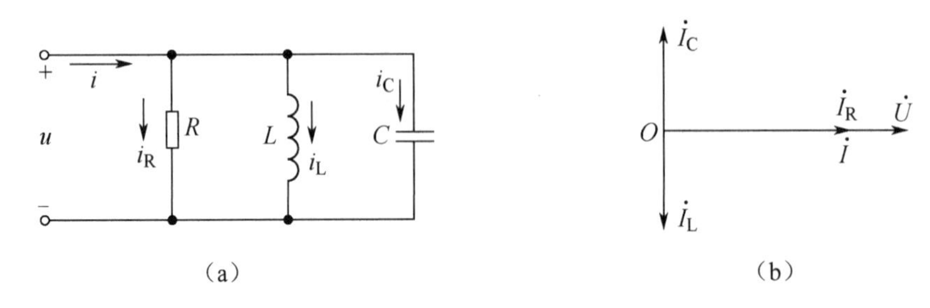

图 5-11-1 理想 RLC 并联谐振电路及相量图

（1）RLC 并联谐振电路分析。

由相量图可知

$$I_L = I_C \Rightarrow X_L = X_C \Rightarrow \omega_0 L = \frac{1}{\omega_0 C}$$

则谐振角频率和频率分别为

$$\omega_0 = \frac{1}{\sqrt{LC}}，\quad f_0 = \frac{1}{2\pi\sqrt{LC}}$$

（2）理想 RLC 并联谐振电路的特点。

① 总电流最小（这与串联谐振电路相同），且为纯电阻上电流 I_R：

$$I = \sqrt{I_R^2 + (I_L - I_C)^2} = I_R$$

② 并联谐振电路的总阻抗最大（这与串联谐振电路相反）。因为电压一定，电流最小，根据$|Z| = \frac{U}{I}$，阻抗必为最大，即

$$|Z| = R$$

③ 并联谐振频率为 $f_0 = \frac{1}{2\pi\sqrt{LC}}$（这与串联谐振电路相同）。

④ 谐振时，电压与总电流同相，电路呈阻性（这与串联谐振电路相同）。阻抗角为

$$\varphi = \varphi_{ui} = \arctan\frac{I_L - I_C}{I_R} = 0$$

2. 实际 LC 并联谐振电路

实际线圈的电阻是不可忽略的，可等效成一个电感和电阻串联的电路模型，实际电容器的漏电电阻很大，往往可以忽略不计。实际电感线圈与电容器并联组成一个谐振电路是一种常见的、用途极广泛的谐振电路。谐振时，要求总电流与电压同相，其电路模型及相量图如图 5-11-2 所示。

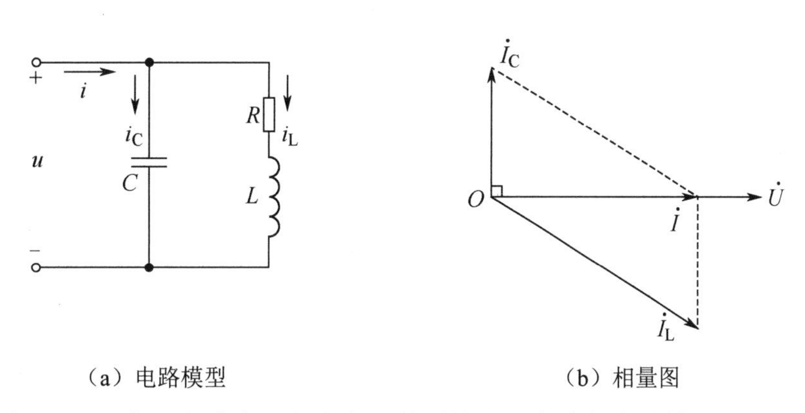

（a）电路模型　　　　（b）相量图

图 5-11-2　实际电感线圈与电容器并联的谐振电路的电路模型及相量图

（1）实际电感线圈与电容器并联谐振电路的谐振频率。

理论和实验证明，图 5-11-2（a）所示的电感线圈与电容器并联谐振电路的谐振频率为

$$f_0 = \frac{1}{2\pi\sqrt{LC}}\sqrt{1 - \frac{CR^2}{L}}$$

式中，L——电感线圈的电感值，单位为 H；

R——电感线圈的阻值，单位为 Ω；

C——电容器的电容，单位为 F；

f_0——谐振频率，单位为 Hz。

一般情况下，电感线圈的阻值比较小，$\sqrt{\frac{L}{C}} \gg R$（R 和 $\sqrt{\frac{L}{C}}$ 相比，可以忽略），$\frac{CR^2}{L} \approx 0$，所以谐振频率近似为

$$f_0 = \frac{1}{2\pi\sqrt{LC}}$$

上式与串联谐振频率公式相同。在实际电路中，如果电阻的损耗较小，那么应用此公式计算出的结果，误差是很小的。

（2）实际电感线圈与电容器并联谐振电路的特点。

① 电路呈阻性，由于 R 极小，因此总阻抗很大。当 $\sqrt{\frac{L}{C}} \gg R$ 时，总阻抗为

$$|Z| = R_0 = \frac{L}{CR}$$

上式说明，电感线圈的阻值 R 越小，并联谐振时的阻抗 $|Z|=R_0$ 就越大；当 R 趋近于 0 时，谐振阻抗趋近于无穷大。也就是说，理想电感线圈与电容器发生并联谐振时，其阻抗为无穷大，总电流为零，但在 LC 回路中却存在 $\dot{I}_L$ 和 $\dot{I}_C$，只是它们大小相等，方向相反，才使总电流为零。

也可以换个角度来理解：**并联谐振电路中的储能元件 L 和 C 在不断地进行能量转换，其电流 I_L、I_C 会流经耗能元件 R，当 R 趋近于 0 时，能量损耗趋近于 0，总电流趋近于 0，所以总阻抗趋近于无穷大；R 越大，能量损耗也越大，电源补充能量的有功功率（$P=UI$）就越大，所以总电流越大，总阻抗越小。**

②在 $Q \gg 1$ 的情况下，特性阻抗和品质因数分别为

$$\rho = \sqrt{\frac{L}{C}} = \omega_0 L = \frac{1}{\omega_0 C}$$

$$Q = \frac{\rho}{R} = \frac{1}{R}\sqrt{\frac{L}{C}} = \frac{\omega_0 L}{R} = \frac{1}{\omega_0 RC}$$

③ 总电流与总电压同相，其数量关系为

$$U = IR_0$$

式中

$$R_0 = \frac{L}{CR} = \left(\sqrt{\frac{L}{C}}\right)^2 \frac{1}{R} = \frac{\rho^2}{R} = \frac{\rho^2}{R^2} R = Q^2 R$$

在电子技术中，由于 $Q \gg 1$，所以并联谐振时的谐振阻抗是很大的，一般为几十千欧到几百千欧。

④ 在 $Q \gg 1$ 的情况下，电感线圈支路电流约等于电容器支路电流，约等于总电流的 Q 倍，即

$$I_L \approx I_C \approx QI$$

故**并联谐振又称电流谐振，常应用于中频选频电路。**

当外加电源的频率等于并联电路的固有频率时，电路的阻抗接近最大值，它与电源的内

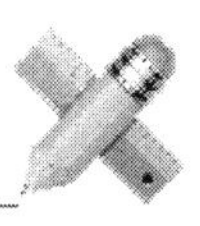

阻分压可以获得较大的信号电压。当外加电源的频率偏离并联电路的固有频率，即电路失谐时，阻抗很小，与内阻分压获得的信号电压也就小。因此，并联谐振电路常常用作选频器，收音机和电视机的中频选频电路就是并联谐振电路。

并联谐振电路的电压谐振曲线与串联谐振电路的电流谐振曲线形状相似，选择性和通频带也类似，这里就不再重复了。

强调：串联谐振电路的内阻小，特别适用于低内阻信号源；并联谐振电路的内阻大，特别适用于高内阻信号源。

3. 并联谐振电路的应用

图 5-11-3 所示为并联谐振电路的应用。在多频率信号源输出的各种信号中，只有 f_0 在电容器两端的电压最大。因此，对谐振频率 f_0 而言，并联谐振电路的阻抗最大，对应 f_0 的 u_0 也最大。

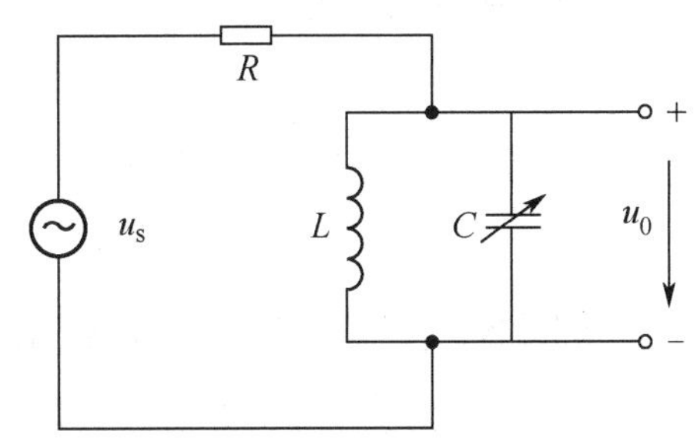

图 5-11-3　并联谐振电路的应用

例题解析

【例 1】在图 5-11-2（a）所示的电路中，电路发生谐振时，角频率 $\omega_0=5\times10^6$rad/s，品质因数 Q=100，谐振时的阻抗 R_0=2kΩ。试求：电路参数 R、L 和 C。

【解答】谐振时的阻抗为

$$R_0 = Q^2 R$$

则电感线圈的阻值为

$$R = \frac{R_0}{Q^2} = \frac{2000\Omega}{100^2} = 0.2\Omega$$

电感线圈的电感为

$$L = \frac{QR}{\omega_0} = \frac{100\times0.2}{5\times10^6} = 4\mu\text{H}$$

电容器的电容为

$$C = \frac{1}{\omega_0^{\ 2} L} = \frac{1}{(5\times10^6)^2\times4\times10^{-6}} = 0.01\mu\text{F}$$

【例 2】在图 5-11-4 中，电感为 0.1mH，电容为 100pF，外加电源的电动势有效值为 10V，电源内阻为 100kΩ，电路发生谐振时，品质因数 Q=100。试求：谐振电路的总电流、各支路电流、回路两端的电压和回路吸收的功率。

【解答】谐振时，回路呈阻性，谐振阻抗为

$$R_0 = Q\rho = Q\sqrt{\frac{L}{C}} = 100\times\sqrt{\frac{100\times10^{-6}}{100\times10^{-12}}} = 100\text{k}\Omega$$

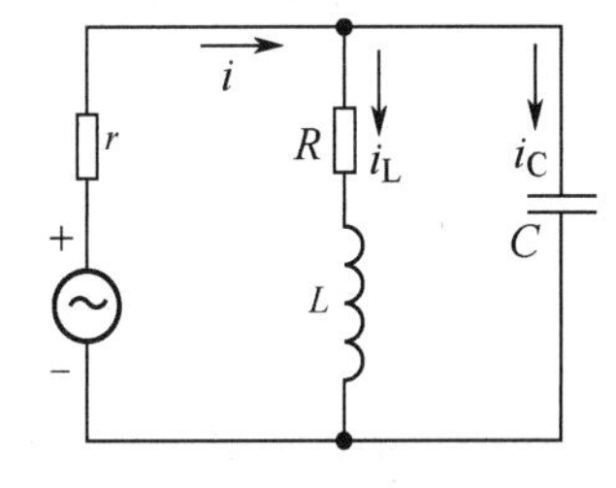

图 5-11-4　5.11 节例 2 图

电路中的总电流为

$$I = \frac{E}{R_0 + r} = \frac{10}{(100+100)\times10^3} = 0.05\text{mA}$$

电感线圈支路的电流为

$$I_L = QI = 100 \times 0.05 = 5\text{mA}$$

电容器支路的电流为

$$I_C = QI = 100 \times 0.05 = 5\text{mA}$$

回路两端的电压为

$$U = R_0 I = 100 \times 10^3 \times 0.05 \times 10^{-3} = 5\text{V}$$

回路吸收的功率就是有功功率，则

$$P = I^2 R_0 = I_L{}^2 R = (0.05 \times 10^{-3})^2 \times 100 \times 10^3 = 0.25\text{mW}$$

【例 3】在图 5-11-5 中，a、b 为两根靠得很近的长直导线，其阻值不计。在它们的一端分别接一电容器和电感线圈，并联于同一根交流电源线上，试分析通电后两根导线是相互吸引还是相互排斥，为什么？

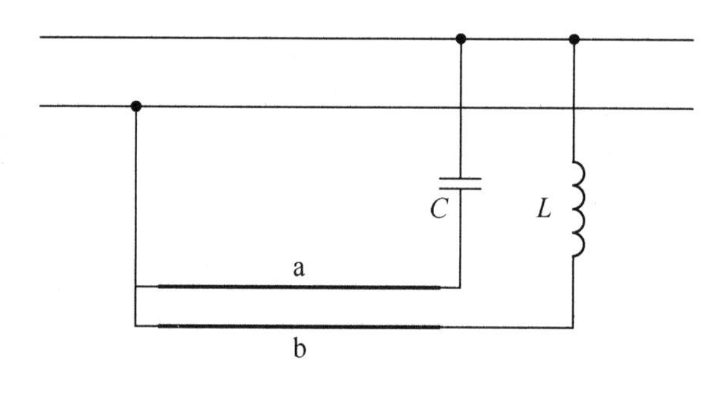

图 5-11-5　5.11 节例 3 图

【解答】电感线圈和电容器的连接方式是并联，所以电感线圈的电流和电容器的电流反相，即 a、b 两根导线的电流方向始终相反。由磁场对通电电流的作用可知，通电后两根导线是相互排斥的。

【例 4】在图 5-11-6 中，R=3Ω，X_L=4Ω，I_L=5A，$\cos\varphi$=1，求 I_C 和 I。

【解答】电感线圈支路阻抗为

$$|Z_{RL}| = \sqrt{R^2 + X_L{}^2} = \sqrt{3^2 + 4^2} = 5\Omega$$

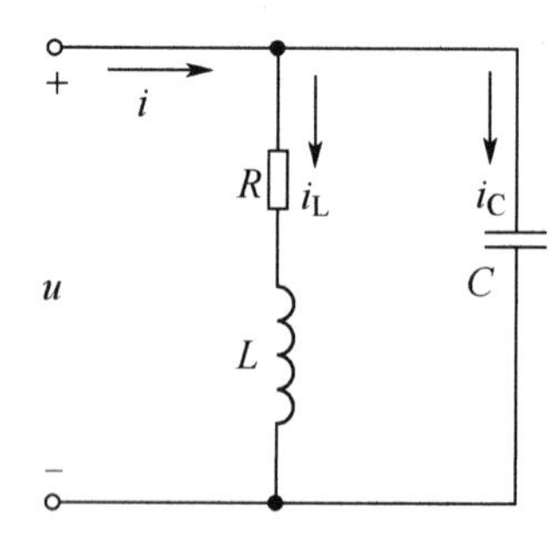

图 5-11-6　5.11 节例 4 图

电路端电压为

$$U = I_L |Z_{RL}| = 5 \times 5 = 25\text{V}$$

电感线圈的无功功率为

$$Q_L = I_L{}^2 X_L = 5^2 \times 4 = 100\,\text{var}$$

因为$\cos\varphi = 1$，所以电容器的无功功率为

$$Q_C = Q_L = 100\text{var}$$

电容器支路电流为

$$I_C = \frac{Q_C}{U} = \frac{100}{25} = 4\text{A}$$

因为$\cos\varphi = 1$，所以电路视在功率为

$$S = P = I_L^2 R = 25 \times 3 = 75\text{VA}$$

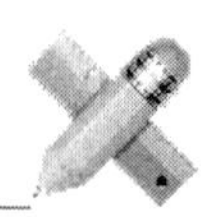

电路总电流为

$$I=\frac{S}{U}=\frac{75}{25}=3\text{A}$$

【例 5】 在图 5-11-7 中，已知端口交流电压有效值 U=100V，φ_{ui}=0，I_1=I_2=10A，求：（1）画出电压、电流的相量图。（2）电路中总电流 I。（3）R、X_L、X_C。

【解析】 这是一个混联电路，电阻与电容器并联，以电阻两端电压为参考量，定性画出相量图。

【解法一】（1）画出电压、电流的相量图，如图 5-11-8 所示。

（2）$I=\sqrt{I_1^2+I_2^2}=\sqrt{10^2+10^2}=10\sqrt{2}$ A。

（3）$U_L=U=100$ V，$U_R=U_C=U_{RC}=\sqrt{U_L^2+U^2}=\sqrt{100^2+100^2}=100\sqrt{2}$ V，则

$$R=\frac{U_R}{I_1}=\frac{100\sqrt{2}}{10}=10\sqrt{2}\ \Omega$$

$$X_L=\frac{U_L}{I}=\frac{100}{10\sqrt{2}}=5\sqrt{2}\Omega；\quad X_C=\frac{U_C}{I_2}=\frac{100\sqrt{2}}{10}=10\sqrt{2}\Omega$$

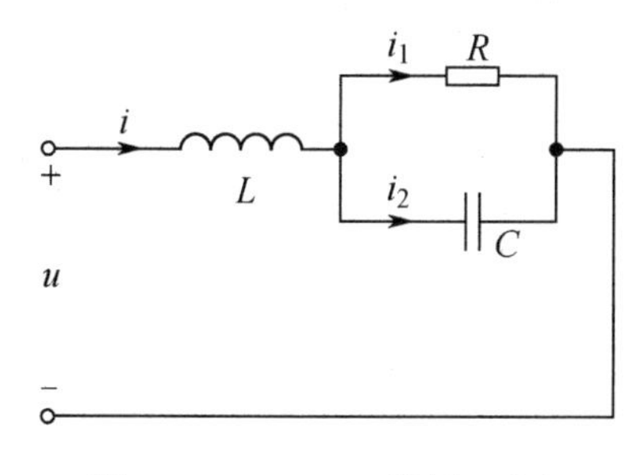

图 5-11-7　5.11 节例 5 图

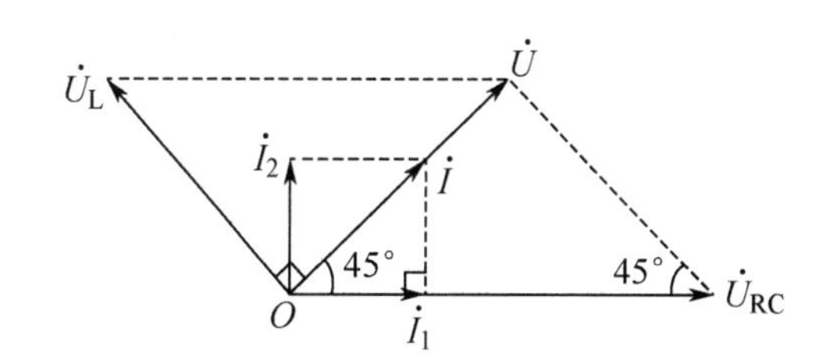

图 5-11-8　5.11 节例 5 相量图

【解法二】 $\cos\varphi$=1，电路发生谐振，谐振电路本质上是一个简单电路，利用无功功率补偿法，可以不用画相量图求解各参数。

因为 $\Delta\varphi_{ui}=0$，所以 $\cos\varphi=1\ \Rightarrow\ \ Q_L=Q_C$，$S=P$。

因为总电流为

$$I=\sqrt{I_1^2+I_2^2}=\sqrt{10^2+10^2}=10\sqrt{2}\text{A}$$

所以

$$S=P=UI=100\times10\sqrt{2}=1000\sqrt{2}\text{VA}$$

$$R=\frac{P}{I_1^2}=\frac{1000\sqrt{2}}{100}=10\sqrt{2}\Omega$$

因为

$$I_1=I_2\Rightarrow Q_C=P=Q_L$$

所以

$$X_L=\frac{Q_L}{I^2}=\frac{1000\sqrt{2}}{200}=5\sqrt{2}\Omega；\quad X_C=\frac{Q_C}{I_2^2}=\frac{1000\sqrt{2}}{100}=10\sqrt{2}\Omega$$

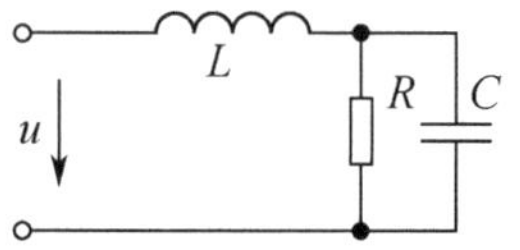

【例 6】在图 5-11-9 所示的正弦交流电路中，C=50μF，R=30Ω，问当 ω=500rad/s 时，需要使用多大的电感才能使整个电路的电抗为零。

图 5-11-9　5.11 节例 6 图

【解析】运用常规法列方程来求解，不仅费时、费力，还非常容易运算错误。此类型题目可利用线性电路中普遍适用的齐性定理，假设一个数值，运用代数法和无功功率补偿法，巧妙求解。

【解答】电容器的容抗为

$$X_{\mathrm{C}}=\frac{1}{\omega C}=\frac{1}{500\times 50\times 10^{-6}}\Omega=40\Omega$$

任意假定 U_{RC} 初级电压为 120V，则 I_{R}=4A，I_{C}=3A，根据相位关系画相量图可得

$$I_{\mathrm{L}}=\sqrt{{I_{\mathrm{R}}}^2+{I_{\mathrm{C}}}^2}=\sqrt{4^2+3^2}=5\mathrm{A}$$

整个电路的电抗为零，说明

$$Q_{\mathrm{L}}=Q_{\mathrm{C}}=\frac{{U_{\mathrm{C}}}^2}{X_{\mathrm{C}}}=\frac{120^2}{40}=360\,\mathrm{var}$$

$$X_{\mathrm{L}}=\frac{Q_{\mathrm{L}}}{{I_{\mathrm{L}}}^2}=\frac{360}{25}=14.4\Omega\ \Rightarrow\ L=\frac{X_{\mathrm{L}}}{\omega}=\frac{14.4}{500}=28.8\mathrm{mH}$$

即使用 28.8mH 的电感才能使整个电路的电抗为零。

同步练习

一、填空题

1．R、L、C 三个元件组成串联谐振电路或并联谐振电路，其谐振频率均为________（写公式）；若组成并联谐振电路，则电路中的电流________（最大、最小）。

2．在图 5-11-10 所示的 RLC 并联交流电路中，端口电压为 U，电流为 I，则电路发生谐振的条件为________。

3．在 LC 并联交流电路中，线圈参数为 R=10Ω，L=0.532H，电容 C=47μF。若发生谐振，则谐振频率为________Hz，谐振时阻抗为________。

4．在图 5-11-11 中，若调节电路中电容器的电容使整个电路的功率因数 $\cos\varphi$=1，此时电流表Ⓐ₁的示数为 12A，电流表Ⓐ₂的示数为 10A，则电流表Ⓐ的示数为________A。

5．在图 5-11-12 中，已知电源电压为 10V，若电流表Ⓐ₂的示数为 0，电流表Ⓐ₃的示数为 5A，则电流表Ⓐ₁的示数为________A，电流表Ⓐ₄的示数为________A。

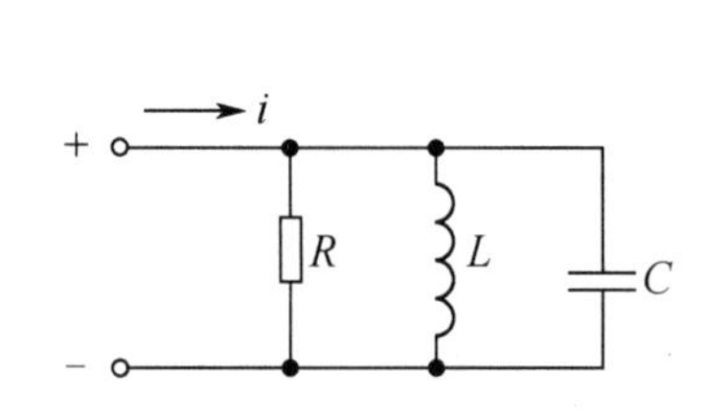

图 5-11-10　5.11 节填空题 2 图

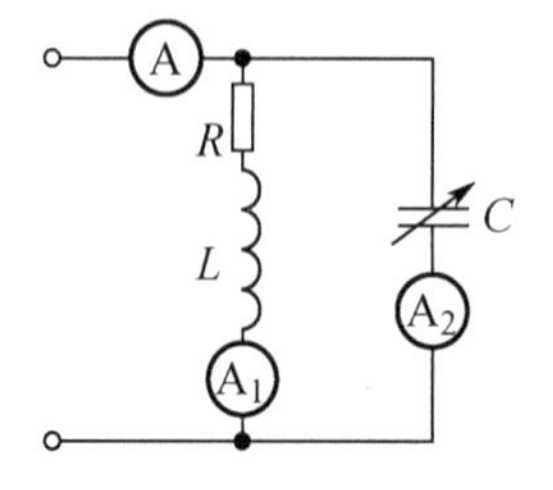

图 5-11-11　5.11 节填空题 4 图

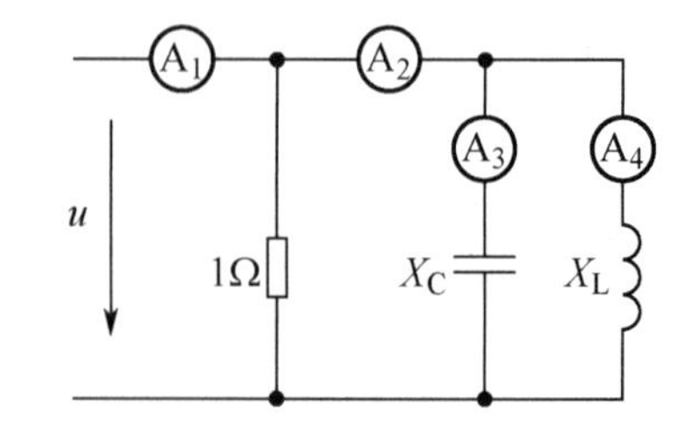

图 5-11-12　5.11 节填空题 5 图

6．在图 5-11-13 中，已知 $R=X_C=10\Omega$，$X_L=5\Omega$，电流表Ⓐ₃的示数为 5A，则电流表Ⓐ₁的示数为________，电流表Ⓐ₂的示数为________，电流表Ⓐ₄的示数为________，电流表Ⓐ的示数为________。

7．在图 5-11-14 中，$I_1=I_2=5$A，u 与 i 同相且 $U=50$V，则 $I=$________A，$R=$________Ω，$X_L=$________Ω，$X_C=$________Ω。

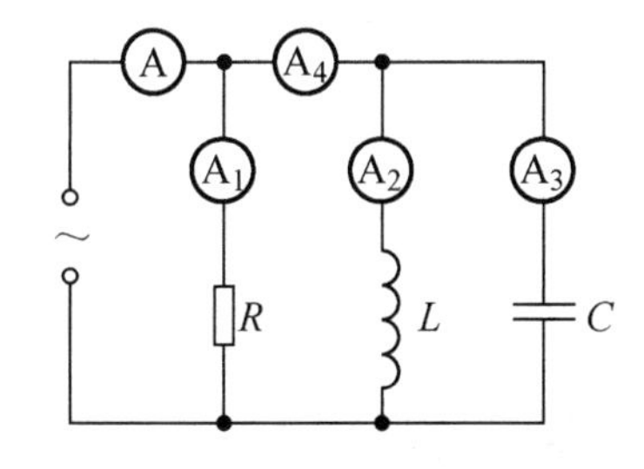

图 5-11-13 5.11 节填空题 6 图

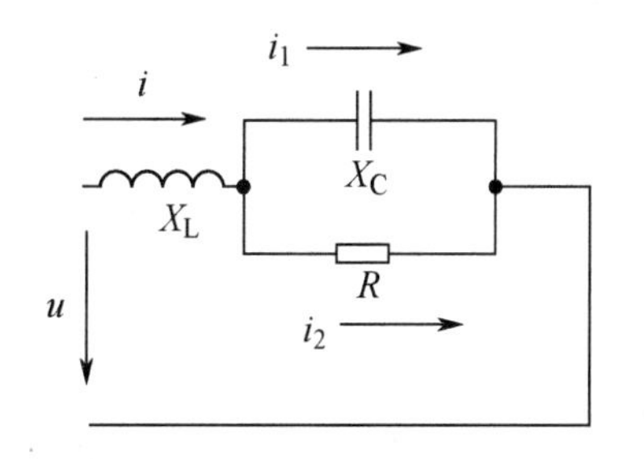

图 5-11-14 5.11 节填空题 7 图

二、单项选择题

▲1. 在图 5-11-15 中，$R=X_L=5\Omega$，$U_{AB}=U_{BC}$，且电路处于谐振状态，其阻抗$|Z|$的电抗为（ ）。

A．10Ω B．5Ω C．2.5Ω D．−2.5Ω

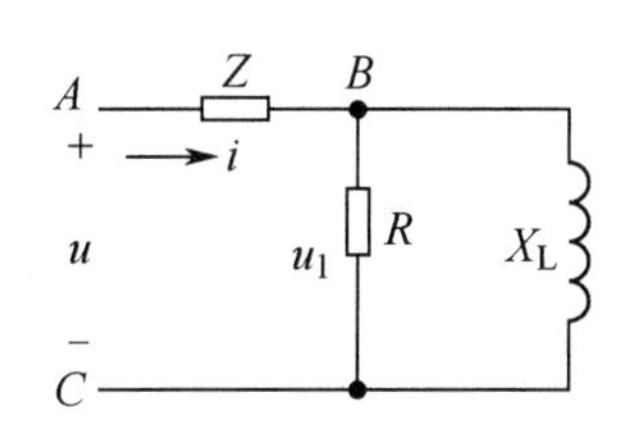

图 5-11-15 5.1 节单项选择题 1 图

2．在图 5-11-16 所示的正弦交流电路中，$R=X_L=10\Omega$，欲使电路的功率因数为 1，则 X_C 为（ ）。

A．10Ω B．7.07Ω C．20Ω D．5Ω

3．在图 5-11-17 中，已知电流表Ⓐ₁、Ⓐ₂、Ⓐ₃的示数分别为 4A、7A、4A，则电流表Ⓐ的示数为（ ）。

A．15A B．8A C．5A D．4A

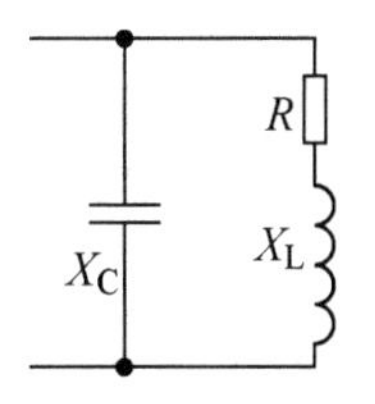

图 5-11-16 5.1 节单项选择题 2 图

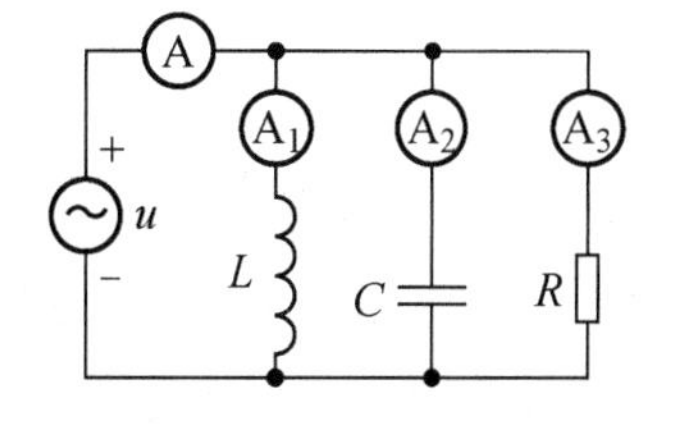

图 5-11-17 5.1 节单项选择题 3 图

三、综合题

▲电路参数如图 5-11-18（a）所示，A 点的波形如图 5-11-18（b）所示，双踪示波器的时

间轴挡位为200μs/格，幅度轴挡位为1V/格，请将该电路 B 点的波形画在给定区域内。

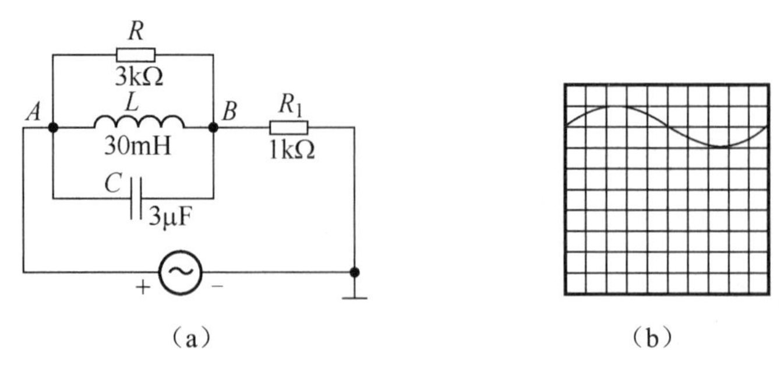

图 5-11-18　5.11 节综合题图

验证功率因数的提高

5.12　提高功率因数的意义和方法

知识授新

1. 提高功率因数的意义

直流电路的功率等于电流与电压的乘积。而在交流电路中，负载多为感性负载。例如，电动机接上电源时要建立强大的磁场，所以它除了需要从电源中取得有功功率，还要由电源取得建立磁场的能量，并与电源做周期性的能量交换。在交流电路中，有功功率除了考虑电流、电压的有效值，还要考虑电流与电压的相位差，即

$$P = UI\cos\varphi$$

功率因数取决于电路的参数和电源的频率。在纯电阻交流电路中，电流、电压同相，其功率因数为1。感性负载的功率因数介于0与1之间。

当电路的功率因数 $\cos\varphi \neq 1$ 时，电路中有能量的互换，即存在无功功率 Q，提高功率因数在以下两个方面有很大的实际意义。

（1）提高供电设备的能量利用率。

在电力系统中，功率因数是一个重要指标，功率因数的大小表示电源功率被利用的程度。电路的功率因数越大，表示电源所发出的电能转换为热能或机械能越多，而与电感线圈或电容器之间相互交换的能量越少，说明电源的利用率越高。为了减小电路中能量互换的规模，提高供电设备的能量利用率，必须提高功率因数。这是因为电动机或变压器是依照它的额定电压与额定电流设计的。例如，一台容量为100kVA的变压器，若负载的功率因数为1，则此变压器能输出100kW的有功功率；若功率因数降到0.75，则此变压器只能输出75kW的有功功率，也就是说，变压器的电容未能得到充分利用。

（2）减小输电线路上的能量损耗。

功率因数低，还会增大电动机绕组、变压器和线路的功率损耗。当负载电压和有功功率一定时，电路中的电流与功率因数成反比，即

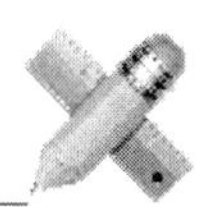

$$I = \frac{P}{U\cos\varphi}$$

功率因数越低，电路中的电流越大，线路电阻中与设备绕组中的功率损耗越大，线路上的压降越大。这样，不仅使电能白白地消耗在线路上，而且使得负载两端的电压降低，影响负载的正常工作。通过以上分析可知，提高功率因数能使供电设备的容量得到充分利用，同时能降低大量白白损耗的电能。也就是说，应用同样的供电设备，可以提高供电能力。因此，提高功率因数有很大的经济意义。

2. 提高功率因数的方法

在具有感性负载的电路中，一般功率因数比较低。例如，最常用的异步电动机，空载时的功率因数为 0.2～0.3，而额定负载时的功率因数为 0.83～0.85；传统日光灯的功率因数为 0.45～0.6。有的感性负载在建立磁场的过程中存在无功功率，因为励磁电流是不断变化的，磁场能不断增减，电感线圈和电源之间不停地进行能量交换，因此需要无功功率。变压器需要无功功率，否则无法工作；电动机也需要无功功率，否则无法转动。但是，为了使电动机的电容得到充分利用，从经济观点出发，必须减小无功功率，提高功率因数。

（1）提高用电设备的功率因数。

减小用电设备的无功功率可以提高功率因数。例如，正确选用异步电动机和电力变压器的电容。由于它们轻载或空载时阻值小，功率因数低，满载时功率因数较高。所以，选用变压器和电动机的电容宜大小适中，同时尽量减少轻载或空载运行。

（2）在感性负载上并联电容器以提高功率因数。

要提高功率因数，就要尽可能减小电路的阻抗角。在感性负载上并联电容器，可以减小阻抗角，达到提高功率因数的目的。

图 5-12-1（a）所示的日光灯电路是典型的感性负载电路。在并联电容器前，电压超前电流角度为

$$\varphi_1 = \arctan\frac{X_L}{R}$$

当感性负载（日光灯电路）并联电容器以后，电容器支路的电流超前电压$\frac{\pi}{2}$，定性画出它们的相量图，如图 5-12-1（b）所示，使得电压与总电流间的夹角减小，即 $\varphi<\varphi_1$，从而达到提高功率因数的目的。

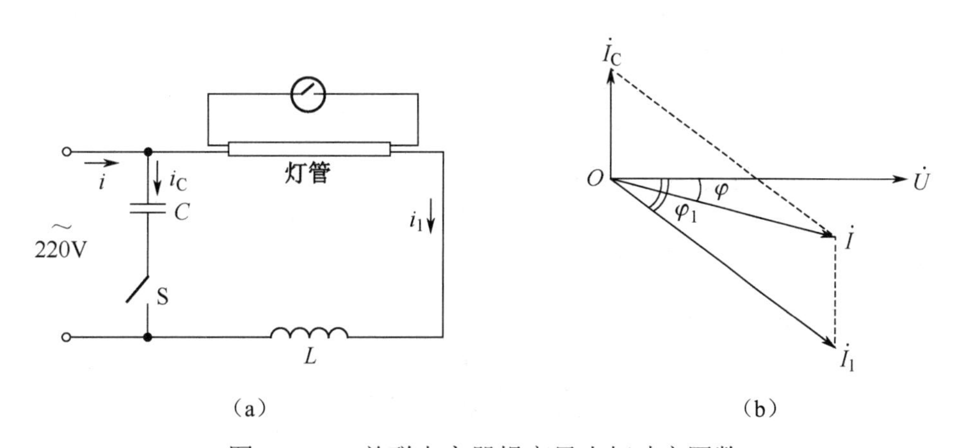

图 5-12-1　并联电容器提高日光灯功率因数

从图 5-12-1（b）所示的相量图可以推导出计算并联电容器电容的公式，可得

$$\begin{aligned}I_{C}&=I_{1}\sin\varphi_{1}-I_{1}\sin\varphi\\&=\left(\frac{P}{U\cos\varphi_{1}}\right)\sin\varphi_{1}-\left(\frac{P}{U\cos\varphi}\right)\sin\varphi\\&=\frac{P}{U}(\tan\varphi_{1}-\tan\varphi)\end{aligned}$$

又因为

$$I_{C}=\frac{U}{X_{C}}=U\omega C$$

所以将 I_C 代入上式得

$$U\omega C=\frac{P}{U}(\tan\varphi_{1}-\tan\varphi)$$

电容器电容的计算公式为

$$C=\frac{P}{\omega U^{2}}(\tan\varphi_{1}-\tan\varphi)$$

应当指出，**功率因数的提高并不是有功功率的提高。**并联电容器以后，电路的有功功率不变，因为电容器不耗能，负载的工作状态不受任何影响。同时，**功率因数的提高不允许改变原负载的工作状态。**在感性负载支路上串联电容器也可以提高功率因数，但却改变了原感性负载的工作状态，这是不允许的。

在实际电力系统中，并不要求将功率因数提高到 1。因为这样做的经济效果并不显著，还有可能导致电路发生谐振，出现高电压或大电流的情况，损坏供电或用电设备。应根据具体的电路，经过经济技术比较，把功率因数提高到适当的数值。

例题解析

【例 1】一台电动机的额定电压为 220V，输出的总功率为 4400kVA。试问：

（1）该电动机向额定工作电压为 220V，有功功率为 4.4kW，功率因数为 0.5 的用电设备供电，能使多少个这样的用电设备正常工作？电动机输出功率的利用率是多少？

（2）若把用电设备的功率因数提高到 0.8，又能使多少个用电设备正常工作？电动机输出功率的利用率又是多少？

【解答】（1）电动机的额定输出电流为

$$I_{e}=\frac{S}{U}=\frac{4400\times10^{3}}{220}=2\times10^{4}\,\text{A}$$

当 $\cos\varphi$=0.5 时，通过每个用电设备的电流为

$$I=\frac{P}{U\cos\varphi}=\frac{4400}{220\times0.5}=40\text{A}$$

则电动机能供给的用电设备个数为

$$n=\frac{I_{e}}{I}=\frac{2\times10^{4}}{40}=500$$

电动机输出功率的利用率为

$$\eta = \frac{P_{总}}{S}\times 100\% = \frac{500\times 4.4}{4400}\times 100\% = \frac{2200\text{kW}}{4400\text{kVA}} = 50\%$$

（2）当 $\cos\varphi$=0.8 时，通过每个用电设备的电流为

$$I' = \frac{P}{U\cos\varphi'} = \frac{4400}{220\times 0.4} = 25\text{A}$$

则电动机能供给的用电设备个数为

$$n' = \frac{I_e}{I'} = \frac{2\times 10^4}{25} = 800$$

电动机输出功率的利用率为

$$\eta' = \frac{P'_{总}}{S}\times 100\% = \frac{800\times 4.4}{4400}\times 100\% = \frac{3520\text{kW}}{4400\text{kVA}} = 80\%$$

由上例可知，当 $\cos\varphi$=0.5 时，电动机发出的有功功率仅为 2200kW，当 $\cos\varphi$ 提高到 0.8 时，电动机发出的有功功率可达 3520kW，提高了能量利用率。

【例 2】一座发电站以 220kV 的高压输给负载 4.4×10^5kW 的电能，如果输电线路的总电阻为 10Ω，试计算负载的功率因数由 0.5 提高到 0.8 时，输电线路一天可少损失多少电能？

【解答】当功率因数 $\cos\varphi_1 = 0.5$ 时，输电线路中的电流为

$$I_1 = \frac{P}{U\cos\varphi_1} = \frac{4.4\times 10^8}{220\times 10^3\times 0.5} = 4\times 10^3\text{A}$$

当功率因数 $\cos\varphi_2 = 0.8$ 时，输电线路中的电流为

$$I_2 = \frac{P}{U\cos\varphi_2} = \frac{4.4\times 10^8}{220\times 10^3\times 0.8} = 2.5\times 10^3\text{A}$$

一天少损失的电能为

$$\Delta W = \Delta\text{kW}\cdot\text{h} = \frac{(I_1^2 - I_2^2)R}{10^3}t = \left\{\frac{[(4\times 10^3)^2 - (2.5\times 10^3)^2]\times 10}{10^3}\right\}\times 24$$

$$= 2.34\times 10^6\text{kW}\cdot\text{h}$$

如果以 0.5 元/kW·h 计算，相当于每天节省 $2.34\times 10^6\times 0.5 = 117$ 万元。可见，提高电力系统的功率因数有很大的经济意义。

【例 3】将一个有功功率为 10kW，功率因数为 0.6 的感性负载，接到电压有效值为 220V，频率为 50Hz 的电源上，要将功率因数提高到 0.95，感性负载上需要并联多大的电容，并求并联电容器前后的电流有效值。

【解法一】公式法。

$\cos\varphi_1$=0.6 ⇒ φ_1=53°，$\cos\varphi$=0.95 ⇒ φ=18°，并联电容为

$$C = \frac{P}{U^2 2\pi f}(\tan\varphi_1 - \tan\varphi) = \frac{10\times 10^3}{220^2\times 2\times 3.14\times 50}\times(\tan 53° - \tan 18°) \approx 656\mu\text{F}$$

并联电容器前电路中的电流为

$$I_1 = \frac{P}{U\cos\varphi_1} = \frac{10\times 10^3}{220\times 0.6} \approx 75.8\text{A}$$

并联电容器后电路中的电流为

$$I = \frac{P}{U\cos\varphi} = \frac{10\times10^3}{220\times0.95} \approx 47.8\text{A}$$

【解法二】无功功率补偿法。

当$\cos\varphi_1 = 0.6$时，有

$$S_1 = \frac{P}{\cos\varphi_1} = \frac{10\text{kW}}{0.6} = 16667\text{VA}$$

$$Q_1 = Q_\text{L} = \sqrt{S_1^{\ 2} - P_1^2} = \sqrt{16667^2 - 10000^2} = 13333\text{var}$$

当$\cos\varphi = 0.95$时，有

$$S = \frac{P}{\cos\varphi} = \frac{10\text{kW}}{0.95} = 10526\text{VA}$$

$$Q = Q_\text{L} - Q_\text{C} = \sqrt{S^2 - P^2} = \sqrt{10526^2 - 10000^2} = 3285\text{var}$$

$$Q_\text{C} = Q_\text{L} - Q = 13333 - 3285 = 10048\text{var}$$

$$X_\text{C} = \frac{U^2}{Q_\text{C}} = \frac{220^2}{10048} = 4.816\Omega$$

并联电容为

$$C = \frac{1}{X_\text{C}\omega} = \frac{1}{4.816\times314}\text{F} = 661\mu\text{F}$$

并联电容器前电路中的电流为

$$I_1 = \frac{S_1}{U} = \frac{16667}{220} = 75.8\text{A}$$

并联电容器后电路中的电流为

$$I = \frac{S}{U} = \frac{10526}{220} = 47.8\text{A}$$

▲**【例 4】**在图 5-12-2 中，已知电源电压 U=220V，f=50Hz，R_1=10Ω，$X_{\text{L}1}=10\sqrt{3}\,\Omega$，$R_2$=5Ω，$X_{\text{L}2}=5\sqrt{3}\,\Omega$。求：

（1）电流表的示数和电路的功率因数。

（2）欲使电路的功率因数提高到 0.866，则需要并联多大的电容？

（3）并联电容器后，电流表的示数为多少？

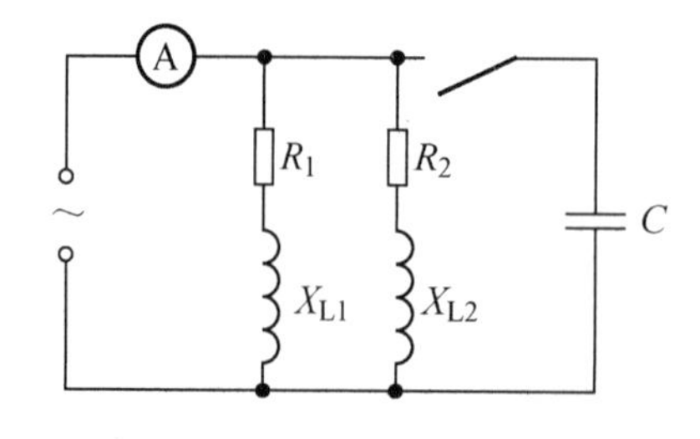

图 5-12-2　5.12 节例 4 图

【解答】可利用无功功率补偿法，将整个电路视为一个整体进行计算。

（1）$|Z_1| = \sqrt{R_1^{\ 2} + X_{\text{L}1}^{\ 2}} = \sqrt{10^2 + (10\sqrt{3})^2} = 20\Omega$；$I_1 = \frac{U}{|Z_1|} = \frac{220}{20} = 11\text{A}$；$P_1 = I_1^2 R_1 = 121\times10 = 1210\text{W}$；$Q_1 = I_1^2 X_{\text{L}1} = 121\times10\sqrt{3} = 1210\sqrt{3}\text{var}$；$|Z_2| = \sqrt{R_2^2 + X_{\text{L}2}^{\ 2}} = \sqrt{5^2 + (5\sqrt{3})^2} = 10\Omega$；$I_2 =$

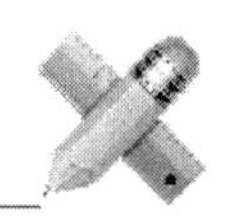

$\dfrac{U}{|Z_2|}=\dfrac{220}{10}=22\text{A}$；$P_2=I_2^2R_2=484\times5=2420\text{W}$；$Q_2=I_2^2X_{\text{L2}}=484\times5\sqrt{3}=2420\sqrt{3}\text{ var}$；$P=P_1+P_2=1210+2420=3630\text{W}$；$Q=Q_1+Q_2=1210\sqrt{3}+2420\sqrt{3}=3630\sqrt{3}\text{ var}$；$S=\sqrt{P^2+Q^2}=\sqrt{3630^2+(3630\sqrt{3})^2}=7260\text{VA}$；$I=\dfrac{S}{U}=\dfrac{7260}{220}=33\text{A}$，即电流表示数为 33A；$\cos\varphi=\dfrac{P}{S}=\dfrac{3630}{7260}=0.5$。

（2）因为 $\cos\varphi=0.866$，得 $\varphi=30°$；$\cos\varphi_1=0.5$，得 $\varphi_1=60°$，利用公式得

$$C=\frac{P}{\omega U^2}(\tan\varphi_1-\tan\varphi)=\frac{3630}{314\times220^2}\left(\sqrt{3}-\frac{\sqrt{3}}{3}\right)\text{F}\approx276\mu\text{F}$$

或者根据无功功率补偿原理求解。

并联电容器后，P 不变，Q 减小到 Q'，S 也减小到 S'：

$$S'=\frac{P}{\cos\varphi}=\frac{3630}{0.866}=4192\text{VA}$$

$$Q'=\sqrt{(S')^2-P^2}=\sqrt{(4192)^2-(3630)^2}=2097\text{ var}$$

$$Q_{\text{C}}=Q_{\text{L}}-Q'=3630\sqrt{3}-2097=4190\text{ var}$$

$$X_{\text{C}}=\frac{U^2}{Q_{\text{C}}}=\frac{220^2}{4190}=11.55\Omega$$

$$C=\frac{1}{\omega X_{\text{C}}}=\frac{1}{11.55\times314}\text{F}=276\mu\text{F}$$

（3）并联电容器后，得

$$I=\frac{S'}{U}=\frac{4192}{220}=19.05\text{A}$$

同步练习

一、填空题

提高功率因数的意义有两个：一是________________；二是________________。提高功率因数的方法一般有________________和________________。

二、单项选择题

1. 日光灯原功率因数为 0.6，并联一个电容器后，其功率因数提高到 0.9，则线路中的电流（ ）。

A. 减小　　B. 增大　　C. 不变　　D. 不能确定

2. 提高供电电路的功率因数，下列说法正确的是（ ）。

A. 减少了用电设备中无用的无功功率

B. 减少了用电设备的有功功率，提高了电源设备的电容

C. 可以节省电能

D．可提高电源设备的利用率，并减小输电线路中的损耗

3．在交流电路中，对于感性负载，通常采用下列（　　）方法来提高功率因数。

A．在负载两端并联一个电阻

B．在负载两端并联一个电容器

C．在负载两端并联一个电感线圈

D．串联一个电阻

4．在交流电路中，在感性负载两端并联一个电容器，以下说法正确的是（　　）。

A．感性负载电流增大　　　　B．功率因数提高

C．无功功率增大　　　　　　D．视在功率增大

5．在 RLC 串联交流电路中，电路呈容性，以下说法正确的是（　　）。

A．频率上升，功率因数降低

B．增大电阻可能使功率因数降低

C．频率上升，功率因数提高

D．在电路两端并联一只电容适合的电容器可以提高功率因数

三、计算题

1．某车间负载 P=150kW，功率因数 $\cos\varphi$=0.5，若将功率因数提高到 0.866，求并联补偿电容器的无功功率 Q_C。

2．一个 50kW 感性负载的功率因数为 0.5，电压电源为 10kV，频率为 50Hz，，若将功率因数提高到 0.707，求应并联电容器的电容。

四、综合题

在图 5-12-3 中，有一只 40W 的日光灯，接在电压为 220V，频率为 50Hz 的电源上（可近似把镇流器看作纯电感负载，灯管工作时属于纯电阻负载）。

（1）连接日光灯电路图。

（2）测得灯管两端的电压为 110V，试求镇流器上的感抗和电感，这时电路的功率因数等于多少？

（3）通常采用什么方式提高功率因数？

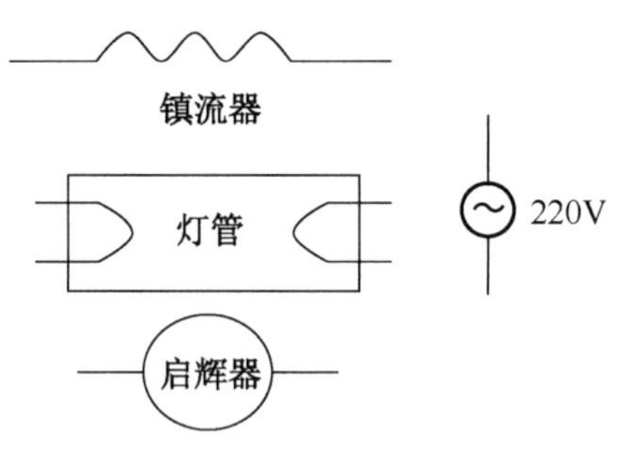

图 5-12-3　5.12 节综合题图

阅读材料

节约电能，从点点滴滴做起

开发与节约并重是我国当前对能源问题的战略方针。改革开放以来，我国电力生产得到了飞速发展，电力供求矛盾有了很大缓解。为了让有限的电能产生更大的经济效益，节约电能具有十分重要的意义。

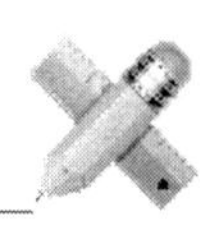

节约电能要从供电和用电两方面制定具体措施。在供电方面，要充分挖掘供电设备的潜力，提高现有机组的利用率；要引入新科技，采用新技术，提高其他形式的能转变为电能的效率；要改善经营管理，提高供电工作人员素质，生产更多电能。在用电方面，除供电部门要严格执行供电制度，采用经济手段，推动调整负荷以外，用电部门必须做到以下几点。

1．合理选择用电设备

合理选择用电设备，避免用大功率电动机拖动小功率机械设备，造成不必要的能源浪费。一般选择电动机的额定功率比负载的实际功率大 10%～15%为最佳匹配。同时，提倡并鼓励技术改造和创新，为限制电动机空载运行，可运用控制技术使电动机空载时自动停机；电动机轻载时自动进行 Y-△换接等。

2．提高功率因数

提高功率因数，尽力减小电源的无功功率。为提高功率因数，变电所和用电设备应尽可能加装无功补偿设备。通过安装补偿电容、同步补偿器等，补偿电网的无功功率，减少线路的损耗。国家要求高压系统工业用户的功率因数达到 0.95，其他用户应达到 0.9，农业用户达到 0.8，制定了根据功率因数调整电价的制度，鼓励用户提高功率因数。

3．运用节电新技术，制定管理新制度

在照明用电时，首先要充分利用自然光，然后选择最佳照明方式，推广、运用各种高效率的光源。尽可能选用高效的气体放电光源、节能灯等，生活中的照明用灯一般禁用 100W 以上的白炽灯。

推广、运用电子技术实现自动控制。对楼道、道路等公用照明设施，可用光电控制或声电控制等自控装置来调控开关时间。

用户要尽量利用供电系统供电低谷和水电站的丰水季节进行生产。同时充分利用太阳能、风能、原子能等，因地制宜地利用其他形式的能。

知识探究与学以致用

1．测电笔是最常使用的电工工具之一，你会使用吗？

每次使用测电笔前必须先在能正常供电的单相交流电源插座上测试一下其能否正常工作，方法是用右手拇指触及测电笔后端的金属处，将测电笔插入插座右端，若火线上氖泡发光，则说明该测电笔能正常工作。

若电源插座发生故障，不能正常工作，如何利用测电笔检查并排除故障呢？现介绍一种简易的测试方法：将测电笔分别插入插座的左、右插孔内，若氖泡都不发光，则可判定是火线开路或接触不良；若氖泡都能发光，则可判定是零线开路或接触不良。查明故障原因后，即可对症下药地进行检修。不信你可实践一下，并想一想，这是为什么？

2．为确保安全，需要在实验室的演示台及每张实验桌上都安装一个“急停”开关，这样指导教师无论在实验室何处，发现异常情况都能就近、及时地断开总电源。试设计出符合上述要求的“急停”开关电路图，并说明其工作原理。

3．吊扇的调速器是一个有多个中间抽头的电抗器。试分析这种电抗器的调速原理。

拆开调速器的外壳，用万用表交流电压 250V 挡，分别测量各挡的端电压，测量结果与你的理论分析相同吗？

4．就近实地调查变电所现在的工作情况及近年来的发展情况。请技术人员介绍安全用电知识及日常电路维护的知识和技能。

5．观察自己家照明电路的分布情况，并画出相应的电路图。

（1）记录自己家家用电器铭牌上所标注的功率（如照明灯、电冰箱、电饭锅、微波炉、空调、洗衣机等）。

（2）观察自己家电能表的额定电压、额定电流和额定功率，并分析该电能表能否满足现有用电器全部工作时的需求？还可增添用电器的总功率是多大？

（3）观察转盘式电能表上的各种数据，并了解其意义。设计一个粗略测定电能表转动是否正常的检测过程。想一想能否用空调或洗衣机作为检测对象？为什么？

（4）利用电能表分别测试自己家在冬季和夏季每周的用电情况。通过统计分析说明不同季节用电量不同的原因。

第 6 章　正弦交流电的相量法

学习要求

（1）理解复数的概念，能熟练转换复数的代数式、三角函数式、指数式和极坐标式。

（2）掌握复数的四则运算。

（3）掌握正弦量的相量表示法。

（4）能运用相量法对简单 RLC 串、并联交流电路进行同频率正弦量的分析、运算。

6.1　复数及其运算

知识授新

用复数符号表示正弦量的方法，称为相量法。表示正弦量的复数，称为相量，为区别于一般复数，相量用大写字母上加“•”表示。用相量表示正弦量后，不仅可将烦琐的三角函数运算变换为更为简便的复数的代数运算，而且直流电路中已学过的分析方法、基本定律和公式都可推广应用到交流电路的分析与计算中。本章主要介绍复数的概念、正弦量的复数表示法、用相量法分析简单正弦交流电路。

为了更好地掌握正弦量的相量法，我们先复习有关复数及其运算的一些基本知识。

1. 复数的基本知识

（1）复数的概念。

$A=a+\mathrm{j}b$ 表示一个复数，其中 a、b 均为实数，a 叫作复数 A 的实部；b 叫作复数 A 的虚部；j 叫作虚数单位，$\mathrm{j}=\sqrt{-1}$（在数学中虚数单位用 i 表示，为了区别于电流 i，电工中用 j 表示）。任何一个复数都可以用复平面上的一个点表示。在平面上做一直角坐标系，横轴为实轴，用来表示复数的实部；纵轴为虚轴，用来表示复数的虚部。这样平面上的每个点都对应一个复数，任何一个复数都对应复平面内唯一的点。例如，复数 $A=4+\mathrm{j}3$ 所对应的点为图 6-1-1 所示的 P_1 点，它的横坐标是+4 个单位，纵坐标是+3 个单位。同理，P_2 点所对应的复数为 $B=-2+\mathrm{j}5$。

（2）复数的四种解析式。

① 代数式。

$A=a+jb$ 叫作复数的代数式。在复平面上，从原点 O 到 A（$A=a+jb$）点连成一条有向线段，如图 6-1-2 所示。OA 叫作复数的模，用 r 表示。从图中可以看出，模 r 与实部 a、虚部 b 恰好构成一个直角三角形。复数的模 r 与横轴正方向的夹角 θ 叫作复数的辐角。

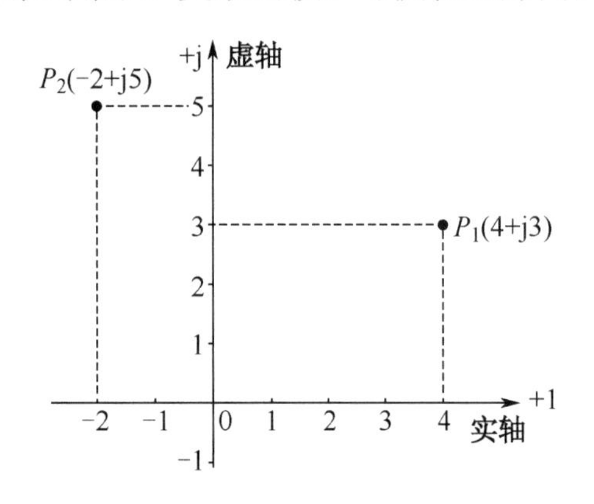

图 6-1-1　复数在复平面上的表示

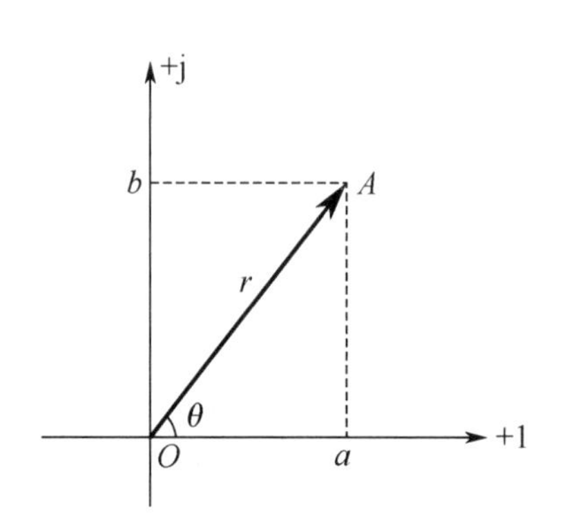

图 6-1-2　复数的模和辐角

如果已知复数的代数式 $A=a+jb$，那么根据直角三角形的两条直角边和一个锐角可以求出复数的模和辐角为

$$\begin{cases} r=\sqrt{a^2+b^2} \\ \theta=\arctan\dfrac{b}{a} \end{cases}$$

② 三角函数式。

如果已知复数的模 r 和辐角 θ，同样可以求出实部 a 和虚部 b，即

$$\begin{cases} a=r\cos\theta \\ b=r\sin\theta \end{cases}$$

这样，复数 $A=a+jb$ 的三角函数式为

$$A=r\cos\theta+jr\sin\theta=r(\cos\theta+j\sin\theta)$$

③ 指数式。

利用数学中的欧拉公式

$$e^{j\theta}=\cos\theta+j\sin\theta$$

式中，e≈2.71828，它是自然对数的底。把复数 $A=r(\cos\theta+j\sin\theta)$用指数的形式表示为

$$A=r(\cos\theta+j\sin\theta)=re^{j\theta}$$

④ 极坐标式。

复数 $A=a+jb$ 的极坐标式为

$$A=r\underline{/\theta}$$

（3）辐角 θ 所在象限的确定原则。

应用公式计算时，复数的模 r 根号前只取正值。在计算辐角 θ 时，其所在的象限是由 a 和 b 的符号决定的，而不是由 $\dfrac{b}{a}$ 的符号决定的。例如，把复数 $A=4-j4$ 写成极坐标式时，$a=4$，

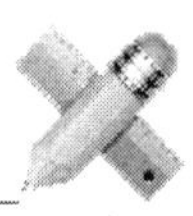

b=−4，辐角 θ 在第四象限，$\theta=\arctan\dfrac{-4}{4}=\arctan(-1)=-45°$，这是正确的。如果含糊地写成 $\theta=\arctan\dfrac{b}{a}$，$\tan\theta=-1$，则辐角 θ 就有两个值，分别在第二、四象限，θ_1=135°，θ_2=−45°。很明显，θ_1=135°不是复数 A=4−j4 的辐角。a、b 的符号与辐角 θ 所在象限的关系如表 6-1-1 所示。

表 6-1-1　a、b 的符号与辐角 θ 所在象限的关系

实部 a 的符号	虚部 b 的符号	辐角 θ 所在象限	辐角 θ 的范围
+	+	一	$0°<\theta<90°$
−	+	二	$90°<\theta<180°$
−	−	三	$-180°<\theta<-90°$
+	−	四	$-90°<\theta<0°$

（4）共轭复数与相等复数的概念。

若两个复数的实部相等，虚部互为相反数，则这两个复数叫作共轭复数。共轭复数的指数式表现为模相等，而辐角相差一个负号。复数 A 的共轭复数记作 $\overset{*}{A}$。如果复数 A 为

$$A=a+\mathrm{j}b=r\underline{/\theta}$$

则其共轭复数 $\overset{*}{A}$ 为

$$\overset{*}{A}=a-\mathrm{j}b=r\underline{/-\theta}$$

如果两个复数的实部相等，虚部也相等，那么这两个复数相等。在指数式中，如果两个复数的模相等，辐角也相等，那么这两个复数相等，即复数 $A=a_1+\mathrm{j}b_1=r_1\underline{/\theta_1}$，$B=a_2+\mathrm{j}b_2=r_2\underline{/\theta_2}$，如果

$$\begin{cases}a_1=a_2\\ b_1=b_2\end{cases}\quad 或 \quad \begin{cases}r_1=r_2\\ \theta_1=\theta_2\end{cases}$$

则这两个复数相等，即 A=B。

2. 复数的四则运算

应用复数求解正弦交流电路，常常要用到复数的四则运算。在应用复数求解正弦交流电路时，经常会遇到复数几种形式间的互换。在进行加减运算时，应用代数式简单易算；在进行乘除运算时，应用指数式简便易行。

（1）复数的加减运算。

复数相加或相减，必须先将复数化成代数式，然后将实部和实部相加减，虚部和虚部相加减。

如果两个复数分别为

$$A=a_1+\mathrm{j}b_1$$
$$B=a_2+\mathrm{j}b_2$$

那么这两个复数的和与差分别为

$$A+B=(a_1+\mathrm{j}b_1)+(a_2+\mathrm{j}b_2)=(a_1+a_2)+\mathrm{j}(b_1+b_2)$$

$$A-B=(a_1+\mathrm{j}b_1)-(a_2+\mathrm{j}b_2)=(a_1-a_2)+\mathrm{j}(b_1-b_2)$$

（2）复数的乘除运算。

复数的代数式和指数式都可以进行乘除运算，但是指数式运算更简单，实际应用中常采用指数式进行乘除运算。采用指数式进行乘法运算时，模相乘，辐角相加；除法运算则是模相除，辐角相减。

如果两个复数分别为

$$A=r_1\mathrm{e}^{\mathrm{j}\theta_1}\text{；}\quad B=r_2\mathrm{e}^{\mathrm{j}\theta_2}$$

则这两个复数的积与商分别为

$$AB=r_1\mathrm{e}^{\mathrm{j}\theta_1}\cdot r_2\mathrm{e}^{\mathrm{j}\theta_2}=r_1\cdot r_2\mathrm{e}^{\mathrm{j}(\theta_1+\theta_2)}$$

$$\frac{A}{B}=\frac{r_1\mathrm{e}^{\mathrm{j}\theta_1}}{r_2\mathrm{e}^{\mathrm{j}\theta_2}}=\frac{r_1}{r_2}\mathrm{e}^{\mathrm{j}(\theta_1-\theta_2)}$$

采用代数式进行乘法运算时，先按多项式乘法展开，再进行整理。共轭复数的积是实数，即

$$AB=(a_1+\mathrm{j}b_1)(a_2+\mathrm{j}b_2)=a_1a_2+\mathrm{j}(a_1b_2+a_2b_1)+\mathrm{j}^2b_1b_2$$

$$A\overset{*}{A}=(a+\mathrm{j}b)(a-\mathrm{j}b)=a^2-\mathrm{j}ab+\mathrm{j}ab+\mathrm{j}^2b^2=a^2-b^2$$

上式中的 $\mathrm{e}^{\mathrm{j}\theta}$ 称为旋转因子，j 运算结果为 $\mathrm{j}^1=\mathrm{j}$；$\mathrm{j}^2=-1$；$\mathrm{j}^3=-\mathrm{j}$；$\mathrm{j}^4=1$。

采用代数式进行除法运算时，将分母和分子同乘以分母的共轭复数，分母化为实数，分子展开化简，即

$$\frac{A}{B}=\frac{a_1+\mathrm{j}b_1}{a_2+\mathrm{j}b_2}=\frac{(a_1+\mathrm{j}b_1)(a_2-\mathrm{j}b_2)}{(a_2+\mathrm{j}b_2)(a_2-\mathrm{j}b_2)}=\frac{a_1a_2-\mathrm{j}a_1b_2+\mathrm{j}a_2b_1-\mathrm{j}^2b_1b_2}{a^2+b^2}$$

（3）旋转因子。

$\mathrm{e}^{\mathrm{j}\theta}=r\mathrm{e}^{\mathrm{j}\theta}=1\underline{/\theta}$ 是一个模为 1 而辐角为 θ 的复数。任意复数 $A=r_1\mathrm{e}^{\mathrm{j}\theta_1}$ 乘以 $\mathrm{e}^{\mathrm{j}\theta}$ 都等于

$$r_1\mathrm{e}^{\mathrm{j}\theta_1}\cdot\mathrm{e}^{\mathrm{j}\theta}=r_1\mathrm{e}^{\mathrm{j}(\theta_1+\theta)}=r_1\underline{/\theta_1+\theta}$$

复数的模仍为 r_1，幅角变为 $(\theta_1+\theta)$，即将 $r_1\mathrm{e}^{\mathrm{j}\theta_1}$ 对应的复数由原来位置的 θ_1，逆时针旋转了 θ，旋至幅角 $(\theta_1+\theta)$，所以称 $\mathrm{e}^{\mathrm{j}\theta}$ 为旋转因子。

当 $\theta=\dfrac{\pi}{2}$ 时，$\mathrm{e}^{\mathrm{j}\theta}=\mathrm{e}^{\mathrm{j}\frac{\pi}{2}}=\cos\dfrac{\pi}{2}+\mathrm{j}\sin\dfrac{\pi}{2}=\mathrm{j}$；

当 $\theta=\pi$ 时，$\mathrm{e}^{\mathrm{j}\theta}=\mathrm{e}^{\mathrm{j}\pi}=\cos\pi+\mathrm{j}\sin\pi=-1$；

当 $\theta=\dfrac{3\pi}{2}$ 时，$\mathrm{e}^{\mathrm{j}\theta}=\mathrm{e}^{\mathrm{j}\frac{3\pi}{2}}=\cos\dfrac{3\pi}{2}+\mathrm{j}\sin\dfrac{3\pi}{2}=-\mathrm{j}$；

当 $\theta=2\pi$ 时，$\mathrm{e}^{\mathrm{j}\theta}=\mathrm{e}^{\mathrm{j}2\pi}=\cos2\pi+\mathrm{j}\sin2\pi=1$。

综上所述，一个复数乘以 j 就等于该复数对应的复矢量在复平面上逆时针旋转 $\dfrac{\pi}{2}$；乘以−1 时逆时针旋转 π（180°）；乘以−j 时逆时针旋转 $\dfrac{3\pi}{2}$，或者看作顺时针旋转 $\dfrac{\pi}{2}$；乘以 1 时该复数无任何变化，如图 6-1-3 所示。

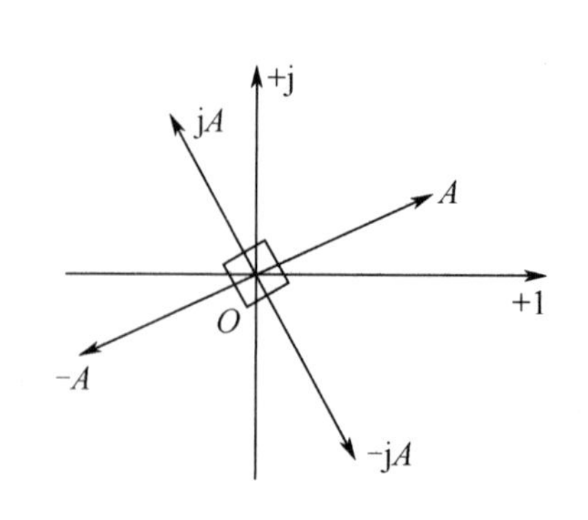

图 6-1-3　复数 A 乘以 j 的几何意义

例题解析

【例 1】将下列复数分别化成三角函数式、指数式和极坐标式。

（1）A=8−j6。（2）B=j5。（3）C=3+j4。（4）D=−j5。

【解答】（1）A=8−j6 的模为

$$r=\sqrt{a^2+b^2}=\sqrt{8^2+6^2}=10$$

由于 $a>0$，$b<0$，辐角 θ 在第四象限，所以

$$\theta=\arctan\frac{b}{a}=\arctan\left(-\frac{6}{8}\right)=\arctan\left(-\frac{3}{4}\right)=-36.9°$$

A 的三角函数式为

$$A=r\cos\theta+\mathrm{j}r\sin\theta=10\cos(-36.9°)-\mathrm{j}10\sin36.9°$$

A 的指数式为

$$A=r\mathrm{e}^{\mathrm{j}\theta}=10\mathrm{e}^{-\mathrm{j}36.9°}$$

A 的极坐标式为

$$A=r\underline{/\theta}=10\underline{/-36.9°}$$

（2）B 的实部为 0，虚部为 5，可知 θ=90°，$r=\sqrt{a^2+b^2}=\sqrt{0^2+5^2}=5$。

B 的三角函数式为

$$B=r\cos\theta+\mathrm{j}r\sin\theta=5\cos90°+\mathrm{j}5\sin90°$$

B 的指数式为

$$B=r\mathrm{e}^{\mathrm{j}\theta}=5\mathrm{e}^{\mathrm{j}90°}$$

B 的极坐标式为

$$B=r\underline{/\theta}=5\underline{/90°}$$

（3）C=3+j4 的模为

$$r=\sqrt{a^2+b^2}=\sqrt{3^2+4^2}=5$$

由于 $a>0$，$b>0$，辐角 θ 在第一象限，所以

$$\theta=\arctan\frac{b}{a}=\arctan\frac{4}{3}\approx53.1°$$

C 的三角函数式为

$$C=r\cos\theta+\mathrm{j}r\sin\theta=5\cos53.1°+\mathrm{j}5\sin53.1°$$

C 的指数式为

$$C=r\mathrm{e}^{\mathrm{j}\theta}=5\mathrm{e}^{\mathrm{j}53.1°}$$

C 的极坐标式为

$$C=r\underline{/\theta}=5\underline{/53.1°}$$

（4）D 的实部为 0，虚部为−5，可知 θ=−90°，$r=\sqrt{a^2+b^2}=\sqrt{0^2+5^2}=5$。

D 的三角函数式为

$$D=r\cos\theta+\mathrm{j}r\sin\theta=5\cos(-90°)-\mathrm{j}5\sin90°$$

D 的指数式为

$$D = r\mathrm{e}^{\mathrm{j}\theta} = 5\mathrm{e}^{-\mathrm{j}90^\circ}$$

D 的极坐标式为

$$D = r\underline{/\theta} = 5\underline{/-90^\circ}$$

▲【例 2】已知复数 A=4+j3，B=3−j4，求 AB 和 $\dfrac{A}{B}$。

【解答】(1) 用指数式计算，先将 A、B 化成指数式，即

$$A = 4 + \mathrm{j}3 = 5\mathrm{e}^{\mathrm{j}36.9^\circ}$$

$$B = 3 - \mathrm{j}4 = 5\mathrm{e}^{-\mathrm{j}53.1^\circ}$$

复数 A、B 的积为

$$AB = 5\mathrm{e}^{\mathrm{j}36.9^\circ} \cdot 5\mathrm{e}^{-\mathrm{j}53.1^\circ} = 25\mathrm{e}^{-\mathrm{j}16.2^\circ}$$

复数 A、B 的商为

$$\frac{A}{B} = \frac{5\mathrm{e}^{\mathrm{j}36.9^\circ}}{5\mathrm{e}^{-\mathrm{j}53.1^\circ}} = \mathrm{j}$$

(2) 用极坐标式计算，先将 A、B 化成极坐标式，即

$$A = 4 + \mathrm{j}3 = 5\mathrm{e}^{\mathrm{j}36.9^\circ} = 5\underline{/36.9^\circ}$$

$$B = 3 - \mathrm{j}4 = 5\mathrm{e}^{-\mathrm{j}53.1^\circ} = 5\underline{/-53.1^\circ}$$

复数 A、B 的积为

$$AB = 5\underline{/36.9^\circ} \cdot 5\underline{/-53.1^\circ} = 25\underline{/-16.2^\circ}$$

复数 A、B 的商为

$$\frac{A}{B} = \frac{5\underline{/36.9^\circ}}{5\underline{/-53.1^\circ}} = \mathrm{j}$$

(3) 用代数式计算得

$$AB = (4 + \mathrm{j}3)(3 - \mathrm{j}4) = 12 - \mathrm{j}16 + \mathrm{j}9 + 12 = 24 - \mathrm{j}7$$

$$\frac{A}{B} = \frac{4 + \mathrm{j}3}{3 - \mathrm{j}4} = \frac{(4 + \mathrm{j}3)(3 + \mathrm{j}4)}{(3 - \mathrm{j}4)(3 + \mathrm{j}4)} = \frac{12 + \mathrm{j}16 + \mathrm{j}9 - 12}{9 + \mathrm{j}12 - \mathrm{j}12 + 16}$$

$$= \frac{\mathrm{j}25}{25} = \mathrm{j}$$

同步练习

一、填空题

1. A=a+jb 表示一个________数，其中 a、b 为________数，a 叫作复数 A 的________部；b 叫作复数 A 的________部，j 叫作________，$\sqrt{-1}$=________。

2. 任何一个复数都对应复平面内________。原点 O 到 A 点连成一条有向线段，OA 的长叫作________，用 r 表示，r 与横轴正方向的夹角叫作________。

3. 如果两个复数的实部________，虚部是________，则这两个复数叫作共轭复数。共轭复数的积是________数。

二、计算题

1．将下列复数化成指数式。

（1）$A=-8-\mathrm{j}6$。（2）$B=-4+\mathrm{j}3$。（3）$C=12-\mathrm{j}9$。（4）$D=-\mathrm{j}10$。（5）$E=\mathrm{j}220$。

2．将下列复数化成代数式。

（1）$A=10\mathrm{e}^{-\mathrm{j}45°}$。（2）$B=8\mathrm{e}^{\mathrm{j}45°}$。（3）$C=10\mathrm{e}^{-\mathrm{j}135°}$。

3．求复数 $A=100\mathrm{e}^{\mathrm{j}45°}$ 与 $B=60\mathrm{e}^{-\mathrm{j}30°}$ 的和与积。

6.2　正弦量的复数表示

知识授新

任何一个复数都可以用模和辐角在复平面上表示，如图 6-2-1（a）所示。由第 5 章可知，任何一个正弦量都可以用相量表示，如图 6-2-1（b）所示。相量的长度与复数的模对应，相量的初相与复数的辐角对应。因此，正弦量可以用复数表示，称为相量。

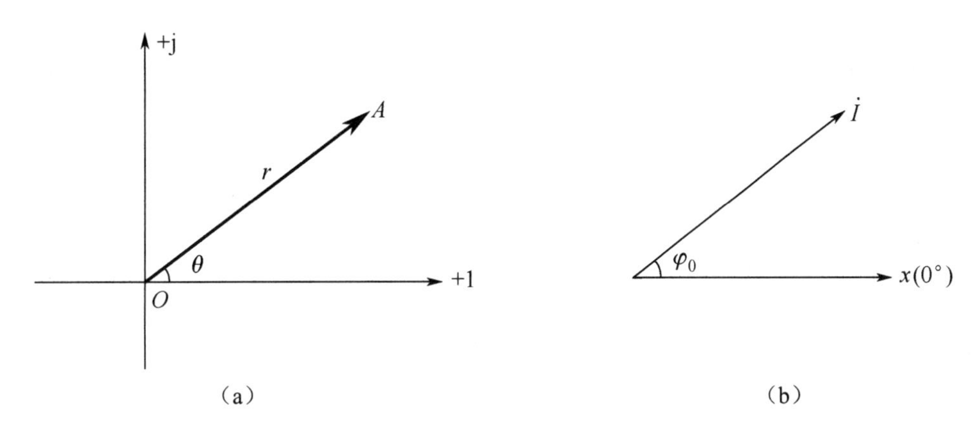

图 6-2-1　复数与相量

设某正弦交流电流为

$$i=I_{\mathrm{m}}\sin(\omega t+\varphi_0)\mathrm{A}$$

电流 i 随时间按正弦规律做周期性变化。为了应用复数求解正弦交流电路，设想一个复数 $\dot{i}$ 为

$$\dot{i}=I_{\mathrm{m}}\left[\cos(\omega t+\varphi_0)+\mathrm{j}\sin(\omega t+\varphi_0)\right]\mathrm{A}$$

复电流 $\dot{i}$ 不是原来的正弦交流电流，二者不相等（$i\neq\dot{i}$），正弦交流电流 $i=I_{\mathrm{m}}\sin(\omega t+\varphi_0)\mathrm{A}$ 是 $\dot{i}$ 在虚轴上的投影。

将复电流化成指数式为

$$\dot{i}=I_{\mathrm{m}}\mathrm{e}^{\mathrm{j}(\omega t+\varphi_0)}=I_{\mathrm{m}}\mathrm{e}^{\mathrm{j}\varphi_0}\mathrm{e}^{\mathrm{j}\omega t}=\dot{I}_{\mathrm{m}}\mathrm{e}^{\mathrm{j}\omega t}$$

式中，$\dot{I}_{\rm m}=I_{\rm m}{\rm e}^{{\rm j}\varphi_0}$；$\varphi_0$ 是初相；${\rm e}^{{\rm j}\varphi_0}$ 与时间无关；${\rm e}^{{\rm j}\omega t}$ 为旋转因子，它是随时间变化的。对于同频率的正弦电动势、电压和电流，在计算的过程中与频率无关，可暂时将其抛开。应用最大值（或有效值）和初相两个量，就可以完成正弦交流电路的计算，在最后结果中将频率补上即可。

这样，正弦交流电瞬时值解析式和复数之间可以建立一一对应的关系，即

$$e=E_{\rm m}\sin(\omega t+\varphi_0)\rightleftharpoons\dot{E}_{\rm m}=E_{\rm m}{\rm e}^{{\rm j}\varphi_0}$$

$$u=U_{\rm m}\sin(\omega t+\varphi_0)\rightleftharpoons\dot{U}_{\rm m}=U_{\rm m}{\rm e}^{{\rm j}\varphi_0}$$

$$i=I_{\rm m}\sin(\omega t+\varphi_0)\rightleftharpoons\dot{I}_{\rm m}=I_{\rm m}{\rm e}^{{\rm j}\varphi_0}$$

这种与正弦交流电压（电动势、电流）对应的复电压（电动势、电流）叫作相量。上式中的 $\dot{E}_{\rm m}$、$\dot{U}_{\rm m}$、$\dot{I}_{\rm m}$ 叫作复数的振幅；$E_{\rm m}$、$U_{\rm m}$、$I_{\rm m}$ 叫作复数振幅的模；φ_0 叫作复数的辐角。

因为正弦量的振幅与有效值之间存在 $\sqrt{2}$ 倍的关系，而且有效值更为实用，所以通常用有效值作为相量的模，以 $\dot{U}_{\rm m}=U_{\rm m}{\rm e}^{{\rm j}\varphi_0}$ 为例，可记为

$$\dot{U}_{\rm m}=U_{\rm m}{\rm e}^{{\rm j}\varphi_0}=U/\underline{\varphi_0}$$

应当指出，只有正弦量可以用相量表示，其他周期性变化的量如方波、矩形波、梯形波、钟形波、尖峰波、阶梯波等是不能用复数表示的。只有同频率的正弦量才能用相量来计算。

例题解析

【例 1】 写出下列各正弦量对应的相量（有效值）和极坐标解析式。

（1）$i=10\sqrt{2}\sin\left(100\pi t-\dfrac{2\pi}{3}\right){\rm A}$。（2）$u=110\sqrt{2}\sin(100\pi t+135°){\rm V}$。

（3）$E=380\sqrt{2}\cos\left(100\pi t-\dfrac{\pi}{6}\right){\rm V}$。

【解答】 只要知道复数的模和辐角，就可以把复数表示出来。复数的模即有效值，辐角即初相。（1）由 $i=10\sqrt{2}\sin\left(100\pi t-\dfrac{2\pi}{3}\right){\rm A}$ 可知

$$I{=}10{\rm A}；\ \varphi_0{=}-\frac{2\pi}{3}$$

所以 $i=10\sqrt{2}\sin\left(100\pi t-\dfrac{2\pi}{3}\right){\rm A}$ 的相量和极坐标解析式分别为

$$\dot{I}=I{\rm e}^{{\rm j}\varphi_0}=10{\rm e}^{-{\rm j}\frac{2\pi}{3}}{\rm A}；\ \dot{I}=I/\underline{\varphi_0}=10/\underline{-2\pi/3}{\rm A}$$

（2）由 $u=110\sqrt{2}\sin(100\pi t+135°){\rm V}$ 可知

$$U{=}110{\rm V}；\ \varphi_0{=}135°$$

所以$u=110\sqrt{2}\sin(100\pi t+135°)$V 的相量和极坐标解析式分别为

$$\dot{U}=U\mathrm{e}^{\mathrm{j}\varphi_0}=110\mathrm{e}^{\mathrm{j}135°}\mathrm{V}；\ \dot{U}=U\underline{/\varphi_0}=110\underline{/135°}\ \mathrm{V}$$

（3）只有正弦量才能用相量表示，余弦量必须先化成正弦量，即

$$E=380\sqrt{2}\cos\left(100\pi t-\frac{\pi}{6}\right)=380\sqrt{2}\sin\left(100\pi t-\frac{\pi}{6}+\frac{\pi}{2}\right)$$
$$=380\sqrt{2}\sin\left(100\pi t+\frac{\pi}{3}\right)\mathrm{V}$$

$$E=380\mathrm{V}；\ \varphi_0=\frac{\pi}{3}$$

所以$E=380\sqrt{2}\sin\left(100\pi t+\dfrac{\pi}{3}\right)$V 的相量和极坐标解析式分别为

$$\dot{E}=E\mathrm{e}^{\mathrm{j}\varphi_0}=380\mathrm{e}^{\mathrm{j}\frac{\pi}{3}}\mathrm{V}；\ \dot{E}=E\underline{/\varphi_0}=380\underline{/\pi/3}\ \mathrm{V}$$

应用复数求解正弦交流电路是一种手段。最终，还必须求出相量在虚轴上的投影，即将相量还原成正弦量。其过程如下。

先将运算过程中抛开的旋转因子$\mathrm{e}^{\mathrm{j}\omega t}$补上，即

$$\dot{i}=\dot{I}_{\mathrm{m}}\mathrm{e}^{\mathrm{j}\omega t}=I_{\mathrm{m}}\mathrm{e}^{\mathrm{j}\varphi_0}\mathrm{e}^{\mathrm{j}\omega t}=I_{\mathrm{m}}\mathrm{e}^{\mathrm{j}(\omega t+\varphi_0)}$$
$$=I_{\mathrm{m}}\left[\cos(\omega t+\varphi_0)+\mathrm{j}\sin(\omega t+\varphi_0)\right]\mathrm{A}$$

复电流$\dot{i}$在虚轴上的投影就是所求正弦量，即

$$i=I_{\mathrm{m}}\sin(\omega t+\varphi_0)\mathrm{A}$$

【例 2】已知$i_1=4\sqrt{2}\sin\left(\omega t+\dfrac{\pi}{3}\right)$A，$i_2=4\sqrt{2}\sin\left(\omega t-\dfrac{\pi}{3}\right)$A，用相量求$i_{\mathrm{A}}=i_1+i_2$，$i_{\mathrm{B}}=i_1-i_2$，$i_{\mathrm{C}}=i_2-i_1$的解析式。

【解答】$i_1=4\sqrt{2}\sin\left(\omega t+\dfrac{\pi}{3}\right)$A，$i_2=4\sqrt{2}\sin\left(\omega t-\dfrac{\pi}{3}\right)$A，它们对应的相量分别为

$$\dot{I}_1=4\mathrm{e}^{\mathrm{j}\frac{\pi}{3}}\mathrm{A}；\ \dot{I}_2=4\mathrm{e}^{-\mathrm{j}\frac{\pi}{3}}\mathrm{A}$$

$$\dot{I}_{\mathrm{A}}=\dot{I}_1+\dot{I}_2=4\mathrm{e}^{\mathrm{j}\frac{\pi}{3}}+4\mathrm{e}^{-\mathrm{j}\frac{\pi}{3}}$$
$$=4\left(\cos\frac{\pi}{3}+\mathrm{j}\sin\frac{\pi}{3}\right)+4\left(\cos\left(-\frac{\pi}{3}\right)+\mathrm{j}\sin\left(-\frac{\pi}{3}\right)\right)$$
$$=4\times\frac{1}{2}+4\mathrm{j}\times\frac{\sqrt{3}}{2}+4\times\frac{1}{2}+4\mathrm{j}\times\left(-\frac{\sqrt{3}}{2}\right)$$
$$=4\mathrm{e}^{\mathrm{j}0}\mathrm{A}$$
$$\dot{i}_{\mathrm{A}}=4\sqrt{2}\mathrm{e}^{\mathrm{j}0}\mathrm{e}^{\mathrm{j}\omega t}=4\sqrt{2}\mathrm{e}^{\mathrm{j}\omega t}=4\sqrt{2}(\cos\omega t+\mathrm{j}\sin\omega t)$$

取$\dot{i}_{\mathrm{A}}$在虚轴上的投影，即所求电流i_{A}为

$$i_{\mathrm{A}}=4\sqrt{2}\sin\omega t\mathrm{A}$$

$$\dot{I}_B = \dot{I}_1 - \dot{I}_2 = 4e^{j\frac{\pi}{3}} - 4e^{-j\frac{\pi}{3}}$$

$$= 4\left(\cos\frac{\pi}{3} + j\sin\frac{\pi}{3}\right) - 4\left(\cos -\frac{\pi}{3} + j\sin -\frac{\pi}{3}\right)$$

$$= 4\times\frac{1}{2} + 4j\times\frac{\sqrt{3}}{2} - 4\times\frac{1}{2} - 4j\times\left(-\frac{\sqrt{3}}{2}\right)$$

$$= 4\sqrt{3}e^{j\frac{\pi}{2}}\text{A}$$

$$\dot{i}_B = 4\sqrt{3}\cdot\sqrt{2}e^{j\frac{\pi}{2}}e^{j\omega t} = 4\sqrt{6}e^{j\left(\omega t+\frac{\pi}{2}\right)} = 4\sqrt{6}\cos\left(\omega t+\frac{\pi}{2}\right) + j\sin\left(\omega t+\frac{\pi}{2}\right)$$

$$\Rightarrow i_B = 4\sqrt{6}\sin\left(\omega t+\frac{\pi}{2}\right)\text{A}$$

$$\dot{I}_C = \dot{I}_2 - \dot{I}_1 = 4e^{-j\frac{\pi}{3}} - 4e^{j\frac{\pi}{3}}$$

$$= 4\left(\cos -\frac{\pi}{3} + j\sin -\frac{\pi}{3}\right) - 4\left(\cos\frac{\pi}{3} + j\sin\frac{\pi}{3}\right)$$

$$= 4\times\frac{1}{2} + 4j\times\left(-\frac{\sqrt{3}}{2}\right) - 4\times\frac{1}{2} - 4j\times\frac{\sqrt{3}}{2}$$

$$= -4\sqrt{3}e^{j\frac{\pi}{2}}$$

$$= 4\sqrt{3}e^{-j\frac{\pi}{2}}\text{A}$$

$$\dot{i}_C = 4\sqrt{3}\cdot\sqrt{2}e^{-j\frac{\pi}{2}}e^{j\omega t} = 4\sqrt{6}e^{j\left(\omega t-\frac{\pi}{2}\right)} = 4\sqrt{6}\cos\left(\omega t-\frac{\pi}{2}\right) + j\sin\left(\omega t-\frac{\pi}{2}\right)$$

$$\Rightarrow i_C = 4\sqrt{6}\sin\left(\omega t-\frac{\pi}{2}\right)\text{A}$$

上述结果与 5.2 节例 2 用相量图所求得的结果完全相同。

【例 3】已知$u_1 = 220\sqrt{2}\sin\omega t$ V，$u_2 = 220\sqrt{2}\sin\left(\omega t-\frac{2\pi}{3}\right)$V，$u_3 = 220\sqrt{2}\sin\left(\omega t+\frac{2\pi}{3}\right)$V，试用代数式分别求$u_a = u_1 - u_2$，$u_b = u_2 - u_3$，$u_c = u_3 - u_1$的解析式。

【解答】u_1、u_2、u_3对应的有效值代数式分别为

$$\dot{U}_1 = (220 + j0)\text{V}；\ \dot{U}_2 = (-110 - j110\sqrt{3})\text{V}；\ \dot{U}_3 = (-110 + j110\sqrt{3})\text{V}$$

$$\dot{U}_a = \dot{U}_1 - \dot{U}_2 = 220 + j0 + 110 + j110\sqrt{3}$$

$$= 330 + j110\sqrt{3}$$

初相φ_a在第一象限，所以模和初相分别为

$$U_a = \sqrt{330^2 + (110\sqrt{3})^2} = 220\sqrt{3}；\ \varphi_a = \arctan\frac{110\sqrt{3}}{330} = \arctan\frac{\sqrt{3}}{3} = 30°$$

同频率的激励，同频率的响应，u_a、u_b、u_c与u_1、u_2、u_3的角频率相同，所以u_a为

$$u_a = U_a\sqrt{2}\sin(\omega t + \varphi_a) = 220\sqrt{6}\sin\left(\omega t+\frac{\pi}{6}\right)\text{V}$$

$$\dot{U}_b = \dot{U}_2 - \dot{U}_3 = -110 - j110\sqrt{3} + 110 - j110\sqrt{3}$$
$$= -j220\sqrt{3}$$

模和初相分别为

$$U_b = \sqrt{0^2 + (220\sqrt{3})^2} = 220\sqrt{3}\text{；}\quad \varphi_b = -\frac{\pi}{2}$$

u_b 为

$$u_b = U_b\sqrt{2}\sin(\omega t + \varphi_b) = 220\sqrt{6}\sin\left(\omega t - \frac{\pi}{2}\right)\text{V}$$

$$\dot{U}_c = \dot{U}_3 - \dot{U}_1 = -110 + j110\sqrt{3} - 220 - j0$$
$$= -330 + j110\sqrt{3}$$

初相 φ_c 在第二象限，所以模和初相分别为

$$U_c = \sqrt{330^2 + (110\sqrt{3})^2} = 220\sqrt{3}\text{；}\quad \varphi_c = \arctan\frac{110\sqrt{3}}{330} = \arctan\frac{\sqrt{3}}{3} = \frac{5\pi}{6}$$

u_c 为

$$u_c = U_c\sqrt{2}\sin(\omega t + \varphi_c) = 220\sqrt{6}\sin\left(\omega t + \frac{5\pi}{6}\right)\text{V}$$

上述结果与 5.2 节例 3 用相量图所求得的结果完全相同。

同步练习

一、填空题

1．任何一个________数都可以用相量表示，相量的长度与复数的________对应，相量的初相与复数的________对应，因此正弦量可以用________表示。

2．电流相量 $\dot{I} = I\text{e}^{\text{j}\varphi_0}$，其中 φ_0 是________；$\text{e}^{\text{j}\varphi_0}$ 与时间________；$\text{e}^{\text{j}\omega t}$ 称为________，它是随________变化的。

3．只有________量可以用相量表示，其他周期性变化的量________________。只有________________才能用相量进行计算。

二、计算题

1．写出下列相量所对应的正弦量的瞬时值解析式。

（1）$\dot{U}_1 = 110\text{e}^{\text{j}30^\circ}\text{V}$，$\dot{U}_2 = 40 + \text{j}30\ \text{V}$。（2）$\dot{I}_1 = 10\sqrt{2}\text{e}^{\text{j}\frac{2\pi}{3}}\text{A}$，$\dot{I}_2 = 80 - \text{j}60\ \text{mA}$。

（3）$\dot{E}_1 = 150\text{e}^{-\text{j}\frac{\pi}{3}}\text{V}$，$\dot{E}_2 = -40 + \text{j}40\ \text{V}$。

2．写出下列各组正弦电流、电压的相量，并用相量求各组正弦交流电压、电流的和与差的解析式。

（1）$u_1 = 100\sin\left(10t + \frac{\pi}{3}\right)\text{V}$，$u_2 = 100\sin\left(10t - \frac{\pi}{3}\right)\text{V}$。

（2）$i_1 = 12\sin\left(\omega t - \dfrac{5\pi}{6}\right)\text{A}$，$i_2 = 7\sin\left(\omega t + \dfrac{\pi}{6}\right)\text{A}$。

（3）$u_1 = 30\sqrt{2}\sin\left(\omega t - \dfrac{\pi}{6}\right)\text{V}$，$u_2 = 40\sqrt{2}\sin\left(\omega t + \dfrac{\pi}{3}\right)\text{V}$。

6.3 相量法

知识授新

相量法用于分析、计算正弦交流电路，是电工学和电力工程中常用的方法。

1. 单一参数正弦交流电路

（1）纯电阻交流电路。

在纯电阻交流电路中，如果通过电阻 R 的电流为

$$i_{\text{R}} = I_{\text{Rm}}\sin(\omega t + \varphi_0)$$

那么它所对应的电流的相量为

$$\dot{I}_{\text{R}} = I_{\text{R}}\text{e}^{\text{j}\varphi_0} = I_{\text{R}}\underline{/\varphi_0}$$

纯电阻交流电路的电压和电流同相，R 两端的电压为

$$u_{\text{R}} = U_{\text{Rm}}\sin(\omega t + \varphi_0)$$

它所对应的相量为

$$\dot{U}_{\text{R}} = U_{\text{R}}\text{e}^{\text{j}\varphi_0} = U_{\text{R}}\underline{/\varphi_0}$$

纯电阻交流电路中的电压和电流有效值服从欧姆定律，即

$$U_{\text{R}} = I_{\text{R}}R$$

将$U_{\text{R}} = I_{\text{R}}R$代入$\dot{U}_{\text{R}} = U_{\text{R}}\text{e}^{\text{j}\varphi_0}$，可得

$$\dot{U}_{\text{R}} = U_{\text{R}}\text{e}^{\text{j}\varphi_0} = I_{\text{R}}R\text{e}^{\text{j}\varphi_0} = \dot{I}_{\text{R}}R$$

因此，可得到欧姆定律的复数形式为

$$\dot{I}_{\text{R}} = \frac{\dot{U}_{\text{R}}}{R} \quad 或 \quad \dot{U}_{\text{R}} = \dot{I}_{\text{R}}R$$

上式既表明了纯电阻交流电路中电流和电压有效值之间的关系，又表明了电流和电压之间的相位关系。

（2）纯电感交流电路。

在纯电感交流电路中，如果通过电感线圈 L 的电流为

$$i_{\text{L}} = I_{\text{Lm}}\sin(\omega t + \varphi_0)$$

那么它所对应的电流的相量为

$$\dot{I}_{\text{L}} = I_{\text{L}}\text{e}^{\text{j}\varphi_0} = I_{\text{L}}\underline{/\varphi_0}$$

电感线圈两端的电压超前电流$\frac{\pi}{2}$，则其电压为

$$u_{\mathrm{L}}=U_{\mathrm{Lm}}\sin\left(\omega t+\varphi_0+\frac{\pi}{2}\right)$$

它所对应的相量为

$$\dot{U}_{\mathrm{L}}=U_{\mathrm{L}}\mathrm{e}^{\mathrm{j}\left(\varphi_0+\frac{\pi}{2}\right)}=U_{\mathrm{L}}\underline{/\varphi_0+\pi/2}$$

纯电感交流电路中电压和电流有效值服从欧姆定律，即

$$U_{\mathrm{L}}=X_{\mathrm{L}}I_{\mathrm{L}}$$

将$U_{\mathrm{L}}=X_{\mathrm{L}}I_{\mathrm{L}}$代入$\dot{U}_{\mathrm{L}}=U_{\mathrm{L}}\mathrm{e}^{\mathrm{j}\left(\varphi_0+\frac{\pi}{2}\right)}$可得

$$\dot{U}_{\mathrm{L}}=X_{\mathrm{L}}I_{\mathrm{L}}\mathrm{e}^{\mathrm{j}\left(\varphi_0+\frac{\pi}{2}\right)}=X_{\mathrm{L}}I_{\mathrm{L}}\mathrm{e}^{\mathrm{j}\varphi_0}\mathrm{e}^{\mathrm{j}\frac{\pi}{2}}=X_{\mathrm{L}}\dot{I}_{\mathrm{L}}\mathrm{e}^{\mathrm{j}\frac{\pi}{2}}$$

由于$\mathrm{e}^{\mathrm{j}\frac{\pi}{2}}=\cos\frac{\pi}{2}+\mathrm{j}\sin\frac{\pi}{2}=\mathrm{j}$，所以，代入上式可得

$$\dot{U}_{\mathrm{L}}=\mathrm{j}X_{\mathrm{L}}\dot{I}_{\mathrm{L}} \quad 或 \quad \dot{I}_{\mathrm{L}}=\frac{\dot{U}_{\mathrm{L}}}{\mathrm{j}X_{\mathrm{L}}}=-\mathrm{j}\frac{\dot{U}_{\mathrm{L}}}{X_{\mathrm{L}}}$$

上式是纯电感交流电路的欧姆定律的复数形式，既表明了电压和电流有效值之间的关系服从欧姆定律，又表明了电感线圈两端的电压超前电流$\frac{\pi}{2}$。

（3）纯电容交流电路。

在纯电容交流电路中，如果通过电容器的电流为

$$i_{\mathrm{C}}=I_{\mathrm{Cm}}\sin(\omega t+\varphi_0)$$

那么它所对应的电流的相量为

$$\dot{I}_{\mathrm{C}}=I_{\mathrm{C}}\mathrm{e}^{\mathrm{j}\varphi_0}=I_{\mathrm{C}}\underline{/\varphi_0}$$

电容器两端的电压滞后电流$\frac{\pi}{2}$，则其电压为

$$u_{\mathrm{C}}=U_{\mathrm{Cm}}\sin\left(\omega t+\varphi_0-\frac{\pi}{2}\right)$$

它所对应的相量为

$$\dot{U}_{\mathrm{C}}=U_{\mathrm{C}}\mathrm{e}^{\mathrm{j}\left(\varphi_0-\frac{\pi}{2}\right)}=U_{\mathrm{C}}\underline{/\varphi_0-\pi/2}$$

纯电容交流电路中电压和电流有效值服从欧姆定律，即

$$U_{\mathrm{C}}=X_{\mathrm{C}}I_{\mathrm{C}}$$

将$U_{\mathrm{C}}=X_{\mathrm{C}}I_{\mathrm{C}}$代入$\dot{U}_{\mathrm{C}}=U_{\mathrm{C}}\mathrm{e}^{\mathrm{j}\left(\varphi_0-\frac{\pi}{2}\right)}$可得

$$\dot{U}_{\mathrm{C}}=U_{\mathrm{C}}\mathrm{e}^{\mathrm{j}\left(\varphi_0-\frac{\pi}{2}\right)}=X_{\mathrm{C}}I_{\mathrm{C}}\mathrm{e}^{\mathrm{j}\left(\varphi_0-\frac{\pi}{2}\right)}=X_{\mathrm{C}}I_{\mathrm{C}}\mathrm{e}^{\mathrm{j}\varphi_0}\mathrm{e}^{-\mathrm{j}\frac{\pi}{2}}=X_{\mathrm{C}}\dot{I}_{\mathrm{C}}\mathrm{e}^{-\mathrm{j}\frac{\pi}{2}}$$

由于$\mathrm{e}^{-\mathrm{j}\frac{\pi}{2}}=\cos\left(-\frac{\pi}{2}\right)+\mathrm{j}\sin\left(-\frac{\pi}{2}\right)=-\mathrm{j}$，所以，代入上式可得

$$\dot{U}_{\mathrm{C}}=-\mathrm{j}X_{\mathrm{C}}\dot{I}_{\mathrm{C}} \quad 或 \quad \dot{I}_{\mathrm{C}}=\frac{\dot{U}_{\mathrm{C}}}{-\mathrm{j}X_{\mathrm{C}}}=\mathrm{j}\frac{\dot{U}_{\mathrm{C}}}{X_{\mathrm{C}}}$$

上式是纯电容交流电路的欧姆定律的复数形式，既表明了电压和电流有效值之间的关系服从欧姆定律，又表明了电容器两端的电压滞后电流$\frac{\pi}{2}$。

2. RLC 串联交流电路

RLC 串联交流电路包含三个不同的电路参数，具有普遍意义，RL 串联交流电路与 RC 串联交流电路是两种特例。

在 RLC 串联交流电路中，电路端电压为$\dot{U}$，通过电路的电流为$\dot{I}$，如图 6-3-1 所示。R、L、C 上的压降分别为$\dot{U}_R$、$\dot{U}_L$、$\dot{U}_C$。

根据欧姆定律的复数形式，将$\dot{U}_R=\dot{I}R$，$\dot{U}_L=jX_L\dot{I}$，$\dot{U}_C=-jX_C\dot{I}$代入 KVL，即

$$\begin{aligned}\dot{U}&=\dot{U}_R+\dot{U}_L+\dot{U}_C\\&=\dot{I}R+jX_L\dot{I}-jX_C\dot{I}\\&=\dot{I}\left[R+j(X_L-X_C)\right]\\&=\dot{I}(R+jX)\\&=\dot{I}Z\end{aligned}$$

式中，$X=X_L-X_C$，叫作电抗；Z叫作复阻抗，其值为

$$Z=R+j(X_L-X_C)=R+jX$$

Z的单位是 Ω，它是一个复数，R是它的实部，X是它的虚部。它可以写成代数式、三角函数式、指数式、极坐标式。但它不是正弦量，也不是相量，仅仅是一个复数，因此它上面没有“·”，用大写字母“Z”表示。

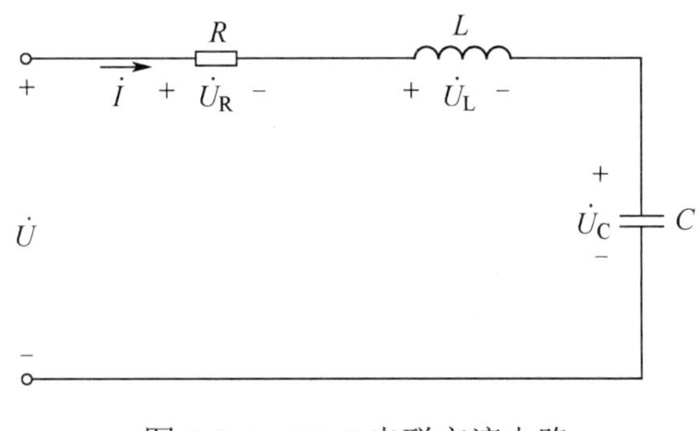

图 6-3-1　RLC 串联交流电路

具有普遍意义的复数形式的欧姆定律可以写成

$$Z=\frac{\dot{U}}{\dot{I}}$$

复阻抗Z写成指数式为

$$Z=R+jX=|Z|e^{j\varphi}$$

式中，$|Z|$是复阻抗的模，即第 5 章讲过的电路的阻抗，其值为

$$|Z|=\sqrt{R^2+X^2}$$

$\varphi=\varphi_{ui}$是复阻抗的辐角，即电路的阻抗角，其值为

$$\varphi=\varphi_{ui}=\arctan\frac{X}{R}$$

它是总电压与电流之间的相位差。

例题解析

【例 1】将一个阻值可以忽略的线圈，接到 $u=220\sqrt{2}\sin\left(100\pi t+\dfrac{\pi}{3}\right)\text{V}$ 的电源上，线圈的电感是 0.35H，用相量法求线圈电流的瞬时值解析式。

【解答】由线圈两端电压的解析式

$$u=220\sqrt{2}\sin\left(100\pi t+\frac{\pi}{3}\right)\text{V}$$

可得

$$U_{\text{L}}=220\sqrt{2}\text{V}\text{；}\ \omega=100\pi\ \text{rad/s}\text{；}\ \varphi_{\text{u}}=\frac{\pi}{3}$$

电压 u_{L} 所对应的相量为

$$\dot{U}_{\text{L}}=U_{\text{L}}\text{e}^{\text{j}\varphi_{\text{u}}}=220\underline{/\pi/3}\ \text{V}$$

线圈的感抗为

$$X_{\text{L}}=\omega L=100\times3.14\times0.35\approx110\,\Omega$$

由欧姆定律的复数形式可得

$$\dot{I}_{\text{L}}=\frac{\dot{U}_{\text{L}}}{\text{j}X_{\text{L}}}=\frac{220\text{e}^{\text{j}\varphi_{\text{u}}}}{110\text{e}^{\text{j}\frac{\pi}{2}}}=2\text{e}^{\text{j}\left(\frac{\pi}{3}-\frac{\pi}{2}\right)}=2\text{e}^{-\text{j}\frac{\pi}{6}}\ \text{A}$$

则通过线圈的电流瞬时值解析式为

$$i_{\text{L}}=2\sqrt{2}\sin\left(100\pi t-\frac{\pi}{6}\right)\text{A}$$

【例 2】电容器的电容 $C=40\mu\text{F}$，把它接到 $u=220\sqrt{2}\sin\left(100\pi t-\dfrac{\pi}{3}\right)\text{V}$ 的电源上。试用相量法求电容器电流的瞬时值解析式。

【解答】由电容器两端电压的解析式

$$u_{\text{C}}=220\sqrt{2}\sin\left(100\pi t-\frac{\pi}{3}\right)\text{V}$$

可得

$$U_{\text{C}}=220\text{V}\text{；}\ \omega=314\text{rad/s}\text{；}\ \varphi_{\text{u}}=-\frac{\pi}{3}$$

电压 u_{C} 所对应的相量为

$$\dot{U}_{\text{C}}=U_{\text{C}}\text{e}^{-\text{j}\varphi_{\text{u}}}=220\underline{/-\pi/3}\ \text{V}$$

电容器的容抗为

$$X_{\text{C}}=\frac{1}{\omega C}=\frac{1}{314\times40\times10^{-6}}\approx80\Omega$$

由欧姆定律的复数形式可得

$$\dot{I}_{\text{C}}=\frac{\dot{U}_{\text{C}}}{-\text{j}X_{\text{C}}}=\frac{220\text{e}^{\text{j}\varphi_{\text{u}}}}{80\text{e}^{-\text{j}\frac{\pi}{2}}}=2.75\text{e}^{\text{j}\left(-\frac{\pi}{3}+\frac{\pi}{2}\right)}=2.75\text{e}^{\text{j}\frac{\pi}{6}}\ \text{A}$$

则电容器电流的瞬时值解析式为

$$i_{C}=2.75\sqrt{2}\sin\left(314t+\frac{\pi}{6}\right)A$$

【例 3】 在 RLC 串联交流电路中，阻值 R=40Ω，电感 L=233mH，电容 C=80μF，电路两端的电压为 $u=220\sqrt{2}\sin 314t\text{V}$，试用相量法求：（1）电路的复阻抗。（2）电流解析式。（3）各元件两端电压的相量和解析式。

【解答】 由 $u=220\sqrt{2}\sin 314t\text{V}$ 可得

$$U=220\text{V}；\omega=314\text{rad/s}；\varphi_0=0$$

电路的感抗和容抗分别为

$$X_{L}=\omega L=314\times 233\times 10^{-3}\approx 70\Omega$$

$$X_{C}=\frac{1}{\omega C}=\frac{1}{314\times 80\times 10^{-6}}\approx 40\Omega$$

（1）电路的复阻抗为

$$Z=R+\text{j}(X_{L}-X_{C})=40+\text{j}(70-40)=40+\text{j}30=50\underline{/36.9^\circ}\ \Omega$$

（2）电压 $u=220\sqrt{2}\sin 314t\text{V}$ 对应的相量为

$$U=220\underline{/0^\circ}\ \text{V}$$

根据欧姆定律的复数形式，电流相量为

$$\dot{I}=\frac{\dot{U}}{Z}=\frac{220\underline{/0^\circ}\ \text{V}}{50\underline{/36.9^\circ}}=4.4\underline{/-36.9^\circ}\ \text{A}$$

电路中的电流解析式为

$$i=4.4\sqrt{2}\sin(314t-36.9^\circ)\text{A}$$

（3）电阻两端电压的相量和解析式分别为

$$\dot{U}_{R}=\dot{I}R=4.4\underline{/-36.9^\circ}\times 40\underline{/0^\circ}=176\underline{/-36.9^\circ}\ \text{V}\quad\Rightarrow u_{R}=176\sqrt{2}\sin(314t-36.9^\circ)\text{V}$$

电感线圈两端电压的相量和解析式分别为

$$\dot{U}_{L}=\text{j}X_{L}\dot{I}=70\underline{/90^\circ}\times 4.4\underline{/-36.9^\circ}=308\underline{/53.1^\circ}\ \text{V}\quad\Rightarrow u_{L}=308\sqrt{2}\sin(314t+53.1^\circ)\text{V}$$

电容器两端电压的相量和解析式分别为

$$\dot{U}_{C}=-\text{j}X_{C}\dot{I}=40\underline{/-90^\circ}\times 4.4\underline{/-36.9^\circ}=176\underline{/126.9^\circ}\ \text{V}\quad\Rightarrow u_{C}=176\sqrt{2}\sin(314t+126.9^\circ)\text{V}$$

▲**【例 4】** 已知 Z_1=30+j40Ω，Z_2=8−j6Ω，并联接于 $u=220\sqrt{2}\sin 314t\text{V}$ 的电源上。试用相量法求 i_1、i_2、总电流 i 的解析式和总阻抗 Z。

【解答】 由 $u=220\sqrt{2}\sin 314t\text{V}$ 得到电压的极坐标式为

$$\dot{U}=220\underline{/0^\circ}\ \text{V}$$

两条支路的复阻抗分别为

$$Z_1=30+\text{j}40=50\underline{/53.1^\circ}\ \Omega$$

$$Z_2=8-\text{j}6=10\underline{/-36.9^\circ}\ \Omega$$

两条支路的电流和总电流的相量分别为

$$\dot{I}_1=\frac{\dot{U}}{Z_1}=\frac{220\underline{/0^\circ}\ \text{V}}{50\underline{/53.1^\circ}}=4.4\underline{/-53.1^\circ}\approx 2.64-\text{j}3.52\text{A}$$

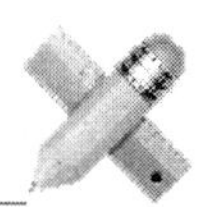

$$\dot{I}_2=\frac{\dot{U}}{Z_2}=\frac{220\underline{/0^\circ}\ \text{V}}{10\underline{/-36.9^\circ}}=22\underline{/36.9^\circ}\approx 17.6+\text{j}13.2\text{A}$$

$$\dot{I}=\dot{I}_1+\dot{I}_2=2.64-\text{j}3.52+17.6+\text{j}13.2\approx 20.2+\text{j}9.68$$
$$=22.5\underline{/25.6^\circ}\ \text{A}$$

两条支路的电流和总电流的解析式分别为

$$i_1=4.4\sqrt{2}\sin(314t-53.1^\circ)\text{A}$$
$$i_2=22\sqrt{2}\sin(314t+36.9^\circ)\text{A}$$
$$i=22.5\sqrt{2}\sin(314t+25.6^\circ)\text{A}$$

电路的总阻抗 Z 为

$$Z=\frac{\dot{U}}{\dot{I}}=\frac{220\underline{/0^\circ}\ \text{V}}{22.5\underline{/25.6^\circ}\ \text{A}}\approx 9.78\underline{/-25.6^\circ}\ \Omega$$

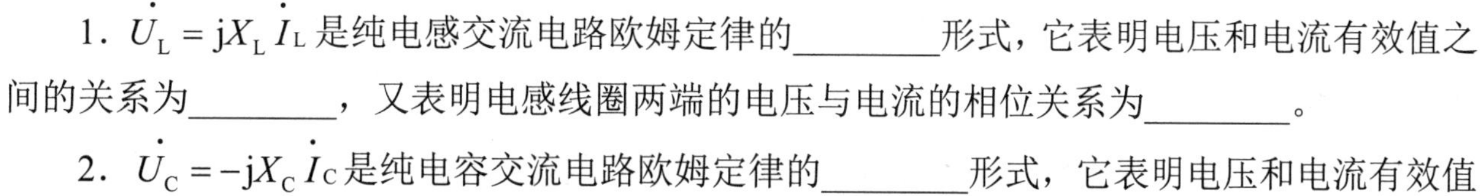

同步练习

一、判断题

1．因为复数可以表示正弦量，所以复数就是正弦量。　（　　）

2．只有正弦量才能用复数表示。　（　　）

3．只要是正弦量，就能够应用相量进行计算。　（　　）

4．只有同频率的正弦量，才能够应用相量进行计算。　（　　）

5．只要是周期性变化的量，就可以用复数表示。　（　　）

6．正弦电压 u 是复电压在实轴上的投影。　（　　）

7．正弦电压 u 是复电压在虚轴上的投影。　（　　）

8．阻抗 $Z=R+\text{j}(X_L-X_C)$是复数。　（　　）

二、填空题

1．$\dot{U}_L=\text{j}X_L\dot{I}_L$ 是纯电感交流电路欧姆定律的________形式，它表明电压和电流有效值之间的关系为________，又表明电感线圈两端的电压与电流的相位关系为________。

2．$\dot{U}_C=-\text{j}X_C\dot{I}_C$ 是纯电容交流电路欧姆定律的________形式，它表明电压和电流有效值之间的关系为________，又表明电容器两端的电压与电流的相位关系为________。

三、选择题

1．电阻的复阻抗，正确的解析式是（　　）。

A．$Z=R\underline{/30^\circ}$　B．$Z=R$　C．$Z=R\text{e}^{\text{j}0}$　D．$Z=R\text{e}^{\text{j}\frac{\pi}{2}}$

2．电感线圈的复阻抗，正确的解析式是（　　）。

A．$Z=\omega L$　B．$Z=\omega L\text{e}^{\text{j}\frac{\pi}{2}}$　C．$Z=\text{j}\omega L$　D．$Z=\omega L\underline{/90^\circ}$

3．电容器的复阻抗，正确的解析式是（　　）。

A. $Z=\omega C$　　B. $Z=\dfrac{1}{\omega C}$　　C. $Z=-\mathrm{j}\omega C$　　D. $Z=\dfrac{\omega C}{\mathrm{j}}$

E. $Z=\dfrac{1}{\mathrm{j}\omega C}$　　F. $Z=\dfrac{\mathrm{e}^{\mathrm{j}\frac{\pi}{2}}}{\omega C}$

4．RL 串联交流电路的复阻抗，正确的解析式是（　　）。

A. $Z=R+X_L$　　B. $Z=R+\mathrm{j}L$

C. $Z=\sqrt{R^2+{X_L}^2}$　　D. $Z=R+\mathrm{j}X_L$

5．RC 串联交流电路的复阻抗，正确的解析式是（　　）。

A. $Z=R-\omega C$　　B. $Z=R-\dfrac{\mathrm{j}}{\omega C}$

C. $Z=\sqrt{R^2+{X_C}^2}\underline{/\arctan X_C/R}$　　D. $Z=R+\dfrac{1}{\mathrm{j}\omega C}$

6．RLC 串联交流电路的复阻抗，正确的解析式是（　　）。

A. $Z=R+\mathrm{j}(2\pi fL-\dfrac{1}{2\pi fC})$

B. $Z=R+(X_L-X_C)$

C. $Z=\sqrt{R^2+(X_L-{X_C}^2)}\underline{/\arctan(X_L-X_C)/R}$

D. $Z=\sqrt{R^2+(X_L-{X_C}^2)}$

7．在阻抗串联交流电路中，下列说法正确的是（　　）。

A. 在电阻串联交流电路中，总阻抗一定大于串联中的任一电阻的阻抗

B. 在 RL 串联交流电路中，总阻抗一定大于串联中的任一元件的阻抗

C. 在 RC 串联交流电路中，总阻抗一定大于串联中的任一元件的阻抗

D. 在 RLC 串联交流电路中，总阻抗不一定大于串联中的任一元件的阻抗

8．关于相量，下列说法正确的是（　　）。

A. 正弦量不等于相量

B. 阻抗 $Z=R+\mathrm{j}(X_L-X_C)$ 是正弦量

C. 正弦量和复数有一一对应的关系

D. 复电流的模是正弦量的有效值，复电流的辐角是正弦量的初相

四、计算题

1．已知负载的复电压和复电流，试求负载的复阻抗、阻抗、阻抗角、阻值和电抗各是多少？

（1）$\dot{U}_1=120\underline{/80^\circ}$ V，$\dot{I}_1=2\mathrm{e}^{\mathrm{j}110^\circ}$ A。　（2）$\dot{U}_2=220\mathrm{e}^{\mathrm{j}120^\circ}$ V，$\dot{I}_2=(2\sqrt{3}+\mathrm{j}2)$ A。

（3）$\dot{U}_3=100\underline{/0^\circ}$ V，$\dot{I}_3=25\underline{/0^\circ}$ A。　（4）$\dot{U}_4=80\underline{/30^\circ}$ V，$\dot{I}_4=4\underline{/-30^\circ}$ A。

2．在 RLC 串联交流电路中，阻值 R=60Ω，感抗 X_L=70Ω，容抗 X_C=150Ω，电路中的电流 $i=0.5\sqrt{2}\sin\left(\omega t+\dfrac{\pi}{6}\right)$A。求电路的复阻抗、总电压及各元件两端电压的瞬时值。

第 7 章　三相交流电路和电动机

学习要求

（1）了解三相交流电的产生。

（2）掌握对称三相交流电的数量关系、相位关系和相序的概念。

（3）掌握三相交流电源在不同连接下线电压和相电压的关系。

（4）掌握三相对称负载在不同连接下线电压和相电压、线电流和相电流之间的关系。

（5）掌握三相交流电路的功率计算。

（6）了解三相、单相交流异步电动机的组成和工作原理。

（7）了解三相交流异步电动机上铭牌数据的意义。

（8）了解三相交流异步电动机的启动、反转、调速、制动、保护原理，单相交流异步电动机的启动、反转、调速。

（9）掌握安全用电常识和要求。

在电力系统中，广泛应用三相交流电路，日常生活中的单相用电也是取自三相交流电中的一相。它和单相交流电路相比有以下优点：第一，三相发电机比尺寸相同的单相发电机输出的功率大；第二，三相发电机和变压器的结构、制造都较简单，便于使用和维护，运转时比单相发电机的振动小；第三，三相发电机在远距离输电时比单相发电机节约线材；第四，工农业生产大量使用交流电动机，三相电动机比单相电动机的性能平稳可靠。

本章主要介绍三相交流电源、三相负载的 Y 与△连接、三相交流电路的功率及三相交流异步电动机、单相交流异步电动机和安全用电常识。

7.1　三相交流电源

知识授新

1. 三相交流电动势的产生

（1）三相交流发电机的构造。

三相交流电动势是由三相交流发电机产生的。三相交流发电机的原理示意图如图 7-1-1 所示。它的主要组成部分是定子和转子。转子是转动的磁极，定子铁芯由内圆开有槽口的绝缘薄硅钢片叠制而成，槽内嵌有三个尺寸、形状、匝数和绕向完全相同的独立绕组（定子绕组），每个绕组称为发电机中的一相，分别称为U相、V相和W相。它们排列在圆周上的位置彼此互差$\frac{2\pi}{3}$，分别用U_1-U_2，V_1-V_2，W_1-W_2表示。U_1、V_1、W_1表示各相绕组的首端，U_2、V_2、W_2表示各相绕组的末端。各向绕组的电动势的参考方向规定为由线圈的末端指向首端。发电机的转子铁芯上绕有励磁绕组，通过固定在轴上的两个滑环引入直流电流，转子磁化成磁极，建立磁场，产生磁通。

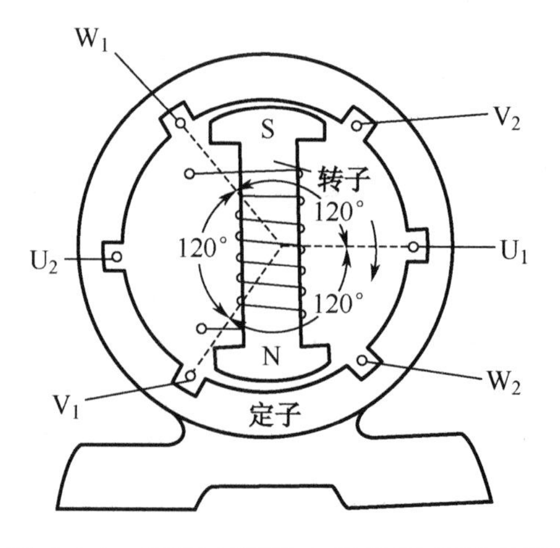

图 7-1-1　三相交流发电机的原理示意图

（2）三相对称正弦量的产生。

当原动机（汽轮机或水轮机等）带动转子以角速度ω顺时针匀速转动时，相当于每相绕组以角速度ω逆时针匀速转动，做切割磁力线运动，因而产生感应电动势e_U、e_V、e_W。由于三个绕组的结构相同，空间相位上相差$\frac{2\pi}{3}$，因此e_U、e_V、e_W的振幅及频率相同，相位上彼此互差$\frac{2\pi}{3}$。以e_U为参考量，三相电动势的瞬时值解析式为

$$\begin{cases} e_U = E_m \sin \omega t \text{V} \\ e_V = E_m \sin\left(\omega t - \dfrac{2\pi}{3}\right)\text{V} \\ e_W = E_m \sin\left(\omega t + \dfrac{2\pi}{3}\right)\text{V} \end{cases}$$

它们的波形和相量图如图 7-1-2 所示。

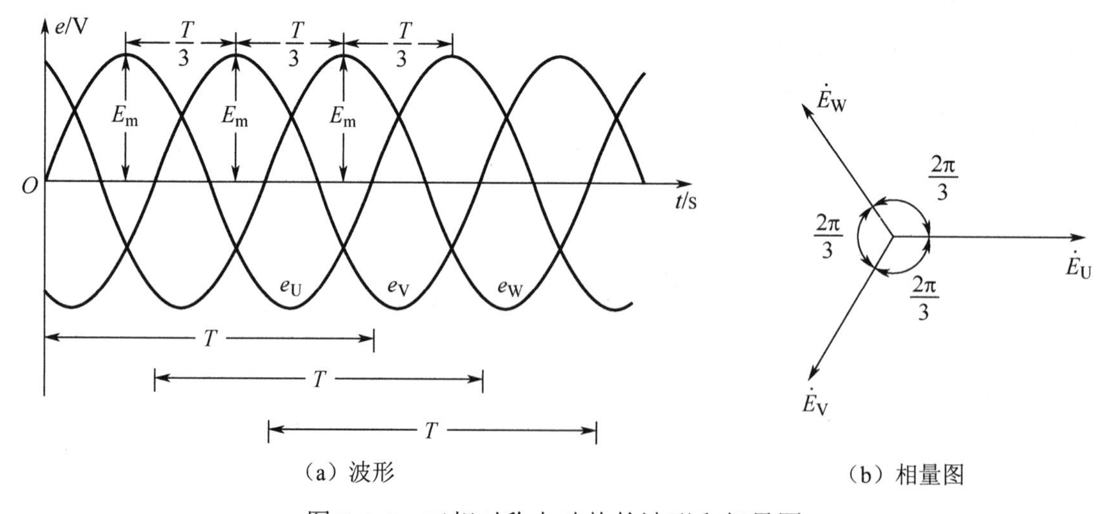

图 7-1-2　三相对称电动势的波形和相量图

（3）相序。

在三相电压源中，各相电压到达正的或负的最大值的先后次序，称为三相交流电的相序。习惯上，选用U相电压作为参考量，V相电压滞后U相电压120°，W相电压又滞后V相电压120°

（或 W 相电压超前 U 相电压 120°），所以先后次序为 U-V-W-U 称为正序，U-W-V-U 称为负序。

在实际工作中，相序是一个很重要的问题。例如，几个发电厂并网供电，相序必须相同，否则发电机会遭到重大损害。因此，统一相序是整个电力系统安全、可靠运行的基本要求。为此，电力系统并网运行的发电机、变压器，发电厂的汇流排，输送电能的高压线路和变电所等，都按技术标准采用不同颜色来区别电源的 U、V、W 三相：用黄色表示 U 相，绿色表示 V 相，红色表示 W 相。相序可用相序器来测量。

2. 三相交流电源的连接

三相交流电源有 Y 连接和△连接两种连接方式。

（1）三相交流电源的 Y 连接。

如果将三相交流发电机绕组的末端（U_2、V_2、W_2）连接在一起，作为中性点，首端（U_1、V_1、W_1）作为三条独立的输出端线，这种连接方式就称为三相交流电源的 Y 连接。三相交流电源的 Y 连接有如下两种构成方式。

① 不带中线构成三相三线制（Y 连接），如图 7-1-3（a）所示。

② 带中线构成三相四线制（Y_0 连接），如图 7-1-3（b）所示。

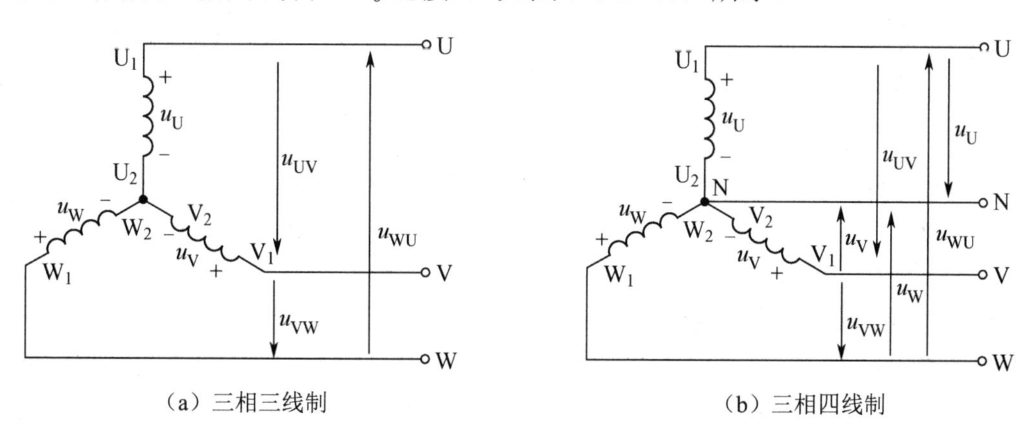

（a）三相三线制　　（b）三相四线制

图 7-1-3　三相交流电源的 Y 连接

（2）三相交流电源的△连接。

将三相交流发电机绕组按相序依次连接称为三相交流电源的△连接，如图 7-1-4 所示。由于只能采用三相三线制，且极易因绕组不对称形成较大环内电流导致电源烧毁，故极少采用。

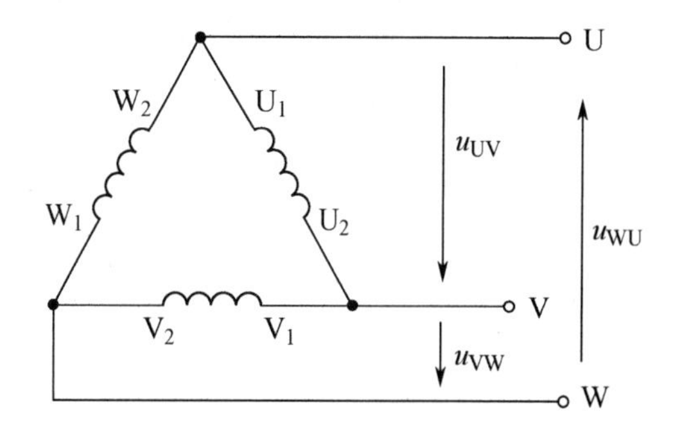

图 7-1-4　三相交流电源的△连接

3. 三相四线制电源

（1）三相四线制供电系统的相关概念。

三相三线制电源既可以采用 Y 连接，如图 7-1-3（a）所示；又可以采用△连接，如图 7-1-4 所示。在低压供电系统中，常采用三相四线制，三相四线制供电系统可输送两种电压，即相电压与线电压。如图 7-1-3（b）所示。

① 相线：指从绕组首端（U_1、V_1、W_1）引出的三根导线，俗称火线。

② 中线：指从绕组末端引出的导线，俗称零线。

③ 相电压：指相线与中线之间的电压。分别用 U_U、U_V、U_W 表示其有效值，通常用 U_P

表示相电压。

④ 线电压：指相线与相线之间的电压。规定线电压的参考方向是由 U 指向 V，V 指向 W，W 指向 U，分别用 U_{UV}、U_{VW}、U_{WU} 表示其有效值，通常用 U_L 表示线电压。

⑤ 相电流：指流过发电机绕组或负载的电流，通常用 I_P 表示。

⑥ 线电流：指流过发电机或负载端线的电流，通常用 I_L 表示。

（2）三相四线制供电系统中相电压与线电压的关系。

设三相对称交流电源的各相电压分别为

$$\begin{cases} u_U = U_m \sin\omega t \text{V} \\ u_V = U_m \sin\left(\omega t - \dfrac{2\pi}{3}\right)\text{V} \\ u_W = U_m \sin\left(\omega t + \dfrac{2\pi}{3}\right)\text{V} \end{cases}$$

根据 KVL 并用相量表示为

$$\begin{cases} u_{UV} = u_U - u_V \\ u_{VW} = u_V - u_W \\ u_{WU} = u_W - u_U \end{cases} \Rightarrow \text{对应的相量关系为} \begin{cases} \dot{U}_{UV} = \dot{U}_U - \dot{U}_V \\ \dot{U}_{VW} = \dot{U}_V - \dot{U}_W \\ \dot{U}_{WU} = \dot{U}_W - \dot{U}_U \end{cases}$$

定性画出相量图如图 7-1-5 所示，由相量图可得如下结论。

① 三相对称电动势有效值相等，频率相同，各相之间的相位差为$\dfrac{2\pi}{3}$。

② 三相四线制的相电压和线电压都是对称的。

③ 线电压是相电压的$\sqrt{3}$倍（$U_L = \sqrt{3}U_P$），在相位上，线电压超前相应的相电压$\dfrac{\pi}{6}$。

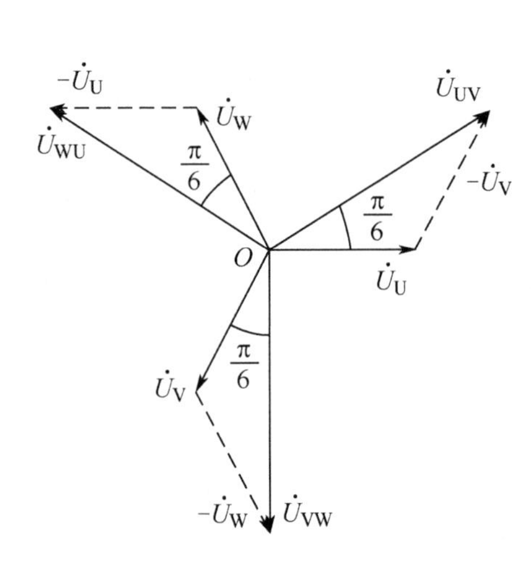

图 7-1-5　三相四线制电压相量图

设$u_U = 220\sqrt{2}\sin\omega t$V，则

$$\begin{cases} u_{UV} = 380\sqrt{2}\sin\left(\omega t + \dfrac{\pi}{6}\right)\text{V} \\ u_{VW} = 380\sqrt{2}\sin\left(\omega t - \dfrac{\pi}{2}\right)\text{V} \\ u_{WU} = 380\sqrt{2}\sin\left(\omega t + \dfrac{5\pi}{6}\right)\text{V} \end{cases} \Rightarrow \begin{cases} U_{UV} = \sqrt{3}U_U \\ U_{VW} = \sqrt{3}U_V \\ U_{WU} = \sqrt{3}U_W \end{cases}$$

例题解析

【例 1】 三相对称交流电源的绕组采用 Y 连接，已知$u_U = 220\sqrt{2}\sin(314t - 60°)$V，求：（1）$u_V$、$u_W$ 的解析式。（2）线电压 u_{UV}、u_{VW}、u_{UW} 的解析式。

【解析】 由于电源对称，三相交流电源输出的相电压、线电压都是对称的，相位上彼此相差$\dfrac{2\pi}{3}$。

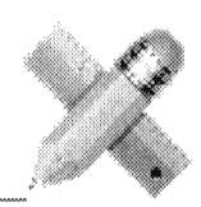

【解答】（1）$u_{V}=220\sqrt{2}\sin\left(314t-60°-\dfrac{2\pi}{3}\right)V=220\sqrt{2}\sin(314t\pm\pi)V$；$u_{W}=220\sqrt{2}\sin(314t-60°-240°)V=220\sqrt{2}\sin(314t+60°)V$。

（2）$u_{UV}=\sqrt{3}\times220\sqrt{2}\sin(314t-60°+30°)V=380\sqrt{2}\sin(314t-30°)V$；$u_{VW}=\sqrt{3}\times220\sqrt{2}\sin(314t-60°-120°+30°)V=380\sqrt{2}\sin(314t-150°)V$。

因为

$$u_{WU}=\sqrt{3}\times220\sqrt{2}\sin(314t-60°-240°+30°)V=380\sqrt{2}\sin(314t+90°)V$$

所以

$$u_{UW}=-u_{WU}=380\sqrt{2}\sin(314t-90°)V$$

【例 2】三相交流发电机绕组接成三相四线制，已知相电压 U_P=220V，求：

（1）一相绕组的首末端接反时，三个相电压和线电压将如何变化。

（2）两相绕组的首末端接反时，三个相电压和线电压将如何变化。

（3）三相绕组的首末端均接反时，三个相电压和线电压将如何变化。

【解析】该例题可通过画相电压和线电压的相量图进行推导，从而得出结论。（相量图略）

【解答】（1）假设 U 相绕组的首末端接反，与 U 相相关的线电压就必然异常，则三个相电压 U_U、U_V、U_W 均为 220V，三个线电压中的 U_{UV}、U_{WU} 为 220V，U_{VW} 为 380V。

（2）假设 U、V 两相绕组的首末端接反，效果等同于 W 相绕组的首末端接反，与 W 相相关的线电压出现异常。则三个相电压均为 220V，三个线电压中的 U_{VW}、U_{WU} 为 220V，U_{UV} 为 380V。

（3）三相绕组的首末端均接反，效果等同于三个绕组的首末端均未接反，即三个相电压均为 220V，三个线电压均为 380V。

【例 3】画出三相四线制低压配电的线路图。

【解答】低压配电线路输出两组电压 220V 或 380V，可供对称与不对称负载选用，其线路图如图 7-1-6 所示。

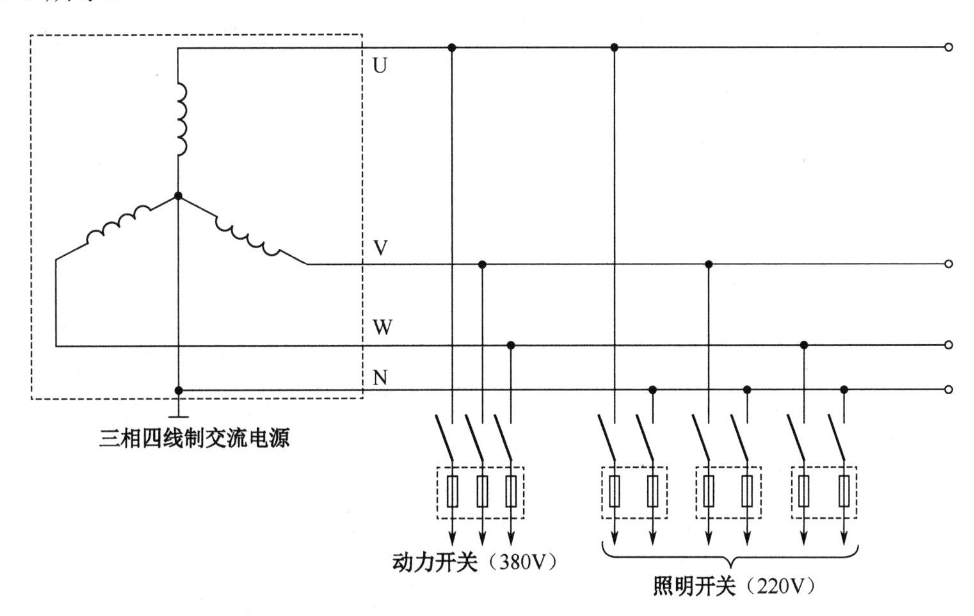

图 7-1-6　三相四线制低压配电的线路图

接到动力开关上的是三根相线，它们之间的线电压 U_L=380V，接到照明开关上的是相线和中性线，它们之间的相电压 U_P=220V。

同步练习

一、填空题

1．三相交流电源绕组的连接方式有________连接和________连接。

2．________相等、________相同、相位互差________的三相交流电源，称为三相对称交流电源。

3．三相对称交流电源采用 Y 连接时的相电压等于线电压的________倍，相电压的相位________线电压相位 30°。

4．有一三相对称交流电源，其中 U、V 相之间的线电压是 220V，初相为 60°，则 W 相的相电压为________V，初相为________。

二、单项选择题

1．三相动力供电线路的电压是 380V，则任意两根相线之间的电压称为（　　）。

A．相电压，有效值是 380V　　B．相电压，有效值是 220V

C．线电压，有效值是 380V　　D．线电压，有效值是 220V

2．若采用 Y 连接的三相对称交流电源的相电压之间的相位差是 120°，则线电压之间的相位差是（　　）。

A．60°　　B．90°　　C．120°　　D．150°

三、综合题

图 7-1-7 所示为三相交流电动机的三相线圈，U_1、V_1、W_1 为三相绕组的首端，U_2、V_2、W_2 为三相绕组的末端，请将：

（1）图 7-1-7（a）中的电源采用△连接。

（2）图 7-1-7（b）中的电源采用 Y 连接。

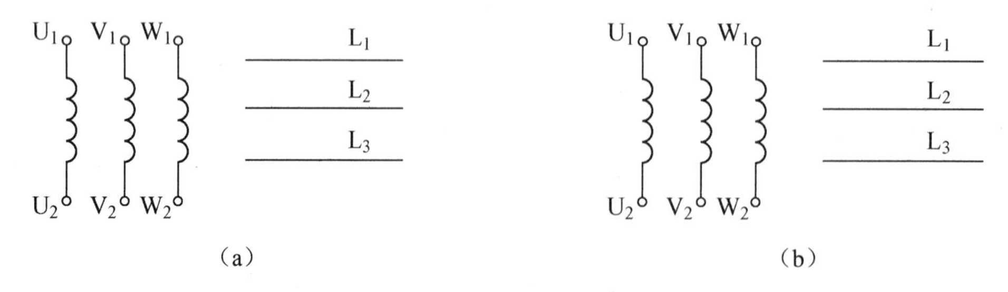

图 7-1-7　7.1 节综合题图

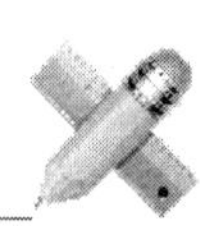

7.2 三相负载的连接

知识授新

1. 三相对称负载与三相不对称负载的概念

（1）三相对称负载。

三相对称负载是指各相负载的大小和性质完全相同，即复阻抗相等（阻抗模相等、阻抗角相同）。常见的三相交流异步电动机、三相变压器均为三相对称负载的典型实例。

（2）三相不对称负载。

三相不对称负载是指各相负载的大小或性质不相同，即复阻抗不相等。三相四线制低压配电线路就是三相不对称负载的典型实例。

（3）三相负载中的符号含义说明。

I_{YP}——负载采用 Y 连接时的相电流；

I_{YL}——负载采用 Y 连接时的线电流；

$I_{\triangle P}$——负载采用△连接时的相电流；

$I_{\triangle L}$——负载采用△连接时的线电流；

I_u、I_v、I_w——U、V、W 相负载的相电流；

I_U、I_V、I_W——U、V、W 相负载的线电流；

I_N——中线电流；

U_{YP}——负载采用 Y 连接时的相电压；

U_{YL}——负载采用 Y 连接时的线电压；

$U_{\triangle P}$——负载采用△连接时的相电压；

$U_{\triangle L}$——负载采用△连接时的线电压。

2. 负载的 Y 连接（三相四线制）

当负载采用 Y 连接并具有中线时，三相交流电路的每相就是一个单相交流电路，各相电压与电流的数量及相位关系可应用第 5 章学习过的单相交流电路的方法处理。

负载的 Y 连接将分为电源对称、负载对称和电源对称、负载不对称两种情况进行分析。

电源对称、负载对称的 Y 连接，如图 7-2-1 所示。图 7-2-1（a）所示为三相四线制原理图。图 7-2-1（b）所示为实际电路图。三相四线制对称负载电路具有以下特点。

（1）各相电压对称。

当输电线的阻抗可以被忽略时，负载的相电压等于电源的相电压（$U_{YP}=U_P$），负载的线电压等于电源的线电压（$U_{YL}=U_L$）。负载的相电压与线电压的关系为

$$U_P = \frac{1}{\sqrt{3}} U_L$$

（2）各相电流对称。

在三相对称电压的作用下，流过三相对称负载的各相电流彼此互差 $\frac{2\pi}{3}$，也是对称的，即

$$I_{YP} = I_U = I_V = I_W = \frac{U_{YP}}{|Z_P|} = \frac{U_P}{|Z_P|} = I_P$$

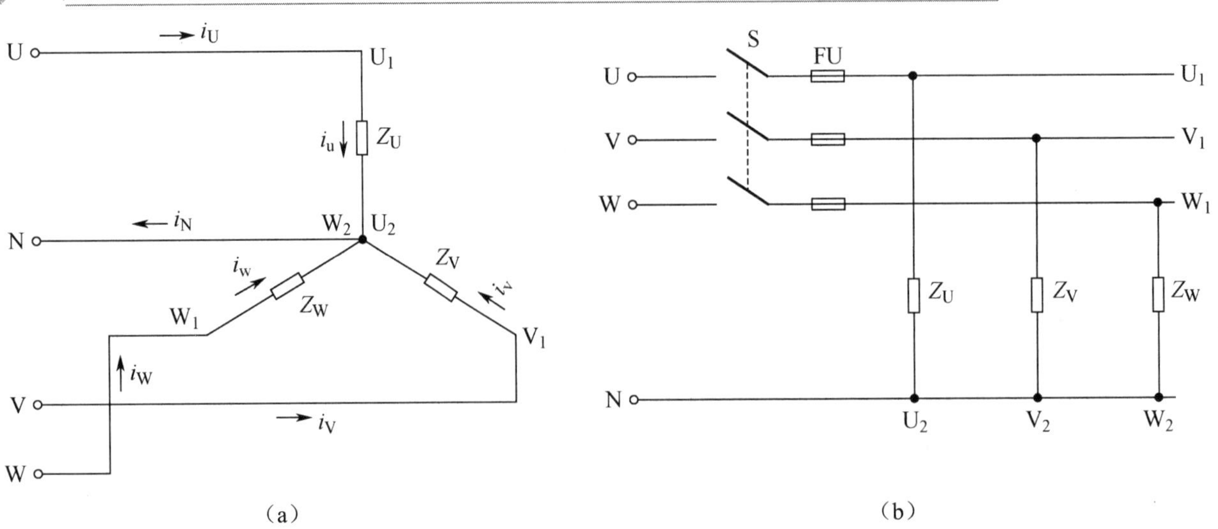

图 7-2-1　电源对称、负载对称的 Y 连接

因此，计算三相对称负载电路只需计算其中一相，其余两相只是相位互差$\dfrac{2\pi}{3}$。

（3）三相对称负载的中线电流 I_N=0，相电压与相电流的相位差等于负载的阻抗角。

由 KCL 可知，流过中线的电流为

$$i_N = i_u + i_v + i_w$$

上式所对应的相量关系式为

$$\dot{I}_N = \dot{I}_u + \dot{I}_v + \dot{I}_w$$

画出三相对称负载的相电流$\dot{I}_u$、$\dot{I}_v$、$\dot{I}_w$、$\dot{I}_N$的相量图，如图 7-2-2 所示。根据上式求出三个线电流相量的和为

$$\dot{I}_N = 0$$

即三个相电流瞬时值之和等于零：

$$i_N = 0$$

三相异步电动机、三相变压器均为三相对称负载。**如果电源对称、负载对称，那么中线上是没有电流的，这样便可省去中线。电源对称、负载对称且无中线的连接方式称为三相三线制**，如图 7-2-3 所示。

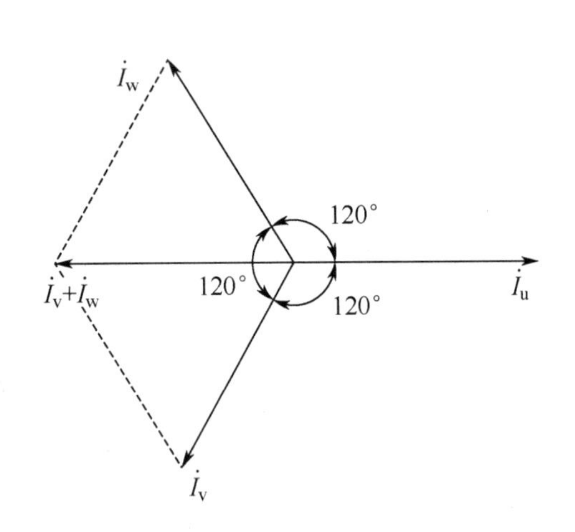

图 7-2-2　三相四线制对称负载相电流的相量图

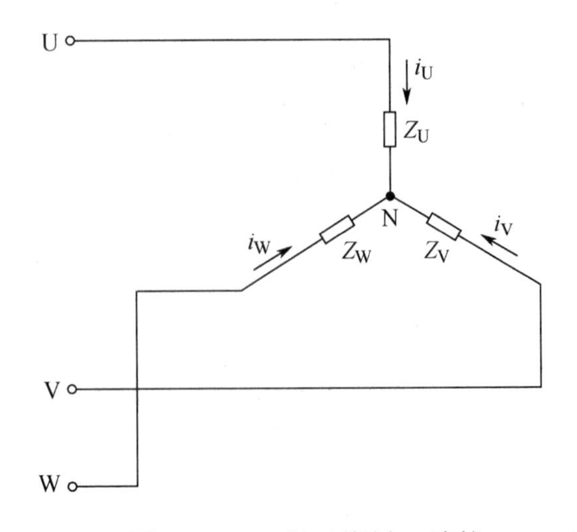

图 7-2-3　三相三线制 Y 连接

应当指出，在三相对称负载的 Y 连接中，无论有无中线，由于每相负载都串在相线上，相线和负载通过的是同一个电流，所以各线电流等于各相电流，即

$$\dot{I}_{\mathrm{U}}=\dot{I}_{\mathrm{u}}\text{；}\quad \dot{I}_{\mathrm{V}}=\dot{I}_{\mathrm{v}}\text{；}\quad \dot{I}_{\mathrm{W}}=\dot{I}_{\mathrm{w}}$$

通常写成

$$I_{\mathrm{L}}=I_{\mathrm{P}}$$

电源对称、负载不对称又分为两种情况进行讨论：一是中线存在，如图 7-2-4（a）所示；二是中线断开，如图 7-2-4（b）所示。

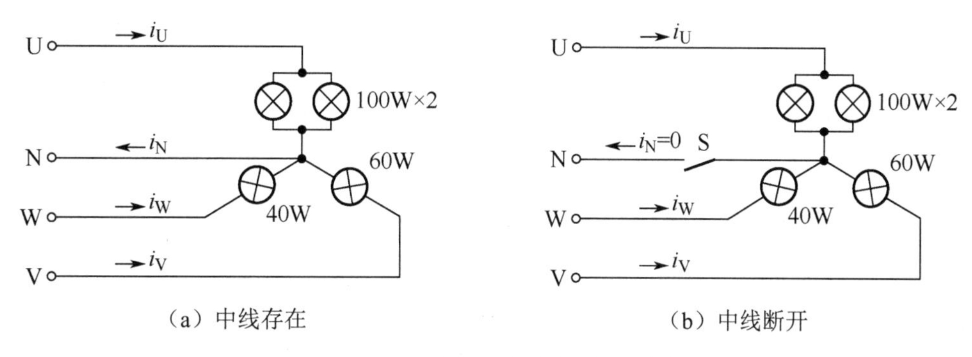

（a）中线存在　　　　（b）中线断开

图 7-2-4　三相不对称负载 Y 连接

（1）电源对称、负载不对称，中线存在。

在图 7-2-4（a）中，负载为灯泡（纯电阻），各相阻抗均不相等，所以各相电流也不相等。中线存在时，根据 $I_{\mathrm{YP}}=\dfrac{U_{\mathrm{YP}}}{|Z_{\mathrm{P}}|}$ 可知

$$R_{\mathrm{U}}\neq R_{\mathrm{V}}\neq R_{\mathrm{W}}\Rightarrow I_{\mathrm{U}}\neq I_{\mathrm{V}}\neq R_{\mathrm{W}}$$

$$\dot{I}_{\mathrm{N}}=\dot{I}_{\mathrm{U}}+\dot{I}_{\mathrm{V}}+\dot{I}_{\mathrm{W}}\neq 0\Rightarrow \dot{I}_{\mathrm{N}}\neq 0$$

尽管中线电流不为零，但中线的存在保障了各相电压对称，故各相负载仍能正常工作。

（2）电源对称、负载不对称，中线断开。

在图 7-2-4（b）中，负载仍为灯泡（纯电阻）且 $R_{\mathrm{U}}<R_{\mathrm{V}}<R_{\mathrm{W}}$，开关 S 断开（中线断开）时，中线电流 I_{N} 必然为零，则

$$\left.\begin{array}{l}R_{\mathrm{U}}<R_{\mathrm{V}}<R_{\mathrm{W}}\\ I_{\mathrm{N}}=0\end{array}\right\}\Rightarrow I_{\mathrm{U}}=I_{\mathrm{V}}=I_{\mathrm{W}}\Rightarrow U_{\mathrm{U}}<U_{\mathrm{V}}<U_{\mathrm{W}}$$

结论是 $U_{\mathrm{U}}<U_{\mathrm{V}}<U_{\mathrm{W}}$，**即各相负载的相电压不再对称，中性点发生漂移，阻抗越大的负载，两端的相电压越高，反之越低。其结果是各相负载均不能在各自的额定电压下工作。**

中线的作用：在负载采用 Y 连接时，若三相负载对称，则中线电流为零，可以省去中线，采用三相三线制供电；若三相负载不对称，则中线中有电流通过，中线必须存在。这时，如果断开中线，就会造成阻抗较小的负载两端的电压低于其额定电压，阻抗较大的负载两端的电压高于其额定电压，使负载不能正常工作，甚至产生严重事故。所以在三相四线制中，规定中线不准安装熔断器和开关，通常还要把中线重复接地，以保障安全。在连接三相负载时，为减小中线电流，应尽量使其对称。

3. 负载的△连接

（1）连接方式。

把三相负载分别接到三相交流电源的两根相线之间，这种连接方式叫作△连接。图 7-2-5（a）所示为负载采用△连接的原理图，图 7-2-5（b）所示为实际电路图。

（2）电路的特点。

由于电源对称，因此无论负载是否对称，负载的相电压都是对称的，即

$$U_{\triangle P}=U_{L}$$

对于负载采用△连接的三相交流电路中的每相负载，都是单相交流电路。各相电流和电压的数量及相位关系与单相交流电路相同。

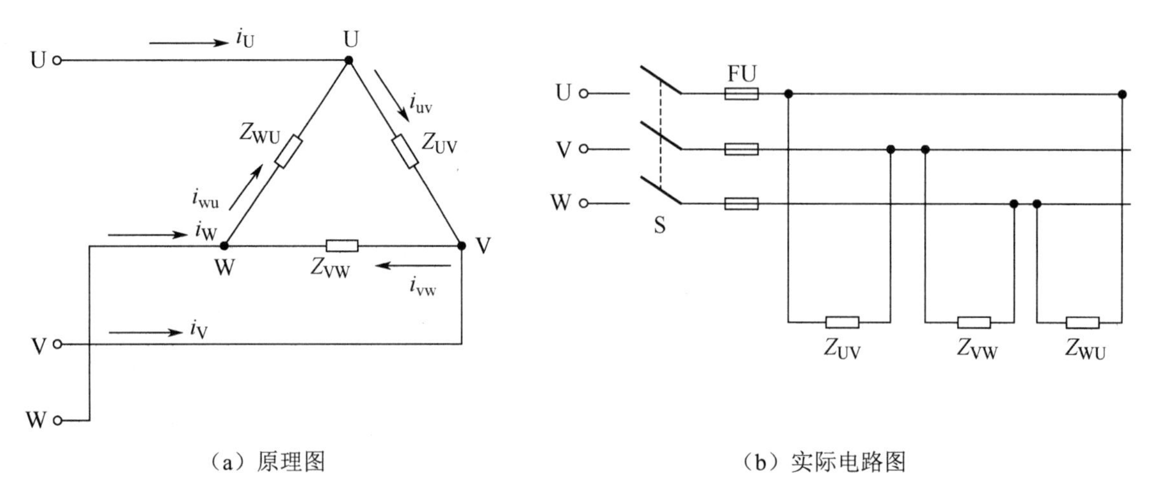

（a）原理图　　（b）实际电路图

图 7-2-5　负载的△连接

由于电源对称，采用△连接的负载也对称，那么流过三相负载的相电流和线电流也对称，各相电流的有效值为

$$I_{P}=I_{uv}=I_{vw}=I_{wu}=\frac{U_{P}}{|Z_{P}|}$$

各相电流的相位差仍为$\frac{2\pi}{3}$。设 i_{uv} 的初相为 0，则

$$i_{uv}=I_{m}\sin\omega t\ \text{A};\ \ i_{vw}=I_{m}\sin\left(\omega t-\frac{2\pi}{3}\right)\text{A};\ \ i_{wu}=I_{m}\sin\left(\omega t+\frac{2\pi}{3}\right)\text{A}$$

根据 KCL，可以得到线电流与相电流之间的关系为

$$\begin{cases}i_{U}=i_{uv}-i_{wu}\\ i_{V}=i_{vw}-i_{uv}\\ i_{W}=i_{wu}-i_{vw}\end{cases}\Rightarrow \text{对应的相量关系为}\begin{cases}\dot{I}_{U}=\dot{I}_{uv}-\dot{I}_{wu}\\ \dot{I}_{V}=\dot{I}_{vw}-\dot{I}_{uv}\\ \dot{I}_{W}=\dot{I}_{wu}-\dot{I}_{vw}\end{cases}$$

画出各线电流与相电流的相量图，如图 7-2-6 所示。由相量图可得以下结论。

① 线电流是相电流的$\sqrt{3}$倍。

应用平行四边形法则可以求出线电流与相电流的数量关系为

$$I_{U}=2I_{uv}\cos30^{\circ}=2I_{uv}\times\frac{\sqrt{3}}{2}=\sqrt{3}I_{uv}$$

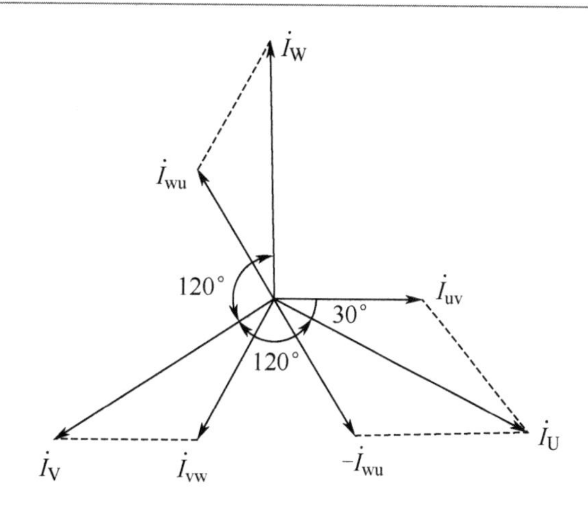

图 7-2-6　△连接负载电流的相量图

同理可得

$$I_V = \sqrt{3}I_{vw}$$

$$I_W = \sqrt{3}I_{wu}$$

·般写成

$$I_{\triangle L} = \sqrt{3}I_{\triangle P}$$

② 线电流滞后相应的相电流 $\dfrac{\pi}{6}$。

例题解析

【例 1】 在图 7-2-7 中，已知 L_1 相负载是一只额定电压为 220V，功率为 100W 的白炽灯，L_2 相开路，L_3 相负载是一只额定电压为 220V，功率为 60W 的白炽灯，三相交流电源的线电压为 380V。求：（1）开关 S_1 闭合时，各相电流和中线电流。（2）开关 S_1 断开时，各负载两端的电压。

【解答】 除了用 U、V、W 表示三根相线，还经常用 L_1、L_2、L_2 表示三根相线，它们分别与 U、V、W 相对应。

（1）开关 S_1 闭合时，是三相四线制供电方式，中线的存在保证了负载相电压的对称，各相电压为

$$U_{YP} = \frac{U_L}{\sqrt{3}} = \frac{380}{\sqrt{3}} = 220\text{V}$$

因负载是纯电阻，所以各相电流为

$$I_1 = \frac{P_1}{U_{YP}} = \frac{100}{220} \approx 0.455\text{A}$$

L_2 相开路，$I_2 = 0$，则

$$I_3 = \frac{P_3}{U_{YP}} = \frac{60}{220} \approx 0.273\text{A}$$

将 L_1、L_2、L_3 三个对称的相电压分别用 U_1、U_2、U_3 表示，则各相电压和相电流的相量图如图 7-2-8 所示，由相量图可得中线电流为

$$I_N=\sqrt{(I_1-I_3\cos60°)^2+(I_3\sin60°)^2}$$
$$=\sqrt{(0.455-0.273\times0.5)^2+(0.273\times0.866)^2}\approx0.4\text{A}$$

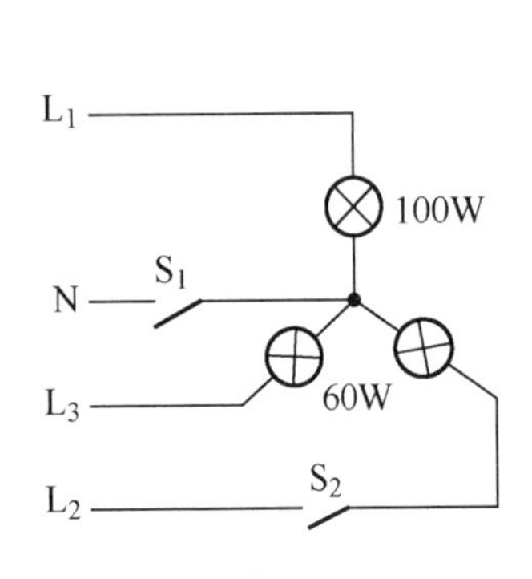

图 7-2-7　7.2 节例 1 图

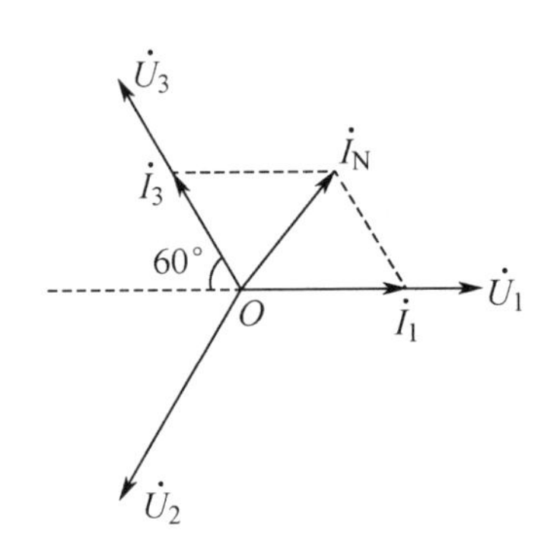

图 7-2-8　7.2 节例 1 相量图

（2）开关 S_1 断开后，变成不对称负载 Y 连接且无中线的三相交流电路，100W 和 60W 两只白炽灯串联接在 L_1 相与 L_3 相之间。由白炽灯的额定值得各相阻值为

$$R_1=\frac{U^2}{P_1}=\frac{220^2}{100}=484\Omega；\quad R_3=\frac{U^2}{P_3}=\frac{220^2}{60}=807\Omega$$

则两只白炽灯两端的电压分别为

$$U_1=\frac{U_L}{R_1+R_3}R_1=\frac{380}{484+807}\times484\approx142.5\text{V}$$
$$U_3=\frac{U_L}{R_1+R_3}R_3=\frac{380}{484+807}\times807\approx237.5\text{V}$$

或

$$U_3=U_L-U_1=380-142.5=237.5\text{V}$$

L_3 相负载小（阻值大），电压高于白炽灯的额定电压，时间一长将会导致白炽灯烧坏；L_1 相负载大（阻值小），电压远低于白炽灯的额定电压，灯光变暗。但当 L_3 相 60W 白炽灯烧毁后，造成 L_3 相断路，L_1 相 100W 白炽灯随即熄灭。

【例 2】三相对称负载阻抗为 50Ω，功率因数为 0.5，接于 380V 的三相交流电路中，求采用以下两种连接方式时的线电流和相电流。（1）Y 连接。（2）△连接。

【解析】该例题仍是一个三相对称负载的问题，但要注意一点，在三相交流电路中给出的电压，一般是指线电压，即本例题中的 380V 是指线电压。本例题的一个重要目的是比较同一对称负载接于同一电源中，采用 Y 连接和△连接时电流之间的关系。

【解答】采用 Y 连接时，有

$$U_{YP}=\frac{380}{\sqrt{3}}=220\text{V}$$
$$I_{YP}=\frac{U_{YP}}{|Z_P|}=\frac{220}{50}=4.4\text{A}$$
$$I_{YL}=I_{YP}=4.4\text{A}$$

采用△连接时，有

$$U_{\triangle P}=U_{\triangle L}=380\text{V}$$

$$I_{\triangle P}=\frac{U_{\triangle P}}{|Z_P|}=\frac{380}{50}=7.6\text{A}$$

$$I_{\triangle L}=\sqrt{3}I_{\triangle P}=7.6\sqrt{3}=13.2\text{A}$$

由计算结果可知：**同一三相对称负载接于同一三相对称交流电源中，采用△连接时的线电流是采用 Y 连接时的线电流的 3 倍，相电流是$\sqrt{3}$倍。**

【例 3】三相感性对称负载采用△连接，接于三相对称交流电源上，已知每相负载$R=11\sqrt{3}\Omega$，X_L=11Ω，$u_U=220\sqrt{2}\sin(314t-60°)\text{V}$。试求：（1）相电流 i_{uv}、i_{vw}、i_{wu}。（2）线电流 i_U、i_V、i_W。

【解析】由于电源、负载均对称，因此求出一相负载的电流和阻抗角，以及相电流的解析式，即可写出其他相电流和线电流的解析式。

【解答】（1）$|Z_P|=\sqrt{R^2+X_L{}^2}=\sqrt{(11\sqrt{3})^2+11^2}=22\Omega$，每相阻抗角 $\varphi_{ui}=\arctan\frac{X_L}{R}=\arctan\frac{11}{11\sqrt{3}}=30°$，即相电压超前相电流30°。

因为

$$u_U=220\sqrt{2}\sin(314t-60°)\text{V}$$

所以

$$u_{UV}=380\sqrt{2}\sin(314t-30°)\text{V}\text{（线电压超前相应的相电压30°）}$$

$$u_{VW}=380\sqrt{2}\sin(314t-150°)\text{V}$$

$$u_{WU}=380\sqrt{2}\sin(314t+90°)\text{V}$$

各相电流的有效值为

$$I_P=\frac{U_P}{|Z_P|}=\frac{380}{22}=10\sqrt{3}\text{A}$$

则各相电流为

$$i_{uv}=10\sqrt{6}\sin(314t-60°)\text{A}$$

$$i_{vw}=10\sqrt{6}\sin(314t-180°)\text{A}$$

$$i_{wu}=10\sqrt{6}\sin(314t+60°)\text{A}$$

（2）根据线电流与相电流的关系可得

$$i_U=30\sqrt{2}\sin(314t-90°)\text{A}$$

$$i_V=30\sqrt{2}\sin(314t+150°)\text{A}$$

$$i_W=30\sqrt{2}\sin(314t+30°)\text{A}$$

同步练习

一、填空题

1．三相对称负载采用 Y 连接时，中线上的电流为________；三相对称负载采用△连接时，线电流为相电流的________倍。

2．三相不对称负载采用 Y 连接时，必须采用________制供电，中线的作用是________。

3．一个三相对称负载采用△连接，接于三相对称交流电源上，线电流 I_L 是相电流 I_P 的________倍，同一个三相对称负载接于同一个三相对称交流电源上，采用△连接时的线电流是采用 Y 连接时线电流的________倍。

4．在三相交流电路中，三相对称负载采用 Y 连接接于三相对称电源上，此时相电压与线电压的数量关系为________。

5．对线电压为 380V 的三相交流电源来说，当每相负载的额定电压为 220V 时，负载应采用________连接；当每相负载的额定电压为 380V 时，应采用________连接。

6．三相对称负载采用△连接时，$U_{\triangle P}$=________$U_{\triangle L}$，且 $I_{\triangle L}$=________$I_{\triangle P}$，各线电流比相应的相电流在相位上________（超前或滞后）________度。

三、单项选择题

1．采用 Y 连接的三相对称交流电源的线电压 $\dot{U}_{AB}$ 与相应的相电压 $\dot{U}_A$ 的关系是 $\dot{U}_{AB}$ =（　　）。

A．$\sqrt{2}\dot{U}_A\angle-30°$　　B．$\sqrt{2}\dot{U}_A$

C．$\sqrt{3}\dot{U}_A\angle30°$　　D．$\sqrt{3}\dot{U}_A$

2．当三相负载不对称时，负载应优选的连接方式为（　　）。

A．△连接　　B．Y 连接并加装中线

C．Y 连接　　D．Y 连接并在中线上加装熔断器

3．在三相四线制电路中，已知三相电流对称，并且 I_U =10A，I_V=10A，I_W=10A，则中线电流 I_N 为（　　）。

A．10A　　B．5A　　C．0A　　D．30A

4．在动力供电线路中，采用 Y 连接三相四线制供电，交流电频率为 50Hz，线电压为 380V，则（　　）。

A．线电压为相电压的 $\sqrt{3}$ 倍　　B．线电压的最大值为 380V

C．相电压的瞬时值为 220V　　D．交流电的周期为 0.2s

5．在图 7-2-9 所示的三相对称交流电路中，当开关 S 闭合时，电流表示数 $A_1=A_2=A_3=$ 10A，当开关 S 断开时，电流表示数为（　　）。

A．$A_1=A_2=A_3=10A$

B．$A_1=A_2=A_3=\frac{10}{\sqrt{3}}A$

C．$A_1=A_3=\frac{10}{\sqrt{3}}A$，$A_2=10A$

D．$A_1=A_3=10A$，$A_2=\frac{10}{\sqrt{3}}A$

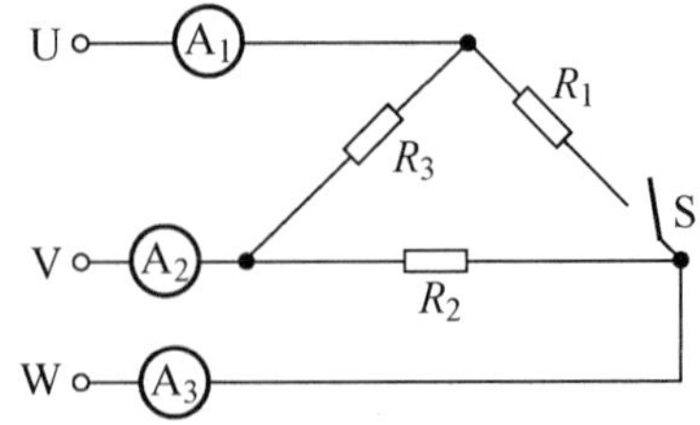

图 7-2-9　7.2 节单项选择题 5 图

6．阻抗为 50Ω 对称负载采用 Y 连接后接到线电压为 380V 的三相四线制电路上，则（　　）。

A．线电流为 7.6A，中线电流为 0A

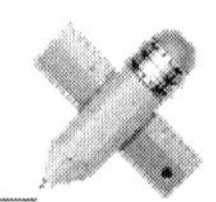

B．线电流为 7.6A，中线电流为 22.8A

C．线电流为 4.4A，中线电流为 13.2A

D．线电流为 4.4A，中线电流为 0A

7．在三相四线制供电线路中，已知采用 Y 连接的三相负载中的 A 相为纯电阻，B 相为纯电感，C 相为纯电容，通过三相负载的电流均为 10A，则中线电流为（　　）。

A．30A　　B．10A　　C．6.33A　　D．7.32A

三、计算题

1．三相对称交流电源为正相，已知 $u_{\mathrm{U}}=311\sin 314t\mathrm{V}$，负载采用△连接，每相负载为 3+j4Ω，求三个线电流的解析式。

2．有一台三相电炉，接入线电压为 380V 的交流电路中，电炉每相电阻丝为 5Ω，试分别求出采用 Y 连接和△连接时的相电流和线电流。

四、综合题

1．在图 7-2-10 所示的电路中：（1）哪些电路采用 Y 连接？（2）哪些电路采用△连接？（3）哪些电路中的负载必须对称？（4）哪些电路中的负载不必完全对称？

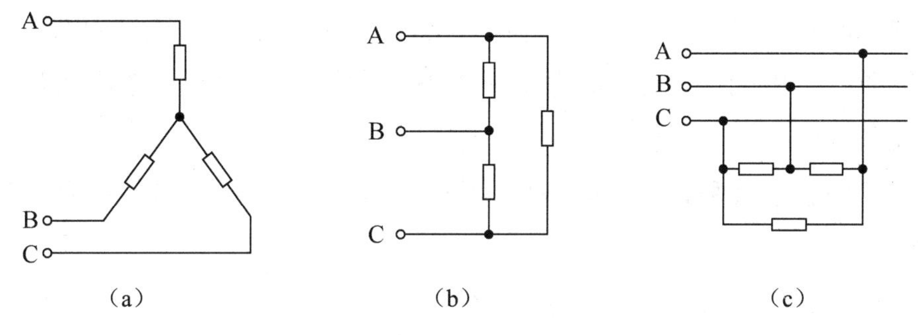

图 7-2-10　7.2 节综合题 1 图

2．用阻值为 10Ω 的三根电阻丝组成三相电炉，接在线电压为 380V 的三相交流电源上，电阻丝的额定电流为 25A，应如何连接？说明理由。

阅读材料

供电系统简介

电能具有容易转换、效率高、便于输送和分配，以及利于实现自动化等特点。因此，电能在生产和生活中被广泛利用，并渗透到人们从事活动的各个领域。

发电厂将其他形式的能（火力发电的热能、水力发电的水的势能、核电站的原子能）转换成电能。为保护生态环境或受地理条件限制，发电厂可能距用电城市成百上千公里。因此，输送电能必须采取相应的措施。

输配电过程示意图如图 7-2-11 所示。发电厂生产的电能，需要先经升压变电所将电压提升至几百千伏（如 110kV、220kV）的高压，再通过高压输电线路送至用电城市的降压变电所，将高压电降为 35kV 或 10kV 的高压，最后通过短途的高压送电线路送至配电变压器，经降压后分配给各用户。

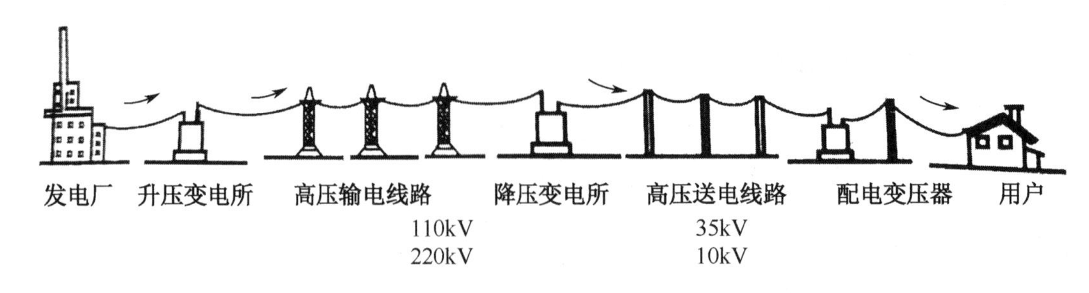

图 7-2-11　输配电过程示意图

1. 电力系统

电力系统是由发电厂（站）的发电机组、变电所、输电线路、配电设备和用电设备组成的一个整体。它具有以下优越性。

（1）供电的可靠性。

电力系统是一个整体，不会因一个或几个机组发生故障而导致用户停电。可有计划地轮流对供电设备进行定期保养和检修，这样既可确保供电系统的安全运行，又不影响用户用电。

（2）提高能源利用率。

科学合理地调配各发电厂（站）的负荷，可根据不同的季节，使水力发电与火力发电优势互补，节约能源。尽可能使发电厂（站）的负荷变化减小，提高效率，实行经济运行。

（3）提高设备利用率。

充分发挥系统的整体优势，可以减少整个供电区域的总备用容量，提高设备利用率。

2. 电力网

变电所和输电线路的全部装置组成了电力网，简称电网，它是电力系统的一个组成部分。

一般发电厂的三相交流电动机产生的电压可以是 6kV、10kV 或 15kV，除一部分供给发电厂附近区域外，其余部分都要经升压变压器升压，根据输送距离和容量大小的不同，将电压分别升至 35kV、110 kV、220 kV、330 kV 或 500kV 等不同高压。

在用电区域设置降压变电所，将远距离输送来的高压电分别降至 6kV 或 10kV，分配至用户的配电所，由配电变压器把电压降至 400 V/230 V，分配给不同用户。

低压配电系统采用三相四线制供电方式，既可供三相电源动力负载，又可供单相电源各类负载。

3. 变电所

（1）配电装置。

用于受电和配电的设备，保护装置、开关设备、电工量计、母线和附属设备等全部电气装置统称配电装置。

（2）变电所。

由变压器或其他电能变换机、配电装置、操作装置及附属设备组成的变电与配电装置统称变电所。

（3）配电变压器。

为确保人身安全和用电设备的绝缘，用户的电气设备的额定工作电压一般较低。我国现行设备的额定工作电压规定：三相为 380V；一般单相为 220V；照明用的安全电压为 36V、24V 和 12V。配电变压器能把较高的配电电压降到不同用户所需的电压，是变电所的主要电气设备。

变电所最好建在靠近高压电源和负荷中心的地方，并要有防潮、防火、防爆及防尘等设施，交通便利，一般安排在建筑物的背面或侧面等人们不常经过的地方，便于安全运行和定期维护。

变电所分为屋内式和屋外式。屋内式变电所的特点是接近负荷中心，维护方便，但造价较高；屋外式变电所的特点是一切配电装置均在室外，投资少、设备简单。

7.3　三相交流电路的功率

知识授新

三相交流电路中的负载不一定对称，但电源是对称的。三相不对称负载可视为三个单相交流电路，应用单相正弦交流电路中学过的方法进行计算；三相对称负载可视为三个对称的单相交流电路，只需计算其中的一相，便可知道另外两相的工作情况。

1. 三相不对称负载功率的计算

无论负载是采用 Y 连接，还是采用△连接，均有总有功功率为各相有功功率之和，即

$$P = P_{\mathrm{U}} + P_{\mathrm{V}} + P_{\mathrm{W}}$$

由于负载不对称，所以每相的相电流、线电流和功率因数均不相同，上式可展开为

$$P = U_{\mathrm{U}} I_{\mathrm{U}} \cos\varphi_{\mathrm{u}} + U_{\mathrm{V}} I_{\mathrm{V}} \cos\varphi_{\mathrm{v}} + U_{\mathrm{W}} I_{\mathrm{W}} \cos\varphi_{\mathrm{w}}$$

总无功功率为各电感线圈总无功功率与各电容器总无功功率之差，即

$$Q = Q_{\mathrm{L}} - Q_{\mathrm{C}}$$

式中

$$Q_{\mathrm{L}} = Q_{\mathrm{LU}} + Q_{\mathrm{LV}} + Q_{\mathrm{LW}}；\quad Q_{\mathrm{C}} = Q_{\mathrm{CU}} + Q_{\mathrm{CV}} + Q_{\mathrm{CW}}$$

必须说明的是，三相交流电路中的负载多为三相电动机、三相变压器等感性负载或阻性负载。

总视在功率为

$$S = \sqrt{P^2 + Q^2}$$

把三相交流电路等效为单电源/单负载的全电路模型，根据能量守恒定律，上式必然成立。

2. 三相对称负载功率的计算

在三相对称交流电路中，如果三相负载是对称的，则电流也是对称的，即

$$U_U = U_V = U_W = U_P$$

$$I_U = I_V = I_W = I_P$$

$$\varphi = \varphi_{ui} = \varphi_u = \varphi_v = \varphi_w$$

负载的总功率可以写成

$$P = 3U_P I_P \cos\varphi$$

$$Q = 3U_P I_P \sin\varphi$$

$$S = 3U_P I_P$$

式中，U_P——负载的相电压，单位为 V；

I_P——流过负载的相电流，单位为 A；

φ——相电压与相电流之间的相位差，单位为 rad；

P——三相负载的总有功功率，单位为 W；

Q——三相负载的总无功功率，单位为 var；

S——三相负载的总视在功率，单位为 VA。

由上式可知，三相对称交流电路的各总功率为一相各功率的 3 倍。

在实际工作中，测量线电压、线电流比较方便，三相交流电路的总功率常用线电压和线电流表示。

对称负载采用 Y 连接时，线电压是相电压的$\sqrt{3}$倍，线电流等于相电流，即

$$U_L = \sqrt{3} U_P$$

$$I_L = I_P$$

对称负载采用△连接时，线电压等于相电压，线电流是相电流的$\sqrt{3}$倍，即

$$U_L = U_P$$

$$I_L = \sqrt{3} I_P$$

所以，不论对称负载采用 Y 连接还是△连接，总功率的**通用计算公式都为**

$$P = \sqrt{3} U_L I_L \cos\varphi$$

$$Q = \sqrt{3} U_L I_L \sin\varphi$$

$$S = \sqrt{3} U_L I_L = \sqrt{P^2 + Q^2}$$

使用上式时必须注意以下几点。

（1）负载采用 Y 连接或△连接时，线电压相等，线电流不相等。采用△连接时的线电流是 Y 连接时的线电流的 3 倍。

（2）φ 仍然是相电压与相电流间的相位差，而不是线电压与线电流间的相位差。也就是说，$\cos\varphi$ 仍然表示每相负载的功率因数。

例题解析

【例 1】有一个三相对称负载，每相的阻值 R=4Ω，感抗 X_L=3Ω，分别接到线电压为 380V 的三相对称交流电源上，如图 7-3-1 所示，试求：

（1）负载采用 Y 连接时的相电流、线电流和有功功率。

（2）负载采用△连接时的相电流、线电流和有功功率。

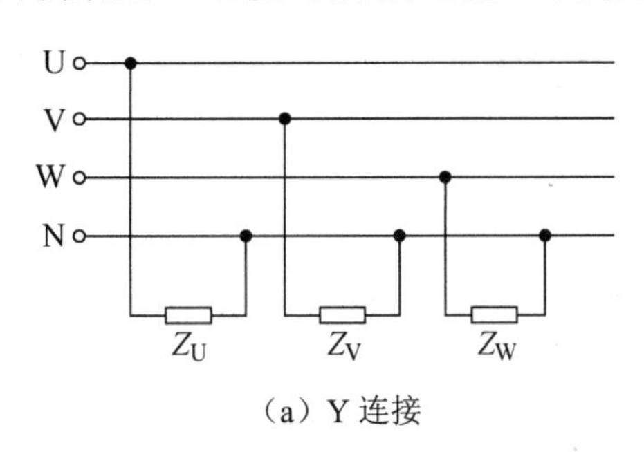

（a）Y 连接

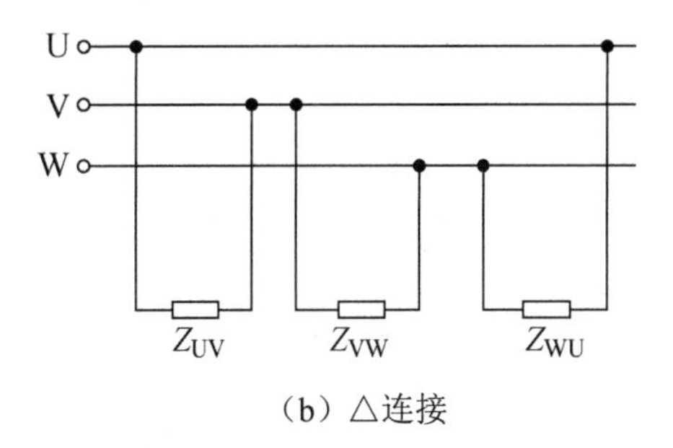

（b）△连接

图 7-3-1　7.3 节例 1 图

【解答】（1）采用 Y 连接时，有

$$U_P = \frac{U_L}{\sqrt{3}} = \frac{380}{\sqrt{3}} \approx 220\text{V}$$

$$|Z_P| = \sqrt{R^2 + X_L{}^2} = \sqrt{4^2 + 3^2} = 5\Omega$$

$$I_P = \frac{U_P}{|Z_P|} = \frac{220}{5} = 44\text{A}$$

$$I_L = I_P = 44\text{A}$$

$$\cos\varphi = \frac{R}{|Z_P|} = \frac{4}{5} = 0.8$$

则三相负载总有功功率为

$$P_Y = \sqrt{3}U_L I_L \cos\varphi = \sqrt{3} \times 380 \times 44 \times 0.8 = \sqrt{3} \times \sqrt{3} \times 220 \times 44 \times 0.8 \approx 23.23\text{kW}$$

（2）采用△连接时，有

$$U_P = U_L = 380\text{V}$$

$$I_P = \frac{U_P}{|Z_P|} = \frac{380}{5} = 76\text{A}$$

$$I_L = \sqrt{3}I_P = \sqrt{3} \times 76 \approx 131.6\text{A}$$

则三相负载总有功功率为

$$P_\triangle = \sqrt{3}U_L I_L \cos\varphi = \sqrt{3} \times 380 \times 131.6 \times 0.8 \approx 69.29\text{kW}$$

通过本例题可以看出，在同一三相对称交流电源作用下，$\dfrac{P_\triangle}{P_Y} = \dfrac{69.29}{23.23} \approx 3$。

【例 2】一台三相交流异步电动机，额定功率为 7.5kW，线电压为 380V，功率因数为 0.866。满载运行时，测得线电流为 14.9A，试求该电动机的效率是多少？

【解答】该电动机的输入功率为

$$P_入 = \sqrt{3}U_L I_L \cos\varphi = \sqrt{3} \times 380 \times 14.9 \times 0.866 \approx 8.5\text{kW}$$

则效率为

$$\eta = \frac{P}{P_入} \times 100\% = \frac{7.5 \times 10^3}{8.5 \times 10^3} \times 100\% \approx 88\%$$

【例 3】一个三相对称负载，每相阻值 R=30Ω，感抗 X_L=40Ω，采用△连接后接在线电压为 380V 的三相交流电源上，如图 7-3-2 所示。当一相的相线断开时，求：（1）负载的相电流。

（2）相线中的线电流。

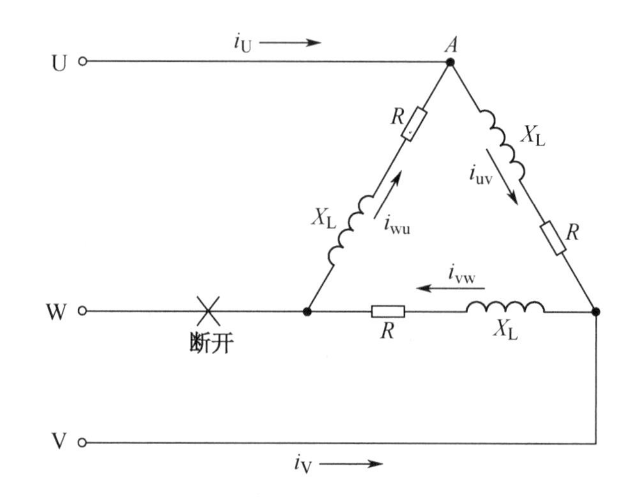

图 7-3-2　7.3 节例 3 图

【解答】（1）当 W 相断开时，各相电流的有效值为

$$I_{uv}=\frac{U_P}{\sqrt{R^2+{X_L}^2}}=\frac{380}{\sqrt{30^2+40^2}}=7.6\text{A}$$

$$I_{vw}=I_{wu}=\frac{U_P}{2\sqrt{R^2+{X_L}^2}}=\frac{380}{100}=3.8\text{A}$$

（2）可以等效为两条支路并联，接于 U_P=380V 的单相交流电路，由于两条支路中 u、i 的阻抗角相同，可直接进行数量的相加减。对于节点 A，$I_U=I_{uv}+I_{uwv}=7.6\text{A}+3.8\text{A}=11.4\text{A}$。

从例 3 中可以看出以下结论。

① △负载：断了一根相线→变成单相交流电路；断了一相负载→变成两相交流电路。

② Y 负载带中线：断了一根相线→变成两相交流电路；断了两根相线→变成单相交流电路。

③ Y 负载不带中线：断了一根相线→变成单相交流电路。

同步练习

一、填空题

1．有一三相对称负载采用△连接，测得 U_L=380V，I_P=10A，$\cos\varphi$=0.8，则三相有功功率为________；若改成 Y 连接，调节电源线电压，使 I_P=10A 不变，则三相有功功率为________。

2．对称三相交流电路的平均功率为 P，线电压为 U_L，线电流为 I_L，则功率因数为________。

3．有一三相对称负载采用 Y 连接，每相负载的阻抗为 22Ω，功率因数为 0.6，接入 U_L=380V 的电源中，测得负载中的电流为 10A，则三相交流电路的有功功率为________；如果负载改为△连接，且保持负载中的电流为 10A，则三相交流电路的有功功率为________；如果保持电源线电压不变，负载改为△连接，则三相交流电路的有功功率为________。

4．有一三相对称纯电阻负载，三相阻值均为 100Ω，采用△连接并接到线电压为 380V

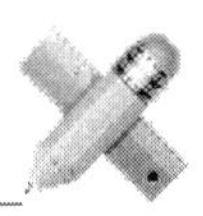

的三相对称交流电源上，则三相负载的总功率为________W。

二、单项选择题

1．某三相对称交流电路的线电压 $u_{AB}=U_1\sqrt{2}\sin(\omega t+30°)$V，线电流 $i_A=I_1\sqrt{2}\sin(\omega t+\varphi)$A，负载采用 Y 连接，每相复阻抗 $Z=|Z|\angle\varphi$，则该三相对称交流电路的有功功率解析式为（　　）。

A．$\sqrt{3}U_1I_1\cos\varphi$　　B．$\sqrt{3}U_1I_1\cos(30°+\varphi)$

C．$\sqrt{3}U_1I_1\cos30°$　　D．$\sqrt{3}U_1I_1\cos(30°-\varphi)$

2．三相对称负载每相产生的有功功率和无功功率分别为 40W、30var，则总视在功率为（　　）。

A．70VA　　B．50VA　　C．150VA　　D．100VA

3．某三相对称负载分别采用 Y 连接及△连接，接到线电压为 380V 的三相对称交流电源上，则相应的相电流 I_Y、$I_\triangle$及有功功率 P_Y、$P_\triangle$的关系为（　　）。

A．$I_Y=\frac{1}{\sqrt{3}}I_\triangle$，$P_Y=\frac{1}{3}P_\triangle$　　B．$I_Y=\frac{1}{\sqrt{3}}I_\triangle$，$P_Y=3P_\triangle$

C．$I_Y=\sqrt{3}I_\triangle$，$P_Y=\frac{1}{3}P_\triangle$　　D．$I_Y=\sqrt{3}I_\triangle$，$P_Y=3P_\triangle$

三、计算题

1．在对称三相交流电路中，负载采用 Y 连接，已知每相负载为 $Z=(12+j16)\Omega$，电源线电压 U_L=380V。

（1）求各相电流。

（2）计算电路中的功率因数 $\cos\varphi$ 和功率 P、S。

2．在图 7-3-3 中，对称负载采用△连接，电源线电压 U_L=220V，每相负载的阻值为 30Ω，感抗为 40Ω，试求相电流与线电流。

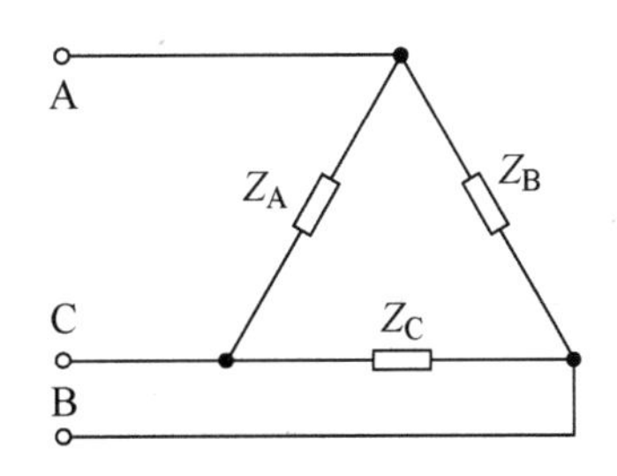

图 7-3-3　7.3 节计算题 2 图

3．一台三相电动机的绕组采用 Y 连接，已知每相绕组的阻值 R=6Ω，电感 L=25.5mH。现将它接入线电压为 380V，频率为 50Hz 的三相电路中，试求通过每相绕组的电流和三相有功功率。

4．有一个三相对称负载，每相负载的阻值 R=8Ω，感抗 X_L=6Ω，采用△连接，接到线电压为 380V 的三相对称交流电源上，试求：

（1）每相负载的阻抗。

（2）每相负载的相电流、线电流。

（3）负载的功率因数和总有功功率。

5．一台三相工业电炉，每相阻值 R=5.78Ω，接在线电压为 380V 的三相交流电路中，求电炉分别采用 Y 连接和△连接时所吸收的功率。

五、综合题

某工厂要制作一个 12kW 的三相电阻加热炉，已知电源线电压为 380V，它供给的最大电流为 20A，而库存的镍铬电阻丝的额定电流为 12A，问使用这种电阻丝时，有几种连接方法？不同的连接方法，每相阻值为多少？并说明哪种连接方法最省材料。

※7.4　三相笼型异步电动机

知识授新

电动机是一种将电能转换成机械能的动力设备。三相异步电动机的结构简单、坚固耐用、维护方便、体积小、易启动、成本低，在工农业生产中有着广泛的应用。

1．三相笼型异步电动机的基本构造

三相笼型异步电动机主要由定子和转子两个基本部分组成，此外还有端盖、风叶和接线盒等零部件，如图 7-4-1 所示。

（1）定子。

定子是电动机的静止部分，它的作用是产生旋转磁场，由定子铁芯（磁路部分）、定子绕组（电路部分）和机座三部分组成。定子铁芯由厚度为 0.35～0.5mm 的硅钢片叠压而成，以减小损耗。硅钢片内圆周的边缘冲有槽孔，用来嵌放定子绕组。中、小型电动机的定子绕组大多采用漆包线绕制，按一定规则连接，有 6 个出线端，即 U_1、V_1、W_1 和 U_2、V_2、W_2，并将其接至机座接线盒中。定子绕组可采用 Y 连接或△连接，如图 7-4-2 所示。

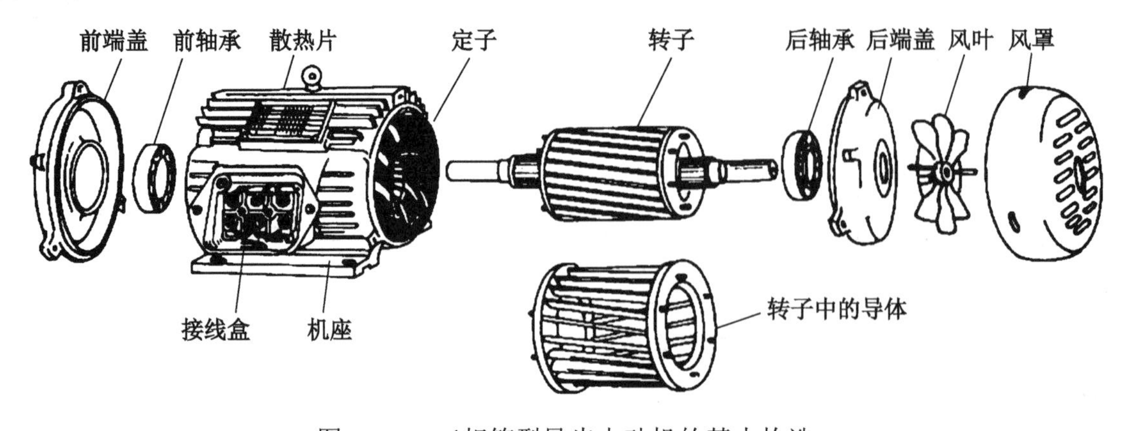

图 7-4-1　三相笼型异步电动机的基本构造

（2）转子。

三相笼型异步电动机的转子根据构造的不同，分为笼型和绕线式两种，它是电动机的转动部分，作用是输出机械转矩，由转轴、转子铁芯、转子绕组和风叶组成。笼型转子由嵌放在转子铁芯槽内的铜条组成，铜条两端与铜环焊接（也可用铸铝，将铝条和铝环铸在一起）形成闭合回路。中、小型三相笼型异步电动机的转子，大部分是在转子槽中用铝和转子铁芯浇铸成一体的笼型转子。

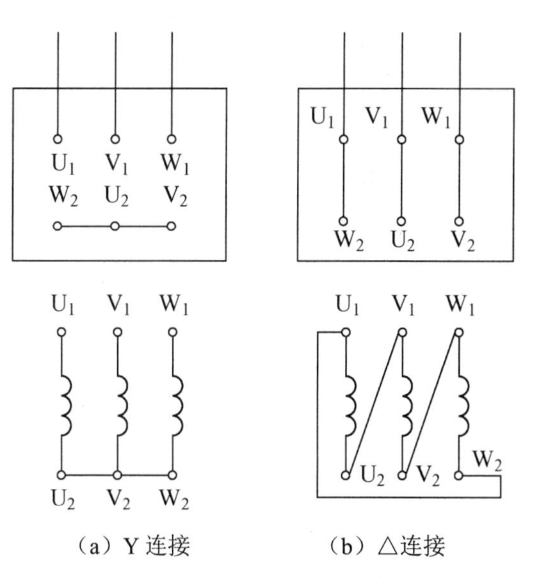

图 7-4-2　定子绕组的连接

2. 三相异步电动机工作原理分析

（1）旋转磁场的产生。

三相异步电动机的定子绕组采用 Y 连接，形成三相对称（三相绕组结构相同，空间互差 120°）Y 负载。将它们的首端 U_1、V_1、W_1 接到三相对称电源上，三相绕组中有三相对称电流流过。设三相电源的相序为 U-V-W-U，各相电流之间的相位差是 120°，以 i 为参考量，则

$$i_U = I_m \sin \omega t\text{；}\quad i_V = I_m \sin\left(\omega t - \frac{2\pi}{3}\right)\text{；}\quad i_W = I_m \sin\left(\omega t + \frac{2\pi}{3}\right)$$

其波形如图 7-4-3 所示。

三相对称电流流过三相绕组，根据电流的磁效应可知，每相绕组都要产生一个按正弦规律变化的磁场。为了确定某瞬时绕组中的电流方向及所产生的磁场方向，我们规定三相交流电为正半周时（电流为正值），电流由绕组的首端流向末端，图 7-4-3 中由首端流进纸面（用“⊗”表示），由末端流出纸面（用“⊙”表示）；反之，电流由末端流向首端。

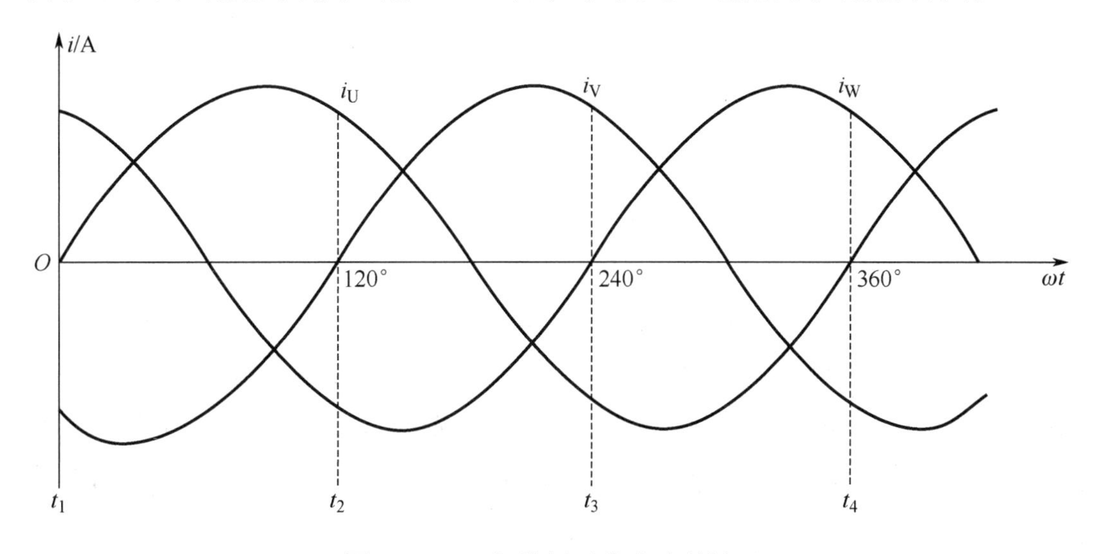

图 7-4-3　三相绕组对称电流的波形

① 在图 7-4-4（a）中，当 $t = t_1 = 0$ 时，$\omega t = 0$，$i_U = 0$，U 相绕组中因没有电流而不产生磁场；$i_V < 0$，V 相绕组中的电流由末端 V_2 流向首端 V_1；$i_W > 0$，W 相绕组中的电流由首端 W_1 流向末端 W_2。由安培定则可以确定 i_V、i_W 合成磁场方向由右指向左（**磁体外部，磁力线的方**

向为 **N→S**，故右边为 N 极，左边为 S 极）。

② 在图 7-4-4（b）中，当 $t = t_2$ 时，ωt=120°，i_U＞0，U 相绕组中的电流由首端 U_1 流向末端 U_2；i_V=0，V 相绕组中无电流；i_W＜0，W 相绕组中的电流由末端 W_2 流向首端 W_1。与 $t = t_1$=0 时相比，由安培定则确定的合成磁场方向顺时针旋转了 120°。

③ 在图 7-4-4（c）中，当 $t = t_3$ 时，ωt=240°，用同样的方法分析可知，合成磁场方向又顺时针旋转了 120°。当 $t = t_4$ 时，ωt=360°，合成磁场回到 ωt=0 的位置，顺时针旋转了 360°，如图 7-4-4（d）所示。

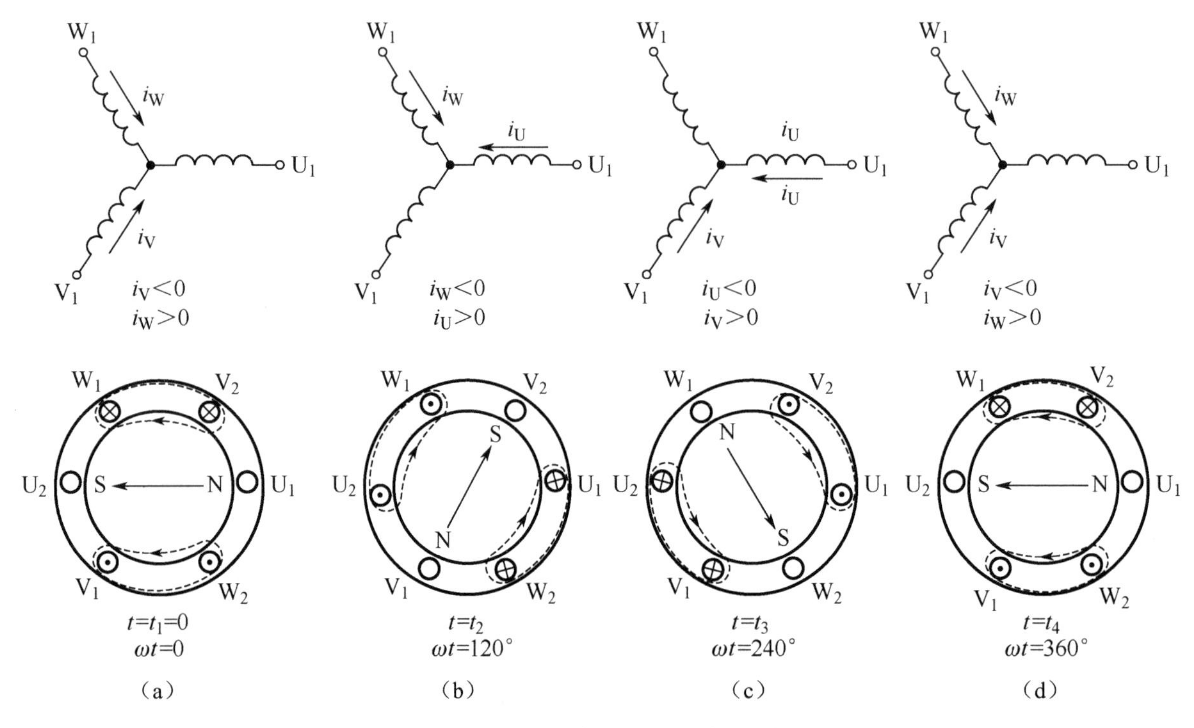

图 7-4-4　不同瞬间的三相合成磁场

由此可见，三相对称电流 i_U、i_V、i_W 分别通入三相绕组时，产生一个随时间变化的旋转磁场。磁场有一对磁极（一个 N 极、一个 S 极），因此，又称两极旋转磁场。当电流的电角度变化 360°时，两极旋转磁场也正好旋转 360°，这样就形成了一个和电流的电角度同步变化的旋转磁场。

（2）旋转磁场的转速。

磁极对数 p=1 的磁场，即两极旋转磁场与正弦电流同步变化。对于工频电流，即 50Hz 的正弦交流电，旋转磁场每秒钟转 50 周。以转每分（r/min）为单位，旋转磁场转速 n_1=50×60=3000r/min。若正弦交流电频率为 f，则旋转磁场的转速 n_1=60f。当磁极对数 p=2 时（四极电动机），交流电变化一周，旋转磁场只转动 $\frac{1}{2}$ 周，它的转速为 p=1 时磁场转速的 $\frac{1}{2}$。依次类推，当旋转磁场具有 p 对磁极时，交流电变化一周，旋转磁场只转动 $\frac{1}{p}$ 周。当频率为 f，磁极对数为 p 时，磁场转速 n_1 为

$$n_1 = \frac{60f}{p}$$

式中，f——频率，单位为 Hz；

p——旋转磁场的磁极对数；

n_1——旋转磁场的转速，单位为 r/min。

频率为 50Hz 时，不同磁极对数的异步电动机的旋转磁场的转速如表 7-4-1 所示。

表 7-4-1　不同磁极对数的异步电动机的旋转磁场的转速

p	1	2	3	4	5	6
n_1/(r/min)	3000	1500	1000	750	600	500

（3）三相异步电动机的工作原理。

三相异步电动机是利用电磁感应原理，把电能转换为机械能，输出机械转矩的原动机。当三相异步电动机的定子绕组接入三相对称交流电时，在定子空间中产生旋转磁场。假定旋转磁场顺时针旋转，则转子与旋转磁场之间将发生相对运动，旋转磁场将切割转子导体。也可以认为磁场静止不动，转子相对于磁场做逆时针切割磁力线的旋转运动，如图 7-4-5 所示。

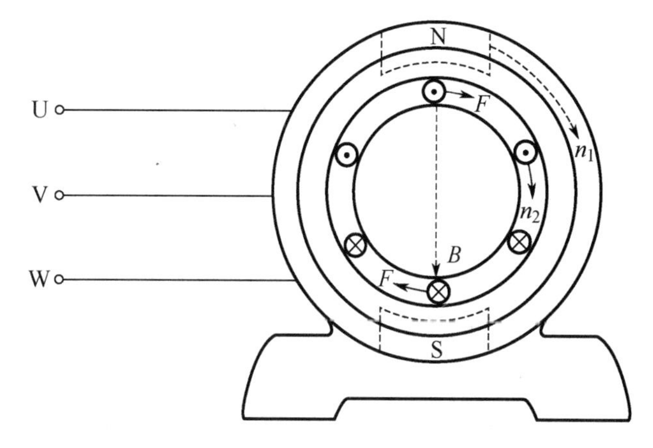

图 7-4-5　三相异步电动机的工作原理

转子导体做切割磁力线运动要产生感应电动势和感应电流。根据右手定则可以判别，转子导体上半部分的感应电流的方向是穿出纸面的，下半部分的感应电流的方向是进入纸面的。于是，转子在磁场中要受到磁场力 F 的作用。根据左手定则可以判别，转子导体上半部分所受磁场力方向向右，下半部分所受磁场力方向向左。这两个力对于转轴形成电磁转矩，使转子随着旋转磁场的转动方向，以转速 n_2 旋转。

通过以上分析可知，异步电动机的转动方向与旋转磁场的转动方向相同，如果旋转磁场的方向变了，那么异步电动机的转动方向也要随之变化。

转子转速 n_2 永远小于旋转磁场转速（同步转速）n_1。如果转子转速等于同步转速，即 $n_2=n_1$，则转子导体和旋转磁场之间不存在相对运动（二者相对静止），转子导体不切割磁力线，也就不存在感应电动势、转子电流和电磁转矩，转子不能继续以同步转速 n_1 转动。在负载一定的条件下，如果转子转速变慢，则转子与旋转磁场之间的相对运动加强，使转子所受电磁转矩加大，转子转动加快。因此，转子转速 n_2 总是与同步转速 n_1 保持一定的转速差，即保持异步关系，把这类电动机叫作异步电动机。又因为这种电动机是应用电磁感应原理制成的，所以又称感应电动机。

3. *转差率*

异步电动机的同步转速 n_1 与转子转速 n_2 之差叫作转速差（n_1-n_2）。转速差与同步转速 n_1 之比，叫作异步电动机的转差率，用 s 表示，即

$$s = \frac{n_1 - n_2}{n_1} \times 100\%$$

为了便于计算异步电动机的转子转速，上式也可以写成

$$n_2 = (1 - s)n_1$$

转差率是电动机的一个重要参数，一般用百分数表示。转子转速 n_2 越高，转差率 s 越小；n_2 越低，s 越大。一般电动机额定负载下的转差率为 1%～6%（具体数据由电动机技术数据及负载大小决定）。在电动机启动瞬间，旋转磁场已经产生，但转子还没有转动（n_2=0），这时转差率 s =1。当转子转速 n_2 接近同步转速 n_1，即 $n_2 \approx n_1$ 时（实际上 n_2 不可能等于 n_1），$s \approx 0$，但是 s 不能等于零。可见，转差率 s 可以表明异步电动机的运行速度，其变化范围是

$$0 < s \leqslant 1$$

4. 三相交流异步电动机的控制

（1）启动控制。

电动机接通电源以后，转速由零增加到稳定转速的过程叫作启动。根据加在定子绕组上启动电压的不同，可分为全压启动和降压启动。

① 全压启动。

如果加在电动机定子绕组上的启动电压是电动机的额定电压，这样的启动就叫全压启动（又称直接启动），如图 7-4-6 所示。

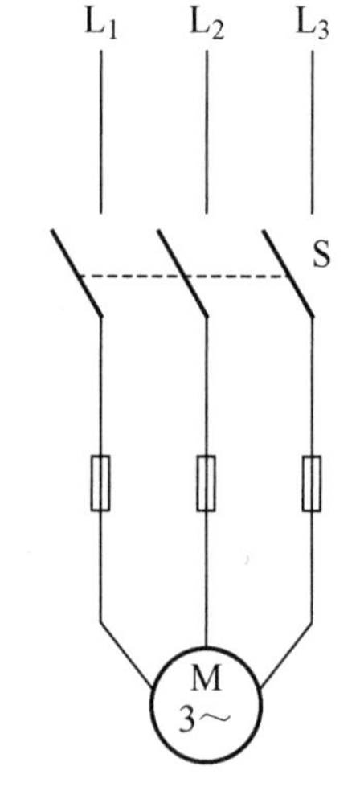

图 7-4-6 全压启动

全压启动的缺点：在电动机刚刚接通电源的瞬间，旋转磁场已经产生，但是转子还来不及转动。此刻，磁场以同步转速 n_1 做切割转子导体的运动，必然在转子导体中产生很大的感应电流。由于互感的作用，在定子绕组中产生很大的互感电流。通常，全压启动时的启动电流可达电动机额定电流的 4～7 倍。

启动电流过大，供电线路上的电压降也随之增大，使电动机两端的电压降低。这样不仅使电动机本身的启动转矩减小，还将使同一供电线路上的其他用电设备不能正常工作。

启动电流过大，还会使电动机绕组散发出大量的热。当启动时间过长或频繁启动时，电动机散发出的热会影响电动机的使用寿命。长期使用会使电动机内部绝缘老化，甚至烧毁电动机。

全压启动的条件：在一般情况下，当电动机的容量小于 10kW 或不超过电源变压器容量的 15%～20%时，启动电流不会影响同一供电线路上的其他用电设备的正常工作，可允许全压启动。

全压启动的优点：启动设备简单可靠，在条件允许时可采用全压启动。

② 降压启动。

大、中型电动机不允许全压启动，应采用降压启动来减小启动电流。启动时，用降低加在定子绕组上的电压的方法来减小启动电流，启动结束后，使电压恢复到额定电压运行，这种启动方法叫作降压启动。**常用的降压启动方法有定子绕组串电阻降压启动、自耦变压器降**

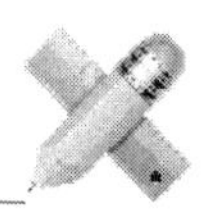

压启动和 Y-△换接降压启动。这里介绍自耦变压器降压启动和 Y-△换接降压启动。

自耦变压器降压启动： 自耦变压器降压启动利用三相自耦变压器的分压作用来降低加在定子绕组上的启动电压，从而完成启动，如图 7-4-7 所示。启动时，先将开关 S_1 闭合，再将开关 S_2 置于“启动”位置，线电压经自耦变压器降压后加到定子绕组上，这时电动机在低于额定电压下运行，启动电流较小。当电动机转速上升到一定程度时，将转换开关 S_2 从“启动”位置迅速倒向“运行”位置，使自耦变压器脱离电源和电动机，电动机在全压下正常运行。

通常把启动用的自耦变压器叫作启动补偿器。一般功率在 75kW 以下的三相笼型异步电动机广泛应用自耦变压器降压启动。

Y-△换接降压启动： 在同一个对称三相电源的作用下，对称三相负载采用 Y 连接时的线电流是△连接时的线电流的 $\frac{1}{3}$；对称三相负载采用 Y 连接时的相电压是△连接时的相电压的 $\frac{1}{\sqrt{3}}$，这就是 Y-△换接降压启动的原理。**这种方法只适用于正常运行时定子绕组采用△连接的电动机**。Y-△换接降压启动的原理如图 7-4-8 所示。

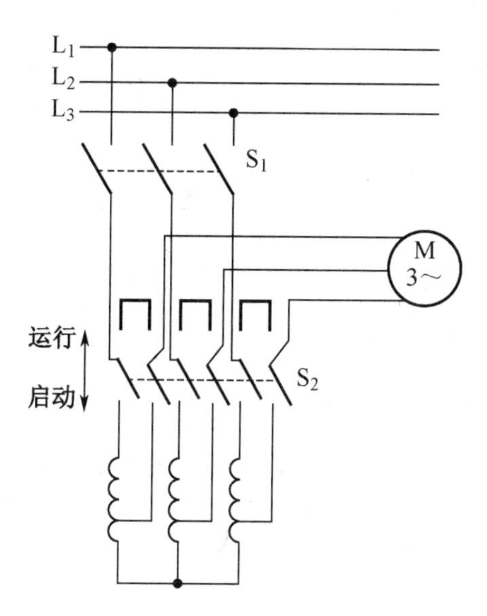

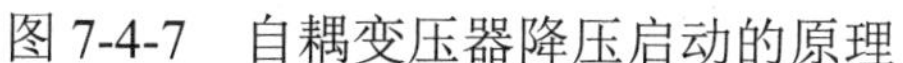

图 7-4-7　自耦变压器降压启动的原理

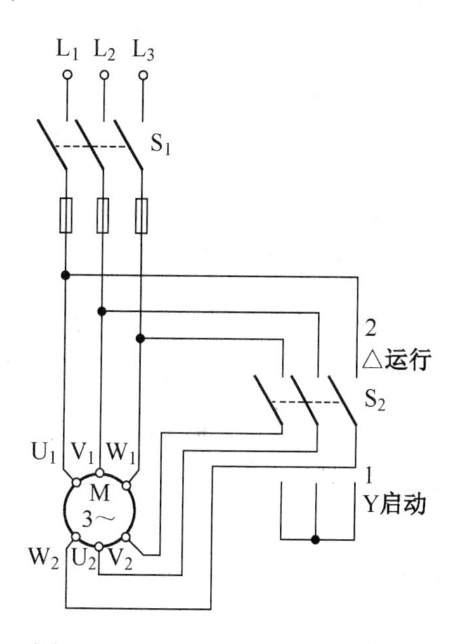

图 7-4-8　Y-△换接降压启动的原理

启动时，先将开关 S_1 闭合，再将开关 S_2 置于“启动”位置，使定子绕组为 Y 连接，这样加在每相绕组上的电压都为额定电压的 $\frac{1}{\sqrt{3}}$，实现了降压启动。启动过程结束后，迅速将开关 S_2 置于“运行”位置，使定子绕组为△连接，每相绕组上的电压都为电动机正常工作时的额定电压，电动机正常运行。

Y-△换接降压启动的启动转矩较小，适用于空载或轻载启动。

（2）调速控制。

许多机械设备在工作时需要改变运动速度，如金属切削车床要根据切削刀具的性质和被加工材料的种类来调节转速，这就需要改变电动机的转速。

在负载不变的情况下，改变电动机的转速 n_2 叫作调速。

由转差率公式

$$n_2 = (1-s)n_1 = (1-s)\frac{60f}{p}$$

可知，有三种办法可以改变电动机的转速。

① 变频调速。

改变频率 f 是一种很有效的调速方法，但是由于我国电网频率固定为 50Hz，必须配备复杂的变频设备，所以改变频率的方法目前很少采用。

② 变转差率调速。

三相笼型异步电动机的转差率是不易改变的。因此，三相笼型异步电动机不用改变转差率实现调速。

③ 变极调速。

在制造电动机时设计了不同的磁极对数，可根据需要改变定子绕组的接线方式，改变磁极对数（如二极、四极），使电动机获得不同的转速。

（3）正反转控制。

由于三相异步电动机的旋转方向与磁场的旋转方向相同，而磁场的旋转方向取决于三相电源的相序。所以，要使电动机反转，只需使旋转磁场反转。将接在三相电源的三根相线中的任意两根对调即可。

图 7-4-9 所示为电动机正、反转控制原理图。当控制开关 S_2 向上接通时，通入电动机定子绕组的三相电源的相序是 U-V-W-U，电动机顺时针转动；当控制开关 S_2 向下接通时，通入电动机定子绕组的三相电源的相序是 U-W-V-U，电动机逆时针转动。

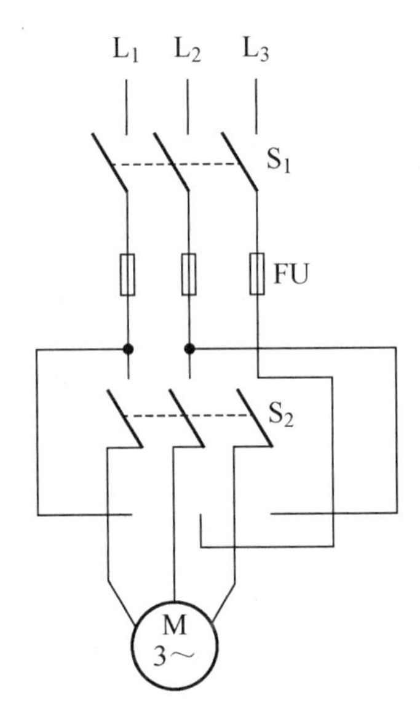

图 7-4-9　电动机正、反转控制原理图

（4）制动控制。

制动就是给三相异步电动机一个与转动方向相反的转矩，使它迅速停转。制动的方法一般有机械制动和电气制动两类。

利用机械装置使电动机断开电源后迅速停转的方法叫作机械制动。机械制动常用的方法有电磁抱闸和电磁离合器制动。

电动机产生一个和转子转速方向相反的电磁转矩，使电动机的转速迅速下降的方法叫作电气制动。其中，三相交流异步电动机常用的电气制动方法有反接制动、能耗制动和回馈制动。

① 反接制动。

反接制动有两种，一种是在负载转矩作用下使电动机反转的倒拉反转反接制动，这种方法不能准确停车；另一种是依靠改变电动机定子绕组中三相电源的相序产生制动力矩，迫使电动机迅速停转。

② 能耗制动。

能耗制动是指当电动机切断交流电源后，立即在定子绕组的任意两相中通入直流电，迫

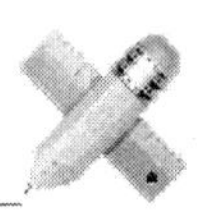

使电动机迅速停转的方法。

③ 回馈制动。

回馈制动（又称发电制动、再生制动）是在外加转矩的作用下，转子转速大于同步转速，电磁转矩改变方向成为制动转矩的运行状态。回馈制动与反接制动和能耗制动不同，其不能制动到停止状态。

5. 三相交流异步电动机的铭牌

以图 7-4-10 所示的电动机铭牌为例予以说明。

三相交流异步电动机			
型号Y-112M-4		编号	
4.0kW		8.8A	
380V	1440r/min	LW　82dB	
接法△	防护等级IP44	50Hz	45kg
标准编号	工作制S1	B级绝缘	年　月
××电动机厂			

图 7-4-10　电动机铭牌

（1）电动机型号（Y-112M-4）：表示国产 Y 系列异步电动机，中心机座高度为 112 mm，“M”表示中机座（“L”表示长机座，“S”表示短机座），“4”表示旋转磁场为四极（p=2）。

（2）额定功率 P_N（4.0kW）：表示电动机在额定工作状态下运行时输出的机械功率。

（3）额定电流 I_N（8.8 A）：表示电动机在额定运行时定子绕组的线电流。

（4）额定电压 U_N（380V）：表示定子绕组的线电压。通常，功率在 3kW 以下的异步电动机，定子绕组应采用 Y 连接；功率在 4 kW 以上的异步电动机，定子绕组采用△连接。

（5）额定转速 n_N（1440 r/min）：表示电动机在额定运行时的转子转速。

（6）防护等级（IP44）：表示电动机外壳防护的等级为封闭式电动机。

（7）频率 f（50 Hz）：表示电动机定子绕组输入交流电源的频率。

（8）工作制（S1）：表示电动机可以在铭牌标出的额定状态下连续运行（S2 为短时运行，S3 为短时重复运行）。

（9）绝缘等级（B 级绝缘）：表示电动机各绕组及其他绝缘部件所用绝缘材料的等级。此外，铭牌上标注“LW 82 dB”是电动机的噪声等级。

【强调】若铭牌上电压为 380/220V，接法为 Y/△，则表明当电源线电压为 380V 时，定子绕组应采用 Y 连接；当电源线电压为 220V 时，定子绕组应采用△连接。

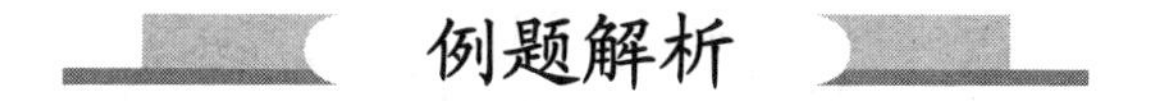

例题解析

【例 1】三相异步电动机的磁极对数 p=2，转差率 s=4%，电源频率 f=50Hz。试求电动机的转子转速。

【解答】三相异步电动机的同步转速为

$$n_1=\frac{60f}{p}=\frac{60\times 50}{2}=1500\ \mathrm{r/min}$$

由转差率公式可得

$$n_2=(1-s)n_1=(1-4\%)\times 1500=1440\ \mathrm{r/min}$$

【例 2】将图 7-4-11（a）所示的电动机接线端连成 Y。

【解答】将三相定子绕组末端 U_2、V_2、W_2 连在一起，首端 U_1、V_1、W_1 分别与三相交流电源的三根相线 U、V、W 相连，如图 7-4-11（b）所示。

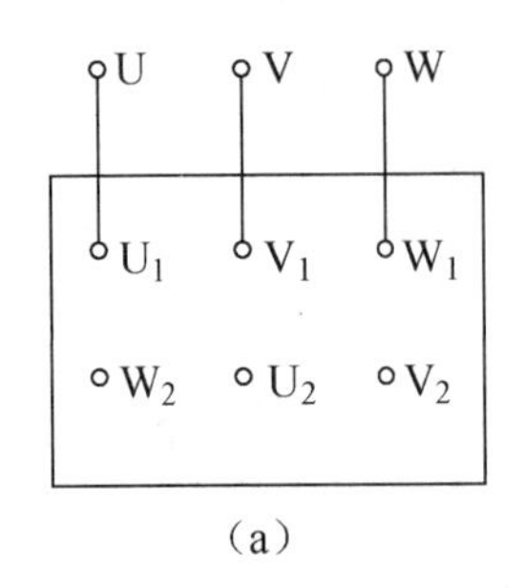

（a）

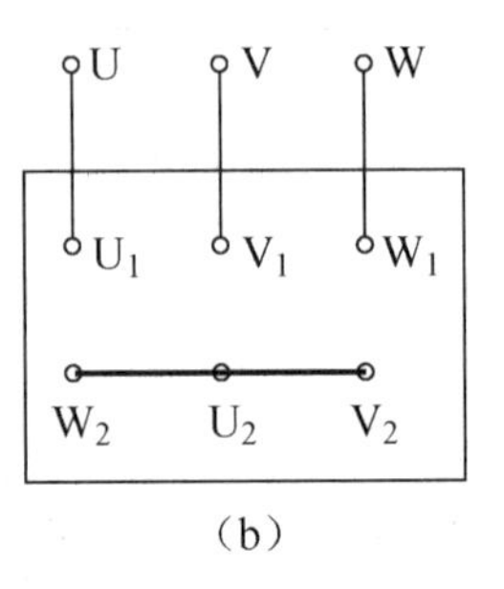

（b）

图 7-4-11　7.4 节例 2 图

【例 3】将图 7-4-12（a）所示的电动机接线端连成△。

【解答】将三相定子绕组 U_1 与 W_2、V_1 与 U_2、W_1 与 V_2 相连后，分别与三相交流电源的三根相线 U、V、W 相连，如图 7-4-12（b）所示。

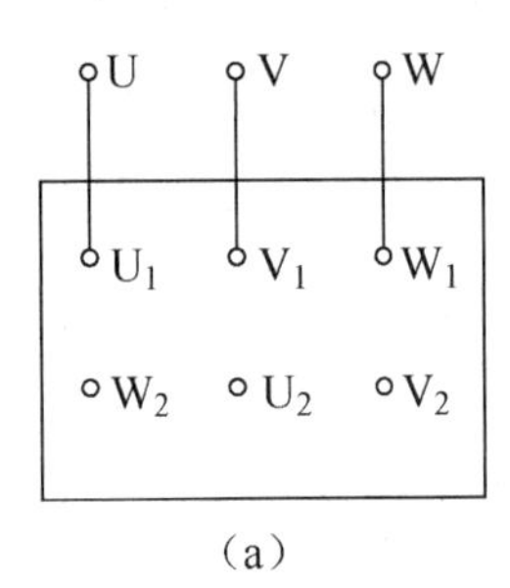

（a）

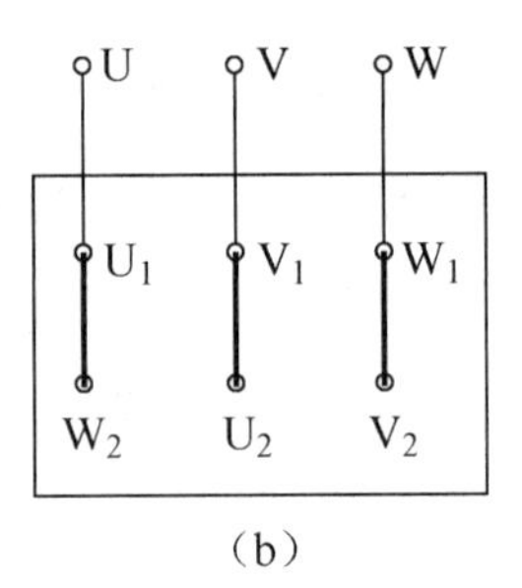

（b）

图 7-4-12　7.4 节例 3 图

【例 4】某三相交流异步电动机的铭牌是：电压 380V，转速 1470r/min，功率 7.5kW，电流 13.5A，频率 50Hz，功率因数 0.9。试求：（1）磁极对数。（2）转差率。（3）效率。

【解析】电动机铭牌上标注的电压是指各相定子绕组的额定电压 U_{N}，不论定子绕组如何连接所应施加的电源线电压；转速是指在额定条件下的额定转速；功率是指转轴上输出的机械功率；电流是指额定电压下的线电流。

【解答】（1）因为该电动机的转速是 1470r/min，所以它的同步的转速为 1500r/min，磁极对数为

$$p=\frac{60f}{n_0}=\frac{60\times 50}{1500}=2$$

（2）转差率为

$$s=\frac{n_1-n_2}{n_1}\times 100\%=\frac{1500-1470}{1500}\times 100\%=2\%$$

（3）输入功率为

$$P_1 = \sqrt{3}U_L I_L \cos\varphi = \sqrt{3} \times 380 \times 13.5 \times 0.9 \approx 8\text{kW}$$

所以效率为

$$\eta = \frac{P_2}{P_1} \times 100\% = \frac{7.5}{8} \times 100\% = 93.75\%$$

同步练习

一、填空题

1．三相异步电动机由________和________两个基本部分组成。前者由________、________、和________组成；后者由________、________和________组成。

2．图 7-4-13 所示为三相交流异步电动机的接线图，在图 7-4-13（a）所示的接线情况下，电动机的转动方向是顺时针；在图 7-4-13（b）所示的情况下，转动方向是________；在图 7-4-13（c）所示的情况下，转动方向是________；在图 7-4-13（d）所示的情况下，转动方向是________。

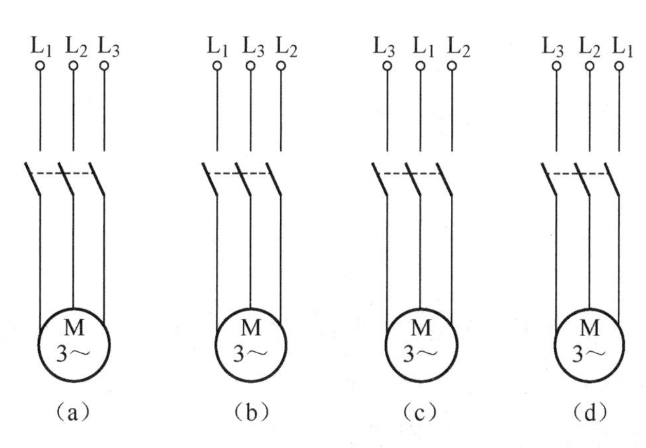

图 7-4-13　7.4 节填空题 2 图

3．三相异步电动机的转速差（n_1−n_2）与同步转速 n_1 的比率称为________。

4．一台四极三相交流异步电动机的额定转速为 1440r/min，电源频率为 50Hz，则此电动机的转差率 s 为________。

5．有一台四极三相交流异步电动机，在电网频率 50Hz 的条件下工作，则定子绕组形成的同步转速为 1500r/min。当转差率为 2%时，电动机的转速为________。

6．三相交流异步电动机的铭牌数据为：电压 380/220V，接法 Y/△，功率 10kW。采用△连接时，电源的线电压为________，输出功率为________。若效率 η=0.8，则输入功率为________。

7．熔断器串联在电路中主要用于________保护。

8．一台六极三相异步电动机，频率为 50Hz，铭牌电压为 380/220V（绕组额定电压为 220V），若电源电压为 380V，则该电动机的定子绕组采用________连接，其同步转速为________。

9．一台三相电动机的绕组采用 Y 连接，接在线电压为 380V 的三相交流电源上，负载的功率因数是 0.8，吸收的功率为 10kW，其相电流为________，每相的阻抗为________。

10．三相异步电动机的电气制动有反接制动、回馈制动和________制动。

11．某三相交流异步电动机定子绕组的额定电压为 220V，则该电动机应采用________连接。

12．改变三相交流异步电动机的转动方向的办法是________。

13．电动机启动瞬间，其转差率为________；若三相交流异步电动机的磁极对数 p=2，电源频率 f=50Hz，额定转速为 1450r/min，则转差率为________。

二、单项选择题

1．三相交流异步电动机旋转磁场的转动方向取决于三相交流电源的（　　）。

A．相位　　B．频率　　C．相序　　D．振幅

2．有一台四极三相交流异步电动机，其工作频率为 50Hz，若转差率为 4%，则该电动机的转速为（　　）。

A．2880 r/min　　B．1440 r/min

C．720 r/min　　D．60 r/min

3．电动机降压启动是（　　）。

A．为了增大供电线路上的压降　　B．为了减小启动电流

C．为了增大启动转矩　　D．为了减少各种损耗

三、计算题

1．有一台电动机，每相绕组的阻值为 8Ω，感抗为 6Ω，分别采用 Y 连接和△连接，接到线电压为 380V 的三相对称交流电源上。试求：（1）负载采用 Y 连接时的相电流、线电流和有功功率。（2）负载采用△连接时的相电流、线电流和有功功率。

2．一台六极三相交流异步电动机，在工频电源线电压 380V 的情况下采用△连接运行，已知线电流 I=59.2A，功率因数 $\cos\varphi$=0.86，转差率 s=2%，试求：

（1）电动机的转速 n。

（2）电动机的相电压、相电流和吸收的功率。

（3）若将电动机三相定子绕组改接成 Y，则此时电动机的相电压、相电流和吸收的功率是多少？

※7.5　单相交流异步电动机

知识授新

用单相交流电源供电的异步电动机叫作单相交流异步电动机，由机壳、定子、转子和其

他附件组成。该电动机有两个定子绕组，即主绕组（运行绕组）和副绕组（启动绕组），转子为笼型，与三相笼型异步电动机的结构相似。

单相交流异步电动机的功率比较小，一般不到 1kW。由于只需单相正弦交流电源供电，因此在日常生活中应用广泛，洗衣机、电风扇、手持式电钻和一些医疗器械中都使用单相交流异步电动机作为动力机械。

1. 单相交流异步电动机的工作原理

三相异步电动机接通电源后会产生旋转磁场，转子以低于磁场的转速跟随磁场旋转。而单相交流异步电动机的定子绕组接通的是单相交流电，定子产生的磁场是一个交变的脉动磁场，磁场强度和方向按正弦规律变化。当电流为正半周时，磁场方向垂直向上，如图 7-5-1（a）所示；当电流为负半周时，磁场方向垂直向下，如图 7-5-1（b）所示。

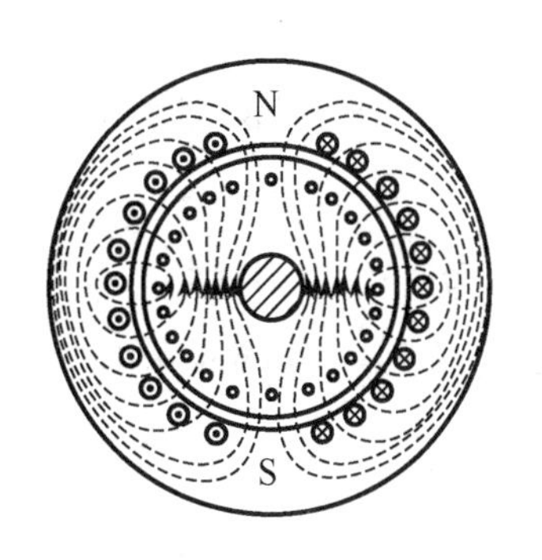

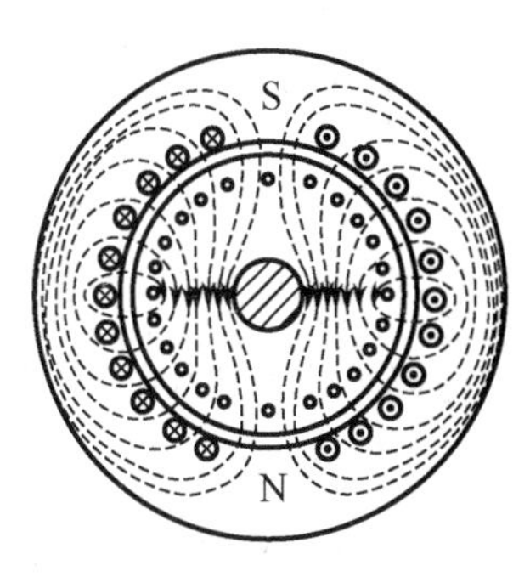

图 7-5-1　单相交流异步电动机的脉动磁场

交变的脉动磁场可以认为是由两个大小相等、转速相同但转动方向相反的旋转磁场合成的。当转子静止时，两个旋转磁场作用在转子上所产生的合力矩为零，所以转子静止不动，单相交流异步电动机不能自启动。

实验证明，只要打破合力矩的平衡，单相交流异步电动机便能转动。如用外力使转子顺时针转动，转子与两个旋转磁场间的相对速度发生变化，结果顺时针的力矩大于逆时针的力矩，电动机将继续顺时针转动。反之，电动机将逆时针转动，这种一拨就转的特性俗称“拨拨转”。

通过上述分析可知，单相交流异步电动机转动的关键是产生一个启动转矩，不同类型的单相交流异步电动机产生启动转矩的方法也不同。

2. 单相交流异步电动机的启动

一般情况下，单相交流异步电动机的启动都是通过启动绕组产生旋转磁场的。但是，无论哪种启动方式，单相交流异步电动机都只有两个绕组。

（1）电阻分相式。

单相电阻分相式异步电动机简称分相式电动机。这种启动方式是在刚开始通电时，利用启动器使启动绕组和运行绕组同时受电。启动完成之后，断开启动绕组，只靠运行绕组继续运行。

为了使这种电动机主绕组中的启动电流和副绕组中的启动电流在时间上有相位差，一般主绕组由较粗横截面的导线绕制，匝数较多，嵌在定子槽的外层；副绕组由较细横截面的导线绕制，匝数较少，嵌在定子槽的内层。因此，主绕组的阻值小，感抗大；而副绕组的阻值大，感抗小。当电动机启动时，主/副绕组同时通电，产生启动电磁转矩。启动完成之后，由继电器开关断开副绕组回路，电动机便由主绕组工作。这类电动机的副绕组与主绕组在空间中呈 90°电角度正交放置。

（2）电容分相式。

单相电容分相式异步电动机的特点是定子的主/副绕组在定子铁芯的空间上相差$\frac{\pi}{2}$，它分为三种启动方式。

① 电容启动式。

电容启动式是在启动绕组中串联一电容器。利用启动器将启动绕组接入启动，启动完成后（当电动机转速升高到额定转速的75%～80%时），离心开关S动作，切断启动绕组，正常运行由运行绕组承担，如图7-5-2（a）所示。

② 电容运转式。

电容运转式也是在启动绕组上串联电容器，以提高启动转矩，不同的是，在正常启动之后，启动绕组并不断开，而是和运行绕组共同参与单相交流异步电动机的正常运行，如图7-5-2（b）所示。

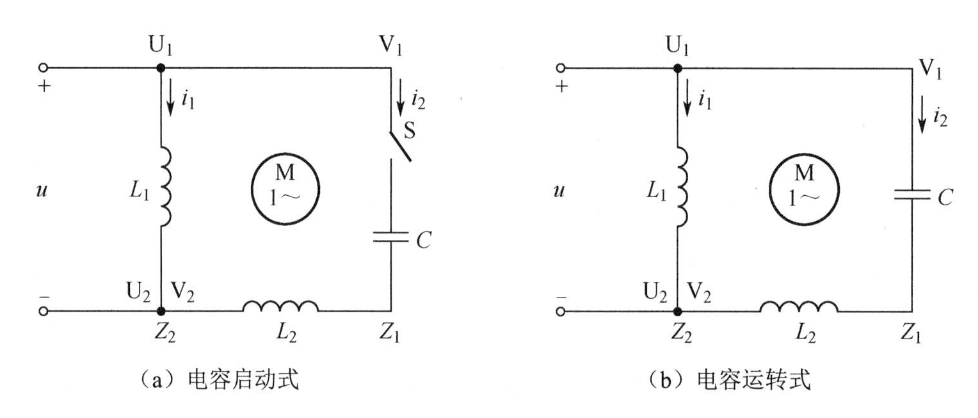

图7-5-2　单相电容分相式异步电动机

③ 电容启动运转式。

电容启动运转式是在启动绕组中并联两只电容器。其中电容较大的一只电容器串联在启动开关上，该电容器只是在刚启动时参与运行，启动正常后随启动开关的断开而退出运行，而电容较小的电容器一直参与电动机的运行。

下面，我们以图7-5-2（a）为例，分析单相电容分相式异步电动机的启动原理。

由同一个单相电源向两个绕组供电，由于启动绕组中串联了一只电容器，因此运行绕组中的电流i_1和启动绕组中的电流i_2产生了一个相位差。适当选择电容C，使启动绕组电路为容性电路，并使两个绕组电流之间的相位差为$\frac{\pi}{2}$。以启动绕组i_2为参考量，则

$$i_1 = I_{1m}\sin\left(\omega t - \frac{\pi}{2}\right)$$

$$i_2 = I_{2m}\sin\omega t$$

用类似三相旋转磁场的分析方法，画出电流i_1和i_2的波形及旋转磁场的示意图，如图7-5-3所示。相位差为$\frac{\pi}{2}$的电流i_1和i_2，流过空间相差$\frac{\pi}{2}$的两个绕组，能够产生一个旋转磁场。在旋转磁场的作用下，单相交流异步电动机的转子得到启动转矩而转动。

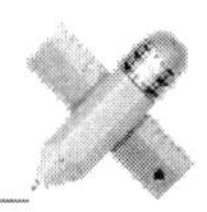

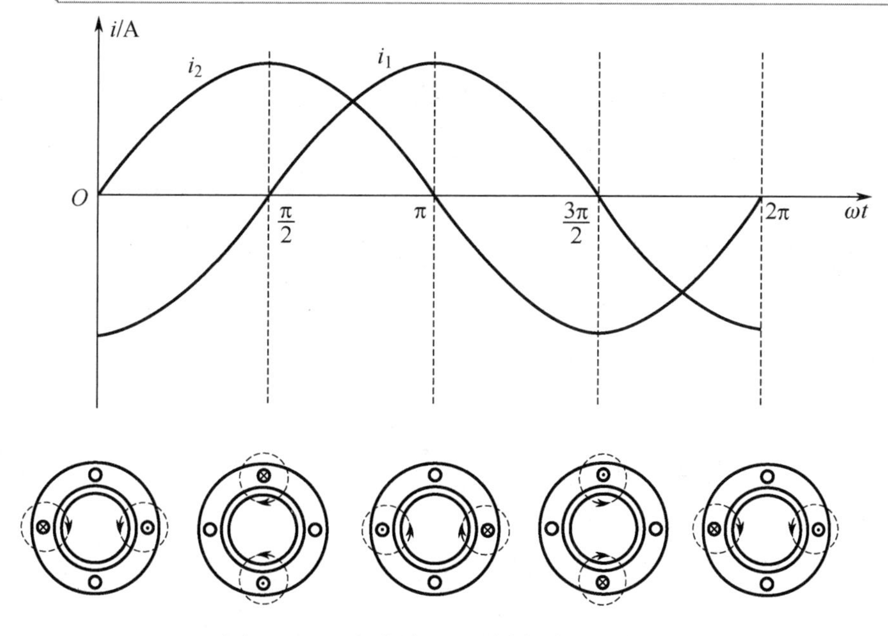

图 7-5-3　电流波形及旋转磁场示意图

单相交流异步电动机的转动方向与旋转磁场的转动方向相同，转速略低于同步转速。

电容分相式电动机不能自启动，但一拨就能转，说明启动电路（启动电容器或启动绕组）出了故障。

改变电动机定子绕组接线的顺序，可以改变旋转磁场的方向，转子方向随之改变。这样就改变了电动机的转动方向，这就是单相交流异步电动机的正反转控制原理。

例题解析

【例 1】单相交流异步电动机改变定子绕组的接线顺序可改变电动机的转动方向，洗衣机正反转控制线路如图 7-5-4 所示，试说明它的工作原理。

【解析】C 为启动和运行电容器，S 为控制洗涤定时和电动机正反转的开关。

【解答】S 置“1”时，A 为工作绕组，此时 B、C 为启动绕组和电容器，控制电动机（假设为）正转，经过十几秒到几十秒后，S 自动接通“2”，此时 B 成了工作绕组，A、C 构成启动绕组和电容器，控制电动机（假设为）反转。这样就改变了电动机的接线顺序，也就改变了电动机的转动方向。

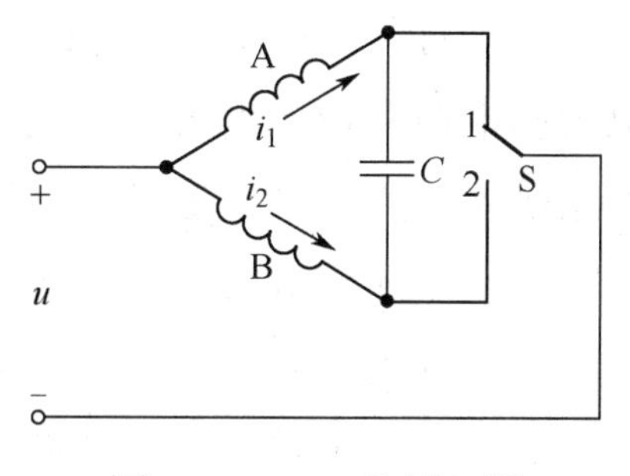

图 7-5-4　7.5 节例 1 图

同步练习

一、填空题

1．用________电源供电的异步电动机叫作单相异步电动机。

2．单相电容分相式异步电动机的定子由________绕组和________绕组组成，它们在定子铁芯的空间上相差________，转子制成________型。

3．单相交流异步电动机的转动方向与_______的转动方向相同，转速低于_______转速。

4．改变单相交流异步电动机________的顺序，就可以改变________的方向。________也随之改变，这就改变了单相交流异步电动机的转动方向。

5．一单相交流异步电动机的铭牌标明：电压 220V，电流 3A，功率因数 0.8，这台电动机的有功功率为________，视在功率为________，绕组的阻抗为________。

二、简答题

1．你所见到的家用电器中，有哪些电器是用单相交流异步电动机作为动力的？

2．试叙述单相电容分相式异步电动机的工作原理。

3．电容器已断开的单相电容分相式异步电动机能否自启动？试解释其原因。

7.6　安全用电

知识授新

从事电气电子工作的人员经常会接触到各种电气设备，因此必须具备一定的安全用电知识，严格按照安全用电的有关规定从事工作，才能避免人身和设备事故。

1．安全用电常识

（1）触电及危害。

人体因触及高压带电体而承受过大的电流，以致死亡或局部受伤的现象称为触电。

触电按其伤害程度可分为电击和电伤两种。电击是指人体触及高压带电体时，电流通过人体而使内部器官受损，造成休克或死亡的现象，是最危险的触电事故；电伤是指由于电流的热效应、化学效应、机械效应等对人体外部造成伤害的现象。经对触电事故的研究表明：触电对人体的伤害程度，主要取决于通过人体的电流大小、频率、时间、途径及触电者的情况。例如，10mA 以下的工频交流电通过人体就可引起麻痹的感觉，但能自己摆脱电源；30mA 左右的工频交流电会使人感觉麻痹或剧痛，呼吸困难，不能自己摆脱电源，有生命危险；50mA 以上的工频交流电通过人体能致人死亡。此外，人体通过电流时间越长，伤害越严重，电流直接通过人的心脏、大脑而导致的死亡率最高。

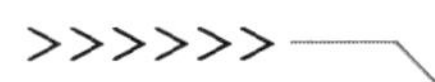

（2）触电类型。

常见的触电类型主要有如下几种。

① 单相触电。单相触电如图 7-6-1（a）所示。在我国低压三相四线制供电系统中，电源变压器低压侧的中点一般有良好的工作接地。因此，人站在地上触及三相电源中的任何一根相线，相当于人体一端与相线连接，另一端与零线连接，人体两端电压为相电压，有较大的电流通过人体，造成单相触电。

② 两相触电。两相触电如图 7-6-1（b）所示，人体同时触及两根相线，人体两端的电压为线电压，强大的电流会通过人的心脏，后果严重。

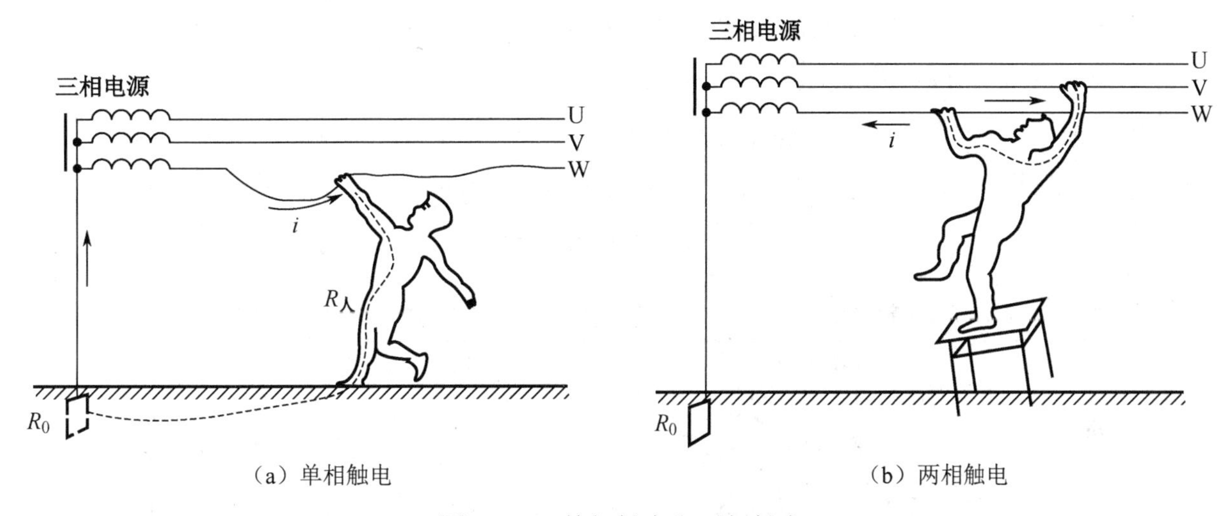

（a）单相触电　　（b）两相触电

图 7-6-1　单相触电和两相触电

③ 绝缘破损触电。某些电气设备因绝缘破损而漏电，人体触及其外壳会造成危险的触电事故。

④ 跨步电压触电。当高压线断落到地面时，会在导体接地点及周围形成强电场。其中，接地点电位最高，距离越远电位越低。当人跨进这个区域时，两脚跨步之间将存在一个跨步电压，使人产生跨步电压触电事故。人受到跨步电压时，电流沿着人的下半身，从脚经腿、胯部又到脚与大地形成通路。

⑤ 悬浮电路触电。220V 的交流电通过变压器的初级绕组时，与初级绕组相隔离的次级绕组将产生感生电动势，且与大地处于悬浮状态。这时，若人接触其中一端，则不会构成回路，也就不触电。但若人体接触次级绕组的两端，则会造成触电，称为悬浮电路触电。

另外，一些电子产品的金属底板常常是悬浮电路的公共接地点。维修时，若一手触高电位点，另一手触低电位点，则会造成悬浮电路触电，检修时应单手操作。

（3）安全电压等级。

触电对人体的伤害程度，主要由通过人体的电流决定。通过人体电流的大小与触电电压和人体电阻有关。在一般情况下，人体电阻约为 800Ω，当皮肤出汗时，电阻还要减小。

如果人体电阻为 800Ω，则人体接触 40V 电压时，通过人体的电流可达 50mA。因此，规定 36V 以下电压为安全电压。如果在金属架或潮湿的场所工作，那么安全电压等级还要降低，通常为 24V 或 12V。

2. 常用的安全用电防护措施

为防止发生触电事故，除了注意火线必须进开关、导线与熔丝选择合理外，还必须采取以下防护措施。

（1）正确安装电气设备。

电气设备要根据说明和要求正确安装，不可马虎从事。带电部分必须有防护罩或放到不易接触到的高处，必要时采用联锁装置，以防触电。

（2）电气设备的保护接地。

在正常情况下，将电气设备不带电的金属外壳或构架，用足够粗的导线与大地可靠地连接起来叫作保护接地。保护接地适用于电压低于 1kV，而电源中线不接地（三相三线制）的电气设备或电压高于 1kV 的电力网。

如果不采取保护接地措施，那么当人体触及带电外壳时，由于输电线与大地之间存在分布电容而构成回路，人体有电流通过而发生触电事故，如图 7-6-2（a）所示。

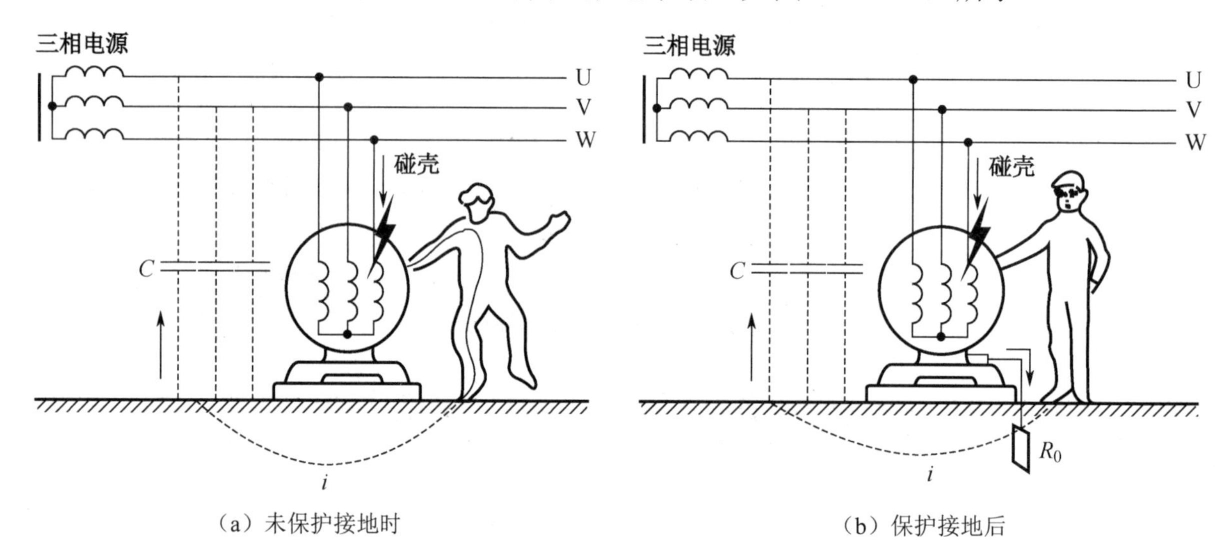

（a）未保护接地时　（b）保护接地后

图 7-6-2　电气设备的保护接地

如果采取了保护接地措施，那么即使带电体因绝缘损坏且碰壳，人体触及带电外壳时，由于人体相当于与接地电阻并联，而人体电阻远大于接地电阻，因此通过人体的电流微乎其微，保证了人身安全，如图 7-6-2（b）所示。

（3）保护接零（中线）。

将电气设备正常情况下不带电的金属外壳或构架，用导线单独与供电系统的零线（中性线）连接，叫作保护接零。保护接零示意图如图 7-6-3（a）所示，中线应重复接地，防止中线对地开路。保护接零适用于三相四线制中线直接接地系统中的电气设备。

保护接零后，一旦电气设备的某相绝缘损坏且碰壳，就会造成该相短路，立即把熔丝熔断或使其他保护装置动作，因而自动切断电源，避免触电事故的发生。

用电器等单相负载的外壳，用接零导线接到电源线三脚插头中央长而粗的插脚上，使用时通过插座与中线单独相连，如图 7-6-3（b）所示。绝不允许把用电器的外壳直接与用电器的零线相连，这样不仅不能起到保护作用，还可能引起触电事故。

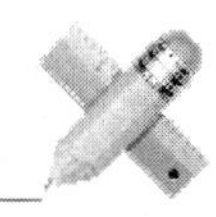

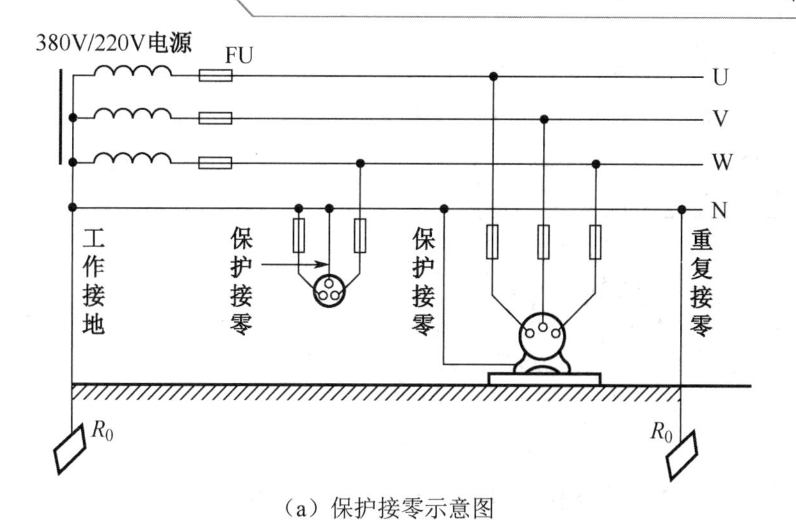

（a）保护接零示意图

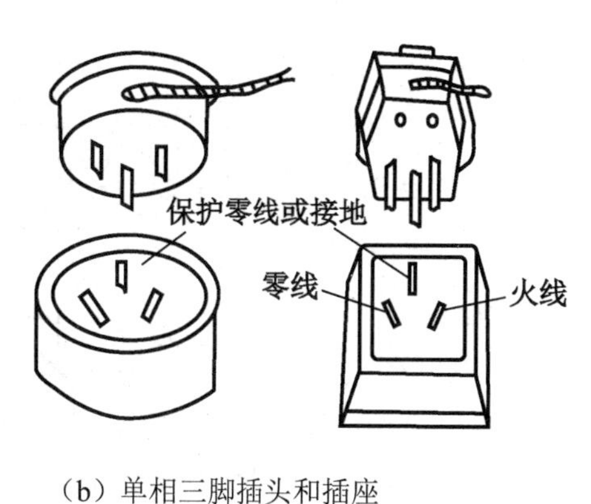

（b）单相三脚插头和插座

图 7-6-3　保护接零的原理

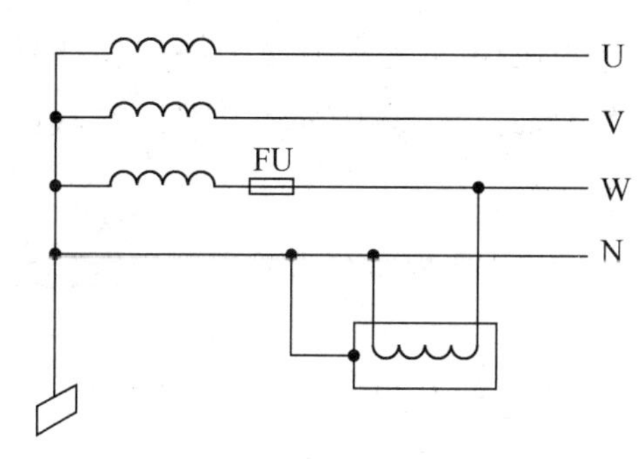

图 7-6-4　单相用电器保护接零的正确方法

图 7-6-4 所示为单相用电器保护接零的正确方法，它能起到良好的保护作用，防止触电事故的发生。图 7-6-5 所示为几种错误的接零方法。

图 7-6-5（a）中，当负载中线意外断开时，用电器外壳将带电，极为危险。所以保护接零线必须接在公共的中线上。图 7-6-5（b）在图 7-6-5（a）错误的基础上新增一处错误，那就是一旦中线熔丝因故断开时，用电器外壳也将带电，极为危险。所以公共的中线上不允许安装熔断器。图 7-6-5（c）在图 7-6-5（b）错误的基础上再新增一处错误，那就是一旦插座或接线板上的中线与相线接反，当用电器正常工作时，外壳带电，有触电危险，也是绝不允许的。

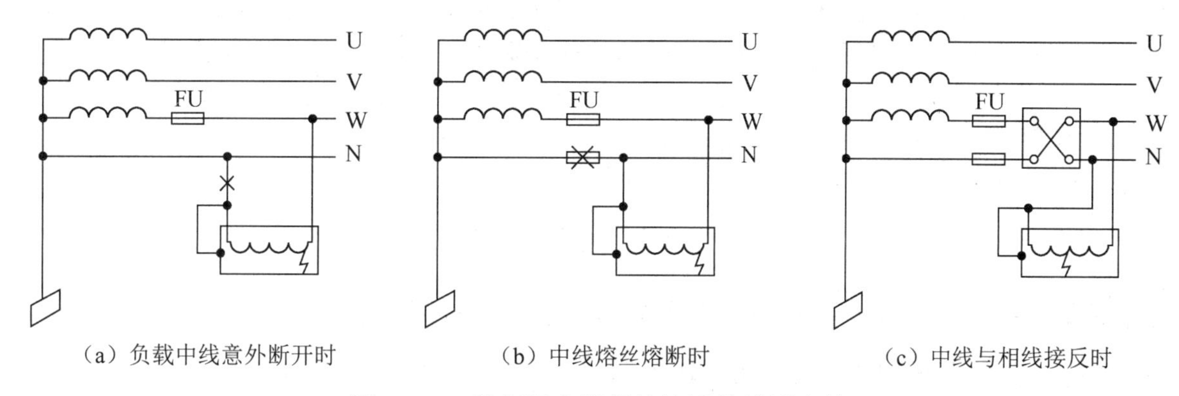

（a）负载中线意外断开时　　（b）中线熔丝熔断时　　（c）中线与相线接反时

图 7-6-5　单相用电器保护接零的错误方法

必须指出，**在同一供电线路上，绝不允许一部分电气设备保护接地，另一部分电气设备保护接零**，如图 7-6-6 所示。因为当接地电气设备绝缘损坏而使外壳带电时，若熔丝未能熔断，则有电流由接地电极经大地回到电源，形成闭合电路。由于电流在大地中是流散的（$R_{地}\to 0$），只有在接地电极附近才有电阻和较大的电压降，因此所有接中线的电气设备外壳与大地的零电位之间都存在一个较大的对地电压，站在地面上的人体若触及这些设备，就可能引起触电。如果有人同时触到接地设备外壳和接零设备外壳，将承受电源的相电压，这是非常危险的。

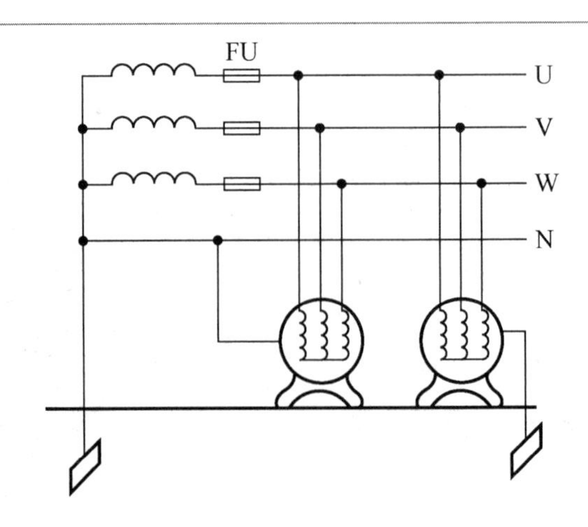

图 7-6-6　同一供电线路上不允许部分电气设备保护接地、部分电气设备保护接零

（4）采用各种安全保护措施。

如在电气设备中使用漏电保护装置。另外，为保护工作人员的操作安全，必须严格遵守操作规程，并使用绝缘手套、绝缘鞋、绝缘钳等保护用具。

例题解析

【例 1】分析图 7-6-7 所示的电路是否有错误？如果有，错在哪里？

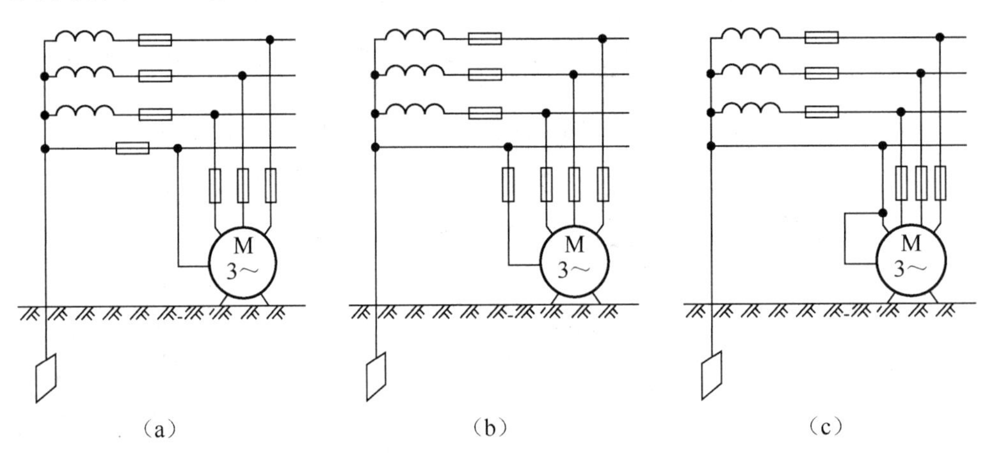

图 7-6-7　7.6 节例 1 图

【解答】在图 7-6-7（a）中，中线上不能装熔断器；在图 7-6-7（b）中，保护接零线上不能装熔断器；在图 7-6-7（c）中，保护接零应接在系统的公共中线上。

同步练习

一、填空题

1．图 7-6-8 所示为某三脚插座的接线，其中不安全的接线是________。

2．在三相交流电路中，为防止当中线断开而失去保护接零的作用，应在零线的多处通过接地装置与大地连接，这种接地称为________。

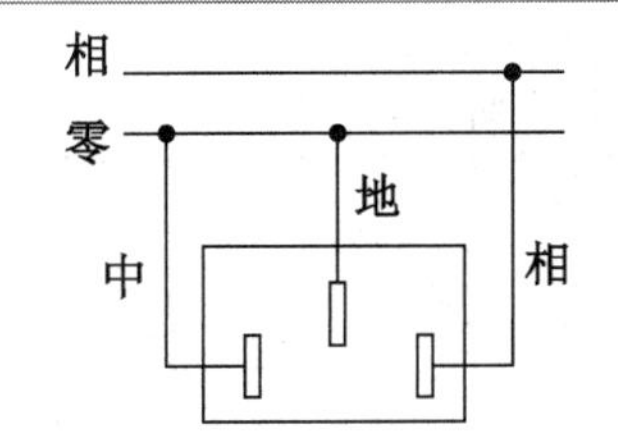

图 7-6-8　7.6 节填空题 1 图

3．常见的触电方式有________和________。

4．当接近或接触带电体时，要注意安全用电。一般规定，________V 以下电压为安全电压；但如果在潮湿的场所工作，安全电压等级还要降低。

5．保护接地一般用于电压低于________V，而中性点不接地的保护线路中。

6．电力系统规定中线不允许接________和________。

二、单项选择题

1．电气设备采用保护接地后，（　　）。

A．可以使设备的绝缘不受损坏

B．若设备绝缘损坏而碰壳，则短路电流将使熔断器烧断，切断电源

C．若设备绝缘损坏外壳带电，则可保证人身安全

D．若设备绝缘损坏外壳带电，则将危及人身安全

2．以下说法正确的是（　　）。

A．更换熔断器时，应先切断电源

B．用铁棒将人和电源分开

C．迅速用手拉触电者，使他离开电源

D．一旦发生触电事故，应立即救人

3．凡在潮湿场所工作或金属容器内使用手提式电动用具或照明灯时，应采用的安全电压是（　　）。

A．12V　　B．36V　　C．42V　　D．50V

三、综合题

1．分别指出下列情况属于哪种触电方式。

（1）站在铝合金梯上一手碰到插座的相线桩。

（2）站在干燥的木梯上，一手碰到灯头的相线桩，一手碰到中线桩。

（3）站在干燥的木梯上，手碰到 U 相的相线，耳朵碰到 V 相的相线。

（4）高压线掉在地上，人在电线接地点近处行走触电。

（5）修理电视机时，手碰在高压包上触电。

2．请完成图 7-6-9 所示电路的连接，使其成为符合安全用电要求的完整版家庭电路。

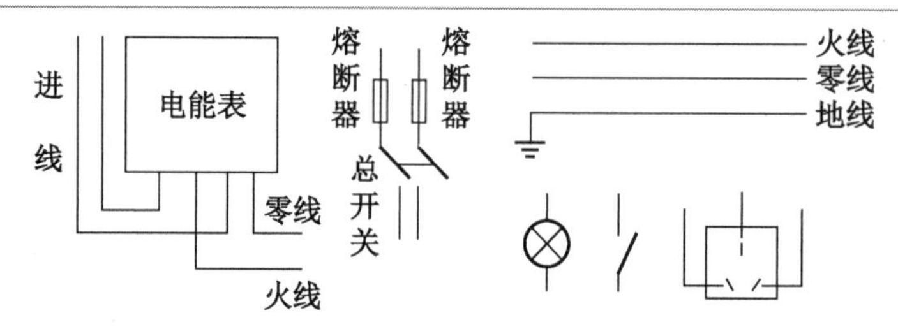

图 7-6-9　7.6 节综合题 2 图

知识探究与学以致用

1．某三相对称电源连接成三相四线制对外供电，使用前必须进行测试，若任意一相首末两端接反，则该电源不能正常工作。试根据三相对称电源的特性，设计一种简单易行的测试方法来判断该三相对称电源的 Y 连接是否正确。若发现接错，则应如何纠正？简述所需器材、测试方法和判断依据。

2．三相对称电源采用△连接时，若有一相首末两端接反，则电源会被烧毁，想一想，这是为什么？为防止出现这种现象，连接前必须进行测试。试用交流电压表作为测试工具，画出测试电路图，并简述测试方法和判断依据。想一想，如果该三相对称电源的相电压为 220V，交流电压表的量程应为多大？如果发现连接错误，应如何纠正？

3．单相交流电只能产生脉动磁场，所以单相交流异步电动机不能自行启动，必须有启动装置。家用风扇是如何启动的？你能说出其中奥妙吗？

4．某三相异步电动机正常工作一段时间后，突然发现声音异常、转速明显减慢。切断电源后发现无法重新启动。试分析该电动机可能出现了什么故障？如何检测和排除？

5．市场上有一种倾斜后能立即自动停转，放好后又能自动运行的电风扇。你能说出这种具有“倒即停”功能的电风扇的奥妙吗？想一想，这种原理还能应用到哪些地方？

6．某 Y/△电动机，启动时要求电流较大，运行时要求电流较小，问启动时电动机应怎样连接，运行时又应怎样连接？

第8章 变 压 器

学习要求

（1）理解变压器的构造、种类及用途。

（2）掌握变压器的额定值、工作原理、损耗及效率的相关计算方法。

（3）掌握变压器的电压变换、电流变换、阻抗变换的原理及相关计算方法。

（4）掌握小型电源变压器、自耦变压器、电压互感器、电流互感器、钳形电流表、三相调压器的工作原理。

变压器是利用电磁感应原理制成的静止电气设备。它可以将某电压的交流电变换成同频率所需电压的交流电；也可以改变交流电流的数值及变换阻抗或改变相位。在电力系统、自动控制及电子设备中，广泛使用各种类型的变压器。

验证变压器的工作原理

8.1 变压器的构造和工作原理

知识授新

1. 变压器的构造

（1）变压器的分类。

变压器的类型有很多，不同类型的变压器在性能、结构上有很大差别。一般变压器可按用途、结构、相数分类。

① 按用途分类。

变压器按用途可大致分为以下几种：用于输配电系统的电力变压器，用于工业动力系统中直流拖动的专用电源变压器，用于电力系统或实验室等场合的调压变压器，用于测量电压的电压互感器、测量电流的钳形电流表等测量变压器，用于电子线路的输入、输出耦合变压器，用于潮湿环境或人体常常接触场合的起隔离作用的安全变压器。

② 按结构分类。

变压器按绕组结构可分为双绕组变压器、三绕组变压器、多绕组变压器及自耦变压器（单绕组）；按铁芯结构可分为壳式变压器和心式变压器。

③ 按相数分类。

变压器按相数可分为单相变压器、三相变压器和多相变压器。

（2）变压器的结构。

尽管变压器的类型很多，但其基本结构是相同的，都由铁芯（磁路）和绕组（电路）两个基本部分组成。

① 铁芯。

铁芯构成了电磁感应所需的磁路。为了增强磁交链，尽可能减小涡流损耗，铁芯常用磁导率较高且相互绝缘的硅钢片相叠而成。每片厚度为 0.35～0.5mm，表面涂有绝缘漆。通信用的变压器多采用铁氧体、铝合金或其他磁性材料制成的铁芯。

铁芯分为心式和壳式两种。心式铁芯呈“口”字形，线圈包着铁芯，如图 8-1-1（a）所示；壳式铁芯成“日”字形，铁芯包着线圈，如图 8-1-1（b）所示。

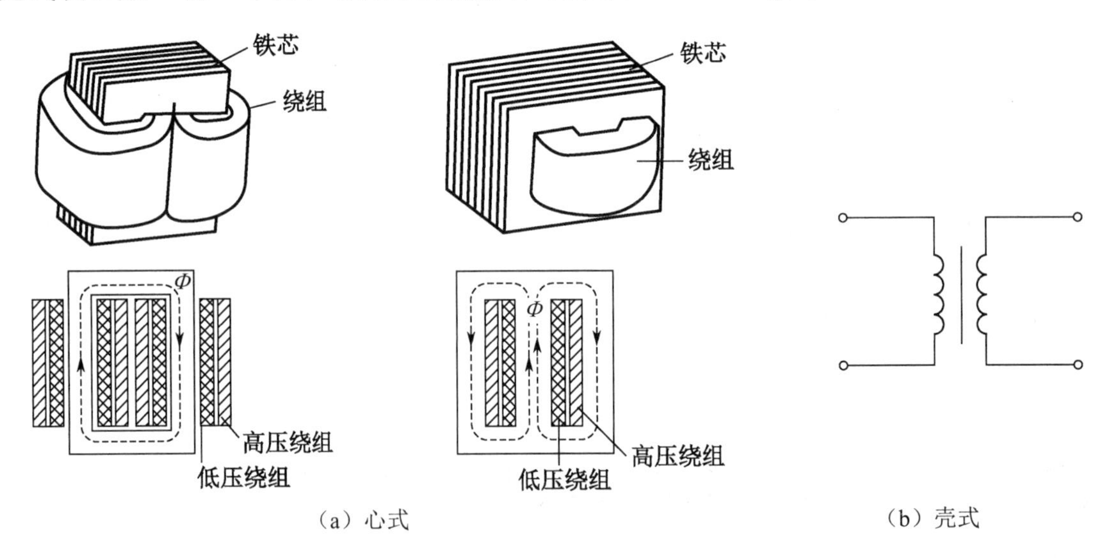

（a）心式　　（b）壳式

图 8-1-1　变压器的铁芯

② 绕组。

变压器的绕组用绝缘良好的漆包线、纱包线或丝包线绕成。变压器工作时与电源连接的绕组叫作初级绕组或一次绕组（也叫原绕组），与负载连接的绕组叫作次级绕组或二次绕组（也叫副绕组）。通常，**低压绕组靠近铁芯柱的内层**，其原因是低压绕组和铁芯间所需的绝缘较简单，**高压绕组绕在低压绕组的外边**。变压器绕组的一个重要特性是必须有良好的绝缘。绕组与铁芯之间、不同绕组之间及绕组的匝间和层间的绝缘要好，为此，生产变压器时要进行去潮（烘烤、灌蜡、密封等）处理。

（3）变压器的额定值及使用时的注意事项。

变压器的额定值包括额定容量、初级额定电压、次级额定电压。

① 额定容量：指变压器次级输出的最大视在功率。其大小为次级额定电压和额定电流的乘积，一般用 kVA 表示。

② 初级额定电压：指接到变压器初级绕组上的最大正常工作电压。

③ 次级额定电压：指当变压器的初级绕组接上额定电压时，次级绕组的空载电压。

正确使用变压器，必须注意以下事项。

① 分清初、次级绕组，按额定电压正确安装，防止损坏绝缘或过载。

② 防止变压器绕组短路，烧毁变压器。

③ 工作温度不能过高，电力变压器要有良好的冷却设备，散热性能要好。

2. 变压器的工作原理

最简单的变压器（单相变压器）由一个闭合铁芯和套在铁芯上的两个绕组组成，如图 8-1-2（a）所示。与电源连接的初级绕组匝数为 N_1；与负载连接的次级绕组匝数为 N_2。变压器的符号如图 8-1-2（b）所示，一般用字母 T 表示。

变压器是根据电磁感应原理工作的。变压器的初级绕组接在交流电源上时，在初级绕组中有交变电流流过，交变电流将在铁芯中产生交变磁通，交变磁通经过闭合磁路同时穿过初级绕组和次级绕组。因此，在变压器初级绕组中产生自感电动势的同时，在次级绕组中产生了互感电动势。这时，如果将次级绕组接上负载，电能将通过负载转换成其他形式的能。

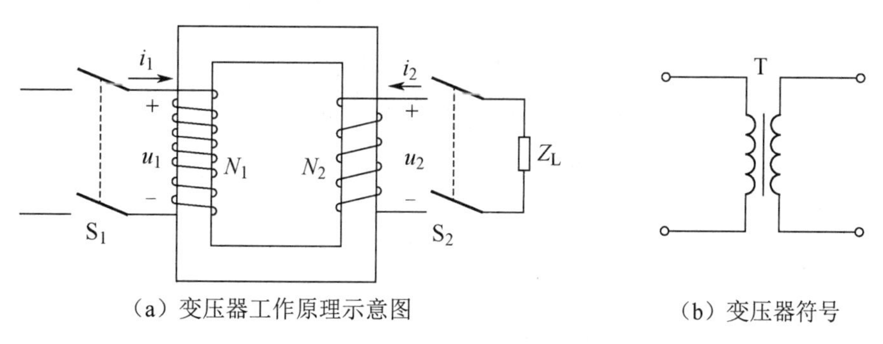

（a）变压器工作原理示意图　　（b）变压器符号

图 8-1-2　单相变压器

（1）变压器的空载运行和变压比。

断开图 8-1-2（a）所示电路中的开关 S_2，使次级绕组开路，同时闭合开关 S_1，初级绕组接通电源，使变压器在空载情况下运行。次级绕组中的电流为零，初级绕组中的空载电流为 i_0，比额定电流小得多。

因为电流具有磁效应，所以 i_0 流过初级绕组时在铁芯内建立了磁场，产生了交变磁通 $\varPhi$。交变磁通随电流按正弦规律变化，由于是公共磁通且共同穿过初、次级绕组，所以初、次级绕组的磁通变化率是相同的，产生的感应电动势正比于绕组的匝数。经分析计算，初、次级绕组产生的感应电动势有效值为

$$E_1 = 4.44 f \varPhi_{\mathrm{m}} N_1$$
$$E_2 = 4.44 f \varPhi_{\mathrm{m}} N_2$$

如果忽略漏磁通和绕组上的压降（空载电流很小），则初、次级绕组的感应电动势近似等于初、次级绕组的电压，即

$$E_1 \approx U_1$$
$$E_2 \approx U_2$$

初、次级绕组电压之比等于匝数比，即

$$\frac{U_1}{U_2} \approx \frac{E_1}{E_2} = \frac{4.44 f \varPhi_{\mathrm{m}} N_1}{4.44 f \varPhi_{\mathrm{m}} N_2} = \frac{N_1}{N_2} = n$$

式中，n——变压器的变压比或变比

$$\begin{cases} n>1\Rightarrow U_1>U_2，\text{此类变压器称为降压变压器} \\ n<1\Rightarrow U_1<U_2，\text{此类变压器称为升压变压器} \\ n=1\Rightarrow U_1=U_2，\text{此类变压器称为隔离变压器} \end{cases}$$

在实际应用中，变压器次级绕组的输出电压可在小范围内调节，次级绕组留有抽头，换接不同抽头，可获得不同的输出电压。

（2）变压器的负载运行和变流比。

闭合图 8-1-2（a）所示电路中的开关 S_1 和 S_2，变压器在带负载的情况下运行。

变压器工作时，绕组的电阻、铁芯的磁滞及涡流总会产生一定的能量损耗，但比负载吸收的功率小得多，一般情况下可以忽略不计。忽略了铁损、铜损的变压器称为理想变压器。理想变压器内部不吸收功率，输入变压器的功率将全部消耗在负载上，即

$$U_1I_1=U_2I_2 \Leftrightarrow \frac{I_1}{I_2}=\frac{N_2}{N_1}=\frac{U_2}{U_1}=\frac{1}{n}$$

这表明当变压器负载工作时，初、次级绕组的电流有效值与它们的电压或匝数成反比。变压器具有变换电流的作用，它在变换电压的同时变换了电流。**由于电流与匝数成反比，故高压绕组匝数多而电流小，可用较细的导线绕制；低压绕组匝数少而电流大，可用较粗的导线绕制。**

（3）变压器的阻抗变换。

阻抗变换是变压器一个十分重要的功能。

变压器负载运行时，负载阻抗 Z_L 决定了电流 I_2 的大小，电流 I_2 的大小又决定了初级绕组电流 I_1 的大小。可设想，初级绕组支路存在一个等效阻抗 Z_L'，它的作用是将次级绕组阻抗 Z_L 折合到初级绕组支路中。在图 8-1-3（a）所示的电路中，负载阻抗 Z_L 与变压器次级绕组连接，虚框部分为 Z_L 折合到初级绕组支路中的等效阻抗 Z_L'，如图 8-1-3（b）所示。

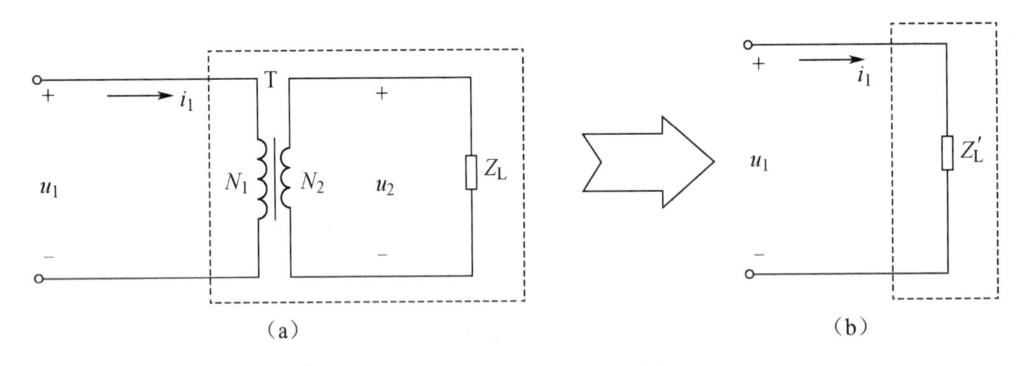

图 8-1-3　变压器的阻抗变换

由图 8-1-3（a）的次级绕组支路可得

$$|Z_L|=\frac{U_2}{I_2}$$

由图 8-1-3（b）的初级绕组支路可得

$$|Z_L'|=\frac{U_1}{I_1}$$

将$|Z_L'|$与$|Z_L|$相比，可以得到

$$\frac{|Z_L'|}{|Z_L|}=\frac{\frac{U_1}{I_1}}{\frac{U_2}{I_2}}=\frac{U_1}{U_2}\times\frac{I_2}{I_1}=n^2 \Rightarrow |Z_L'|=n^2|Z_L|$$

这表明变压器的次级绕组接上负载 Z_L 后，对电源而言，相当于接上阻抗为Z_L'的负载。当变压器负载Z_L'一定时，改变变压器初、次级绕组的匝数，可获得所需的阻抗。**因此，变压器可以很方便地在信号源与负载之间实现阻抗匹配，使负载获得最大的功率。**

（4）变压器的变相位（裂相）。

可利用次级绕组的中间抽头，或者利用同名端将信号变成两个或两个以上相位相反的信号，以满足负载的要求。变压器的变相位（裂相）广泛用于乙类或甲乙类推挽功率放大器中。

例题解析

【例 1】一台电压为 220/36V 的降压变压器，次级绕组接一只“36V，40W”的灯泡，试求：

（1）若变压器的初级绕组匝数 N_1=1100，则次级绕组的匝数应是多少？

（2）灯泡点亮后，初、次级绕组的电流各为多少？

【解答】（1）由变压比的公式

$$\frac{U_1}{U_2}=\frac{N_1}{N_2}$$

可以求出次级绕组的匝数 N_2 为

$$N_2=\frac{U_2N_1}{U_1}=\frac{36\times1100}{220}=180$$

（2）由有功功率公式 $P_2=U_2I_2\cos\varphi$（灯泡是阻性负载，$\cos\varphi=1$）可求出次级绕组电流为

$$I_2=\frac{P_2}{U_2}=\frac{40}{36}=\frac{10}{9}\text{A}$$

由变流公式可求得初级绕组电流为

$$I_1=\frac{I_2N_2}{N_1}=\frac{40}{36}=\frac{10}{9}\times\frac{180}{1100}=\frac{2}{11}\text{A}$$

▲**【例 2】**在图 8-1-4 中，有一个效率为 100%的变压器，初级绕组匝数为 N_1，两个次级绕组的匝数分别为 N_2 和 N_3，初、次级绕组的交流电压有效值分别为 U_1、U_2、U_3，电流有效值分别为 I_1、I_2、I_3。两个次级绕组所连电阻的阻值未知，下面结论中，哪些是正确的？请把正确的结论选出来。

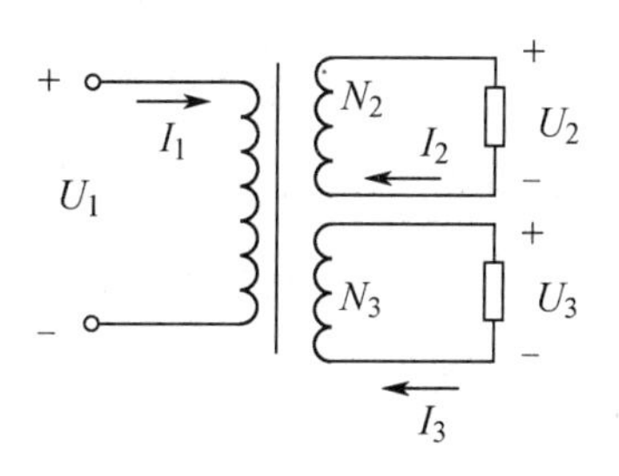

图 8-1-4　8.1 节例 2 图

（1）$\frac{U_1}{U_2}=\frac{N_1}{N_2}$；$\frac{U_2}{U_3}=\frac{N_2}{N_3}$。

（2）$\frac{I_1}{I_2}=\frac{N_2}{N_1}$；$\frac{I_1}{I_3}=\frac{N_3}{N_1}$。

（3）$N_1I_1=N_2I_2+N_3I_3$。

（4）$U_1I_1=U_2I_2+U_3I_3$。

【解析】该例题可以较为系统、全面地考核对变压器基本原理的理解与掌握，下面进行逐项分析。

【解答】选项（1）中电压与匝数成正比。显然，N_1、N_2、N_3绕在了同一条无分支磁路中，这个关系是一定成立的。因为，对理想变压器来说，有

$$\frac{U_1}{U_2}=\frac{N_1}{N_2};\ \frac{U_1}{U_3}=\frac{N_1}{N_3}\quad 或\quad \frac{N_1}{U_1}=\frac{N_2}{U_2}=\frac{N_3}{U_3}$$

即各线圈的“匝伏比”相等，由此可推得

$$\frac{U_2}{U_3}=\frac{N_2}{N_3}$$

需要深入思考的是涉及电流的选项（2）～（4）。有人说，对于理想变压器，电流与匝数成反比，即认为选项（2）正确。他的理由是 $U_1I_1=U_2I_2$。实际上这是错误的，错在不顾具体条件套用这个关系式，此式只适用于理想变压器中初、次级绕组都只有一个的双绕组变压器的情况。本例题的变压器有两组次级绕组，变压器的输入功率是 U_1I_1，而全部输出功率应是 $U_2I_2+U_3I_3$，因此

$$U_1I_1=U_2I_2+U_3I_3$$

即选项（4）的内容，由此无法得出电流与匝数成反比。

对于选项（3），如果把选项（1）和（4）联系起来分析，即由

$$\frac{U_1}{U_2}=\frac{N_1}{N_2};\ \frac{U_1}{U_3}=\frac{N_1}{N_3}$$

得

$$U_2=\frac{N_2}{N_1}U_1;\ U_3=\frac{N_3}{N_1}U_1$$

代入选项（4）得

$$U_1I_1=\frac{N_2}{N_1}U_1I_2+\frac{N_3}{N_1}U_1I_3$$

经整理得

$$N_1I_1=N_2I_2+N_3I_3$$

即选项（3）的内容。式中各项依次为绕组 1、2、3 的“安匝数”。由这个关系式可获得一个新的认识，即**对理想变压器来说，在阻性负载的情况下：初级绕组的安匝数必等于各次级绕组的安匝数之和；变压器的输出电压由输入电压决定，而变压器的输入电流则由输出电流决定。这是能量守恒的体现。**

综上所述，本例题中的选项（1）、（3）和（4）正确。

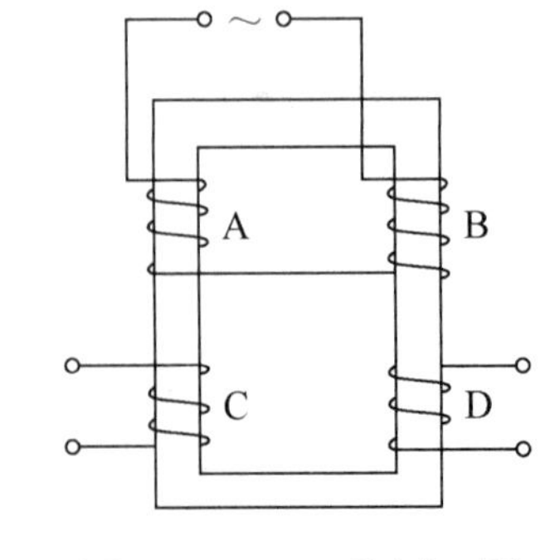

图 8-1-5　8.1 节例 3 图

【例 3】在图 8-1-5 中，A、B 为两个相同的初级绕组，C、D 为两个相同的次级绕组。若 C、D 的匝数为 A、B 的一半，则当输入电压 U_1=220V 时，试问：

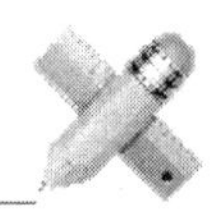

（1）在保证容量不变的前提下，低压侧可输出哪几种电压？

（2）如果将初级绕组与某低压绕组顺极性串联，输入电压仍为220V，则另一个低压绕组输出的电压是多少？

【解答】（1）设初级绕组的匝数为 N_1，次级绕组的匝数为 N_2。

根据题意可知，$N_1=2N_2$，两个次级绕组有五种情况、四种输出电压。

① C、D 各自单独输出：$U_C=U_D=\dfrac{N_2}{2N_1}\times U_1=\dfrac{1}{4}U_1=55\text{V}$。

② C、D 顺极性串联：$U_{CD}=\dfrac{2N_2}{2N_1}\times U_1=\dfrac{1}{2}U_1=110\text{V}$。

③ C、D 顺极性并联：U_{CD} 与①情况相同，输出 55V。

④ C、D 反极性串联：U_C 与 U_D 大小相等，方向相反，互相抵消，此时 U_{CD}=0V。

⑤ C、D 反极性并联：因绕组直流电阻极小，通电后导致两个绕组短路，会因电流过大而烧毁变压器。

（2）此时初级绕组的匝数为 $N_1'=2N_1+N_2$，次级绕组的匝数为 N_2，则输出电压为

$$U_o=\frac{N_2}{N_1'}\times U_1=\frac{1}{5}\times 220=44\text{V}$$

【强调】此例题涉及变压器绕组的顺串、顺并、反串和反并。**所谓顺串，就是将两个绕组的异名端相连，另外两个端子作为输出端（或输入端）；所谓顺并，就是将两个绕组的同名端连在一起作为输出端（或输入端）；所谓反串，就是将两个绕组的同名端连在一起，另外两个同名端作为输出端；所谓反并，就是将两个绕组的异名端连在一起作为输出端（或输入端）。切不可将两个绕组反串作为输入端或反并作为输出端，否则会很快烧毁变压器。**

【例 4】在图 8-1-6（a）所示的正弦交流电路中，要使 10Ω 负载获得最大功率，求：

（1）理想变压器的匝数比 n。

（2）10Ω 电阻能获得的最大功率。

【解析】此例题需要将虚线部分作为待求负载整体断开，运用戴维南定理，转化成一个戴维南等效电路，如图 8-1-6（b）所示，即可求解。

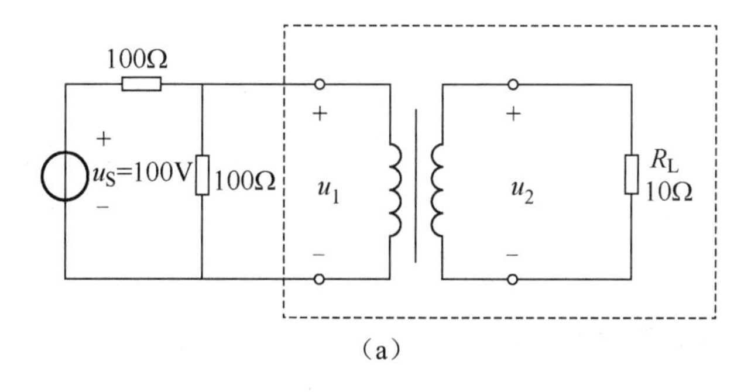

（a）

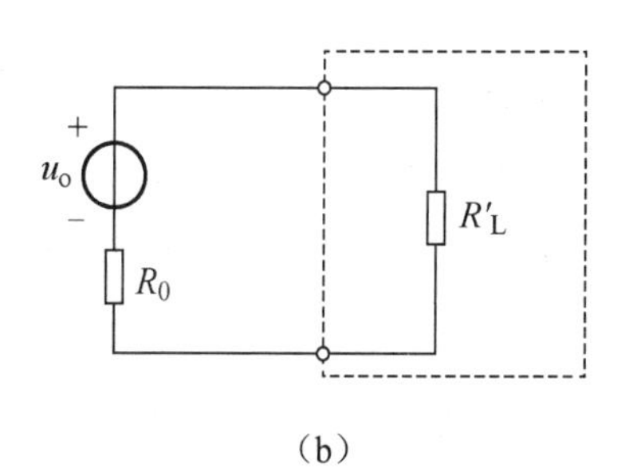

（b）

图 8-1-6　8.1 节例 4 图

【解答】（1）开路电压为

$$U_o=U_S\frac{100}{100+100}=100\times\frac{1}{2}=50\text{V}$$

入端电阻为

$$R_o = 100//100 = 50\Omega$$

$R'_L=R_0$时，负载获得最大功率，$R'_L = n^2 R_L \Rightarrow$匝数比$n = \sqrt{\dfrac{R'_L}{R_L}} = \sqrt{5} \approx 2.24$。

（2）能获得的最大功率为$P_{omax} = \dfrac{U_o^2}{4R'_L} = \dfrac{2500}{4\times 50} = 12.5\text{W}$。

▲**【例 5】**在图 8-1-7 中，输出变压器的次级绕组有中间抽头 b，以便接 8Ω 或 3.5Ω 扬声器，二者都能达到阻抗匹配，试求：N_{bc}∶N_{ac}。

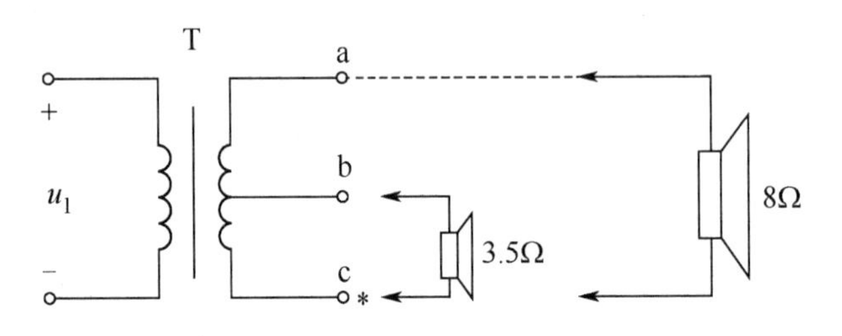

图 8-1-7　8.1 节例 5 图

【解答】两次均能匹配，即两种情况下的R'_L相等。设初级绕组的匝数为N_1，依题意列方程如下：

$$\left(\frac{N_1}{N_{bc}}\right)^2 \times 3.5 = \left(\frac{N_1}{N_{ac}}\right)^2 \times 8 \Rightarrow \frac{3.5N_1^2}{(N_{bc})^2} = \frac{8N_1^2}{(N_{ac})^2} \Rightarrow \frac{3.5}{(N_{bc})^2} = \frac{8}{(N_{ac})^2} \Rightarrow \left(\frac{N_{bc}}{N_{ac}}\right)^2 = \frac{3.5}{8}$$

解得

$$N_{bc} : N_{ac} = \sqrt{7} : 4$$

同步练习

一、填空题

1. 变压器主体结构分为________和________两大部分，其中________构成它的磁路部分，________构成它的电路部分。

2. 变压器次级绕组的额定电压指________。

3. 一台单相变压器的初级绕组的匝数为 1000，接到 220V 的交流电源上，次级绕组的匝数为 200，接有 4Ω 的阻性负载，则变压器次级绕组的电流 I_2=________，次级绕组的电压 U_2=________。

4. 一降压变压器，输入电压的最大值为 220V，另有一负载 R，当它接到 22V 的电源上时，吸收的功率为 P，若把它接到上述变压器的次级电路上，吸收的功率为 0.5P，则此变压器的初、次级绕组的匝数比为________。

5. 理想变压器的初级绕组的匝数 N_1=2200，次级绕组的匝数 N_2=600，N_3=3700，已知电流表Ⓐ₂示数为 0.5A，Ⓐ₃示数为 0.8A，则电流表Ⓐ₁示数为________。

二、判断题

1．变压器的额定容量是指初级绕组的最大视在功率。（　）

2．变压器负载运行时，次级绕组的电压变化率随着负载电流的增大而增加。（　）

3．变压器空载运行时，电源输入的功率只是无功功率。（　）

4．变压器负载运行时，初、次级绕组的电流与标称值相等。（　）

5．变压器空载运行时，初级绕组加额定电压，由于绕组的阻值 r_1 很小，因此电流很大。（　）

6．只要使变压器的初、次级绕组的匝数不同，就可达到变压的目的。（　）

7．变压器的初级绕组电流由次级绕组电流决定。（　）

三、单项选择题

1．若在变压器铁芯中加大空气隙，则当电源电压的有效值和频率不变时，励磁电流应该（　）。

A．减小　B．增大　C．不变　D．为零值

2．一台变压器在维修时因故将铁芯的横截面积减小了，其他数据未变，则空载电流 I_0 与额定铜损耗 P_{CuN} 将（　）。

A．减小　B．I_0 增大，P_{CuN} 减小

C．I_0 增大，P_{CuN} 不变　D．增大

3．若收录机的变压器不小心掉在地上，铁芯被摔松动，则重新工作时励磁电流将（　）。

A．增大　B．减小　C．不变　D．不确定

4．升压变压器，初级绕组的每匝电动势（　）次级绕组的每匝电动势。

A．等于　B．大于　C．小于　D．不确定

5．三相变压器二次侧的额定电压是指初级绕组加额定电压时二次侧的（　）电压。

A．空载线　B．空载相

C．额定负载时的线　D．不确定

6．若单相变压器铁芯叠片接缝增大，其他条件不变，则空载电流（　）。

A．增大　B．减小　C．不变　D．不确定

7．某变压器型号为 SJL-1000/10，其中“S”代表的含义是（　）。

A．单相　B．双绕组　C．三相　D．三绕组

8．升压变压器必须符合（　）。

A．$I_1 < I_2$　B．$n > 1$　C．$I_1 > I_2$　D．$N_1 > N_2$

8.2 变压器的功率和效率

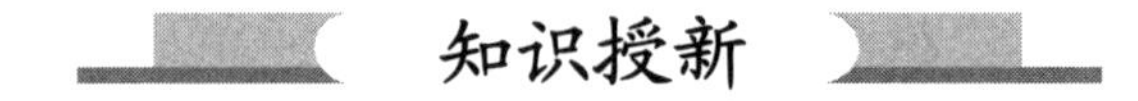

知识授新

1. 变压器的功率

变压器初级绕组的输入功率为

$$P_1 = U_1 I_1 \cos\varphi_1$$

式中，U_1——初级绕组两端的电压，单位为 V；

I_1——通过初级绕组的电流，单位为 A；

φ_1——初级绕组电压与电流的相位差，单位为 rad；

P_1——变压器初级绕组的输入功率，单位为 W。

变压器次级绕组的输出功率（负载获得的功率）为

$$P_2 = U_2 I_2 \cos\varphi_2$$

式中，U_2——次级绕组两端的电压，单位为 V；

I_2——通过次级绕组的电流，单位为 A；

φ_2——次级绕组电压与电流的相位差，单位为 rad；

P_2——变压器次级绕组的输出功率，单位为 W。

变压器工作时，必然有功率损失。功率损失有铜损和铁损两部分。铜损是指初、次级绕组有电阻，电流在电阻上要吸收一定的功率。负载变化时，初、次级绕组的电流要相应变化，铜损也随之变化。铁损是指交变的主磁通在铁芯中产生磁滞损耗、涡流损耗和漏磁损耗。变压器工作时，主磁通基本不变，因此铁损基本是不变的。铁损取决于额定电压，并与频率有关。变压器的总功率损耗等于输入功率与输出功率之差，即

$$\Delta P = P_{\mathrm{Cu}} + P_{\mathrm{Fe}} = P_1 - P_2$$

铜损和铁损可以通过计算求出或用实验方法测量。

2. 变压器的效率

同机械效率的意义相同，变压器的效率是指变压器的输出功率 P_2 与输入功率 P_1 的比值，其定义式为

$$\eta = \frac{P_2}{P_1} \times 100\%$$

由于变压器的铜损和铁损都很小，所以它的效率很高。大容量变压器的效率可高达 98%～99%，小容量变压器的效率为 70%～80%。

例题解析

【例 1】变压器的次级绕组电压 U_2=22V，在接有阻性负载时，测得次级绕组的电流 I_2=5A，变压器的输入功率为 132W，试求变压器的效率及总功率损耗。

【解答】次级绕组的输出功率为

$$P_2 = U_2 I_2 = 22 \times 5 = 110\text{W}$$

则变压器的效率为

$$\eta = \frac{P_2}{P_1} \times 100\% = \frac{110}{132} \times 100\% \approx 83.3\%$$

总功率损耗为

$$\Delta P = P_1 - P_2 = 132 - 110 = 22\text{W}$$

【例 2】变压器的输入电压为 220V，次级绕组与电流表，电阻 R_1、R_2 及开关 S 连成回路，R_1=10Ω，$R_2=\frac{90}{11}$Ω，如图 8-2-1（a）所示。已知，当开关 S 断开时，电流表示数为 1A；当开关 S 闭合时，电流表示数为 2A（变压器初级绕组及铁芯的能量损失不计）。试求：

（1）次级绕组的电阻。

（2）初、次级绕组的匝数比。

（3）开关 S 断开与闭合时变压器的效率各是多少？

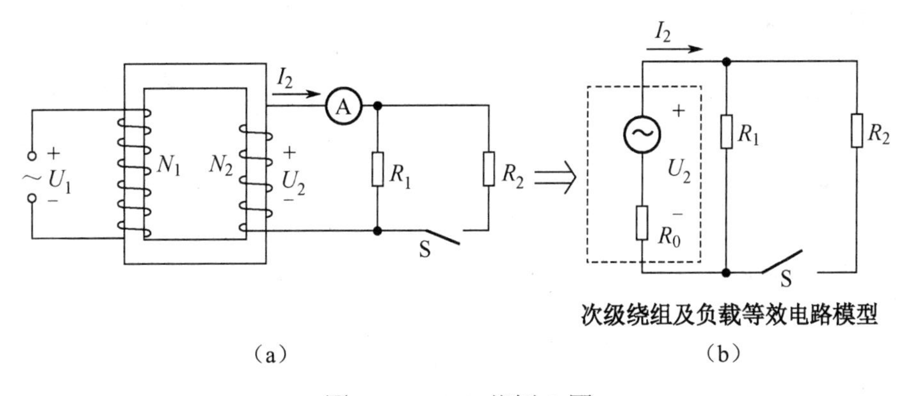

图 8-2-1　8.2 节例 2 图

【解析】依题意画出变压器次级绕组及负载等效电路模型，如图 8-2-1（b）所示。

【解答】（1）列出开关 S 断开与闭合时的全电路欧姆定律方程（设开关 S 断开时电流为 I_2，开关 S 闭合时电流为 I_2'，次级绕组的直流电阻为 R_0），则

$$\begin{cases} I_2 = \dfrac{U_2}{R_1 + R_0} \\ I_2' = \dfrac{U_2}{(R_1 /\!/ R_2) + R_0} \end{cases} \quad \text{代入数值} \Rightarrow \quad \begin{cases} I_2 = \dfrac{U_2}{10 + R_0} \\ I_2' = \dfrac{U_2}{\left(10 /\!/ \dfrac{90}{11}\right) + R_0} \end{cases}$$

解得

$$R_0 = 1\Omega;\ U_2 = 11\text{V}$$

（2）初、次级绕组的匝数比为

$$n=\frac{U_1}{U_2}=\frac{220}{11}=20$$

（3）开关 S 断开时，效率为

$$\eta=\frac{R_1}{R_1+R_0}\times100\%=\frac{10}{1+10}\times100\%\approx91\%$$

开关 S 闭合时，效率为

$$\eta=\frac{R_1/\!/R_2}{(R_1/\!/R_2)+R_0}\times100\%=\frac{10/\!/\frac{90}{11}}{\left(10/\!/\frac{90}{11}\right)+1}\times100\%=81.82\%$$

【例 3】小型电站中发电机的端电压是 250V，输出功率是 75kW，输电线的阻值是 0.5Ω。

（1）如果直接用 250V 低压输电，计算用户所得的电压、功率，并求线路的输电效率。

（2）如果电站用匝数比为 1∶10 的变压器提高电压后，经同样线路输电，用适当变压比的变压器降低电压，供给用户。为了使用户正常用电，所用降压变压器的变压比 n 应是多大？（变压器可认为是理想的）

【解答】依题意画出对应的等效电路模型，如图 8-2-2 所示。

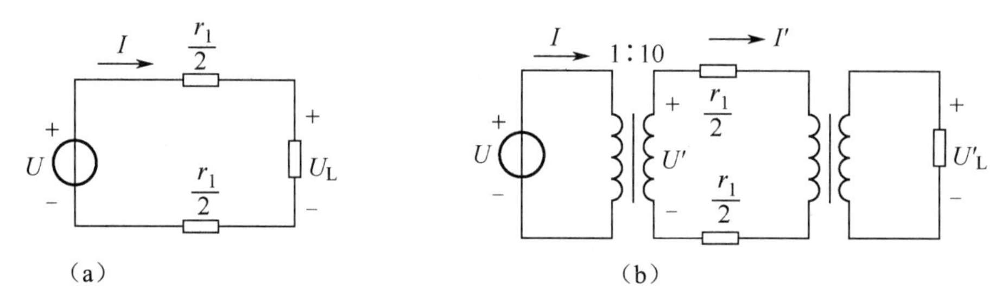

图 8-2-2　8.2 节例 3 图

（1）低压输电线路如图 8-2-2（a）所示，线路中的电流为

$$I=\frac{P}{U}=\frac{75\times10^3}{250}=300\text{A}$$

输电线上的电压和功率损耗分别为

$$U_{\text{r}}=r_1I=0.5\times300=150\text{V}$$

$$P_{\text{r}}=U_{\text{r}}I=r_1I^2=0.5\times300^2=45\text{kW}$$

所以，用户所得的电压为

$$U_{\text{L}}=U-U_{\text{r}}=250-150=100\text{V}$$

U_{L} 远小于用户所需的额定电压 220V，所以用电器不能正常工作。

用户所得的功率为

$$P_{\text{L}}=P-P_{\text{r}}=75-45=30\text{kW}$$

因此，低压输出时，线路的输电效率仅为

$$\eta=\frac{P_{\text{L}}}{P}\times100\%=\frac{30}{75}\times100\%=40\%$$

（2）高压输电线路的电路模型如图 8-2-2（b）所示。

采用匝数比为 1∶10 的升压变压器，二次侧输出电压 U'=250×10=2500V。输出功率仍为 75kW。输电线中的电流及电压和功率损耗分别为

$$I' = \frac{P}{U'} = \frac{75\times10^3}{2500} = 30\text{A}$$

$$U'_{\text{r}} = r_1 I' = 0.5\times30 = 15\text{V}$$

$$P'_{\text{r}} = U'_{\text{r}} I' = 15\times30 = 0.45\text{kW}$$

所以，降压变压器的一次侧电压可达

$$U' - U'_{\text{r}} = 2500 - 15 = 2485\text{V}$$

为了用户正常用电，即获得 220V 电压，所用降压变压器的变压比 n 应是

$$n = \frac{U'}{U_{\text{L}}'} = \frac{2485}{220} \approx 11.3$$

用户所得的功率可达

$$P'_{\text{L}} = P - P'_{\text{r}} = 75 - 0.45 = 74.55\text{kW}$$

因此，高压输电时，线路的输电效率可达

$$\eta' = \frac{P'_{\text{L}}}{P}\times100\% = \frac{74.55}{75}\times100\% = 99.4\%$$

将高压输电和低压输电相比可知，输电线上的功率损耗是 1∶100（电压升高 n 倍，输电线上的功率损耗降至原来的$\frac{1}{n^2}$），充分说明了远距离输电时采用高压输电的必要性。

同步练习

一、填空题

1．变压器工作时有功率损失，功率损失有________和________两部分。

2．变压器的效率是________________________与________________________的比值，数学解析式为________。

3．某台变压器的效率 η=85%，次级绕组的输出功率为 50W，则初级绕组的输入功率为________W。

4．变压器的负载吸收 150kW 的功率，功率损失了 25kW，变压器的效率为________。

5．有一台变压器，初级绕组的电压 U_1=380V，次级绕组的电压 U_2=36V。在接有阻性负载时，测得次级绕组的电流 I_2=5A，若变压器的效率为 90%，则次级绕组负载功率为 P_2=________，电流 I_1=________A。

6．一台单相照明变压器的额定容量为 20kVA，额定电压为 220V，最多可在次级绕组上接 120W、220V 的白炽灯________只。

二、单项选择题

1．一台容量为 20kVA 的照明变压器，其电压为 6600V/220V，能供电给 cosφ=0.6、电压

为 220V、功率为 40W 的日光灯（　　）。

A．100 只　　B．200 只　　C．300 只　　D．400 只

2．一台单相照明变压器，容量为 10kVA，电压为 3300V/220V。准备在次级绕组上接 220V/60W 的白炽灯，如果要变压器在额定情况下运行，则这种白炽灯应接（　　）只。

A．50　　B．83　　C．166　　D．99

三、计算题

1．已知输出变压器的变压比 n=10，次级绕组所接负载电阻为 8Ω，初级绕组信号源电压为 10V，内阻 R_0=200Ω，求次级绕组的输出功率。

2．变压器初级绕组的匝数为 1520，接在 380V 的交流电源上，次级绕组的电压为 36V。问：

（1）次级绕组的匝数是多少？

（2）若接 10 只 36V、15W 的灯，则初级绕组的电流为多少？

3．在图 8-2-3 所示的电路中，试求：

（1）使传输到负载的功率达到最大时的匝数比。

（2）1Ω 负载上获得的最大功率。

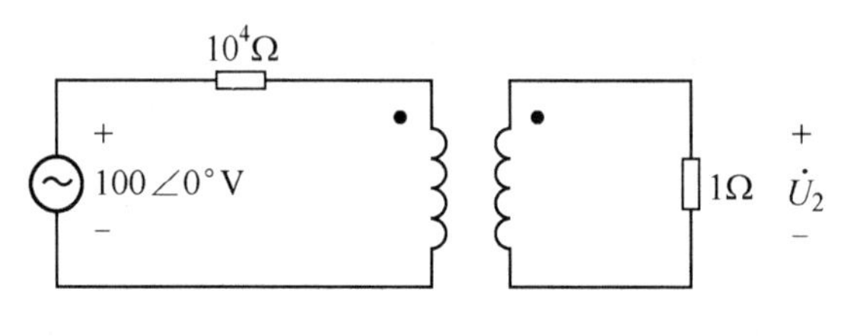

图 8-2-3　8.2 节计算题 3 图

4．一台多绕组单相变压器，初级绕组的额定电压为 220V。有两个次级绕组，额定数据分别为 127V、2A 和 36V、2A。试求初级绕组的额定电流及变压器的额定容量。

8.3　几种常用的变压器

知识授新

1．自耦变压器

自耦变压器又称交流调压器或自耦调压器，它可以输出连续可调的交流电压。自耦变压器的铁芯上只有一个绕组，初、次级绕组是公用的。

（1）自耦变压器的结构特点与工作原理。

自耦变压器的工作原理如图 8-3-1 所示。它的初、次级绕组有公共部分，初级绕组的匝数 N_1 固定，次级绕组的匝数 N_2 可调。当初级绕组接工频为 220V 的交流电源时，随着活动触点的移动，变压器的变压比 n 发生变化，次级绕组的电压也就实现了调节。自耦变

压器与单相双绕组变压器一样，可以用来变换电压与电流。用同样的方法分析可知，其电压比、电流比与单相双绕组变压器相同，即

$$\frac{U_1}{U_2}=\frac{N_1}{N_2}=n$$

$$\frac{I_1}{I_2}=\frac{N_2}{N_1}=\frac{1}{n}$$

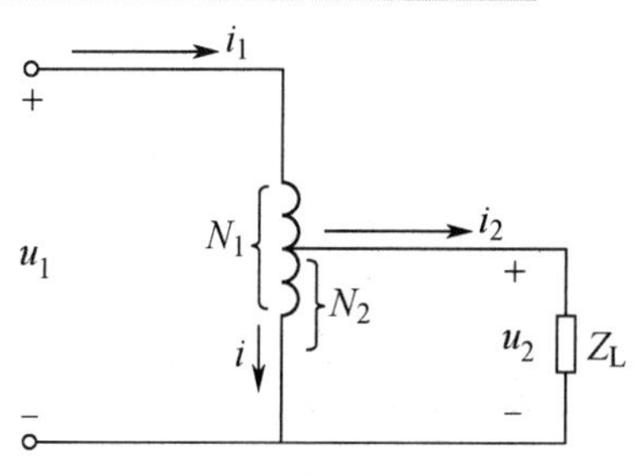

图 8-3-1　自耦变压器的工作原理

自耦变压器接上负载后，电流 i_1、i_2 同相。这样，公共支路上的电流有效值应为初、次级绕组的电流有效值之差，即

$$I=I_1-I_2$$

自耦变压器的外形结构和内部电路如图 8-3-2 所示。

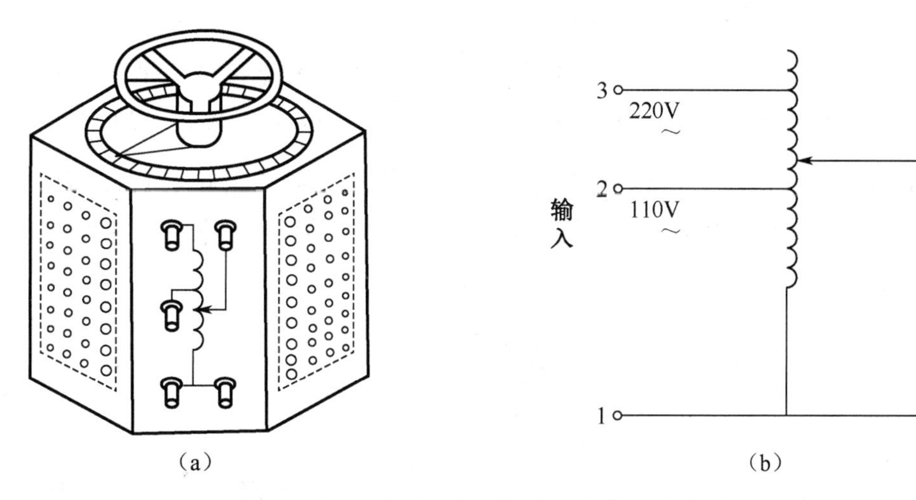

图 8-3-2　自耦变压器的外形结构和内部电路

（2）自耦变压器使用时的注意事项。

① 由于自耦变压器的初、次级绕组间不仅有磁路上的联系，在电路上也是相连的，没有隔离的作用，所以**自耦变压器不能作为安全变压器使用**。相线和零线不能接反，否则会增加人身安全方面的危险。

② 初、次级绕组不能接错，否则会烧毁变压器。

③ 接电源的输入端共三个，用于 220V 或 110V 电源，不可将其接错，否则会烧毁变压器。

④ 接通电源前，要将手柄转到零位。接通电源后，调压要从小到大调节，渐渐转动手柄，调节出所需的输出电压，使用结束后应回归零位。

2. 小型电源变压器

小型电源变压器广泛应用于电子仪器中。它一般有一个或两个初级绕组，以及几个不同的次级绕组，可以根据实际需要连接组合，以获得不同的输出电压，如图 8-3-3 所示。其中，图 8-3-3（a）中有两个相同的初级绕组，若初级绕组的额定电压为 110V，则当供电电源为 110V 时，两个绕组可单独使用或并联使用，当供电电源为 220V 时，可将两个绕组串联使用；图 8-3-3（b）中有一个初级绕组，额定电压为 220V，次级绕组可根据需要自由选择连接，可获得 3V、6V、9V、12V、15V、18V、21V、24V 等不同的电压。值得注意的是，连接时要注意同名端。

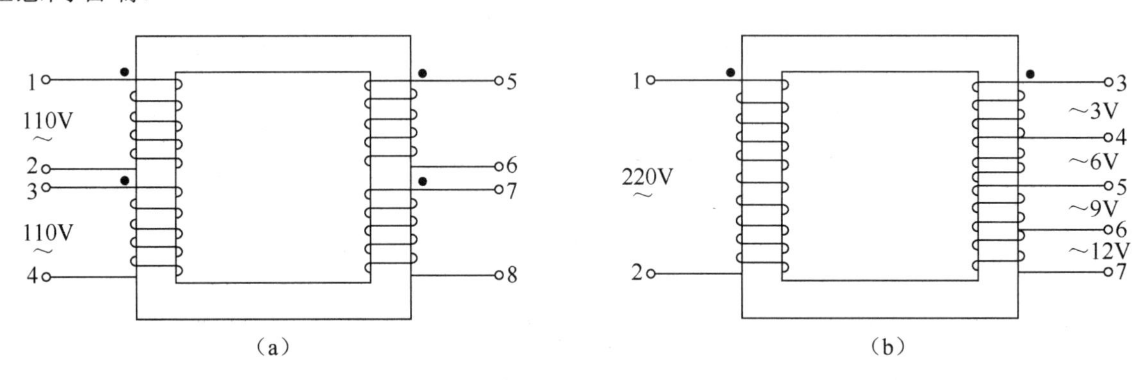

图 8-3-3　小型电源变压器

3. 电压互感器

（1）电压互感器的结构特点与工作原理。

电压互感器的结构与普通双绕组变压器相同，是一种将高压转换成低压，以实现高压测量的变压器，电路示意图和外形如图 8-3-4 所示。结构上，电压互感器初级绕组的匝数 N_1 远大于次级绕组的匝数 N_2。使用时，初级绕组的两端并联接入被测电路，将被测电网或电气设备的高压降为低压，用仪表测出次级绕组的低压 U_V，将其乘以变压比 n，就可间接测出初级绕组的高压 U_x。若电压表示数为 U_V，则被测电压为

$$U_X = \frac{N_1}{N_2}U_V = nU_V$$

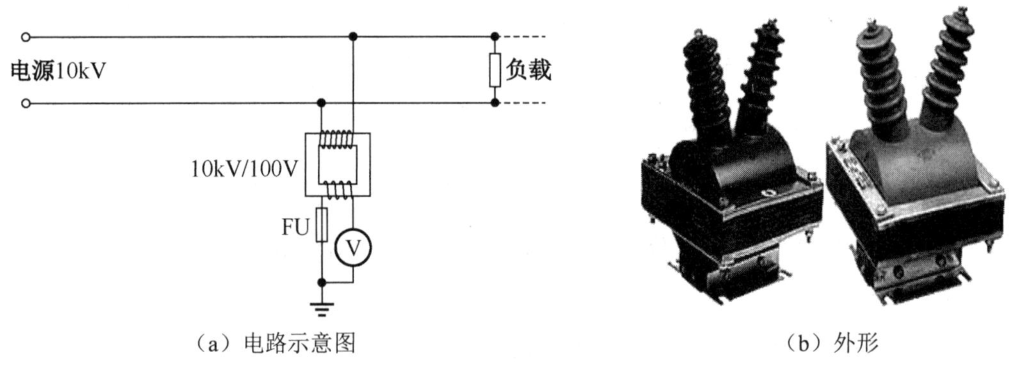

图 8-3-4　电压互感器的电路示意图和外形

实际应用时，为使与电压互感器配套使用的仪表标准化，不管初级绕组的高压是多少，次级绕组的低压额定值均为 100V，以便统一使用 100V 标准的电压表。

（2）电压互感器使用时的注意事项。

① 铁壳及次级绕组一侧要可靠接地，以免发生安全事故。

② 次级绕组严禁短路。这是因为次级绕组的匝数少，阻抗小，一旦发生短路，极易烧毁线圈。通常，电压互感器的第二次回路串接入熔断器，以免发生短路事故。

4. 电流互感器

电流互感器是一种将大电流转换为小电流，以实现大电流测量的变压器。

（1）电流互感器的结构特点与工作原理。

电流互感器的次级绕组的匝数 N_2 远大于初级绕组的匝数 N_1，初级绕组只有一匝或几匝，用粗导线绕成，与被测电路串联。次级绕组的匝数较多，用细导线绕成，与电流表串联，它与双绕组变压器的工作原理相同，如图 8-3-5 所示。电流互感器先将被测的大电流转换为小电流，然后用仪表测出次级绕组的电流 I_A，将其除以变压比 n，就可间接测出初级绕组的大电流 I_x。若电流表示数为 I_A，则被测电流为

$$I_X = \frac{N_2}{N_1} I_A = \frac{1}{n} I_A$$

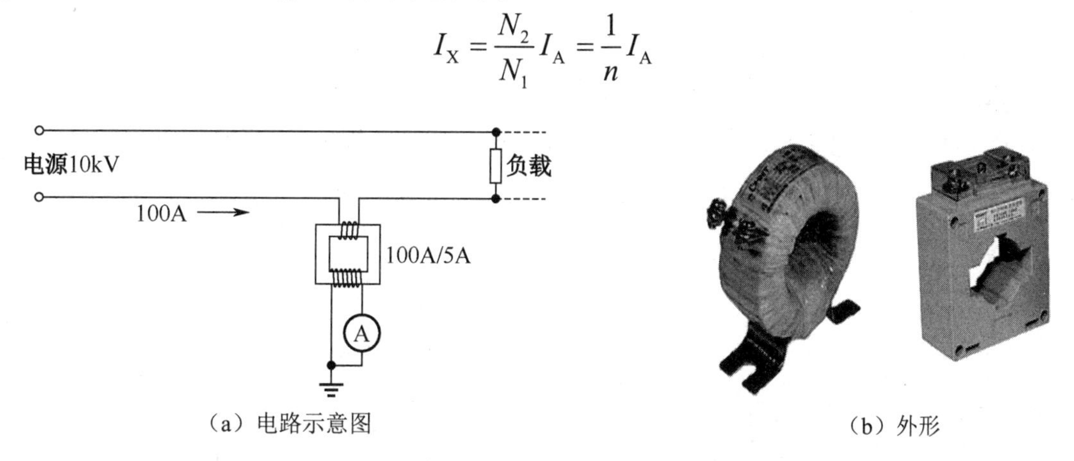

（a）电路示意图　　（b）外形

图 8-3-5　电流互感器的电路示意图和外形

使用时，为和仪表配套，电流互感器不管初级绕组的电流多大，次级绕组的电流额定值都为 1A 或 5A。

（2）电流互感器使用时的注意事项。

① 铁壳及次级绕组一侧要可靠接地，以免发生安全事故。

② 次级绕组严禁开路。这是因为次级绕组匝数多，感应电压高，一旦开路，极大的开路电压将导致绝缘击穿，烧毁设备，危及操作人员安全。

5. 钳形电流表

钳形电流表的结构和外形如图 8-3-6 所示，它是将电流互感器和电流表组装成一体的便携式仪表。其次级绕组与电流表组成闭合回路，其铁芯是可以开合的。测量时，先张开铁芯，套进载流导线，闭合铁芯后即可测出电流，量程为 5～100A。如果被套进多股导线，则其显示值是多股导线电流的相量和的有效值。

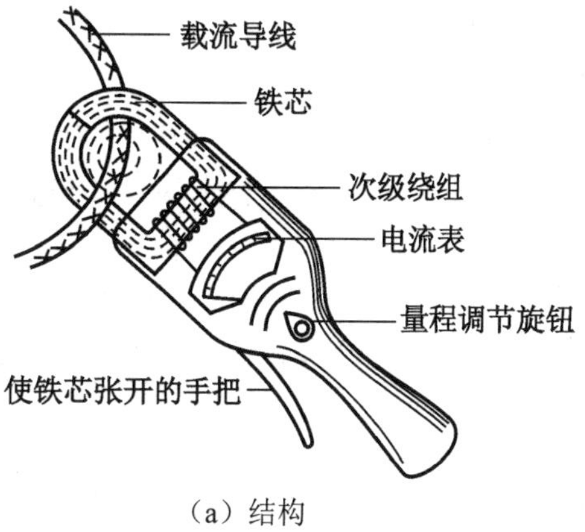

载流导线
铁芯
次级绕组
电流表
量程调节旋钮
使铁芯张开的手把

（a）结构 　　（b）外形

图 8-3-6　钳形电流表的结构和外形

6. 三相变压器

在三相变压器铁芯的三个柱上，分别绕有 U、V、W 三相初、次级绕组，构成了三相变压器，如图 8-3-7 所示。

初、次级绕组可根据实际需要采用 Y 或△连接，初级绕组与三相交流电源连接，次级绕组与三相负载连接，构成三相交流电路。

三相变压器的每相都相当于一个独立的单相变压器。单相变压器的基本公式和分析方法

适用于三相变压器中的任意一相。

三相变压器绕组的连接方法有很多，如 Y/Y_0、Y/△、△/Y_0、△/△、△/Y 等。其中，分子表示三相高压绕组的连接方法，分母表示三相低压绕组的连接方法。Y_0 表示三相绕组采用 Y 连接且有中线（三相四线制），其中 Y/Y_0、Y/△应用较广泛。供动力与照明混合负载使用的三相变压器，多采用 Y/Y_0 连接，它的高压不超过 35kV，低压为 400V，最大容量在 1800kVA 左右。

7. 三相自耦变压器

三相自耦变压器如图 8-3-8 所示。其工作原理与单相自耦变压器相同，绕组多采用 Y 连接。这种变压器可作为三相异步电动机降压启动设备，减小启动电流。

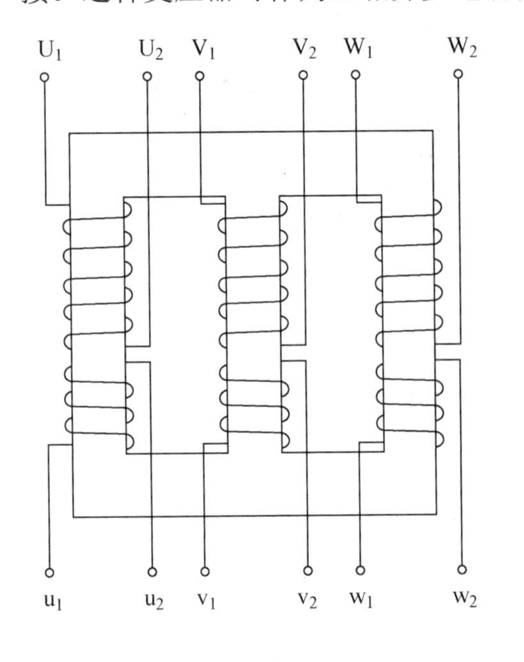

图 8-3-7　三相变压器

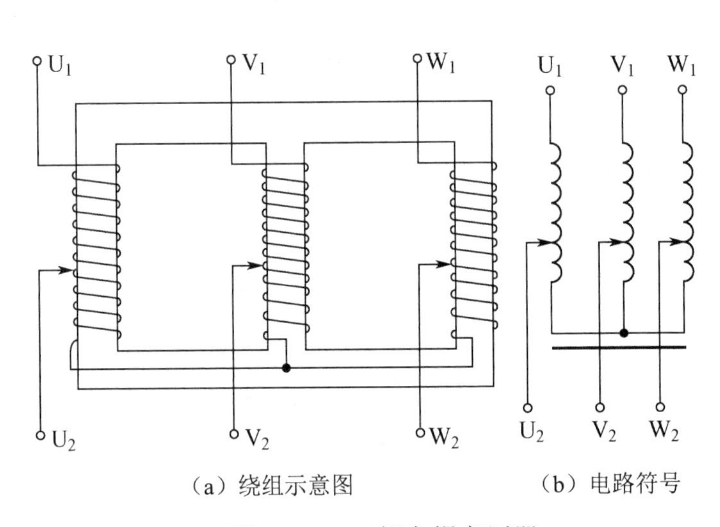

图 8-3-8　三相自耦变压器

例题解析

【例 1】在图 8-3-9 中，变压器可以获得多少不同的输出电压？其值各为多少？

【解析】四组电压进行排列组合（顺串与反串），除去重复电压之后，就是能获得的不同的输出电压。

【解答】可以获得 2V、4V、6V、8V、10V、12V、14V、16V、18V、20V、24V、30V、38V、44V 等不同的输出电压。

【例 2】某三根电缆的电流为三相对称电流，有效值为 10A，先将其中的一根、两根和三根放入钳形电流表，然后将其铁芯闭合，三次测量钳形电流表的示数分别是多少？

【解答】设第一次为一根，示数为 10A。

第二次为两根，示数为 $\dot{I}_1+\dot{I}_2$ 相量的模，仍为 10A。

第三次为三根，示数为 $\dot{I}_1+\dot{I}_2+\dot{I}_3$ 相量的模，结果是 0A。

【例 3】图 8-3-10 所示为理想变压器电路，已知各绕组的匝数为 200、100、50。当开关 S

断开时，R_i=________Ω；当开关 S 闭合时，R_i=________Ω。

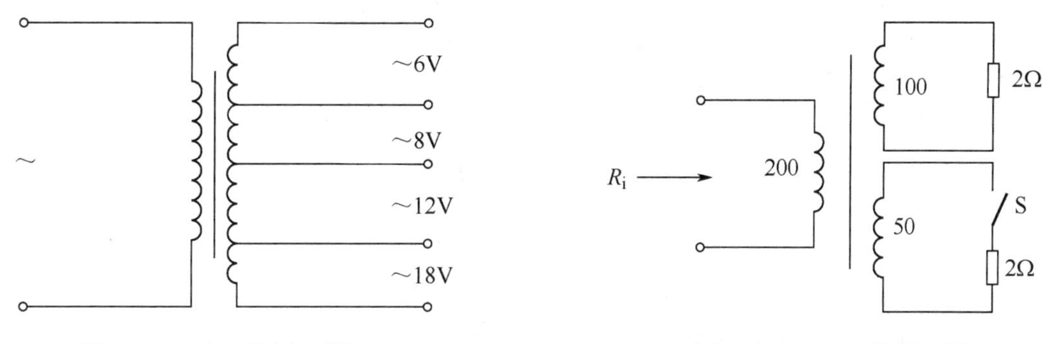

图 8-3-9　8.3 节例 1 图　　　　图 8-3-10　8.3 节例 3 图

【解析】变压器的输入阻抗取决于负载的大小和性质（接入阻性负载时，称为输入电阻）。此类型题目可利用齐性原理，采用代数法巧妙求解。

【解答】任意假定初级绕组的电压为 20V，根据匝伏比可知，两个次级绕组的输出电压分别为 10V 和 5V。

当开关 S 断开时，$P_{入}-P_{出}=\frac{10^2}{2}=50\text{W}\Rightarrow I_1=\frac{P_1}{U_1}=\frac{50}{20}=2.5\text{A}\Rightarrow R_i=\frac{U_1}{I_1}=\frac{20}{2.5}=8\Omega$。

当开关 S 闭合时，$P_{入}=P_{出}=\frac{10^2}{2}+\frac{5^2}{2}=62.5\text{W}\Rightarrow I_1=\frac{P_1}{U_1}=\frac{62.5}{20}=3.125\text{A}$

$$\Rightarrow R_i=\frac{U_1}{I_1}=\frac{20}{3.125}=6.4\Omega$$

故答案分别为 8Ω 和 6.4Ω。

▲**【例 4】**在图 8-3-11 中，理想变压器的输入电压 U 一定，两个次级绕组的匝数是 N_2 和 N_3：当把电热器接到 a、b 而 c、d 空载时，电流表示数是 I_1；当把同一电热器接 c、d 而 a、b 空载时，电流表示数是 I_1'，则 $\frac{I_1}{I_1'}$=（　　）。

A. $\frac{N_2}{N_3}$　　　　B. $\frac{N_3}{N_2}$

C. $\frac{N_2^2}{N_3^2}$　　　　D. $\frac{N_3^2}{N_2^2}$

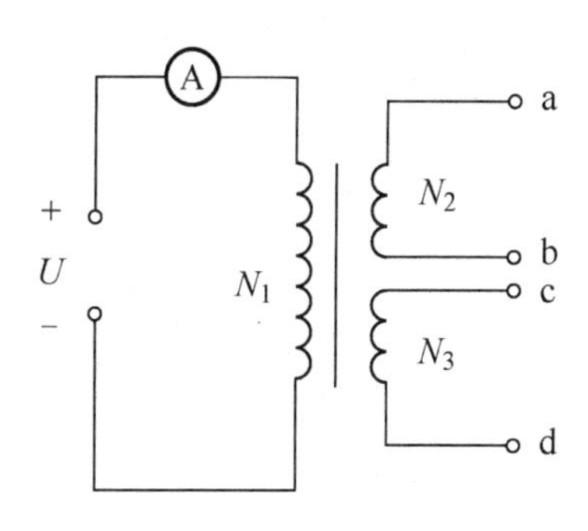

图 8-3-11　8.3 节例 4 图

【解析】运用常规法列方程来求解，不仅费时费力，还非常容易运算错误。此类型题目仍然可利用齐性原理，采用代数法巧妙求解。

【解答】任意假定初级绕组的匝数 N_1 为 200，两个次级绕组的匝数 N_2、N_3 分别为 100 和 50；初级绕组的电压 U_1 为 200V，则两个次级绕组的电压 U_2、U_3 分别为 100V 和 50V；设电热器的阻值 R_L=50Ω，可知

$$\frac{N_2}{N_3}=2；\ \frac{N_3}{N_2}=\frac{1}{2}；\ \frac{N_2^2}{N_3^2}=4；\ \frac{N_3^2}{N_2^2}=\frac{1}{4}$$

当电热器接 a、b 时，$P_{入}=P_{出}=\frac{100^2}{50}=200\text{W}\Rightarrow I_1=\frac{P_1}{U_1}=\frac{200}{200}=1\text{A}$。

当电热器接 c、d 时，$P_{入}=P_{出}=\dfrac{50^2}{50}=50\text{W} \Rightarrow I_1'=\dfrac{P_1'}{U_1'}=\dfrac{50}{200}=0.25\text{A} \Rightarrow \dfrac{I_1}{I_1'}=\dfrac{1}{0.25}=4$，故选择 C。

同步练习

一、填空题

1．________互感器的次级绕组支路不允许开路；________互感器的次级绕组支路不允许短路；________变压器不能作为安全变压器使用；________变压器具有陡降的外特性。

2．自耦变压器的变压比为 n，其初、次级绕组的电流之比为________。

3．一台单相变压器的额定容量为 S_N=15kVA，额定电压为 10kV/230V，满载时负载阻抗 $|Z|$=3.45Ω，$\cos\varphi$=0.85，则其输出的有功功率为________W。

4．一台降压变压器，输入电压的最大值为 311V，另有一负载 R，接到 $22\sqrt{2}$ V 的电源上时吸收功率为 P。若把它接到上述变压器的次级绕组支路上，吸收功率为 0.5P，则此变压器的初、次级绕组的匝数比为________。

5．电源上电流互感器的电流比为 100/5，若有 2A 电流流过电流表，则待测电流为________A；若电压互感器的电压比为 3000/100，接于 2700V 的交流电压上，则电压表示数为________V。

6．为了提高钳形电流表测量值的精确度，被测导线应置于________。

二、判断题

1．自耦变压器绕组公共部分的电流，在数值上等于初、次级绕组的电流之和。（　　）

2．自耦变压器既可以任意调节电压，又是一种安全变压器。（　　）

3．电流互感器接于高压电路，次级绕组的一端及电流互感器的铁芯必须接地。（　　）

三、单项选择题

电流互感器常用于测量大电流，下面描述不正确的是（　　）。

A．电流互感器初级绕组的匝数少，次级绕组的匝数多

B．电流互感器初级绕组的匝数多，次级绕组的匝数少

C．电流互感器工作时，次级绕组不允许开路

D．电流互感器使用时，应将铁壳与次级绕组的一端接地

第 9 章　非正弦交流电路

学习要求

（1）了解非正弦交流电的产生及谐波分析。

（2）掌握非正弦交流电路中的电流、电压有效值和平均功率的计算方法。

在直流电路与正弦交流电路中，我们已经学过了直流信号和正弦交流信号。在生产和生活中，我们常接触到直流电和交流电。在实际应用中还会接触到非正弦信号，如可控硅的自动控制系统要用脉冲信号控制晶闸管的导通与截止，计算机及通信系统常用到数字信号或不同频率正弦信号的叠加（叠加后产生的是非正弦信号）。非正弦周期信号通常可展开成不同频率的正弦波。

验证非正弦交流电的产生

9.1　非正弦交流电的产生与分解

知识授新

1. 非正弦交流电的产生

不按正弦规律做周期性变化的电流、电压和电动势，统称非正弦交流电。常见的非正弦交流电如图 9-1-1 所示。

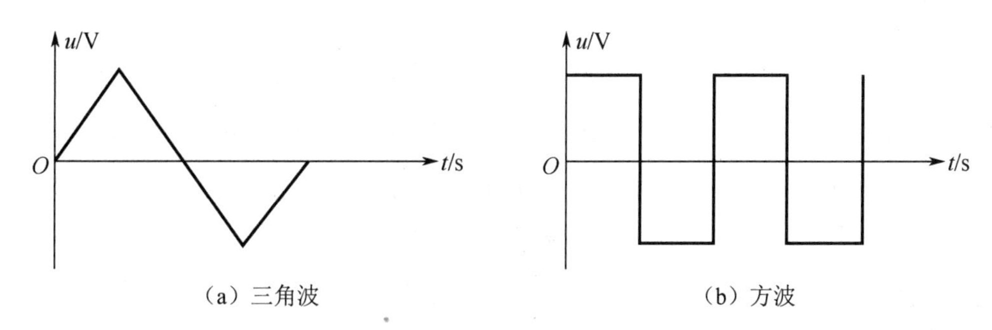

（a）三角波　　（b）方波

图 9-1-1　常见的非正弦交流电

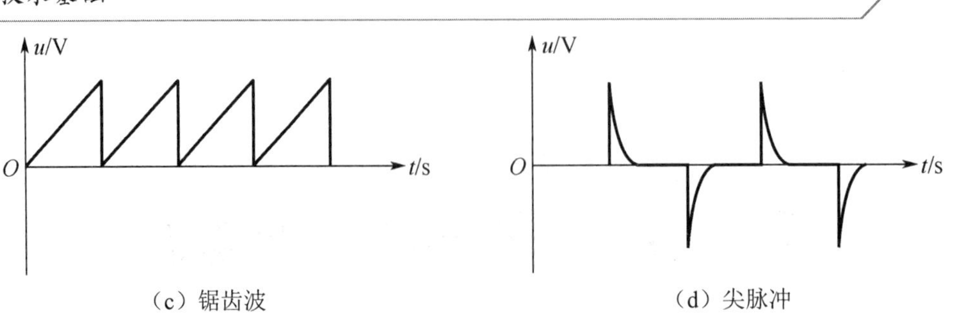

（c）锯齿波　　（d）尖脉冲

图 9-1-1　常见的非正弦交流电（续）

产生非正弦交流电的原因很多，通常分为以下三种情况。

（1）由几个不同频率的正弦交流信号叠加而成。

若电路中有几个不同频率的正弦交流电动势，则在它们的共同作用下，负载两端的电压不再按正弦规律变化。例如，将两个正弦电源接入同一电路，如图 9-1-2（a）所示，其中 $e_1=E_{1m}\sin\omega t$，$e_2=E_{2m}\sin3\omega t$（用示波器先观察 e_1、e_2 单独作用时的波形）。e_1 和 e_2 叠加后，共同作用在可变电阻 R_P 和电阻 R 上，取 R 两端的电压 u_R 接入示波器的 Y 轴输入端，则

$$u_R=\frac{R}{R+R_P}(E_{1m}\sin\omega t+E_{2m}\sin3\omega t)$$

示波器上显示出电压 u_R 的波形就是一个非正弦波，如图 9-1-2（b）所示。电阻是线性元件，它两端的电压是非正弦电压，通过电阻的电流必定是非正弦电流。

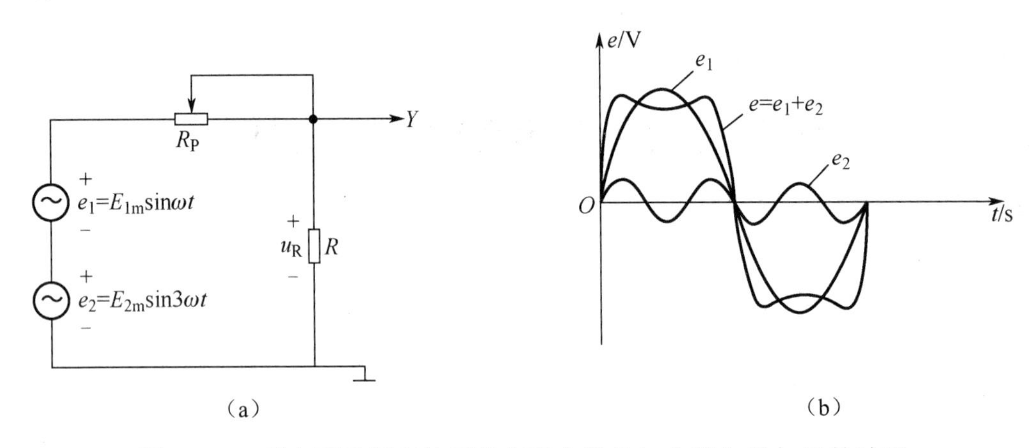

（a）　　（b）

图 9-1-2　两个不同频率的正弦交流电的叠加电路与叠加后的波形

（2）电路中存在非线性元件。

在正弦交流电路中，如果存在非线性元件，如二极管、三极管、铁芯线圈等，由于通过非线性元件的电流与加在非线性元件两端的正弦电压不成正比，因此电路中的电流是非正弦周期电流。二极管是非线性元件，利用其单向导电特性设计的全波整流电路，如图 9-1-3（a）所示。正弦交流电经二极管 VD_1、VD_2 整流后，流过负载 R 的电流成为非正弦电流，R 两端的电压是与电流波形相同的非正弦电压。取 R 两端的电压接入示波器，示波器上显示的 u_R 是非正弦交流电的波形（单向脉动电压），如图 9-1-3（b）所示。

（3）非正弦电动势电源。

有些电源电动势是非正弦的，如方波发生器、锯齿波发生器等脉冲信号源，它们输出的电压是非正弦周期性变化的电压。此外，就发电机内部结构而言，磁感应强度 B 与空间夹角

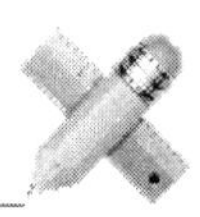

α 的关系，很难保证 $B=B_{\mathrm{m}}\sin\alpha$，因此发电机产生的电动势波形很难保证是正弦波。另外，即使发电机产生的电动势波形是正弦波，由于传输过程中各种电磁干扰的叠加，负载端也可能是畸变后的正弦波。

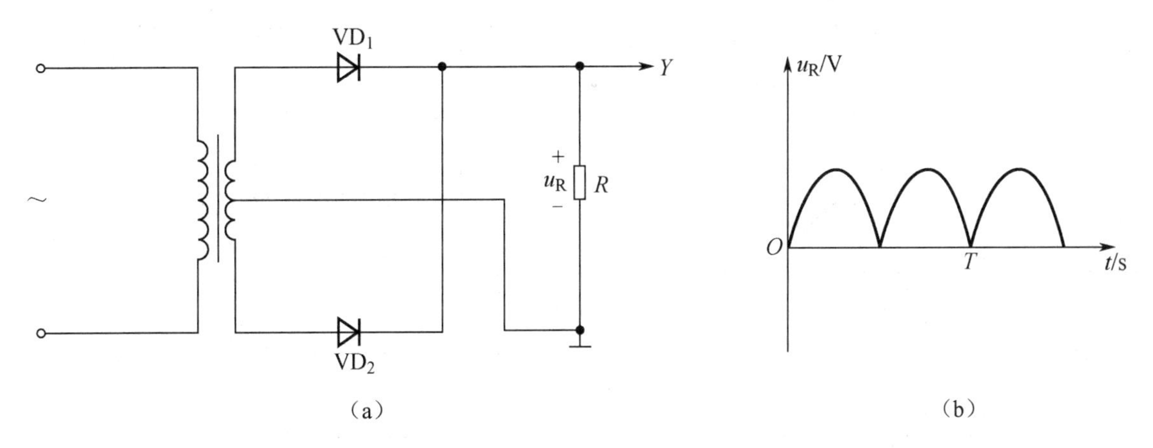

图 9-1-3　非线性元件将正弦交流电变换为非正弦交流电

2. 非正弦交流电的分解

从上面的讨论中可以得知，两个频率不同的正弦交流电可以合成一个非正弦交流电。反之，一个非正弦交流电能否分解成几个不同频率的正弦交流电呢？理论和实验证明，**可以将非正弦交流电分解为直流分量与一系列不同频率的正弦分量之和**。在实际工作中遇到的各种波形的周期信号，都是由不同频率的正弦波组成的。

组成非正弦波的每个正弦分量，叫作非正弦波的一个谐波分量。其角频率分别为 ω、2ω、3ω 等的谐波分量依次称为一次谐波（又称基波）、二次谐波、三次谐波等。二次以上的谐波，统称高次谐波。谐波按频率可分为奇次谐波和偶次谐波。奇次谐波是频率为基波频率的 1、3、5 等倍的一组谐波；偶次谐波是频率为基波的 2、4、6 等倍的一组谐波。在某些非正弦周期信号中，还存在直流分量，可将其看作频率为零的谐波分量，属于偶次谐波。

非正弦周期信号是由一系列频率呈整数倍的正弦谐波分量合成的。对于不同的非正弦周期信号，它们的各次谐波分量在振幅和相位关系上不同，即不同的信号波，对应不同的谐波分量解析式。在电子技术中，常见的非正弦周期信号波形及谐波分量解析式如表 9-1-1 所示。

从表 9-1-1 中可以看出，方波和等腰三角波只有奇次谐波，没有偶次谐波，其特点是波形后半个周期重复前半个周期的变化，但是符号相反。波形的这种性质叫作奇次对称性。

锯齿波和正弦全波整流后的波形只有偶次谐波，没有奇次谐波，其特点是波形后半个周期重复前半个周期的变化，并且符号相同。波形的这种性质叫作偶次对称性。

奇次对称的信号只有奇次谐波，不存在直流分量和偶次谐波；偶次对称的信号包含恒定的直流分量和一系列偶次谐波，而不存在奇次谐波；有的信号波形既不具有奇次对称性，又不具有偶次对称性，谐波分量中既有奇次谐波，又有偶次谐波，如表 9-1-1 中的正弦半波整流后的波形和方形脉冲。

表 9-1-1　常见的非正弦周期信号波形及谐波分量解析式

名称	波形	谐波分量解析式
矩形波（方波）	u/V, U_m, O, T, t/s	$u=\frac{4U_m}{\pi}\left(\sin\omega t+\frac{1}{3}\sin 3\omega t+\frac{1}{5}\sin 5\omega t+\cdots\right)$
等腰三角形波	u/V, U_m, O, T, t/s	$u=\frac{8U_m}{\pi^2}\left(\sin\omega t-\frac{1}{9}\sin 3\omega t+\frac{1}{25}\sin 5\omega t+\cdots\right)$
锯齿波	u/V, U_m, O, T, t/s	$u=\frac{U_m}{2}-\frac{U_m}{\pi}\left(\sin 2\omega t+\frac{1}{2}\sin 4\omega t+\frac{1}{3}\sin 6\omega t+\cdots\right)$
正弦全波整流	u/V, U_m, O, T, t/s	$u=\frac{4U_m}{\pi}\left(\frac{1}{2}-\frac{1}{3}\cos 2\omega t-\frac{1}{15}\cos 4\omega t+\frac{1}{35}\cos 6\omega t+\cdots\right)$
方形脉冲	u/V, U_m, O, T, t/s	$u=\frac{U_m}{2}-\frac{2U_m}{\pi}\left(\sin\omega t+\frac{1}{3}\sin 3\omega t+\frac{1}{5}\sin 5\omega t+\cdots\right)$
正弦半波整流	u/V, U_m, O, t/s	$u=\frac{2U_m}{\pi}\left(\frac{1}{2}+\frac{1}{4}\sin\omega t-\frac{1}{3}\cos 2\omega t-\frac{1}{15}\cos 4\omega t+\cdots\right)$

同步练习

一、填空题

1．非正弦周期电流 $i=(3\sqrt{2}\sin\omega t+\sqrt{2}\sin 3\omega t)$A 的基波分量是________，其有效值 I_1=________A；三次谐波分量是________，其有效值 I_3=________A。

2．非正弦周期电压 $u=\frac{U_m}{2}+\frac{2U_m}{\pi}\left(\sin\omega t+\frac{1}{3}\sin 3\omega t+\frac{1}{5}\sin 5\omega t+\cdots\right)$V，其基波分量是________，$U_{1m}$=________；五次谐波分量是________，U_{5m}=________V；U_{7m}=________V；直流分量是________。

3．一个直流电压 U_1=10V 与一个正弦电压 $u_2=7\sin\omega t$V 串联叠加合成的电压 u 的解析式为________V。

二、判断题

1．非正弦交流电压作用在电感线圈上，电流高次谐波分量被削弱。（　　）

2．非正弦交流电是一种不按正弦规律变化的周期性交流电。（　　）

3．非正弦交流电是一种按正弦规律变化的非周期性交流电。（　　）

4．几个同频率的正弦波可以叠加成一个非正弦波。（　　）

5．一个非正弦量可以分解出一系列具有倍频关系的正弦量。（　　）

6．一个方波可以分解出无穷个谐波分量。（　　）

7．基波的频率与相应的非正弦波的频率相等。（　　）

8．零次谐波即直流分量，直流电是频率为零的正弦量。（　　）

9．二次及二次以上的谐波统称高次谐波。（　　）

9.2　非正弦交流电的计算

知识授新

1．求解非正弦交流电的基本原理

由 9.1 节的讨论可以知道，非正弦波可以分解成各次谐波。因此，在线性负载组成的电路中，由非正弦电动势（或电压）产生的电流，可以看作这个非正弦电动势（或电压）的各次谐波分量在电路中产生的电流的总和（叠加）。这样就可以应用计算正弦交流电路的方法，先分别求出各次谐波的分量电流，然后将它们叠加起来，求出总电流。

在图 9-2-1 所示的电路中，非正弦电动势 $e=e_1+e_2=(3\sin\omega t+\sin 3\omega t)$V。这时，非正弦电动势可以用两个正弦电动势 $e_1=3\sin\omega t$V 和 $e_2=\sin 3\omega t$V 串联起来等效代替，把这两个电源共同作用的结果看作两个电源分别对电路作用结果的叠加。

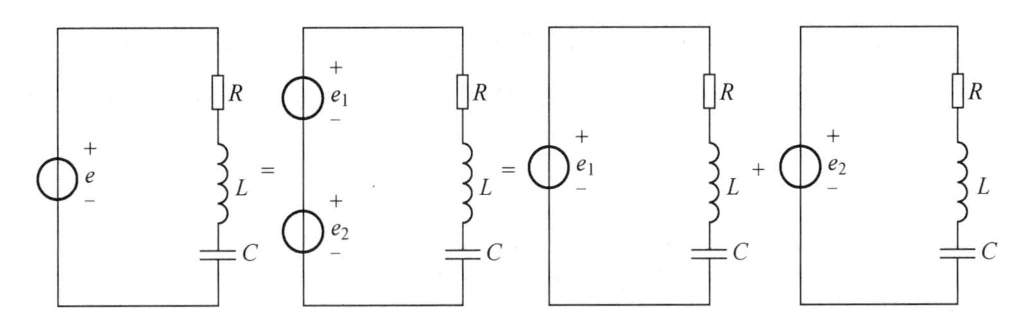

图 9-2-1　求解非正弦交流电的基本原理

应当特别指出的是，应用正弦交流电路的相量法，可以计算出各次谐波的电流或电压。但是在计算总电流或总电压时，由于各次谐波相量的旋转频率不同（旋转因子不同），所以既不可将相量直接求和，又不可将复数直接相加。必须先求出它们所对应的瞬时值，再对瞬时值进行叠加，求得总电流或总电压的瞬时值。

2．谐波阻抗

在具有电感线圈、电容器的电路中，由于感抗和容抗与频率有关，所以整个电路对各次谐波所呈现的阻抗是不同的。

（1）阻值 R。

导体的趋肤效应和频率有关，同一电阻对各次谐波的阻值不同。在谐波次数不太高，趋肤效应可以忽略时，阻值 R 是一个常数。

（2）感抗 X_L。

电路中电感线圈的感抗和频率成正比，即 $X_L=\omega L$。感抗对各次谐波是不等的，随着谐波次数的升高成正比地增加。对于 k 次谐波的感抗为

$$X_{Lk}=k\omega L$$

对于直流分量，由于 $\omega=0$，所以感抗为零。

（3）容抗 X_C。

电路中电容器的容抗和频率成反比，即 $X_C=\dfrac{1}{\omega C}$。容抗对各次谐波是不等的，随着谐波次数的升高成反比地减少，对于 k 次谐波的容抗为

$$X_{Ck}=\frac{1}{k\omega C}$$

对于直流分量，由于 $\omega=0$，所以容抗趋近于无穷大，可视为断路。

3. 非正弦交流电的有效值、平均值和平均功率

分析非正弦交流电路时，我们常常要用到电流、电压的有效值，有时还要用到平均值和平均功率。

（1）有效值。

非正弦交流电的有效值的定义和正弦交流电的有效值的定义相同。当时间相同，非正弦交流电的电流流经电阻 R 产生的热量与直流电的电流流经相同的电阻 R 所产生的热量相同时，该直流电就叫作非正弦交流电的有效值。

若非正弦交流电的电流与电压的谐波分量解析式为

$$i=I_0+\sqrt{2}I_1\sin(\omega t+\varphi_1)+\sqrt{2}I_2\sin(2\omega t+\varphi_2)+\cdots+\sqrt{2}I_n\sin(n\omega t+\varphi_n)$$

$$u=u_0+\sqrt{2}U_1\sin(\omega t+\varphi_1)+\sqrt{2}U_2\sin(2\omega t+\varphi_2)+\cdots+\sqrt{2}U_n\sin(n\omega t+\varphi_n)$$

则有效值为

$$I=\sqrt{I_0^2+I_1^2+I_2^2+\cdots+I_n^2}$$

$$U=\sqrt{U_0^2+U_1^2+U_2^2+\cdots+U_n^2}$$

即非正弦周期波的电流、电压的有效值为各项谐波分量电压或电流的有效值平方和的平方根。

（2）平均值。

非正弦交流电的平均值也是一个常用的量，在电工仪表中应用广泛。现把平均值的概念简单介绍如下。

以等腰三角波为例，为了求得电压的平均值，我们可以把它分成一个个非常小的时间单元，如图 9-2-2 所示，一个周期共分成 n 个小区间，每个小

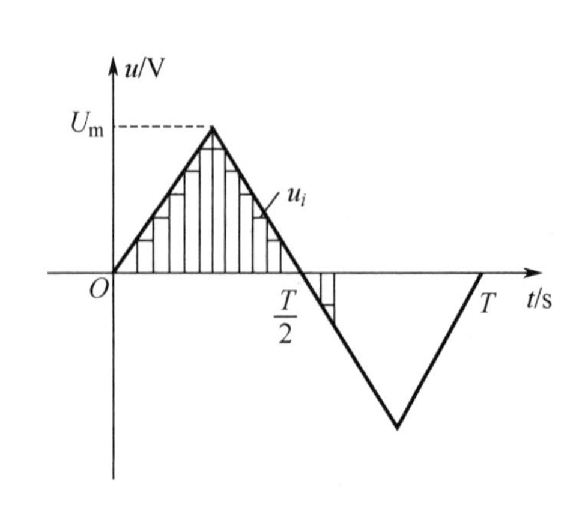

图 9-2-2　求周期交流信号平均值的示意图

区间的电压分别用 $u_1,u_2,\cdots,u_i$ 表示，那么平均电压就可以表示成

$$U_{\text{av}}=\frac{2}{T}\sum_{i=1}^{n}|u_i|$$

U_{av} 表示半个周期内的电压的平均值，u_i 要加绝对值符号，因为该交流量一个周期内的平均值为零，但是对负载的平均作用效果不为零。

同理可得，等腰三角波电流的平均值为

$$I_{\text{av}}=\frac{2}{T}\sum_{i=1}^{n}|i_i|$$

常见的非正弦周期波的平均值与有效值如表 9-2-1 所示。

表 9-2-1　常见的非正弦周期波的平均值与有效值

名称	矩形波	正弦半波整流	正弦全波整流	锯齿波	方波
有效值	$DU_{\text{m}},DI_{\text{m}}$（$D$ 为占空比）	$\frac{U_{\text{m}}}{2\sqrt{2}},\frac{I_{\text{m}}}{2\sqrt{2}}$	$\frac{U_{\text{m}}}{\sqrt{2}},\frac{I_{\text{m}}}{\sqrt{2}}$	$\frac{U_{\text{m}}}{\sqrt{3}},\frac{I_{\text{m}}}{\sqrt{3}}$	$\frac{U_{\text{m}}}{2},\frac{I_{\text{m}}}{2}$
平均值	$DU_{\text{m}},DI_{\text{m}}$（$D$ 为占空比）	$\frac{U_{\text{m}}}{\pi},\frac{I_{\text{m}}}{\pi}$	$\frac{2U_{\text{m}}}{\pi},\frac{2I_{\text{m}}}{\pi}$	$\frac{U_{\text{m}}}{2},\frac{I_{\text{m}}}{2}$	$\frac{U_{\text{m}}}{2},\frac{I_{\text{m}}}{2}$

（3）平均功率。

与正弦交流电路一样，在非正弦交流电路中，只有电阻才吸收有功功率，而电容器、电感线圈是不吸收有功功率的。

如果用谐波分量表示非正弦交流电，则平均有功功率为

$$P=P_0+P_1+P_2+\cdots+P_n=U_0I_0+U_1I_1\cos\varphi_1+U_2I_2\cos\varphi_2+\cdots+U_nI_n\cos\varphi_n$$

即非正弦交流电的平均有功功率为各次谐波所产生的功率之和。式中，$\varphi_1,\varphi_2,\cdots,\varphi_n$ 为各次谐波的电压与电流的相位差。

平均无功功率为

$$Q=Q_{\text{L}}-Q_{\text{C}}=Q_1+Q_2+\cdots+Q_n=U_1I_1\sin\varphi_1+U_2I_2\sin\varphi_2+\cdots+U_nI_n\sin\varphi_n$$

即非正弦交流电的平均无功功率为各次谐波所产生的电感无功功率与电容无功功率之差。

平均视在功率为

$$S=UI=\sqrt{I_0^2+I_1^2+I_2^2+\cdots+I_n^2}\times\sqrt{U_0^2+U_1^2+U_2^2+\cdots+U_n^2}=\sqrt{P^2+Q^2}$$

例题解析

【例 1】在图 9-2-3 所示的电路中，电动势 $e=[2+8\sin(\omega t-45°)+2\sqrt{10}\sin(2\omega t+45°)]\text{V}$，$R$=4Ω，容抗 $X_{\text{C1}}=\frac{1}{\omega C}=4\Omega$，试求电流 $i(t)$。

【解答】题中已给出 $e(t)$的各谐波分量解析式，可直接求出各次谐波作用下产生的电流。

（1）直流分量 E_0=2V 单独作用时，由于电路中串有电容，所以直流分量电流为零，即 I_0=0。

（2）基波 $e_1=8\sin(\omega t-45°)\text{V}$ 单独作用时，对应基波的复阻抗 Z_1 为

$$Z_1=R-\text{j}\frac{1}{\omega C}=4-\text{j}4=4\sqrt{2}\underline{/-45°}\ \Omega$$

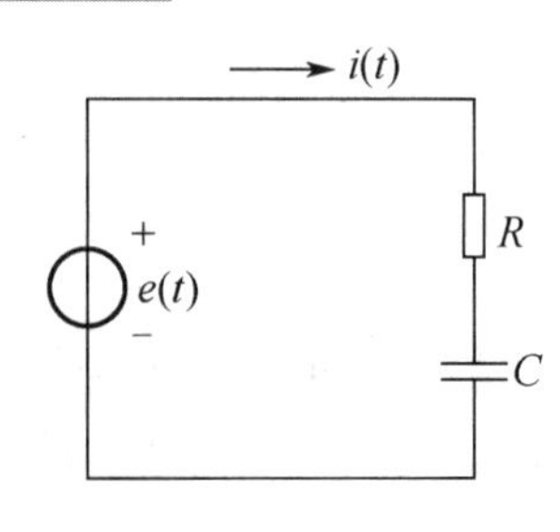

图 9-2-3 9.2 节例 1 图

基波在电路中产生的复电流为

$$\dot{I}_1=\frac{\dot{E}_1}{Z_1}=\frac{4\sqrt{2}\underline{/-45^\circ}\ \text{V}}{4\sqrt{2}\underline{/-45^\circ}\ \Omega}=1\underline{/0^\circ}\ \text{A}$$

基波在电路中产生的电流瞬时值解析式为

$$i_1=\sqrt{2}\sin\omega t\text{A}$$

（3）二次谐波$e_2=2\sqrt{10}\sin(2\omega t+45^\circ)$V 单独作用时，对应二次谐波的复阻抗 Z_2 为

$$Z_2=R-\text{j}\frac{1}{2\omega C}=4-\text{j}2=2\sqrt{5}\underline{/-26^\circ 34'}\ \Omega$$

二次谐波在电路中产生的复电流为

$$\dot{I}_2=\frac{\dot{E}_2}{Z_2}=\frac{2\sqrt{5}\underline{/45^\circ}\ \text{V}}{2\sqrt{5}\underline{/-26^\circ 34'}\ \Omega}=1\underline{/71^\circ 34'}\ \text{A}$$

二次谐波在电路中产生的电流瞬时值解析式为

$$i_2=\sqrt{2}\sin(2\omega t+71^\circ 34')\text{A}$$

将各次谐波分量叠加起来，求得 $i(t)$为

$$i(t)=I_0+i_1+i_2=[\sqrt{2}\sin\omega t+\sqrt{2}\sin(2\omega t+71^\circ 34')]\text{A}$$

【例 2】在图 9-2-4 中，二端网络的端电压$u=20+10\sin(\omega t-10^\circ)+2\sqrt{2}\sin(2\omega t+30^\circ)$V，电流$i=4+2\sqrt{2}\sin(\omega t-40^\circ)$A，求：

（1）u 与 i 的平均值U_{av}和I_{av}。

（2）u 与 i 的有效值 U 与 I。

（3）该网络的平均有功功率 P。

【解析】非正弦交流电的平均值等于零次谐波（直流分量），而有效值为各次谐波有效值平方和的平方根。至于电路的平均有功功率，应为各次谐波作用下的电路平均有功功率之和。也就是说，只有同频率的电压、电流谐波分量才会形成非零的平均有功功率。

【解答】（1）u 与 i 的平均值为$U_{\text{av}}=U_0=20\text{V}$，$I_{\text{av}}=I_0=4\text{A}$。

（2）u 与 i 的有效值为

$$U=\sqrt{U_0^2+U_1^2+U_2^2}=\sqrt{20^2+(5\sqrt{2})^2+2^2}\approx 21.3\text{V}$$

$$I=\sqrt{I_0^2+I_1^2}=\sqrt{4^2+2^2}\approx 4.47\text{A}$$

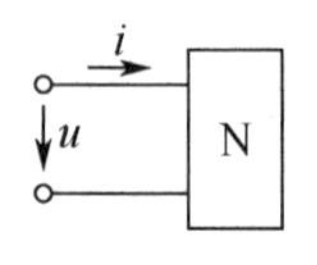

图 9-2-4 9.2 节例 2 图

（3）该网络的平均有功功率 P 为

$$P=P_0+P_1=U_0I_0+U_1I_1\cos(\varphi_{\text{u1}}-\varphi_{\text{i1}})=20\times 4+5\sqrt{2}\times 2\cos(-10^\circ+40^\circ)\approx 922\text{W}$$

同步练习

一、填空题

1. 在图 9-2-5 中，已知三个电源分别为 E=3V，$u_1=2\sqrt{2}\sin\omega t$V，$u_2=\sqrt{2}\sin(3\omega t+180^\circ)$V，同时给一个 10Ω 的电阻供电，则该电阻吸收的功率为________W。

2. 在图 9-2-6 所示的理想变压器中，若变压器的变压比为 5，变压器的初级绕组接电源

u_s，且 $u_s(t)=30+30\sqrt{2}\sin(100t+30°)+40\sqrt{2}\sin(200t+120°)\text{V}$，则用万用表测得初、次级绕组的端电压 U_{12}=________，U_{34}=________。

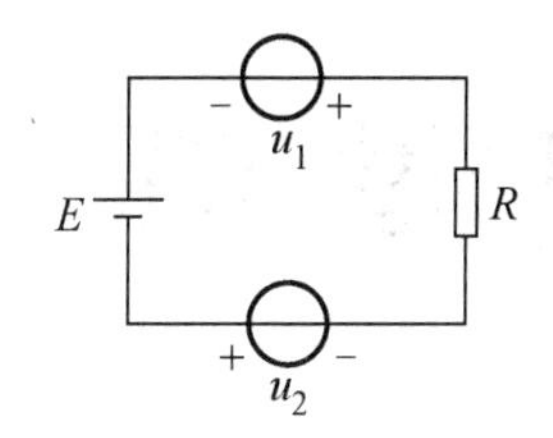

图 9-2-5　9.2 节填空题 1 图

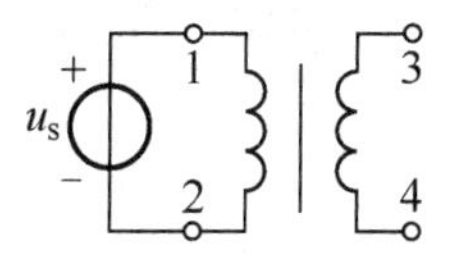

图 9-2-6　9.2 节填空题 2 图

3．已知某电路中非正弦交流电流为 $i=4+3\sqrt{2}\sin(\omega t-45°)+4\sqrt{2}\sin(\omega t+45°)+5\sqrt{2}\sin(2\omega t+30°)\text{A}$，则 i 的有效值 I=________A。

4．已知某非正弦电压为 $u=50+60\sqrt{2}\sin(\omega t+30°)+40\sqrt{2}\sin(2\omega t+10°)\text{V}$，电流 $i=1+0.5\sqrt{2}\sin(\omega t-20°)+0.3\sqrt{2}\sin(2\omega t+50°)\text{A}$，则平均功率 P=________，电压有效值 U=________。

5．已知某电路的电压 $u=50+20\sqrt{2}\sin(\omega t+20°)+6\sqrt{2}\sin(2\omega t+80°)\text{V}$，则 u 的有效值 U=________V。

6．已知非正弦交流电压 $u=2+2\sqrt{2}\sin 1000t\text{V}$，当此电压加于 RL 串联交流电路时，$R$=2Ω，$L$=2mH，则电路电流 i=________，电压有效值为________V。

7．已知在某电路中，电流 $i=20+10\sqrt{2}\sin(\omega t-10°)+10\sqrt{2}\sin(\omega t+80°)+5\sqrt{2}\sin(2\omega t+20°)+5\sqrt{2}\sin(4\omega t+60°)\text{A}$，则该电流的有效值 I=________A。

8．非正弦周期电压 $u=10+10\sqrt{2}\sin(\omega t-20°)+5\sqrt{2}\sin(2\omega t+10°)\text{V}$，则零次谐波 U_0=________，一次谐波 u_1=________，二次谐波 u_2=________，平均值 U_{av}=________，有效值 U=________。

二、单项选择题

1．已知一电源电压为 $u=30\sqrt{2}\sin\omega t+80\sqrt{2}\sin\left(3\omega t+\dfrac{2\pi}{3}\right)+80\sqrt{2}\sin\left(3\omega t-\dfrac{2\pi}{3}\right)+30\sqrt{2}\sin 5\omega t\text{V}$，则电源电压的有效值为（　　）。

A．20V　　B．120.8V　　C．90.55V　　D．40.2

2．已知一电源电压为 $u=30\sqrt{2}\sin\omega t+80\sqrt{2}\sin\left(3\omega t+\dfrac{2\pi}{3}\right)+80\sqrt{2}\sin\left(5\omega t-\dfrac{2\pi}{3}\right)+30\sqrt{2}\sin 7\omega t\text{V}$，则电源电压的有效值为（　　）。

A．$30+80+80+30=220\text{V}$　　B．$\sqrt{30^2+80^2+80^2+30^2}\approx 120.8\text{V}$

C．$\sqrt{30^2+80^2+30^2}\approx 90.55\text{V}$　　D．$\sqrt{30^2+30^2}\approx 42.4\text{V}$

第10章 过 渡 过 程

学习要求

（1）理解过渡过程的概念，引起过渡过程的原因，RC、RL 过渡电路的物理过程。

（2）理解时间常数的意义，初始值、稳态值的含义。

（3）掌握一阶电路的三要素法。

（4）掌握微分电路与积分电路的概念及波形变换的作用。

在第 1、2 章中，我们讨论了线性电阻电路的分析和计算，描述这类电路特性和状态的方程是一组代数方程。在第 3、4 章中介绍了储能元件 C 和 L，以及这些元件的电压和电流的约束关系。由于这些约束关系是通过导数或积分表达的，因此描述电路特性和状态的方程是以电压、电流为变量的微分方程或微分-积分方程。当电容和电感为线性和定常时，电路方程是线性常系数常微分方程。对于含有储能元件的电路，在正弦激励下的稳态分析也已在第 5 章进行了研究。本章我们将研究电路中仅有一种储能元件（L 或 C）的情况。此时，所得到的微分方程为一阶微分方程，相应的电路称为一阶过渡电路。一阶过渡电路，除一种储能元件外，其他部分可以由独立电源和电阻组成。

10.1 过渡过程的概念和换路定律

1．过渡过程的概念

在生产和生活中，常会遇到过渡过程（也叫暂态过程）的实例。例如，汽车静止（v=0）时，处于一种稳定状态；汽车启动时，速度由零逐渐增大；当汽车受到的外力与所受到的阻力相等时，汽车在平衡力的作用下以某一确定的速度（v=c）做匀速直线运动，此时处于另一种稳定状态；汽车由一种稳定状态（v=0）到另一种稳定状态（v=c）所经历的过程，叫作过渡过程。

在直流或交流电路中，电源电压或电流恒定不变或随时间做周期性变化时，电路中各部分电压或电流也恒定不变或随时间做周期性变化，电路的这种状态叫作稳定状态。电路由一

种稳定状态到另一种稳定状态也要发生过渡过程。

在图 10-1-1 所示的电路中，HL_1、HL_2 和 HL_3 是三只完全相同的灯泡，HL_1、HL_2 和 HL_3 三条支路分别含有耗能元件和储能元件。当开关 S 断开时，三条支路都没有电流，这是一种稳定状态。当开关 S 闭合时，灯泡 HL_1 立刻正常发光；灯泡 HL_2 逐渐变亮，经过一段时间达到与灯泡 HL1 同样的亮度；灯泡 HL_3 则一闪亮后渐渐变暗，最终熄灭。HL_1、HL_2 和 HL_3 三条支路分别含有耗能元件和储能元件，为什么会出现这种现象呢？

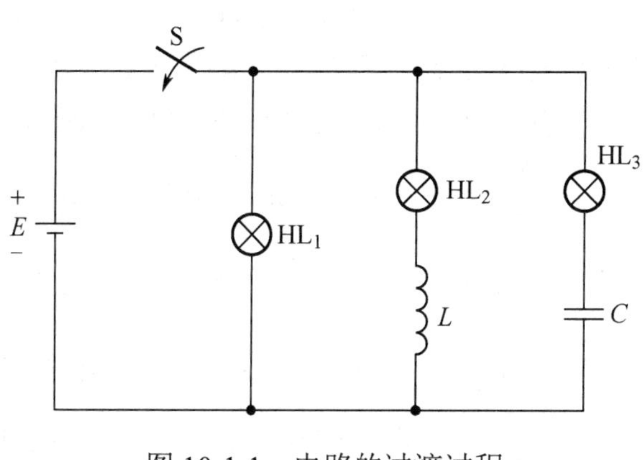

图 10-1-1　电路的过渡过程

灯泡 HL_1 是一个阻性负载，设其阻值为 R。开关 S 闭合的瞬间，该支路电流立刻达到稳定值，$I_R = \dfrac{E}{R}$，电流的大小与时间无关，即在开关 S 闭合的瞬间，电路立刻达到另一种稳定状态。这说明纯电阻交流电路由 I_R=0 的稳定状态，到 $I_R = \dfrac{E}{R}$ 的稳定状态是不需要时间的。纯电阻电路无过渡过程，其电流曲线如图 10-1-2（a）所示。

灯泡 HL_2 与电感线圈串联，开关 S 闭合的瞬间，电流由零增大了 Δi_L，电感线圈产生自感电动势 $e_L = -L\dfrac{\Delta i_L}{\Delta t}$ 来阻止电路中电流的变化。因此，电流从零增大到恒定的 I_L 需要经过一段时间。当电流达到 I_L 时，$\Delta i_L = 0$，自感电动势 e_L=0，灯泡 HL_2 与 HL_1 同样亮，电路达到稳定状态。灯泡 HL_2 与电感线圈串联的支路从一种稳定状态到另一种稳定状态需要一段时间，即过渡过程，其电流曲线如图 10-1-2（b）所示。

灯泡 HL_3 与电容器串联，开关 S 闭合的瞬间，电容器极板间的电压增加了 Δu_C，电路中的电流 $i_C = C\dfrac{\Delta u_C}{\Delta t}$。电容器充电，经过一段时间其两端电压 u_C 达到稳定值 E，则 Δu_C=0，i_C=0，电路处于一种稳定状态。灯泡 HL_3 与电容器串联的支路接通电源瞬间有过渡过程，其电流曲线如图 10-1-2（c）所示。

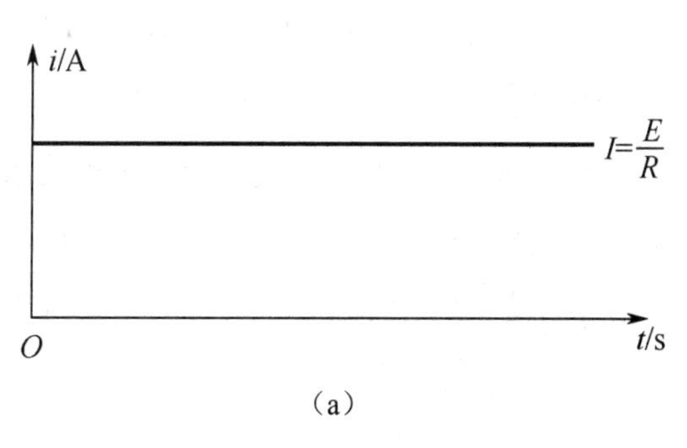

（a）

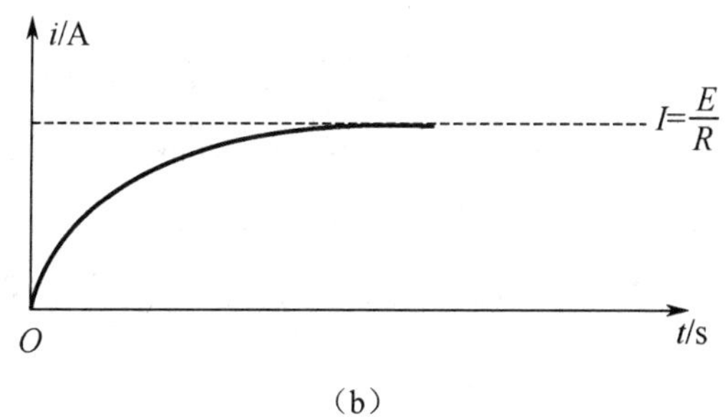

（b）

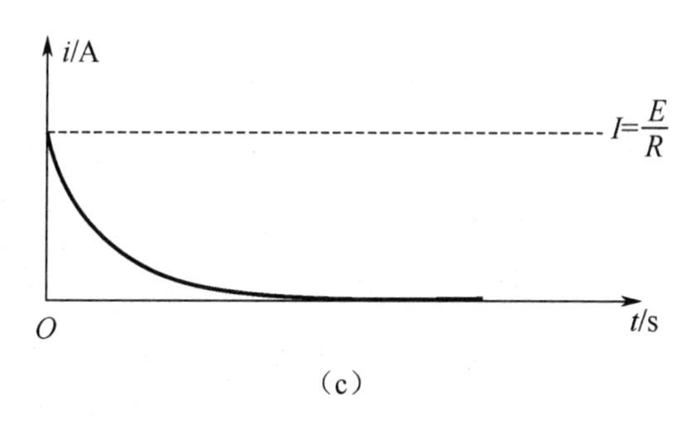

（c）

图 10-1-2　三条支路中的电流曲线

2. 电路产生过渡过程的原因

电路产生过渡过程的原因有两个，即外因和内因。电路的接通或断开、电源的变化、电路参数的变化、电路的改接等都是外因。只有外因不一定会引起电路的过渡过程，必须有内因。什么是引起电路过渡过程的内因呢？即电路中必须含有储能元件（或称为动态元件）。**储能元件能量的储存或释放不能突变，这是引起电路过渡过程的根本原因。**

通过电感线圈支路的电流只能连续变化，不能发生突变。电感线圈两端的自感电动势 $e_L = -L\dfrac{\Delta i_L}{\Delta t}$，如果电感线圈支路中的电流能够发生突变，即在极短的时间内（$\Delta t \to 0$）电流发生突变（$\Delta i \neq 0$），那么 $\dfrac{\Delta i_L}{\Delta t}$ 将趋近于无穷大，e_L 必然为无穷大，这显然是不可能的。

同样的道理，在电容器支路中，电容器两端的电压不能发生突变。电容器支路中的电流 $i_C = C\dfrac{\Delta u_C}{\Delta t}$，如果 u_C 能发生突变，那么该支路的电流 i_C 将为无穷大，这显然也是不可能的。

如果电流或电压能突变，那么磁场能 $W_L = \dfrac{1}{2}LI_L{}^2$，电场能 $W_C = \dfrac{1}{2}CU_C{}^2$ 必然随之发生突变，而功率 $P = \dfrac{\Delta W}{\Delta t}$ 必然为无穷大，这是不可能的。因此，可以得出如下两个重要结论。

（1）电感线圈中的电流不能发生突变。

（2）电容器两端的电压不能发生突变。

由以上分析可知，当电路中具有电感线圈或电容器时，在换路后通常有一个过渡过程。

研究电路的过渡过程具有重要的实际意义，例如，对于电路在过渡过程中产生的过电流、过电压有时需要加以限制，以防损坏电气设备和伤害操作人员；有时又可充分利用，在电子线路中常利用过渡过程产生各种特殊波形，如锯齿波、方波等，在触发、计数、扫描等电路中有着广泛应用。

3. 换路定律

上述两条结论同样适用于电路换路的瞬间。如果把换路的瞬间定为 t=0，t=0_- 代表换路前一瞬间，t=0_+ 代表换路后一瞬间，那么根据上述两条结论可得以下换路定律。

（1）电感线圈的换路定律。

在换路后一瞬间，如果电感线圈两端的电压保持为有限值，则电流和磁链都应当保持换路前一瞬间的原有值而不能突变，即

$$i_L(0_+) = i_L(0_-) \quad 或 \quad \psi_L(0_+) = \psi_L(0_-)$$

可见，**对于一个原来没有电流的电感线圈，在换路的瞬间，可等效为开路线；对于一个原来就有电流的电感线圈，在换路的瞬间，可等效为一个恒流源。**

（2）电容器的换路定律。

在换路后一瞬间，如果流入（或流出）电容器的电流保持为有限值，则电压和电荷量都应当保持换路前一瞬间的原有值而不能突变，即

$$u_C(0_+) = u_C(0_-) \quad 或 \quad Q_C(0_+) = Q_C(0_-)$$

可见，**对于一个原来不带电荷（未充电）的电容器，在换路的瞬间，可等效为短路线；对于一个原来带电荷（已充电）的电容器，在换路的瞬间，可等效为恒压源。**

换路定律可以确定电路发生过渡过程的起始值（t=0_+ 时的值），它是研究过渡过程必不可少的依据。应当指出，换路定律对于某些理想化的电路是不成立的。若把一个未充磁的纯电

感线圈与一个理想电流源连接，则通过电感线圈的电流必然发生突变；若把一个未充过电的纯电容器与一个理想电压源连接，则电容器两端的电压必然发生突变。在上述情况下，换路定律之所以不成立，是因为理想电流源和理想电压源能提供无穷大的功率。而实际电路提供的功率是有限的，换路时要产生过渡过程，因而换路定律一定成立。

例题解析

【例 1】 在图 10-1-3 所示的电路中，E=12V，试求开关 S 闭合的瞬间电路中的电流 i 及灯泡、电感线圈两端的电压 u_R、u_L。

【解答】 开关 S 闭合前，电路中的电流 i=0，即

$$i(0_-)=0$$

根据换路定律，开关 S 闭合的瞬间，电感线圈中的电流为

$$i_L(0_+)=i_L(0_-)=0$$

因此，开关 S 闭合的瞬间（t=0）的电流为

$$i=0$$

所以，t=0 时灯泡两端电压 u_R 为

$$u_R(0_+)=i(0_+)R=0\text{（}R\text{ 为灯泡等效电阻）}$$

t=0 时电感线圈两端的电压为

$$u_L(0_+)=E-u_R(0_+)=12-0=12\text{V}$$

【例 2】 在图 10-1-4 所示的电路中，E=12V，灯泡等效电阻 R=6Ω，开关 S 闭合前，电容器两端电压为零。试求开关 S 闭合的瞬间电路中的电流 i、灯泡两端的电压 u_R 及电容器 C 两端的电压 u_C。

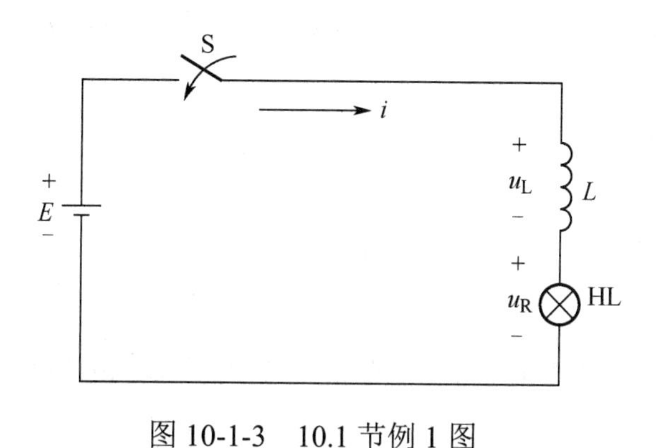

图 10-1-3　10.1 节例 1 图

图 10-1-4　10.1 节例 2 图

【解答】 开关 S 闭合前 u_C=0，即

$$u_C(0_-)=0$$

根据换路定律，开关 S 闭合的瞬间电容器 C 两端的电压为

$$u_C(0_+)=u_C(0_-)=0$$

所以，t=0 时灯泡两端的电压 u_R 为

$$u_R(0_+)=E=12\text{V}$$

电路中的电流为

$$i(0_+)=\frac{u_R(0_+)}{R}=\frac{12}{6}=2\text{A}$$

即开关 S 闭合的瞬间（t=0）的电流为

$$i=2\text{A}$$

同步练习

一、填空题

1．储能元件能量的储存或释放________，这是引起过渡过程的________。

2．对于一个原来没有电流的电感线圈，在换路的瞬间，可等效为________；对于一个原来就有电流的电感线圈，在换路的瞬间，可等效为一个________。

3．对于一个原来不带电荷（未充电）的电容器，在换路的瞬间，可等效为________；对于一个原来带电荷（已充电）的电容器，在换路的瞬间，可等效为________。

二、判断题

1．换路定律只适用于电路换路的瞬间。 （　　）

2．已储能的电容器在换路过渡过程中，相当于电压源。 （　　）

3．用万用表的 R×1kΩ 挡检测电容较大的电容器，若测量时指针始终为∞，则说明电容器已断路。 （　　）

4．当电容器带上一定电荷量后，移去直流电源，若把直流电压表接到电容器两端，则指针会发生偏转。 （　　）

5．在直流激励下，未储能的电感线圈在换路的瞬间可看作开路线。 （　　）

6．电容器具有“隔直流、通交流”的特性，也就是说，直流电不能通过电容器内部介质，而交流电可以。 （　　）

7．放电开始瞬间，电容器相当于恒压源。 （　　）

8．释放磁能开始瞬间，电感线圈相当于恒流源。 （　　）

三、计算题

1．应用换路定律求在图 10-1-5 所示的电路中，开关 S 闭合瞬间的 $u_C(0_+)$、$i_C(0_+)$或 $u_L(0_+)$、$i_L(0_+)$，设开关 S 闭合前，电路处于稳定状态。

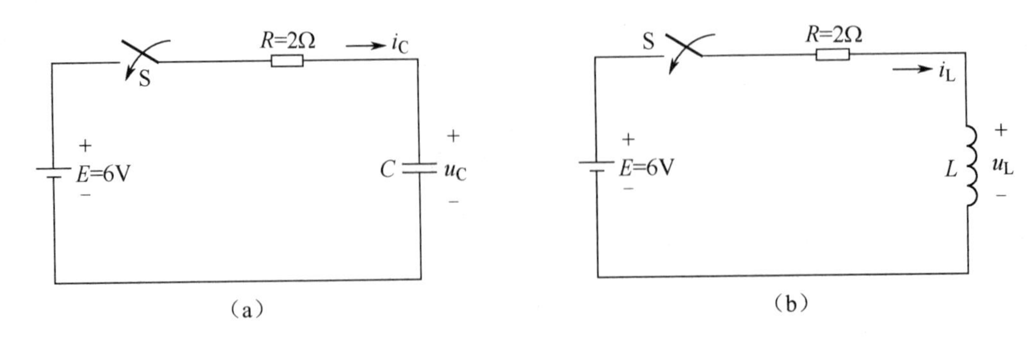

图 10-1-5　10.1 节计算题 1 图

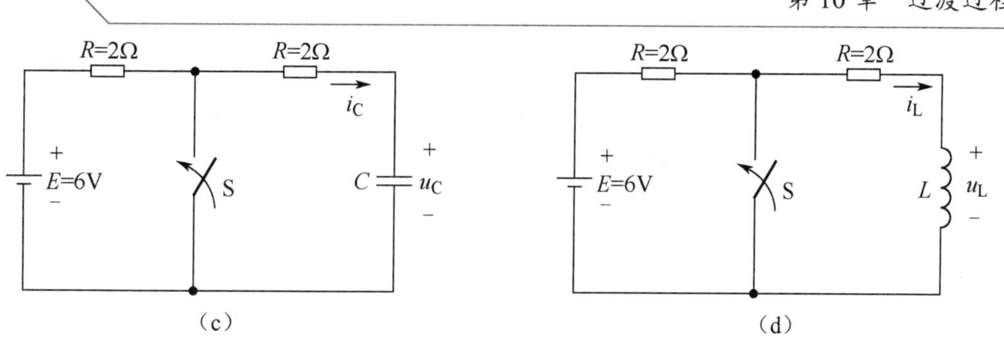

图 10-1-5　10.1 节计算题 1 图（续）

2．在图 10-1-6 所示的电路中，已知 E=12V，R_1=R_2=3Ω，换路前电路已处于稳定状态，试求开关 S 闭合的瞬间，各支路电流和各元件两端电压的初始值。

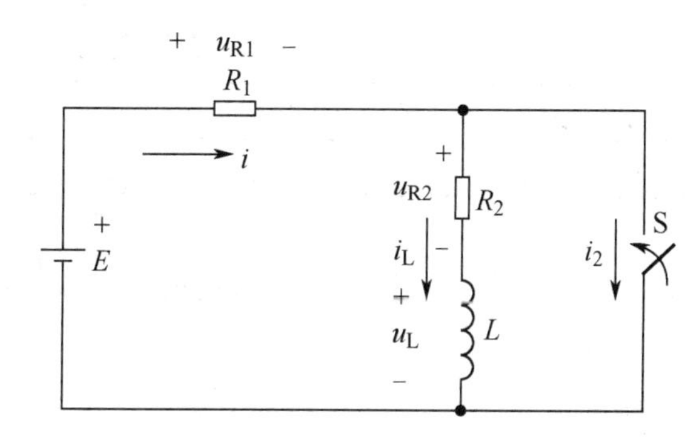

图 10-1-6　10.1 节计算题 2 图

验证 RC 应用电路的功能

10.2　RC、RL 电路的过渡过程

知识授新

1．RC 电路的过渡过程

（1）RC 电路的充电过程。

一个未充电的电容器与电阻和开关 S 串联，接在直流电源的两端，如图 10-2-1 所示。在开关 S 闭合的瞬间，电容器极板上没有电荷，即 $u_C(0_-)=0$。根据换路定律，$t=0_+$时电容器两端的电压为

$$u_C(0_+)=u_C(0_-)=0$$

则电路中的电流为

$$i(0_+)=\frac{E}{R}=I$$

由于电路中只有电阻和电容器，因此在开关 S 闭合的瞬间，电流发生了突变。$t=0_+$时电流最大，对电容器充电速率最快，极板间的电压升高速率最快。随着电容器极板上电荷量的增加，极板间的电压升高，电容器两端的电压逐渐接近电源电压，充电电流逐渐减小。当电容器两端的电压等于电源电压时，充电电流减小到零，过渡过程结束，电路达到稳定状态。

为进一步研究 RC 电路的过渡过程，做图 10-2-2 所示的实验，其中 $R=10^5\Omega$，$C=500\mu F$，$E=10V$。将开关 S 闭合的瞬间记作 $t=0$，将微安表的示数记录到表 10-2-1 中。

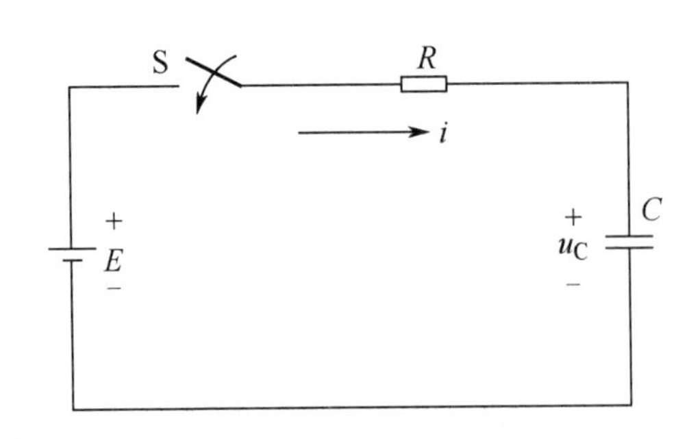

图 10-2-1　RC 充电电路

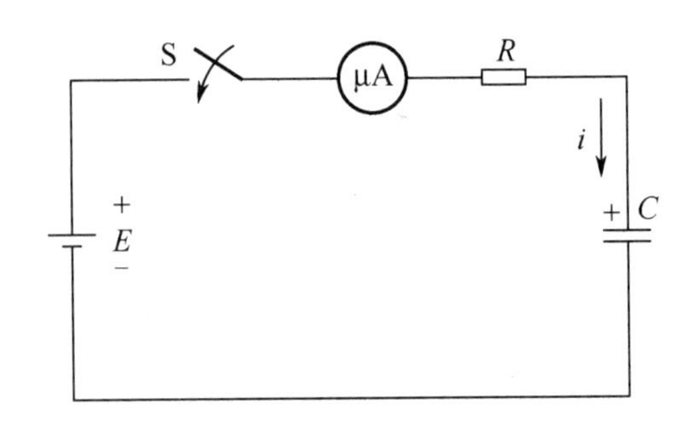

图 10-2-2　RC 电路过渡过程实验

表 10-2-1　RC 电路 t 时刻的充电电流

t/s	0	10	20	30	40	50	100	150	200	250
i/μA	100	81.9	67.0	54.9	44.9	36.8	13.6	4.96	1.83	0.67

根据表 10-2-1 的实验结果，以时间 t 为横轴，充电电流 i 为纵轴，绘制 i-t 关系曲线，如图 10-2-3 所示。

理论和实验证明，RC 电路的充电电流按指数规律变化，任意一个 RC 电路充电电流的数学解析式为

$$i_C=\frac{E}{R}e^{-\frac{t}{RC}}=\frac{E}{R}e^{-\frac{t}{\tau}}$$

电阻两端的电压 u_R 为

$$u_R=iR=Ee^{-\frac{t}{RC}}=Ee^{-\frac{t}{\tau}}$$

电容器两端的电压 u_C 为

$$u_C=E\left(1-e^{-\frac{t}{RC}}\right)=E\left(1-e^{-\frac{t}{\tau}}\right)$$

式中，$\tau=RC$，称为电路的时间常数。它表示过渡过程已经变化了总变化量的 63.2%所经过时间，反映了过渡过程进行的快慢，τ 的单位是秒（s）。当 $t=(3\sim5)\tau$ 时，电容器两端的电压达到稳定值的 95%～99%，通常可认为过渡过程已基本结束。

可见，在电容器充电过程中，电路中的电流由大到小，最后为零；电容器两端的电压由零逐渐增大，最后达到稳定值 E。u_R、u_C 在过渡过程中随时间变化的曲线如图 10-2-4 所示。

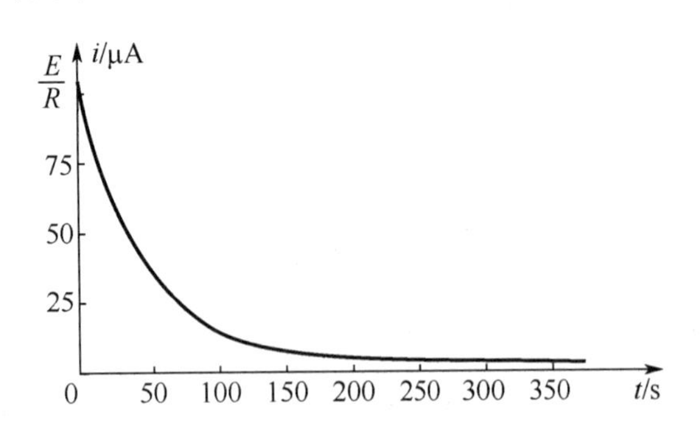

图 10-2-3　RC 充电的 i-t 关系曲线

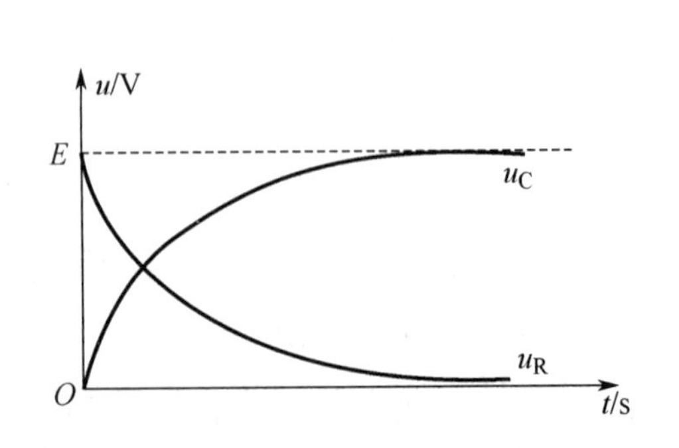

图 10-2-4　u_R、u_C 随时间变化的曲线

一般认为当 $t=(3\sim5)\tau$ 时，过渡过程就基本结束。

【资料】 t=0.7τ，完成 50%，余下 50%；t=1τ，完成 63.2%，余下 36.8%；t=2τ，完成 86.5%，余下 13.5%；t=3τ，完成 95%，余下 5%；t=4τ，完成 98.2%，余下 1.8%；t=5τ，完成 99.3%，余下 0.7%。

（2）RC 电路的放电过程。

在图 10-2-5 所示电路中，开关 S 置“1”时间过长，电容器两端的电压已充电到 E。在 t=0 时刻迅速将开关 S 置“2”，电容器通过电阻放电。在换路的瞬间，$u_C(0_-)=E$，根据换路定律，开关 S 置“2”的瞬间，电容器两端的电压为

$$u_C(0_+)=u_C(0_-)=E$$

电容器通过电阻放电的电流为

$$i=\frac{u_C}{R}$$

$t=0_+$时刻的电流为

$$i(0_+)=\frac{u_C(0_+)}{R}=\frac{E}{R}$$

当电容器放电完毕，过渡过程结束时，电路达到新的稳定状态，即

$$u_C(\infty)=0$$

$$i(\infty)=0$$

理论和实验证明，电容器通过电阻放电的电流和电容、电阻两端的电压都按指数规律变化，其数学解析式为

$$i=\frac{E}{R}e^{-\frac{t}{\tau}}$$

$$u_C=u_R=Ee^{-\frac{t}{\tau}}$$

式中，$\tau=RC$，是电容器通过电阻放电的时间常数。根据上式绘制电流、电压随时间变化的曲线，如图 10-2-6 所示。

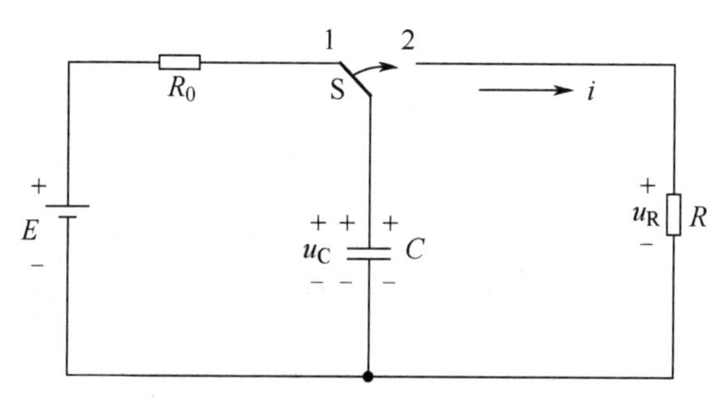

图 10-2-5　电容器通过电阻放电的电路

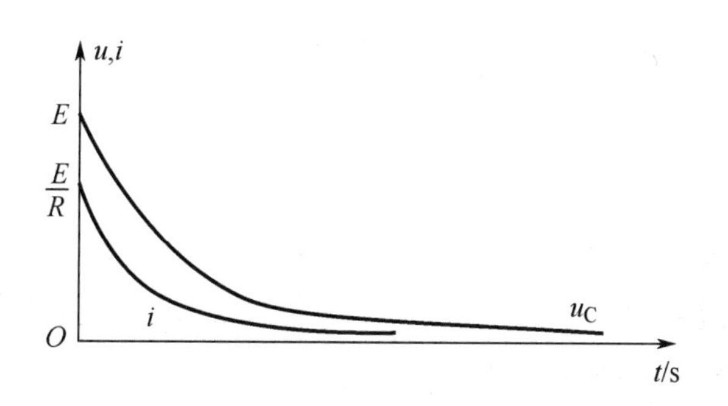

图 10-2-6　电容器放电时 u_C、i 随时间变化的曲线

放电刚开始时的放电电流最大，电容器极板间的电压变化速率也最大。在放电过程中，随着电容器极板上的电荷被不断中和，u_C 不断下降，放电电流 i 不断减小。放电结束时，u_C=0，i=0，电路达到新的稳定状态。放电快慢由时间常数 τ 决定，τ 越大，放电越慢。

（3）RC 电路的应用。

RC 电路除了第 5 章介绍的移相功能，还常用于波形的变换、信号的耦合等。

① 微分电路。

微分电路可以把矩形波变换为尖脉冲。在电子电路中，常用微分电路来产生触发信号。在参数的选取上，微分电路必须满足两个条件：输出信号 u_O 取自电阻的两端；时间常数 $\tau \ll t_W$（通常取 $\tau \leqslant \frac{1}{5}t_W$），微分电路的结构如图 10-2-7（a）所示。输入的矩形脉冲电压可由图 10-2-7（b）所示电路中的直流电源和开关 S 产生。在 0～t_1 期间，开关 S 置“1”，RC 电路与直流电源接通，电源对电容器充电（充电时，$E=u_C+u_O$）；在 t_1～t_2 期间，开关 S 置“2”，电容器通过电阻放电（放电时，$u_O=-u_C$）。矩形脉冲对 RC 电路的作用，就是使 RC 串联电路不断地充、放电。

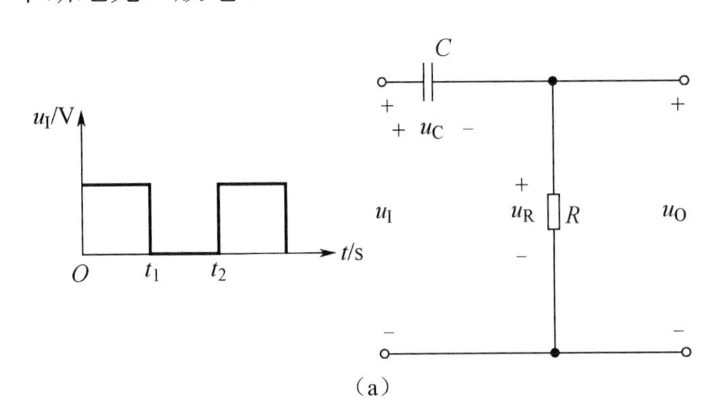

（a）

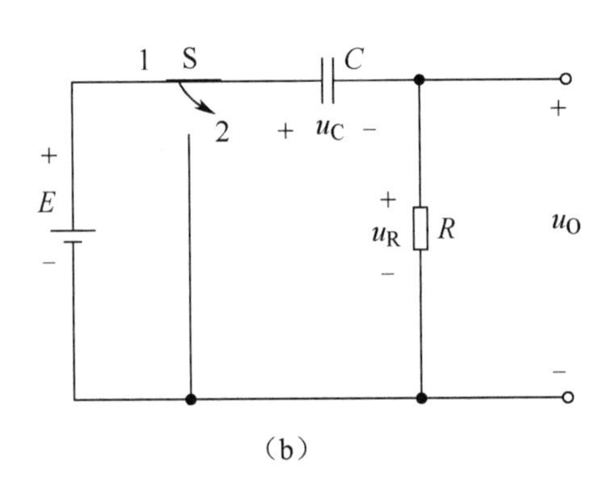

（b）

图 10-2-7　微分电路

输出电压即电阻两端的电压按指数规律变化。当输入矩形脉冲一定时，如图 10-2-8（a）所示。由于选取电路的时间常数 $\tau \ll t_W$，所以在到达 t_1 之前电容器充电过程早已结束；在下一个脉冲到达之前，电容器的放电过程也早已结束，输出电压为两个极性相反的尖脉冲，如图 10-2-8（b）所示。

改变电路参数 R、C，使 $\tau \approx t_W$，当电容器充电到 t_1 时，充电过程并没有结束，电容器两端的电压近似为电源电压的 63.2%，输出电压 u_O（u_R）为电源电压的 36.8%。同样道理，电容器放电到 t_2 时，放电过程并没有结束，波形如图 10-2-8（c）所示。

当电路的时间常数 $\tau \gg t_W$ 时，由于充电极慢，到矩形波后沿时，u_C 仍很小，故 $u_O \approx u_I$，且输出波形也与输入波形基本一样。这时电路就不再满足微分条件，而成为一个普通的阻容耦合电路，波形如图 10-2-8（d）所示。为了使耦合输出信号的失真尽可能小，耦合电路的参数 R、C 一般都选得比较大。

② 积分电路。

在脉冲技术中常需要将矩形脉冲信号变为锯齿波信号，这种变换电路即积分电路，如图 10-2-9 所示。实现积分的条件是输出信号取自 RC 电路中电容器的两端，即 $u_O=u_C$ 和时间常数 τ 的选取上要求 $\tau \gg t_W$，通常取 $\tau \geqslant 3t_W$。

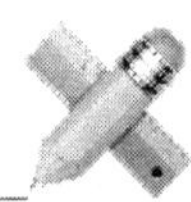

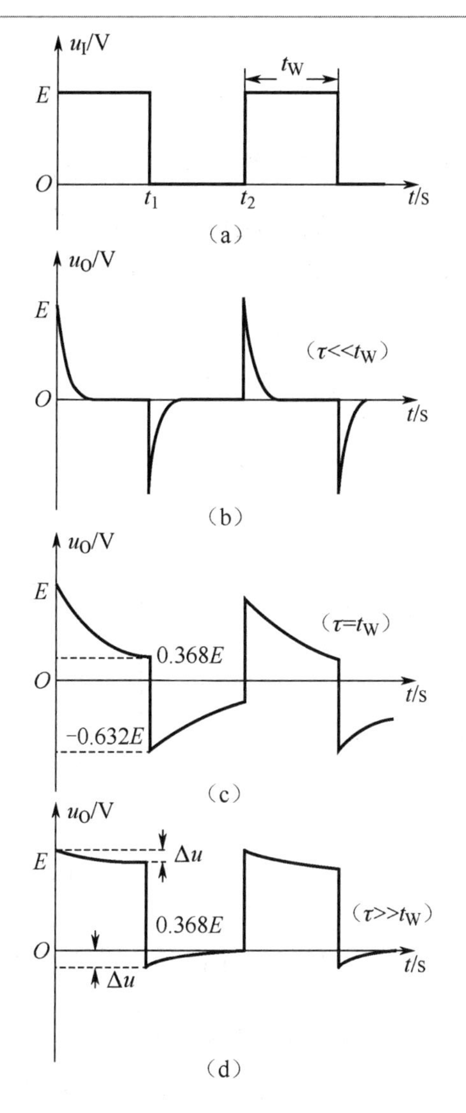

图 10-2-8　不同时间常数下的输出波形

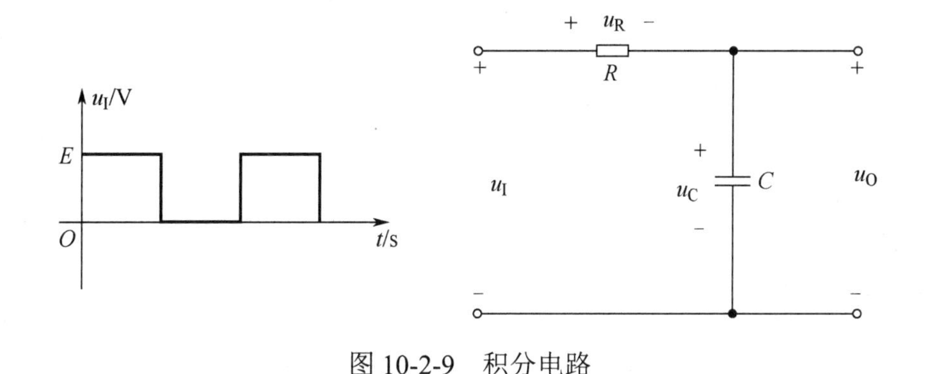

图 10-2-9　积分电路

当矩形脉冲电压由 0 跳变到 E 时，电容器开始充电，由于 τ 很大，充、放电很慢，电容器两端的电压 u_C 在 0～t_1 期间缓慢增长。当 u_C 还没达到 E 时，矩形脉冲电压已由 E 跳变到 0，电容器通过电阻缓慢放电，u_C 逐渐下降。从输出端得到图 10-2-10 所示的锯齿波电压。积分电路常用于产生示波器的扫描电压，加在 x 轴偏转上，使电子束水平偏转。

【强调】微分电路与积分电路都能进行波形变换。在脉冲技术中常用这两种电路来产生触发信号和锯齿波信号。在模拟运算电路中，可用来求导数和积分等。

2. RL 电路的过渡过程

（1）RL 电路的充磁过程。

在图 10-2-11 中，RL 电路与直流电源连接，在开关 S 闭合的瞬间，由于电感线圈原来没有充磁，即 $i_L(0_-)=0$。根据换路定律，$t=0_+$时电路中的电流为

$$i_L(0_+)=i_L(0_-)=0$$

则该瞬间电感线圈和电阻两端的电压分别为

$$u_L(0_+)=E$$

$$u_R(0_+)=0$$

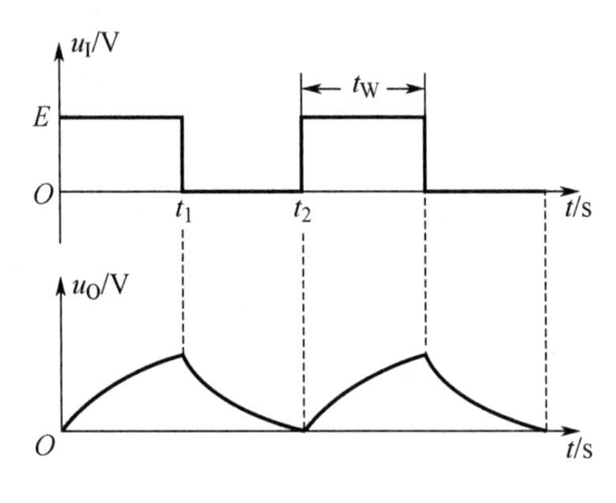

图 10-2-10　积分电路的工作波形

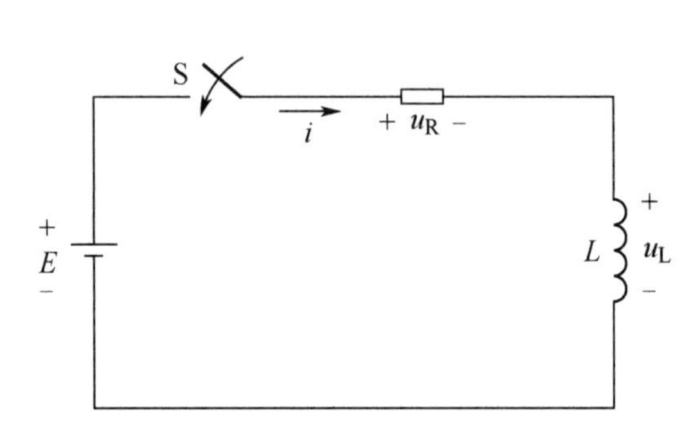

图 10-2-11　RL 充磁电路

$t=0_+$瞬间，电路中的电流变化率最大，电流由零按指数规律增大，最后达到稳定值$\dfrac{E}{R}$，电阻两端的电压（$u_R=i_R$）按指数规律上升，电感线圈两端的电压（$u_L=E-u_R$）按指数规律下降，最后为零。经进一步研究证明，i、u_R、u_L 变化的数学解析式为

$$i=\frac{E}{R}(1-e^{-\frac{t}{\tau}})$$

$$u_R=E(1-e^{-\frac{t}{\tau}})$$

$$u_L=Ee^{-\frac{t}{\tau}}$$

式中，$\tau=\dfrac{L}{R}$，称为电路的时间常数，单位为 s。根据数学解析式绘制 i、u_R、u_L 随时间变化的曲线，如图 10-2-12 所示。

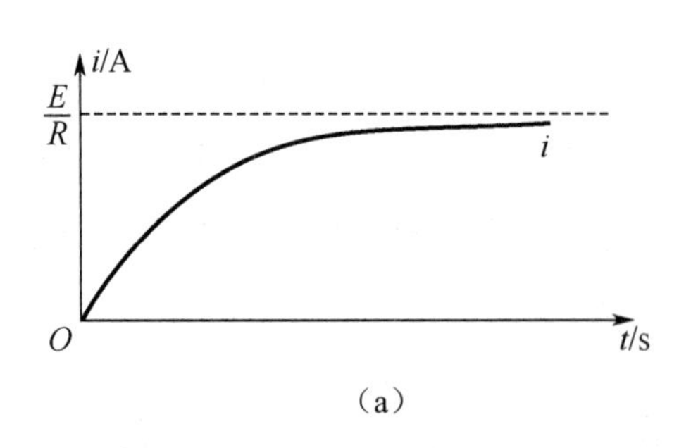

（a）

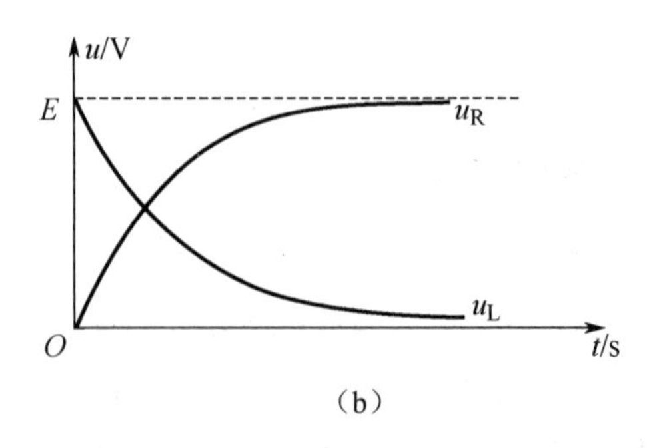

（b）

图 10-2-12　RL 电路接通直流电源时电流、电压的曲线

时间常数τ不同，电流达到稳定值的过程所持续的时间不同，电路过渡过程的长短不同。

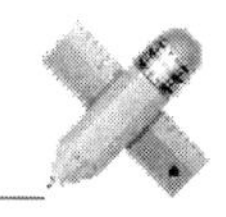

为什么$\tau=\frac{L}{R}$呢？假如电阻一定，则电感 L 越大，自感电动势 e_L 越大，对电流变化的阻碍作用越大，电路达到稳定值所需时间就越长；如果电感 L 一定，则电阻越小，电阻两端的压降越小，电感线圈两端的自感电动势越大，对电流变化的阻碍作用越大，电路达到稳定值所需时间也就越长。在图 10-2-13 中画出了不同时间常数的电流变化曲线。

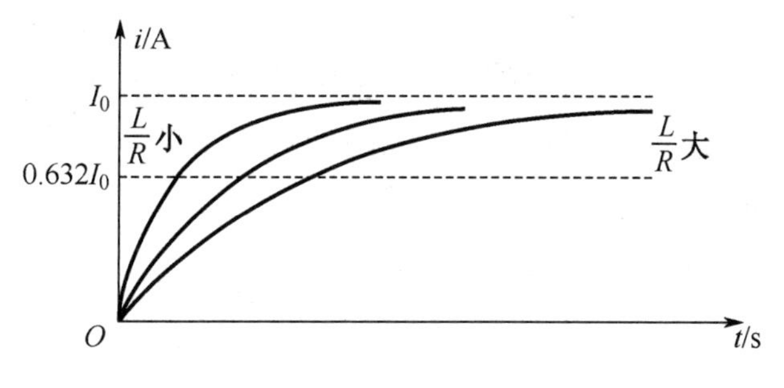

图 10-2-13　不同时间常数的电流变化曲线对比

（2）RL 电路的放磁过程。

在图 10-2-14 所示的电路中，换路前电路处于稳定状态，有稳定电流 I 流过电阻和电感线圈。t=0 时刻，迅速将开关 S 由“1”置“2”，由于通过电感线圈的电流不能发生突变，因此 $t=0_+$时刻的电流为

$$i(0_+)=\frac{E}{R}=I$$

电阻两端的电压 $u_R(0_+)$、电感线圈两端的电压 $u_L(0_+)$分别为

$$u_R(0_+)=i(0_+)R=IR$$

$$u_L(0_+)=-u_R(0_+)=-IR$$

理论和实验证明，在过渡过程中，i、u_R、u_L 都按指数规律下降，最后为零。其数学解析式分别为

$$i=Ie^{-\frac{t}{\tau}}$$

$$u_R=IRe^{-\frac{t}{\tau}}$$

$$u_L=-IRe^{-\frac{t}{\tau}}$$

根据数学解析式绘制 i、u_R、u_L 随时间变化的曲线，如图 10-2-15 所示，其变化速度取决于电路的时间常数，即$\tau=\frac{L}{R}$。

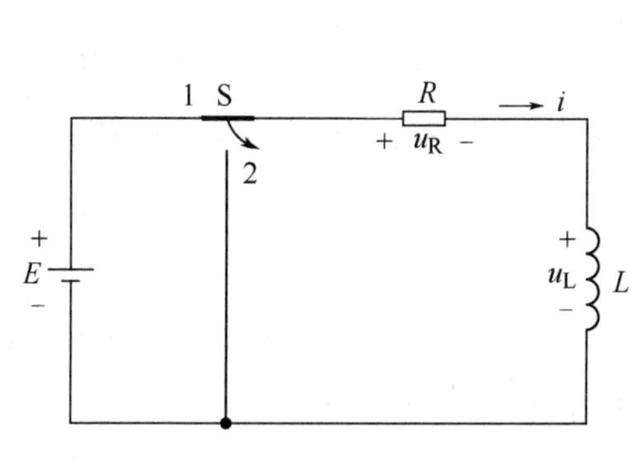

图 10-2-14　RL 电路的放磁过程

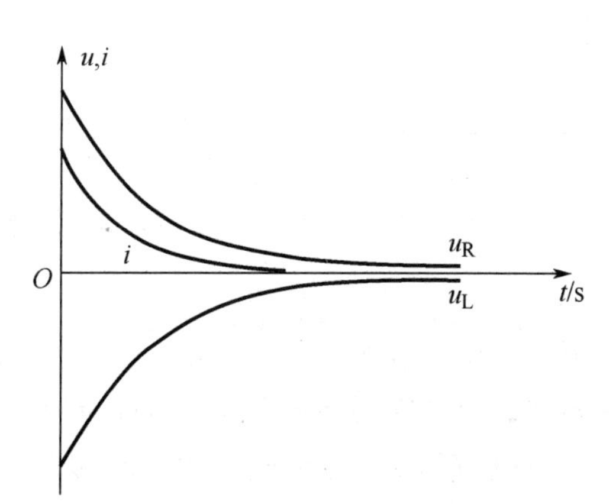

图 10-2-15　i、u_R、u_L 随时间变化的曲线

例题解析

【例 1】 在图 10-2-16 所示的 RC 电路中，R=100kΩ，C=100μF，充电前电容器两端的电压为零，E=20V。试求电路的时间常数 τ、开关 S 闭合 10s 时电容器两端的电压 u_C 和电阻两端的电压 u_R。

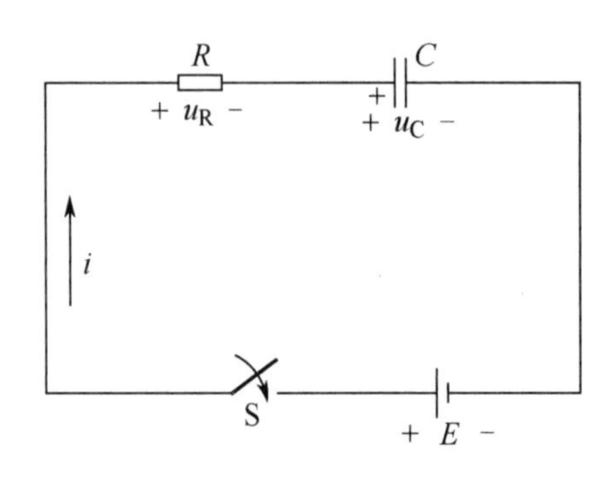

图 10-2-16　10.2 节例 1 图

【解答】 时间常数 τ 为

$$\tau = RC = 100\times10^3\times100\times10^{-6} = 10\text{s}$$

则 t=10s 时，电容器两端的电压 u_C 为

$$u_C = E\left(1-\mathrm{e}^{-\frac{t}{\tau}}\right) = 20\times\left(1-\mathrm{e}^{-\frac{10}{10}}\right)$$

$$= 20\times(1-\mathrm{e}^{-1}) = 20\times(1-0.368) = 12.64\text{V}$$

电阻两端的电压 u_R 为

$$u_R = E\,\mathrm{e}^{-\frac{t}{\tau}} = 2E\,\mathrm{e}^{-\frac{10}{10}} = 20\times0.368 = 7.36\text{V}$$

【例 2】 一只已充电到 100V 的电容器经由一电阻放电，经过 20s 后电压降到 67V，则放电 40s 后，电容器两端的电压约为（　　）。

A．55V　　B．45V　　C．37V　　D．50V

【解析与解答】 此例题具有一定的技巧性，列方程求解很费劲。已知前 20s 下降了 $\frac{67}{100}$，由于**指数规律不变**，再过 20s 的数值将是前 20s 结束后数值的 $\frac{67}{100}$，即 $(100\times\frac{67}{100})\times\frac{67}{100}\approx45\text{V}$，故选择 B。若在此基础上再过 20s，即放电 60s 后的数值又将是前 20s 结束后数值的 $\frac{67}{100}$，即 $(100\times\frac{67}{100}\times\frac{67}{100})\times\frac{67}{100}\approx30\text{V}$。

【例 3】 一个电感线圈被短接后，需要经过 0.1s，线圈内的电流才减小到初始值的 36.8%。如果用 R=5Ω 的电阻代替原来的短路线，则需要经过 0.05s，线圈内的电流才减小到初始值的 36.8%，求此线圈的阻值 r 和电感 L。

【解析】 由于电流减小到初始值的 36.8%，恰好是一个 τ 的时间，因此可列方程联立求解。

【解答】 依题意列方程组如下：

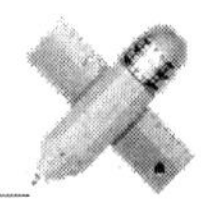

$$\begin{cases}\tau_1 = \dfrac{L}{r} & ①\\ \tau_2 = \dfrac{L}{R+r} & ②\end{cases} \quad \text{代入数据} \Rightarrow \begin{cases}0.1 = \dfrac{L}{r} & ①\\ 0.05 = \dfrac{L}{5+r} & ②\end{cases}$$

联立解得

$$r=5\Omega;\ L=0.5\text{H}$$

【例 4】 点焊机所用的电容器组的电容为 2000μF，工作时充电至 500V，求储存的能量。如果焊点上的阻值为 0.01Ω，求最大放电电流和放电时间常数。

【解答】 电容器组充电至 500V 时所储存的能量为

$$W_\text{C} = \frac{1}{2}CU^2 = \frac{1}{2}\times 2000\times 10^{-6}\times (500)^2 = 250\text{J}$$

最大放电电流为

$$i_{\max} = \frac{U}{R} = \frac{500}{0.01} = 50000\text{A}$$

放电时间常数为

$$\tau = RC = 0.01\times 2000\times 10^{-6} = 20\mu\text{s}$$

在上例中，**放电瞬间电流可以高达 50000A，这就是电容器充、放电过程中的过电流现象。过电流现象有利（如应用于储能焊）也有弊，若处理不当，则危害甚大。**

【例 5】 图 10-2-17 所示为 RL 串联电路，已知 R=5Ω，L=0.398H，直流电源 E=35V，电压表量程为 50V，内阻 R_V=5kΩ。开关 K 未断开时，电路已处于稳定状态，在 t=0 时刻断开开关，求：(1) 开关断开后电路的时间常数 τ。(2) i 的初始值。(3) i 和 u_V 的解析式。(4) $t=0_+$ 时刻电压表两端的电压。

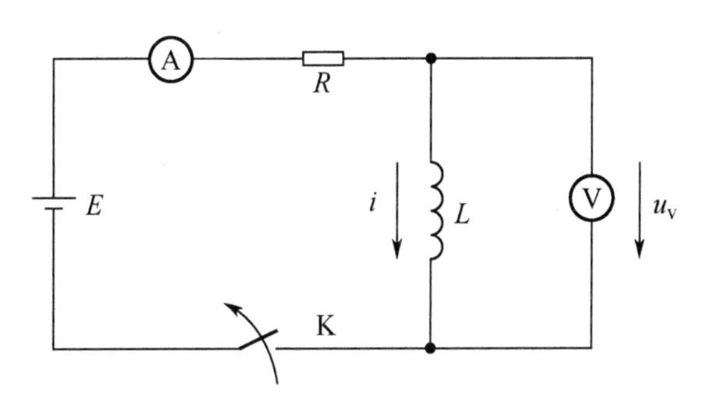

图 10-2-17　10.2 节例 5 图

【解答】（1）时间常数为

$$\tau = \frac{L}{R_\text{V}} = \frac{0.398\text{H}}{5\times 10^3\Omega} = 79.6\mu\text{s}$$

（2）i 的初始值为

$$i(0_+) = i(0_-) = \frac{E}{R} = \frac{35\text{V}}{5\Omega} = 7\text{A}$$

（3）i 和 u_V 的解析式分别为

$$i(t) = i(0_+)\text{e}^{-\frac{t}{\tau}} = 7\text{e}^{-12563t}\text{A}$$

$$u_\text{V}(t) = -i(t)R_\text{V} = -7\text{e}^{-12563t}\text{A}\times 5\times 10^3\Omega$$
$$= -35\text{e}^{-12563t}\ \text{kV}$$

（4）$t=0_+$ 时刻电压表两端的电压 u_V=−35kV。

在上例中，**电压表两端的瞬间电压可高达 35kV，这就是电感线圈在释放磁能过程中产生的过电压现象。**在这一时刻，电压表要承受很高的电压，必然导致电压表损坏，所以在开关断开前，必须将电压表拆除。

同步练习

一、填空题

1．初始储能为 1×10^{-2}J 的 2μF 电容器，在通过 1kΩ 电阻放电时，初始电压为________，初始电流为________。最终，电容器两端的电压为________，电流为________，在放电过程中，电压与电流均按_______规律变化，通常认为这一放电过程的结束需_______到_______的时间。

2．在直流源作用下的 RL 电路中，若电感线圈不断充磁，则电感线圈上的电流不断________，电压不断________。最终，电感线圈上的电流________，电压________。这一充磁过程持续的时间与电阻 R 成________比，与电感 L 成________比。

3．在图 10-2-18 所示的电路中，C=5μF，换路前的电路已达稳定状态，则换路后的初始值 $u_C(0_+)$=__________，$i_C(0_+)$=__________，$i(0_+)$=__________；稳态值 $u_C(\infty)$=__________，$i_C(\infty)$=_________，$i(\infty)$=_________；电路的时间常数 τ =_________。

4．在图 10-2-19 所示的电路中，L=10mH，换路前的电路已达稳定状态，则换路后的初始值 $i_L(0_+)$=________，$u_L(0_+)$=________；稳态值 $i_L(\infty)$=________，$u_L(\infty)$=________；电路的时间常数 τ =________。

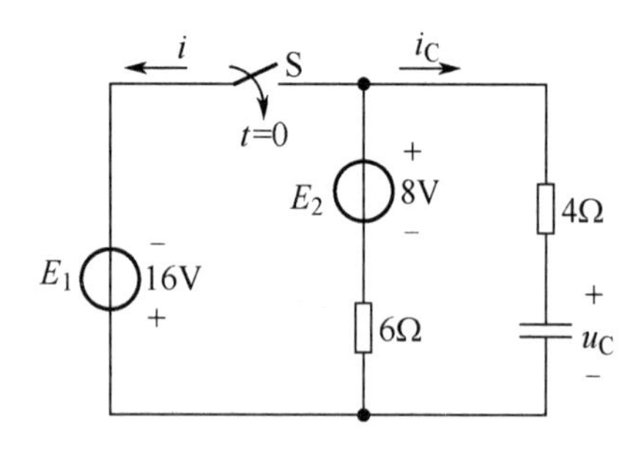

图 10-2-18　10.2 节填空题 3 图

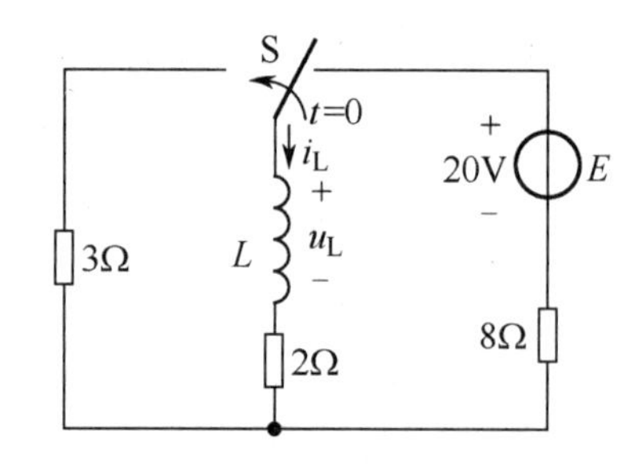

图 10-2-19　10.2 节填空题 4 图

二、单项选择题

1．在图 10-2-20 所示的电路中，HL_1、HL_2 为同规格的两只灯泡，则开关 S 闭合后的灯泡亮度变化情况是（　　）。

A．HL_1 立即亮，HL_2 逐渐亮　　B．HL_1、HL_2 立即亮

C．HL_1、HL_2 逐渐亮　　D．HL_1 逐渐亮，HL_2 立即亮

2．电路仍如图 10-2-20 所示，开关 S 由闭合转为断开时的现象是（　　）。

A．HL_1 立即熄灭，HL_2 逐渐熄灭　　B．HL_1、HL_2 立即熄灭

C．HL_1、HL_2 逐渐熄灭　　D．HL_1 逐渐熄灭，HL_2 立即熄灭

3．在图 10-2-21 所示的电路中，灯泡 HL 的额定值为“2W，10V”，则 S 由“1”置“2”后的电流表的指针偏转情况是（　　）（换路前的电路处于稳定状态）。

A．指针先迅速向正刻度方向偏转，然后逐渐回落至零位

B．指针先迅速向负刻度方向偏转，然后逐渐回落至零位

C．指针向正刻度方向偏转，最终示数为 0.2A

D．指针向负刻度方向偏转，最终示数为 0.2A

4．电路仍如图 10-2-21 所示，S 由“2”置“1”后，电流表的指针偏转情况是（　　）（换路前的电路处于稳定状态）。

A．指针先迅速向正刻度方向偏转，然后逐渐回落至零位

B．指针先迅速向负刻度方向偏转，然后逐渐回落至零位

C．指针向正刻度方向偏转，最终示数为 0.2A

D．指针向负刻度方向偏转，最终示数为 0.2A

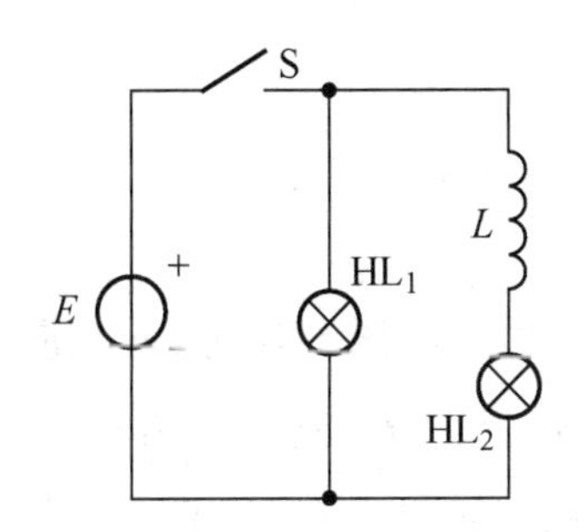

图 10-2-20　10.2 节单项选择题 1 图

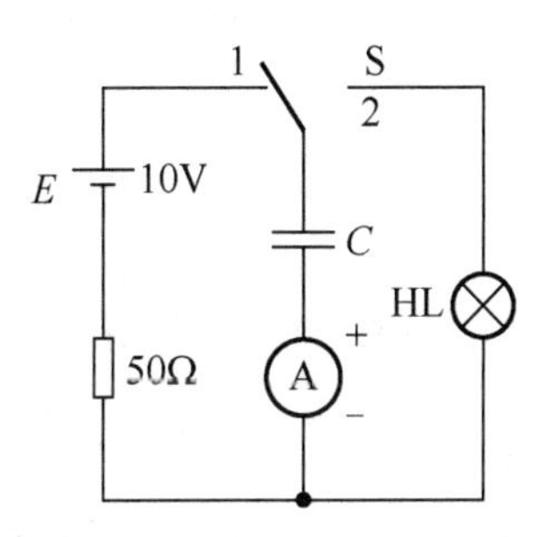

图 10-2-21　10.2 节单项选择题 3 图

10.3　一阶电路的三要素法

知识授新

1．三要素法的概念

一阶电路的过渡过程：电路变量由初始值向稳态值过渡，并且按照指数规律逐渐趋向稳态值。指数曲线的弯曲程度与反映趋向稳态值的速率及时间常数密切相关。

只要知道换路后的稳态值、初始值和时间常数这三个要素，就能直接写出一阶电路过渡过程的解析式，这就是一阶电路的三要素法。

一阶电路的三要素法的通用公式为

$$f(t)=f(\infty)+[f(0_+)-f(\infty)]e^{-\frac{t}{\tau}}$$

式中，$f(0_+)$——电压或电流的初始值；

$f(\infty)$——电压或电流的稳态值；

τ——电路的时间常数；

$f(t)$——电路中待求的电流或电压。

2．三要素法的运用步骤

（1）初始值 $f(0_+)$ 可根据换路定律和基尔霍夫定律求得，具体步骤如下。

① 根据 $t=(0_-)$ 时刻的等效电路，应用欧姆定律求出 $u_C(0_-)$ 或 $i_L(0_-)$。

② 根据换路定律求出 $u_C=(0_+)$ 和 $i_L=(0_+)$，即

$$u_C(0_+)=u_C(0_-)\text{；}\ i_L(0_+)=i_L(0_-)$$

③ 根据 $t=(0_+)$ 时刻的等效电路，应用基尔霍夫定律及欧姆定律求出其他有关量的初始值。

（2）稳态值 $f(\infty)$ 根据 $t=\infty$ 时刻的等效电路求得，这时电容器相当于开路线，电感线圈相当于短路线。

（3）时间常数 $\tau=RC$（在 RC 电路中）或 $\tau=\dfrac{L}{R}$（在 RL 电路中）。其中，R 应理解为在换路后的电路中从储能元件两端看进去的入端电阻。这时，电路中所有电源均不作用，仅保留其内阻（恒压源用短路线替代，恒流源用开路线替代）。

例题解析

【例 1】 在图 10-3-1（a）所示的电路中，开关长期置“1”，在 t=0 时刻，将开关置“2”，试求 $u_C(t)$、$i_C(t)$、$i_1(t)$、$i_2(t)$的解析式。已知 R_1=1kΩ，R_2=2kΩ，C=3μF，U_1=3V，U_2=5V。

【解析】 分别求出 u_C、i_C、i_1 和 i_2 的初始值、稳态值、时间常数，代入三要素法的通用公式。

【解答】（1）画出 t=(0_+)时刻的等效电路，如图 10-3-1（b）所示，各初始值为

$$U_C(0_-)=\frac{U_1R_2}{R_1+R_2}=\frac{3\times2}{1+2}=2\text{V}\text{；}\ U_C(0_+)=U_C(0_-)=2\text{V}$$

$$i_1(0_+)=\frac{U_2-U_C(0_+)}{R_1}=\frac{5-2}{1\text{k}\Omega}=3\text{mA}$$

$$i_2(0_+)=\frac{U_C(0_+)}{R_2}=\frac{2\text{V}}{2\text{k}\Omega}=1\text{mA}$$

$$i_C(0_+)=i_1(0_+)-i_2(0_+)=3-1=2\text{mA}$$

（2）画出 $t=\infty$ 时刻的等效电路，如图 10-3-1（c）所示，各稳态值为

$$U_C(\infty)=\frac{U_2R_2}{R_1+R_2}=\frac{5\times2}{1+2}=\frac{10}{3}\text{V}$$

$$i_1(\infty)=i_2(\infty)=\frac{U_2}{R_1+R_2}=\frac{5\text{V}}{3\text{k}\Omega}=\frac{5}{3}\text{mA}\text{；}\ i_C(\infty)=0\text{A}$$

（3）画出从电容器两端看过去的入端电阻等效电路，如图 10-3-1（d）所示，时间常数为

$$R=R_1/\!/R_2=1/\!/2=\frac{2}{3}\text{k}\Omega$$

$$\tau=RC=\frac{2}{3}\times10^3\times3\times10^{-6}=2\times10^{-3}\text{s}$$

（4）代入三要素法的通用公式 $f(t)=f(\infty)+[f(0_+)\ -f(\infty)]\text{e}^{-\frac{t}{\tau}}$，得

$$u_C=\frac{10}{3}+\left(2-\frac{10}{3}\right)\text{e}^{-\frac{t}{2\times10^{-3}}}=\left(\frac{10}{3}-\frac{4}{3}\text{e}^{-500t}\right)\text{V}$$

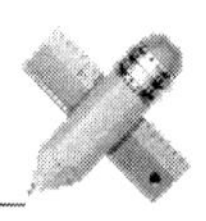

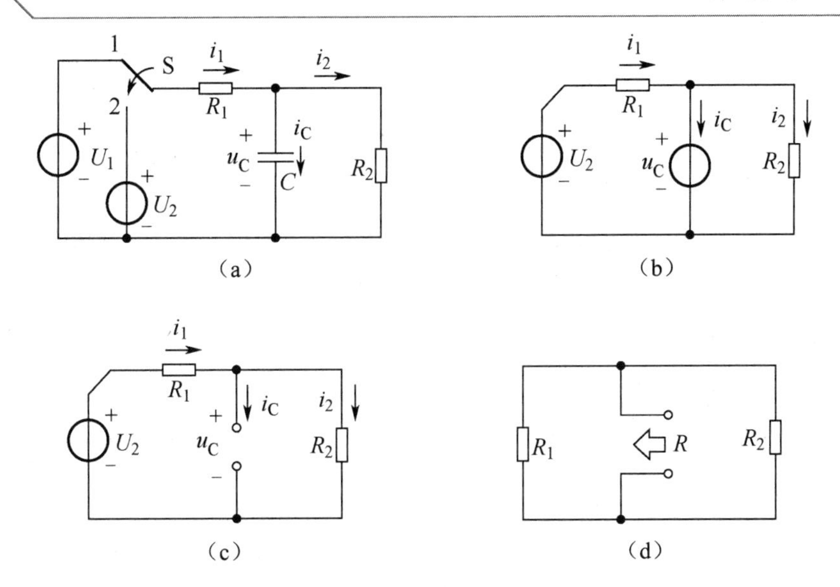

图 10-3-1　10.3 节例 1 图

同理可得

$$i_1=\left(\frac{5}{3}+\frac{4}{3}\mathrm{e}^{-500t}\right)\mathrm{mA}$$

$$i_2=\left(\frac{5}{3}-\frac{2}{3}\mathrm{e}^{-500t}\right)\mathrm{mA}$$

$$i_C=2\mathrm{e}^{-500t}\mathrm{mA}$$

i_2 其实还有更简单的计算方法，即 $i_2=\dfrac{u_C}{R_2}=\left(\dfrac{5}{3}-\dfrac{2}{3}\mathrm{e}^{-500t}\right)\mathrm{mA}$ 。

【例 2】 在图 10-3-2（a）所示的电路中，t =0 时刻开关由“a”置“b”，试求 i 和 i_L 的解析式。

【解答】（1）画出 $t=(0_+)$时刻的等效电路，如图 10-3-2（b）所示，初始值为

$$i_L(0_-)=-\frac{E_1}{R_1+(R_2//R_3)}\times\frac{R_3}{R_2+R_3}=-\frac{3}{1+(2//1)}\times\frac{2}{1+2}=-1.2\mathrm{A}$$

$$i_L(0_+)=i_L(0_-)=-1.2\mathrm{A}$$

运用叠加原理求 $i(0_+)$，即

$$i(0_+)=\frac{E_2}{R_1+R_3}+i_L(0_+)\frac{R_3}{R_1+R_3}=\frac{3}{3}+\left(-1.2\frac{2}{1+2}\right)=0.2\mathrm{A}$$

（2）画出 $t=\infty$ 时刻的等效电路，如图 10-3-2（c）所示，稳态值为

$$i(\infty)=\frac{E_2}{R_1+(R_2//R_3)}=\frac{3}{1+(1//2)}=1.8\mathrm{A}$$

$$i_L(\infty)=i(\infty)\frac{R_3}{R_2+R_3}=1.8\frac{2}{1+2}=1.2\mathrm{A}$$

（3）画出从电感线圈两端看过去的入端电阻等效电路，如图 10-3-2（d）所示，时间常数为

$$R=(R_1//R_3)+R_2=(1//2)+1=\frac{5}{3}\Omega;\quad \tau=\frac{L}{R}=\frac{3}{\frac{5}{3}}=\frac{9}{5}\mathrm{s}$$

（4）代入三要素法的通用公式 $f(t)=f(\infty)+[f(0_+)-f(\infty)]\mathrm{e}^{-\frac{t}{\tau}}$，得

$$i = 1.8 + [0.2 - 1.8]\mathrm{e}^{-\frac{5t}{9}} = 1.8 - 1.6\mathrm{e}^{-\frac{5t}{9}}\,\mathrm{A}$$

$$i_L = 1.2 + [-1.2 - 1.2]\mathrm{e}^{-\frac{5t}{9}} = 1.2 - 2.4\mathrm{e}^{-\frac{5t}{9}}\,\mathrm{A}$$

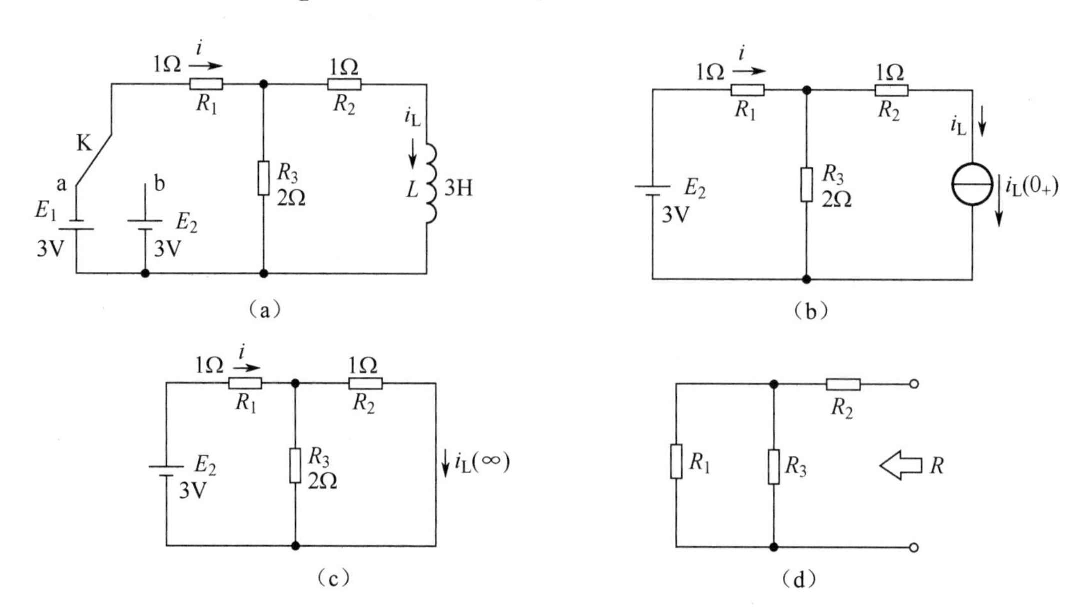

图 10-3-2 10.3 节例 2 图

同步练习

一、填空题

1．在图 10-3-3 所示的电路中，开关 S 闭合前，电路已处于稳定状态。若 t=0 时刻开关 S 闭合，则初始值 $i(0_+)$=________A，电路的时间常数 τ=________μs，稳定后 $u_C(\infty)$=________。

2．在图 10-3-4 所示的电路中，I=10mA，R_1=3kΩ，R_2=3kΩ，R_3=6kΩ，C=2μF，在开关闭合前，电路已处于稳定状态，在开关 S 闭合后，$i_C(0_+)$=________，$i_1(\infty)$=________，τ=________。

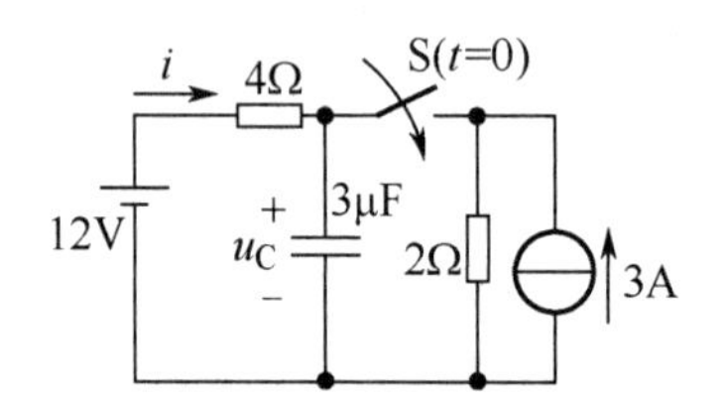

图 10-3-3 10.3 节填空题 1 图

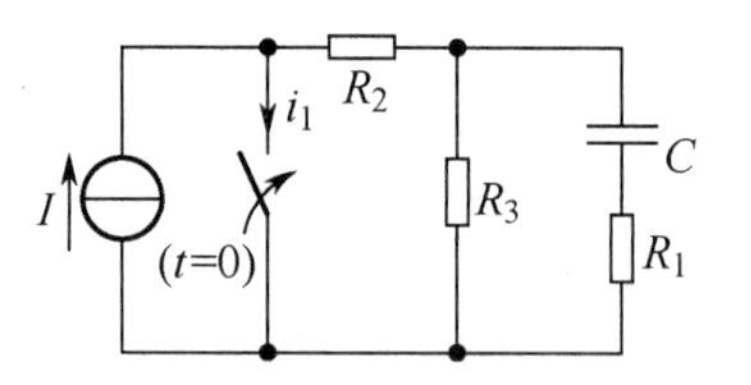

图 10-3-4 10.3 节填空题 2 图

3．在图 10-3-5 所示的电路中，开关 S 闭合时电路处于稳定状态。若在 t=0 时刻将开关 S 断开，则电容器上的电压稳态值 $u_C(\infty)$=________V，时间常数 τ=________ms。

4．在图 10-3-6 所示的电路中，已知 E=100V，R_1=10Ω，R_2=15Ω，开关 S 闭合前，电路已处于稳定状态，求开关 S 闭合后，i_1、i_2 及电感线圈上电压的初始值分别为________A，________A，________V。

5．在图 10-3-7 所示的电路中，t=(0_+)时刻，i_C=________A，u_L=________V，u_{R2}=________V。

6．在图 10-3-8 所示的电路中，I_S=100mA，R_1=3kΩ，R_2=3kΩ，R_3=6kΩ，C=2μF，在开关 S 闭合前，电路已处于稳定状态，若 t=0 时刻开关 S 闭合，则 $i(0_+)$=________mA，$i(\infty)$=________mA。

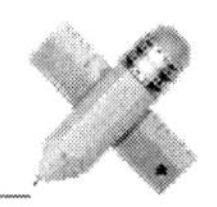

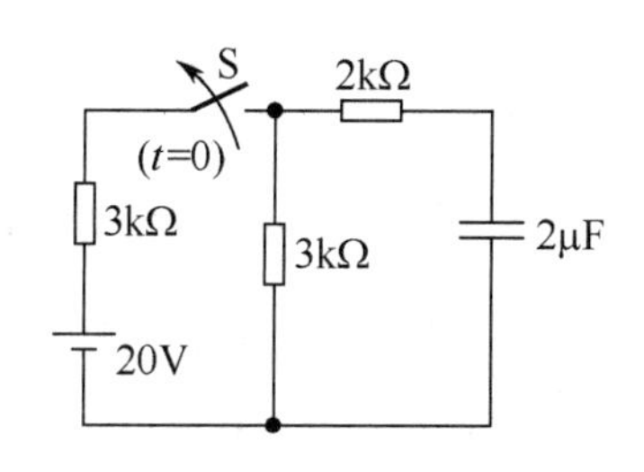

图 10-3-5　10.3 节填空题 3 图

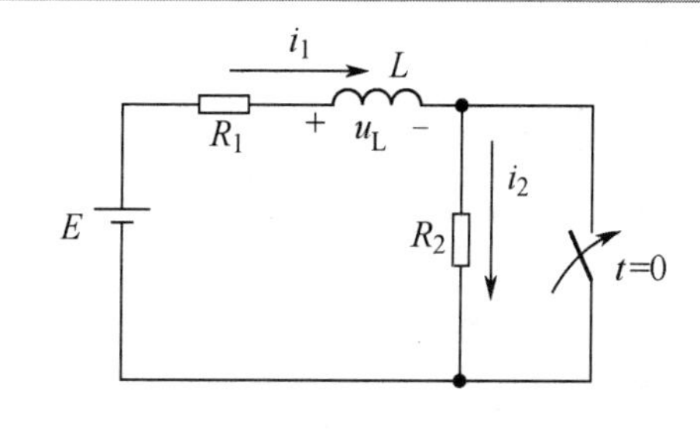

图 10-3-6　10.3 节填空题 4 图

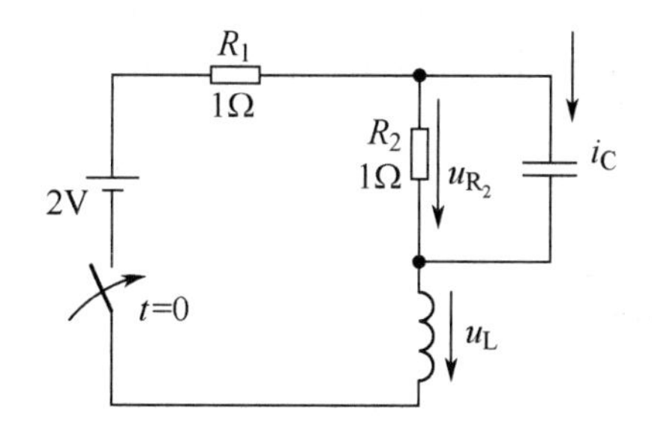

图 10-3-7　10.3 节填空题 5 图

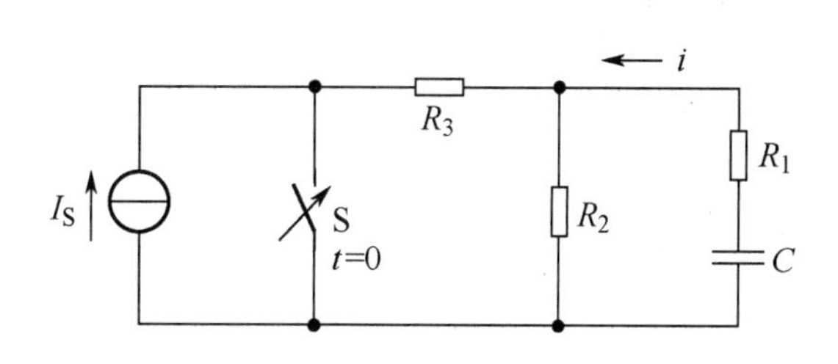

图 10-3-8　10.3 节填空题 6 图

二、单项选择题

1．在图 10-3-9 所示的电路中，换路前电路已处于稳定状态，则换路后电容器两端的电压 u_C 及开关上的电流 i_{ab} 的初始值分别为（　　）。

A．1.2V 和 0.6A　　　B．6V 和 1A

C．0V 和 1A　　　D．0V 和 0.6A

2．在图 10-3-9 所示的电路中，稳态值 $u_C(\infty)$和 $i_{ab}(\infty)$分别为（　　）。

A．3V 和 1A　　　B．3V 和 0.6A

C．3.6V 和 0.6A　　　D．3.6V 和 1A

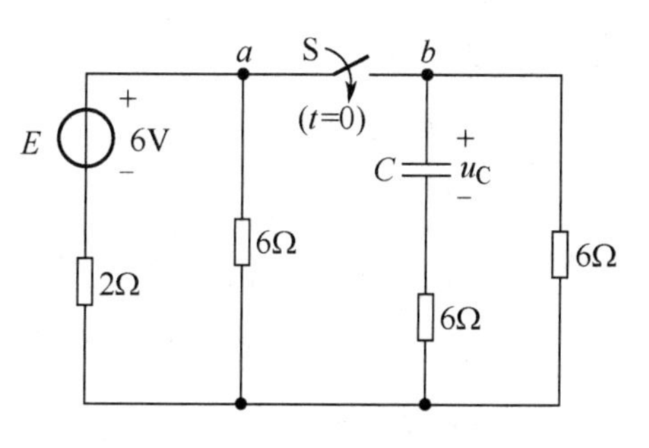

图 10-3-9　10.3 节单项选择题 1 图

三、计算题

1．电路如图 10-3-10 所示，t=0 时刻开关 S 闭合，且换路前电路已处于稳定状态。试求：（1）初始值 $u_C(0_+)$和 $i(0_+)$。（2）稳态值 $u_C(\infty)$和 $i(\infty)$。（3）电路的时间常数 τ。（4）$t > 0$ 以后的响应方程 $u_C(t)$和 $i(t)$。

▲2．电路如图 10-3-10 所示，t=0 时刻开关 S 断开，且换路前电路已处于稳定状态。试求：（1）初始值 $u_C(0_+)$和 $i(0_+)$。（2）稳态值 $u_C(\infty)$和 $i(\infty)$。（3）电路的时间常数 τ。（4）$t > 0$ 以后的响应方程 $u_C(t)$和 $i(t)$。

▲3．在图 10-3-11 所示的电路中，L=4mH，t=0 时刻开关 S 闭合，且换路前电路已处于稳定状态，试求：（1）初始值 $i_L(0_+)$和 $u_{ab}(0_+)$。（2）稳态值 $i_L(\infty)$和 $u_{ab}(\infty)$。（3）电路的时间常数 τ。（4）$t > 0$ 以后的响应方程 $i_L(t)$和 $u_{ab}(t)$。

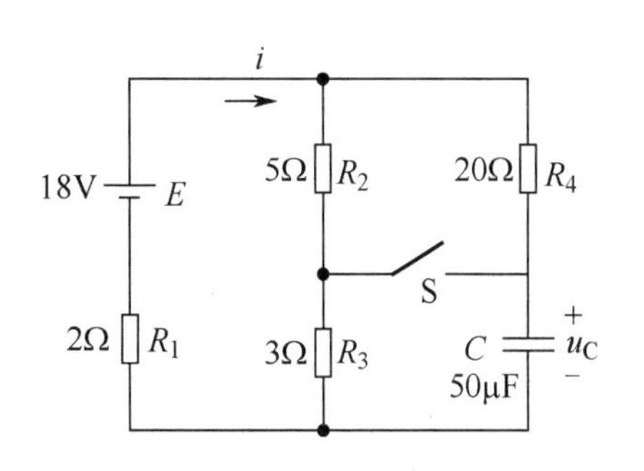

图 10-3-10　10.3 节计算题 1 图

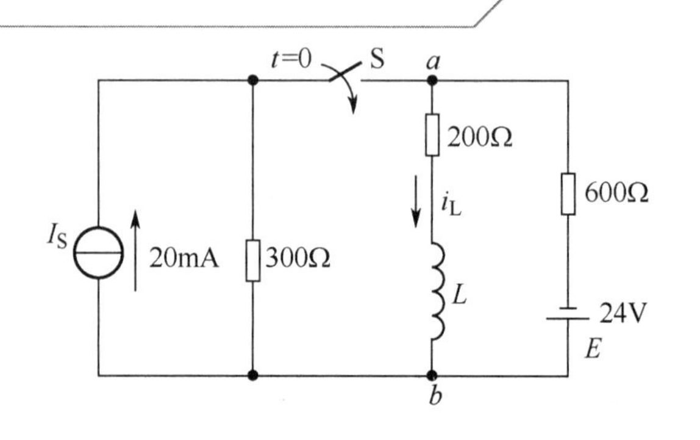

图 10-3-11　10.3 节计算题 3 图

10.4　LC 振荡电路

知识授新

与力学中的简谐振动（如单摆振动）相似，电学中也有自由振荡。LC 振荡电路就是其中最简单的一种。

1. LC 振荡电路的概念

在图 10-4-1 所示的电路中，先将开关 S 置“1”，电源给电容器充电，直到电容器两端的电压等于电源电压，即 $u_C=E$。这时，电容器极板上带有电荷量 Q，极板间建立起电场，储有电场能 $W_C=\frac{1}{2}CU^2$。然后将开关 S 置“2”，使电容器通过电感线圈放电。在电容器和电感线圈之间将发生电场能与磁场能的相互转换。同时，可以观察到检流计的指针左右摆动，说明电路中电流的大小和方向都在变化。如果电路中的阻值很小，那么电流的这种变化将延续很长时间。

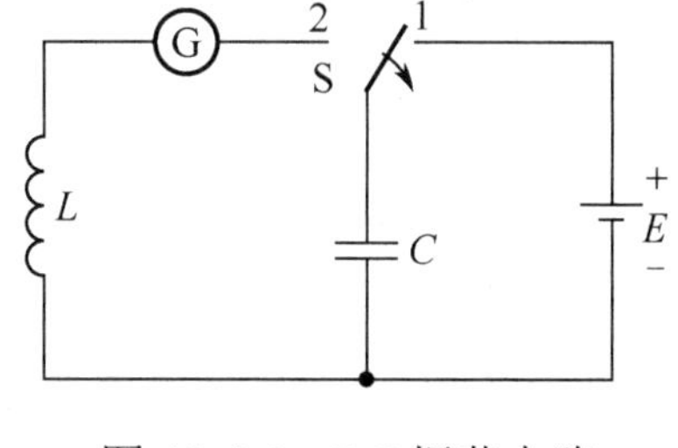

图 10-4-1　LC 振荡电路

像这样大小和方向都做周期性变化的电流叫作振荡电流，能够产生振荡电流的电路叫作振荡电路。振荡电路的种类很多，像图 10-4-1 这种由电容器 C 和电感线圈 L 组成的振荡电路，是一种最简单的振荡电路，叫作 LC 振荡电路。

2. 自由振荡的物理过程

只在起始时刻供给振荡电路一定能量，以后不再向电路提供能量，电路中的电场能和磁场能反复转换的过程，叫作自由振荡。

下面研究在无损耗的情况下，电路中自由振荡的电流、电压和能量的变化情况。

（1）设开关 S 由“1”置“2”的瞬间为 t_0 时刻，电容器还没放电，电路中的电流为 0，此时电容器两个极板带有等量异种电荷 Q，极板间的电压为 U_{Cm}。电容器所储存的电场能为 $W_C=\frac{1}{2}CU_{Cm}^2$（最大值），这也是电路中的全部能量，如图 10-4-2（a）所示。

（2）在 t_0～t_1 期间，电容器对电感线圈放电，对电感线圈而言相当于在其两端加了阶跃电压，即电压由零突变到 U_{Cm}。由于电感线圈的电流不能发生突变，因此电流将由零逐渐增大

到最大值 I_m，而电容器在不停地放电，极板上的电荷逐渐减少，直到电荷全部放完。电容器极板间的电压由最大值 U_{Cm} 下降到零。

同时，电容器的电场能由最大值逐渐减小到零，而电感线圈的磁场能由零逐渐增大到最大值 $W_L = \frac{1}{2}LI_m^2$，电场能全部转化为磁场能，且 $W_L=W_C$，如图 10-4-2（b）所示。

（3）在 t_1～t_2 期间，电容器放电完毕，但电路中的电流不能突变为零。由于电流不断减小，电感线圈产生自感电动势来阻碍电流减小，因而自感电动势将使电流沿原方向继续流动，使电容器反向充电。电容器上的反向电压逐渐增大，充电电流逐渐减小，直至为零。这时，电容器极板上储存的电荷量又达到最大值 Q，但所带电荷的极性与原来相反，磁场能全部转化为电场能储存在电容器中。如图 10-4-2（c）所示。

（4）在 t_2～t_3 期间，电容器开始反向放电。这同 t_0～t_1 期间的情况相似，只不过放电电流的方向与原电流的方向相反，如图 10-4-2（d）所示。

（5）在 t_3～t_4 期间，电容器正向充电完毕，这时的电路状态与起始时刻完全相同，如图 10-4-2（e）所示。

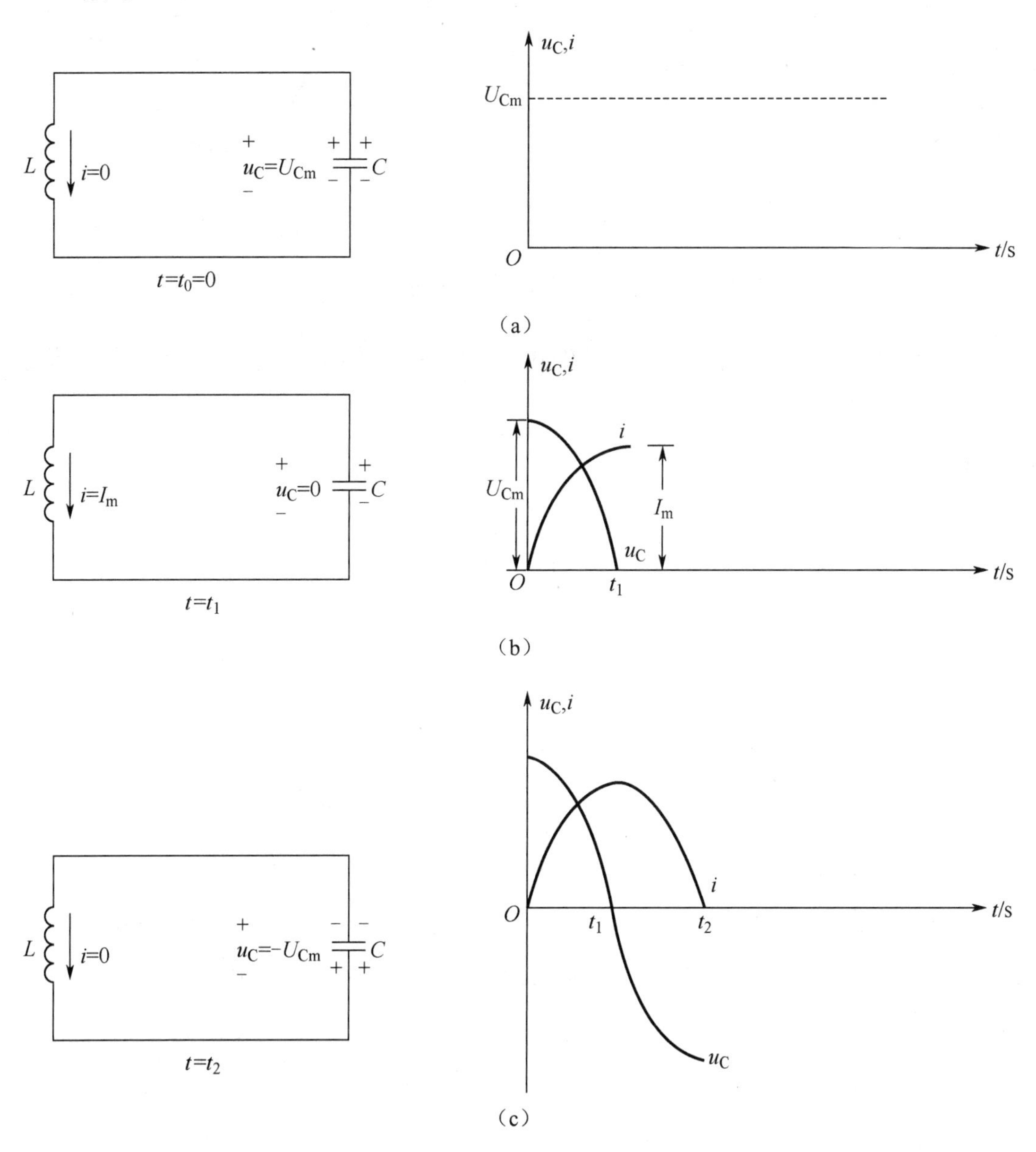

图 10-4-2　自由振荡的物理过程

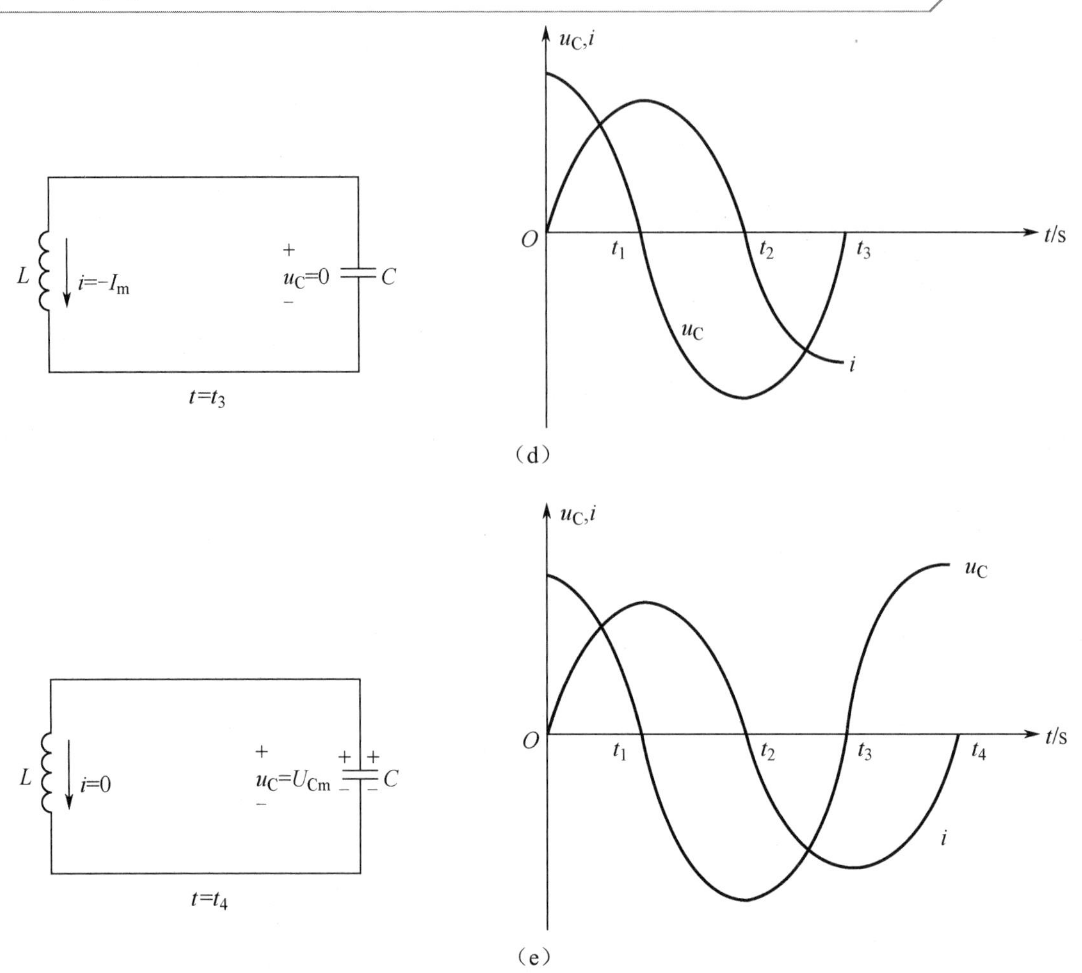

图 10-4-2　自由振荡的物理过程（续）

如果振荡电路中没有任何能量损耗（R=0），电磁振荡将永远进行下去，为等幅振荡，其电流波形如图 10-4-3 所示。

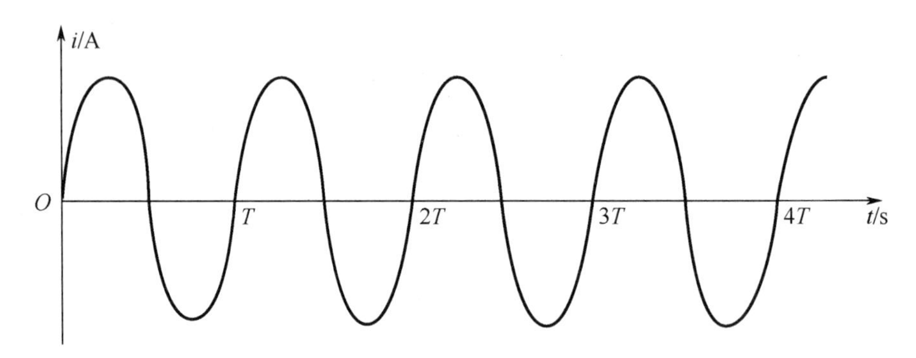

图 10-4-3　LC 无阻尼振荡的等幅振荡波形

通过以上讨论可以看出，振荡电路中的电流和电压都是按正弦规律变化的。在自由振荡的一个周期中，电场能和磁场能进行两次转换，电场能与磁场能的变化曲线如图 10-4-4 所示。如果没有能量损耗，那么任一时刻 t 的电场能与磁场能的瞬时值之和都等于起始时刻从外界获得的能量，即

$$W_{Ct}+W_{Lt}=W_C=\frac{1}{2}CU_{Cm}^2$$

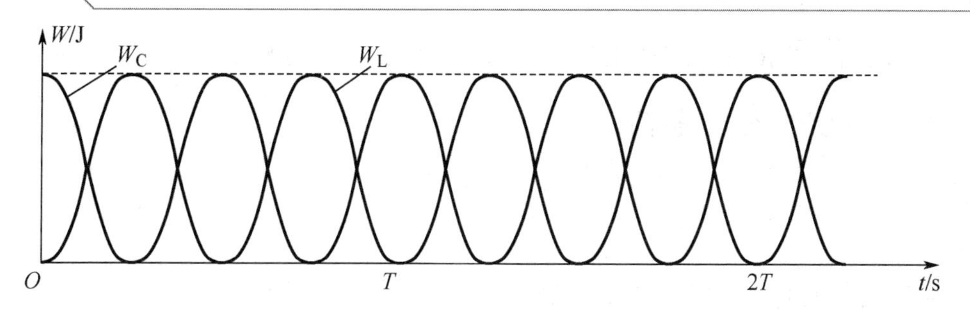

图 10-4-4　电场能与磁场能的变化曲线

3. 振荡频率和临界电阻

（1）振荡频率。

理论和实验可以证明，LC 振荡电路中振荡电流和电压的角频率为

$$\omega_0 = \frac{1}{\sqrt{LC}}$$

振荡频率为

$$f_0 = \frac{1}{2\pi\sqrt{LC}}$$

振荡角频率 ω_0、频率 f_0 由电路参数 L 和 C 决定，称为电路的固有角频率和固有频率。

（2）临界电阻。

如果振荡电路中没有能量损耗，电场能最大值与磁场能最大值相等，即

$$W_C = W_L$$

则

$$\frac{1}{2}CU^2 = \frac{1}{2}LI^2$$

可得

$$I^2 = \frac{U^2C}{L} = \frac{U^2}{\frac{L}{C}} = \left(\frac{U}{\sqrt{\frac{L}{C}}}\right)^2 \quad \Rightarrow \quad I = \frac{U}{\sqrt{\frac{L}{C}}}$$

已知

$$\rho = \sqrt{\frac{L}{C}}$$

则

$$I = \frac{U}{\rho}$$

式中，ρ——振荡电路的特性阻抗，单位为 Ω。如果 ρ 越大，则 I 越小，振荡电流的振幅就越小；反之，ρ 越小，I 越大，振荡电流的振幅就越大。

实际振荡电路中都有电阻存在。如果电阻较大，那么当 $R \geqslant 2\rho$ 时，电容器中储存的电场能有相当一部分在电流流过电阻时变成热能散失掉，另一部分转化成电感线圈的磁场能。在磁场能转化为电场能的过程中，全部能量都将消耗在电阻上，电路无法振荡，这种现象叫作过阻尼。

理论上可以证明，当 $R \leqslant 2\rho$ 时，磁场能不会一次耗尽，可以把一部分磁场能转化为电场能，使电容器充电，从而使电路产生振荡。因此，我们把 2ρ，即 $2\sqrt{\frac{L}{C}}$ 叫作临界电阻 R_0，即

$$R_0 = 2\sqrt{\frac{L}{C}}$$

实际振荡电路都有电阻存在，当 $0<R<2\rho$ 时，电路可以产生振荡电流，但是振荡电流的振幅将不断减小，直到最后停止振荡，这种振荡叫作阻尼振荡或减幅振荡，其波形如图 10-4-5 所示。

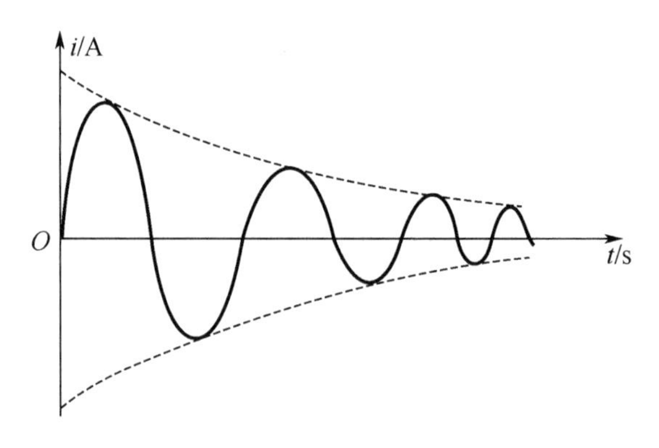

图 10-4-5　阻尼振荡的波形

在电子技术应用中，常常需要等幅振荡，这就需要周期性地把电源的能量补充到振荡电路中（连接着电源），以补偿振荡过程中的能量损耗，进而维持等幅振荡。

同步练习

一、填空题

1. ________________叫作振荡电流，________________叫作振荡电路。

2. LC 自由振荡电路中的电流和电压都是按________规律变化的。在自由振荡一个周期中，电场能和磁场能进行________。

3. ρ 叫作 LC 振荡电路的________，它的大小是________，单位是________。若 ρ 越大，则振荡电流的振幅________。

4. LC 振荡电路产生阻尼振荡的条件是________，其临界电阻的大小为________。

5. 在电子技术应用中，常需要等幅振荡，这就需要________地把电源的能量________到振荡电路中。

二、简答题

1. 什么叫振荡现象？什么叫自由振荡？简述自由振荡的物理过程。

2. 什么叫临界电阻？它的大小由哪些因素决定？当电路中的电阻 R 的阻值在零与临界电阻之间变化时，电路做怎样的振荡？

实验/实训项目教学模块

说明：

1．本书所列实验/实训项目教学模块含电工基础实验和电工基础技能实训。由于项目多，涉及内容十分广泛，建议各校根据自身实验室设备、教学进度和学生实际情况合理进行项目的选择。

2．实验/实训项目说明如表 0-1 所示。

2．实验/实训项目的考核评价表如表 0-2 所示。

表 0-1　实验/实训项目说明

项目编号	项目名称	项目类型	项目考核评价参考
1	伏安法测电阻	基础实验	见表 0-2
2	电源电动势和内阻的测定	基础实验	见表 0-2
3	验证基尔霍夫定律	基础实验	见表 0-2
4	万用表的使用	技能实训	见表 0-2
5	戴维南等效电路的测定	基础实验	见表 0-2
6	认识和检测电容器	技能实训	见表 0-2
7	话筒和扬声器的测量	技能实训	见表 0-2
8	验证串联谐振电路的特性	基础实验	见表 0-2
9	日光灯电路验证功率因数的提高	基础实验	见表 0-2
10	验证三相负载 Y 连接和△连接的电路特性	基础实验	见表 0-2
11	电感线圈和变压器的认识与测量	技能实训	见表 0-2

表 0-2　实验/实训项目的考核评价表

<table>
<tr><td rowspan="2">评价指标</td><td colspan="3" rowspan="2">评价要点</td><td colspan="5">评价结果</td></tr>
<tr><td>优</td><td>良</td><td>中</td><td>合格</td><td>不合格</td></tr>
<tr><td>理论水平（20 分）</td><td colspan="3">理论知识的掌握情况，能否自主分析电路</td><td></td><td></td><td></td><td></td><td></td></tr>
<tr><td>技能水平（20 分）</td><td colspan="3">元器件识别检测、电路连接与测量测试数据记录情况</td><td></td><td></td><td></td><td></td><td></td></tr>
<tr><td>安全操作（30 分）</td><td colspan="3">①能否按照安全操作规程操作；②有无损坏仪器仪表</td><td></td><td></td><td></td><td></td><td></td></tr>
<tr><td>完成效果（30 分）</td><td colspan="3">①团队协作；②任务完成情况</td><td></td><td></td><td></td><td></td><td></td></tr>
<tr><td rowspan="2">总评</td><td rowspan="2">评别</td><td>优</td><td>良</td><td>中</td><td>合格</td><td>不合格</td><td rowspan="2">总评得分</td><td rowspan="2"></td></tr>
<tr><td>89～100</td><td>80～88</td><td>70～79</td><td>60～69</td><td><60</td></tr>
</table>

项目 1 伏安法测电阻

1. 实验目标

（1）掌握直流电压表和电流表的使用方法。

（2）能够用直流电压表和电流表正确测定电阻的阻值。

（3）能贯彻落实 7S 管理（整理、整顿、清扫、清洁、素养、安全、节约）。

2. 实验设备与器材（见表 1-1）

表 1-1 实验设备与器材

序号	品名	型号规格	代号	数量	备注
1	电阻	100Ω，5W	R	1	—
2	直流电压表	量程 0～12V	Ⓥ	1	或万用表
3	直流电流表	量程 1A	Ⓐ	1	或万用表
4	直流稳压电源	0～12V，1A	*E*	1	—
5	单刀单掷开关	不限	—	1	—
6	连接导线	—	—	若干	—

3. 实验原理

由部分电路欧姆定律 $R=\dfrac{U}{I}$ 可知，测出电阻两端的电压和流过电阻的电流，即可求出待测电阻的阻值。

4. 实验步骤

（1）按照图 1-1（a）所示的电路，将电源、电阻、电压表、电流表、开关用导线连接好；注意电流表要串联到电路中，电压表要并联在待测电阻的两端，直流电表的“+”“-”极性不能接错。

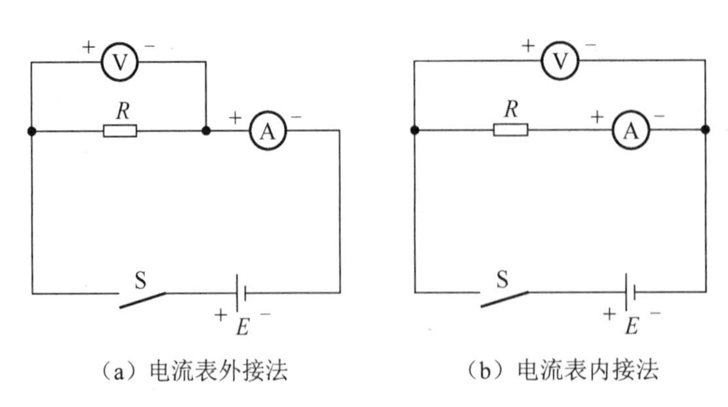

图 1-1 伏安法测电阻的原理图

（2）接线后经检查无误方可闭合开关 S，将电压表、电流表的示数填入表 1-2。改变电源电压，重做上述实验。用求平均值的方法，计算出电阻的平均值。

（3）按照图 1-1（b）所示的电路重新连接进行测量，将实验数据填入表 1-3。

表 1-2　电流表外接法实验记录

物理量	实验次数			平均值
	1	2	3	
电压 U/V				
电流 I/A				
电阻 R/Ω				

表 1-3　电流表内接法实验记录

物理量	实验次数			平均值
	1	2	3	
电压 U/V				
电流 I/A				
电阻 R/Ω				

5．实验注意事项

（1）注意直流电压表、电流表的极性，不能接错。

（2）连接好实验电路后，经教师检查无误后方可接通电源。

6．项目考核评价（见表 0-2）

7．实验思考与延伸

（1）上述实验是否有误差？如果有，误差是怎样产生的？

（2）比较图 1-1（a）和图 1-1（b）的实验结果，哪个电路的测量误差大？若被测电阻较小，则应采用哪个电路？若被测电阻较大，则采用哪个电路更好些？

项目 2　电源电动势和内阻的测定

1．实验目标

（1）理解并熟练掌握全电路欧姆定律。

（2）能够用直流电压表、电流表正确测量出电池的电动势和内阻。

（3）能贯彻落实 7S 管理（整理、整顿、清扫、清洁、素养、安全、节约）。

2．实验设备与器材（见表 2-1）

表 2-1　实验设备与器材

序号	品名	型号规格	代号	数量	备注
1	可变电阻	0～50Ω，0.5W	R_P	1	—
2	直流电压表	量程 3V	Ⓥ	1	或万用表
3	直流电流表	量程 1A	Ⓐ	1	或万用表
4	电池	1 号	E	1	—
5	单刀单掷开关	不限	S	1	—
6	连接导线	—	—	若干	—

3．实验原理

由全电路欧姆定律可得，电源电动势、电压、电流和内阻的关系为

$$E = I(R + r_0) \Rightarrow E = U + Ir_0$$

图 1-7-7 给出了一种测量直流电源电动势和内阻的方法，即将 E、r_0 作为未知数，用电压表和电流表测出不同阻值时的电压 U 及电流 I，解二元方程组求出 E 和 r_0。

4．实验步骤

（1）按照图 2-1 所示的电路，将电路连接好。

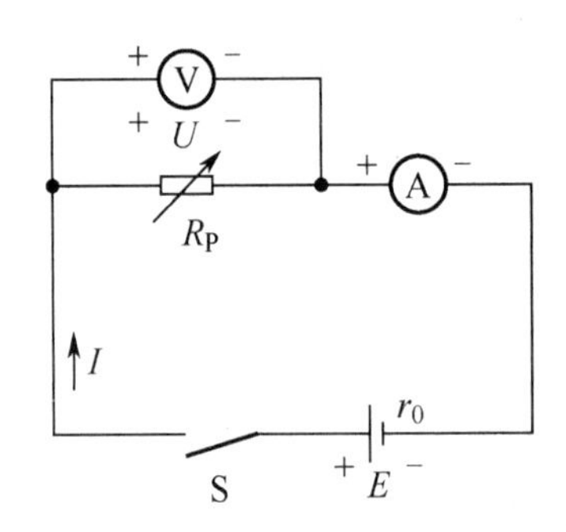

图 2-1　电源电动势和内阻的测定的原理图

（2）将滑动变阻器的活动触点置于某适当位置（R_P 不能为零），用电压表、电流表（万用表）测出电压、电流，连续测量三次（R_P 不变），将测量结果填入表 2-2。

（3）改变滑动变阻器活动触点的位置，按步骤（2）的顺序重做一遍。

表 2-2　实验记录

电阻	第一次实验数据	第二次实验数据	第三次实验数据	平均值
$R_P = R_1$	U=　　V	U=　　V	U=　　V	U=　　V
	I=　　A	I=　　A	I=　　A	I=　　A
$R_P = R_2$	U=　　V	U=　　V	U=　　V	U=　　V
	I=　　A	I=　　A	I=　　A	I=　　A

5．实验注意事项

（1）注意直流电压表、电流表的极性，不能接错。

（2）将滑动变阻器连接到电路时，应先将阻值置于最大值位置，然后逐渐减小，但不可为零。连接好实验电路后，经教师检查无误后方可接通电源。

6．项目考核评价（见表 0-2）

7．实验思考与延伸

（1）根据表 2-2 中电压、电流的两组平均值，计算出电源电动势 E 和内阻 r_0。

（2）电路中的滑动变阻器活动触点能否置于 R_P=0 的位置？为什么？

项目 3　验证基尔霍夫定律

1．实验目标

（1）验证基尔霍夫定律的正确性。

（2）通过实验加深对电路定律和参考方向的理解。

（3）能贯彻落实 7S 管理（整理、整顿、清扫、清洁、素养、安全、节约）。

2．实验设备与器材（见表 3-1）

表 3-1　实验设备与器材

序号	品名	型号规格	代号	数量	备注
1	电阻	220Ω，1W	R_1	1	—
2	电阻	1kΩ，1W	R_2	1	—
3	电阻	680Ω，1W	R_3	1	—
4	直流电压表	量程 30V	Ⓥ	1	或万用表
5	直流电流表	量程 30mA	Ⓐ	3	或万用表
6	直流稳压电源	0～30V，1A	E_1、E_2	2	—
7	单刀单掷开关	不限	S_1、S_2	2	—
8	实验接线板	—	—	1	—
9	连接导线	—	—	若干	—

3．实验原理

根据 KCL，汇于任意节点的各支路电流的代数和为零，即

$$\sum I = 0$$

根据 KVL，沿任意闭合回路绕行一周，回路中各段电压的代数和为零，即

$$\sum U = 0$$

用电流表测出各支路电流，用电压表测出回路中各段电压，通过计算验证基尔霍夫定律的正确性。

4. 实验步骤

（1）按图 3-1 连接好电路。将 E_1 调至 6V，E_2 调至 10V，检查无误后接通电源。

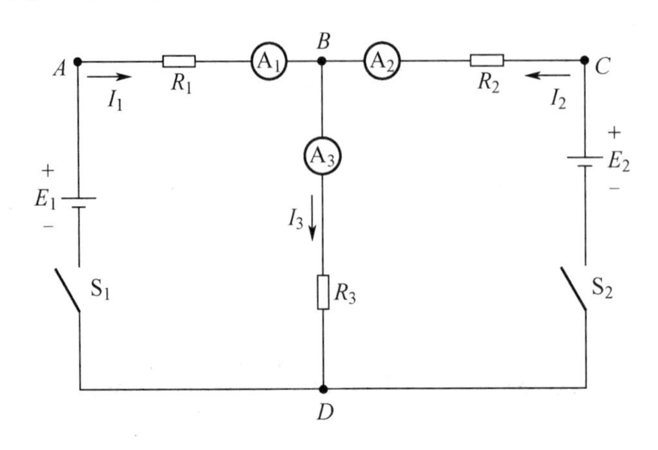

图 3-1　验证基尔霍夫定律的原理图

（2）将电流表的数据和计算结果填入表 3-2。

（3）用电压表分别测出 U_{AB}、U_{BD}、U_{DA}、U_{CB}、U_{DC} 段的电压数据和计算结果，填入表 3-3。

（4）将 E_1 调至 12V，E_2 调至 20V，按步骤（2）、（3）的顺序重做一遍。

表 3-2　电流实验数据

电源电压	电流/mA			通过计算进行验证	
	I_1	I_2	I_3	节点 B 电流代数和	节点 D 电流代数和
E_1=6V，E_2=10V					
E_1=12V，E_2=20V					
结论：					

表 3-3　电压实验数据

电源电压	电压/V					通过计算进行验证	
	U_{AB}	U_{BD}	U_{DA}	U_{CB}	U_{DC}	回路 $ABDA$ 电压降之和	回路 $CBDC$ 电压降之和
E_1=6V，E_2=10V							
E_1=12V，E_2=20V							
结论：							

5. 项目考核评价（见表 0-2）

6. 实验思考与延伸

（1）如果直流电压表、电流表指针反转，应如何处理？

（2）试说明当应用基尔霍夫定律解题时，支路电流出现负值的含义及原因。

项目 4 指针式万用表的使用

1. 实训目标

（1）熟练掌握指针式万用表的使用方法。

（2）能贯彻落实 7S 管理（整理、整顿、清扫、清洁、素养、安全、节约）。

2. 实训设备与器材（见表 4-1）

表 4-1 实训设备与器材

序号	品名	型号规格	代号	数量
1	电阻	选取不同阻值	R_1～R_5	5
2	直流稳压电源	0～50V	—	1
3	交流稳压电源	0～220V	—	1
4	电阻箱	不限	R_P	1
5	万用表	MF47	—	1
6	连接导线	—	—	若干

3. 实验步骤

（1）利用万用表电阻挡测量电阻。

① 把万用表转换开关放在电阻挡上，选择适当的量程。电阻挡的量程有 R×1、R×10、R×100、R×1k、R×10k 等，测量前根据被测电阻的阻值，用万用表的转换开关，选择适当的量程，一般以被测电阻的阻值接近电阻刻度的 2/3 位置为好。

② 量程选定后，测量前将两只表笔短路，调节调零旋钮，使指针在电阻刻度的零位上。

③ 将两只表笔分别与电阻两端相接，读出万用表的示数，记录在表 4-2 中。

表 4-2 电阻测量数据

电阻	R_1	R_2	R_3	R_4	R_5
标称阻值/Ω					
实测阻值/Ω					

（2）利用万用表直流电压挡测量直流电压。

① 把万用表转换开关放在直流电压挡上。

② 根据直流电压的大小，选择适当的量程。

③ 将两只表笔分出正、负，并与被测电压的正、负极并联，读出万用表的示数，记录在表 4-3 中。

表 4-3　直流电压测量数据

调节电压/V	5	10	15	20	25	30	35	40	45	50
实测电压/V										

（3）利用万用表交流电压挡测量交流电压。

① 把万用表转换开关放在交流电压挡上。

② 根据交流电压的大小，选择适当的量程。

③ 将两只表笔与被测电压并联，读出万用表的示数，记录在表 4-4 中。

表 4-4　交流电压测量数据

调节电压/V	50	70	90	100	120	150	170	180	200	220
实测电压/V										

（4）利用万用表直流电流挡测量直流电流。

① 把万用表转换开关放在直流电流挡上。

② 根据直流电压的大小和电阻箱的阻值选择适当的量程。

③ 与被测电路正确串联（红表笔流入、黑表笔流出），读出万用表的示数，记录在表 4-5 中。

表 4-5　直流电流测量数据

调节电压/V	5	10	15	20	25	30	35	40	45	50
调节 R_P/Ω	10	100	200	300	500	1000	1500	2000	3000	5000
实测电流/A										

（5）利用万用表交流电流挡测量交流电流。

① 把万用表转换开关放在交流电流挡上。

② 根据交流电压的大小和电阻箱的阻值选择适当的量程。

③ 与被测电路串联，读出万用表的示数，记录在表 4-6 中。

表 4-6　交流电流测量数据

调节电压/V	50	70	90	100	120	150	170	180	200	220
调节 R_P/Ω	50	100	200	300	500	1000	1500	2000	3000	5000
实测电流/A										

4．项目考核评价（见表 0-2）

项目 5　验证戴维南定理

1. 实验目标

（1）验证戴维南定理的正确性。

（2）学会测量有源二端网络开路电压 U_0 和入端等效电阻 R_0 的基本方法。

（3）能贯彻落实 7S 管理（整理、整顿、清扫、清洁、素养、安全、节约）。

2. 实验设备与器材（见表 5-1）

表 5-1　实验设备与器材

序号	品名	型号规格	代号	数量	备注
1	电阻	680Ω，1W	R_1	1	—
2	电阻	1kΩ，1W	R_2	1	—
3	电阻	330Ω，1W	R_3	1	—
4	电阻	100Ω，1W	R	1	—
5	直流电压表	量程 30V	Ⓥ	1	或万用表
6	直流电流表	量程 30mA	Ⓐ	1	或万用表
7	直流稳压电源	0～30V，1A	E	1	—
8	电阻箱	不限	R_0	1	—
9	单刀单掷开关	不限	S	2	—
10	实验接线板	—	—	1	—
11	万用表	MF47	—	1	—
12	连接导线	—	—	若干	—

3. 实验原理

戴维南定理：任意一个线性有源二端网络，对外电路而言，都可以等效成一个电压源。电压源的电压等于有源二端网络的开路电压，等效电阻等于网络中所有电源置零（电压源用短路线代替而保留其内阻，电流源用开路线代替）时的入端等效电阻。

4. 实验步骤

（1）按图 5-1（a）连接好电路，使 E=12V。

（2）闭合开关 S，将电流表示数 I 及电阻 R 两端的电压 U_R 填入表 5-2。

（3）断开开关 S，测得有源二端网络的开路电压 U_{AB}，填入表 5-2。

（4）断开电源，用导线将其短接，用万用表测出 A、B 两端的阻值，即

$$R_0=R_{AB}$$

（5）按照图 5-1（b）连接好电路。调节稳压电源使 $U_0=U_{AB}$，调节电阻箱使其阻值为 R_0，将电流表示数 I 及电阻 R 两端的电压 U_R 填入表 5-2。

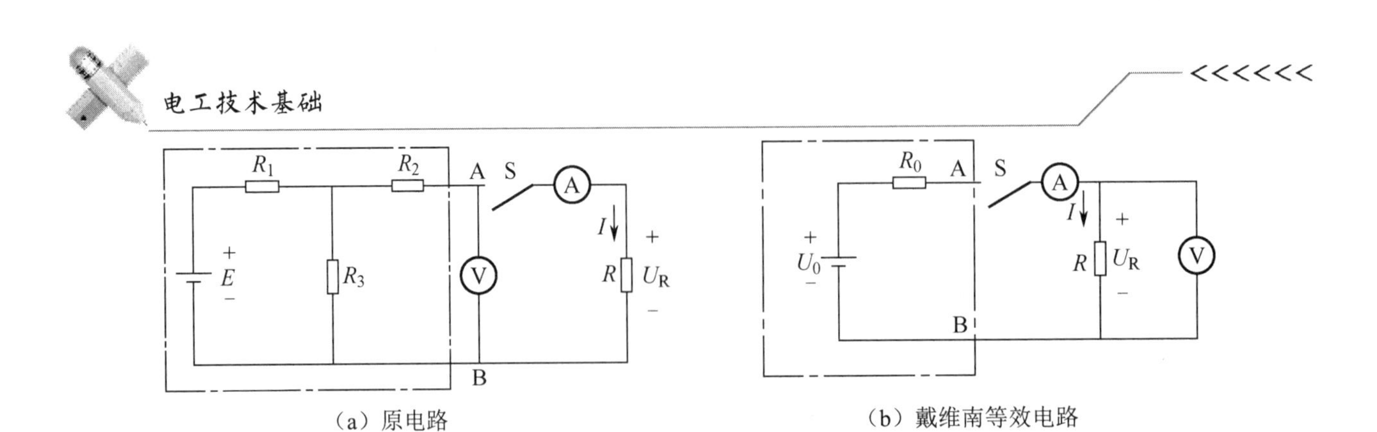

（a）原电路　　　　（b）戴维南等效电路

图 5-1　验证戴维南定理的原理图

表 5-2　实验测量数据

戴维南等效电路参数		电流 I		电压 U_R	
$U_0=U_{AB}$	R_0	由戴维南等效电路测出	由原电路直接测出	由戴维南等效电路测出	由原电路直接测出
实验结论：					

5．项目考核评价（见表 0-2）

6．实验思考与延伸

由图 5-1（a）直接测得的电流与由图 5-1（b）戴维南等效电路测得的电流均有一定的误差，分析其主要原因。

项目 6　认识和检测电容器

1．实训目标

（1）掌握各种电容器的类型识别方法，以及耐压和电容的识读方法。

（2）学会用万用表测量电容器充/放电的特性，根据特性的测量判别电容器的质量。

（3）能贯彻落实 7S 管理（整理、整顿、清扫、清洁、素养、安全、节约）。

2．实训设备与器材（见表 6-1）

表 6-1　实训设备与器材

序号	品名	型号规格	数量
1	瓷片电容器	选取不同容量	若干
2	涤纶电容器	选取不同容量	若干
3	万用表	MF47	1
4	铝电解电容器	选取不同容量	若干

3．实验步骤

（1）观察、认识各种电容器，将数据填入表 6-2。

表 6-2　电容器测量数据

序号	电容	额定工作电压	允许偏差	型号	材料
1					
2					
3					
4					
5					
6					
7					
8					

（2）认识万用表测量电容器的机理。

万用表对电容器的测量是利用电容器的充/放电原理进行的。电容器的电容越大，充电的电流越大，充电的时间越长，万用表的指针偏转就越大，指针回归的时间就越长。电容器的电容越小，充电的电流越小，充电的时间越短，万用表的指针偏转相对就越小，指针回归时间就越短。所以对电容器进行测量时，先对电容器的大致电容进行估计，一般 1μF 以下的较小电容的电容器可使用 R×1k 以上的挡位测量。1μF 以上的电容器使用 R×1k 以下的挡位测量。

（3）识别有极性电容器的正、负极。

① 根据电容器上的标志识别，如图 6-1 所示。

② 根据电容器引脚长短识别，引脚长为正极，引脚短为负极，如图 6-2 所示。

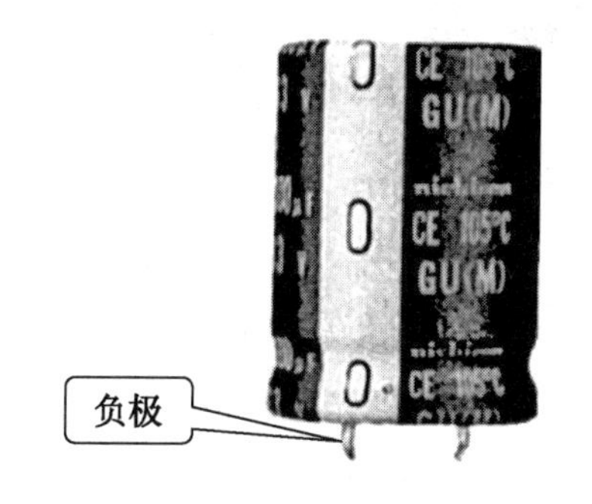

图 6-1　根据标志识别电容器极性

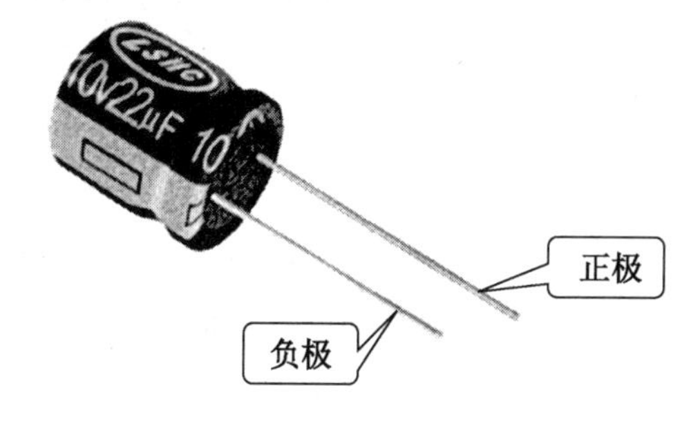

图 6-2　根据引脚长短识别电容器极性

③ 用万用表识别。将万用表拨到 R×1k 挡或 R×10k 挡，测量电容器两引脚之间的阻值，正反各测量一次，测量时阻值会出现一大一小，以阻值大为准，黑表笔接的是正极，红表笔接的是负极。

（4）检测较大电容的电容器质量。

① 将万用表拨到电阻挡（R×100 挡或 R×1k 挡）。

② 将万用表的红表笔接电容器的负极，黑表笔接电容器的正极，如图 6-3 所示。

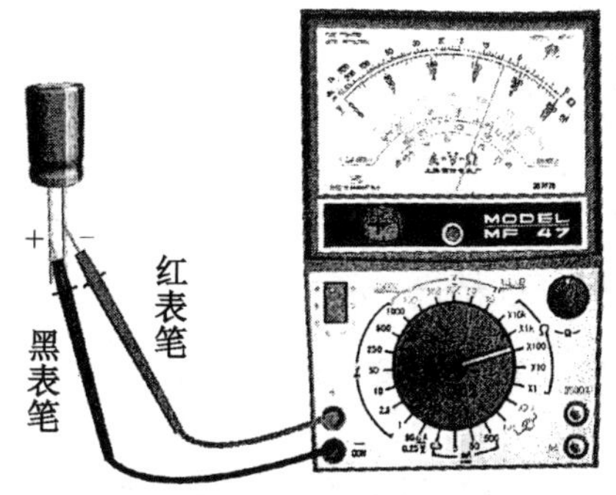

图 6-3　电容器质量的判别

③ 如果指针有一定的偏转，并很快回到接近于起始位置的地方，则表示电容器的质量很好，漏电量很小。

④ 如果指针回不到起始位置，停在刻度盘的某处，则

表示电容器的漏电量很大，这时指针所指的阻值表示该电容器的漏电阻值。

⑤ 如果指针偏转到零位之后不再回去，则说明电容器内部已经短路。

⑥ 如果指针根本不偏转，则说明电容器内部可能断路，或者电容很小，充/放电电流很小，不足以使指针偏转。

检测几只电容器并将结果（在相应的格子上填写阻值或打勾）填入表 6-3。

表 6-3 检测电容器

	第一次测量（正测）指针摆动			指针回原点阻值		对调表笔测（反测）指针摆动			指针回原点阻值		性能判别		
	大	中	小	∞	阻值	大	中	小	∞	阻值	优	良	差
0.01μF													
1μF													
10μF（电解）													
100μF（电解）													
1000μF（电解）													

4. 项目考核评价（见表 0-2）

项目 7 话筒和扬声器的测量

1. 实训目标

（1）熟悉话筒和扬声器的基本特性和工作原理，学会使用常用测试仪表测试电声器件。

（2）掌握各类电声器件的识别与判别技能。

（3）能贯彻落实 7S 管理（整理、整顿、清扫、清洁、素养、安全、节约）。

2. 实训设备与器材（见表 7-1）

表 7-1 实训设备与器材

序号	品名	型号规格	数量
1	话筒	选取不同型号各一	若干
2	扬声器	选取不同型号各一	若干
3	万用表	MF47	1

3. 实验步骤

（1）驻极体话筒的检测。

① 将万用表置于 R×100 挡。

② 在图 7-1 中，红表笔接源极（该极与金属外壳相连，很容易辨认），黑表笔接另一端

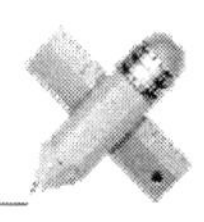

的漏极。

③ 对着送话器吹气，如果质量好，则万用表的指针应摆动。

④ 比较同类送话器，摆动幅度越大，话筒灵敏度越高。若吹气时指针不动或用力吹气时指针才有微小摆动，则表明话筒已经失效或灵敏度很低。

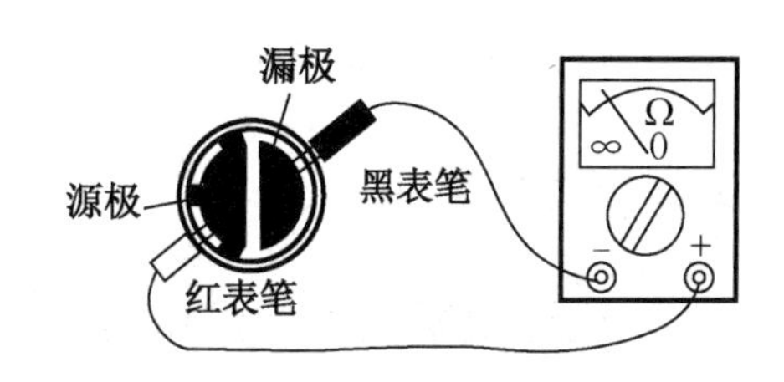

图 7-1　驻极体话筒的检测

说明：如果测试的是三端引线的驻极体话筒，只要先将源极与接地端焊接在一起，就可按上述方法进行测试。

（2）电动式扬声器的检测。

① 将万用表置于 R×100 挡。

② 在图 7-2 中，两只表笔触碰动圈接线柱，若万用表指针有指示且发出“喀喀”声，则表示动圈是好的。

③ 如果万用表指针不摆动且无声，则说明动圈已断线。

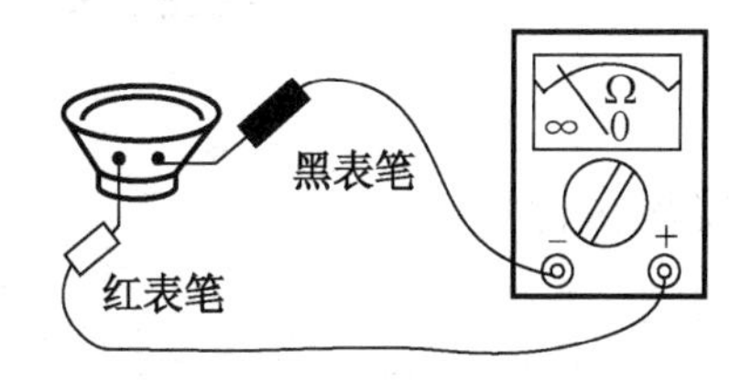

图 7-2　电动式扬声器的检测

④ 也可以用一节 1.5V 的干电池引出两条线头触碰一下动圈接线柱，同样从有无“喀喀”声来判别扬声器的好坏。

⑤ 还可利用万用表的 50μA 挡或 100μA 挡，将两只表笔并于扬声器的接线极片上，迅速按压纸盆，若指针摆动，则说明扬声器可正常工作。

说明：对于灵敏度低或声音失真等性能变差的扬声器，只能采用专用设备检测。

（3）压电式扬声器的检测。

① 将万用表置于 R×10k 挡。

② 在图 7-3 中，先将一只表笔接在器件的一端，用另一表笔快速触碰另一端，同时注意观察指针的摆动。

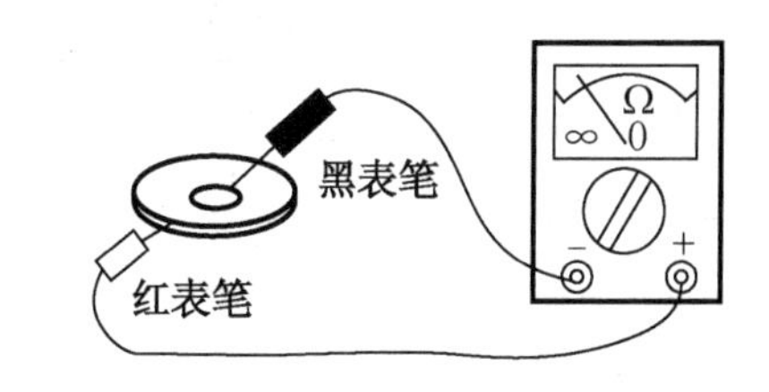

图 7-3　压电式扬声器的检测

③ 在正常情况下，表笔接通的瞬间，指针应先有小的摆动（陶瓷电容器的充/放电情况），然后返回∞。如果需要多次观察充/放电情况，则每次测试时都应改换一下表笔极性。

④ 如果没有以上充/放电现象，则表明内部断路；如果万用表指针摆动后不复原，则表明内部短路或被高压击穿。

将驻极体话筒、电动式扬声器和压电式扬声器的检测结果填入表 7-2。

表 7-2　话筒和扬声器的测量数据

测试器件	万用表挡位	摆动阻值	测试判断（好 、坏）
驻极体话筒			
电动式扬声器			
压电式扬声器			

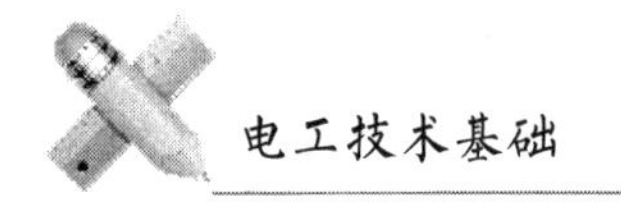

4．项目考核评价（见表 0-2）

5．实训思考与延伸

（1）通过观察说出话筒和扬声器的形状和结构。

（2）练习较熟练地操作万用表的各挡位测量话筒和扬声器的各项参数。

（3）通过对话筒和扬声器的测量，能熟练地判别话筒和扬声器的性能。

项目 8　验证串联谐振电路的特性

1．实验目标

（1）验证 RLC 串联谐振电路的谐振条件。

（2）绘制谐振曲线，了解品质因数 Q 对谐振曲线的影响。

（3）能贯彻落实 7S 管理（整理、整顿、清扫、清洁、素养、安全、节约）。

2．实验设备与器材（见表 8-1）

表 8-1　实验设备与器材

序号	品名	型号规格	代号	数量	备注
1	双踪示波器	不限	—	1	—
2	低频信号发生器	不限	—	1	—
3	电感线圈	0.15H	L	1	—
4	电容器	0.47μF	C	1	—
5	电阻	22 Ω，0.5 W	R_1	1	—
6	电阻	220 Ω，0.5 W	R_2	1	—
7	交流电流表	量程 30mA	Ⓐ	1	或万用表
8	交流电压表	量程 1/3/10V	Ⓥ	3	或万用表
9	连接导线	—	—	若干	—

3．实验原理

（1）在 RLC 串联谐振电路中，当 $X_L=X_C$ 时，电路呈阻性，电流、电压同相，电路发生谐振。

（2）品质因数 $Q=\dfrac{\rho}{R}$，当电路中的 L、C 一定时，若 R 大，则 Q 小；若 R 小，则 Q 大。

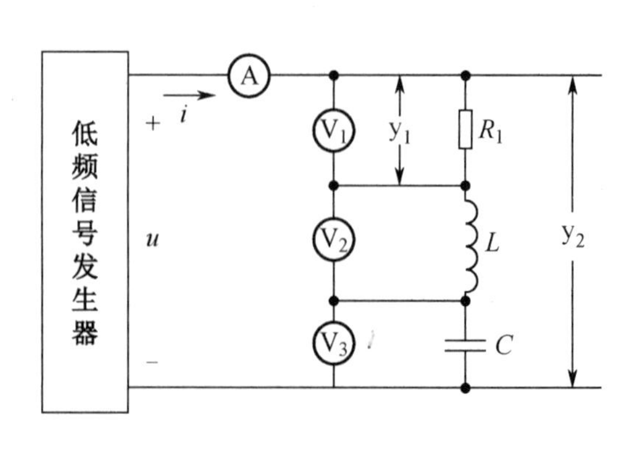

图 8-1　验证串联谐振电路的特性的原理图

4．实验步骤

（1）按图 8-1 连接好电路。

（2）y_1代表电流 i 的波形，y_2代表电压 u 的波形，输入双踪示波器。

（3）保持信号源输出电压 U=3V，R_1=22Ω，L=0.15H，C=0.47μF 不变，使信号源频率由50Hz 连续变化至 2000Hz。观察电流表的变化和示波器电流、电压波形的变化，记下阻抗角 φ=0 时的谐振频率 f_0，测出 U_R、U_L、U_C，并计算谐振时的 X_L、X_C，填入表 8-2。

表 8-2　串联谐振电路实验数据

R / Ω		L / mH		C / μF	
U_R / V		U_L / V		U_C / V	
f_0 / Hz		X_L / Ω		X_C / Ω	
$Q=\frac{\rho}{R}=$			$\mathrm{BW}=\frac{f_0}{Q}=$		

（4）在 R、L 及 C 一定时，保持 U=3V，调节电源频率为 100,200,300,⋯,1400 Hz，将各电流填入表 8-3。

（5）将 R_1 换成 R_2，其余参数不变，按步骤（4）重做实验，将电流填入表 8-3。

表 8-3　交流电流测量数据

频率 f /Hz	100	200	300	400	500	600	700	800	900	1000	1100	1200	1300	1400
R_1=22Ω 电流														
R_1=220Ω 电流														
绘制谐振曲线														

5．项目考核评价（见表 0-2）

6．实验思考与延伸

（1）计算电路的谐振频率，并与实验结果进行比较。

（2）说明电阻与品质因数的关系。

（3）计算谐振时的 U_C、U_L，并与实验结果进行比较。

项目 9　日光灯电路验证功率因数的提高

1．实验目标

（1）熟悉日光灯电路。

（2）了解提高功率因数的方法。

（3）能贯彻落实 7S 管理（整理、整顿、清扫、清洁、素养、安全、节约）。

2．实验设备与器材（见表 9-1）

表 9-1　实验设备与器材

序号	品名	型号规格	代号	数量	备注
1	日光灯	220 V，48 W	HL	1	—
2	镇流器	220 V，40 W	L	1	与日光灯配套
3	启辉器	40 W	—	1	与日光灯配套
4	电容器	4.7 μF，220 V	C	1	—
5	熔断器	250 V，5 A	FU	1	—
6	开关	250 V，5 A	S	2	—
7	交流电流表	量程 1A	Ⓐ	3	或万用表
8	交流电压表	0～300～600V	Ⓥ	1	或万用表
9	连接导线	—	—	若干	—

3．实验原理

利用与感性负载并联电容器可以提高功率因数的原理，在日光灯电路两端并联一只电容器，以减小电路总电流、电压的相位差，达到提高功率因数的目的。

4．实验步骤

（1）按图 9-1 连接电路。检查无误后，闭合开关 S_1，将测得的电源电压 U、灯管电压 U_{HL}、总电流 I_1、日光灯电流 I_2 及电容器电流 I_3 填入表 9-2。

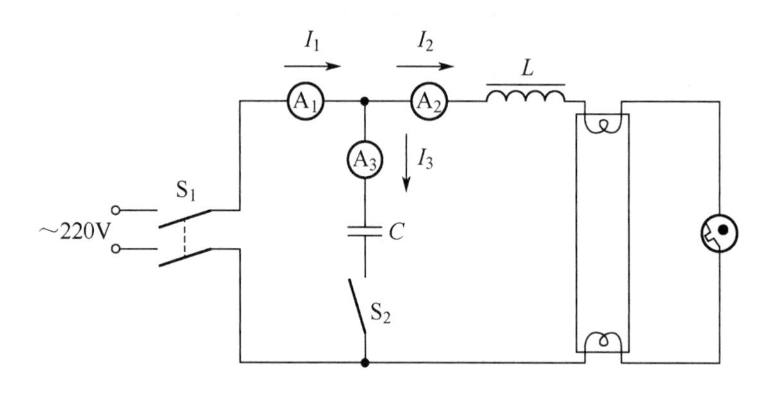

图 9-1　日光灯电路验证功率因数的提高的原理图

（2）再闭合开关 S_2，将电源电压 U、灯管电压 U_{HL}、总电流 I_1、日光灯电流 I_2 及电容器电流 I_3 填入表 9-2。

表 9-2　感性负载并联电容器提高功率因数实验数据

	电源电压 U	灯管电压 U_{HL}	总电流 I_1	日光灯电流 I_2	电容器电流 I_3
并联电容器前					
并联电容器后					

（3）计算并联电容器前后的视在功率 S、有功功率 P 及功率因数 $\cos\varphi$，填入表 9-3。

表 9-3　计算结果数据

	视在功率 S	有功功率 P	功率因数 $\cos\varphi$
并联电容器前			
并联电容器后			

5. 项目考核评价（见表 0-2）

6. 实验思考与延伸

（1）通过实验结果说明并联电容器后感性负载电路的功率因数提高了，并画出相应旋转矢量图。

（2）并联电容器前后灯管两端电压及流过灯管的电流是否发生了变化？为什么？

（3）若在感性负载电路中串联电容器 C 也可以提高功率因数，则感性负载两端的电压及流过的电流是否发生变化？

项目 10　验证三相负载 Y 连接和△连接的电路特性

1. 实验目标

（1）学习三相负载的 Y 连接和△连接的接线方法。

（2）验证三相对称负载时，线电压与相电压、线电流与相电流的关系。

（3）理解中性线的作用。

（4）能贯彻落实 7S 管理（整理、整顿、清扫、清洁、素养、安全、节约）。

2. 实验设备与器材（见表 10-1）

表 10-1　实验设备与器材

序号	品名	型号规格	代号	数量	备注
1	三相调压器	380/450 V	T	1	—
2	三相闸刀开关	500 V，15A	S_1	1	—
3	单极开关	250 V，5A	S_2、S_3	2	—
4	灯座	250 V，3A	—	6	—
5	白炽灯	24V，5W	HL	6	—
6	交流电流表	量程 0～3A，0～10A	Ⓐ	6	—
7	交流电压表	0～300V，0～600V	Ⓥ	1	或万用表
8	接线板	—	—	1	—
9	连接导线	—	—	若干	—

3. 实验原理

1. Y 连接

三相对称负载采用 Y 连接时，各相电压相等，各相电流相等，中性线电流为零。线电压与相电压的关系为

$$U_L = \sqrt{3}U_P$$

线电流与相电流相等，即

$$I_L = I_P$$

2. △连接

三相对称负载采用△连接时，有如下关系：

$$U_L = U_P; \quad I_L = \sqrt{3}I_P$$

4. 实验步骤

（1）Y 连接。

① 按图 10-1 连接好电路。经教师检查无误后，先闭合开关 S_2，然后闭合开关 S_1。

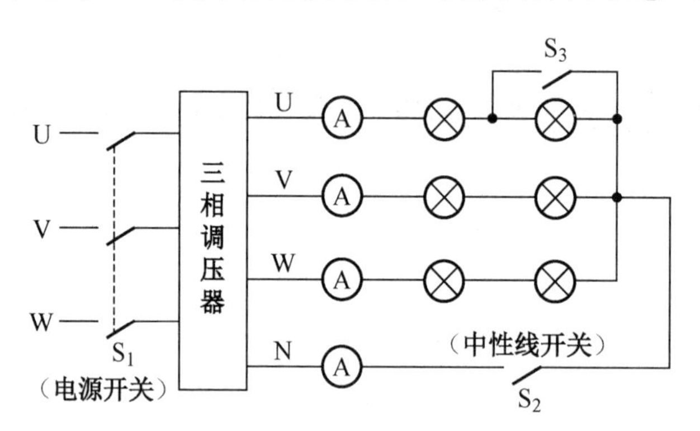

图 10-1　三相负载 Y 连接实验电路

② 慢慢转动调压器手柄，使调压器输出的线电压为 40V，将电流表示数填入表 10-2。测出各相电压及各线电压，填入表 10-2。

③ 断开开关 S_2，重复上述实验，将数据填入表 10-2。

表 10-2　三相负载采用 Y 连接时的实验数据

负载采用 Y 连接时的情况		U_U	U_V	U_W	U_{UV}	U_{VW}	U_{WU}	I_U	I_V	I_W	I_N
对称负载	有中线										
	无中线										
不对称负载	有中线										
	无中线										

（2）△连接。

① 按图 10-2 连接好电路，检查无误后，闭合开关 S。调节调压器，使输出线电压为 40V。

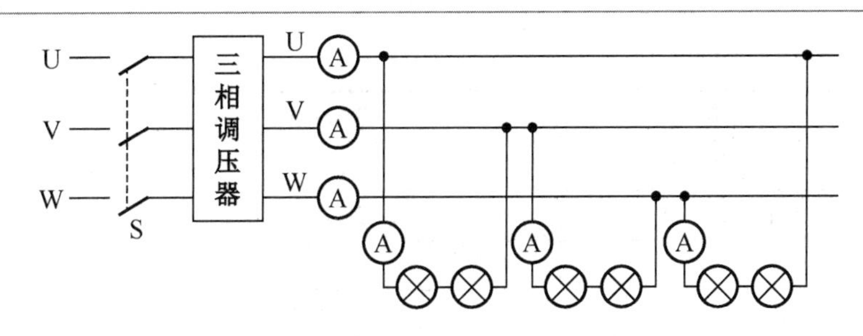

图 10-2 三相负载△连接实验电路

② 将电流表示数填入表 10-3。测出各线电压、相电流，并填入表 10-3。

表 10-3 三相负载采用△连接时的实验数据

负载采用△连接时的情况	U_{UV}	U_{VW}	U_{WU}	I_U	I_V	I_W	I_{uv}	I_{vw}	I_{wu}
对称负载									
不对称负载									

5. 实验注意事项

（1）三相调压器接线要正确，输入端与输出端不要接错。

（2）电路接好后，经教师检查确认无误后方可接通电源。

6. 项目考核评价（见表 0-2）

7. 实验思考与延伸

（1）验证三相对称负载采用 Y 连接时，线电压与相电压的关系。

（2）理论上，三相对称负载采用 Y 连接时，$I_N=0$。通过实验结果观察 I_N 是否为零。为什么？

（3）验证三相对称负载采用△连接时，线电流与相电流的关系。

（4）为什么三相照明电路一定要接中性线？为什么不允许在中性线上安装开关和熔断器？

项目 11 电感线圈和变压器的认识与测量

1. 实训目标

（1）学会用万用表检测电感线圈和变压器，掌握用万用表检测电感线圈和变压器的方法。

（2）通过检测验证电感线圈和变压器的性能，并掌握电感线圈和变压器的测量技能。

（3）能贯彻落实 7S 管理（整理、整顿、清扫、清洁、素养、安全、节约）。

2. 实训设备与器材（见表 11-1）

表 11-1 实训设备与器材

序号	品名	型号规格	数量
1	电感线圈	选取不同型号	若干

续表

序号	品名	型号规格	数量
2	降压变压器	220V/6V	1
3	降压变压器	220V/12V	1
4	万用表	MF47	1
5	数字式兆欧表	DY2671	1

3. 实验步骤

（1）电感线圈和变压器的辨别。

找一块收音机或音响功放电路板，对上面的电感线圈、变压器（如天线线圈、振荡线圈、中周线圈、音频耦合变压器、电源变压器）进行辨别。

（2）电感线圈的阻值测量。

在没有特殊仪表的情况下，可用万用表测量电感线圈的阻值来大致判断其好坏。一般电感线圈的直流电阻应很小（为零点几欧至几欧），低频扼流圈的直流电阻最多也只有几百欧至几千欧。

（3）变压器的测量。

① 电源变压器初级绕组与次级绕组的区分。降压电源变压器初级绕组接于交流 220V，匝数较多，直流电阻较大，而次级绕组为降压输出，匝数较少，直流电阻也小，利用这一特点可以用万用表很容易地判断出初级绕组和次级绕组。

② 绕组电阻和绝缘电阻的测量。采用万用表和兆欧表测量阻值并填入表 11-2 和表 11-3。

常用的小型电源变压器绝缘电阻不小于 500MΩ。变压器的局部短路更不易用测直流电阻法判别，一般要用专门测量仪器才能判别。需要注意的是，测试时应切断变压器与其他元器件的连接。

表 11-2　万用表测量阻值数据

万用表挡位	初级绕组电阻	次级绕组电阻	初、次级绕组之间的电阻
$R\times10$			
$R\times1k$			
$R\times10k$			

表 11-3　兆欧表测量阻值数据

初级绕组与铁芯电阻	次级绕组与铁芯电阻	初、次级绕组之间的电阻

③ 变压器同名端的检测。在图 11-1 中，一般阻值较小的次级绕组通过开关或引线与电源相接（时间为 1～2s）。在开关闭合的一瞬间，万用表指针先向右偏转，再稍慢退回，开关断开瞬间则向左偏转，说明 2、4 脚为同名端；若相反，则说明 1、4 脚为同名端。

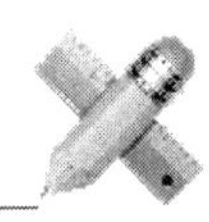

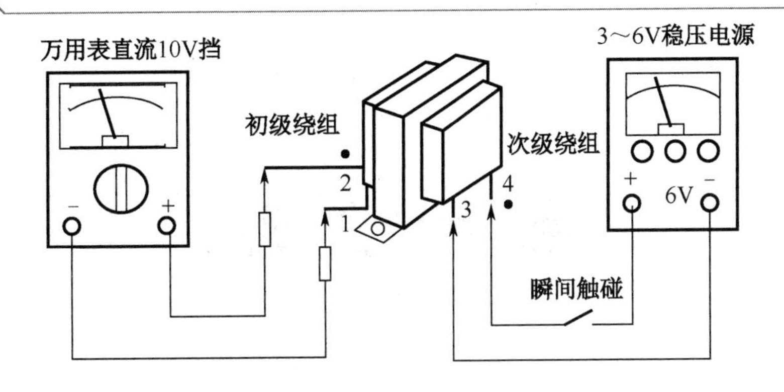

图 11-1　变压器同名端的检测示意图

（4）变压器二次电压的测量。

① 将电源线与变压器初级绕组连接好，把万用表设置在交流 10V 挡上，把两支表笔分别接在次级绕组的引脚上，如图 11-2 所示。

② 电源引线接通 220V 交流电源（千万要注意安全！先检查有无漏电和触电的隐患，要在教师的指导下进行）。观察万用表的示数，将测量结果填入表 11-4。

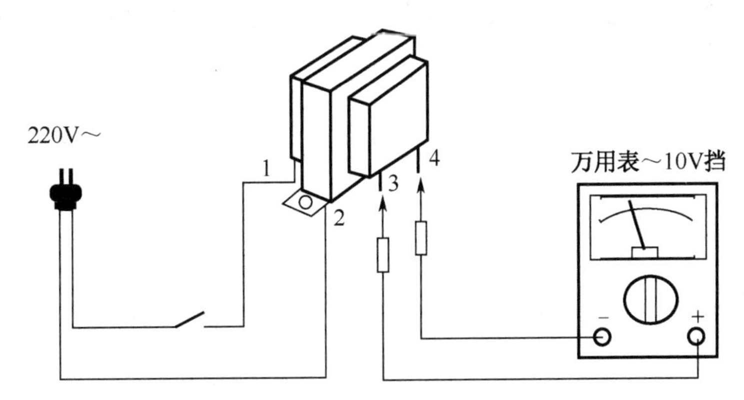

图 11-2　变压器二次电压的测量示意图

表 11-4　万用表测量电压数据

万用表挡位	初级绕组接入电压	次级绕组测量电压	备　　注

4．项目考核评价（见表 0-2）

参 考 文 献

[1] 刘志平．电工技术基础[M]．2 版．北京：高等教育出版社，2009．

[2] 刘志平，苏永昌．电工基础[M]．2 版．北京：高等教育出版社，2006．

[3] 欧小东．电工技术基础学习辅导[M]．北京：电子工业出版社，2019．

[4] 王英，丁金水，徐宏，等．电工基础[M]．3 版．北京：电子工业出版社，2014．

[5] 孔晓华，周德仁，汪宗仁．电工基础[M]．2 版．北京：电子工业出版社，2004．

[6] 周绍敏．电工技术基础与技能[M]．3 版．北京：高等教育出版社，2019．

[7] 黄斌，梁华英．物理（电工电子类）[M]．北京：高等教育出版社，2021．